Mikrocontroller

Herbert Bernstein

Mikrocontroller

Grundlagen der Hard- und Software der
Mikrocontroller ATtiny2313, ATtiny26 und
ATmega32

2., aktualisierte und erweiterte Auflage

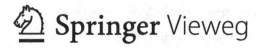

Herbert Bernstein
München, Deutschland

ISBN 978-3-658-30066-1   ISBN 978-3-658-30067-8   (eBook)
https://doi.org/10.1007/978-3-658-30067-8

Die Deutsche Nationalbibliothek verzeichnet diese Publikation in der Deutschen Nationalbibliografie;
detaillierte bibliografische Daten sind im Internet über http://dnb.d-nb.de abrufbar.

Planung/Lektorat: Reinhard Dapper
Springer Vieweg ist ein Imprint der eingetragenen Gesellschaft Springer Fachmedien Wiesbaden GmbH und ist
ein Teil von Springer Nature.
Die Anschrift der Gesellschaft ist: Abraham-Lincoln-Str. 46, 65189 Wiesbaden, Germany

Vorwort zur 2. Auflage

Die 2. Auflage wurde im Kapitel 1, 2, und 7 erweitert und umfasst eine Schrittmotoren-ansteuerung mit µP-Board, eine Einführung in die µP-Mikroprogrammierung und einen programmierbaren autonomen Roboter, der selbstständig auf seine Umwelt reagieren kann.

München   Herbert Bernstein
im September 2020

Vorwort

ATMEL hat mehrere leistungsfähige 8-Bit- und 32-Bit-Mikrocontroller in seinem Programm. Für den Unterricht und für das Buch wurden die drei Mikrocontroller ATtiny2313, ATtiny26 und ATmega32 verwendet. Die drei Mikrocontroller verwenden für die Speicherung des Programms einen 2-Kbyte-Flash-Speicher, der über eine „In-System-Programmierung" (3-Draht-ISP-Schnittstelle)programmiert wird. Die Programmierung übernehmen diese Bausteine selbständig durch eine interne „High-Voltage-Programmierung".

Mit dem bekannten „digitalen" 8-Bit-Mikrocontroller ATtiny2313, einem Industriestandard in einem praktischen 20-poligen DIL-Gehäuse, steht für den Elektroniker ein kostengünstiger Mikrocontroller zur Verfügung. Mit diesem Baustein lassen sich zahlreiche Aufgaben aus dem Bereich der Hobbyelektronik und aus der Praxis lösen.

Der „analoge" 8-Bit-Mikrocontroller ATtiny26, ebenfalls ein Industriestandard in einem praktischen 20-poligen DIL-Gehäuse, hat mehrere 10-Bit-AD-Wandler zur Verfügung. Mit dem AD-Wandler lassen sich zahlreiche Versuche durchführen.

Der „große" 8-Bit-Mikrocontroller ATmega32 ist ebenfalls ein Industriestandard in einem praktischen 40-poligen DIL-Gehäuse und hat mehrere 10-Bit-AD-Wandler zur Verfügung. Mit dem AD-Wandler lassen sich zahlreiche Versuche durchführen.

Die Versuche mit dem ATtiny2313, ATtiny26 und ATmega32 sind einfach auf einer Lochrasterplatine oder im Steckgehäuse aufgebaut, man benötigt für die einzelnen Aufbauten etwa eine Stunde an Lötzeit. Die Bauelemente erhalten Sie im Versandhandel.

Die Versuche werden alle im AVR-Assembler programmiert. Entwickler, Studenten und Schüler können auf komfortable Weise die ATMEL-Software für Ihre Anwendungen auf dem PC implementieren und testen. Die sehr leistungsfähige Entwicklungsumgebung mit der Bezeichnung „AVR-Studio" bündelt alle benötigten Funktionen – vom Assembler bis zum Simulator.

Wie bekommt man nun das Programm in Assemblersprache in den Mikrocontroller? Man muss es übersetzen, entweder in Hexadezimal- oder in Binärzahlen. Vor 20 Jahren musste man ein Programm in Assemblersprachen manuell übersetzen, Befehl für Befehl, und dies bezeichnete man als Hand-Assemblierung. Wie im Falle der Umwandlung hexadezimal in binär ist die Hand-Assemblierung eine Routine-Aufgabe, die uninteressant, sich wiederholend und anfällig für zahllose kleine Irrtümer ist. Verwenden der falschen Zeile, Vertauschen von Ziffern, Auslassen von Befehlen und falsches Lesen der Codes sind nur einige der Fehler, die einem unterlaufen können. Die meisten Mikrocontroller machten früher die Aufgaben noch komplizierter,indem sie verschiedene Befehle mit unterschiedlichen Wortlängen verwendeten. Manche Befehle sind nur ein Wort lang, während andere eine Länge von zwei oder drei Worten besitzen. Einige Befehle benötigen Daten im zweiten und dritten Wort, andere benötigen Speicheradressen, Registernummern oder andere Informationen.

Assembler besitzen eigene Regeln, die man erlernen muss. Diese enthalten die Verwendung bestimmter Markierungen oder Kennzeichen (wie Zwischenräume, Kommata, Strichpunkte oder Doppelpunkte) an den entsprechenden Stellen, korrekte Aussprache,die richtige Steuer-Information und vielleicht auch die ordnungsgemäße Platzierung von Namen und Zahlen. Diese Regeln stellen nur ein kleines Hindernis dar, das man leicht überwinden kann.

Ferner muss man beim Programmieren in Assemblersprache eine sehr detaillierte Kenntnis des verwendeten Mikrocontrollers besitzen. Man muss wissen, welche Register und Befehle der Mikrocontroller hat, wie die Befehle die verschiedenen Register genau beeinflussen, welche Adressierverfahren der Mikrocontroller verwendet und eine Unmenge weiterer Informationen. Keine dieser Informationen ist für die Aufgabe, die der Mikrocontroller letztlich ausführen muss, relevant.

Ich bedanke mich bei meinen Studenten für die vielen Fragen, die viel zu einer besonders eingehenden Darstellung wichtiger und schwieriger Fragen beigetragen haben. Meiner Frau Brigitte danke ich für die Erstellung der Zeichnungen.

Die E-Mail-Adresse des Autors lautet **Bernstein-Herbert@t-online.de**.

München   Herbert Bernstein
im Februar 2015

Inhaltsverzeichnis

1 Grundlagen der Mikrocontroller 1
   1.1   Mikrocontroller-Familie ATtiny2313, ATtiny26 und ATmega32 6
          1.1.1   Merkmale des ATtiny2313, ATtiny26 und ATmega32 8
          1.1.2   Pinbelegung des ATtiny2313, ATtiny26 und ATmega32 12
          1.1.3   ALU (Arithmetik- und Logikeinheit). 15
   1.2   Register im Mikrocontroller 22
          1.2.1   I/O-Register im I/O-Adressraum 24
          1.2.2   I/O-Ports als digitale Ein- und Ausgänge. 25
          1.2.3   Konfiguration der Anschlüsse 26
          1.2.4   Konfiguration der Pins 27
          1.2.5   Lesen der Pinzustände 29
          1.2.6   Unbenutzte Pins 30
          1.2.7   Alternative Port-Funktionen. 30
          1.2.8   SFIOR-Register 30
          1.2.9   Alternative Funktionen von Port B 33
          1.2.10 Alternative Funktionen von Port C 35
          1.2.11 Alternative Funktionen von Port D 37
          1.2.12 Beschreibung der Register der I/O-Ports 38
   1.3   Statusregister 40
   1.4   Programmzähler (program counter). 44
   1.5   Stapel (Stack). 45
   1.6   Rücksetzen (Reset). 46
   1.7   Zeitgeber und Zähler (Timer und Counter) 47
          1.7.1   8-Bit-Timer/Counter 0 47
          1.7.2   Timer/Counter Interrupt-Mask-Register (TIMSK) 49
          1.7.3   Timer/Counter Interrupt-Flag-Register (TIFR) 50
   1.8   Peripherie. 50
          1.8.1   I/O-Ports. 51
          1.8.2   Synchrone serielle Schnittstelle (SPI) 52
          1.8.3   Asynchrone serielle Schnittstelle (USART). 61

1.8.4   Analogkomparator   65
1.8.5   Watchdog-Timer.   66
1.8.6   Interrupthandling   70
1.9   Speichereinheiten.   78
1.9.1   Programmspeicher (Flash)   78
1.9.2   Datenspeicher (SRAM)   79
1.9.3   EEPROM-Speicher   83
1.9.4   I/O-Speicher.   86
1.10   Schrittmotorenansteuerung mittels Mikrocontroller   87

2   **Hard- und Software für die Entwicklungsumgebung**   97
2.1   Entwicklungsumgebung.   99
2.1.1   Editor   99
2.1.2   Cross-Assembler und Linker   103
2.1.3   Emulatoren und Debug-Stationen   105
2.2   Arbeiten und Erstellung für Programme mit AVR-Studio 4   107
2.2.1   Fenster des AVR-Studio 4   112
2.2.2   Programmentwicklung.   118
2.2.3   Programm erstellen (Build)   119
2.2.4   Programm testen (Debugging).   120
2.2.5   In-Circuit-Emulator (ICE) und In-System-
Programmierung (ISP).   121
2.3   Simulator   125
2.3.1   Unterbrechungspunkte (Breakpoints)   126
2.3.2   Variablenwerte von Register und Prozessor ausgeben.   127
2.4   Programmieren des Mikrocontrollers   128
2.5   µC-Programmierung   132
2.5.1   Flussdiagramme und Programmablaufpläne   135
2.5.2   Befehlstypen.   140
2.5.3   Adressierungsarten.   146
2.5.4   Programmierungstechniken   147
2.5.5   Unterprogramme   148
2.5.6   Programmiersprachen   152
2.6   Hard- und Software von Mikrocontrollern   154
2.6.1   Hardware-Beschreibung.   155
2.6.2   Programmiermodul   158
2.6.3   ANSI-C-Compiler für AVR-Typen   160
2.6.4   Integer-, Real-, Zeichen- und Zeichenkettenkonstanten   164
2.6.5   Ausdrücke und Operatoren   167
2.6.6   Anweisungen mit if-else, while, do-while   169
2.6.7   Spezielle Operatoren   173
2.6.8   Bitorientierte Operatoren   176
2.6.9   Logische Operatoren   179

3 Befehle der ATMEL-AVR-Mikrocontroller-Familie 183

3.1 Arithmetische und logische Befehle 183

3.2 Logische Befehle 186

3.3 Sprungbefehle 187

3.4 Vergleichsbefehle 195

3.5 Unbedingte Sprungbefehle. 196

3.6 Unterprogrammaufrufe 196

3.7 Datentransferbefehle 197

3.8 Bitmanipulationsbefehle 199

3.9 Löschbefehle 202

3.10 Schiebebefehle 204

3.11 Sonstige Befehle 205

3.12 Befehlsverzeichnis in alphabetischer Reihenfolge 206

3.13 Befehle in Assembler 209

3.14 Ports für die AVR-Mikrocontroller 211

3.15 Assemblerdirektiven für die AVR-Mikrocontroller 212

3.16 Befehle und Adressierung 213

    3.16.1 Datentransferbefehle (Datentransportbefehle). 214

    3.16.2 Arithmetische und logische Operationen (Befehle). 215

    3.16.3 Bitorientierte Befehle. 217

    3.16.4 Sprungbefehle (jump), Verzweigungsbefehle (branch)
          und Unterprogrammbefehle (call) 217

    3.16.5 Sonstige Befehle. 218

    3.16.6 Zustands- oder Statusregister SREG 218

    3.16.7 Adressierungsarten. 219

    3.16.8 Direkte Adressierung der SF-Register
          (Sonderfunktions-Register) 223

    3.16.9 Direkte Adressierung des Datenspeichers (SRAM). 223

    3.16.10 Indirekte Adressierung 224

    3.16.11 Indirekte Adressierung mit automatischem Erhöhen bzw.
          Verringern des Adresszeigers 225

    3.16.12 Indirekte Adressierung mit konstantem Abstand 226

    3.16.13 Indirekte Adressierung mit PUSH und POP 227

    3.16.14 Adressierung des Programmbereichs. 227

    3.16.15 Direkte Adressierung von Konstanten im
          Programmspeicher mit „lpm" 229

4 Programmierung in Assembler 233

4.1 Programm für den Mikrocontroller 233

    4.1.1 Probleme des Programmierens. 234

    4.1.2 Assemblerprogramm 236

    4.1.3 Eigenschaften von Assemblern 237

4.1.4   Nachteile der Assemblersprache 238
4.1.5   Höhere Programmiersprachen 240
4.1.6   Vorteile von höheren Programmiersprachen 242
4.1.7   Nachteile von höheren Programmiersprachen 243
4.1.8   Höhere Sprachen für Mikroprozessoren und
        Mikrocontroller 245
4.2   Assembler 248
4.2.1   Eigenschaften von Assemblern 248
4.2.2   Marken (Labels) 250
4.2.3   Assembler-Mnemoniks 252
4.2.4   Pseudooperationen 252
4.2.5   Pseudooperation EQUATE (oder DEFINE) 254
4.2.6   Pseudooperation ORIGIN 255
4.2.7   Reserve-Pseudooperation 256
4.2.8   Adressen und Operandenfeld 258
4.2.9   Bedingte Assemblierung 260
4.2.10 Makros 261
4.2.11 Kommentare 263
4.2.12 Typen von Assemblern 264
4.2.13 Fehler 265
4.2.14 Lader 266

5   8-Bit-Mikrocontroller ATtiny2313 für digitale Anwendungen 267
5.1   Merkmale des Mikrocontrollers ATtiny2313 267
5.1.1   Anschlüsse des Mikrocontrollers ATtiny2313 269
5.1.2   Interner Aufbau des Mikrocontrollers ATtiny2313 271
5.1.3   Programmierkopf des Mikrocontrollers ATtiny2313 272
5.1.4   Ein- und Ausgänge des ATtiny2313 277
5.1.5   Programmierung des ATtiny2313 281
5.1.6   Registerüberprüfung 285
5.2   ATtiny2313 mit Speicherverhalten 286
5.3   ATtiny2313 als Rechteckgenerator 290
5.4   Steuerbarer Blinker 305
5.5   Einschaltverzögerung 308
5.6   Ein- und Ausschaltverzögerung 310
5.7   Logische Verknüpfung zwischen zwei Tasten 312
5.8   RS-Flipflop 314
5.9   Steuerbarer Blinker 315
5.10 PWM-Helligkeitssteuerung einer Leuchtdiode 316
5.11 Steuerung einer Fußgängerampel 327
5.12 Ampelsteuerung für Nebenstraße 330
5.13 Hexadezimaler Zähler mit 7-Segment-Anzeige 333

5.14   Elektronischer Würfel mit 7-Segment-Anzeige.   336
5.15   Garagenzähler mit neun Stellplätzen   338
5.16   Lottomat mit 2-stelliger 7-Segment-Anzeige   340

6   Hard- und Software für den ATtiny26   345
6.1   Interner AD-Wandler   348
      6.1.1   Sukzessive Approximation.   348
      6.1.2   Starten einer Umsetzung   353
      6.1.3   Wechsel der Kanäle und Referenzspannung   356
      6.1.4   Störungsunterdrückung   359
      6.1.5   Schaltung der Analogeingänge.   360
      6.1.6   Definitionen der ADC-Genauigkeit   362
      6.1.7   Register für den AD-Wandler.   364
6.2   Bau und Programmierung eines digitalen TTL-Messkopfes   368
6.3   Programmierung eines digitalen Thermometers von 0 °C bis 99 °C.   375
6.4   Programmierung eines dreistelligen Voltmeters von 0 V bis 2,55 V   384
6.5   Differenzmessung von Spannungen im 10-mV-Bereich   388
6.6   Messungen und Anzeigen von zwei Spannungen   392

7   Hard- und Software für den ATmega32   397
7.1   Interner Aufbau   399
      7.1.1   Ein- und Ausschaltverzögerung   401
      7.1.2   Stackpointer im Mikrocontroller   406
7.2   Ansteuerung der LCD-Anzeige   412
      7.2.1   Ansteuerung der LCD-Anzeige im 4-Bit-Format   419
      7.2.2   Zweistellige Darstellung der LCD-Anzeige.   427
7.3   8-Bit-DA-Wandler MAX505 mit vier Ausgängen.   429
      7.3.1   Analoge Signalverarbeitung.   429
      7.3.2   Bewertungsnetzwerk   431
      7.3.3   Eigenschaften des MAX505   434
      7.3.4   MAX505 am ATmega32   435
      7.3.5   Sinusgenerator mit dem MAX505   445
7.4   Hard- und Software für ein Platinensystem mit dem
Mikrocontroller ATmega32   448
      7.4.1   Mikrocontroller ATmega32   449
      7.4.2   Abfrage der Tastatur.   454
      7.4.3   Ansteuerung der Leuchtdioden   455
      7.4.4   Lauflicht   460
      7.4.5   Ansteuerung der Tastatur   462
7.5   Programmierbarer Schnittstellenbaustein 8255   468
      7.5.1   Betriebsarten des 8255.   470
      7.5.2   Ausgabebetrieb des 8255   474
      7.5.3   Eingabebetrieb des 8255   478

        7.5.4   Ein-Ausgabebetrieb des 8255   481
        7.5.5   Elektronischer Würfel   483
        7.5.6   TTL-Logiktester.....................................   485
        7.5.7   Vier-Kanal-Logiktester...............................   489
        7.5.8   Einstufiger Vor-/Rückwärtszähler   491
        7.5.9   Zweistufiger Vor-/Rückwärtszähler   495
        7.5.10   Zweistelliges Betriebsvoltmeter.......................   497
        7.5.11   Ansteuerung einer zehnstelligen Baranzeige..............   499
  7.6   ATmega32 mit der LCD-Anzeige   506
        7.6.1   Voltmeter mit vier Messkanälen.......................   510
        7.6.2   Anzeige eines kombinierten Volt- und Amperemeters........   516
        7.6.3   Sägezahngenerator..................................   524
        7.6.4   Programm zur Berechnung einer Sinusfunktion   524
  7.7   Mikrocontroller ATmega32 mit Quarz..........................   532
        7.7.1   ATmega32 mit Quarzoszillator   534
        7.7.2   ATmega32 mit externem RC-Oszillator...................   536
        7.7.3   ATmega32 mit internem RC-Oszillator...................   537
        7.7.4   ATmega32 mit externem Taktgenerator...................   539
  7.8   Programmierbarer autonomer Roboter   540

Stichwortverzeichnis..   553

Grundlagen der Mikrocontroller

Die Mikroprozessoren und Mikrocontroller stellen den vorläufigen Abschluss einer bemerkenswert geradlinigen Entwicklung digitaler Logiksysteme dar, der das Bestreben zugrunde lag, sich möglichst von der starren Verdrahtung der logischen Funktionen zu trennen. Dieser Weg wurde im Wesentlichen in drei Stufen beschritten.

Die erste Stufe (etwa im Jahr 1965) war die festverdrahtete Logik (hardwired logic), in der die logischen Funktionen ausschließlich durch Verdrahtung von diskreten und integrierten Bauelementen (Gatter, Flipflops, Schieberegister, Decoder usw.) realisiert wurden. Auch komplizierte sequenzielle Abläufe wurden rein schaltungsmäßig durch die entsprechende Hardware realisiert, sodass hier die Verdrahtung des Trägers das Programm war. Der Hauptnachteil dieses Logiktyps liegt, wie bereits früh erkannt wurde, in der Tatsache, dass die logischen Funktionen bzw. die Programme eines fertigen Aufbaus kaum oder sehr umständlich zu verändern waren. Jede Änderung war teuer und verursachte erhebliche Zeitverluste, oder das System wurde dadurch unzuverlässig, z. B. eine behelfsmäßige Änderung einer gedruckten Schaltung oder wiederholte Umverdrahtung eines Aufbaus in „wire-wrap"-Technik, waren die Ursache. Auch wenn diese Ursachen unzuverlässiger Aufbauten üblicherweise nur in der Entwicklung vorkommen, können sie doch die Gesamtkosten eines Projektes empfindlich erhöhen. Wird das betreffende Gerät bereits gefertigt, verursachen selbst geringfügige Änderungen eine Neuauflage ganzer Serien von Baugruppen. Insbesondere an dieser Stelle erkannte man die sehr geringe Flexibilität der festverdrahteten Logik.

Mit dem Aufkommen (etwa im Jahr 1972) der ersten Halbleiterspeicher ROM (read only memory oder Festwertspeicher) und RAM (random access memory oder Datenspeicher mit einem wahlfreien Zugriff) wurde ein neuer Logiktyp möglich, der die zweite Stufe der hier beschriebenen Entwicklung darstellt: Die mikroprogrammierte Logik. Bei dieser wird ein Teil des Programms in einem Festwertspeicher, also nicht in der Verdrahtung, untergebracht. Das etwa gleichzeitige Erscheinen zunehmend flexibler

© Springer Fachmedien Wiesbaden GmbH, ein Teil von Springer Nature 2020
H. Bernstein, *Mikrocontroller*, https://doi.org/10.1007/978-3-658-30067-8_1

digitaler Bausteine unterstützte die Entwicklung der mikroprogrammierten Logik. Es standen TTL- oder CMOS-Bausteine wie programmierbare Zähler, Multifunktionsgatter, programmierbare Schieberegister usw. zur Verfügung. Diese zweite Stufe der Digitallogik blieb aber auf halbem Wege stehen: Ein Teil des Programms wurde durch die Verdrahtung vorzugsweise bei einfachen Unterprogrammen realisiert – ein Teil des Programms ist der Speicherinhalt und kann bereits als Software verstanden werden.

Erst durch die Entwicklung der Mikroprozessoren und Mikrocontroller (etwa im Jahr 1973) wurde die dritte Stufe der Digitallogik möglich. Die Hardware erreicht überwiegend universellen Charakter und wird dadurch hoch integrierbar, was sehr weitreichende Konsequenzen hinsichtlich der Minderung des Platzbedarfs, Energieverbrauch und Kosten hatte. Träger der logischen Funktionen und Sequenzen ist normalerweise nur das Programm, also die Software. Natürlich hat es diese Art der Digitallogik schon früher in den Prozessrechensystemen gegeben, aber mehr als eine Art Randerscheinung, da der Einsatz des verwendeten Prozessrechners meist aufgrund der erforderlichen Rechenoperationen gerechtfertigt war und die logischen Digitalfunktionen als Nebenaufgabe wahrgenommen wurden.

An dieser Stelle beginnen auch die Grenzen zwischen Mikroprozessoren und Mikrocontrollern ungenau zu werden. Ein Mikroprozessor benötigt zahlreiche Peripheriebausteine wie externen Taktgenerator, spezielle Ein- und Ausgabebausteine (I/O-Ports), Prioritäts-Steuerbausteine (PSU) für Unterbrechungen, parallele Bus-Treiber-Bausteine, programmierbare Serienschnittstellen-Bausteine (USART) für den Sender- und Empfängerbetrieb, programmierbarer Zeitgeberbaustein (PCT), programmierbarer peripherer Schnittstellen-Baustein (PPU), programmierbarer Steuerbaustein für direkten Speicherzugriff (DMA), programmierbarer Unterbrechungs-Steuerbaustein (PIU), programmierbarer Disketten-Steuerbaustein (PFD), programmierbarer HDLC/SDLC-Steuerbaustein, programmierbarer Bildschirm-Steuerbaustein, programmierbarer Tastatur-Schnittstellenbaustein usw. Ein PC-System beinhaltet mehr oder weniger diese Bausteine.

Der Mikrocontroller ist ein hochintegrierter Baustein, der, neben einem Standard-Mikroprozessor, einen oder mehrere serielle und parallele Portbausteine, Datenspeicher, Programmspeicher und eventuell noch einige andere Sonderfunktionen an Hardware auf einem einzigen Chip vereinigt. Abb. 1.1 zeigt das Blockschaltbild eines typischen Mikrocontrollers, es handelt sich um eine komplette Mikroprozessorbaugruppe auf einem Chip. Als Schnittstelle zur Peripherie sind in der Regel nur die Portleitungen, der Takteingang, an den ein Quarz oder eine RC-Kombination angeschlossen werden muss, eine Resetleitung und die Betriebsspannungsanschlüsse vorhanden.

Wegen des geringen Aufwands beim Hardwaredesign eignet sich ein Mikrocontroller besonders gut für einfache Steuerungsaufgaben (z. B. Aufzug-, Waschmaschinen- und allgemeine Steuerungen aller Art). Aber auch für umfangreichere Aufgaben wie beispielsweise in Kraftfahrzeugen für Anti-Blockiersysteme, Einspritzsysteme, intelligente Anzeigeneinheiten, Klimaanlagen, Sitzplatzverstellung, Fensterheber usw. werden Mikrocontroller heutzutage mit wachsender Beliebtheit eingesetzt.

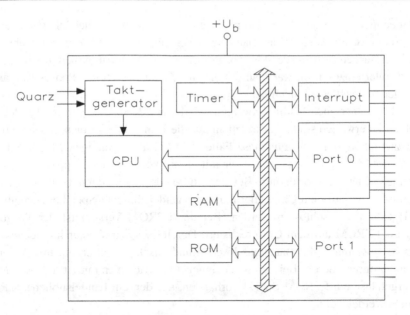

Abb. 1.1 Blockschaltbild eines typischen Mikrocontrollers

Für den Anwender eines Mikrocontrollers ergibt sich dadurch, dass der Programmspeicher auf dem Chip realisiert wurde, eine wesentliche Konsequenz, die nur bis 1980 zu berücksichtigen war: Das Programm, das der Mikrocontroller im Betrieb abarbeiten soll, musste bei der Produktion der Chips bekannt sein. Dem Halbleiterhersteller, der den Mikrocontroller für den Anwender fertigte, musste das ausgetestete Mikrocontrollerprogramm also bereits vor der Produktion vorliegen. Der Baustein realisiert die eigentlichen Prozessorstrukturen, die Portfunktionen, die anderen Peripheriefunktionen, den RAM-Speicher und auch den Programmspeicher mithilfe einer Multimaskentechnik. Unterschiedlich bei verschiedenen Anwendungen ist bei der Erstellung der Masken jedoch nur der Teil, der den als ROM ausgeführten Programmspeicher enthält.

Die Masken müssen in einem sehr stark vergrößerten Maßstab mit äußerster Präzision erstellt werden. Hierzu sind spezielle, äußerst kostspielige Anlagen erforderlich. Es ist einleuchtend, dass die Produktion dieser Masken und natürlich auch die Produktion sowie der Test von Musterstücken sehr teuer waren. Damit die kostspieligen Masken wegen eines fehlerhaften Programms nicht neu angefertigt werden und die Tests nicht allzu häufig wiederholt werden müssen, ist es wichtig, dass das Mikrocontrollerprogramm bei der Produktion der Chips bereits wirklich fehlerfrei ist.

Auch dann, wenn man von einem fehlerfreien Programm ausgehen kann, müssen die Masken- und Testkosten auf die Zahl der zu produzierenden Bausteine umgelegt werden. Bei Masken- und Testkosten in Höhe von ca. 10.000 € muss man bei Produktionsstückzahlen von 10.000 Stück mit einem Kostenanteil von 1 € pro Stück rechnen. Bei kleineren Produktionsstückzahlen steigt dieser Preis natürlich sehr schnell auf beträchtliche Werte an. Mikrocontroller mit auf dem Chip realisiertem Programmspeicher lohnten sich daher erst bei großen Stückzahlen. Wenn man also bei einem preiswerten Produkt beabsichtigt, wegen des einfachen Aufbaus der Mikroprozessorbaugruppe einen maskenprogrammierten Mikrocontroller einzusetzen, war man früher gut beraten, wegen des Preises Kontakt mit dem Halbleiterhersteller aufzunehmen.

Nun gibt es aber auch häufig Anwendungsfälle, bei denen nur geringe Produktionsstückzahlen zu erwarten sind, aber trotzdem auf die Kompaktheit eines Mikrocontrollers nicht verzichtet werden soll. Für diese Fälle steht bei allen gängigen Mikrocontrollern die Version ohne Programmspeicher oder mit einem vom Anwender programmierbaren Programmspeicher zur Verfügung. Bei den ROM-losen Versionen befindet sich kein Programmspeicher auf dem Chip. Hier muss ein handelsüblicher Speicherbaustein (z. B. EPROM) extern angeschlossen werden. Bei der EPROM-Version ist der Programmspeicher als EPROM auf dem Chip realisiert. Durch ein Quarzfenster im Gehäuse lässt sich der gesamte Inhalt des Bausteins löschen und anschließend erneut mit dem neuen Programm programmieren. Bei der sogenannten Piggiback-Version ist auf dem Mikrocontrollergehäuse ein EPROM-Sockel vorhanden, auf den ein handelsübliches EPROM aufgesteckt werden kann.

Alle zuletzt beschriebenen Versionen der Mikrocontroller weisen einen Vorteil auf: bei der Produktion des Mikrocontrollers muss das Programm noch nicht bekannt sein. Sie sind also noch vollständig universell einsetzbar und können damit in großen Stückzahlen gefertigt werden. Der Preis war entsprechend niedrig. Allerdings ist der Preis für diese Sonderformen der Mikrocontroller (insbesondere die EPROM-Version) dennoch erheblich höher als bei einem in hohen Stückzahlen produzierten, maskenprogrammierten Chip. Als Anhaltspunkt für die Preiskalkulation können folgende Werte dienen: Der Preis für die ROM-lose Version oder eine maskenprogrammierte Version eines Mikrocontrollers war bei etwa 10 €. Die EPROM-Version hingegen kostet etwa 100 €. Die Piggiback-Version lag im Preis etwa in der Mitte zwischen diesen beiden Werten.

Bei den Sonderversionen der Mikrocontroller muss das Programm entweder vom Anwender selbst in das EPROM auf dem Mikrocontroller oder in ein extern zu installierendes EPROM programmiert werden. Zum Programmieren kann ein handelsübliches EPROM-Programmiergerät genutzt werden. Für Mikrocontroller mit einem EPROM auf dem Chip gibt es spezielle „Personality"-Adapter, die die Gehäuseform des Mikrocontrollers an das EPROM-Programmiergerät anpassen.

Sehr häufig werden die EPROM-Version, die Piggiback-Version oder die ROM-lose Version eines Mikrocontrollers nur während der Entwicklung eines Produktes eingesetzt. Die Entwicklungsingenieure können das Programm in dieser Phase problemlos so oft wie nötig ändern. Das Löschen des gesamten Speicherinhaltes eines EPROM dauert ca. 10 min. Ist die Hardware und Software am Ende der Entwicklungsphase fehlerfrei, konnte dann die kostengünstige ROM-Version bei einem Halbleiterhersteller in Auftrag gegeben werden.

Nach diesen Grundlagen ist es für den Anwender von Mikrocontrollern wichtig zu wissen, wie reale Mikrocontroller ausgestattet sind und wie diese Chips in den letzten Jahren verbessert wurden.

Die Grundidee zum Mikrocontroller ist bereits relativ alt. Bereits im Jahre 1976 wurde der erste Mikrocontroller 8048 auf den Markt gebracht. Seit dieser Zeit ist dieser Baustein mehrfach verbessert worden und wird heute neben anderen Mikrocontrollern von mehreren Herstellern angeboten. Für Projekte, bei denen es auf geringen Leistungsbedarf ankommt, steht neben der Standard-Version in NMOS-Technologie auch eine Version in CMOS-Technologie zur Verfügung.

Über lange Jahre hinweg wurde der 8048 in nahezu allen Entwicklungsprojekten mit Mikrocontrollern eingesetzt. Durch die immer umfangreicher werdenden Softwareprojekte stieß man in den letzten Jahren jedoch häufiger an die Kapazitätsgrenzen dieses Standard-Mikrocontrollers. Der Ruf nach Bausteinen mit größerem Speicher und zusätzlichen Funktionen auf dem Chip wurde laut. Diese Herausforderung wurde von den Halbleiterherstellern angenommen und die in vielen Punkten verbesserte 8051-Familie auf den Markt gebracht. Der 8051 ist mit seinen 60.000 Transistoren sehr hoch integriert und mit einem Anteil von über 65 % in der gesamten Mikroelektronik (Stand: 2010) zu finden. Der Grund liegt in der komfortablen und sicheren Rechnerarchitektur. Auch sind sehr viele gut dokumentierte Programme für diesen Mikrocontroller erhältlich.

Genau wie der 8048 ist der 8051 in NMOS- und auch in CMOS-Technologie verfügbar. Die beiden Versionen unterscheiden sich vorwiegend durch die Leistungsaufnahme. Außer dem niedrigen Strombedarf gibt es bei den CMOS-Versionen zusätzliche Möglichkeiten, um den Prozessor anhalten zu können und in einen kontrollierten Stand-by-Mode zu bringen. Dies ist besonders für Batteriegeräte wichtig, da im Stand-by-Mode die Stromaufnahme des Chips äußerst gering ist.

- „Power down Mode": Dieser Mode ist dadurch gekennzeichnet, dass der Taktoszillator auf dem Chip angehalten wird. Danach sind keine Operationen mehr möglich. Durch das Aktivieren der Resetleitung kann der Chip wieder aufgeweckt werden.
- „Idle Mode": In diesem Mode arbeitet der Taktgenerator weiter. Interruptlogik, serieller Port und Timer werden auch weiterhin mit Taktimpulsen versorgt. Nur die CPU selbst erhält keine Taktimpulse mehr und durch einen beliebigen Interrupt kann dieser Zustand wieder verlassen werden.

Die Standard-Versionen 8051 und 80C51 verwenden einen großen Programmspeicher mit 4 Kbyte auf dem Chip, der durch den Hersteller maskenprogrammiert wird (ROM-Version). Beide Mikrocontroller eignen sich also besonders für Produkte, die in großen Stückzahlen gefertigt werden.

Für Projekte, bei denen die interne Programmspeicherkapazität des Mikrocontrollers von 4 Kbyte nicht ausreicht, gibt es Derivate mit doppelter bzw. vierfacher Speicherkapazität (8052, 80451) oder die ROM-lose Version 8031. Der 8031 ist in der Lage, einen externen Programmspeicher mit einer Kapazität bis 64 Kbyte zu adressieren.

Um diesen externen Programmspeicher anschließen zu können, müssen zwei acht Bit breite Ports des Mikrocontrollers zweckentfremdet genutzt werden. Genau wie bei dem früheren Standard-Mikroprozessor 8085 werden die Daten und die untere Hälfte des Adressbusses im Zeitmultiplex übertragen. Hierfür ist Port 2 des Mikrocontrollers konfigurierbar. Auf dem anderen Port wird die obere Hälfte des Adressbusses übertragen. Zwischen Mikrocontroller und Speicherbaustein muss also ein Adress-Latch eingefügt werden, in dem die untere Hälfte der Adresse bis zur Gültigkeit des Datenwortes zwischengespeichert wird.

Aber auch der Programmspeicher kann mithilfe externer Speicherbausteine auf die maximal adressierbare Größe von 64 Kbyte ausgebaut werden. Bei Betrieb des Mikrocontrollers mit externem Programmspeicher lassen sich die umfunktionierten Portleitungen nicht mehr direkt für Input/Output-Operationen nutzen. Wertet man diese Zwischenspeicherung nicht optimal aus, wird der Verwendungsbereich des Mikrocontrollers für I/O-Funktionen stark eingeschränkt.

Eine weitere Besonderheit der 8051-Familie ist die, dass im Gegensatz zum Standard-Mikroprozessor neben dem Programmspeicher ein getrennter Datenspeicher vorhanden ist. Auf dem Chip selbst sind beispielsweise 128 Byte dieses Speichers vorhanden. Dadurch sind die meisten Standard-Anwendungsfälle abgedeckt. Sollte für bestimmte Projekte dieser Bereich jedoch nicht ausreichen, kann auch der Datenspeicher extern bis zu 64 Kbyte erweitert werden.

1.1   Mikrocontroller-Familie ATtiny2313, ATtiny26 und ATmega32

In diesem Buch wird mit drei Mikrocontrollern unter den Bezeichnungen ATtiny2313, ATtiny26 und ATmega32 von Atmel gearbeitet. Der Unterschied liegt im Gehäuse (ATtiny2313 und ATtiny26 im 20-poligen DIL-Gehäuse, ATmega32 im 40-poligen DIL-Gehäuse), aber der Befehlssatz ist in den Strukturen weitgehend identisch. Auf die erweiterten Befehle wird in den einzelnen Kap. eingegangen. Abb. 1.2 zeigt die Blockschaltung des ATtiny2313.
Die Mikroprozessor-Familie von Atmel weist eine RISC-Architektur (Reduced Instruction Set Computer) auf. Die PC-Mikroprozessoren verwenden weitgehend die CISC-Architektur (Complex Instruction Set Computer). Mikrocontroller, die nach RISC arbeiten, lassen sich für universelle Anwendungen weit besser ausnutzen als die PCs, die eine CISC-Architekturverwenden. Im Gegensatz zu anderen µC, welche einen Bus für Daten und Befehle verwenden (von Neumann-Architektur), benutzen die RISC-Mikrocontroller für Daten und Befehle getrennte Busse und Speicher (Harvard-Architektur), wodurch verschiedene Busbreiten ermöglicht werden.

Die Eigenschaften der drei Mikrocontroller ATtiny2313, ATtiny26 und ATmega32 sind fast identisch:

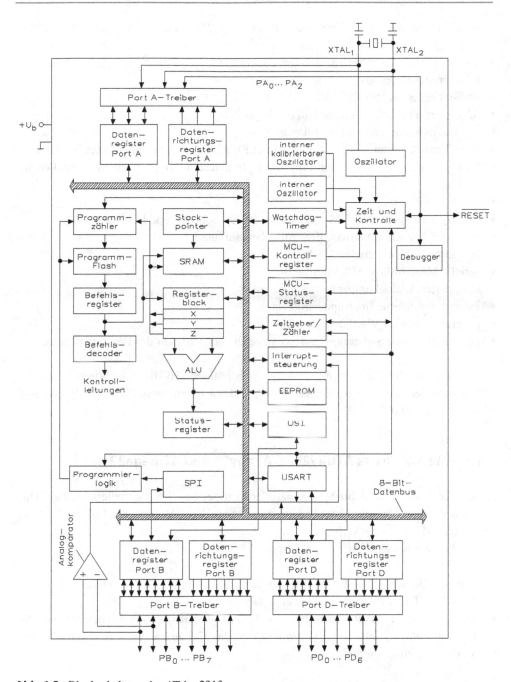

Abb. 1.2 Blockschaltung des ATtiny2313

- über 118 Befehle (benötigen zumeist nur einen Taktzyklus zur Abarbeitung eines Befehls),
- Taktfrequenz 4 MHz bzw. 8 MHz (int oder extern),
- 8-Bit breiter Datenbus,
- 16-Bit breiter Bus für Befehle,
- 32 Universalregister (General Purpose Register),
- direkte, indirekte und relative Adressierung,
- zwei Timer/Counter (8-Bit bzw. 16-Bit mit PWM) mit programmierbarem Verteiler,
- 8 kByte internes FLASH für Programme (mindestens 10.000 Schreib- und Lösch-zyklen),
- 512 Byte SRAM,
- 512 Byte internes EEPROM (mindestens 10.000 Schreib- und Löschzyklen),
- 16 oder 32 programmierbare Ein-/Ausgabeanschlüsse,
- programmierbarer serieller USART,
- serielle Master/Slave-SPI-Schnittstelle,
- integrierter Analogkomparator,
- externe und interne Interruptabarbeitung,
- programmierbarer Watchdog-Timer,
- programmierbare Sicherungseinrichtung gegen das Auslesen des Programmcodes.

Da die meisten Befehle nur einen Taktzyklus benötigen (16-Bit-Befehle) erreichen die Mikrocontroller mit 4 MHz nahezu 4 MIPS (Mega-Instructions-Per-Second) und mit 8 MHz nahez 8 MIPS.

1.1.1 Merkmale des ATtiny2313, ATtiny26 und ATmega32

Atmel AVR ist eine 8-Bit-Mikrocontroller-Familie des US-Herstellers Atmel. Die Controller dieser Familie sind wegen ihres einfachen Aufbaus und ihrer leichten Programmierbarkeit weit verbreitet.

Die Typen unterteilen sich in die Gruppen

- ATtiny: Kleinere AVR-Controller mit bis zu 16 Kbyte Flash-Speicher in 6- bis 20-poligen DIL-bzw. anderen kleineren Gehäusen.
- ATmega: Große AVR-Controller mit bis zu 256 Kbyte Flash-Speicher in 28- bis 100-poligen DIL-bzw. anderen kleineren Gehäusen und mit integriertem Hardware-Multiplizierer.

Alle Mikrocontroller lassen sich per SPI-Schnittstelle und über einen ISP (AVR ISP, In-System Programmer)programmieren, und über einen einfachen Programmieradapter ist der Anschluss an die serielle, parallele oder USB-Schnittstelle eines PC möglich. Die

Besonderheit liegt in der Möglichkeit, den Mikrocontroller nicht aus der Zielschaltung herausnehmen zu müssen. Stattdessen kann man den Mikrocontroller im eingebauten Zustand elektrisch löschen bzw. reprogrammieren. Ebenfalls lässt sich der Mikrocontroller über einen HV-Programmer (High-Voltage-Programmer)programmieren, dessen Spannung bei 12 V liegt. Dies ist nötig, wenn durch Setzen der Fuse-Bits, der für die ISP-Schnittstelle notwendige Reset-Anschluss deaktiviert wurde – beispielsweise um diesen aufgrund von Mangel an freien Pins als I/O-Pin zu nutzen – und der Chip nicht mehr über einen ISP programmierbar ist.

Die Mikrocontroller besitzen zudem eine Debug-Schnittstelle, die bei kleineren Controllern (ATtiny-Serie sowie ATmega-Familie) neben den Versorgungsleitungen nur eine Resetleitung benötigt (debug Wire). Bei größeren Controllern der ATmega-Familie kann dagegen leichter auf mehrere Pins verzichtet werden, sodass hier eine JTAG-Schnittstelle (Joint Test Action Group) zum Einsatz kommt. Hiermit lässt sich ein in den Mikrocontroller heruntergeladenes Programm mittels Zusatzhardware/-software nach dem IEEE-Standard 1149.1 in einer konkreten Hardwareumgebung untersuchen und von eventuellen Programmierfehlern befreien (debuggen).

Ein Vorteil gegenüber anderen Mikroprozessor-Familien ist, dass sich durch die RISC-Architektur die meisten Register-Befehle innerhalb eines Systemtakts abarbeiten lassen, ausgenommen sind Sprung- und Multiplikationsbefehle sowie Zugriffe auf das Speicherinterface (u. a. RAM und I/O-Ports). Diese Architektur ist sehr schnell und effizient im Vergleich zu anderen.

Durch das auf Hochsprachen wie C ausgelegte Hardware-Design konnten auch die Compiler einen sehr effizienten Code erzeugen und der Software-Entwickler muss nicht zwingend auf Assembler-Ebene programmieren.

Allerdings wird der binäre Programmcode, wie bei vielen anderen Mikroprozessoren mit integriertem Programmspeicher auch, direkt aus dem Flash-Speicher herausgeführt. Dadurch kommt es vor allem bei den Chipversionen für geringe Versorgungsspannungen von unter 3,3 V zu vergleichsweise geringen maximalen Taktraten des Prozessorkerns von meist unter 8 MHz. Da die Frequenz fast 1:1 in MIPS (Mega Instructions Per Second) verwertet wird, entspricht dies maximal 8 MIPS. Es besteht eine Möglichkeit, den internen Prozessorkern mithilfe einer PLL-Schaltung gegenüber dem internen Takt zu einer erhöhten Taktrate zu bringen.

Der Befehlssatz der ATtiny und ATmega umfasst im Wesentlichen beim

ATtiny   bis 123 Befehle,
ATmega   bis zu 130 bis 135 Befehle.

Im Gegensatz zu den PICmicro-Prozessoren wurde der AVR-Befehlssatz über alle Modelle – abgesehen vom AT90S1200 mit eingeschränktem Befehlssatz und vom ATmega mit leicht erweitertem Befehlssatz – kompatibel gehalten. Kleinere Unterschiede im Befehlsumfang gibt es jedoch aufgrund unterschiedlicher Flashgröße, Bootloader-Support, Multiplikationsbefehlen (ab Mega), der Hardwareausstattung usw.

Die AVR-Prozessoren sind für die effiziente Ausführung von kompiliertem C-Code ausgestattet. Der C-Compiler ist kostenlos aus dem Internet herunterzuladen, um das Optimierungspotenzial zu erkennen, etwa:

- Die Instruktion „Addition mit direktem Parameter" (add immediate) wurde entfernt, denn anstatt dieser Instruktion kann ebenso gut der Befehl „Subtrahiere direkt" (subtract immediate) mit dem Komplement verwendet werden.
- Der dadurch auf der Datei frei werdende Platz wurde dann zum Realisieren einer „Addition mit direktem 16-Bit-Parameter" (add immediate word) genutzt.
- Ein Befehl wie „Vergleich mit Carry-Flag" (compare with carry) wurde eingeführt, um einen effizienten Vergleich von 16- und 32-Bit-Werten – wie er in Hochsprachen üblich ist – zu ermöglichen.

Alle AVR-Mikrocontroller der Firma Atmel (außer AVR32, 32-Bit-Mikrocontroller) arbeiten mit folgender Nomenklatur:

- ATmega: Die Namensgebung folgt immer dem gleichen Schema.

Aktueller Baustein als Beispiel: „ATmega32PA-AU". Der Name besteht aus fünf Teilen:

- Baureihe (hier: „ATmega").
- Nummer, immer eine Zweierpotenz (hier: 3). Diese Zahl gibt die Größe des Flashspeichers in Kbyte an.
- Bis zu drei weiteren Ziffern (hier: 2). Sie definieren die Zusatzfunktionen sowie Zahl der I/O-Ports.
- Bis zu zwei Buchstaben (hier: PA), die für die Revision sowie spezielle stromsparende Architekturen stehen.
- Bindestrich und zwei weitere Buchstaben, die die Bauform angeben (hier: AU).

Hier gibt es nur drei Reihen von Mikrocontrollern: Den kleinen ATtiny mit reduziertem Funktionsumfang und den großen ATmega sowie AT90-Modelle mit Sonderfunktionen.

Während die Größe des Flashspeichers (Programmspeicher) direkt im Namen angegeben ist, ergibt sich die Speicherkapazität von RAM und EEPROM nur indirekt aus dieser Nummer, wobei typischerweise die Bausteine mit großem Flash auch mit mehr RAM und EEPROM ausgestattet sind als kleinere. Für diese Zuordnung gilt Tab. 1.1.

Die Ziffer(n) nach der Flashgröße geben die Ausstattungsmerkmale des Bausteins an. Tab. 1.2 gilt für die ATmega-Reihe.

Die (optionalen) Buchstaben vor dem Bindestrich geben Auskunft über den Stromverbrauch und Spannungsbereich, wie Tab. 1.3 zeigt.

Tab. 1.1 Speicherkapazität von Flash, RAM und EEPROM

Flash (Kbyte)	ATtiny EEPROM (B)	ATmega	ATtiny RAM (B)	ATmega
2	128	–	128	–
4	divers	256	divers	512
8	divers	512	512	1024
16	–	512	–	1024
32	–	1024	–	2048
64	–	2048	–	4096
128 bis 256	–	4096	–	4 Kbyte bis 16 Kbyte

Tab. 1.2 Speicherkapazität der ATmega-Typen

Ziffer	Beschreibung
–	Keine Ziffer markiert die Bausteine der ersten Generation. Sie verfügen in der Regel über eineniedrigere maximale Taktrate (8/16 MHz anstatt 10/20 MHz), eine höhere Minimal-Spannung (2,7 anstatt 1,8 Volt),weniger Interrupt-Quellen und PWM-Kanäle.
0	Speicherkapazität von 32 Kbyte bis 256 Kbyte in einem größeren Gehäuse mit höherer Anzahl anI/O-Pins. Etwas älter als die aktuellen Reihen 4 und 8.
1	Kennzeichnet eine verbesserte Version des ATmega128/256, aber älter als aktuelle4er-Reihe.
4	Speicherkapazität von 16 Kbyte bis 128 Kbyte Flash, alle pinkompatibel in 40- bis 44-poligemGehäuse. Neueste Baureihe, alle in pico-power-Technologie mit vielen verbesserten Funktionen, wie externenInterrupts, Timern, USART usw.
5	Speicherkapazität von 16 Kbyte bis 64 Kbyte.
8	Speicherkapazität von 4 Kbyte bis 32 Kbyte, alle pinkompatibel in 28- bis 32-poligemGehäuse. Neueste Baureihe, alle in „pico-power"-Technologie mit vielen verbesserten Funktionen, wie externenInterrupts, Timern, USART, usw.. (auch in der ATtiny-Reihe vorhanden).
9	Speicherkapazität von 16 Kbyte bis 64 Kbyte mit integriertem Controller für LC-Displays, folglich ingroßen Gehäusen (64- bis 100-polig).

Die beiden Buchstaben nach dem Bindestrich geben Auskunft über die Bauform. Die Zahl der Pins des jeweiligen Gehäusetyps hängt vom Baustein ab, wie Tab. 1.4 zeigt.

Bei den ATtiny-Bausteinen ist die Nummerierung deutlich unübersichtlicher als in der ATmega-Reihe. Die erste Ziffer gibt wie auch bei ATmega die Größe des Flash-Speichers an. Die Tabellen für Baureihe, Bauform, Revision und Speichergröße gelten ebenfalls (Ausnahmen: ATtiny5 mit 0,5-Kbyte-Flash sowie ATtiny4 und ATtiny9 mit 0,5 Kbyte bzw. 1 Kbyte Flash). Zusatzfunktionen und Baugröße gehen aus der Bezeichnung nicht hervor.

Tab. 1.3 Betriebsspannungen bei den Mikrocontrollern

Buchstabe	Beschreibung
A	Zweite Revision – meist nur eine Umstellung der internen Strukturen ohne Auswirkung für denBenutzer, teilweise mit einem internen Temperatursensor.
L/V	„Low-Voltage": Speziell für niedrigere Taktraten (8 bzw. 10 MHz) sowie niedrigere Eingangsspannungen(1,8 bzw. 2,7 V) selektierte Bausteine.
P/PA	„Pico-Power": Reduzierte Stromaufnahme, besonders in tiefen Sleep-Modes (< 1 µA), einigeBausteine (z. B. ATmega48) gibt es als P und PA.
HV/HVA	„High-Voltage": Sondermodelle mit Peripherieeinheiten zur Steuerung von Akkuladegeräten, die mit biszu 18 V betrieben werden können.
RF	„Radiofrequency": Modelle mit integriertem Transceiver für das 2,4 GHz-ISM-Band.

Tab. 1.4 Bauformen von Mikrocontrollern

1. Buchstabe	Beschreibung	Typ
A	TQFP-Gehäuse	SMD
C	BGA-Gehäuse	SMD
J	PLCC-Gehäuse	SMD
S	SOIC-Gehäuse	SMD
M	(V)QFN-/MLF-Gehäuse	SMD
P	DIP-Gehäuse	THT
2. Buchstabe	Beschreibung	
I	Bleihaltig – nicht mehr erhältlich	
U	Bleifrei, RoHS-kompatibel	

1.1.2   Pinbelegung des ATtiny2313, ATtiny26 und ATmega32

Abb. 1.3 zeigt die Pinbelegung des ATtiny2313, ATtiny26 und ATmega32. Die meisten Ports sind doppelt und dreifach belegt und besitzen neben der normalen Port-Funktion noch Sonderfunktionen. Die verschiedenen Pinbezeichnungen und Sonderfunktionen werden beschrieben.

Tab. 1.5 zeigt die Pin-Bezeichnungen für die Spannungsfunktionen.

Tab. 1.6 zeigt die Pin-Bezeichnungen für den Systemtakt.

Jeder Pin der I/O-Ports kann individuell als Eingang oder Ausgang konfiguriert werden. Die I/O-Ports verwenden maximal ein 8-Bit-Format und verfügen je nach AVR-Typ über eine unterschiedliche Anzahl von Pins. An jedem als Eingang (Input) geschalteten Pin gibt es intern zuschaltbare „pull-up-Widerstände", die teilweise auch bei aktivierter Sonderfunktion verfügbar sind. Bei eingeschalteten Sonderfunktionen wie USART, SPI, ADC, usw. sind die entsprechenden Pins nicht als „normale" digitale

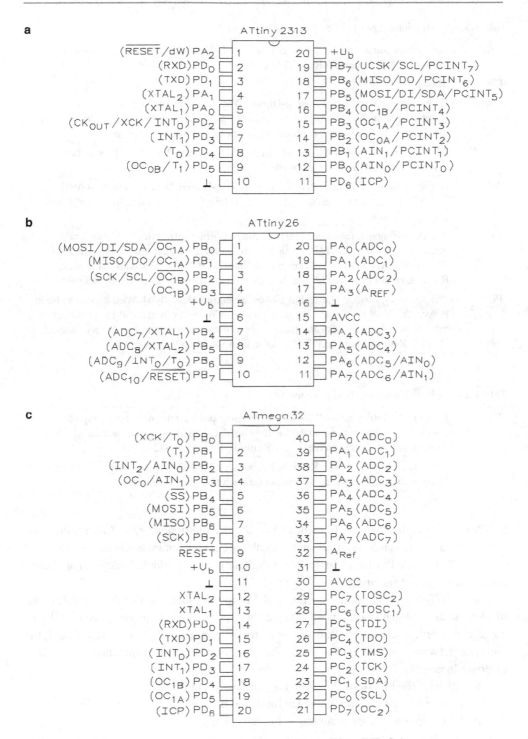

Abb. 1.3 Pinbelegung des ATtiny2313, ATtiny26 und ATmega32 im DIL-Gehäuse

Tab. 1.5 Pin-Bezeichnungen für die Spannungsfunktionen

VCC	Betriebsspannung von 2,7 V bis 5,5 V bei den L-Varianten (low power), ansonsten 4,5 V bis5,5 V. Neuere AVR ab 2,7 V und ab 1,8 V in V-Variante.
GND	Masse
AREF	Referenzspannung für den Analog-Digital-Wandler. Auch die interne Bandgap-Referenzspannung kann überdiesen Pin durch einen Kondensator entstört werden (in diesem Fall keine externe Spannung an diesen Pin geben(Kurzschluss)!).
AGND	Analoge Masse für AD-Wandler und dazugehörige Ports. Die freien Pins sollten in der Praxis mit GNDverbunden werden.
AVCC	Betriebsspannung für den internen 8-Bit-Analog-Digital-Wandler. Die Pins AVCC und AGND müssen immerbeschaltet werden, selbst wenn man den AD-Wandler und Port A nicht benutzt.
RESET	Rücksetz-Eingang, intern über einen Pull-up (interner oder externer Widerstand) mit VCCverbunden. Ein L-Pegel an diesem Pin für die Dauer von mindestens zwei Zyklen des Systemtaktes bei aktivemOszillator setzt den Mikrocontroller zurück. Rücksetzen der Ports erfolgt unabhängig von einem evtl. anliegendenSystemtakt.
PEN	Programming Enable: Diesen Pin gibt es nur beim Mega128/64. Wird dieser Pin beim Power-On Reset nachMasse gezogen, geht der Controller in den ISP-Programmier-modus. Man kann ihn also alternativ zu Resetverwenden. In der Praxis verwendet man aber die Reset-Leitung und PEN sollte man direkt mit VCCverbinden.

Tab. 1.6 Pin-Bezeichnungen für den Systemtakt

XTAL1	Eingang des internen Oszillators zur Erzeugung des Systemtaktes bzw. Eingang für ein externesTaktsignal, wenn der interne Oszillator nicht verwendet werden soll bzw. Anschluss von einem externenQuarz/Keramik-Resonator/RC-Glied.
XTAL2	Anschluss von Quarz oder Keramik-Resonator oder Ausgang des integrierten Oszillators zur Nutzung alsSystemtakt (je nach Fuse-Einstellungen).

I/O-Ports verwendbar, sondern dienen den Sonderfunktionen. Die Anzahl der als I/O-Anschlüsse verwendbaren Pins ist immer abhängig von den Fuse-Einstellungen.

Tab. 1.7 zeigt die Pin-Bezeichnungen für digitale I/O-Ports, die bidirektional arbeiten, also im Zweirichtungsbetrieb.

Die PCINT-Interrupts gibt es nur für AVR-Mikrocontroller wie den ATmega88. Falls die Anzahl an externen Interrupts nicht ausreicht, kann evtl. auch andere Hardware dafür eingesetzt werden, etwa der Analogkomparator mit interner Bandgap-Referenz, falls dieser anderweitig nicht benötigt wird. Tab. 1.8 zeigt die Pin-Bezeichnungen für die externen Interrupts.

Tab. 1.9 zeigt die Pin-Bezeichnungen für den Timer und PWM.

Tab. 1.10 zeigt die Pin-Bezeichnungen für den 8-Bit-Analog-Digital-Wandler.

Tab. 1.11 zeigt die Pin-Bezeichnungen für den Analogkomparator.

Tab. 1.7 Pin-Bezeichnungen
für digitale bidirektionale
I/O-Ports

PA 0 bis 7	Port A
PB 0 bis 7	Port B
PC 0 bis 7	Port C
PD 0 bis 7	Port D
PE 0 bis 7	Port E
PF 0 bis 7	Port F
PG 0 bis 7	Port G

Tab. 1.8 Pin-Bezeichnungen
für externe Interrupts

INT0	Externer Interrupt 0
INT1	Externer Interrupt 1
INT2	Externer Interrupt 2
PCINTx	Pin-Change Interrupt

Tab. 1.12 zeigt die Pin-Bezeichnungen für die serielle Schnittstelle (USART).

Tab. 1.13 zeigt die Pin-Bezeichnungen für die SPI-Schnittstelle.

Tab. 1.14 zeigt die Pin-Bezeichnungen für die I²C-Schnittstelle (TWI).

Tab. 1.15 zeigt die Pin-Bezeichnungen für das JTAG-Interface.

Die Zweitbelegung der Pins weist auf die Verwendung spezieller Funktionen desMikrocontrollers hin. Tab. 1.16 zeigt eine Übersicht.

Die Drittbelegung der Pins weist auf die Verwendung spezieller Funktionen desMikrocontrollers hin. Es handelt sich meistens um die Eingänge von externen Interrupts.

Abb. 1.4 zeigt die Funktionseinheiten für den Mikrocontroller. Die CPU imMikrocontroller kann verschiedene Speicherbereiche auf die Funktionseinheiten ansprechen.

1.1.3   ALU (Arithmetik- und Logikeinheit)

Dieser Funktionsteil eines Mikrocontrollers übernimmt die Ausführungen der logischen und arithmetischen Operationen im 8-Bit-Format. Zu der ALU gehört auch das Flag vom Statusregister, wie Tab. 1.17 zeigt.

- I (Global Interrupt Enable): Das Signal ist kein Flag vom Prozessor des Mikrocontrollers, sondern zeigt, ob ein globaler Interrupt gesperrt oder freigegeben ist. Dieses Bit kontrolliert das separate Kontrollregister (MCU Control Register). Hat das Bit ein 0-Signal, kann kein Interrupt eine Funktion auslösen.
- T (Bit Copy Storage): Das Signal ist kein Flag vom Prozessor des Mikrocontrollers, sondern zeigt, ob ein Kopierbefehl BLD (Bit LoaD) und ein Speicherbefehl BST (Bit STore) ausgeführt worden ist.

Tab. 1.9 Pin-Bezeichnungen für den Timer und PWM

T0	Timer 0: externer Takteingang
T1	Timer 1: externer Takteingang
OC0	PWM bzw. Output Compare Ausgang des Timers 0
OC1A	Ausgang für die Compare-Funktion des integrierten Zeitgeber-/Zählerbausteines. Der erste PWM-Ausgangdes Timers 1 und kann beispielsweise zum Regeln der Motordrehzahl verwendet werden.
OC1B	Ausgang für die Compare-Funktion des integrierten Zeitgeber-/Zählerbausteines. Der zweitePWM-Ausgang des Timers 1 und dieser lässt sich z. B. zum Regeln der Motordrehzahl verwenden.
ICP1	Eingang für die Capture-Funktion des integrierten Zeitgeber-/Zählerbausteines.
OC2	PWM bzw. Output-Compare-Ausgang des Timers 2. Dieser Pin kann zum Regeln der Motordrehzahleingesetzt werden.
TOSC1 TOSC2	TOSC1 und TOSC2 sind Eingänge für den asynchronen Modus von Timer 2. Diese Pins sind vorgesehen fürden Anschluss eines externen Uhrenquarzes (32,768 kHz). Damit lassen sich z. B. genaue Ein-Sekunden-Impulse füreine Uhr generieren und dies gilt sogar, wenn der normale Takt im Power-Save-Modus ausgeschaltetist.

Tab. 1.10 Pin-Bezeichnungen für den 8-Bit-Analog-Digital-Wandler

ADC0 bis ADC7	Eingänge des AD-Wandlers. Spannungen können hier gemessen werden oder an den Analogkomparatorweitergeleitet werden.

Tab. 1.11 Pin-Bezeichnungen für den Analogkomparator

AIN0 AIN1	Die beiden externen Eingänge des Analogkomparators. Mit AIN0(+) und AIN1(−) kann man zwei Spannungenmiteinander vergleichen. Wenn die Spannung an AIN0 höher als bei AIN1 ist, liefert der Komparator ein 1-Signal,ansonsten ein 0-Signal. Als interne Eingänge des Komparators können die interne Bandgap-Referenzspannung oderAusgänge des ADC-Multiplexers dienen.

Tab. 1.12 Pin-Bezeichnungen für die serielle Schnittstelle (USART)

RXD	Eingang der seriellen Schnittstelle (Receive Data) mit TTL-Pegel
TXD	Ausgang der seriellen Schnittstelle (Transmit Data) mit TTL-Pegel
XCK	Taktsignal des USART im synchronen Mode (z. B. als SPI-Master)

Tab. 1.13 Pin-Bezeichnungen für die SPI-Schnittstelle

SS	SPI-Interface, wird benötigt, um den Mikrocontroller als aktiven Slave auszuwählen
MOSI	SPI-Interface, Datenausgang (als Master) oder Dateneingang (als Slave), verwendet man bei ISP(In-System-Programmierung)
MISO	SPI-Interface, Dateneingang (als Master) oder Datenausgang (als Slave), verwendet man bei ISP(In-System-Programmierung)
SCK	SPI-Interface, Bustakt vom Master, verwendet man bei ISP (In-System-Programmierung)

Tab. 1.14 Pin-Bezeichnungen für die I²C-Schnittstelle (TWI)

SDA	I²C-Schnittstelle (Bus aus zwei Leitungen) Datenleitung
SCL	I²C-Schnittstelle (Bus aus zwei Leitungen) Taktleitung

Tab. 1.15 Pin-Bezeichnungen für das JTAG-Interface

TDI	JTAG-Debug Interface: Über dieses Interface kann man den Mikrocontroller programmieren unddebuggen. Die Schnittstelle ist ähnlich wie die SPI-Schnittstelle und hat getrennte Dateneingangs- undDatenausgangsleitungen sowie eine Taktleitung. TDI ist die Datenleitung.
TDO	JTAG-Debug Interface: TDO ist die Datenausgangsleitung des JTAG-Interface
TMS	JTAG-Debug Interface
TCK	JTAG-Debug Interface

- H (Half Carry Flag): Das Half Carry-Flag zeigt einen Überlauf aus dem Bit 3 des Akkumulators an. Dieses Flag wird im Allgemeinen für die BCD-Arithmetik (Arithmetik mit binär codierten Dezimalzahlen)verwendet. Die folgende Addition setzt oder löscht das Hilfs-Carrybit.

```
Bit-Nr. 7 6 5 4 3 2 1 0
  2E =   0 0 1 0 1 1 1 0
 +74 =   0 1 1 1 0 1 0 0
  A2     1 0 1 0 0 0 1 0
                 1
            ↑ Half-Carrybit = 1
```

Das Half-Carrybit wird durch Additions-, Subtraktions-, Inkrement-, Dekrement- und Vergleichsbefehle verändert.

Tab. 1.16 Übersicht für die Verwendung spezieller Funktionen des Mikrocontrollers

T0	PB0	Timer/Counter 0 – External Counter Input: Eingang für Zeitgeber/Zähler 0
T1	PB1	Timer/Counter 0 – External Counter Input: Eingang für Zeitgeber/Zähler 1
AIN0	PB2	AC (Analogkomparator) – für positiven Analog-Input 0 (AC+): positiver analoger Eingang desAnalogvergleichers
AIN1	PB3	AC (Analogkomparator) – für negativen Analog-Input 1 (AC−): positiver analoger Eingang desAnalogvergleichers
SS	PB4	SPI (Serial Peripheral Interface) – Slave Select
MOSI	PB5	SPI (Serial Peripheral Interface) – Bus Master Out Slave In
MISO	PB6	SPI (Serial Peripheral Interface) – Bus Master In Slave Out
SCK	PB7	SPI (Serial Peripheral Interface) – Bus Serial Clock (Taktgeber)
RXD	PD0	USART (Universal Asynchronous Receiver and Transmitter) – Receive Data: Eingang der asynchronenseriellen Schnittstelle zum Empfangen von Daten
TXD	PD1	USART (Universal Asynchronous Receiver and Transmitter) – Transmit Data: Ausgang der asynchronenseriellen Schnittstelle zum Senden von Daten
INT0	PD2	External Interrupt 0 Input: Eingang für einen externen Interrupt
INT1	PD3	External Interrupt 1 Input: Eingang für einen externen Interrupt
OC1A	PD5	Output-CompareA-Pin des Timer/Counter 1

- S (Sign Bit): Im Mikrocontroller ATtiny2313 und bei den anderen beiden μC ist grundsätzlich kein Vorzeichen eines Datenbytes festgelegt. Man kann daher ein Byte mit dem numerischen Wert 128 als plus 128 oder aber auch als minus 128 interpretieren. Zur Unterscheidung der beiden Möglichkeiten verwendet man das Bit 7 als Vorzeichen. Hat es den Wert 1, so wird die Zahl im Byte als negativ angesehen (von minus 1 bis minus 128), hat Bit 7 den Wert 0, so wird die Zahl des Bytes als positive Zahl (von 0 bis plus 127) interpretiert. Bei arithmetischen und logischen Operationen wird das Signbit dem Bit 7 des Ergebnisses gleichgesetzt, es kann dann als Bedingungsbit abgefragt werden. Der Programmierer legt durch Wahl der ausgewerteten Flags (C bei vorzeichenlosen bzw. S/V bei vorzeichenbehafteten) die Interpretation der Zahlen fest.

```
Bit-Nr. 7 6 5 4 3 2 1 0
   2E =  0 0 1 0 1 1 1 0
  +74 =  0 1 1 1 0 1 0 0
   A2    1 0 1 0 0 0 1 0
          1
          ↑ Sign-Bit = 1
```

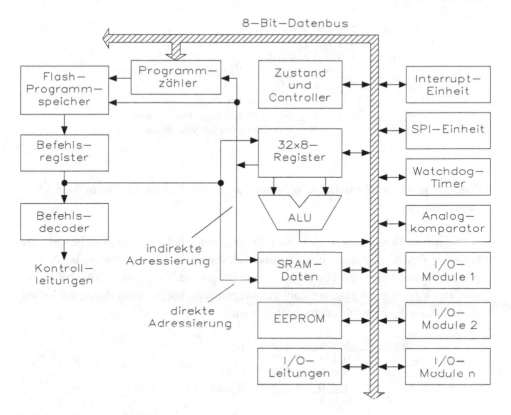

Abb. 1.4   Funktionseinheiten im Mikrocontroller

Tab. 1.17   Aufbau des Statusregisters (SREG)

7	6	5	4	3	2	1	0
I	T	H	S	V	N	Z	C

- V (Two's Complement Overflow): Dieses Flag wird gesetzt, wenn bei einer 2er-Arithmetik ein Überlauf entstanden ist. Es soll zuerst eine Subtraktion ohne Zweierkomplement durchgeführt werden.

```
Bit-Nr. 7 6 5 4 3 2 1 0
2E =  0 0 1 0 1 1 1 0
-74 = 0 1 1 1 0 1 0 0
B2 =  1 0 1 0 0 0 1 0
```

Führt man die Subtraktion im Zweierkomplement aus, wird der Subtrahend komplementiert.

```
Bit-Nr.   7 6 5 4 3 2 1 0
  2E =     0 0 1 0 1 1 1 0
  -8C      1 0 0 0 1 1 0 0
           1 0 0 0 1 0 1 1   ⇐ Komplement und Addition
           1 0 1 1 0 0 0 1
           1                 ⇐ Übertrag
           └──────────────→ 1   ⇐ Korrektur mit Addition
  B2 = 1 0 1 1 0 0 1 0       ⇐ korrekte Subtraktion
       0
       ↑ V-Bit = 0
```

Dieses Flag wird rückgesetzt, da bei einer Zweierkomplement-Arithmetik kein Überlauf entstanden ist.

- N (Negatives Flag): Dieses Flag wird gesetzt, wenn bei einer arithmetischen oder logischen Operation ein negatives Ergebnis entstanden ist. Das Negativ-Flag N wird gesetzt, wenn im Ergebnis das höchstwertige Bit gesetzt ist. Bei vorzeichenbehafteter Arithmetik ist dies als negative Zahl zu interpretieren, sofern nicht durch das V-Flag ein Verlassen des Zahlenbereichs angezeigt wird.

```
Bit-Nr.  7 6 5 4 3 2 1 0
  2E =    0 0 1 0 1 1 1 0
 -10 =    0 0 0 1 0 0 0 0
          1 1 1 0 1 1 1 1   ⇐ Komplement und Addition
  9C  = 1 0 0 1 1 1 0 1
       0                    ⇐ Übertrag
       └──────────────→ 1   ⇐ Korrektur mit Addition
  BF = 1 0 1 1 1 1 1 0      ⇐ korrekte Subtraktion
       0
       ↑ N-Bit = 0
```

- Z (Zero Flag): Dieses Bedingungsbit (Nullbit) wird dann gesetzt, wenn das Ergebnis eines arithmetischen oder logischen Befehls Null ist. Das Zerobit wird rückgesetzt, wenn das Ergebnis dieses Befehls ungleich Null ist.
  Ist das Ergebnis gleich Null und das Carrybit gesetzt, so wird das Zerobit ebenfalls gesetzt.

```
Bit-Nr. 7 6 5 4 3 2 1 0
        1 0 1 0 0 1 1 1
        0 1 0 1 1 0 0 1
        0 0 0 0 0 0 0 0
        1
        ↑  Überlauf   ⇒ Null-Ergebnis:
           von Bit 7     Zerobit auf 1 gesetzt
```

- C (Carry Flag): Das Carrybit C (Überlaufbit oder Übertragsbit) wird durch verschiedene Befehle gesetzt und kann direkt abgefragt werden. Die Operationen, die das Carrybit verändern, sind Addition, Subtraktion, zyklisches Schieben und logische

Operationen. So kann z. B. die Addition von zwei 1-Byte-Zahlen einen Überlauf (Carry)an der höchsten Stelle hervorrufen.

$$
\begin{array}{l}
\underline{\text{Bit-Nr.}\ 7\ 6\ 5\ 4\ 3\ 2\ 1\ 0} \\
\text{AE} = \quad 1\ 0\ 1\ 0\ 1\ 1\ 1\ 0 \\
\underline{+74 = \quad 0\ 1\ 1\ 1\ 0\ 1\ 0\ 0} \\
\quad 122 \quad\ \ 0\ 0\ 1\ 0\ 0\ 0\ 1\ 0 \\
\qquad\quad 1
\end{array}
$$

↑ Überlauf = 1, setzt Carrybit = 1

Eine Addition mit Überlauf an der höchsten Stelle setzt das Carrybit. Eine Addition ohne Überlauf setzt das Carrybit zurück. Hier soll noch eigens darauf hingewiesen werden, dass Addition, Subtraktion, zyklisches Schieben und logische Befehle das Carrybit in verschiedenartiger Weise behandeln. Abb. 1.5 zeigt den Aufbau der ALU mit den Registereinheiten.

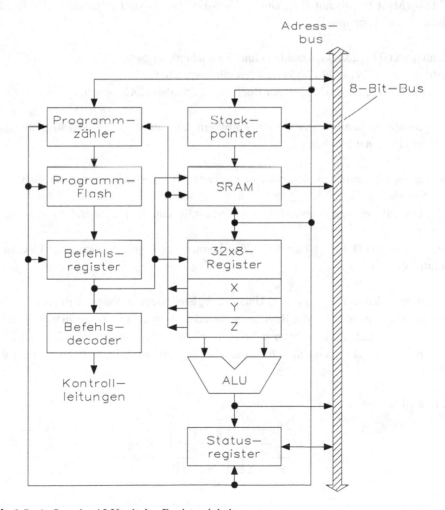

Abb. 1.5 Aufbau der ALU mit den Registereinheiten

Die Flag werden nach einer Operation gesetzt. Die beiden Register, z. B. r7 (Summand) und r8 (Summand), arbeiten als Akkumulatoren und sind im Universalregister-Block vorhanden.

1.2   Register im Mikrocontroller

Der Mikrocontroller besitzt einen Block mit 32 Universalregistern, die direkt mit der ALU verbunden sind. Alle registerorientierten Befehle weisen dadurch einen direkten Zugriff auf dieses Register und benötigen zur Abarbeitung nur einen einzigen Taktzyklus. Register sind besondere Speichereinheiten im 8-Bit-Format. Tab. 1.18 zeigt das 8-Bit-Format des Mikrocontrollers.

Die wertniedrigste Stelle ist das LSB (Least Significant Bit) und die werthöchste das MSB (Most Significant Bit). Durch das 8-Bit-Format sind folgende Werte für die Arithmetik und Texte möglich:

- Zahlen von 0 bis 255 (Ganzzahlen ohne Vorzeichen),
- Zahlen von −128 bis +127 (Ganzzahlen mit Vorzeichen),
- 7-Bit-ASCII-Zeichen wie z. B. der Buchstabe „C", also 128 Zeichen.

Im Gegensatz zu den anderen Mikrocontrollern können diese Universalregister entsprechend eingesetzt werden:

- Sie lassen sich direkt als Instruktionen verwenden, da sie direkt mit der ALU verbunden sind.
- Die Operationen mit ihrem Inhalt können mit einem 1-Byte-Befehl ausgeführt werden.
- Die Quelle von Daten und auch das Ziel können das Ergebnis nach einer Operation beinhalten.

Tab. 1.19 zeigt den Aufbau für die 32 Universalregister (General Purpose Register).

Die meisten Befehle, die die Register verwenden, können direkt auf diese zugreifen und werden in einem Taktzyklus ausgeführt. Wie Tab. 1.19 zeigt, ist jedes Register auch eine Adresse im Datenspeicher, somit sind alle Register auch im unteren Bereich des

Tab. 1.18 8-Bit-Format des Mikrocontrollers

MSB							LSB
7	6	5	4	3	2	1	0
2^7	2^6	2^5	2^4	2^3	2^2	2^1	2^0
128	64	32	16	8	4	2	1

Tab. 1.19 32 Universalregister (General Purpose Register)

Register	Adresse	Datenspeicher
r0	$00	
r1	$01	
r2	$02	
…	…	
r14	$0E	
r15	$0F	
r16	$10	X-Register Low-
r17	$11	Byte
r18	$12	X-Register High-
…	…	Byte
r26	$1A	Y-Register Low-Byte
r27	$1B	Y-Register High-
r28	$1C	Byte
r29	$1D	Z-Register Low-Byte
r30	$1E	Z-Register High-
r31	$1F	Byte

Datenspeichers abgebildet. Obwohl die Register nicht physikalisch im SRAM realisiert sind, wird durch diese Organisation des Speichers eine große Flexibilität hinsichtlich des Zugriffs auf die Register erreicht, da sich alle Register auch über die X-, Y- und Z-Pointer indizieren lassen.

Die Register lassen sich auch über den Adressraum des Datenspeichers adressieren. Zu beachten ist, dass alle Befehle, die als Argument ein Register und einen unmittelbaren Wert aufweisen (z. B. ANDI, SUBI, SBCI, CPI, ORI, LDI) nur auf die oberen Register r16 … r31 anzuwenden sind.

Besondere Bedeutung haben die Register r26 bis r31. Das Registerpaar r26/r27 bildet das 16 Bit breite X-Register, r28/r29 das 16 Bit breite Y-Register und r30/r31 das 16 Bit breite Z-Register. Diese Register bilden einen 16-Bit-Zeiger, der sich für die indirekte Adressierung des Datenspeichers verwenden lässt. Die drei Zeigerregister sind nach Tab. 1.20 definiert.

Abb. 1.6 zeigt die Funktionsweise zwischen ALU, Register und SRAM.

In den verschiedenen Adressierungsarten arbeiten diese Adresszeiger mit festem Versatz, also mit automatischem Inkrement oder automatischem Dekrement.

Tab. 1.20 Aufbau der Zeigerregister

X-Register	15	XH		XL		0

	7		0	7		0

r27 (1B)   r26 (1A)

Y-Register	15	XH		XL		0

	7		0	7		0

r29 (1D)   r28 (1C)

Z-Register	15	XH		XL		0

	7		0	7		0

r31 (1F)   r30 (1E)

1.2.1 I/O-Register im I/O-Adressraum

Alle Ports und Peripheriemodule sind im I/O-Adressraum $00 bis $3F vorhanden. Diese Register können über die Befehle IN (Daten von einem Universalregister zu einem I/O-Register) und mit dem Befehl OUT (Daten von einem I/O-Register zu einem Universalregister) angesprochen werden. Muss man die I/O-Register über die Adressierung im Datenspeicher ansprechen, so wird zur jeweiligen I/O-Adresse der Wert $20 addiert. Tab. 1.21 zeigt die Datenspeicheradressierung für das I/O-Register und den Datenspeicher.

Abb. 1.7 zeigt die Aufteilung des Speichers und der I/O-Register im Adressraum. Einzelne Bits der I/O-Register $00 bis $1F lassen sich über spezielle Befehle setzen (SBI) oder löschen (CBI).

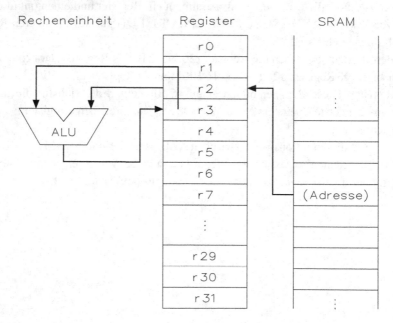

Abb. 1.6 Funktionsweise zwischen ALU, Register und SRAM

Tab. 1.21 Datenspeicher-adressierung zwischen I/O-Register und Datenspeicher

I/O-Register	Datenspeicher
$00	$0020
$01	$0021
$02	$0022
…	…
$3D	$005D
$3E	$005E
$3F	$005F

1.2.2 I/O-Ports als digitale Ein- und Ausgänge

Alle Ports bei den Mikrocontrollern bieten Lese- und Schreibfunktionen, wenn sie als allgemeine digitale I/O-Ports verwendet werden, d. h. dass die Richtung eines einzelnen Port-Pins verändert werden kann, ohne dass die Richtung der anderen Pins beeinflusst wird, wenn man die Befehle SBI bzw. CBI verwendet. Das Gleiche gilt für das Ändern der Ausgangszustände einzelner Pins (wenn diese als Ausgänge konfiguriert sind) oder für das Ein- und Ausschalten der internen „pull-up"-Widerstände, wenn die Pins als Eingänge fungieren. Jeder Pin hat einen symmetrischen Treiber, der sowohl positive als auch negative Ströme erzeugen kann, sodass sich an jedem Pin eine kleine LED (3 mm Ø) direkt anschließen lässt. Alle Pins sind mit einem einzeln an- und abschaltbaren „pull-up"-Widerstand ausgestattet, dessen ohmscher Wert unabhängig von der

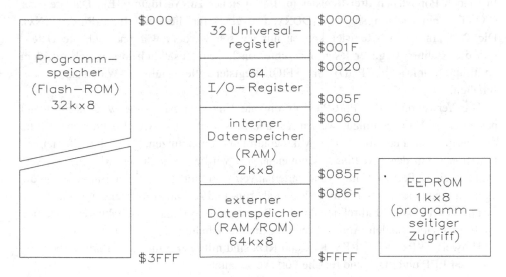

Abb. 1.7 Aufteilung des Speichers und der I/O-Register im Adressraum

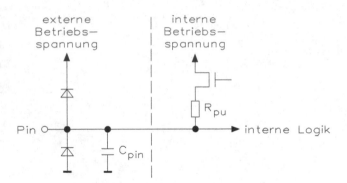

Abb. 1.8 I/O-Ports mit der Eingangsbeschaltung

Betriebs-spannung ist. Ferner sind alle Port-Pins durch zwei Schutzdioden gegen Über-spannung an der Betriebsspannung und Masse geschützt. Abb. 1.8 zeigt die Funktionen der I/O-Ports mit der Eingangsbeschaltung.

Alle Ports und deren Pins werden nachfolgend allgemein beschrieben. Der Index „x" steht für die Bezeichnung des Ports und der Index „n" definiert die Nummer des Pins. In einem Programm müssen die Port- und Pin-Angaben in genauer Form definiert werden. PORTB3 steht also für das Bit 3 von Port B.

1.2.3 Konfiguration der Anschlüsse

Für jeden Port stehen drei Register im I/O-Speicher zur Verfügung. Ein Datenregister (PORTx), ein Richtungsregister (DDRx) und eines für die Port „Input-Pins" (PINx). Die Port „Input-Pin"-Register können nur gelesen werden, während sich die Daten- und die Richtungsregister lesen und schreiben lassen. Zusätzlich lassen sich mit dem „pull-up-Disable"-Bit (PUD) im SFIOR-Register alle „pull-up"-Widerstände aus-schalten.

Die Verwendung der Port-Pins als digitale Ein- und Ausgänge wird nachfolgend beschrieben. Darüber hinaus weisen fast alle Pins noch alternative Funktionen auf, die die peripheren Funktionen des Mikrocontrollers unterstützen. Wie die alternativen Funktionen mit den Port-Pins zusammenhängen, wird auch noch beschrieben. Das Ver-wenden eines Port-Pins mit seiner alternativen Funktion hat keinen Einfluss auf die anderen Pins eines Ports, die man als digitale Ein- und Ausgänge verwenden kann.

Die Ports sind bidirektionale I/O-Ports mit optional zuschaltbaren internen „pull-up"-Widerständen. Abb. 1.9 zeigt die interne Schaltung eines Port-Pins.

Hinweis: WPx, WDx, RRx, RPx und RDx sind mit allen Pins eines Ports verbunden, $clk_{I/O}$, SLEEP und PUD sind für alle Ports verschaltet.

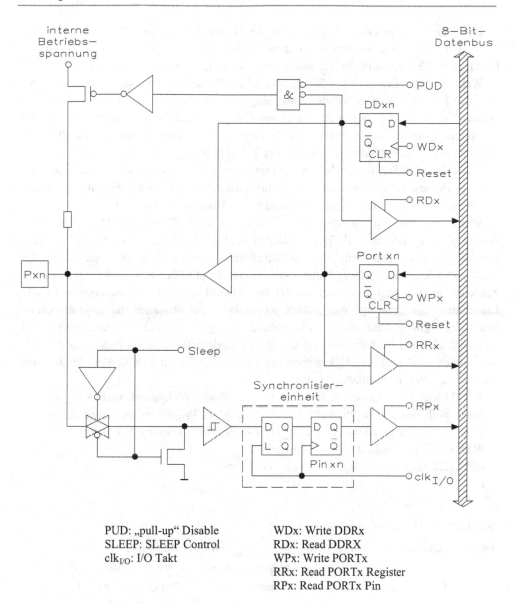

PUD: „pull-up" Disable   WDx: Write DDRx
SLEEP: SLEEP Control   RDx: Read DDRX
clk$_{I/O}$: I/O Takt   WPx: Write PORTx
                           RRx: Read PORTx Register
                           RPx: Read PORTx Pin

Abb. 1.9 Interne Schaltung eines Port-Pins, wenn ein I/O-Betrieb vorliegt

1.2.4 Konfiguration der Pins

Jeder Port-Pin korrespondiert mit drei Bits in den drei Registern: DDxn, PORTxn und
PINxn.

Das DDxn-Bit im DDRx-Register legt die Datenrichtung eines Pins fest. Wenn im DDxn-Bit ein 1-Signal vorhanden ist, dann ist der Pin als Ausgang konfiguriert. Ist das DDxn-Bit gelöscht, also 0-Signal, arbeitet der Pin als Eingang.

Wenn das PORTxn-Bit ein 1-Signal hat und der Pin als Eingang konfiguriert ist, dann sind die internen „pull-up"-Widerstände eingeschaltet. Um die „pull-up"-Widerstände auszuschalten, muss PORTxn-Bit mit einem 0-Signal beschrieben werden oder der Pin ist als Ausgang zu konfigurieren. Die Port-Pins gehen dann in den Tristate-Zustand, wenn ein Reset auftritt oder wenn keiner der Taktsignale arbeitet.

Wenn das PORTxn-Bit ein 1-Signal hat und der Pin als Ausgang konfiguriert ist, wird der Port-Pin auf 1-Signal gesetzt. Umgekehrt wird der Port-Pin auf 0-Signal gesetzt und das PORTxn-Bit hat ein 0-Signal, wird der Pin als Ausgang konfiguriert.

Wenn ein Port-Pin zwischen dem Tristate-Zustand (DDxn, PORTxn = 00) und Ausgang mit 1-Signal (DDxn, PORTxn = 11)umgeschaltet werden soll, muss man einen Zwischenschritt mit NOP-Befehlen einfügen, in dem entweder die „pull-up"-Widerstände eingeschaltet werden (DDxn, PORTxn = 01) oder der Ausgang zunächst auf 0-Signal geschaltet wird (DDxn, PORTxn = 10). Normalerweise ist das Einschalten der „pull-up"-Widerstände ausreichend gelöst, wenn die angeschlossene Schaltung so hochohmig ist, dass ein sauberer H-Pegel an Port-Pin keinen Unterschied zu einem H-Pegel über einem „pull-up"-Widerstand darstellt. Wenn dies nicht der Fall ist, können die „pull-up"-Widerstände mit dem PUD-Bit im SFIOR-Register im entsprechenden Port abgeschaltet werden.

Ein Umschalten zwischen Eingang mit „pull-up"-Widerstand und Ausgang mit L-Pegel stellt das gleiche Problem dar. Hier muss der Programmierer einen Zwischenschritt über Tristate (DDxn, PORTxn = 00) – oder der Ausgang hat H-Pegel (DDxn, PORTxn = 11) – durchführen.

Tab. 1.22 zeigt die Konfiguration eines Port-Pins.

Tab. 1.22 Konfiguration eines Port-Pins

DDxn	PORTxn	PUD-Bit(SFIOR)	I/O	Pull-up	Kommentar
0	0	X	Eingang	Nein	Tristate-Zustand (Hi-Z)
0	1	0	Eingang	Ja	Der Quellstrom fließt über einen externen „pull-up"-Widerstand ab und ist auf L-Pegel
0	1	1	Eingang	Nein	Tristate-Zustand (Hi-Z)
1	0	X	Ausgang	Nein	Ausgang im L-Zustand (Stromsenke)
1	1	X	Ausgang	Nein	Ausgang im H-Zustand (Stromquelle)

1.2.5   Lesen der Pinzustände

Unabhängig davon, ob ein Pin als Ausgang oder als Eingang konfiguriert ist, kann der Port-Pin über das PINxn-Register-Bit eingelesen werden. Wie aus der internen Schaltung eines Port-Pins ersichtlich wird, bilden das PINxn-Register-Bit und der vorgeschaltete Zwischenspeicher (Latch) eine Synchronisiereinheit. Diese ist erforderlich, um nicht stabile Zustände zu vermeiden, wenn sich der physikalische Port mit seinem Spannungswert in der Nähe einer Flanke des internen Taktes ändert. Jedoch wird dadurch auch eine Verzögerung eingeleitet.

Man beachte, dass die Taktperiode unmittelbar nach der fallenden Flanke des Systemtaktes beginnt. Das Latch ist gesperrt, solange der Takt auf 0-Signal ist, und wird transparent, wenn der Takt auf 1-Signal ist. Der Eingangszustand des Pins wird dann mit der fallenden (negative) Flanke des Systemtaktes im Latch gespeichert und mit der darauffolgenden positiven Flanke in das PINxn-Register übernommen. Dadurch wird die Übernahme eines neuen Zustandes an einem Port-Pin mit einer Verzögerung zwischen 1/2- und 1 1/2-Takten realisiert.

Wenn der durch die Software eingestellte Wert des Pins ausgelesen werden soll, muss ein NOP-Befehl eingefügt werden, bevor sich der Wert wieder auslesen lässt. Der OUT-Befehl setzt das „SYNC-LATCH"-Signal mit der positiven Flanke des Taktes, aber erst bei der darauffolgenden positiven Flanke wird der Wert in das PINxn-Register übernommen und kann wieder ausgelesen werden. In diesem Fall beträgt die Verzögerung durch die Synchronisiereinheit einen Taktzyklus.

Wie in der Schaltung des Pins zu sehen ist, kann das digitale Eingangssignal des Schmitt-Triggers an Masse geschaltet werden. Dieses Signal ist als SLEEP definiert und wird durch den Mikrocontroller im Power-down-, Power-save-und Stand-by-Modus erzeugt, um in dieser Betriebsart einen hohen Stromverbrauch zu verhindern, der durch schwankende Eingangssignale oder analoge Eingangssignale über die Betriebsspannung entstehen kann.

SLEEP wird bei Port-Pins, die als externer Interrupt freigegeben sind, außer Kraft gesetzt. Wenn der externe Interrupt nicht freigegeben ist, beeinflusst das SLEEP-Signal auch diese Pins. Das SLEEP-Signal wird aber nicht wirksam, wenn die alternativen Funktionen des Port-Pins verwendet werden.

Wenn ein H-Pegel bei einem als asynchroner externer Interrupt konfigurierten Pin oder mit Interrupt bei steigender bzw. fallender Flanke reagiert, oder bei Wechsel des logischen Zustandes an Pin aktiv wird, während der externe Interrupt nicht freigegeben ist, wird das dazugehörige Interrupt-Flag gesetzt. Kehrt der Mikrocontroller aus dem Sleep-Modi zurück, wird er das Festhalten von Pegeländerungen beibehalten.

1.2.6 Unbenutzte Pins

Wenn nicht angeschlossene Pins vorhanden sind, sollte man diese auf einen definierten Pegel legen. Selbst wenn die meisten digitalen Eingänge in den unteren Sleep-Modi abgeschaltet sind, sollten offene Eingänge vermieden werden, um den Stromverbrauch in den anderen Betriebsarten, in denen die Eingänge aktiv eingeschaltet sind, zu reduzieren.

Die einfachste Möglichkeit, einen definierten Pegel an einem unbeschalteten Eingang zu erreichen, ist das Einschalten der internen „pull-up"-Widerstände. In diesem Fall werden die internen „pull-up"-Widerstände aber während eines Resets abgeschaltet. Wenn ein geringer Stromverbrauch während eines Resets notwendig ist, dann sollten also besser externe „pull-up"- oder „pull-down"-Widerstände verwendet werden. Die ungenutzten Pins nicht direkt mit der Betriebsspannung oder Masse verbinden, da in den Fällen, in denen sie versehentlich als Ausgänge konfiguriert werden, hohe Ströme fließen.

1.2.7 Alternative Port-Funktionen

Die meisten Port-Pins haben zusätzlich zu ihren digitalen Funktionen noch weitere alternative Funktionen. Abb. 1.10 zeigt die Kontrollsignale für die Port-Pins, die die alternativen Funktionen bedienen. Die die digitalen Funktionen überlagernden Signale sind nicht an allen Port-Pins präsent und Abb. 1.10 zeigt daher lediglich die allgemeine Schaltung zur Steuerung der alternativen Funktionen des Mikrocontrollers.

Tab. 1.23 zeigt die Funktionen der übergeordneten Signale, und diese werden intern durch die Module mit den alternativen Funktionen erzeugt.

1.2.8 SFIOR-Register

Das SFIOR-Register (Special-Function-I/O-Register) dient für den Betrieb der Ports. Tab. 1.24 zeigt den Aufbau des SFIOR-Registers.

Wichtig ist nur die PUD-Funktion (Bit 2).

- PUD („pull-up"-Disable): Wenn dieses Bit mit 1-Signal gespeichert wird, sind die internen „pull-up"-Widerstände für die I/O-Ports gesperrt, auch dann, wenn die DDxn- und PORTxn-Register so konfiguriert sind, dass die „pull-up"-Widerstände freigegeben sind.

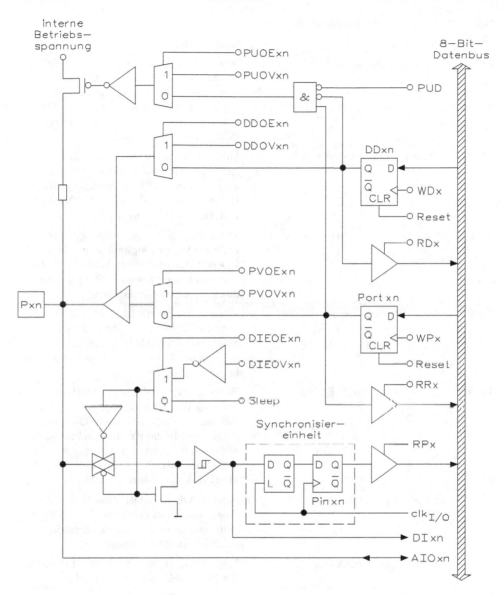

PUOExn: Pull-up Override Enable   PUD: Pull-up-Disable
PUOVxn: Pull-up-Override-Value   WDx: Write DDRx
DDOExn: Data-Direction-Override-Enable   RDx: Read DDRx
DDOVxn: Data-Direction-Override-Value   RRx: Read Portx Register
PVOExn: Port-Value-Override-Enable   WPx: Write Portx
PVOVxn: Port-Value-Override-Value   RPx: Read Portx Pin
DIEOExn: Digital-Input-Enable-Override-Enable   clk: I/O Clock
DIEOVxn: Digital-Input-Enable-Override-Value   DIxn: Digital Input Pin n ON, Portx
SLEEP: Sleep Control   AIOxn: Analog Input/Output Pin n, ON Portx

Abb. 1.10 Alternative Port-Funktionen

Tab. 1.23 Funktionen der übergeordneten Signale

Signal	Bedeutung	Beschreibung
PUOE	„Pull-up" OverrideEnable	Wenn dieses Signal gesetzt ist, wird die Freigabe der „Pull-up"-Widerstände durch das PUOE-Signalkontrolliert. Wenn dieses Signal gelöscht ist, sind die „pull-up"-Widerstände freigegeben und DDxn, PORTxn,PUD = 010 gesetzt sind.
PUOV	„Pull-up" Override-Value	Wenn PUOE gesetzt ist, werden die „pull-up"-Widerstände freigegeben bzw. gesperrt, wenn PUOV gesetztbzw. gelöscht ist, unabhängig vom Zustand der DDxn-, PORTxn- und PUD-Register-Bits.
DDOE	Data-Direction-Override-Enable	Wenn dieses Signal gesetzt ist, wird die Freigabe des Ausgangstreibers mit dem DDOV-Signalkontrolliert. Wenn das DDOE-Signal gelöscht ist, wird der Ausgangstreiber durch das DDxn-Bitfreigegeben.
DDOV	Data-Direction-Override-Value	Wenn DDOE gesetzt ist, werden die Ausgangstreiber freigegeben bzw. gesperrt. Wenn das DDOV-Signalgesetzt bzw. gelöscht ist, ist der Zustand unabhängig vom DDxn-Register-Bit.
PVOE	Data-Value-Override-Enable	Wenn dieses Signal gesetzt ist und der Ausgangstreiber freigegeben ist, wird der Zustand des Portsdurch das PVOV-Signal kontrolliert. Ist das PVOE-Signal gelöscht und der Ausgangstreiber freigegeben, so wirdder Zustand des Ports über die PORTxn-Register-Bits kontrolliert.
PVOV	Port-Value-Override- Value	Wenn PVOE gesetzt ist, dann wird der Zustand des Ports durch das PVOV-Signal bestimmt, unabhängigvon den Einstellungen des PORTxn-Register-Bits.
PTOE	Port-Toggle-Override- Enable	Wenn PTOE gesetzt ist, dann wird PORTxn das Registerbit invertiert ausgegeben.
DIEOE	Digital-Input-Enable-Override-Enable	Wenn dieses Bit gesetzt ist, wird die Freigabe der digitalen Eingänge durch das DIEOV-Signalgesteuert. Ist das Signal gelöscht, wird die Freigabe der digitalen Eingänge dadurch bestimmt, ob sichderMikrocontroller in der normalen Betriebsart oder im Sleep-Modus befindet.

(Fortsetzung)

Tab. 1.23   (Fortsetzung)

Signal	Bedeutung	Beschreibung
DIEOV	Digital-Input-Enable-Override-Value	Wenn das DIEOE-Signal gesetzt ist, werden die digitalen Eingänge freigegeben bzw. gesperrt. Ist das DIEOV-Signal gesetzt bzw. gelöscht, unabhängig davon, ob sich derMikrocontroller in der normalen Betriebsart oder im Sleep-Modus befindet.
DI	Digital Input	Dies ist der digitale Eingang für die alternativen Funktionen. Die Schaltung zeigt, dass diesesSignal am Ausgang des Schmitt-Triggers, aber vor der Synchronisiereinheit abgegriffen wird. Außer,wenn der digitale Eingang als Taktquelle verwendet wird, benutzen die alternativen Funktionen eine eigeneSynchronisiereinheit.
AIO	AnalogInput/Output	Dies ist der analoge Eingang bzw. Ausgang von den alternativen Funktionen. Das Signal ist direkt mitdem Pin verbunden und kann bidirektional verwendet werden.

Tab. 1.24   Aufbau des SFIOR-Registers

Bit	7	6	5	4	3	2	1	0	
	-	-	-	-	ACME	PUD	PSR2	PSR1	SFIOR
Read/Write	R	R	R	R	R/W	R/W	R/W	R/W	
Initialwert	0	0	0	0	0	0	0	0	

1.2.9   Alternative Funktionen von Port B

Der Port B lässt alternative Funktionen zu. Tab. 1.25 zeigt die alternativen Funktionen mit der Pinbelegung für den ATmega32.

- XTAL2/TOSC2: Pin XTAL2 wird für den externen Quarz verwendet. Wenn dieser Pin als Takt-Pin verwendet wird, kann dieser nicht als digitaler I/O-Pin eingesetzt werden. Die Funktion TOSC2 wird nur verwendet, wenn der interne RC-Oszillator als Taktquelle für den Baustein ausgewählt wurde und der asynchrone Timer durch die richtigen Einstellungen im ASSR-Register freigegeben wurde. Wenn das AS2-Bit im ASSR-Register gesetzt ist, um die asynchrone Taktung von Timer/Counter 2 frei-zugeben, wird PB7 vom Port getrennt und wird zum invertierenden Ausgang des Oszillatorverstärkers. In diesem Modus wird ein Quarz an den Pin angeschlossen und der Pin lässt sich dann nicht als digitaler I/O-Pin verwenden. Wenn PB7 als Takt-Pin verwendet wird, werden DDB7, PORTB7 und PINB7 immer als 0 gelesen.

Tab. 1.25 Alternative Funktionen mit Pinbelegung für den ATmega32

Port-Pin	Alternative Funktionen
PB7	XTAL2 (Chip Clock Oszillator Pin 2), TOSC2 (Timer Oszillator Pin 2)
PB6	XTAL1 (Chip Clock Oszillator Pin 1 oder externer Taktein- gang), TOSC1 (Timer Oszillator Pin 1)
PB5	SCK (SPI-Bus Master Takteingang)
PB4	MISO (SPI-Bus Master Input/Slave Output)
PB3	MOSI (SPI-Bus Master Output/Slave Input) OC2 (Timer/Counter2 Output Compare Match Output)
PB2	SS (SPI-Bus Master Slave select) OC1B (Timer/Counter 1 Output Compare Match B Output)
PB1	OC1A (Timer/Counter 1 Output Compare Match A Output)
PB0	ICP1 (Timer/Counter 1 Input Capture Pin)

- XTAL1/TOSC1: Der Pin XTAL1 wird für alle Taktquellen des Mikrocontrollers eingesetzt, außer man arbeitet mit dem internen RC-Oszillator. Wenn man diesen Pin für den Takt einsetzen will, lässt er sich nicht als digitaler I/O-Pin verwenden. Die Funktion TOSC1 wird nur verwendet, wenn der interne RC-Oszillator als Takt-quelle für den Mikrocontroller ausgewählt wurde und der asynchrone Timer durch die richtigen Einstellungen im ASSR-Register freigegeben ist. Wenn das AS2-Bit im ASSR-Register gesetzt ist, um die asynchrone Taktung von Timer/Counter 2 freizu-geben, wird PB6 vom Port getrennt und der Eingang des invertierenden Oszillatorver-stärkers freigegeben. In dieser Betriebsart wird ein Quarz an den Pin angeschlossen und der Pin kann dann nicht als digitaler I/O-Port verwendet werden. Wenn PB6 als Takt-Pin verwendet wird, werden DDB6, PORTBG und PINB6 immer als 0 gelesen.
- SCK (Master Clock Output, Slave Clock Input) für SPI: Wenn SPI als Slave freigegeben wird, ist dieser Pin als Eingang konfiguriert, unabhängig von den Einstellungen des Bits DDB5. Wenn SPI als Master freigegeben ist, wird die Daten-richtung dieses Pins mit dem Bit-DDB5 kontrolliert. Wenn dieser Pin durch SPI als Eingang verwendet wird, lässt sich der „pull-up"-Widerstand weiterhin mit dem Bit-PORTB5 ein- und ausschalten.
- MISO (Master Data Input, Slave Data Output) für SPI: Wenn SPI als Master frei-gegeben wird, ist dieser Pin als Eingang konfiguriert, unabhängig von den Ein-stellungen des Bit-DDB4. Wenn SPI als Slave freigegeben ist, wird die Datenrichtung dieses Pins mit dem Bit-DDB4 kontrolliert. Wenn dieser Pin durch SPI als Eingang verwendet wird, lässt sich der „pull-up"-Widerstand weiterhin mit dem Bit-PORTB4 ein- und ausschalten.

- MOSI/OS2: In der Funktion MOSI (Master Data Output, Slave Data Input) gilt der Pin für SPI. Wenn SPI als Slave freigegeben ist, ist dieser Pin als Eingang konfiguriert, unabhängig von den Einstellungen des Bit-DDB3. Wenn SPI als Master freigegeben ist, wird die Datenrichtung dieses Pins mit dem Bit-DDB3 kontrolliert. Wenn dieser Pin durch SPI als Eingang verwendet wird, kann der „pull-up"-Widerstand weiterhin mit dem PORTB3 Bit ein- und ausgeschaltet werden. Für die Funktion OC2 (Output Compare Match Output) lässt sich der PB3-Pin als externer Ausgang für den „Timer/Counter2 Compare Match" verwenden. Bit PB3 muss hierfür als Ausgang konfiguriert werden (DDB3 auf 1-Signal setzen). Der Pin lässt sich ebenfalls als Ausgang für den PWM-Modus einsetzen.
- PB2 – SS/OC1B: Wenn der Pin als SS (Save Select Input) für SPI als Slave freigegeben ist, wird dieser Pin als Eingang konfiguriert, unabhängig von den Einstellungen des Bit-DDB2. Soll SPI als Slave aktiviert werden, setzt man diesen Pin auf L-Pegel. Wenn SPI als Master freigegeben ist, wird die Datenrichtung dieses Pins durch das Bit-DDB2 kontrolliert. Wenn dieser Pin durch SPI als Eingang verwendet wird, kann der „pull-up"-Widerstand weiterhin mit dem PORTB2-Bit ein- und ausgeschaltet werden. Bei OC1B (Output Compare Match Output) kann Bit-PB2 als externer Ausgang für den „Timer/Counter Compare Match B") dienen. Der PB2-Pin muss hierfür als Ausgang konfiguriert werden (DDB2 auf 1 setzen). Der Pin OC1B lässt sich ebenfalls als Ausgang für den PWM-Modus verwenden.
- OC1A (Output Compare Match Output): Bit-PB1 kann als externer Ausgang für den „Timer/Counter 1 Compare Match A" dienen. Der Bit-PB1-Pin muss hierfür als Ausgang konfiguriert werden (DDB1 auf 1 setzen). Der Pin OC1A lässt sich als Ausgang für den PWM-Modus verwenden.
- ICP1 (Input Capture Pin): Der PB-Pin kann als Eingangspin für die „Capture Function Timer/Counter 1" verwendet werden.

1.2.10 Alternative Funktionen von Port C

Der Port C lässt verschiedene alternative Funktionen zu. Tab. 1.26 zeigt die alternativen Funktionen von Port C.

Abb. 1.11 zeigt Port B und Port C an den I/O-Registern und die Adressierung.

- RESET: Der Reset-Pin reagiert, wenn die RSTDISBL-Fuse entsprechend programmiert ist. Dieser Pin hat die Funktion eines normalen I/O-Pins. In diesem Fall sind der Power-on-Reset und der Brown-out-Reset die Resetquellen des Mikrocontrollers. Wenn die RSTDISBL-Fuse nicht programmiert ist, ist die Resetschaltung mit dem Pin verbunden und kann nicht als I/O-Pin verwendet werden. Wenn der PC6-Pin als Reset-Eingang arbeitet, werden die Bits DDC6-, PORTC6- und PINC6 immer mit 0-Signal gelesen.

Tab. 1.26 Alternative Funktionen von Port C

Port-Pin	Alternative Funktionen
PC6	RESET (Reset-Pin)
PC5	ADC5 (ADC-Input-Kanal 5), SCL (Two-wire Serial Bus Clock Line)
PC4	ADC4 (ADC-Input-Kanal 4), SDA (Two-wire Serial Bus Data Input/Output Line)
PC3	ADC3 (ADC-Input-Kanal 3)
PC2	ADC2 (ADC-Input-Kanal 2)
PC1	ADC1 (ADC-Input-Kanal 1)
PC0	ADC0 (ADC-Input-Kanal 0)

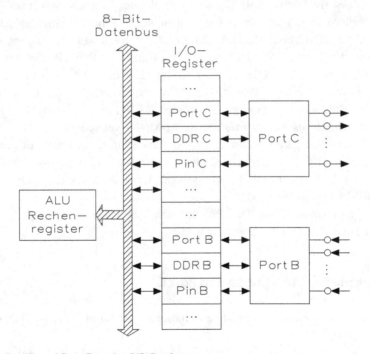

Abb. 1.11 Port B und Port C an den I/O-Registern

- SCL/ADC5: SCL (Two-wire Serial Interface Clock) arbeitet, wenn das Bit TWEN im TWCR-Register gesetzt und somit TWI freigegeben ist. Bit-PC5 wird vom Port getrennt und als Takteingang bzw. -ausgang für TWI verwendet. In diesem Modus ist ein Filter mit dem Pin verbunden, das Spannungsspitzen, die kürzer als 50 ns sind, aus dem Eingangssignal filtert. Dieser Pin wird durch einen „open-drain"-Treiber mit einer begrenzten Anstiegsgeschwindigkeit betrieben. Bit-ADC5 arbeitet alternativ als Eingangskanal für den internen AD-Wandler und verwendet die digitale Betriebsspannung.

- SDA/ADC4: SDA (Two-wire Serial Interface Data) arbeitet, wenn das Bit-TWEN im TWCR-Register gesetzt und somit das TWI freigegeben ist. Pin PC4 wird vom Port getrennt und dadurch wird der Pin zum Dateneingang bzw. -ausgang für TWI. In diesem Modus ist ein internes Filter mit dem Pin verbunden, das Spannungsspitzen, die kürzer als 50 ns sind, aus dem Eingangssignal filtert. Dieser Pin wird durch einen „open-drain"-Treiber mit einer begrenzten Anstiegsgeschwindigkeit betrieben. ADC4 kann alternativ zum Pin PC4 als Eingangskanal 4 für den Analog-Digital-Wandler verwendet werden und arbeitet mit der digitalen Betriebsspannung.
- ADC3 (ADC-Eingangskanal 3): Pin PC3 kann auch als Eingangskanal 3 für den Analog-Digital-Wandler verwendet werden und ist mit der digitalen Betriebsspannung verbunden.
- ADC2 (ADC-Eingangskanal 2): Pin PC2 kann auch als Eingangskanal 2 für den Analog-Digital-Wandler verwendet werden und ist mit der digitalen Betriebsspannung verbunden.
- ADC1 (ADC-Eingangskanal 1): Pin PC1 kann auch als Eingangskanal 1 für den Analog-Digital-Wandler verwendet werden und ist mit der digitalen Betriebsspannung verbunden.
- ADC0 (ADC-Eingangskanal 0): Pin PC0 kann auch als Eingangskanal 0 für den Analog-Digital-Wandler verwendet werden und ist mit der analogen Betriebsspannung verbunden.

1.2.11 Alternative Funktionen von Port D

Port D hat verschiedene alternative Funktionen. Tab. 1.27 zeigt die alternativen Funktionen von Port C.

Tab. 1.27 Alternative Funktionen von Port C

Port-Pin	Alternative Funktionen
PC7	AIN 1 (Analog Comparator Negative Input)
PC6	AIN 0 (Analog Comparator Positive Input)
PC5	T1 (Timer/Counter 1 External Counter Input)
PC4	XCK (USART External Clock Input/Output), T0 (Timer/Counter External Counter Input)
PC3	INT1 (External Interrupt 1 Input)
PC2	INT0 (External Interrupt 0 Input)
PC1	TXD (USART Output Pin)
PC0	RXD (USART Input Pin)

- AIN1 (Analog Comparator Negative Input): Negativer Eingang für den internen Analogkomparator, und dafür muss der Pin als Eingang konfiguriert werden. Die internen „pull-up"-Widerstände müssen abgeschaltet sein, damit die digitale Funktion des Pins die analoge Arbeitsweise nicht beeinflusst.
- AIN0 (Analog Comparator Positive Input): Positiver Eingang für den internen Analogkomparator, und dafür muss der Pin als Eingang konfiguriert werden. Die internen „pull-up"-Widerstände müssen abgeschaltet sein, damit die digitale Funktion des Pins die analoge Arbeitsweise nicht beeinflusst.
- T1: Externe Quelle für den Timer/Counter 1.
- XCK/T0: XCK ist der externe Takteingang für USART und T0 arbeitet als externe Quelle für den Timer/Counter 0.
- INT1: Der Eingang INT1 (External Interrupt Source 1) arbeitet als Pin PD3 für den Eingang, an den der externe Interrupt angeschlossen wird.
- INT0: Der Eingang INT0 (External Interrupt Source 0) arbeitet als Pin PD2 für den Eingang, an den der externe Interrupt angeschlossen wird.
- PD1 – TXD (Transmit Data Output Pin für USART): Wenn der USART (Sender) freigegeben ist, wird dieser Pin als Ausgang konfiguriert, unabhängig von den Werten des DDD1-Bits.
- PD0 – RXD (Receive Data Input Pin für USART): Wenn der USART (Empfänger) freigegeben ist, wird dieser Pin als Eingang konfiguriert, unabhängig von den Werten des DDD0-Bits. Wenn der USART den Pin als Eingang verwendet, kann der „pull-up"-Widerstand weiterhin durch das PORTD0-Bit ein- und ausgeschaltet werden.

Abb. 1.12 zeigt Port B und Port D an den I/O-Registern. Um den Mikrocontroller über eine serielle Schnittstelle betreiben zu können, muss noch ein integrierter Baustein nachgeschaltet werden.

1.2.12 Beschreibung der Register der I/O-Ports

Nachfolgend sind die Register aller I/O-Ports aufgeführt. Tab. 1.28 zeigt die Funktionsweise des PORTB-Datenregisters.

Tab. 1.29 zeigt die Funktionsweise des PORTB-Datenrichtungsregisters (DDRB).

Tab. 1.30 zeigt die Funktionsweise des PINB-Eingangspinregisters.

Tab. 1.31 zeigt die Funktionsweise des PORTC-Datenrichtungsregisters

Tab. 1.32 zeigt die Funktionsweise des PORTC-Datenrichtungsregisters.

Tab. 1.33 zeigt die Funktionsweise des PINC-Eingangspinregisters.

Tab. 1.34 zeigt die Funktionsweise des PORTD-Datenregisters.

Tab. 1.35 zeigt die Funktionsweise des DDRD-Datenrichtungsregisters.

Tab. 1.36 zeigt die Funktionsweise des PIND-Eingangspinregisters.

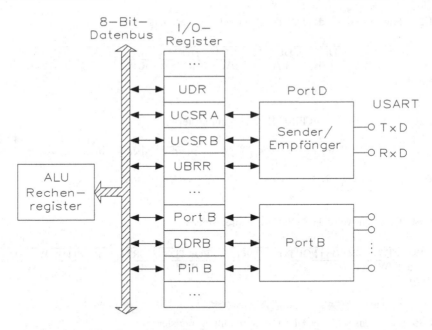

Abb. 1.12 Port B und Port D an den I/O-Registern

Tab. 1.28 Funktionsweise des PORTB-Datenregisters

Bit	7	6	5	4	3	2	1	0	PORTB
	PORTB7	PORTB6	PORTB5	PORTB4	PORTB3	PORTB2	PORTB1	PORTB0	
Read/Write	R/W	R/W	R/W	R/W	R/W	R/W	R/W	R/W	
Initialwert	0	0	0	0	0	0	0	0	

Tab. 1.29 Funktionsweise des PORTB-Datenrichtungsregisters

Bit	7	6	5	4	3	2	1	0	DDRB
	DDB7	DDB6	DDB5	DDB4	DDB3	DDB2	DDB1	DDB0	
Read/Write	R/W	R/W	R/W	R/W	R/W	R/W	R/W	R/W	
Initialwert	0	0	0	0	0	0	0	0	

Tab. 1.30 Funktionsweise des PINB-Eingangspinregisters

Bit	7	6	5	4	3	2	1	0	PINB
	PINB7	PINB6	PINB5	PINB4	PINB3	PINB2	PINB1	PINB0	
Read/Write	R	R	R	R	R	R	R	R	
Initialwert	N/A	N/A	N/A	N/A	N/A	N/A	N/A	N/A	

Tab. 1.31 Funktionsweise des PORTC-Datenregisters

Bit	7	6	5	4	3	2	1	0	PORTC
	-	PORTC6	PORTC5	PORTC4	PORTC3	PORTC2	PORTC1	PORTC0	
Read/Write	R	R/W	R/W	R/W	R/W	R/W	R/W	R/W	
Initialwert	0	0	0	0	0	0	0	0	

Tab. 1.32 Funktionsweise des PORTC-Datenrichtungsregisters

Bit	7	6	5	4	3	2	1	0	DDRC
	-	DDC6	DDC5	DDC4	DDC3	DDC2	DDC1	DDC0	
Read/Write	R	R/W	R/W	R/W	R/W	R/W	R/W	R/W	
Initialwert	0	0	0	0	0	0	0	0	

Tab. 1.33 Funktionsweise des PINC-Eingangspinregisters

Bit	7	6	5	4	3	2	1	0	PINC
	-	PINC6	PINC5	PINC4	PINC3	PINC2	PINC1	PINC0	
Read/Write	R	R	R	R	R	R	R	R	
Initialwert	N/A	N/A	N/A	N/A	N/A	N/A	N/A	N/A	

Tab. 1.34 Funktionsweise des PORTD-Datenregisters

Bit	7	6	5	4	3	2	1	0	PORTD
	PORTD7	PORTD6	PORTD5	PORTD4	PORTD3	PORTD2	PORTD1	PORTD0	
Read/Write	R/W	R/W	R/W	R/W	R/W	R/W	R/W	R/W	
Initialwert	0	0	0	0	0	0	0	0	

Tab. 1.35 Funktionsweise des DDRD-Datenrichtungsregisters

Bit	7	6	5	4	3	2	1	0	DDRD
	DDD7	DDD6	DDD5	DDD4	DDD3	DDD2	DDD1	DDD0	
Read/Write	R/W	R/W	R/W	R/W	R/W	R/W	R/W	R/W	
Initialwert	0	0	0	0	0	0	0	0	

Tab. 1.36 Funktionsweise des PIND-Eingangspinregisters

Bit	7	6	5	4	3	2	1	0	PIND
	PIND7	PIND6	PIND5	PIND4	PIND3	PIND2	PIND1	PIND0	
Read/Write	R	R	R	R	R	R	R	R	
Initialwert	N/A	N/A	N/A	N/A	N/A	N/A	N/A	N/A	

1.3 Statusregister

Eines der wichtigsten I/O-Register ist das Statusregister(SREG), welches Auskunft über
den Status der CPU (Central Processing Unit)und der ALU (Arithmetical Logical Unit)
gibt. Im Statusregister hat jedes Bit eine bestimmte Bedeutung und wird zumeist als Flag
bezeichnet. Diese Bits werden in Vergleichs- und Rechenoperationen gesetzt oder rückgesetzt und anschließend für Entscheidungen und Verzweigungen im Programm verwendet.

Wichtig ist, dass beim Aufruf einer Interrupt-Routine das Statusregister nicht automatisch gesichert wird und bei der Rückkehr aus der Interrupt-Routine nicht automatisch
wieder hergestellt wird. Dies muss der Programmierer selbst organisieren.

Das I-Flag (Global Interrupt enable) wird aufgrund des Auftretens eines Interrupts oder einer Interrupt-Routine (Interrupt-Unterprogramm) aufgerufen, so wird dieses Flag automatisch auf 0 gesetzt und damit andere Interrupts gesperrt. Beim Verlassen der Interrupt-Routine durch den Befehl RET1 wird dieses Flag wieder auf 1 gesetzt und es sind wieder Interrupts erlaubt. Während der Abarbeitung einer Interrupt-Routine sind also alle Interrupts unabhängig von den Einstellungen der verschiedenen Kontrollregister gesperrt. Interrupts können nur nacheinander abgearbeitet werden.

Die Verwendung der einzelnen Flags hängt immer von dem benutzten Befehl ab. Abb. 1.13 zeigt die Zusammenschaltung zwischen Register, ALU und Statusregister.

Vergleiche und Entscheidungen sind in jeder Programmiersprache ein zentrales Mittel, um den Programmfluss abhängig von Bedingungen zu kontrollieren. In einem Mikrocontroller sind folgende Befehlsfunktionen vorhanden:

- Vergleichsbefehle,
- Flags im Statusregister,
- Bedingte Sprungbefehle,
- Andere Befehle, die die Flags im Statusregister beeinflussen, wie z. B. die meisten arithmetischen Funktionen.

Der Zusammenhang ist dabei folgender: Die Vergleichsbefehle führen einen Vergleich durch, beispielsweise zwischen zwei Registern oder zwischen einem Register und einer Konstanten. Das Ergebnis des Vergleiches verändert die Flags und diese werden gespeichert. Die bedingten Sprungbefehle werten die Flags aus und führen bei einem positiven Ergebnis den Sprung aus. Besonders der erste Satzteil ist wichtig! Den

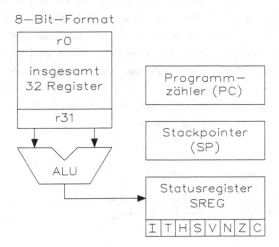

Abb. 1.13 Zusammenschaltung von Register, ALU und Statusregister

bedingten Sprungbefehlen ist es nämlich völlig egal, ob die Flags über Vergleichsbefehle oder über sonstige Befehle gesetzt wurden. Die Sprungbefehle werten einfach nur die Flags aus, wie diese auch immer zu ihrem Zustand gekommen sind. Tab. 1.37 zeigt den Aufbau des Statusregisters.

Die Aufgabe der Flags ist es, das Auftreten bestimmter Ereignisse, die während Berechnungen eintreten können, festzuhalten. Speicherbefehle (LD, LDI, ST, MOV, …) weisen keinen Einfluss auf das Statusregister im Mikrocontroller auf. Will man den Inhalt eines Registers explizit testen (z. B. nach dem Laden aus dem SRAM), so kann man hierfür den TST-Befehl verwenden.

Die Vergleichsbefehle sind

- Compare: Vergleicht den Inhalt zweier Register miteinander. Prozessorintern wird dabei eine Subtraktion der beiden Register durchgeführt. Das eigentliche Subtraktionsergebnis wird allerdings verworfen, das Subtraktionsergebnis beeinflusst lediglich die Flags.
- Compare with Carry: Vergleicht den Inhalt zweier Register, wobei das Carry-Flag in den Vergleich miteinbezogen wird. Dieser Befehl wird für Arithmetik mit großen Variablen (16 Bit/32 Bit)benötigt.
- Compare Immediate: Vergleicht den Inhalt eines Registers mit einer direkt angegebenen Konstanten. Der Befehl ist nur auf die Register r16…r31 anwendbar.

Die Programmsprünge sind bedingte Sprünge und werten immer bestimmte Flags im Statusregister SREG aus. Es ist dabei kein Unterschied, ob dies nach einem Vergleichsbefehl oder einem sonstigen Befehl durchgeführt wird. Entscheidend ist einzig der Zustand des abgefragten Flags. Die Namen der Sprungbefehle wurden allerdings so gewählt, dass sich im Befehlsnamen die Beziehung der Operanden direkt nach einem BefehlCompare widerspiegelt. Zu beachten ist auch, dass die Flags nicht nur durch Vergleichsbefehle verändert werden, sondern durch arithmetische Operationen, Schiebebefehle und logische Verknüpfungen. Da diese Information wichtig ist, ist auch in der bei Mikrocontrollern erhältlichen Übersicht über alle Assemblerbefehle bei jedem Befehl angegeben, ob und wie er Flags beeinflusst. Ebenso ist dort eine kompakte Übersicht aller bedingten Sprünge zu finden. Beachten muss man jedoch, dass die Distanz der bedingten Sprünge maximal 64 Worte beträgt.

Tab. 1.37 Aufbau des Statusregisters (SREG)

Bit	7	6	5	4	3	2	1	0	SREG
	I	T	H	S	V	N	Z	C	
Read/Write	R/W	R/W	R/W	R/W	R/W	R/W	R/W	R/W	
Initialwert	0	0	0	0	0	0	0	0	

- Bedingte Sprünge für vorzeichenlose Zahlen sind
  - BRSH (Branch if Same or Higher): Der Sprung wird durchgeführt, wenn das Carry-Flag (C) nicht gesetzt ist. Wird dieser Branch direkt nach einer CP, CPI, SUB oder SUBI-Operation eingesetzt, so findet der Sprung dann statt, wenn der erste Operand größer oder gleich dem zweiten Operanden ist. BRSH ist identisch mit BRCC (Branch if Carry Cleared).
  - BRLO (Branch if Lower): Der Sprung wird durchgeführt, wenn das Carry-Flag (C) gesetzt ist. Wird dieser Branch direkt nach einer CP, CPI, SUB oder SUBI-Operation eingesetzt, so findet der Sprung dann statt, wenn der erste Operand kleiner als der zweite Operand ist. BRLO ist identisch mit BRCS (Branch if Carry Set).
- Bedingte Sprünge für vorzeichenbehaftete Zahlen sind
  - BRGE (Branch if Greater or Equal): Der Sprung wird durchgeführt, wenn das Signed-Flag (S) nicht gesetzt ist. Wird dieser Branch direkt nach einer CP, CPI, SUB oder SUBI eingesetzt, so findet der Sprung nur dann statt, wenn der erste Operand größer oder gleich dem zweiten Operanden ist.
  - BRLT (Branch if Less Than): Der Sprung wird durchgeführt, wenn das Signed-Flag (S) gesetzt ist. Wird dieser Branch direkt nach einer CP, CPI, SUB oder SUBI-Operation eingesetzt, findet der Sprung nur dann statt, wenn der erste Operand kleiner als der zweite Operand ist.
  - BRMI (Branch if Minus): Der Sprung wird durchgeführt, wenn das Negativ-Flag (N) gesetzt ist, das Ergebnis der letzten Operation also negativ war.
  - BRPL (Branch if Plus): Der Sprung wird durchgeführt, wenn das Negativ-Flag (N) nicht gesetzt ist, das Ergebnis der letzten Operation also positiv war (einschließlich 0).
- Sonstige bedingte Sprünge sind
  - BREQ (Branch if Equal): Der Sprung wird durchgeführt, wenn das Zero-Flag (Z) gesetzt ist. Ist nach einem Vergleich das Zero-Flag gesetzt, also 1, so waren beide Operanden gleich.
  - BRNE (Branch if Not Equal): Der Sprung wird durchgeführt, wenn das Zero-Flag (Z) nicht gesetzt ist. Ist nach einem Vergleich das Zero-Flag nicht gesetzt, also 0, so waren beide Operanden verschieden.
  - BRCC (Branch if Carry Flag is Cleared): Der Sprung wird durchgeführt, wenn das Carry-Flag (C) nicht gesetzt ist. Dieser Befehl wird oft für Arithmetik mit großen Variablen (16 Bit/32 Bit) bzw. im Zusammenhang mit Schiebeoperationen verwendet. BRCC = BRSH
  - BRCS (Branch if Carry Flag is Set): Der Sprung wird durchgeführt, wenn das Carry-Flag (C) gesetzt ist. BRCC oder BRCS = BRLO
- Selten verwendete bedingte Sprünge sind
  - BRHC (Branch if Half Carry Flag is Cleared): Der Sprung wird durchgeführt, wenn das Half-Carry-Flag (H) nicht gesetzt ist.

- BRHS (Branch if Half Carry Flag is Set): Der Sprung wird durchgeführt, wenn das Half-Carry-Flag (H)gesetzt ist.
- BRID (Branch if Global Interrupt is Disabled): Der Sprung wird durchgeführt, wenn das Interrupt-Flag (I) nicht gesetzt ist.
- BRIE (Branch if Global Interrupt is Enabled): Der Sprung wird durchgeführt, wenn das Interrupt-Flag (I) gesetzt ist.
- BRTC (Branch if T-Flag is Cleared): Der Sprung wird durchgeführt, wenn dasT-Flag nicht gesetzt ist.
- BRTS (Branch if T-Flag is Set): Der Sprung wird durchgeführt, wenn das T-Flag gesetzt ist.
- BRVC (Branch if Overflow Cleared): Der Sprung wird durchgeführt, wenn das Overflow-Flag (V) nicht gesetzt ist.
- BRVS (Branch if Overflow Set): Der Sprung wird durchgeführt, wenn das Overflow-Flag (V) gesetzt ist.

1.4   Programmzähler (program counter)

Der Programmzähler ist ein Zeiger, der auf jene Stelle im Programmtext hinweist, die gerade abgearbeitet wird. Diese Abarbeitung eines Programms erfolgt in der Regel sequenziell, d. h. Zeile für Zeile bzw. Befehl für Befehl. Bei einem Sprungbefehl wird der Programmzähler PC mit der Programmadresse des Sprungzieles geladen.

Kommt der Programmablauf an eine Stelle, an der sich ein Aufruf einer Subroutine (Unterprogramm) befindet, wird der um eins inkrementierte Inhalt des Programmzählers automatisch im Stapel abgelegt und mit der Einsprungadresse des Unterprogramms geladen. Danach folgt nacheinander die Abarbeitung der einzelnen Befehle dieses Unterprogramms, wobei der Programmzähler dabei weiterzählt. Ist das Unterprogramm abgearbeitet, wird die zuvor im Stapel gesicherte Rücksprungstelle in den Programm-zähler geladen und der Programmablauf dort fortgesetzt. Die Rücksprungstelle ist dabei ein Befehl, der im Programmtext dem Befehl des Unterprogrammaufrufes folgt. Dies ist auch der Grund für die zuvor durchgeführte Inkrementierung.

Der Aufruf und die Abarbeitung einer Interrupt-Routine erfolgt prinzipiell gleich wie bei einer Subroutine, jedoch mit einem kleinen Unterschied. Da der Aufruf einer solchen Routine nicht aus dem Programmablauf geschieht, sondern wie der Name schon sagt, von einem Interrupt ausgelöst wird, kann dieser Aufruf an verschiedenen Stellen im Programm durchgeführt werden. Es wird der gerade bearbeitete Befehl komplett aus-geführt und danach mit der Abarbeitung der Interrupt-Routine begonnen. Abb. 1.14 zeigt den Aufruf und die Abarbeitung einer Interrupt-Routine.

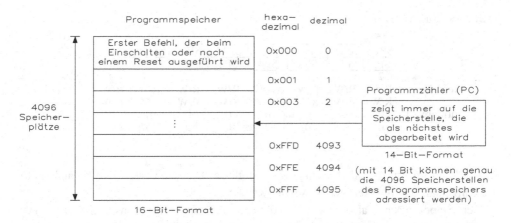

Abb. 1.14 Aufruf und die Abarbeitung einer Interrupt-Routine

1.5 Stapel (Stack)

Der Stapelbzw. Stack ist ein interner Speicherbereich, in dem Daten und insbesondere die Rücksprungadresse beim Aufruf eines Unterprogramms oder einer Interrupt-Routine abgespeichert werden. Die Abwicklung des Speicherns von Daten auf dem Stapel erfolgt durch das LIFO-Prinzip (Last In – First Out). Dies hat zur Folge, dass jene Daten, welche zuletzt auf den Stapel gelegt werden, als erstes wieder von diesem gelesen werden. Ein sogenannter Stapelzeiger(Stackpointer) zeigt dabei immer auf die „oberste" Stelle im Stapel.

Bei der Verwendung von Unterprogrammen ist es notwendig, die Rücksprungadresse im Hauptprogramm zu sichern. Der Unterprogrammaufruf RCALL kopiert den um eins erhöhten Inhalt des Programmzählers auf die oberste Ebene des Stapels und der Stapelzeiger zeigt fortan auf diese Ebene. Nach dem Rücksprung aus dem Unterprogramm wird der Programmzähler mit dem Inhalt (Programmzählerinhalt zum Zeitpunkt des Aufrufes des Unterprogramms plus 1) an der obersten Ebene des Stapels gespeichert. Der Stapelzeiger wird wieder auf die vorhergehende Ebene des Stapels zurückgesetzt. Da der Inhalt des Programmzählers ein 16-Bit-Format aufweist, werden also für den Fall eines Unterprogrammaufrufes zwei Bytes (Lower-Byte und Higher-Byte) am Stapel abgespeichert und der Stapelzeiger um zwei Speicherstellen im 8-Bit breiten Datenspeicher verändert. Gleiches gilt sinngemäß für Interrupt-Routinen-Aufrufe.

Der Stapel befindet sich im 8-Bit breiten Datenspeicher und muss vor der Verwendung bzw. vor dem Aufruf von Unterprogrammen, am besten einer Initialisierungssequenz am Beginn des Programms, bereitgestellt werden, wie noch bei den Programmierbeispielen gezeigt wird. Allgemein ist es üblich, den Stack vom obersten Rand des zur Verfügung stehenden Datenspeichers von oben nach unten einzurichten,

Tab. 1.38 Aufbau des Stackpointers

	15							8	SPH
	SP15	SP14	SP13	SP12	SP11	SP10	SP9	SP8	
	SP7	SP6	SP5	SP4	SP3	SP2	SP1	SP0	
	7							0	SPL
Read/Write	R/W	R/W	R/W	R/W	R/W	R/W	R/W	R/W	
	R/W	R/W	R/W	R/W	R/W	R/W	R/W	R/W	
Intitialwert	0	0	0	0	0	0	0	0	
	0	0	0	0	0	0	0	0	

jedoch kann im Prinzip jede beliebige freie Stelle im Datenspeicher (SRAM) außerhalb der Universal- und I/O-Register verwendet werden.

Der Stapel wächst also von einer höheren Adresse im Datenspeicher zu einer niedrigeren. Die beim Initialisieren des Stapels bzw. Einrichten des Stapelzeigers verwendeten I/O-Register sind SPL (Stackpointer-Low) für das Lower-Byte der Speicheradresse des Stapels und dann folgt SPH für das Higher-Byte.

Es sei hier erwähnt, dass der Inhalt des Statusregisters sowie der Universalregister beim Aufruf einer Interrupt-Routine nicht automatisch gesichert und bei der Rückkehr aus der Interrupt-Routine nicht automatisch wiederhergestellt wird. Dies muss in einemProgrammablauf vom Programmierer selbst organisiert werden. Mit dem Befehl PUSH kann ein Byte auf den Stapel gespeichert werden und mit dem Befehl POP lässt sich ein Byte wieder vom Stapel lesen. Der Stapelzeiger wird dabei nur um eins inkrementiert bzw. dekrementiert, da es sich um ein Byte handelt und nicht um zwei, wie dies beim Programmzähler der Fall ist.

Der Stackpointer besteht aus zwei 8-Bit-Registern im I/O-Speicherbereich. Die Anzahl der Bits, die für die Adressierung verwendet werden, ist abhängig von der Größe des zu adressierenden Speicherbereiches. Tab. 1.38 zeigt den Aufbau.

1.6   Rücksetzen (Reset)

Als Reset wird das Zurücksetzen des Mikrocontrollers bzw. des in den Mikrocontroller geladenen Programms bezeichnet. Der Programmzähler wird beim Reset auf Null gesetzt und verweist damit auf die erste Speicherstelle des Programmspeichers, an der die Abarbeitung des Programms begonnen wird. Sinnvollerweise muss der Programmcode an dieser Stelle beginnen, d. h. der erste Befehl soll im Programmcode an dieser Stelle stehen. Bei einem Reset werden die Register-und Port-Inhalte zurückgesetzt.

Es gibt mehrere Möglichkeiten einen Reset auszulösen:

- Anlegen oder Einschalten der Betriebsspannung am Mikrocontroller, beim Start wird über die Hardware ein Reset ausgelöst.

Abb. 1.15 Schaltung für den
externen Reset-Eingang

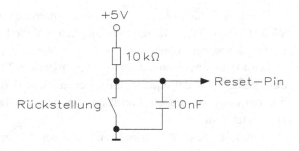

- Reset-Pin: Ein mindestens 50 ns andauernder L-Pegel am Reset-Pin generiert einen Reset des Mikrocontrollers.
- Watchdog-Reset: Ist die zuvor programmierte Zeit der Überwachungsuhr (Watchdog-Timer) des Mikrocontrollers erreicht, wird ein Reset generiert.
- Direkter Sprungbefehl an den Beginn des Programmspeichers, aber die Register- und Port-Inhalte bleiben dabei erhalten bzw. werden nicht zurückgesetzt.

Abb. 1.15 zeigt die Schaltung für den externen Reset-Eingang.

1.7   Zeitgeber und Zähler (Timer und Counter)

Der Mikrocontroller verfügt über einen 8-Bit-Timer/Counter (Timer/Counter 0) und einen 16-Bit-Timer/Counter (Timer/Counter 1), wobei jeder der beiden als Zeitgeber (Timer) oder als Zähler (Counter) verwendet werden kann. In diesem Kapitel wird die allgemeine Funktionsweise des Timer/Counter 0 behandelt.

1.7.1   8-Bit-Timer/Counter 0

Der 8-Bit-Timer/Counter 0 kann mit der Taktfrequenz (CK), der durch den Vorteiler(Prescaler) geteilten bzw. gedrosselten Taktfrequenz oder extern getaktet betrieben werden und es ist auch möglich, diesen wieder anzuhalten. Dies geschieht über das Timer/Counter-0-Control-Register (TCCR0) und Tab. 1.39 zeigt den Aufbau.

Tab. 1.39 Aufbau des Timer/Counter-0-Control-Registers (TCCR0)

Bit	7	6	5	4	3	2	1	0	TCCR0
	-	-	-	-	-	CS02	CS01	CS00	
Read/Write	R	R	R	R	R	R/W	R/W	R/W	
Initialwert	0	0	0	0	0	0	0	0	

Die Bits 7 bis 3 werden beim Mikrocontroller nicht verwendet und sind mit dem Wert 0 belegt. Tab. 1.40 zeigt die möglichen Vorteilereinstellungen, die im TCCR0 vorgenommen werden können.

Wird der Timer/Counter 0 mit einem externen Takt an T0 betrieben, so muss dieser eine geringere Taktfrequenz aufweisen als die Taktfrequenz des Mikrocontrollers, da nur bei einer steigenden Taktflanke der internen Taktfrequenz (CK)das Signal an T0 abgetastet wird.

Abb. 1.16 zeigt das Blockschaltbild des Timer/Counter. Der Zähler des Timer/Counter 0 ist als Aufwärtszähler realisiert, der sowohl mit einem Wert beschrieben

Tab. 1.40 Vorteilereinstellungen im TCCR0-Register

CS02	CS01	CS00	Beschreibung
0	0	0	Stop, der Timer/Counter 0 wird angehalten
0	0	1	CK
0	1	0	CK/8
0	1	1	CK/64
1	0	0	CK/256
1	0	1	CK/1024
1	1	0	Externe fallende Flanke an Pin T0
1	1	1	Externe steigende Flanke an Pin T0

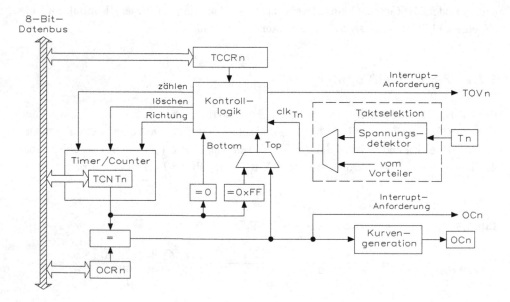

Abb. 1.16 Blockschaltbild des Timer/Counter

Tab. 1.41 Aufbau des TCNT0-Registers

Bit	7	6	5	4	3	2	1	0	TCNT0
	TCNT7	TCNT6	TCNT5	TCNT4	TCNT3	TCNT2	TCNT1	TCNT0	
Read/Write	R/W	R/W	R/W	R/W	R/W	R/W	R/W	R/W	
Initialwert	0	0	0	0	0	0	0	0	

(vorbesetzt) als auch ausgelesen werden kann. Wird dieses Register beschrieben und der Zähler ist aktiv, so wird mit dem der Schreiboperation folgenden Taktzyklus das Zählen fortgesetzt.

Tab. 1.41 zeigt den Aufbau des TCNT0-Registers. Das Timer/Counter-Register gibt sowohl beim Lesen als auch beim Schreiben einen direkten Zugriff auf den 8-Bit-Timer/Counter.

1.7.2 Timer/Counter Interrupt-Mask-Register (TIMSK)

Tab. 1.42 zeigt die Funktionen des Timer/Counter-0-Interrupt-Mask-Registers (TIMSK).

Tab. 1.43 zeigt die einzelnen Funktionen des Timer/Counter-0-Interrupt-Mask-Registers (TIMSK)

Tab. 1.42 Aufbau des Timer/Counter-0-Interrupt-Mask-Registers (TIMSK)

Bit	7	6	5	4	3	2	1	0	TIMSK
	TOIE1	OCIE1A	OCIE1B	-	TICIE1	-	TOIE0	-	
Read/Write	R/W	R/W	R/W	R	R/W	R	R/W	R/W	
Initialwert	0	0	0	0	0	0	0	0	

Tab. 1.43 Funktionen des Timer/Counter-0-Interrupt-Mask-Registers (TIMSK)

Bit		Bedeutung
7	TOIE1	Timer/Counter 1 Overflow Interrupt Enable
6	OCIE1A	Timer/Counter 1 Output CompareA Match Interrupt Enable
5	OCIE1B	Timer/Counter 1 Output CompareB Match Interrupt Enable
4	–	–
3	TICIE1	Timer/Counter 1 Input Capture Interrupt Enable
2	–	–
1	TOIE0	Timer/Counter 0 Overflow Interrupt Enable: Wenn dieses TOIE0-Bit und das I-Flag des Statusregistersgesetzt sind, dann ist ein Timer/Counter 0 Output Interrupt möglich. Tritt beim Timer/Counter 0 ein Überlauf auf(Sprung von $ FF auf $ 00 im Zählregister TCNT0), so wird im Timer/Counter 0 Interrupt Flag Register (TIFR) dasFlag TOV0 gesetzt und der dazugehörige Interrupt aus der Interruptvektor-Tabelle ($ 007)durchgeführt.
0	–	–

Tab. 1.44   Funktionen des Timer/Counter-0-Interrupt-Flag-Registers (TIFR)

Bit	7	6	5	4	3	2	1	0	TIFR
	TOV1	OCR1A	OCR1B	-	TICIE1	-	TOV0	-	
Read/Write	R/W	R/W	R/W	R	R/W	R	R/W	R	
Initialwert	0	0	0	0	0	0	0	0	0

Tab. 1.45   Funktionen des Timer/Counter-Interrupt-Flag-Registers (TIFR)

Bit		Bedeutung
7	TOV1	Timer/Counter 1 Overflow Interrupt Flag
6	OCRE1A	Timer/Counter 1 Output Compare Flag 1A
5	OCRE1B	Timer/Counter 1 Output Compare Flag 1B
4	–	–
3	TICIE1	Timer/Counter 1 Input Capture Flag 1
2	–	–
1	TOV0	Timer/Counter 0 Overflow Flag: Tritt vom Timer/Counter 0 ein Überlauf auf (Sprung von $FF auf $00 imZählregister TCNT0), so wird dieses Flag (TOV0) gesetzt. Dieses Flag wird gelöscht, wenn der zugehörigeInterrupt ausgeführt wird. Der Timer/Counter 0-Interrupt wird ausgeführt, wenn das I-Flag im Register SREG, dasTOIE0-Bit im TCCR0 und das TOV0-Flag gesetzt sind.
0	–	–

1.7.3   Timer/Counter Interrupt-Flag-Register (TIFR)

Tab. 1.44 zeigt die Funktionen des Timer/Counter-0-Interrupt-Flag-Registers (TIFR).

Tab. 1.45 zeigt die Funktionen der einzelnen Bits im Timer/Counter-Interrupt-Flag-Register (TIFR)

1.8   Peripherie

Der Mikrocontroller verfügt über direkte Schnittstellen. Die bidirektionalen I/O-Leitungen lassen sich als Ein- oder Ausgänge verwenden. Die SPI-Schnittstelle arbeitet als synchrone serielle Schnittstelle und dient hauptsächlich der Programmierung desMikrocontrollers. Der USART ist die serielle Schnittstelle für den asynchronen und synchronen Betrieb, wobei in der Praxis nur die asynchrone Datenübertragung verwendet wird.

1.8.1 I/O-Ports

Der Mikrocontroller verfügt über zahlreiche programmierbare bidirektionale I/O-Leitungen, die in Ports zu je acht Pins zusammengefasst sind. Jede dieser I/O-Leitungen kann entweder als Eingangs- oder als Ausgangsleitung programmiert werden. Jeder dieser I/O-Pins kann bei Verwendung als Ausgangsleitung mit 20 mA belastet werden, d. h. dass sich einzelne Leuchtdioden oder LED-Displays direkt ansteuern lassen. Abb. 1.17 zeigt die Ausgänge eines I/O-Ports für die Ansteuerung von LEDs.

Zur Definition, ob ein Port als Eingang oder als Ausgang verwendet wird, existiert zu jedem dieser Ports ein sogenanntes Data-Direction-Register (DDRA bis DDRD), welches die Richtung jedes einzelnen Port-Pins angibt.

Werden z. B. alle Bits in PortA auf Ausgang geschaltet (DDRA wird auf $FF bzw. 1111111 gesetzt), lassen sich Daten über das I/O-Register PORTA ausgeben und wirken damit an den zugehörigen Pins des PortA. Da ein gesetztes Bit in einem Port einen L-Pegel am zugehörigen Pin ergibt und umgekehrt, ist beim Programmieren besondere Sorgfalt erforderlich.

Werden ein oder mehrere Bits im PortA mit dem „Data-Direction-Register" auf Eingang geschaltet (DDRA wird auf $00 bzw. 00000000 gesetzt), so kann der Zustand an den zugeordneten Pins über das I/O-Register PINA ausgelesen werden. Abb. 1.18 zeigt den Eingang des I/O-Ports für die Abfrage eines Tasters.

Die Stellenwertigkeit eines Bits im DDRA entspricht dabei immer der Stellenwertigkeit des jeweiligen Bits im I/O-Register PORTA, d. h. dass z. B. Bit 4 im DDRA dem Bit 4 im PORT bzw. PINA zugeordnet ist. Zu beachten ist, dass die einzelnen Port-Pins alternative Funktionen aufweisen können.

Adressen und Namen der Register sind in Tab. 1.46 gezeigt.

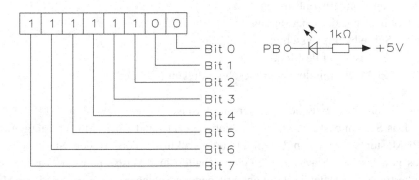

Abb. 1.17 Ausgänge eines I/O-Ports für die Ansteuerung von LEDs

Abb. 1.18 Eingang eines
I/O-Ports für die Abfrage eines
Tasters

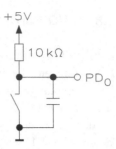

1.8.2   Synchrone serielle Schnittstelle (SPI)

Die SPI-Schnittstelle (Serial Peripheral Interface) dient zur schnellen synchronen Daten-
übertragung. Die Datenübertragung wird dabei über die Anschlüsse MOSI (Master Out
Slave In), MISO (Master In Slave Out), SCK(Serial Clock) und zusätzlich noch über SS
(Slave Select) vorgenommen. Diese Anschlüsse sind Zweitbelegungen diverser Pins am
PortB des Mikrocontrollers.

Der Datentransfer von und zur SPI-Schnittstelle wird byteweise über die I/O-Register
SIDR (SPI Data Register), SPSR (SPI Status Register) und SPCR (SPI Control Register)
vorgenommen.

Das serielle Peripherie Interface (SPI) erlaubt einen sehr schnellen synchronen Datentransfer zwischen dem Mikrocontroller und peripheren Bausteinen oder zwischen zwei
seriellen Mikrocontrollern. Das SPI des Mikrocontrollers hat folgende Eigenschaften:

- Voll-Duplex-Betrieb, Drei-Draht-Verbindung für einen synchronen Datentransfer,
- Master- oder Slave-Operation,
- LSB oder MSB als ersten Datentransfer,
- Sieben programmierbare Bitraten,
- Interrupt bei Ende der Übertragung,
- Flag für Schreibkollisionsschutz,
- Aufwachen aus dem Idle-Mode,
- Master-SPI-Modus mit doppelter Geschwindigkeit (CK/2).

Die Zusammenarbeit zwischen Master- und Slave-Prozessor wird in Abb. 1.19 dargestellt. Das System besteht aus zwei Schieberegistern und einem Master-Taktgenerator.
Der SPI-Master startet einen Kommunikationszyklus, indem er den Slave-Select-Pin
(SS) des gewünschten Slaves auf L-Pegel schaltet. Der Master und der Slave bereiten
die zu übertragenden Daten in ihren entsprechenden Schieberegistern vor und der Master
erzeugt die erforderlichen Taktpulse auf der SCK-Leitung, damit der Datentausch
erfolgen kann. Die Daten werden vom Master zum Slave immer über die MOSI-Leitung
übertragen und vom Slave zum Master über die MISO-Leitung durchgeführt. Nach

Tab. 1.46 Adressen und Namen der Register

Adresse	Name	Bit 7	Bit 6	Bit 5	Bit 4	Bit 3	Bit 2	Bit 1	Bit 0
0x3F (0x5F)	SREG	I	T	H	S	V	N	Z	C
0x3E (0x5E)	SPH	–	–	–	–	SP11	SP10	SP9	SP8
0x3D (0x5D)	SPL	SP7	SP6	SP5	SP4	SP3	SP2	SP1	SP0
0x3C (0x5C)	OCR	Timer/Counter 0 Output Compare Register							
0x3B (0x5B)	GICR	INT1	INT0	INT2	–	–	–	IVSEL	IVCE
0x3A (0x5A)	GIFR	INTF1	INTF0	INTF2	–	–	–	–	–
0x39 (0x59)	TIMSK	OCIE2	TOIE2	TICIE1	OCIE1A	OCIE1B	TOIE1	OCIE0	TOIE0
0x38 (0x58)	TIFR	OCF2	TOV2	ICF1	OCF1A	OCF1B	TOV1	OCF0	TOV0
0x37 (0x57)	SPMCR	SPMIE	RWWSB	–	RWWSRE	BLBSET	PGWRT	PGERS	SPMEN
0x36 (0x56)	TWCR	TWINT	TWEA	TWSTA	TWSTO	TWWC	TWEN	–	TWIE
0x35 (0x55)	MCUCR	SE	SM2	SM1	SM0	ISC11	ISC10	ISC01	ISC00
0x34 (0x54)	MCUCSR	JTD	ISC2	–	JTRF	WDRF	BORF	EXTRF	PORF
0x33 (0x53)	TCCR0	FOC0	WGM00	COM01	COM00	WGM01	CS02	CS01	CS00

Adresse	Name	Bit 7	Bit 6	Bit 5	Bit 4	Bit 3	Bit 2	Bit 1	Bit 0
0x32 (0x52)	TCNT0	Timer/Counter 0 (8-Bit)							
0x31 (0x51)	OSCCAL / OCDR	Oscillator Calibration Register / On-Chip Debug Register							
0x30 (0x50)	SFIOR	ADTS2	ADTS1	ADTS0	–	ACME	PUD	PSR2	PSR10
0x2F (0x4F)	TCCR1A	COM1A1	COM1A0	COM1B1	COM1B0	FOC1A	FOC1B	WGM11	WGM10

(Fortsetzung)

Tab. 1.46 (Fortsetzung)

Adresse	Name	Bit 7	Bit 6	Bit 5	Bit 4	Bit 3	Bit 2	Bit 1	Bit 0
0x2E (0x4E)	TCCR1B	ICNC1	ICES1	-	WGM13	WGM12	CS12	CS11	CS10
0x2D (0x4D)	TCNT1H	Timer/Counter 1 – Counter Register High Byte							
0x2C (0x4C)	TCNT1 L	Timer/Counter 1 – Counter Register Low Byte							
0x2B (0x4B)	OCR1AH	Timer/Counter 1 – Compare Register A High Byte							
0x2A (0x4A)	OCR1AL	Timer/Counter 1 – Compare Register A Low Byte							
0x29 (0x49)	OCR1BH	Timer/Counter 1 – Compare Register B High Byte							
0x28 (0x48)	OCR1BL	Timer/Counter 1 – Compare Register B Low Byte							
0x27 (0x47)	ICR1H	Timer/Counter 1 – Input Capture Register High Byte							
0x26 (0x46)	ICR1 L	Timer/Counter 1 – Input Capture Register Low Byte							
0x25 (0x45)	TCCR2	FOC2	WGM20	COM21	COM20	WGM21	CS22	CS21	CS20
0x24 (0x44)	TCNT2	Timer/Counter 2 (8 Bits)							
0x23 (0x43)	OCR2	Timer/Counter 2 Output Compare Register							
0x22 (0x42)	ASSR	-	-	-	-	AS2	TCN2UB	OCR2UB	TCR2UB
0x21 (0x41)	WDTCSR	-	-	-	WDTOE	WDE	WDP2	WDP1	WDP0
0x20 (0x40)	UBRRH UCSRC	URSEL URSEL	UMSEL	UPM1	UPM0	UBRR USBS	(11:8) UCSZ1	UCSZ0	UCPOL
0x1F (0x3F)	EEARH	-	-	-	-	-	-	EEAR9	EEAR8

(Fortsetzung)

Tab. 1.46 (Fortsetzung)

Adresse	Name	Bit 7	Bit 6	Bit 5	Bit 4	Bit 3	Bit 2	Bit 1	Bit 0
0x1E (0x3E)	EEARL	EEPROM Address Register Low Byte							
0x1D (0x3D)	EEDR	EEPROM Data Register							
0x1C (0x3C)	EECR	–	–	–	–	EERIE	EEMWE	EEWE	EERE
0x1B (0x3B)	PORTA	PORTA7	PORTA6	PORTA5	PORTA4	PORTA3	PORTA2	PORTA1	PORTA0
0x1A (0x3A)	DDRA	DDA7	DDA6	DDA5	DDA4	DDA3	DDA2	DDA1	DDA0
0x19 (0x39)	PINA	PINA7	PINA6	PINA5	PINA4	PINA3	PINA2	PINA1	PINA0
0x18 (0x38)	PORTB	PORTB7	PORTB6	PORTB5	PORTB4	PORTB3	PORTB2	PORTB1	PORTB0
0x17 (0x37)	DDRB	DDB7	DDB6	DDB5	DDB4	DDB3	DDB2	DDB1	DDB0
0x16 (0x36)	PINB	PINB7	PINB6	PINB5	PINB4	PINB3	PINB2	PINB1	PINB0
0x15 (0x35)	PORTC	PORTC7	PORTC6	PORTC5	PORTC4	PORTC3	PORTC2	PORTC1	PORTC0
0x14 (0x34)	DDRC	DDRC7	DDRC6	DDRC5	DDRC4	DDRC3	DDRC2	DDRC1	DDRC0
0x13 (0x33)	PINC	PINC7	PINC6	PINC5	PINC4	PINC3	PINC2	PINC1	PINC0
0x12 (0x32)	PORTD	PORTD7	PORTD6	PORTD5	PORTD4	PORTD3	PORTD2	PORTD1	PORTD0
0x11 (0x31)	DDRD	DDD7	DDD6	DDD5	DDD4	DDD3	DDD2	DDD1	DDD0
0x10 (0x30)	PIND	PIND7	PIND6	PIND5	PIND4	PIND3	PIND2	PIND1	PIND0
0x0F (0x2F)	SPDR	SPI Data Register							
0x0E (0x2E)	SPSR	SPIF	WCOL	–	–	–	–	–	SPI2X
0x0D (0x2D)	SPCR	SPIE	SPE	DORD	MSTR	CPOL	CPHA	SPR1	SPR0
0x0C (0x2C)	UDR	USART Data Register (8 Bit)							
0x0B (0x2B)	UCSRA	RXC	TXC	UDRE	FE	DOR	PE	U2X	MPCM
0x0A (0x2A)	UCSRB	RXCIE	TXCIE	UDRIE	RXEN	TXEN	UCSZ2	RXB8	TXB8

(Fortsetzung)

Tab. 1.46 (Fortsetzung)

Adresse	Name	Bit 7	Bit 6	Bit 5	Bit 4	Bit 3	Bit 2	Bit 1	Bit 0
0x09 (0x29)	UBRRL	USART Baud Rate Register Low Byte							
0x08 (0x28)	ACSR	ACD	ACBG	ACO	ACI	ACIE	ACIC	ACIS1	ACIS0
0x07 (0x27)	ADMUX	REFS1	REFS0	ADLAR	MUX4	MUX3	MUX2	MUX1	MUX0
0x06 (0x26)	ADCSRA	ADEN	ADSC	ADATE	ADIF	ADIE	ADPS2	ADPS1	ADPS0
0x05 (0x25)	ADCH	ADC Data Register High Byte							
0x04 (0x24)	ADCL	ADC Data Register Low Byte							
0x03 (0x23)	TWDR	Two-Wire Serial Interface Data Register							
0x02 (0x23)	TWAR	TWA6	TWA5	TWA4	TWA3	TWA2	TWA1	TWA0	TWGCE
0x01 (0x21)	TWSR	TWS7	TWS6	TWS5	TWS4	TWS3	–	TWPS1	TWPS0
0x00 (0x20)	TWBR	Two-Wire Serial Interface Data Register							

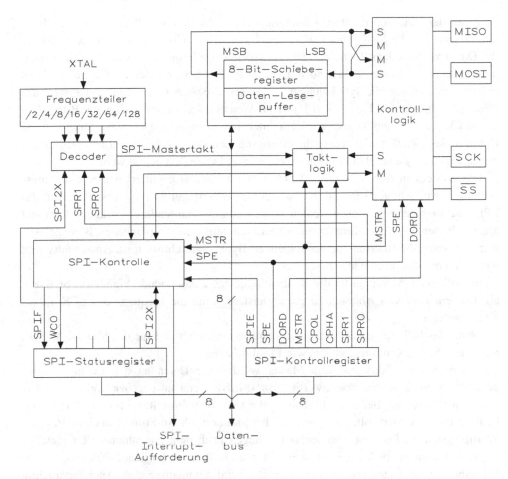

Abb. 1.19 Blockschaltung der SPI-Einheit

jedem übertragenen Datenpaket synchronisiert der Master den Slave, indem er die Slave-Select-Leitung (SS) auf H-Pegel schaltet.

Wenn der Baustein als Master konfiguriert ist, so hat SPI keine automatische Kontrolle über die SS-Leitung. Diese muss durch die Software gesteuert werden, um eine Kommunikation zu starten. Wenn dies ausgeführt worden ist, startet das Schreiben eines Bytes in das SPI-Daten-Register den SPI-Taktgenerator und das Schieberegister übergibt die acht Bits dem Slave. Nachdem die acht Bits geschoben wurden, stoppt der SPI-Taktgenerator und das Flag „End of Transmission Flag" (SPIF)wird gesetzt. Wenn das SPI-Interrupt-Enable-Bit (SPIE) im SPCR-Register gesetzt ist, wird dann ein Interrupt ausgeführt. Der Master kann die Kommunikation fortsetzen, indem er ein weiteres Byte in das SPDR-Register schiebt oder er beendet die Kommunikation, indem er die SS-Leitung auf H-Pegel schaltet. Das zuletzt eingegangene Byte verbleibt im Buffer-Register und kann dort gelesen werden.

Wenn der Baustein als Slave konfiguriert ist, „schläft" das SPI-Interface mit MISO auf Tristate bis die SS-Leitung auf H-Pegel geschaltet wird. Dann kann die Software die Daten im SPI-Data-Register SPDR aktualisieren, allerdings werden die Daten nicht durch die am SCK-Pin eingehenden Takte ausgeschoben, bis der SS-Pin auf L-Pegel gelegt wurde. Wenn ein Byte komplett in das Senderegister geschoben wurde, wird das „End of Transmission Flag" (SPIF) gesetzt. Wenn das SPI-Interrupt-Enable-Bit (SPIE) im SPCR-Register gesetzt ist, wird ein Interrupt ausgeführt. Der Slave kann weitere Daten in das SPDR senden, bevor die eingegangenen Daten gelesen wurden. Das zuletzt eingegangene Byte verbleibt im Schieberegister und kann dort geholt werden.

Das System in Abb. 1.20 ist in Senderichtung einfach gepuffert und in Empfangs-richtung zweifach gepuffert, d. h. dass ein zu übertragenes Byte erst dann in das SPI-Data-Register geschrieben werden kann, wenn eine laufende Übertragung komplett abgeschlossen ist. Beim Empfangen von Daten muss ein empfangenes Byte gelesen werden, bevor die Übertragung des folgenden Bytes abgeschlossen ist. Andernfalls geht das zuerst empfangene Byte verloren.

Im SPI-Slave-Modus tastet die Kontrolllogik das ankommende Signal am SCK-Pin ab. Um ein korrektes Abtasten zu gewährleisten, sollte die Frequenz des SCK-Taktes nicht größer als $f_{OSC}/4$ sein.

Wenn das SPI freigegeben ist, stellt sich die Datenrichtung für die MOSI-, MISO-, SCK- und SS-Pins automatisch ein, wie Tab. 1.47 zeigt.

Synchron zum Taktsignal vom Master werden die Daten an den Leitungen aus-gegeben. Meist wird das höchstwertige Bit (MSB) zuerst ausgegeben und die nieder-wertigen Bits folgen. Bei dem Mikrocontroller kann man einstellen, ob zuerst MSB oder LSB gesendet werden soll. Ein Datenwort hat immer ein 8-Bit-Format, auch in 16- oder 32-Bit-Systemen. Die empfangenen Daten liegen nach dem Datentransfer im gleichen Register wie die Sendedaten. Es existiert also nur ein Register für Sende-/Empfangsdaten. Schreibt man ein Datenwort in dieses Register, wird automatisch eine Datenübertragung

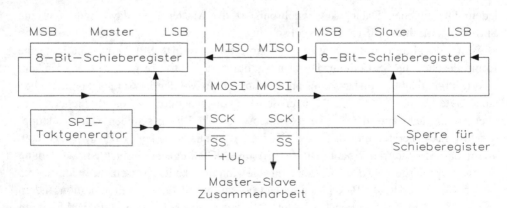

Abb. 1.20 Zusammenarbeit zwischen Master und Slave

Tab. 1.47 Datenrichtung des MOSI-, MISO-, SCK- und SS-Pins

Pin	Richtung des Masters	Richtung des Slaves
MOSI	Anwenderdefiniert	Eingang
MISO	Eingang	Anwenderdefiniert
SCK	Anwenderdefiniert	Eingang
SS	Anwenderdefiniert	Eingang

eingeleitet. Um festzustellen, ob die Übertragung abgeschlossen ist, gibt es Flags in den Statusregistern oder man verwendet einen Interrupt.

SPI kennt verschiedene Betriebsarten, die sich über Konfigurationsregister einstellen lassen. Die am häufigsten genutzte Betriebsart ist der „3-Wire-Master-Slave"-Modus. Hierbei werden nur zwei Datenleitungen sowie die Taktleitung benötigt. Das CS-Signal oder SS-Signal des Slaves liegt auf Masse, damit ist der Slave immer angewählt. Hierbei kann allerdings kein weiterer Slave angesteuert werden.

Eine weitere Betriebsart ist der „4-Wire-Master-Slave/Multi-Master"-Modus. Hierbei existiert neben den drei benötigten Daten-/Steuerleitungen noch ein Slave-Select-Signal vom Master. Dieser wählt vor dem Datentransfer den Slave aus, welcher dann die Daten empfangen kann. Der Multi-Master-Modus wird hauptsächlich verwendet, wenn man zwei Mikrocontroller miteinander verbindet. Somit kann jeder Mikrocontroller einen Datentransfer einleiten. Nur während eines Datentransfers arbeitet einer als Master und der andere als Slave. Im „Ruhezustand" sind beide als Slave definiert. Die Umschaltung erfolgt automatisch.

SPI lässt sich je nach Mikrocontroller und Peripherie recht flexibel konfigurieren. So lässt sich einstellen, in welchem logischen Zustand sich die Taktleitung befindet, wenn sie im Ruhezustand ist. Ebenfalls lässt sich einstellen, wann ein Datenbit übernommen werden soll, bei dem ersten Taktimpuls oder beim letzten Taktimpuls. Tab. 1.48 zeigt die Funktionsweise.

Für die Polarität sowie die Taktphase sind die beiden Bits CKPOL bzw. CKPHA zuständig. Ist CKPOL auf 0-Signal, so ist die Taktleitung im Ruhezustand auf L-Pegel.

Tab. 1.48 Funktionsweise zwischen Mikrocontroller und Peripherie

CKPHA	CKPOL	Funktion
0	0	Taktsignal im Ruhezustand auf L-Pegel und Datenübernahme bei fallender Taktflanke
0	1	Taktsignal im Ruhezustand auf H-Pegel und Datenübernahme bei steigender Taktflanke
1	0	Taktsignal im Ruhezustand auf L-Pegel und Datenübernahme bei steigender Taktflanke
1	1	Taktsignal im Ruhezustand auf H-Pegel und Datenübernahme bei fallender Taktflanke

Ist das Bit auf 1 gesetzt, hat die Taktleitung im Ruhezustand einen H-Pegel. Ist das CKPHA auf 0-Signal, wird ein Datenbit bei dem letzten Taktimpuls übernommen und ist das CKPHA gesetzt, also auf 1-Signal, wird das Datenbit bei dem ersten Taktimpuls gesetzt.

Den Takt kann man frei wählen. Dieser ist oft vom CPU-Takt vorgegeben und kann dann über Teiler heruntergesetzt werden.

In dem Mikrocontroller gibt es drei Register, welche für den SPI-Bus zuständig sind. Das ist zum ersten das Datenregister, in dem die zu übertragenden Daten geschrieben bzw. empfangene Daten ausgelesen werden können. Außerdem gibt es noch ein Konfigurationsregister (SPCR) sowie ein Statusregister (SPSR).

Bevor man den SPI-Bus verwenden kann, muss man den SPI-Bus im Mikrocontroller konfigurieren. Im Beispiel soll der Mikrocontroller mit 8 MHz arbeiten und der Bus mit der maximal möglichen Taktrate von 1 MHz senden bzw. empfangen. Eine höhere Taktrate wäre nur möglich, wenn als Slave ebenfalls ein Mikrocontroller verwendet wird.

Zunächst wird also das SPCR konfiguriert und Tab. 1.49 zeigt den Aufbau des Registers.

Für das SPCR-Register ergeben sich folgende Definitionen:

- SPIE (SPI-Interrupt-Enable Flag): Bestimmt, ob der SPI-Interrupt aktiviert wird (1-Signal) oder deaktiviert ist (0-Signal).
- SPE (SPI-Enable): Bestimmt, ob SPI angeschaltet oder abgeschaltet ist (1- oder 0-Signal).
- DORD (Data Order): Bestimmt, welches Bit aus dem Datenregister zuerst gesendet werden soll. Bei 0-Signal wird zunächst das höchstwertige Bit, bei 1-Signal wird erst das niederwertigste Bit gesendet.
- MSTR (Master/Slave Select): Bestimmt, ob der Mikrocontroller als Master oder Slave arbeitet.
- CPOL (Idle Polarity): Bestimmt, wie die Polarität der Taktleitung im Ruhezustand sein muss.
- CPIHA (Clock Phase Bit): Bestimmt, bei welcher Taktflanke die Daten übernommen werden sollen.
- SPR1, SPR0: Bestimmt die Taktrate des SCK-Signals in Abhängigkeit vom Takt des Mikrocontrollers. Tab. 1.50 zeigt die Einstellungen der Taktraten.

Tab. 1.49 Aufbau des SPCR-Registers

Bit	7	6	5	4	3	2	1	0	SPCR
	SPIE	SPE	DORD	MSTR	CPOL	CPHA	SPR1	SPR0	
Read/Write	R/W	R/W	R/W	R/W	R/W	R/W	R/W	R/W	
Initialwert	0	0	0	0	0	0	0	0	

Tab. 1.50 Einstellungen der Taktraten durch das SPI-Register

SPR1	SPR0	SPI2X	Taktrate
0	0	0	CPU/4
0	0	1	CPU/2
0	1	0	CPU/16
0	1	1	CPU/8
1	0	0	CPU/64
1	0	1	CPU/32
1	1	0	CPU/128
1	1	1	CPU/64

Das SPCR soll mit dem Bitmuster 01010001 arbeiten. Damit kann der Mikrocontroller als Master, SPI-Enable, Interrupt-Disable, CPU-Takt durch 16, Polarität auf Null und Datenübernahme bei der ersten Taktflanke konfiguriert werden.

Anschließend wird das SPI-Statusregister nach Tab. 1.51 konfiguriert.

In dem Register lässt sich nur das SPI2X-Flag konfigurieren, da das Flag aber nur für die Taktrate zuständig ist. In diesem Beispiel wird es nicht benötigt (CPU-Takt/16) und das Register befindet sich in der Grundeinstellung.

Nun kann man einen Slave selektieren (Slave Select auf 0-Signal) und durch Schreiben von Daten in das Datenregister eine Übertragung einleiten. Wartende Daten im Slave werden bei dieser Übertragung zum Master gesendet.

1.8.3 Asynchrone serielle Schnittstelle (USART)

Zur synchronen und asynchronen Datenübertragung besitzt der Mikrocontroller einen USART (Universal Synchronous Asynchronous Receiver and Transmitter), welcher das byteweise Senden und Empfangen von seriellen Daten ermöglicht.

Um gleichzeitig senden und empfangen zu können, besitzt der USART einen Empfänger (Receiver) und einen Sender (Transmitter), welche unabhängig voneinander arbeiten können. Die Erzeugung der Baudrate (Übertragungsrate) geschieht durch den USART.

Der USART wird über vier spezielle Register im I/O-Adressraum gesteuert: UDR (UART I/O Data Register), USR (USART Status Register), UCR (UART Control Register) und UBRR (UART Baud Rate Register). Abb. 1.21 zeigt das Blockschaltbild für den USART.

Tab. 1.51 Aufbau des SPCR-Registers

Bit	7	6	5	4	3	2	1	0	SPCR
	SPIF	WCOL	-	-	-	-	-	SPI2X	
Read/Write	R	R	R	R	R	R	R	R/W	
Initialwert	0	0	0	0	0	0	0	0	

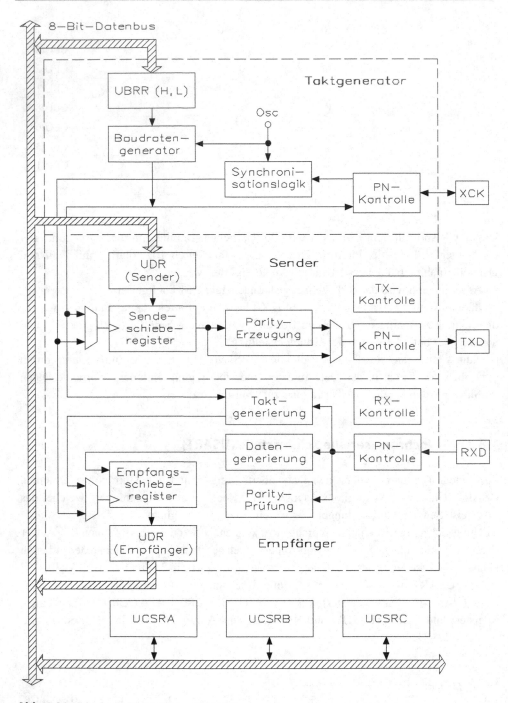

Abb. 1.21 Blockschaltbild für den USART

In der Registertabelle für die Definitionen der Betriebsarten müssen die Übertragungsbefehle gespeichert sein, damit der USART seinen Betrieb aufnehmen kann. Wird ein Wert in das Register UDR abgespeichert, wird das Steuerwort in das interne Schieberegister übernommen und über den TXD-Ausgang gesendet. In ähnlicher Weise kommen auch die empfangenen Daten, die an dem RXD-Eingang anliegen, über einen Puffer in das UDR-Register und können dann vom Mikrocontroller ausgelesen werden. Da Senden und Empfangen ähnlich ablaufen, genügt es, einen der beiden Vorgänge genauer zu betrachten. Es soll der Sendebetrieb erklärt werden.

Der Sendevorgang wird durch die vier Register UCSRA, UCSRB, UCSRC und UBRR kontrolliert. Das Register UBRR beinhaltet den Wert der Baudrate, aber die Baudrate muss auf den Wert der verwendeten Taktfrequenz des Mikrocontrollers abgestimmt sein. Die Formel für die Anwendung wird noch bei den Programmierbeispielen erklärt.

Das UCSRB-Register (USART Control Status Register B) hat den Aufbau von Tab. 1.52.

Jedes einzelne Bit im Register UCSRM hat eine spezielle Bedeutung, die durch eine entsprechende Abkürzung gekennzeichnet ist. TXEN bedeutet, ob der Sender (Transmitter) eingeschaltet oder gesperrt (Enabled) ist. Der Standardwert (Initialwert) von TXEN ist 0 und damit ist der Sender ausgeschaltet. Mit der Bezeichnung „R/W" ist gekennzeichnet, ob dieses Bit gelesen oder geschrieben werden kann.

- RXEN: Schaltet den Empfänger ein (RXEN = 1) oder schaltet ihn aus (RXEN = 0). Port D.0 (RXD) wird als Eingang konfiguriert.
- TXEN: Schaltet den Sender ein (TXEN = 1) oder schaltet ihn aus (TXEN = 0). Port D.1 (TXD) wird als Ausgang konfiguriert.

Das UCSRA-Register hat den Aufbau von Tab. 1.53.

Tab. 1.52 Aufbau des UCSRB-Registers

Bit	7	6	5	4	3	2	1	0	UCSRB
	RXCIE	TXCIE	UDRIE	RXEN	TXEN	UCSZ2	RXB8	TXB8	
Read/Write	R/W	R/W	R/W	R/W	R/W	R/W	R	R/W	
Initialwert	0	0	0	0	0	0	0	0	

Tab. 1.53 Aufbau des UCSRA-Registers

Bit	7	6	5	4	3	2	1	0	UCSRA
	RXC	TXC	UDRE	FE	DOR	UPE	U2X	MPCM	
Read/Write	R	R/W	R	R	R	R	R/W	R/W	
Initialwert	0	0	1	0	0	0	0	0	

- UDRE (USART Data Register Empty): Der USRE = 1 (Startwert) zeigt an, dass das Register UDR leer und bereit ist, einen Wert zu übernehmen. Ist UDRE = 0, wird jeder Versuch, einen Wert nach UDR zu schreiben, gesperrt.
- TXC (Transmit Complete): Mit TXC = 1 wird angezeigt, dass die Daten aus dem Senderegister vollständig übertragen wurden.
- RXC (Receive Complete): Mit RXC = 1 wird angezeigt, dass sich im 2-Byte-Eingangspuffer ein undefinierter Übertragungswert befindet. RXC wird automatisch gelöscht, wenn alle Daten über [Variablenname] = UDR gelesen wurden.

Der gesamte Ablauf eines Sendevorgangs erfolgt, indem das UDR und das Sendeschieberegister zunächst leer sind (USBRE = 1). Der erste Wert wird in das UDR geschrieben und sofort in das Sendeschieberegister übertragen. Ist UDR leer, wird UDRE = 1. Der Mikrocontroller kann den nächsten Wert nach UDR schreiben, da UDRE = 1 ist. Das Sendeschieberegister ist noch mit einem Datenbyte besetzt, da die serielle Übertragung nicht abgeschlossen ist. Der Wert von UDR kann in das Sendeschieberegister noch nicht übernommen werden. UDR wird durch UDRE = 0 gesperrt und ein weiterer Schreibversuch wird von UDR ignoriert. Erst wenn der nächste Inhalt vom Sendeschieberegister übernommen worden ist, ist UDR leer und UDRE hat ein 1-Signal. Der zweite Wert wird gesendet und der dritte Wert geht verloren. Alle Werte, die von UDR ignoriert werden, gehen verloren. Normalerweise soll ein Datenverlust vermieden werden, d. h. man muss die Übergabe der Werte an das UDR verzögern. Abb. 1.22 zeigt die Datenfolge bei einer asynchronen Übertragung nach RS232.

Der Empfangsbetrieb der seriellen Schnittstelle arbeitet ähnlich wie der Sendebetrieb, nur die Richtung des Datenstromes ist umgekehrt. Die Empfangsdaten werden über die RXD-Leitung in dem Empfängerschieberegister zwischengespeichert. Dieses Empfängerschieberegister arbeitet nach dem FIFO-Prinzip (First In, First Out) und besteht aus zwei Bytes.

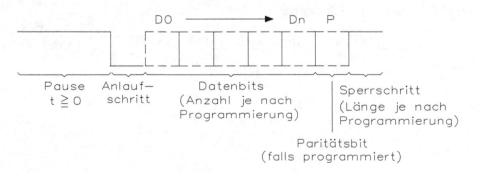

Abb. 1.22 Datenfolge bei einer asynchronen Übertragung nach RS232

1.8.4 Analogkomparator

Der Analogkomparator vergleicht die Spannungen, die an den Eingängen AIN0 und AIN1 liegen. Ist die Spannung am Eingang AIN0 größer als am Eingang AIN1, wird der Ausgang des Analogkomparators ACO (Analog-Comparator-Output) auf 1 gesetzt.

Dieser Ausgang kann dazu benutzt werden, den „Timer/Counter 1" zu triggern, oder um den Analog-Komparator-Interrupt auszulösen. Die Steuerung des Analogkomparators geschieht über das I/O-Register ACSR (Analog-Comparator-Control-and-Status-Register). Tab. 1.54 zeigt den Aufbau des ACSR-Registers.

Das Register weist folgende Funktionen auf:

- ACD (Analog Comparator Disable): Wenn dieses Bit gesetzt wird, schaltet die Betriebsspannung des Analogkomparators ab. Dieses Bit kann jederzeit gesetzt werden und damit lässt sich der Stromverbrauch im aktiven oder Idle-Modus reduzieren. Wenn das ACD-Bit verändert wird, sollte vorher das ACIE-Bit (Analog Comparator Interrupt Enable)gelöscht werden, da sonst versehentlich ein Interrupt durch das Ändern des ACD-Bits ausgelöst werden kann.
- ACBG (Analog Comparator Bandgap Select): Wenn dieses Bit auf 1 gesetzt wird, wird die positive Eingangsspannung von AIN0 durch die interne Referenzspannung von 1,23 V am Eingang des Komparators ersetzt. Wenn das Bit gelöscht ist, liegt die Spannung von AIN0 am positiven Eingang des Komparators.
- ACO (Analog Comparator Output): Dieses Bit ist synchronisiert und direkt mit dem Ausgang des Vergleichers verbunden. Die Synchronisation beinhaltet eine Verzögerung von maximal zwei Taktzyklen.
- ACI (Analog Comparator Interrupt Flag): Dieses Bit wird durch die Hardware gesetzt, wenn ein Ereignis am Ausgang des ACO einen Interrupt auslöst, der mit ACI1 und ACI0 eingestellt wurde. Die Analogkomparator-Interrupt-Routine wird ausgeführt, wenn das ACIE-Bit und das globale Interrupt-Bit (I-Bit im SREG) gesetzt sind. Das ACI-Bit wird durch die Hardware gelöscht, wenn die dazugehörige Interrupt-Routine ausgeführt wird. Alternativ kann das Bit auch gelöscht werden, indem man ein 1-Signal in das Flag schreibt.
- ACIE (Analog Comparator Interrupt Enable): Wenn das ACIE-Bit und das globale Interrupt-Bit gesetzt sind, ist der Analogkomparator-Interrupt freigegeben. Ist das Bit gelöscht, wird der Interrupt gesperrt.
- ACIC (Analog Comparator Input Capture Enable): Wenn dieses Bit ein 1-Signal hat, gibt das Bit die „Input Capture Funktion Timer/Counter 1" frei, die durch den

Tab. 1.54 ACSR-Register im Mikrocontroller

Bit	7	6	5	4	3	2	1	0	ACSR
	ACD	ACBG	ACO	ACI	ACIE	ACIC	ACIS1	ACIS0	
Read/Write	R/W	R/W	R	R/W	R/W	R/W	R/W	R/W	
Initialwert	0	0	N/A	0	0	0	0	0	

Analogkomparator getriggert wird. Der Ausgang des Komparators ist in diesem Fall direkt mit der „Input Capture" Eingangslogik verbunden, sodass er auch die Störungsunterdrückung und die Flanken der verschiedenen Einstellmöglichkeiten des „Timer/Counter 1 Interrupts"verwendet. Wenn das Bit auf 0 gesetzt ist, besteht keine Verbindung zwischen dem ACO und der „Input Capture Funktion". Um den ACO zum Triggern des Timer/Counter 1 Interrupts zu verwenden, muss das TICIE1-Bit im „Timer Interrupt Mask Register" (TIMSK) gesetzt sein.

- ACIS1, ACIS0 (Analog Comparator Interrupt Mode Select): Mit diesen Bits wird vorgegeben, bei welchem Zustand des Komparators ein Interrupt ausgelöst werden soll. Die verschiedenen Möglichkeiten stehen in Tab. 1.55.

Wenn diese Bits verändert werden, sollte man vorher das ACIE-Bit (Analog Comparator Interrupt Enable) im ACSR-Register löschen, da sonst versehentlich ein Interrupt ausgelöst wird.

Der Analogkomparator vergleicht in Abb. 1.23 den positiven Eingang AIN0 mit dem negativen Eingang AIN1 miteinander. Wenn die Spannung am positiven Eingang größer als die am negativen Eingang ist, wird der Ausgang ACO auf 1-Signal gesetzt. Der Analogkomparator kann den Interrupt vom Timer/Counter 1 oder einen eigenen Interrupt für den Analogkomparator realisieren. Der Programmierer kann auch auswählen, ob der Interrupt mit steigender oder fallender Flanke des Ausganges ACO oder durch einen Zustandswechsel des ACO getriggert wird.

Es ist möglich, die Eingangsspannung, die am Eingang AIN0 anliegt, durch eine konstante, temperaturunabhängige interne Bandgap-Referenzspannung von 1,23 V zu ersetzen. Außerdem ist es möglich, anstelle des Pins AIN1 den Ausgang des Analog-Digital-Multiplexers zu wählen. In diesem Fall muss der interne A/D-Wandler aber deaktiviert werden.

1.8.5 Watchdog-Timer

Watchdog-Timer (WDT) werden verwendet, um zu verhindern, dass sich der Mikrocontroller im Programm „aufhängt". Ist der Watchdog-Timer eingeschaltet, dies wird

Tab. 1.55 Funktionen der ACIS1- und ACIS0-Bedingungen

ACIS1	ACIS0	Interrupt Modus
0	0	Wechsel am ACO-Ausgang löst einen Interrupt aus
0	1	Reserviert
1	0	Fallende Flanke am ACO-Ausgang löst einen Interrupt aus
1	1	Steigende Flanke am ACO-Ausgang löst einen Interrupt aus

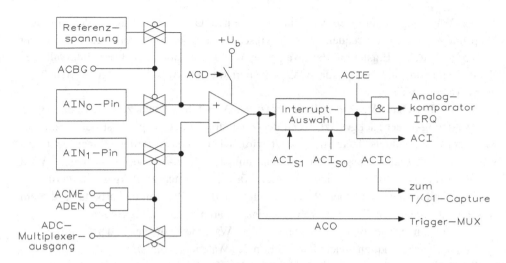

Abb. 1.23 Aufbau des Analogkomparators

durch ein Bit im „Watchdog-Timer Control Register" (WDTCR) vorgenommen, löst dieser nach einer fest vorgegebenen Zeit im Mikrocontroller einen Reset aus und stellt so wieder einen definierten Zustand her. Mit einem Vorteiler kann der Prescaler dann diese vorgegebene Zeit zwischen 16 ms und 2,1 s beeinflussen.

Der Watchdog-Timer ist im Prinzip immer dann vorhanden, wenn ein Reset-Knopf am elektronischen Gerät für den Mikrocontroller fehlt. Der Watchdog-Timer bringt dabei das System aus einem unvorhergesehenen Fehlerzustand wieder in einen betriebsbereiten Zustand. Dieser Zustand nach einem WDT-Reset kann je nach Implementierung im Programm sein:

- Debugzustand,
- Sicherheitszustand,
- Betriebszustand.

Den Debugzustand kann man während der Entwicklung nutzen, um unvorhergesehene Ereignisse herauszufinden. Im fertigen System sollten diese Fehlerquellen durch das Debuggen der bekannten Ereignisse korrekt sein, d. h. nicht den Fehler durch einen Watchdog-Timer behandeln lassen. Den Sicherheitszustand kann man verwenden, wenn das System aufgrund von Hardwareproblemen den Watchdog ausgelöst hat. Nach dem Reset durch den Watchdog-Timer wird die Resetquelle (normaler Reset oder Watchdog-Reset) ausgewertet, das System wird die Hardware prüfen und ggf. eine sichere Abschaltung und Neustart des normalen Betriebszustandes durchführen. Der normale Betriebszustand ist im Prinzip ein Sonderfall des Sicherheitszustandes. Es ist zwar ein unerwartetes Ereignis eingetreten, aber ein Neustart des Programms scheint noch immer möglich.

Der Watchdog-Timer wird von einem separaten Oszillator getaktet, der auf dem Chip integriert ist. Die Frequenz beträgt typisch 1 MHz bei einer Versorgungsspannung von 5 V. Durch   Einstellen des Watchdog-Vorteilers kann das Reset-Intervall des Watchdog-Timers auf verschiedene Werte justiert werden. Abb. 1.24 zeigt die Schaltung eines Watchdog-Timers.

Der WDR-Befehl (Watchdog-Reset) setzt den Watchdog-Timer zurück. Ebenso wird der Watchdog-Timer rückgesetzt, wenn der Watchdog-Timer gesperrt ist oder wenn der Mikrocontroller mittels Taste rückgesetzt wird. Über einen Vorteiler können acht verschiedene Taktzyklen ausgewählt werden, um die Reset-Periode festzulegen. Wird die Reset-Periode erreicht, ohne dass der Watchdog-Timer zurückgesetzt wurde, so wird der Mikrocontroller einen Reset ausführen und die Programmabarbeitung ab dem Reset-Vektor beginnen. Tab. 1.56 zeigt die einstellbaren Verzögerungszeiten.

Um ein unbeabsichtigtes Ausschalten des Watchdog zu verhindern, muss eine spezielle Ausschaltsequenz nach dem Sperren des Watchdog folgen.

Tab. 1.57 zeigt die einzelnen Funktionen des WDTCR-Registers (Watchdog-Timer Control Register).

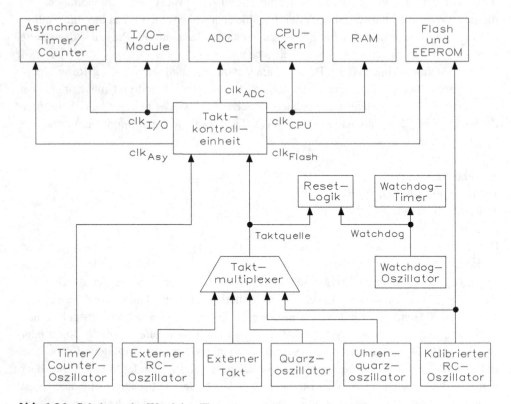

Abb. 1.24   Schaltung des Watchdog-Timers

Tab. 1.56 Einstellbare
Verzögerungszeiten

WDP2	WDP1	WDP0	Time-out nach [ms]
0	0	0	16,3
0	0	1	32,5
0	1	0	65
0	1	1	130
1	0	0	260
1	0	1	520
1	1	0	1100
1	1	1	2100

Tab. 1.57 Funktionsweise des WDTCR-Registers

Bit	7	6	5	4	3	2	1	0	WDTCR
	-	-	-	WDCE	WDE	WDP2	WDP1	WDP0	
Read/Write	R	R	R	R/W	R/W	R/W	R/W	R/W	
Initialwert	0	0	0	0	0	0	0	0	

- Bit 7 bis Bit 5: Diese Bits sind reserviert und werden immer als 0 gelesen.
- WDCE (Watchdog Change Enable): Dieses Bit muss gesetzt sein, wenn das WDE-Bit gelöscht werden soll. Andernfalls wird der Watchdog-Timer nicht gesperrt. Wenn das WDCE-Bit gesetzt wurde, wird der Watchdog-Timer durch die Hardware nach vier Taktzyklen wieder gelöscht, es bleibt also nur ein kurzes Zeitfenster, um den Watchdog-Timer durch Löschen des WDE-Bits zu sperren. In den Sicherheitsstufen 1 und 2 muss dieses Bit auch gesetzt werden, wenn die Bits für den Vorteiler geändert werden sollen.

Abb. 1.25 zeigt den Watchdog-Oszillator und die Frequenzen.

- WDE (Watchdog Enable): Wenn dieses Bit gesetzt ist, ist der Watchdog-Timer freigegeben. Ist das Bit gelöscht, dann ist die Watchdog-Funktion abgeschaltet. Das Bit kann nur gelöscht werden, wenn das WDCE-Bit gesetzt ist. Um den freigegebenen Watchdog-Timer zu sperren, muss folgender Ablauf eingehalten werden:
  1. In einer Operation muss gleichzeitig ein 1-Signal in die Bits WDCE und WDE geschrieben werden. Das 1-Signal muss selbst dann in das WDE-Bit geschrieben werden, wenn es kurz vorher mit einem 1-Signal geschrieben wurde.
  2. Innerhalb der nächsten vier Taktzyklen muss nun ein 0-Signal in das WDE-Bit geschrieben werden und dann ist der Watchdog-Timer gesperrt.
- WDP2, WDP1, WDP0 (Watchdog Timer Prescaler): Diese Bits definieren den Vorteiler des Watchdog-Timers, wenn dieser freigegeben ist. Die Einstellmöglichkeiten und die dazugehörigen „Time-out"-Zeiten sind in Tab. 1.58 dargestellt.

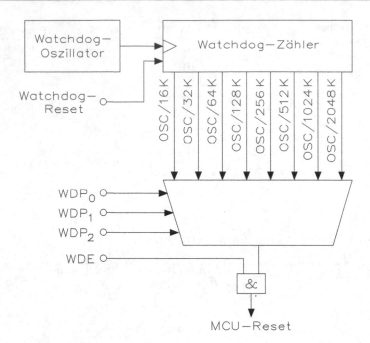

Abb. 1.25 Watchdog-Oszillator und die Frequenzen

1.8.6 Interrupthandling

Wenn man größere Programme schreibt, ist es kaum möglich, den Programmablauf sequenziell zu gestalten, deshalb greift man auf Interrupts zurück. Implementiert man Interruptroutinen im Programmcode, und tritt bei der Ausführung des Programms ein Ereignis auf, das einen der vorher definierten Interrupts auslöst, wird das Hauptprogramm kontrolliert unterbrochen, und die entsprechende Interruptroutine aufgerufen. Erst nach ihrer Abarbeitung wird das Hauptprogramm wieder aufgerufen.

Die Interruptroutine ISR (Interrupt Service Routine) soll möglichst kurz und übersichtlich sein, und es soll vermieden werden, aufwendige Berechnung oder Schleifen darin auszuführen. Außerdem sollte man es unterlassen, die gleiche oder andere Interruptroutinen innerhalb einer Interruptroutine aufzurufen. Die Möglichkeit, einen solchen Code zu schreiben besteht zwar, aber die Möglichkeit diverse Fehler zu programmieren, kann zu unerwünschten Nebeneffekten im Programmablauf führen.

Es gibt zwei verschiedene Arten von Interrupts, interne und externe. Externe Interrupts werden erzeugt, wenn an den Pins INT0, INT1 oder INT2 ein auslösendes Ereignis auftritt, selbst dann, wenn der jeweilige Pin als Ausgang geschaltet ist. Externe Ereignisse können durch Schalter, Taster, Sensoren oder auch andere Mikrocontroller (durch die drei Pins) einen Interrupt auslösen. Interne Interrupts werden durch Ereignisse im Mikrocontroller ausgelöst (z. B. Timer, USART).

Die Verwendung von Interruptroutinen führt dazu, dass während der Ausführung des Interruptroutine-Codes keine weiteren Interrupts zugelassen werden. Erst wenn die Funktion beendet wird, wird das „Global-Interrupt-Enable-Bit"automatisch erneut gesetzt, und weitere Interrupts sind wieder möglich.

Hier muss man bei der Programmierung berücksichtigen, dass diese Art von Interruptaufruf nicht dazu führt, dass das „Global-Interrupt-Enable-Bit" gelöscht wird, d. h., beim Ausführen des Codes in der Funktion können andere Interrupts auftreten, die dann auch sofort ausgeführt werden, was zu erheblichen Problemen im Programmablauf führen kann.

Tab. 1.58 zeigt die Interruptvektoren für den ATmega32.

Wenn ein externer Interrupt durch einen der Pins INT0, INT1 oder INT2 ausgelöst wird, muss in der Initialisierung das entsprechende Interrupt-Enable-Flag gesetzt sein, und man muss festlegen, bei welcher Signaländerung am Pin der Interrupt ausgelöst wird. Abb. 1.26 zeigt die Interruptvektoren-Tabelle.

Tab. 1.58 Interruptvektoren für den ATmega32

Vektornummer	Adresse im Flash	Name „m32def. inc"	Quelle des Interrupts	Funktionen des Interrupts
21	0x0028	SPMRaddr	SPM_RDY	Interface für Programmspeicher
20	0x0026	TWIaddr	TWI	I²C-Interface
19	0x0024	ACIaddr	ANA_COMP	Analogkomparator
18	0x0022	ERDYaddr	EE_RDY	EEPROM-Interface
17	0x0020	ADCCaddr	ADC	A/D-Wandlung abgeschlossen
16	0x001E	UTXaddr	USART, TXC	USART, Senderegister leer
15	0x001C	UDREaddr	USART, UDRE	USART, UDR-Register leer
14	0x001A	URXCaddr	USART, TXC	USART, Empfangsregister voll
13	0x0018	SPIaddr	SPI. STC	Serielle Übertragung beendet
12	0x0016	OVF0addr	TIMER 0 OVF	Overflow von Timer 0

(Fortsetzung)

Tab. 1.58   (Fortsetzung)

Vektornummer	Adresse im Flash	Name „m32def. inc"	Quelle des Interrupts	Funktionen des Interrupts
11	0x0014	OC0addr	TIMER 0 COMP	Compare Match von Timer 0
10	0x0012	OVF1addr	TIMER 1 OVF	Overflow von Timer 1
9	0x0010	OC1Baddr	TIMER 1 COMPB	Compare Match B von Timer 1
8	0x000E	OC1Aaddr	TIMER 1 COMPA	Compare Match A von Timer 1
7	0x000C	IPC1addr	TIMER 1 CAPT	Capture Event von Timer 2
6	0x000A	OVF2addr	TIMER 2 OVF	Overflow Match von Timer 2
5	0x0008	OC2addr	TIMER 2 COMP	Compare Match von Timer 2
4	0x0006	INT2addr	INT 2	Externer Interrupt 2
3	0x0004	INT1addr	INT 1	Externer Interrupt 1
2	0x0002	INT0addr	INT 0	Externer Interrupt 0
1	0x0000		RESET	Externer Pin, Power-On-Reset, Brown-Out-Reset, Watchdog-Reset usw.

Ein Taster wird an den Pin INT0 angeschlossen. Drückt man den Taster, soll damit ein externer Interrupt ausgelöst werden. Es muss im GICR-Register (General Interrupt Control Register – INT0) auf 1-Signal gesetzt werden. Tab. 1.59 zeigt den Aufbau des GICR-Registers.

- INT1 (Externer Interrupt 1 Freigabe): Wenn das INT1-Bit gesetzt ist und das I-Bit im Statusregister (SREG) ebenfalls gesetzt ist, dann ist der externe Interrupt 1 freigegeben. Mit „Interrupt Sense Control 1 for Bit 1 und Bit 0" (ISC11 und ISC10) im „General Control Register" (MCUCR) wird festgelegt, bei welcher Bedingung ein externer Interrupt erkannt wird. Möglich sind: Steigende oder fallende Flanke, bei Pin-Wechsel oder bei L-Pegel am INT1-Pin. Die Bedingungen am Pin INT1 werden auch dann eine Interruptanforderung veranlassen, wenn INT1 als Output konfiguriert ist. Die Interruptadresse für den Interrupt ist der Interruptvektor INT1.

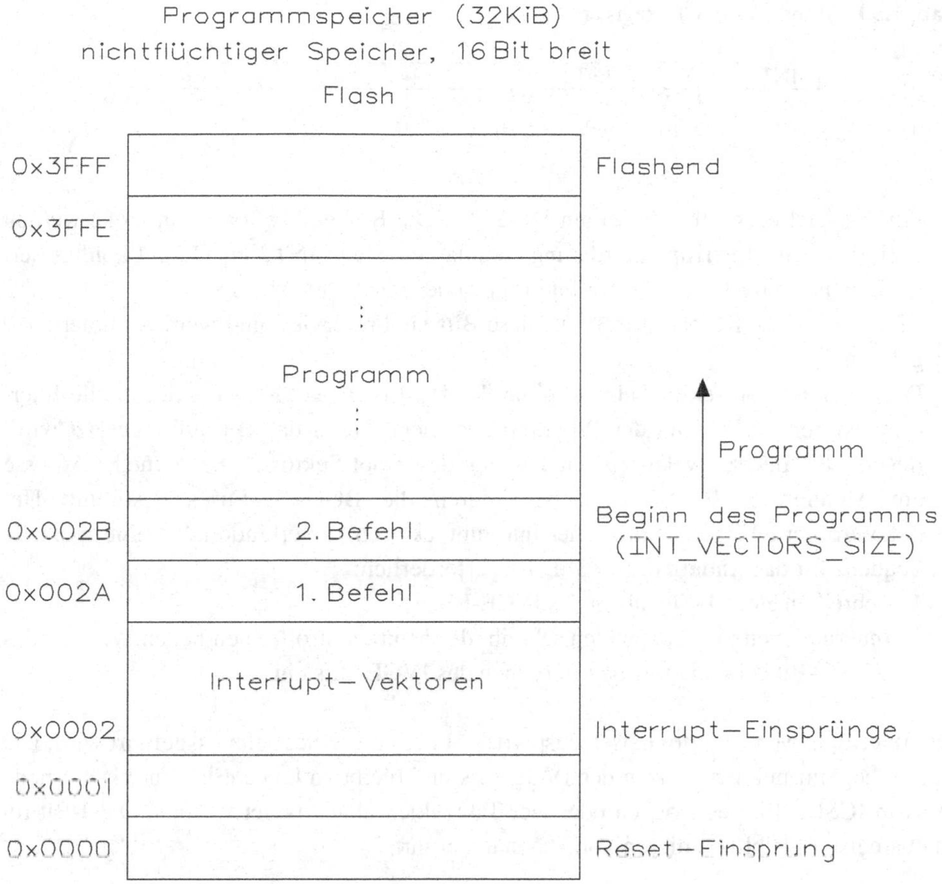

Programmspeicher (32 KiB)
nichtflüchtiger Speicher, 16 Bit breit
Flash

0x3FFF	Flashend
0x3FFE	
⋮	
Programm	
⋮	Programm
0x002B 2. Befehl	Beginn des Programms (INT_VECTORS_SIZE)
0x002A 1. Befehl	
Interrupt−Vektoren	
0x0002	Interrupt−Einsprünge
0x0001	
0x0000	Reset−Einsprung

Abb. 1.26 Interruptvektoren-Tabelle

- INT0 (Externer Interrupt 0 Freigabe): Wenn das INT0-Bit gesetzt ist und das I-Bit im Statusregister (SREG) ebenfalls gesetzt ist, dann ist der externe Interrupt 0 freigegeben. Mit „Interrupt Sense Control for Bit 1 und Bit 0" (ISC01 und ISC00) im „General Control Register" (MCUCR) wird festgelegt, bei welcher Bedingung ein externer Interrupt erkannt wird. Möglich sind: Steigende oder fallende Flanke, bei Pin-Wechsel oder bei L-Pegel am INT0-Pin. Die Bedingungen am Pin INT0 werden auch dann eine Interruptanforderung veranlassen, wenn INT0 als Output konfiguriert ist. Die Interruptadresse für den Interrupt ist der Interruptvektor INT0.
- INT2 (Externer Interrupt 2 Freigabe): Wenn das INT1-Bit gesetzt ist und das I-Bit im Statusregister (SREG) ebenfalls gesetzt ist, dann ist der externe Interrupt 2 freigegeben. Mit „Interrupt Sense Control 1 for Bit 1 und Bit 0" (ISC11 und ISC10) im „General Control Register" (MCUCR) wird festgelegt, bei welcher Bedingung ein externer Interrupt erkannt wird. Möglich sind: Steigende oder fallende Flanke, bei

Tab. 1.59 Aufbau des GICR-Registers

Bit	7	6	5	4	3	2	1	0	GICR
	INT1	INT0	INT2	-	-	-	IVSEL	IVCE	
Read/Write	R/W	R/W	R/W	R	R	R	R/W	R/W	
Initialwert	0	0	1	0	0	0	0	0	

Pin-Wechsel oder bei L-Pegel am INT2-Pin. Die Bedingungen am Pin INT2 werden auch dann eine Interruptanforderung veranlassen, wenn INT2 als Output konfiguriert ist. Die Interruptadresse für den Interrupt ist der Interruptvektor INT2.

- Bit 5 bis 2 (Res, Reservierte Bits): Diese Bits sind reserviert und werden immer als 0 gelesen.
- IVSEL (Interrupt Vektor Select): Wenn das IVSEL-Bit gelöscht ist, liegen alle Interruptvektoren am Anfang des Programmspeichers. Wenn das Bit auf 1 gesetzt wird, liegen alle Interruptvektoren am Anfang des Boot-Sektors. Die aktuelle Adresse am Anfang des Boot-Sektors wird durch die BOOTSZ-Fuses bestimmt. Um unkontrollierte Verschiebungen der Interruptvektoren zu verhindern, ist eine spezielle Sequenz für das Ändern des IVSEL-Bits erforderlich:
  1. Schreiben eines 1-Signals in das IVCE-Bit.
  2. Innerhalb von vier Taktzyklen schreibt der Mikrocontroller den neuen Wert für das ICSEL-Bit bei gleichzeitigem Löschen des IVGE-Bits ein.

Die Interrupts werden automatisch gesperrt, während diese Sequenz ausgeführt wird. Die Sperre beginnt mit dem Setzen des IVCE-Bits und bleibt so lange erhalten, bis der neue Wert in ICSEL-Bit geschrieben oder vier Taktzyklen abgearbeitet wurden. Das I-Bit im Statusregister bleibt von diesen Vorgängen unberührt.

- IVCE (Interrupt Vector Change Enable): Das IVCE-Bit muss mit einem 1-Signal beschrieben werden, um das Ändern des IVSE-Bits freizugeben. Das IVCE-Bit wird durch die Hardware automatisch gelöscht, wenn nach dem Setzen des Bits vier Taktzyklen vergangen sind oder das ICSEL-Bit beschrieben wird. Durch das Setzen des IVCE-Bits werden alle Interrupts gesperrt.

Außerdem muss man noch definieren, wann der Interrupt ausgelöst wird. Wird der Taster einmal gedrückt, kommt es (wenn man diesen extern entprellt hat) auf jeden Fall zu zwei Zustandsänderungen – also zwei Flankenwechseln. Wann der Interrupt dann ausgelöst werden soll, wird im MCUCR – MCU (Control Register) über die ISC (Interrupt Sense Control Bits) für externe Interrupts an den Pins INT0 und INTI bestimmt. Für einen externen Interrupt an INT2 muss das entsprechende ISC2-Bit im Register MCUCSR – MCU (Control and Status Register) gesetzt werden. Tab. 1.60 zeigt den Aufbau des MCUCR-Registers.

Tab. 1.60 Aufbau des MCUCR-Registers

Bit	7	6	5	4	3	2	1	0 MCUCR
	SE	SM2	SM1	SM0	ISC11	ISC10	ISC01	ISC00
Read/Write	R/W	R/W	R/W	R	R	R	R/W	R/W
Initialwert	0	0	0	0	0	0	0	0

- SE (Sleep Enable): Das SE-Bit muss man setzen, um den Mikrocontroller in den Sleep-Modus zu schalten, wenn der SLEEP-Befehl ausgeführt wird. Um zu verhindern, dass der Sleep-Modus unkontrolliert eingeschaltet wird, sollte man aber das Bit erst unmittelbar vor dem Sleep-Befehl setzen.
- SM2, SM1, SM0 (Sleep-Mode Select Bits): Mit diesen drei Bits wird eingestellt, in welchem Sleep-Modus der Mikrocontroller arbeiten soll. Tab. 1.61 zeigt die unterschiedlichen Betriebsarten.

Hinweis: Der Standby-Modus in Tab. 1.61 ist nur verfügbar, wenn man externe Quarze oder Resonatoren verwendet.

- ISC11, ISC10 (Interrupt Sense Control 1 für Bit 1 und Bit 2): Der externe Interrupt wird über den Pin INT1 aktiviert, wenn das I-Bit im Statusregister und das dazugehörige „Interrupt Mask Bit" im GICR-Register gesetzt sind. Die Pegel und Flanken, die am INT1 einen Interrupt auslösen, sind in Tab. 1.62 gezeigt. Der Wert des INT1 wird abgetastet, bevor eine Flanke erkannt wird. Wenn Flanken oder wechselnde Pegel der externen Triggerspannung für einen Interrupt als auslösendes Ereignis gewählt wird, müssen die Signale länger als eine Taktperiode andauern, damit ein Interrupt ausgelöst werden kann. Kürzere Impulse führen nicht zum Auslösen eines Interrupts. Wenn L-Pegel als auslösendes Ereignis ausgewählt wurde, so muss dieser mindestens so lange anliegen, bis der gerade ausgeführte Befehl komplett abgearbeitet ist.

Tab. 1.61 Betriebsarten des Sleep-Modus

SM2	SM1	SM0	Sleep-Modus
0	0	0	Idle-Modus
0	0	1	Rauschreduzierung für den AD-Wandler
0	1	0	Power-down-Modus
0	1	1	Power-save-Modus
1	0	0	Reserviert
1	0	1	Reserviert
1	1	0	Reserviert
1	1	1	Standby-Modus

Tab. 1.62 Funktionsweise der zwei Bits „ISC"

ISC01	ISC00	Funktion
0	0	0-Signal (L-Pegel) löst einen Interrupt aus
0	1	Jede Zustandsänderung löst einen Interrupt aus
1	0	Jede fallende (negative) Flanke löst einen Interrupt aus
1	1	Jede steigende (positive) Flanke löst einen Interrupt aus

- ISC01, ISC00 (Interrupt Sense Control 0 für Bit 1 und Bit 2): Der externe Interrupt
  0 wird über INT0 aktiviert, wenn das I-Bit im Statusregister und das dazugehörige
  „Interrupt Mask Bit" im GICR-Register gesetzt sind. Die Pegel und Flanken, die am
  INT0 einen Interrupt auslösen, sind in Tab. 1.63 beschrieben. Der Wert des INT0 wird
  abgetastet, bevor eine Flanke erkannt wird. Wenn Flanken oder wechselnde Pegel der
  externen Triggerspannung für den Interrupt als auslösendes Ereignis gewählt wird,
  müssen die Signale länger als eine Taktperiode andauern, damit ein Interrupt ausgelöst werden kann. Kürzere Impulse führen nicht zum Auslösen eines Interrupts.
  Wenn L-Pegel als auslösendes Ereignis ausgewählt wurde, so muss dieser mindestens
  so lange anliegen, bis der gerade ausgeführte Befehl komplett abgearbeitet ist.

Tab. 1.63 zeigt den Aufbau des MCUCSR-Registers.

- ISC2 (Interrupt Sense Control 2): Über diesen Eingang INT2 kann der Mikrocontroller getriggert werden. Der INT2 lässt sich nur mit einer Flanke ansteuern und
  Tab. 1.64 zeigt die Funktionsweise.
- JTRF (JTAG-Reset-Flag): Ansammlung von Verfahren zum Testen und Debuggen
  von Hard- und Software direkt im Mikrocontroller. Das Verfahren erlaubt es, die
  Funktionen des Mikrocontrollers zu testen, während sich dieser auf der Arbeitsplatine
  befindet, und man kann ihn unter Arbeitsbedingungen testen.

Tab. 1.63 Aufbau des MCUCSR-Registers

Bit	7	6	5	4	3	2	1	0	MCUCSR
	JTD	ISC2	-	JTRF	WDRF	BORF	EXTRF	PORF	
Read/Write	R/W	R/W	R	R/W	R/W	R/W	R/W	R/W	
Initialwert	0	0	0	-	-	-	-	-	

Tab. 1.64 Funktionsweise des Bits INT2

INT2	Funktion
0	Jede fallende (negative) Flanke löst einen Interrupt aus
1	Jede steigende (positive) Flanke löst einen Interrupt aus

- WDRF (Watchdog Reset Flag): Dieses Bit wird auf 1-Signal gesetzt, wenn ein Watchdog-Reset auftritt. Das Flag wird durch Power-on-Reset gelöscht oder wenn es mit 0-Signal beschrieben wird.
- BORF (Brown-out Reset Flag): Dieses Bit wird auf 1-Signal gesetzt, wenn ein Brown-out-Reset auftritt. Das Flag wird durch Power-on-Reset gelöscht oder wenn es mit einem 0-Signal beschrieben wird.
- EXTRF (Externer Reset Flag): Dieses Bit wird auf 1-Signal gesetzt, wenn ein externer Reset auftritt. Das Flag wird durch Power-on-Reset gelöscht oder wenn es mit einem 0-Signal beschrieben wird.
- PORF (Power-on Reset Flag): Dieses Bit wird auf 1-Signal gesetzt, wenn ein Power-on-Reset auftritt. Dieses Bit kann nur gelöscht werden, indem es mit einem 0-Signal beschrieben wird.

Die Reset-Flags können ausgewertet werden, um die Ursache eines Resets festzustellen. Dabei sollte das MCUSR so früh wie möglich im Programm ausgewertet und anschließend gelöscht werden.

Soll der Interrupt bei steigender Flanke an Pin INT0 ausgelöst werden, dann müssten ISC01 und ISC00 gesetzt werden.

$$\text{MCUCR } (1 << \text{ISC01}) \mid (1 << \text{ISC00})$$

Wenn nur der Interrupt über die Taste an INT0 ausgelöst wird, reagiert der Mikrocontroller dementsprechend und setzt das im GIFR (General Interrupt Flag Register) vorhandene 6. Bit (INTF0) auf 1-Signal. Tab. 1.65 zeigt den Aufbau des GIFR-Registers.

- INTF1 (Externer Interrupt Flag): Eine Flanke oder ein logischer Wechsel an INT1-Pin triggert eine Interruptanforderung und das INTF1-Bit wird gesetzt. Wenn das I-Bit im SREG und das INT1-Bit im GIGR-Register gesetzt sind, wird der Mikrocontroller zum Interruptvektor INT1 springen. Das Flag wird gelöscht, wenn die Interruptroutine ausgeführt wurde. Alternativ kann das Flag gelöscht werden, indem man ein 1-Signal in das Flag schreibt. Das Flag ist immer gelöscht, wenn INT1 als Pegelinterrupt (L-Pegel) eingestellt ist.
- INTF0 (Externer Interrupt Flag): Eine Flanke oder ein logischer Wechsel am INT0-Pin triggert eine Interruptanforderung und das INTF0-Bit wird gesetzt. Wenn das I-Bit im SREG und das INT0-Bit im GIGR-Register gesetzt sind, wird der Mikrocontroller zum Interruptvektor INT0 springen. Das Flag wird gelöscht, wenn die Interruptroutine ausgeführt wurde. Alternativ kann das Flag gelöscht werden, indem

Tab. 1.65 Aufbau des GIFR-Registers

Bit	7	6	5	4	3	2	1	0	GIFR
	INTF1	INTF0	INTF2	-	-	-	-	-	
Read/Write	R/W	R/W	R/W	R	R	R	R	R	
Initialwert	0	0	0	0	0	0	0	0	

man ein 1-Signal in das Flag schreibt. Das Flag ist immer gelöscht, wenn INT0 als Pegelinterrupt (L-Pegel) eingestellt ist.

- INTF2 (Externer Interrupt Flag): Eine Flanke oder ein logischer Wechsel am INT2-Pin triggert eine Interruptanforderung und das INTF2-Bit wird gesetzt. Wenn das I-Bit im SREG und das INT2-Bit im GIGR-Register gesetzt sind, wird der Mikrocontroller zum Interruptvektor INT2 springen. Das Flag wird gelöscht, wenn die Interruptroutine ausgeführt wurde. Alternativ kann das Flag gelöscht werden, indem man ein 1-Signal in das Flag schreibt. Das Flag ist immer gelöscht, wenn INT2 als Pegelinterrupt (L-Pegel) eingestellt ist.

Das hat zur Folge, dass die entsprechende TSR, in diesem Beispiel ISR (INT0_vect), aufgerufen und der darin stehende Code abgearbeitet wird. Anschließend sollte das entsprechende Interrupt-Flag wieder zurückgesetzt werden, wenn dies nicht automatisch von der Hardware erledigt wird.

Tritt ein Interrupt auf, dann wird das I-Bit im Statusregister gelöscht und alle anderen Interrupts gesperrt. Dieses I-Bit wird wieder gesetzt, sobald der aufgetretene Interrupt abgearbeitet wurde und der Befehl RETI zur Rückkehr an die Stelle im Programm zum Zeitpunkt des Aufrufes ausgeführt wird. Wird ein Interrupt-Flag gesetzt, dann bleibt es bis zur Abarbeitung oder Löschung durch das Programm erhalten. Treten mehrere Interrupts auf, werden sie nacheinander abgearbeitet. Da einem externen Interrupt kein Flag zugeordnet ist, bleibt dieser nur solange in Betrieb, solange jene Bedingung besteht, die zu seinem Auftreten geführt hat.

Die beiden Interruptpins (INT0 und INTI) am Mikrocontroller können im „General Interrupt Mask Register"(GIMSK) freigegeben werden.

1.9   Speichereinheiten

Dieser Abschnitt beschreibt die drei verschiedenen Speichertypen, die im Mikrocontroller vorhanden sind. Die AVR-Architektur enthält zwei Hauptspeicher, den Datenspeicherund den Programmspeicher. Zusätzlich steht noch ein EEPROM-Speicher für die dauerhafte Sicherung von Daten zur Verfügung.

1.9.1   Programmspeicher (Flash)

Der ATmega32 enthält einen 32-Kbyte-Programmspeicher, der als Flash ausgeführt ist und im System programmiert werden kann. Da alle Befehle ein 16- oder 32-Bit-Format verwenden, ist der Programmspeicher in 32786 (32 Kbyte)Speicherzellen mit je 16 Bit organisiert. Aus Gründen der Softwaresicherheit ist der Programmspeicher in zwei Sektoren unterteilt, dem Boot- und dem Anwendersektor.

Der Flash-Speicher kann mindestens 10.000 Schreib-/Löschzyklen durchführen. Der „Program Counter" (PC) des ATmega32 verwendet ein 15-Bit-Format und damit können alle 32786 Speicherzellen im Programmspeicher adressiert werden.

Bei einem Flash-EEPROM-Speicher wird die Information (Bit) in einer Speicherzelle in Form von elektrischen Ladungen auf einem Floating-Gate eines Metall-Isolator-Feldeffekttransistors (MISFET) gespeichert. Die Ladungen beeinflussen, wie bei normalen MISFETs, die Ladungsträger im darunter liegenden Gebiet zwischen Source- und Drain-Anschluss, wodurch die elektrische Leitfähigkeit des Feldeffekttransistors beeinflusst wird. Anders als das Gate bei normalen MISFETs ist das Floating-Gate von allen anderen Teilen (Kanalgebiet und vom Steuer-Gate) durch ein Dielektrikum (Siliziumdioxid)elektrisch isoliert und das Potenzial auf dem Floating-Gate ist daher im Grunde undefiniert.

Damit sich Informationen gezielt speichern lassen, müssen jedoch Ladungen auf das Floating-Gate gebracht und wieder entfernt werden können. Diese Änderung des Ladungszustandes ist nur durch den quantenphysikalischen Tunneleffekt möglich, der es Elektronen erlaubt, den eigentlichen Nichtleiter zu überwinden. Da dies jedoch nur durch große Unterschiede im elektrischen Potenzial über den Isolator erfolgen kann, bewirkt die elektrische Isolation des Floating-Gates, dass gespeicherte Ladungen nicht abfließen können und der Speichertransistor seine Information lange Zeit (mindestens 10 Jahre) behält.

Die Speicherung eines Bits erfolgt über das Floating-Gate, das eigentliche Speicherelement des Flash-Feldeffekttransistors. Das Floating-Gate liegt zwischen dem Steuer-Gate und der Source-Drain-Strecke und ist von dieser wie auch vom Steuer-Gate jeweils mittels einer Oxid-Schicht (SiO_2) isoliert. Im ungeladenen Zustand des Floating-Gates kann über das Steuer-Gate des aufgesteuerten Transistors in der Source-Drain-Strecke ein Strom fließen. Werden über das Steuer-Gate durch Anlegen einer hohen positiven Spannung (10 V bis 18 V) Elektronen auf das Floating-Gate gebracht, kann in der Source-Drain-Strecke auch bei aufgesteuertem Transistor kein Strom fließen, da das negative Potenzial derElektronen auf dem Floating-Gate der Spannung am Steuer-Gate entgegenwirkt und somit den Flash-Transistor geschlossen hält.

Der ungeladene Zustand wird wieder erreicht, indem die Elektronen durch Anlegen einer negativen Spannung über die Steuergate-Kanal-Strecke wieder aus dem Floating-Gate verschwinden. Dabei ist es möglich, dass der Flash-Transistor in den selbstleitenden Zustand gerät, d. h. er leitet sogar dann Strom, wenn am Steuer-Gate keine Spannung anliegt. Statt mit Elektronen wird das Floating-Gate mit positiven Ladungsträgern (Defektelektronen, „Löchern") besetzt. Abb. 1.27 zeigt das Programmieren durch „Hot Electron Injection" und Löschen durch Tunneln einer Flash-Zelle.

1.9.2 Datenspeicher (SRAM)

Die 1120 Speicherzellen des Datenspeichers enthalten die 32 Register, den I/O-Speicher und den eigentlichen internen SRAM-Datenspeicher. Die ersten 96 Zellen adressieren

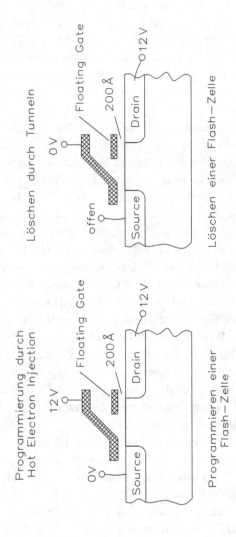

Abb. 1.27 Programmieren und Löschen einer Flash-Zelle

die Register und den I/O-Speicher, die anderen 1024 Speicherzellen den Datenspeicher. Abb. 1.28 zeigt den Aufbau einer 6-Transistor-Speicherzelle in CMOS-Technik.

Es gibt fünf verschiedene Möglichkeiten, die Speicherzellen zu adressieren: Direkt, indirekt mit Versatz, indirekt, indirekt mit vorherigem Dekrement und indirekt mit anschließendem Inkrement. Die Register r26 bis r31 bilden die Zeiger für die indirekten Adressierungsarten. Mit der direkten Adressierung kann der gesamte Speicher adressiert werden.

Mit der Methode der indirekten Adressierung mit Versatz können, ausgehend von der Basisadresse, die durch das Y- oder Z-Register vorgegeben ist, 63 Speicherzellen adressiert werden. Wenn die Methode der indirekten Adressierung mit vorherigem Dekrement oder anschließendem Inkrement genutzt wird, bildet das X-, Y- oder Z-Register den Adresszeiger, der inkrementiert bzw. dekrementiert wird. Die 32 Register, die 64 I/O-Speicher und die 1024 Byte des internen Datenspeichers des ATmega32 können mit allen Adressierungsarten angesprochen werden.

Der Datenspeicher des Mikrocontrollers hat ein 8-Bit-Format und teilt sich den vom Register belegten Speicher mit dem internen SRAM und optional mit dem externen SRAM. Der Adressraum des Datenspeichers beginnt bei der Adresse $0000 und endet bei der Adresse $FFFF. Die Adressen $00 ($0000) bis $1F ($001F) sind die 32 Universalregister und an den Adressen $20 ($0020) bis $5F ($005F) spiegeln sich die I/O-Register bzw. Speicherstellen. Das interne SRAM, welches auch zur Aufnahme des Stacks (Stapels) dient, beginnt dann im Anschluss daran ab der Adresse $60 ($0060) und hat einen Umfang von 512 Bytes.

Tab. 1.66 zeigt eine Übersicht des Datenspeichers für das externe SRAM. Das interne SRAM kann optional ein externes SRAM anschließen, welches ab der Adresse $0260 angesprochen wird. Die Gesamtgröße dieses externen SRAM ergibt die Differenz der

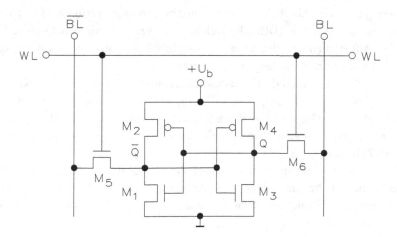

Abb. 1.28 Aufbau einer 6-Transistor-Speicherzelle in CMOS-Technik

Tab. 1.66 Übersicht des Datenspeichers für das externe SRAM

Register	Datenspeicheradresse
r0	$0000
r1	$0001
r2	$0002
...	...
r29	$001D
r30	$001E
r31	$001F

I/O-Register	Datenspeicheradresse
$00	$0020
$01	$0021
$02	$0022
...	...
$0D	$005D
$0E	$005E
$0F	$005F

Internes SRAM
$0060
$0061
$0062
...
$025D
$025E
$025F

maximal möglichen Adresse ($FFFF) und der ersten adressierbaren Speicherstelle dieses externen SRAM.

Das interne EEPROM des Mikrocontrollers befindet sich in einem vom Programm- und Datenspeicher getrennten Adressraum.

SRAM ist ein statisches RAM (static random-access memory) und bezeichnet einen statisch arbeitenden Speicherbaustein. Sein Inhalt ist flüchtig, d. h. die gespeicherte Information geht bei Abschaltung der Betriebsspannung verloren. Im Gegensatz zum dynamischen Speicher (DRAM), welcher zur Vermeidung von Datenverlust ein periodisches Auffrischen benötigt, kann der Dateninhalt im statischen RAM bei Anliegen der Betriebsspannung beliebig lange gespeichert werden.

Die Informationen werden durch Zustandsänderung von einer bistabilen Kippstufe in Form eines Flipflops pro Bit gespeichert. Das erlaubt es zwar, die Speicherzelle schnell auszulesen, aber im Vergleich zu dynamischen Speicherzellen ist die Speicherzelle verhältnismäßig groß. Im statischen Betrieb (Halten der Information) ist der Leistungsbedarf einer Zelle sehr gering.

SRAMs werden heutzutage als 6-Transistor-Zelle in CMOS-Technik hergestellt. Eine SRAM-Zelle besitzt drei unterschiedliche Zustände. Diese sind: Standby (warten auf Zugriff), Lesezugriff (Speicherzustand wurde angefordert)und Schreibzugriff (Speicherzustand wird überschrieben).

1.9.3 EEPROM-Speicher

Der ATmega32 enthält 2-Kbyte-EEPROM-Speicher, der in einem separaten Adressraum organisiert ist. Jedes Byte des EEPROM kann einzeln gelesen oder programmiert werden. Die Haltbarkeit des EEPROM beträgt mindestens 100.000 Schreib-/Löschzyklen. Der Zusammenhang zwischen CPU und EEPROM wird nachfolgend beschrieben. Dafür werden das EEPROM-Adressen-Register, das EEPROM-Daten-Register und das EEPROM-Steuerregister verwendet, die im I/O-Speicher untergebracht sind.

Das EEPROM im Mikrocontroller kann ähnlich wie der Programmspeicher auch durch die ISP oder im parallelen Programmiermodus programmiert werden.

Die Register für den Zugriff auf das EEPROM liegen ebenfalls im I/O-Speicher. Mit selbst programmierten Zeitfunktionen kann man die Anwendersoftware überwachen, ob ein Schreibvorgang abgeschlossen wurde und somit das nächste Byte in das EEPROM programmiert werden kann. Wenn das EEPROM genutzt wird, sind ein paar Vorsichtsmaßnahmen zu beachten. In stark gefilterten Stromversorgungen neigt die Betriebsspannung dazu, relativ langsam zu steigen bzw. zu fallen, wenn die Spannungsversorgung ein- bzw. ausgeschaltet wird, d. h. dass der Mikrocontroller für eine gewisse (verhältnismäßig lange) Zeit in einem Spannungsbereich arbeitet, der kleiner als das spezifizierte Minimum ist, in der der Takt arbeitet.

Wichtig ist: um das ungewollte Beschreiben des EEPROM zu verhindern, wird der Schreibvorgang in nur zwei Schritten durchgeführt (EEPROM-Control-Register).

Wenn das EEPROM gelesen wird, wird die CPU für vier Taktzyklen angehalten, bevor der nächste Befehl ausgeführt wird. Beim Schreiben des EEPROM wird die CPU für zwei Taktzyklen angehalten, bevor der nächste Befehl abgearbeitet wird. Hierfür sind die beiden EEARL- und EEARH-Register erforderlich. Tab. 1.67 zeigt den Aufbau.

Bit 15 bis 9 – Res (Reservierte Bits): Diese Bits sind reserviert und werden immer als 0 gelesen.

- EEAR8 bis EEAR0 (EEPROM Adresse): In den EEPROM-Address-Registern steht die Adresse des Bytes, auf das im EEPROM zugegriffen werden soll. Die 512 Byte sind linear im Adressraum von 000H bis 1FFH verteilt. Beim Einschalten

Tab. 1.67 Aufbau der beiden EEARL- und EEARH-Register

	15							8	EEARH
	-	-	-	-	-	-	-	EEAR8	
	EEAR7	EEAR6	EEAR5	EEAR4	EEAR3	EEAR2	EEAR1	EEAR0	
	7							0	EEARL
Read/Write	R	R	R	R	R	R	R	R/W	
	R/W	R/W	R/W	R/W	R/W	R/W	R/W	R/W	
Initial-	0	0	0	0	0	0	0	X	
bereich	X	X	X	X	X	X	X	X	

derBetriebsspannung ist der Wert der Adress-Bits undefiniert. Es muss also auf jeden Fall erst eine Adresse in die Register geschrieben werden, bevor auf das EEPROM zugegriffen werden kann.

Es ist das EEDR (EEPROM-Data-Register) noch erforderlich, Tab. 1.68 zeigt den Aufbau.

- EEDR7 bis EEDR0 (EEPOM-Daten): Dieses Register enthält die Daten, die in das EEPROM geschrieben oder aus diesem ausgelesen werden. In beiden Fällen muss zuvor die Adresse der Speicherzelle im EEPROM, in die geschrieben bzw. aus der gelesen werden soll, in den EEAR-Registern angegeben werden.

Es ist das EECR (EEPROM-Control-Register) erforderlich, Tab. 1.69 zeigt den Aufbau. Die Bitstellen im EECR-Register weisen folgende Bedeutung auf:

- Bit 7 bis 4 (Reservierte Bits): Diese Bits sind reserviert und werden immer als 0 gelesen.
- EERIE (EEPROM-Ready-Interrupt-Enable): Wenn das I-Bit im SREG-Register und das EERIE-Bit gesetzt sind, ist der EEPROM-Ready-Interrupt freigegeben. Wenn das Bit gelöscht ist, ist der Interrupt gesperrt. Der EEPROM-Ready-Interrupt erzeugt einen kontinuierlichen Interrupt, wenn das EEWE-Bit gelöscht ist.
- EEMWE (EEPROM-Master-Write-Enable): Dieses Bit muss gesetzt werden, wenn das EEWE-Bit zum Beschreiben des EEPROM gesetzt werden soll. Wenn EEMWE gesetzt ist, bewirkt das Setzen des EEWE-Bits, dass die Daten im EEDR-Register in die Adresse, die im EEAR-Register steht, programmiert werden. Wenn das EEMWE-Bit gesetzt wurde, wird es durch die Hardware nach vier Taktzyklen automatisch wieder gelöscht. Es bleibt also nur ein kleines Zeitfenster, um den eigentlichen Programmiervorgang zu starten.
- EEWE (EEPROM-Write-Enable): Wenn die Adresse und die Daten korrekt eingestellt wurden, muss das EEWE-Bit gesetzt werden, um den Schreibvorgang zu starten,

Tab. 1.68 Aufbau des EEDR-Registers (EEPROM-Data-Register)

Bit	7	6	5	4	3	2	1	0	EEDR
	MSB	-	-	-	-	-	-	LSB	
Read/Write	R/W	R/W	R/W	R/W	R/W	R/W	R/W	R/W	
Initialwert	0	0	0	0	0	0	0	0	

Tab. 1.69 Aufbau des EECR-Registers (EEPROM-Control-Register)

Bit	7	6	5	4	3	2	1	0	EECR
	-	-	-	-	EERIE	EEMWE	EEWE	EERE	
Read/Write	R	R	R	R	R/W	R/W	R/W	R/W	
Initialwert	0	0	0	0	0	0	X	0	

mit dem die Daten in das EEPROM programmiert werden. Bevor das EEWE-Bit gesetzt wird, muss vorher das EEMWE-Bit auf 1 gesetzt werden, da ansonsten kein Programmiervorgang stattfindet. Der nachfolgende Ablauf muss eingehalten werden, wenn das EEPROM programmiert werden soll.

1. Warten, bis das EEWE-Bit ein 0-Signal hat.
2. Warten, bis das SPMEN-Bit im SPMCR-Register ein 0-Signal hat.
3. Schreiben der EEPROM-Adresse in das EEAR-Register.
4. Schreiben der EEPROM-Daten in das EEDR-Register.
5. Schreiben eines 1-Signals in das EEMWE-Bit.
6. Schreiben eines 1-Signals in das EEWE-Bit innerhalb von vier Taktzyklen nach Schritt 5.

Das EEPROM kann nicht programmiert werden, während die CPU in den Flash-Speicher schreibt. Die Software muss also überprüfen, ob die Programmierung des Flash-Speichers abgeschlossen ist, bevor ein EEPROM-Schreibvorgang gestartet werden kann. Schritt 2 ist daher nur relevant, wenn die Software im Boot-Sektor erlaubt, den Flash-Speicher zu programmieren. Wenn in der Software das Beschreiben des Flash-Speichers nicht vorkommen kann, dann kann Schritt 2 entfallen.

Achtung: Ein Interrupt zwischen Schritt 5 und 6 wird zu einem fehlerhaften Schreibversuch führen, da das Zeitfenster von EEMWE dann überschritten wird. Wenn eine Interrupt-Routine auf das EEPROM zugreift, wird dadurch ein laufender Zugriff unterbrochen, die Register EEAR und EEDR werden verändert und der durch den Interrupt unterbrochene Zugriff misslingt. Es ist daher zu empfehlen, die Interrupts während der Schritte 4 und 5 global zu sperren.

Wenn der Schreibvorgang beendet ist, wird das EEWE-Bit durch die Hardware automatisch gelöscht. Der Zustand des Bits lässt sich also durch die Software permanent abfragen, um das Ende des Schreibvorganges zu erkennen. Wenn das EEWE-Bit mit 1-Signal gesetzt wurde, wird die CPU für zwei Takte angehalten, bevor der nächste Befehl ausgeführt wird.

- EERE (EEPROM-Read-Enable): Wenn die Adresse korrekt eingestellt wurde, muss das EERE-Bit gesetzt werden, um den Lesevorgang zu starten. Das Bit wird durch die Hardware gelöscht, wenn die Daten ausgelesen und im EEDR abgelegt wurden. Da der lesende Zugriff auf das EEPROM nur einen Befehl lang ist, ist es nicht erforderlich, das EERE permanent abzufragen und so das Ende des Lesevorganges abzuwarten. Wenn das EERE-Bit gesetzt wurde (also das Auslesen beginnt), wartet die CPU vier Taktzyklen lang, bevor der nächste Befehl ausgeführt wird.

Der Anwender sollte das EEWE-Bit abfragen, bevor ein Lesevorgang gestartet wird. Wenn während eines laufenden Schreibvorganges das EEPROM-Adress- oder

EEPROM-Daten-Register mit einem neuen Wert beschrieben wird, wird der Schreibvorgang unterbrochen und das Ergebnis ist undefiniert.

In Zuständen, in denen die Betriebsspannung zu niedrig ist, um die CPU und das EEPROM richtig arbeiten zu lassen, können die EEPROM-Daten verfälscht werden. Dies gilt auch für externe EEPROMs. Daher sind in beiden Fällen die gleichen schaltungstechnischen Lösungen notwendig.

Ein Verfälschen der EEPROM-Daten kann durch zwei Situationen ausgelöst werden, in denen die Betriebsspannung zu niedrig ist. Erstens benötigt ein regulärer Schreibvorgang eine Mindestspannung, um einen korrekten Programmiervorgang durchzuführen. Zweitens kann es dazu kommen, dass die CPU selbst in der Ausführung der Befehle fehlerhaft arbeitet, wenn die Betriebsspannung zu gering ist.

Der RESET-Eingang soll auf L-Pegel gehalten werden, solange die Spannungsversorgung unzureichend ist. Dies kann durch einen externen Resetbaustein erfolgen oder durch die interne Spannungsfallüberwachung. Wenn der untere Spannungslevel der internen Spannungsfallüberwachung nicht ausreicht, kann auch eine externe Resetschaltung verwendet werden, die einen Spannungsfall erkennt. Wenn ein Reset während eines laufenden Programmiervorganges auftritt, so wird dieser noch zu Ende geführt, vorausgesetzt die Betriebsspannung ist noch ausreichend.

1.9.4   I/O-Speicher

Alle I/O-Funktionen und peripheren Einheiten des ATmega32 sind im I/O-Speicher platziert. Auf die I/O-Speicher wird mit den IN- und OUT-Befehlen zugegriffen, die die Daten zwischen den Registern und den I/O-Speicherzellen transportieren. Die I/O-Speicher im Adressbereich zwischen 00H und 1FH sind bitadressierbar, d. h. dass einzelne Bits in diesen Speichern mit den SBI- und CBI-Befehlen gesetzt oder gelöscht werden können. Der Zustand der einzelnen Bits kann mit den Befehlen SBIS und SBIC abgefragt werden.

Wenn die I/O-Speicher mit den IN- und OUT-Befehlen angesprochen werden, dann müssen die Adressen 00H bis 3FH verwendet werden. Wenn die I/O-Speicher mit den Befehlen LD und ST über die Adressen des Datenspeichers angesprochen werden, so muss der Wert 20H zu der ursprünglichen Adresse hinzuaddiert werden (Adressen 20H bis 5FH im Datenspeicher).

Um die Kompatibilität mit zukünftigen Bausteinen zu gewährleisten, werden reservierte Bits als Null gelesen, wenn auf diese zugegriffen wird. Reservierte Adressen im I/O-Speicher können nicht beschrieben werden.

Einige Statusbits können gelöscht werden, indem sie mit 1-Signal beschrieben werden, d. h. dass durch Zurückschreiben eines 1-Signals in einer Bitstelle, bei der zuvor ein 1-Signal gelesen wurde, dieses Bit gelöscht wird.

1.10   Schrittmotorenansteuerung mittels Mikrocontroller

Eine preiswerte und flexible Schrittmotorenansteuerung kann für die Industrieelektronik 4.0 eingesetzt werden. Im Gegensatz zu vielen herkömmlichen Schrittmotorenansteuerungen bietet ein 32-Bit-Mikrocontroller zahlreiche Möglichkeiten. Abb. 1.29 zeigt ein µC-Board mit 32-Bit-Mikrocontroller und zwei Schrittmotoren, die sich unterschiedlich ansteuern lassen.

Das µC-Board verfügt über drei verschiedene Schnittstellen für die Ansteuerung durch einen PC oder einer µC-Steuereinheit.

Der I²C-Bus (Inter Integrated Circuit) ist ein von Philips Semiconductors (heute NXP Semiconductors) entwickelter serieller Datenbus. Er wird hauptsächlich geräteintern für die Kommunikation zwischen verschiedenen Schaltungsteilen benutzt, z. B. zwischen einem µC-Board mit Peripherie-ICs.

Atmel führte aus lizenzrechtlichen Gründen die heute auch von einigen anderen Herstellern verwendete Bezeichnung TWI (Two Wire Interface für Zweidraht-Schnittstelle) ein. Allerdings ist das ursprüngliche Patent am 01.10.2006 ausgelaufen, sodass keine Lizenzgebühren für die Benutzung von I²C mehr anfallen.

Die erste standardisierte Spezifikation 1.0 für I²C wurde 1992 veröffentlicht. Diese ergänzte den ursprünglichen Standard mit 100 kbit/s um einen neuen „schnellen" Modus (Fast-mode) mit 400 kbit/s und erweiterte den Adressraum um einen 10-Bit-Modus, sodass statt der ursprünglichen 112 Knoten seitdem bis zu 1136 unterstützt werden.

Mit Version 2.0 aus dem Jahr 1998 kam ein „Hochgeschwindigkeitsmodus" (HS-Mode) mit max. 3,4 Mbit/s dazu, wobei die Strom- und Spannungsanforderungen in diesem Modus gesenkt wurden. Die Version 3.0 von 2007 führte einen weiteren Modus

Abb. 1.29 µC-Board mit Mikrocontroller und zwei Schrittmotoren

„Fast-mode Plus" (Fm+) mit bis zu 1 Mbit/s ein, der im Gegensatz zum HS- Mode dasselbe Protokoll verwendet wie die 100- und 400-kbit/s-Modi.

Im Jahr 2012 wurde mit der Spezifikation V.4 ein noch schnellerer Modus „Ultra Fast-mode" (Ufm) eingeführt, der unidirektionale Übertragungsraten bis zu 5 Mbit/s unterstützt. Im selben Jahr wurden mit der aktuellen V.5 einige Fehler der Vorgänger-version korrigiert. Im April 2014 erschien V.6 und die erneut auftretenden Fehler wurden korrigiert.

Das Bussystem I^2C ist als Master-Slave-Bus konzipiert. Ein Datentransfer wird immer durch einen Master initiiert und der über eine Adresse angesprochene Slave reagiert darauf. Mehrere Master sind möglich (Multimaster-Betrieb). Wenn im Multimaster-Betrieb ein Master-Baustein auch als Slave arbeitet, kann ein anderer Master direkt mit ihm kommunizieren, indem er diesen als Slave anspricht.

Der Takt und die Zustände des Busses werden immer vom Master ausgegeben. Für die verschiedenen Modi ist jeweils ein maximal erlaubter Bustakt vorgegeben. In der Praxis können aber auch beliebig langsamere Taktraten verwendet werden, falls diese vom Master-Interface unterstützt werden. Einige ICs (z. B. Analog-Digital-, Digital-Analog-Umsetzer, Zählerbausteine mit Ein- und Ausgängen) benötigen jedoch eine bestimmte minimale Taktfrequenz, um ordnungsgemäß zu funktionieren. Tab. 1.70 zeigt die maximal erlaubten Taktraten.

Wenn der Slave mehr Zeit benötigt, als durch den Takt des Masters vorgegeben ist, kann er zwischen der Übertragung einzelner Bytes die Taktleitung auf L-Pegel halten (Clock Stretching) und so den Master sperren bzw. den Übertragungstakt bremsen. In der Spezifikation einiger Slave-Bausteine wird erklärt, dass sie kein Clock Stretching anwenden. Dementsprechend gibt es auch Bustreiber-Bausteine, die so ausgelegt sind, dass sich das Taktsignal nur in eine Richtung übertragen lässt.

Die Daten (Einzelbits) sind nur gültig, wenn sich ihr L-Pegel während einer Clock-High-Phase nicht ändert. Ausnahmen sind das Start-, Stopp- und Repeated-Startsignal. Das Startsignal ist eine fallende (negativ) Flanke auf der SDA-Leitung, während die SCL-Leitung auf H-Pegel ist, das Stoppsignal ist eine steigende Flanke auf der SDA-Leitung, während die SCL-Leitung auf H-Pegel ist. Das Repeated-Startsignal sieht genauso aus wie das Startsignal.

Tab. 1.70 Maximal erlaubte Taktraten des I^2C-Busses

Modus	Maximale Übertragungsrate	Richtung
Standard-mode (Sm)	0,1 Mbit/s	bidirektional
Fast-mode (Fm)	0,4 Mbit/s	bidirektional
Fast-mode Plus (Fm+)	1,0 Mbit/s	bidirektional
High Speed Mode (HS-mode)	3,4 Mbit/s	bidirektional
Ultra Fast-mode (UFm)	5,0 Mbit/s	unidirektional

Eine Dateneinheit besteht aus acht Datenbits und dieses Byte ist ein Oktett (welche protokollbedingt entweder als Wert oder als Adresse interpretiert werden) und einem ACK-Bit (Acknowledge). Dieses Bestätigungsbit wird vom Slave durch einen L-Pegel auf der Datenleitung ausgegeben, während der neunten Takt-High-Phase (welche nach wie vor vom Master generiert wird) und als NACK (Not Acknowledge) durch einen H-Pegel signalisiert wird. Der Slave muss den L-Pegel an der Datenleitung anlegen, bevor SCL auf H-Pegel schaltet, andernfalls lesen weitere eventuelle Teilnehmer ein Startsignal.

Eine Standard-I^2C-Adresse ist das erste vom Master gesendete Byte, wobei die ersten sieben Bit die eigentliche Adresse darstellen und das achte Bit (R/W-Bit) dem Slave mitteilt, ob er Daten vom Master empfangen soll (L-Pegel) oder Daten an den Master zu übertragen hat (H-Pegel). I^2C nutzt daher einen Adressraum von 7 Bit, was bis zu 112 Knoten auf einem Bus erlaubt (16 der 128 möglichen Adressen sind für Sonderzwecke reserviert).

Jeder I^2C-fähige IC hat eine vom Hersteller festgelegte Adresse, von der bisweilen die untersten drei Bits (Subadresse) über drei Steuerpins festgelegt werden können. In diesem Fall lassen sich bis zu acht gleichartige ICs an einem I^2C-Bus betreiben. Wenn nicht, müssen mehrere gleiche I^2C-Bausteine mit getrennten I^2C-Bussen angesteuert oder abgetrennt werden.

Wegen Adressknappheit wurde später eine 10-Bit-Adressierung eingeführt. Sie ist abwärtskompatibel zum 7-Bit-Standard durch Nutzung von 4 der 16 reservierten Adressen. Beide Adressierungsarten sind gleichzeitig verwendbar, was bis zu 1136 Knoten auf einem Bus erlaubt.

Der Beginn einer Übertragung wird mit dem Startsignal vom Master angezeigt, dann folgt die Adresse. Diese wird durch das ACK-Bit vom entsprechenden Slave bestätigt. Abhängig vom R/W-Bit werden nun Daten byteweise geschrieben (Daten an Slave) oder gelesen (Daten vom Slave). Das ACK beim Schreiben wird vom Slave gesendet und beim Lesen vom Master. Das letzte Byte eines Lesezugriffs wird vom Master mit einem NACK quittiert, um das Ende der Übertragung anzuzeigen. Eine Übertragung wird durch das Stoppsignal beendet. Alternativ kann auch ein Repeated-Start am Beginn einer erneuten Übertragung gesendet werden, ohne die vorhergehende Übertragung mit einem Stoppsignal zu beenden.

Alle Bytes werden dabei als „Most Significant Bit First" übertragen, d. h. das werthöchste Bit wird immer zuerst übertragen.

Für den High Speed Mode wird zuerst im Fast- oder Standard-Mode ein Master-Code geschickt, bevor auf die erhöhte Frequenz umgeschaltet wird. Dadurch wird zum einen der High-Speed-Mode signalisiert, zum anderen haben nicht High-Speed-taugliche Busteilnehmer die Chance, innerhalb ihrer Spezifikation zu erkennen, dass sie nicht angesprochen wurden. Im Multimasterbetrieb muss jeder Busmaster einen eigenen Master-Code benutzen. So ist sichergestellt, dass die Busarbitrierung abgeschlossen ist, bevor in den High-Speed-Mode gewechselt wird.

Die Arbitrierung (Zugriffsregelung auf den Bus) ist durch die Spezifikation geregelt, denn der Bus ist zwischen Start- und Stoppsignal belegt. Busmaster müssen daher immer auf Start- und Stoppsignale achten, um den Überblick über den Busstatus zu behalten. So müssen sie warten, bis der Bus frei ist, sollte (evtl. unvorhergesehen) eine Übertragung anstehen.

Sollten mehrere Busmaster gleichzeitig mit einer Transaktion starten wollen, so sehen (hören) sie den Bus als frei an und starten gleichzeitig mit der Übertragung. Sind die Master unterschiedlich schnell, erfolgt die Übertragung nun zunächst so schnell, wie der langsamste der beteiligten Busmaster arbeitet, da das Taktsignal eines langsameren Busmasters per Clock Stretching die schnelleren ausbremst. Alle Busmaster lauschen auf die von ihnen selbst gesendeten Daten. In dem Augenblick, wenn ein Busmaster eine L-Pegel und ein anderer einen H-Pegel übertragen will, nimmt die Busleitung (aufgrund der Wired-AND-Schaltung aller Busteilnehmer) einen L-Pegel an. Gemäß dem I^2C-Protokoll verlieren in diesem Augenblick die Busmaster mit „1" den Bus, ziehen sich zurück und warten auf das Stoppsignal, um dann erneut die Übertragung zu versuchen. Die anderen Busmaster arbeiten weiter, bis schließlich nur noch einer übrig bleibt. Sollte ein unterlegener Busmaster-Baustein auch Slave-Dienste anbieten, muss er allerdings gleichzeitig darauf achten, ob der gewinnende Busmaster ihn gerade ansprechen will und daher gerade dabei ist, ihn zu adressieren.

Das Verfahren geht so weit, dass gar keine Arbitrierung stattfindet, wenn mehrere Busmaster zufällig – über mehrere Byte hinweg von Anfang bis zum Abschluss ihrer jeweiligen Transaktionen hinweg – identische Daten an denselben Slave-Baustein senden. Die betreffenden Busmaster merken nichts voneinander – eventuelles Clock Stretching durch einen langsameren Master ist gemäß Protokoll nicht von Clock Stretching durch den Slave zu unterscheiden. Der angesprochene Slave-Baustein kommuniziert mit den betreffenden Busmastern gleichzeitig, ohne dass er von den Beteiligten erkannt wird. Diese Tatsache ist zu berücksichtigen und es muss, sofern sie sich störend auswirken könnte, anderweitig Abhilfe geschaffen werden.

Das Protokoll des I^2C-Busses ist von der Definition her recht einfach, aber auch entsprechend störanfällig. Diese Tatsache schränkt die Verwendung auf störarme Umgebungen ein, wo weder mit Übersprechen, Rauschen, EMV-Problemen noch mit Kontaktproblemen (Stecker, Buchsen) zu rechnen ist. Auch ist er ungeeignet zur Überbrückung größerer Entfernungen, wie es beispielsweise für Feldbusse typisch ist.

Der Bus kann jedoch mit speziellen Treibern auf einen höheren Strom- oder Spannungspegel umgesetzt werden, wodurch der Störabstand und die mögliche Leitungslänge steigen. Ein noch größerer Störabstand ist durch eine Umsetzung auf den physikalischen Layer des CAN-Busses möglich, der mit differenziellen Open-Collector-Signalen arbeitet. Störungen sowohl des SDA- als auch des SCL-Signals resultieren in fehlerhaft übertragenen Daten, die vor allem bei Störungen auf SDA oft nicht erkannt werden können. Lediglich bei geringen, zeitlich begrenzten Störungen, z. B. weit oberhalb der Signalfrequenz, kann das System mittels Signalverarbeitung stabiler gemacht werden.

Die eigentliche I^2C-Spezifikation beinhaltet (anders als die SMBus-Spezifikation) kein Time-out und dadurch kann es unter bestimmten Umständen dazu kommen, dass Busteilnehmer den Bus blockieren. Falls ein Slave-Chip gerade die Datenleitung auf „L" zieht, während der Master den Transfer (beispielsweise durch einen Reset) abbricht, bleibt die Datenleitung für unbestimmte Zeit auf „L". Somit bleibt der gesamte I^2C-Bus mit allen angeschlossenen Teilnehmern blockiert. Daher sollen im Falle eines Resets auch alle Busteilnehmer zurückgesetzt werden, ggf. durch Unterbrechen der Spannungsversorgung. Alternativ wird ein Bus „clear" durchgeführt: Der Master generiert bis zu neun Taktimpulse und spätestens dann sollte die Datenleitung freigegeben sein. Selbst wenn sich der Slave-Baustein noch mitten in einer Übertragung befindet und die Datenleitung nur freigegeben ist, weil er gerade einen H-Pegel ausgibt, wird er (bzw. dessen I^2C-Komponente) durch das nächste Startsignal zurückgesetzt.

Die RS232C-Schnittstelle ist eine der bekanntesten seriellen Schnittstellen. In Deutschland war sie auch häufig nur unter der Bezeichnung V.24 zu finden. Eigentlich bezieht sich die V.24-Norm nur auf die funktionellen Werte und die V.28 auf die elektrischen Werte der amerikanischen RS232C. Allgemein bezeichnet man mit „V.24" jedoch auch die elektrischen Werte. Die elektrischen und mechanischen Daten wurden durch die deutsche Normensprechung in den Normen DIN 66 020, 66 021 und 66 259 festgelegt.

Die RS232C wurde ursprünglich entworfen, um Rechner über Telefonleitungen zu verbinden. Hierzu wurde der Rechner (eine sogenannte DEE, Datenendeinrichtung) mittels der Schnittstelle mit einem Modem, d. h. einem Übertragungsgerät (DÜE, Datenübertragungseinrichtung), verbunden. Auf der anderen Seite sorgte die gleiche Anordnung zur Auskopplung der Signale.

Die RS232C definiert insgesamt 20 Leitungen, wobei viele jedoch speziell für die Eigenschaften der Modems ausgelegt sind, wie die Rückmeldung der Empfangsgüte usw. Seit 1985 sind sie nicht mehr für einen Datentransfer erforderlich, so kann auf die meisten der 20 Leitungen verzichtet werden.

Es existieren unterschiedliche Bezeichnungen nach RS232C und DIN. Die DIN-Bezeichnungen begründen sich in der Unterscheidung in Erd-, Melde-, Steuer- und Datenleitungen. Im Folgenden werden jedoch die üblicheren amerikanischen Kürzel benutzt.

Die Pinbelegung der Tab. 1.71 bezieht sich auf einen 25-poligen und 9-poligen Sub-D-Stecker. Üblicherweise wird ein 25-poliger Sub-D-Stecker eingesetzt. Die genannte Pinbelegung gilt für sogenannte Datenendeinrichtungen (DEE). Da in der Praxis nur wenige Leitungen benutzt werden, findet heutzutage der 9-polige Sub-D-Stecker vermehrt Einsatz, dessen Pinbelegung von der Norm abweicht und früher als Vorreiter von IBM benutzt wurde.

Die Signalpegel bewegen sich im Bereich von -3...-15 V im Ruhezustand (H-Pegel) und +3...+15 V im Aktivzustand (L-Pegel). Der Bereich von -3...+3 V ist nicht definiert.

Die RS232C ermöglicht ferner einen Hardware- als auch Software-Handshake. Zum Hardware-Handshake können die Leitungen CTS und RTS dienen. Ein Gerät kann nur

Tab. 1.71 9-poliger und 25-poliger Sub-D-Stecker und Spannungspegel bei der RS232C-Schnitt-stelle

Pinnummer		Signalbezeichnung		Funktion	Richtung
9 pol.	25 pol.	RS232C			DEE
1	8	DCD	M5	Träger erkannt	In
2	3	RXD	D2	Empfangsdaten	In
3	2	TXD	D1	Sendedaten	Out
4	20	DTR	S1	DEE bereit	Out
5	7	GND	E2	Signalmasse	
6	6	DSR	M1	Betriebsbereit	In
7	4	RTS	S1	Sendeanforderung	Out
8	5	CTS	M2	Sendebereitschaft	In
9	22	RI	M3	Ankommender Ruf	In
	1	CG	E1	Schutzerdung, Masse	
	9	TV+		Positive Prüfspannung	Out
	10	TV-		Negative Prüfspannung	Out
	11	CK	S5	Hohe Sendefrequenz	In
	12	2. DCD	HM5	HK Träger erkannt	In
	13	2. CTS	HM2	HK Sendebereit	In
	14	2. TXD	HD1	HK Sendedaten	Out
	15	TXC	T2	Sendeschritttakt	Out
	16	2. RXD	HD2	HK Empfangsdaten	In
	17	RXC	T4	Empfangsschritttakt	In
	18	NC		Nicht belegt	
	19	2. RTS	HS2	HK Sendeanforderung	Out
	21	SQD	M6	Empfangsgüte	In
	23	SH	S4	Hohe Eingangsfrequenz	Out
	24	NC		Nicht belegt	
	25	NC		Nicht belegt	

NC (No Connection, kein Anschluss)

dann senden, wenn sein CTS-Eingang aktiviert ist. Zum Melden der Empfangsbereit-schaft wird der RTS Ausgang aktiviert. Das Melden der Empfangsbereitschaft kann so interpretiert werden, dass das Gerät ein anderes auffordert, Daten zu senden, daher die Bezeichnung „Sendeteil einschalten".

Mitunter werden auch die DSR- und DTR-Leitungen zum Hardware-Handshake benutzt. Zudem gibt es noch die Möglichkeit von sogenannten „Software-Handshakes".

Bei der Schnittstelle V.24 wirkt sich ungünstig aus, dass sie ursprünglich nur für die Verbindung eines Rechners mit einem Modem und nicht für die direkte Verbindung zweier Rechner konzipiert war. Es existieren nämlich zwei unterschiedliche Steckerbelegungen für Datenendeinrichtungen (DEE), das sind Drucker, Rechner, Diskettenlaufwerke etc. und Datenübertragungseinrichtungen (DÜE), das sind Modems.

Im Allgemeinen kann davon ausgegangen werden, dass Datenendeinrichtungen vorliegen. Die Übertragungseinrichtungen werden nur der Vollständigkeit halber erwähnt. In allen Fällen werden zwei Geräte so verdrahtet, dass ein Ausgang mit dem Eingang des anderen verdrahtet wird. Da die Geräte normalerweise DEE sind und somit die gleiche Steckerbelegung aufweisen, ergeben sich „gekreuzte Leitungen". Man spricht auch von einer „Nullmodem-Schaltung", da sie aus dem Verschalten zweier Rechner unter Weglassung der Modems entsteht. Heute werden betreffend den PC-Sektor meist Endgeräte wie PC-Mäuse, Messgeräte, Drucker, Plotter etc. an die RS232C-Schnittstelle angeschlossen.

Mit der Schrittmotorenansteuerung lassen sich das µC-Board von PCs und übergeordnete µC-Steuereinheiten einfach ansteuern. Die Steuerung mit der Eigenintelligenz entlastet den PC oder µC-Steuereinheiten, denn das µC-Board führt eine automatische Stromregelung aus bis zu vielfältigen Ausführungen von gezielten Schrittfolgen. Die Motoren können völlig unabhängig, aber auch gleichzeitig angesteuert werden. Bis zu einer Motorspannung von 35 V und Phasenströme bis 3 A sind möglich. Die automatische PWM-Stromregelung erzeugt ein höheres Drehmoment gegenüber Schrittmotoren mit Ansteuerung durch eine feste Spannung. Außerdem ist Voll- und Halbschrittmodus möglich.

Die maximal zulässige Strombegrenzung, d. h. bei Schrittmotoren handelt es sich um eine Strangstrombegrenzung und wird durch einen einfachen Befehl vom PC oder µC- Steuereinheiten zwischen 100 mA und 2 A festgelegt. Damit entfallen die Potenziometer für diese wichtigen Einstellungen. Auch wenn eine kurzzeitige höhere Belastung erforderlich ist, wird eine maximale Dauerbelastung von 2 A bis 3 A pro Schrittmotor mit einem Strangstrom von 1 A bis 1,5 A möglich.

Für die Betriebs- und die Motorspannung sind separate Eingänge auf dem µC-Board vorhanden. Die Motorspannung lässt sich zwischen 7 V und 35 V betreiben und die Betriebsspannung darf zwischen 7 V und 24 V betragen. Durch Brückung kann man auch mit einer Betriebs- und Motorspannung auskommen.

Mit dem µC-Board lassen sich alle bipolaren Schrittmotoren mit einer beliebigen Nennspannung von 3 V bis zur Motorspannung von maximal 35 V ansteuern. Man kann z. B. einen 4-V-Motor mit 9 V oder 12 V anschließen, der Motor wird nicht überlastet, da der maximale Strom eingestellt ist. Dieser Schrittmotor arbeitet ähnlich der L297/L298-Schaltung, bietet jedoch High-Level-Funktionen.

Durch die Verwendung des 32-Bit-Mikrocontrollers ATmega32 benötigt man erheblich weniger Bauelemente auf dem µC-Board, wie Abb. 1.30 zeigt.

Mit dem Steuerprogramm ist es möglich, die Ansteuerung der Schrittmotoren bequem per Mausklick einzustellen. Durch die Möglichkeiten lassen sich unterschiedliche Ströme und Geschwindigkeiten einstellen. Übertragen wird nur der Befehl, der

Abb. 1.30 Aufbau des µC-Boards

beschreibt, wie viel Schritte ein bestimmter Motor in Geschwindigkeit und Drehrichtung durchführen soll. Die Generierung und das Zählen der Schritte werden in dem µC-Board automatisch verarbeitet. Dadurch wird der steuernde PC oder die µC-Steuereinheit erheblich entlastet.

Es sind 255 Geschwindigkeitsstufen möglich. Bei jeder Geschwindigkeit kann auch ein Beschleunigungswert angegeben werden. Dadurch lassen sich Motoren durch das Rampenprinzip langsamer beschleunigen und so sind auch höhere Geschwindigkeiten ohne Schrittverluste möglich. Das Gleiche ist auch beim Abbremsen möglich. Drehrichtung und maximaler Strombedarf sind jederzeit änderbar. Viele dieser Vorgaben lassen sich dauerhaft im µC-Board (EEPROM) abspeichern. Auch eine Endlosfunktion ist möglich, welche Schrittmotoren so lange drehen lässt, bis ein Stopp-Befehl kommt. Die Schrittzähler, die ausgeführten Schritte der Motoren können jederzeit abgerufen werden, somit lässt sich exakt die Länge der gefahrenen Strecke berechnen.

Getrennter Strom für Halt, Beschleunigung und Betrieb lassen sich einstellen. Somit kann das µC-Board wahlweise bei Motorstillstand automatisch einen geringeren Strom einstellen, um z. B. die Batterie zu schonen.

Zwei Tasten auf dem µC-Board erlauben den schnellen Test auch ohne, dass anzusteuernde µC-Steuereinheit oder PC vorhanden sein müssen. Dies erleichtert den Anschluss der Motoren. LEDs signalisieren, wenn die Betriebsspannung nicht ausreicht, um den Schrittmotor-Nennstrom, also die maximale mögliche Leistung bei der gewählten Geschwindigkeit zu erreichen.

Der 32-Bit-Mikocontroller ATmega32 verfügt auch über die Schnittstellen I^{2}C und RS232C, wobei noch integrierte Schaltkreise für die Pegelumsetzung eingeschaltet sind.

Der Schaltkreis L298 befindet sich in einem 15-poligen IC-Gehäuse und Abb. 1.31 zeigt die Anschlüsse. Die Funktionen sind in Tab. 1.72 aufgeführt.

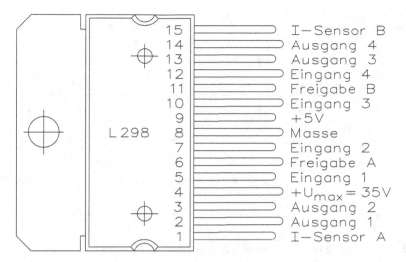

Abb. 1.31   Anschlüsse des Schaltkreises L298 zur Ansteuerung eines Schrittmotors

Abb. 1.32 zeigt die Ansteuerung des Schaltkreises L298 für einen Schrittmotor. Der Schrittmotor kann je nach Ansteuerung einen Rechts- oder Linkslauf durchführen. Ohne Ansteuerung bedeutet dieser Eingang einen Stopp für den Motor. Die Ausgänge 13 und 14 des L298 sind mit dem Schrittmotor verbunden.

Die vier Leistungsdioden dienen als Freilaufdioden und schützen den L298 für Spannungsspitzen. Der L298 kann bis zu 3 A und einer Motorspannung von 35 V pro

Tab. 1.72   Funktionen der Pinanschlüsse des Schaltkreises L298

Ansteuerung	Name	Funktion
1, 15	I-Sensor A, I-Sensor B	Messung des Stroms durch einen Widerstand gegen Masse und es ist Kontrolle des Stroms vorhanden
2, 3	Ausgang 1, Ausgang 2	Ausgänge der Motorbrücke A und über den I-Sensor erfolgt die Strommessung über Pin 1
4	+35 V	Eingang für die Spannung des Motors
5, 7	Eingang 1, Eingang 2	TTL-kompatible Eingänge für die Motorbrücke A
6, 11	Freigabe A, Freigabe B	Freigabe: L-Pegel sperrt die Motorbrücke A und/oder Motorbrücke B
8	0 V, Masse	0 V, Masse, auch Gehäuseanschluss des L298
9	+5 V	Eingang für die interne Logikschaltung
10, 12	Eingang 3, Eingang 4	TTL-kompatible Eingänge für die Motorbrücke B
13, 14	Ausgang 3, Ausgang 4	Ausgänge der Motorbrücke B und über den I-Sensor erfolgt die Strommessung über Pin 15

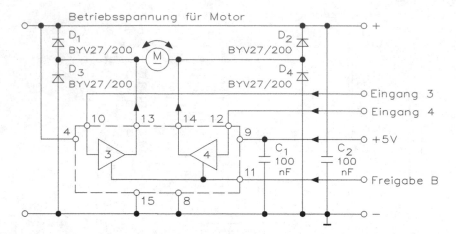

Abb. 1.32 Ansteuerung des Schaltkreises L298 für einen Schrittmotor

Endstufe ansteuern, allerdings ist wegen der Leistung ein großer Kühlkörper notwendig. Die Stromsensoren von Pin 1 und 15 sind nicht vorhanden.

Die Steuersignale für den L298 liefert der Mikrocontroller. Die Ansteuerung zeigt Tab. 1.73.

Für die Ansteuerung müssen immer drei Eingaben durchgeführt werden. Wie die drei Bits belegt sind, ist aus Tab. 1.73 ersichtlich. Wenn die Freigabe auf 1-Signal ist, kann der Motor im Rechts- und Linksbetrieb drehen, indem man die Eingänge 3 und 4 entsprechend ansteuert. Sind die beiden Eingänge auf 0- oder 1-Signal, wird eine Vollbremsung eingeleitet. Eine Kurzschlussbremsung ist möglich, wenn beide Anschlüsse verbunden sind.

Tab. 1.73 Eingaben der Steuersignale und die Motorfunktion

Eingaben		Motorfunktion
Freigabe B = 1	Eingang 3 = 1	Vorwärts
Freigabe B = 1	Eingang 4 = 0	Vorwärts
Freigabe B = 1	Eingang 3 = 0	Rückwärts
Freigabe B = 1	Eingang 4 = 1	Rückwärts
Freigabe B = 1	Eingang 3 = 1	Vollbremsung
Freigabe B = 1	Eingang 4 = 0	Vollbremsung
Freigabe B = 1	Eingang 3 = 1	Vollbremsung
Freigabe B = 1	Eingang 4 = 1	Vollbremsung
Freigabe B = 0	Eingang 3 = X	Motor läuft aus
Freigabe B = 0	Eingang 4 = X	Motor läuft aus

X = Eingänge ohne Funktion und der Motor läuft aus

Hard- und Software für die Entwicklungsumgebung

2

In diesem Kapitel wird die Hard- und Software vorgestellt, die den Entwicklungs-ingenieur, Elektroniker, Physiker, Verfahrensingenieur, Service-Techniker, Schüler, Studenten und auch Hobbyelektroniker bei ihren Arbeiten mit dem Mikrocontroller unterstützt. Die Software für die Entwicklungsumgebung ist kostenlos aus dem Internet erhältlich.

Das einfachste Werkzeug bei der Entwicklung von Mikrocontrollerbaugruppen ist das sogenannte Entwicklungskit. Die Hersteller von Mikrocontrollern versorgen auch heute noch ihre Kunden zunächst mit einem solchen „Mini-Entwicklungssystem", mit dem die Handhabung des Mikrocontrollers und der Befehlssatz geübt werden kann. Auch für das Schreiben kleinerer Programme in Assembler und C eignen sich diese Kits. Ein meist vorhandener In-Line-Assembler oder in der Hochsprache C unterstützt den Anwender bereits beträchtlich, da das Auswendiglernen von Hex-Code-Tabellen überflüssig wird. Die ebenfalls in den Kits vorhandenen Monitorprogramme ermöglichen sogar ein sehr komfortables Debugging mit Software-Breakpoint sowie Unterstützung von Registeraus-gabe, I/O-Ports, Interrupts und Speichereinheiten. Keine Unterstützung bieten diese Kits bei der Hardwareentwicklung von Mikrocontrollerschaltungen und in der Integrations-phase von Hard- und Software. Der Vorteil dieser Entwicklungskits liegt klar auf der Hand. Sie sind sehr preisgünstig und daher nahezu für jedermann erschwinglich. Ein-gesetzt werden sie nicht nur im Elektroniklabor, sondern auch in Ausbildungsabteilungen der Industrie, im allgemeinen Schulunterricht, in Berufsschulen, Berufsakademien, Technikerschulen, Fachhochschulen, Universitäten und natürlich nicht zu vergessen im Hobbybereich. Abb. 2.1 zeigt einen PC mit USB-Schnittstelle, einen USB-Programmer mit dem Ausgang für das Zielsystem.

Wie nun müssen die Werkzeuge aussehen, mit denen Entwicklungen auf der Basis unserer heutigen modernen Mikrocontroller effizient und zeitbewusst durchgeführt werden können?

© Springer Fachmedien Wiesbaden GmbH, ein Teil von Springer Nature 2020
H. Bernstein, *Mikrocontroller,* https://doi.org/10.1007/978-3-658-30067-8_2

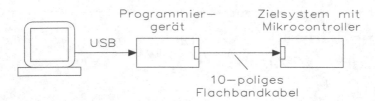

Abb. 2.1 PC, Programmiergerät und Zielsystem

Dazu muss man die Arbeiten zunächst einmal in die beiden Teilgebiete „Hardware" und „Software" unterteilen. Für beide Teilgebiete sind vollständig unterschiedliche Werkzeuge erforderlich. Das gilt auch für die unterschiedlichen Phasen des Lebenszyklus mikrocontrollergesteuerter Produkte. Nahezu in jeder Phase sind andere Werkzeuge erforderlich, um die Arbeit möglichst effektiv zu gestalten.

- In der Definitionsphase, in der die Eigenschaften eines Produktes festgelegt werden und entschieden wird, welche Funktionen durch Software, welche durch Hardware und welche durch eine Kombination aus Hard- und Software realisiert werden sollen, stehen dem Entwicklungsingenieur die beschriebenen Editoren und die verschiedenen Software-Engineering-Tools zur Verfügung.
- In der Planungsphase werden die Ziele getrennt für Hardware und Software festgelegt, wie die einzelnen Funktionen realisiert werden sollen. Bei der Software geschieht dies dadurch, dass mithilfe von Struktogrammen unterschiedliche Module für die einzelnen Aufgaben entsprechend definiert werden, die die einzelnen Aufgaben lösen. Hier kommen die beschriebenen Editoren und die beschriebenen Software-Engineering-Tools zur Anwendung.
- In der Realisierungsphase werden bei der Software die in der Planungsphase erstellten Beschreibungen der einzelnen Module innerhalb der Struktogramme mithilfe von Text- oder Struktogrammeditoren in Assembler- oder Hochsprache (z. B. C) programmiert. Anschließend werden die beschriebenen Cross-Assembler und Cross-Compiler in für den Mikrocontroller „verständlichen" Code übersetzt.
- In der Integrations- und Debugphase werden Hard- und Software zusammengeführt. Die hier benutzten Werkzeuge sind dementsprechend gleichermaßen für Hard- und Software geeignet. Vorwiegend kommen die beschriebenen Emulatoren und Mikrocontroller-Entwicklungssysteme zum Einsatz. Die beschriebenen Hochsprachen-Debugger helfen bei der Fehlersuche und beim Test der Baugruppen.
- In der Wartungsphase ist der Service-Techniker damit beschäftigt, defekte Bauelemente auszutauschen und eventuell präventive Tests durchzuführen. Er benutzt bei seinen Arbeiten vorwiegend die gleichen Werkzeuge, die auch bei der Fertigung erforderlich sind.

Welches Werkzeug oder welche Kombination von Werkzeugen für ein Entwicklungs-
projekt am besten geeignet ist, hängt von vielen Faktoren ab. Da ist zunächst die
Größe des Entwicklungsprojektes. Für kleinere bis mittlere Projekte reicht ein
Einbenutzer-Entwicklungssystem auf Basis eines PC vollständig aus.

2.1   Entwicklungsumgebung

„AVR-Studio 4" ist eine Windows-basierte, integrierte Software-Entwicklungsumgebung
für die Mikrocontroller der AVR-Serie von ATMEL. Sie stellt alle nötigen Werkzeuge
und Schnittstellen zur Programmentwicklung zur Verfügung:

- Projektverwaltung,
- Editor,
- Assembler,
- Linker,
- C-Compiler (optional),
- Programmgenerierung (Build),
- Simulator,
- Mikrocontroller-Programmierschnittstelle,
- Schnittstelle zu In-Circuit-Emulator.

2.1.1   Editor

Editoren sind Werkzeuge, mit denen Texte, Programme, Daten oder Grafiken rationell
in PCs, Entwicklungssysteme oder einfache Steuerungen eingegeben werden können.
Allgemein betrachtet sind Editoren die Schnittstelle zwischen Mensch und Maschine
(Rechner). Für den Benutzer ist es besonders wichtig, dass das Editorprogramm einfach zu bedienen und der Befehlsumfang leicht erlernbar ist. Die verschiedenen Arten
der einzugebenden Daten, Programme oder Grafiken erfordern unterschiedliche Arten
von Editoren. Ein Grafikeditor beispielsweise bietet vollständig andere Eingabe-
möglichkeiten als ein Editor für Texte. Sehr häufig hat man es im täglichen Leben mit
ganz speziellen, für eine bestimmte Aufgabe zugeschnittenen Editoren zu tun. Die
Programmierung einer Heizungssteuerung durch den Anwender beispielsweise erfordert
ebenso einen Editor in Minimalversion wie ein Fahrkartenautomat, dem der Benutzer
mitteilen muss, welche Fahrtstrecke er zu benutzen und dann zu zahlen hat.
   Der zurzeit bekannteste Editor ist der Texteditor . Mit ihm werden vorwiegend
Programme in Hoch- und Assemblerquelltext sowie Daten und Texte in den PC eingegeben. Der Zeichensatz der Texteditoren ist im Regelfall auf ASCII-Zeichen
beschränkt. Es können also Buchstaben, Ziffern und Sonderzeichen bei der Eingabe
mit dem Texteditor verwendet werden. Die Sprachelemente der Assemblersprachen von

handelsüblichen Mikrocontrollern und auch die genannten Hochsprachen wie C sind auf dem Standard-ASCII-Zeichensatz aufgesetzt. Es gilt also festzuhalten, dass Texteditoren bezüglich des Zeichensatzes ideal geeignet sind für die Eingabe von Quellprogrammen in Assembler- und höheren Programmiersprachen. Allerdings ist es mit der Eingabe von Texten bei Editoren allein nicht getan. Wie bereits gezeigt wurde, ist der Entwicklungsingenieur in einem großen Teil seiner Zeit mit dem Ändern von Quelltexten beschäftigt. Editoren sollten also gerade hier möglichst effektive Unterstützung bieten.

Für die verschiedenen Anwendungsfälle stehen unterschiedliche Arten von Texteditoren zur Verfügung. Im Folgenden werden die Möglichkeiten der wichtigsten Arten dargestellt und die Befehlsgruppen erklärt. Der wichtigste Texteditor ist der bildschirmorientierte Editor. Der gesamte Bildschirm des PC kann bei dieser Art von Editoren zur Eingabe bzw. Modifikation von Texten genutzt werden. Durch die Cursortasten lässt sich jede beliebige Stelle des Bildschirms erreichen, um dort Eintragungen vorzunehmen. Natürlich kann durch sogenanntes Scrolling jeder gewünschte Teil einer Datei auf dem Bildschirm dargestellt und damit vollständig überblickt werden. Im Regelfall kann bei den bildschirmorientierten Editoren zwischen dem sogenannten Eingabemodus und dem Kommandomodus umgeschaltet werden. Im Eingabemodus wird der gewünschte Text mit der Tastatur eingegeben. Mit den Cursortasten kann jede beliebige Stelle des Bildschirms erreicht werden, um hier Änderungen an bestehenden Texten durchzuführen. Abhängig davon, ob man im Insert-Modus oder im Append-Modus arbeitet, wird der bestehende Text überschrieben oder aber die eingegebenen Zeichen lassen sich einfügen. Im Kommandomodus steht beim bildschirmorientierten Editor eine umfangreiche Palette von Befehlen zur Verfügung. Der wichtigste Befehl ist sicherlich der Suchbefehl. Es kann eine Zeichenfolge spezifiziert werden, nach der in der gesamten,sich in Bearbeitung befindlichen Datei gesucht wird. Ist die Zeichenfolge vorhanden, bleibt der Cursor auf ihr stehen und der Textbereich mit der Zeichenfolge ist auf dem Bildschirm sichtbar. Kommt die Zeichenfolge mehrfach vor, bleibt der Cursor zunächst an der Stelle stehen, an der die Zeichenfolge zum ersten Mal vorkommt. Durch die Eingabe eines bestimmten Steuercodes kann dann zur nächsten Stelle, an der die Zeichenfolge wieder vorkommt, weitergeschaltet werden. Dieser Vorgang kann so oft wiederholt werden, wie die Zeichenfolge in der gesamten Datei vorkommt.

Eine andere sehr wichtige Funktion ist die Ersetzungsfunktion. Ähnlich wie bei der Suchfunktion kann hier eine Zeichenfolge spezifiziert werden, nach der gesucht wird. Zusätzlich ist es jedoch hier möglich, eine weitere Zeichenfolge zu definieren, die anstelle der gesuchten Zeichenfolge in den Text eingesetzt wird. Natürlich ist die Ersetzungsfunktion sowohl zeilenweise als auch dateiübergreifend möglich. Abhängig von der Anwendung kann also der gesamte Bereich der Datei nach Zeichenfolgen und Zeilen durchsucht werden.

Das Duplizieren von Zeilen oder Zeilenbereichen ist eine weitere wichtige Funktion des Texteditors. Im Kommandomode wird der Bereich der Zeilen spezifiziert, der kopiert werden soll. Weiterhin wird die Zielzeilennummer spezifiziert, ab wann der Text zusätzlich erscheinen soll. Nachdem der Befehl ausgeführt ist, ist der gewünschte Text sowohl an der bisherigen als auch an der gewünschten neuen Stelle vorhanden. Eine etwas abgewandelte Version dieses Befehls ist der Transfer-Befehl. Auch hier wird ein Zeilenbereich spezifiziert, der an einer anderen Stelle erscheinen soll. Im Gegensatz zum Kopierbefehl wird der Text an der alten Stelle jedoch gelöscht. Nachdem der Befehl ausgeführt wurde, ist der spezifizierte Text daher nur an der neuen Stelle vorhanden. Selektives Löschen bestimmter Textbereiche ist eine weitere Funktion im Texteditor. Es lassen sich einzelne oder mehrere Zeichen, Worte und auch Zeilen löschen. Der dem gelöschten Bereich nachfolgende Text wird automatisch bündig herangerückt.

Damit der Benutzer des Editors Kopier- und Transferbefehle nutzen kann, muss dieser Kenntnis über die Zeilennummern des editierten Textes kennen. Texteditoren verwenden daher in der Regel einen Nummerierungsbefehl. Obwohl bei der Texteingabe keine Zeilennummern angegeben werden müssen, kann der Editor den gesamten Text mit vorangestellten Zeilennummern darstellen. Alle zeilenorientierten Befehle beziehen sich auf diese Zeilennummerierung.

Beim Aufruf des Texteditors muss man den Namen der Datei spezifizieren, die editiert werden soll. Existiert der Directory, in der der Editor aufgerufen wird und ist die benannte Datei bereit, so wird diese Datei in den Editierspeicher geladen. Der Benutzer kann nun Änderungen an der Datei vornehmen oder Text einfügen bzw. löschen. Existiert keine Datei mit dem spezifizierten Namen, wird die Datei angelegt. Hat der Anwender alle erforderlichen Änderungen oder Ergänzungen an der Datei durchgeführt, kann er den Editor wieder verlassen. Wichtig ist dabei, dass der editierte Text in die gewünschte Datei zurückgeschrieben wird. In der Regel muss hierzu das Write-Kommando eingegeben werden. Um ungewollten Textverlusten vorzubeugen, kann der Editor nur mit einer zusätzlichen Quittierung ohne das Rückschreiben verlassen werden. Dieses meist mit Exit bezeichnete Kommando erspart Tipparbeit und erhöht die Sicherheit. Während des Editierens wird bei allen Editoren grundsätzlich an einer Kopie der Datei, die sich im RAM-Arbeitsspeicher des Rechners befindet, gearbeitet.

Geht im Fehlerfalle z. B. durch einen Netzausfall der Inhalt des RAM-Speichers verloren, kann mit dieser temporären Datei nahezu der gesamte, bereits editiere Textteil wieder hergestellt werden. Die sogenannte Recovery-Funktion des Editors führt dies automatisch beim erneuten Hochstarten des Systems durch.

Bei Texteditoren, die zum Erstellen von Texten in deutscher Sprache genutzt werden sollen, um z. B. verbale Dokumentationstexte oder Kommentare in Quellencodelistings zu erstellen, sollten die in der deutschen Sprache üblichen Umlaute und Sonderzeichen wie ä, ö, ü und ß umfassen. Viele ältere Editoren lassen sich mit entsprechenden Steueranweisungen umschalten, nicht so das Entwicklungssystem von Atmel.

Zeilenorientierte Editoren sind neben dem bildschirmorientierten Editor die zweite wichtige Art von Texteditoren. Im Gegensatz zum bildschirmorientierten Editor kann beim zeilenorientierten Editor jedoch nur eine Zeile des Bildschirms zum Editieren genutzt werden. Im Eingabemodus müssen Änderungen an bestehenden Textteilen Zeile für Zeile durchgeführt werden. Interaktives Ändern an beliebiger Stelle auf dem Bildschirm ist beim zeilenorientierten Editor nicht möglich. Im Kommandomodus ist die

Leistungsfähigkeit des zeilenorientierten Editors vergleichbar mit der Leistungsfähigkeit des bildschirmorientieren Texteditors. Nicht zuletzt liegt das sicher auch daran, dass der Kommandomodus bildschirmorientierter Editoren sehr häufig nahezu vollständig von einem zeilenorientierten Editor übernommen wird.

Überwiegend lassen sich Texteditoren interaktiv betreiben, d. h. der Anwender gibt Befehle direkt ein, fügt Text an oder ändert bestehenden Text. In ganz bestimmten Fällen müssen an Dateien aber auch Änderungen durchgeführt werden, die durchaus auch automatisch ablaufen können. Man denke in diesem Zusammenhang an das Suchen bestimmter Assemblerbefehle innerhalb einer Datei, die gegen einen anderen Assemblerbefehl ausgetauscht werden müssen. Möchte der Anwender diese Änderungen interaktiv durchführen, muss er zunächst den kombinierten Such- und Austauschbefehl für den ersten auszutauschenden Assemblerbefehl, dann für den zweiten, dann für den dritten usw. eingeben. Besonders dann, wenn diese Prozedur bei vielen Dateien wiederholt werden muss, ist ein beträchtlicher Zeitaufwand nicht zu vermeiden. Damit dieses Problem elegant umgangen werden kann, lassen einige Texteditoren diverse Befehlseingaben auch über eine Kommandoprozedur zu. Alle notwendigen Befehle müssen hier also nicht vom Benutzer interaktiv eingegeben werden, sondern können vorab in einer separaten Datei, einer sogenannten Kommandoprozedur, gespeichert werden. Beim eigentlichen Editorlauf arbeitet der Texteditor dann die Kommandoprozedur mit der maximal möglichen Geschwindigkeit ab, ohne dass der Benutzer zusätzliche Eingaben durchführen muss.

Eine dritte Art des Texteditors, der sogenannte Streameditor , arbeitet gänzlich unabhängig von einem PC oder einem anderen Ein-Ausgabegerät. Er ist ausschließlich für das automatische Verarbeiten von Dateien ausgelegt. Beim Aufruf des Streameditors muss der Benutzer eine Datei spezifizieren, in der die zu verarbeitenden Daten zu finden sind, eine weitere Datei, in der das Ergebnis der Verarbeitung abgelegt wird und eine dritte Datei, in der die Kommandos zur Verarbeitung enthalten sind. Alternativ können die Kommandos auch mittels einer Option beim Aufruf des Editors direkt vom PC ausgegeben werden. Der Befehlsumfang des Streameditors entspricht etwa dem eines zeilenorientierten Editors. Die Verarbeitung der Daten erfolgt ebenfalls zeilenweise. Besonders erwähnenswert ist die hohe Verarbeitungsgeschwindigkeit des Streameditors. Der Editor arbeitet daher mit der maximal möglichen Geschwindigkeit, die das Betriebssystem des Rechners zulässt. Abhängig von der Art der Befehle und der Größe der zu verarbeitenden Dateien kann mit einer Geschwindigkeitssteigerung um den Faktor 10 gegenüber dem üblichen zeilenorientierten Texteditor gerechnet werden. Ein weiterer Vorteil des Streameditors ist der, dass er sich bei Multitaskingbetriebssystemen als Hintergrundprozess starten lässt. Die Verarbeitung der gewünschten Datei erfolgt, für den Anwender nicht sichtbar, in einem sogenannten Background-Prozess. Der PC steht dem Benutzer während dieser Zeit weiterhin uneingeschränkt zur Verfügung. Vorwiegend eingesetzt wird der Streameditor zum Ändern von bereits bestehenden Dateien nach vorgegebenen Transformationsregeln.

2.1.2 Cross-Assembler und Linker

Mikrocontrollerprogramme, die in Assemblersprache geschrieben wurden und Hochsprachenprogramme, die mit einem Hochsprachencompiler in Assemblercode übersetzt wurden, sind in dieser Form nicht direkt vom Mikrocontroller zu verarbeiten. Die Assemblerprogramme müssen erst mithilfe eines geeigneten Übersetzungsprogramms in die maschinenverständliche Form (sogenannten Code) übersetzt werden. Das Übersetzungprogramm bezeichnet man allgemein als Assembler . Der Begriff kommt aus dem amerikanischen Sprachgebrauch und hat die Bedeutung „Zusammenbau". Abhängig von der Art des PC und der Entwicklungsumgebung, auf dem das Assemblerübersetzungsprogramm implementiert ist, unterscheidet man zwischen dem Assembler und dem Cross-Assembler . Der Assembler ist die Version des Übersetzungsprogramms, das auf einem PC implementiert ist, der mit dem gleichen Mikroprozessor oder Mikrocontroller arbeitet, für den auch der Code generiert werden soll. Der Cross-Assembler hingegen ist die Version, die auf einem Rechner implementiert ist, die nicht mit dem Mikroprozessor oder Mikrocontroller ausgestattet ist, für den der Code generiert werden soll. Da Assembler heute vorwiegend auf PCs implementiert sind, findet man vorwiegend Cross-Assembler. Lediglich in den Fällen, in denen ein mit dem gleichen Mikroprozessor oder Mikrocontroller ausgerüstetes Entwicklungskit zur Assemblierung benutzt wird, arbeitet man mit einem Assembler. Die Unterscheidung zwischen Cross-Assembler bzw. Assembler hat daher in der heutigen Zeit nur noch geringe Bedeutung. Da zwischen Assembler und Cross-Assembler keine funktionellen Unterschiede bestehen, wird im Folgenden nur noch vom Assembler gesprochen.

In den seltensten Fällen ist der Assembler nur ein einfaches Übersetzungsprogramm. Meist wird der Übersetzungsprozess der mnemotechnischen Mikroprozessor- oder Mikro-controllercodes und Pseudoanweisungen in mehreren Stufen durchgeführt. Die klassische funktionale Untergliederung ist Assembler, Linker und Locater . Der Assembler kann einzelne Dateien eines umfangreicheren Softwareprojektes (das Hauptprogramm und einzelne Unterprogramme) getrennt verarbeiten. Da zwischen den einzelnen Programmteilen diverse Querverweise existieren (z. B. Sprünge zu Programmlabels in anderen Modulen oder die Benutzung von Variablen, die in anderen Programmteilen deklariert wurden) und auch die Adressvergabe des zu assemblierenden Programmteils zu diesem Zeitpunkt noch nicht feststeht, ist es einleuchtend, dass im Assembler-

Abb. 2.2 Aufbau der verschiedenen Assemblierungen: *links*: klassisches Verfahren, *mitte*: vereinfachtes Verfahren, *rechts*: seit etwa 2000 vorhanden

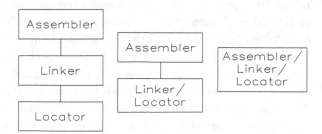

lauf nur sehr unvollständig übersetzt werden kann. Nur die mnemotechnischen Befehle, die keinen Bezug zu einer externen Speicherstelle aufweisen, werden vollständig übersetzt. Bei absoluten Sprüngen zu einer externen Adresse hingegen wird nur der Befehlscode selbst, nicht aber das Sprungziel übersetzt. Der gesamte vom Assembler erzeugte Programmcode bleibt frei verschiebbar (relocatable) und wird für jedes Modul fiktiv bei Adresse Null beginnend abgelegt. Die Assemblerphase erfordert in der Regel mehrere Durchläufe, um alle relevanten Anweisungen und Sprungziele zu verarbeiten.

Die Linkerstufe hat die Aufgabe, das Hauptprogramm und alle zu dem Projekt gehörenden Unterprogramme zusammenzubinden. Beim Aufruf der Linkerstufe ist es also erforderlich, alle Dateien anzugeben, die zu einem Entwicklungsprojekt gehören. Alle aus der Assemblerstufe noch unbefriedigt gebliebenen Sprungziele und Referenzen müssen also spätestens in der Linkerstufe ordnungsgemäß übersetzt werden. Sollten aufgrund von Programmierfehlern trotzdem noch unbefriedigte Referenzen auftreten, werden diese beim Linkprozess als fehlend gemeldet. Der Anwender wird also spätestens an dieser Stelle auf seine Programmierfehler hingewiesen. Eine absolute Adressangabe findet im Linkprozess noch nicht statt, denn diese ist die Aufgabe des Locateprozesses.

Der Locatorprozess nimmt schließlich die endgültige Adressvergabe vor. Hierzu werden entweder die hierfür vorgesehenen Pseudoinstruktionen (ORG bzw. base) des Assemblerquelltextes ausgewertet oder die speziell bei der Linkerphase anzugebenden Sektionsstartadressen verwendet. Die Linkerstufe unterscheidet in der Regel zwischen dem Codesegment (für das Programm) und dem Datensegment . Der gesamte Programmtext des Hauptprogramms und aller Unterprogramme wird in der Reihenfolge aneinandergereiht, wie dies beim Linkervorgang angegeben wurde. In der gleichen Art werden auch die Datenbereiche des Hauptprogramms und aller Unterprogramme aneinandergereiht. Ergebnis der Locatorstufe ist schließlich ein direkt vom Mikroprozessor oder Mikrocontroller abarbeitbares Programm. Da die Adressvergabe in der Locatorstufe keine sonderlich umfangreichen Operationen erfordert, wird die Locator- und Linkerstufe bei einigen Cross-Assemblern zu einer kombinierten Linkerstufe zusammengefasst.

Die Vorteile der Unterteilung des Assemblers in drei bzw. zwei aufeinanderfolgende Übersetzungsstufen werden deutlich, wenn man große Softwareentwicklungsprojekte betrachtet. Bei solchen Projekten ist es üblich, das gesamte Programm zu unterteilen und in vielen Dateien auf den PC oder das Entwicklungssystem abzulegen. Das ablauffähige Mikroprozessor- oder Mikrocontrollerprogramm entsteht durch das Assemblieren und Zusammenbinden all dieser Dateien. Muss man während des Entwicklungsprozesses eine Änderung an einem Unterprogramm durchführen, so würde bei einem einstufigen Assemblierungsprogramm der Übersetzungsprozess, nach dem Ändern des einen Unterprogramms, auf alle Unterprogramme und damit auf alle Dateien des Softwareprojektes ausgedehnt werden müssen. Unglücklicherweise gehören Änderungen der beschriebenen Art zum täglichen Arbeitsgeschehen des Softwareentwicklers. Dies erfordert also umfangreiche Assemblerdurchläufe. Verwendet man hingegen einen Assembler mit getrennter Assembler-Linkerstufe, muss nur die eine bearbeitete Datei neu assembliert werden. In dem nachfolgenden Linkerlauf wird dann diese neu assemblierte Datei mit den anderen, unveränderten Dateien zusammengebunden. Das Gesamtprogramm wird mit wesentlich geringerem Aufwand an Rechenzeit auf den neuesten Stand gebracht.

Trotz der Vorteile, die mehrstufige Assembler bieten, gibt es auch Gründe, die einen einstufigen Assembler rechtfertigen. Hierzu gehört die Einfachheit solcher Übersetzungsprogramme. Außerdem sind bei kleineren Softwareprojekten die einstufigen Assembler im Zeitbedarf für die Übersetzung den mehrstufigen Cross-Assemblern überlegen.

Ein besonderer Aspekt bei der Auswahl eines Cross-Assemblers ist seine Fähigkeit, Informationen, die für die Fehlersuche mit dem Emulator nötig sind, zur Verfügung zu stellen. Zu diesen Informationen gehören die im Assemblerprogramm definierten Labels und natürlich ein auf Papier ausdruckbares Listing des Programms mit dem zugehörigen, vom Assembler generierten Code. Falls das Assemblerprogramm durch einen Compilerlauf aus einem Hochsprachenprogramm entstanden ist, müssen für das Hochsprachendebugging auch Informationen über die korrespondierenden Hochsprachenzeilen, über Variable des Hochsprachenprogramms, über die Namen der Unterprogramme usw. zur Verfügung gestellt werden. Interessant bei der Debugphase ist weiterhin eine sogenannte Symboltabelle. Hierunter versteht man eine Tabelle aller Labels eines Programms, mit den von der Linkerstufe zugewiesenen Adressen.

2.1.3   Emulatoren und Debug-Stationen

In den vorherigen Teilkapiteln wurden die Werkzeuge vorgestellt, mit denen Software für Mikrocontroller erstellt wird. Leider ist die entwickelte Software in den seltensten Fällen so fehlerfrei, wie der Entwicklungsingenieur sich dies wünscht bzw. wie er sie geplant hat. Daher werden meist schon während der Entwicklung der Software, spätestens jedoch dann, wenn die Software auf Fehler hin untersucht werden muss, Werkzeuge erforderlich, mit denen die korrekte Funktion der entwickelten Software getestet werden kann. Die genannten Entwicklungskits bieten solche, wenn auch nur sehr unzureichende Möglichkeiten, Fehler in der Software zu suchen. Prinzipiell kann man natürlich auch die Hardware, auf der die Software später implementiert werden soll (auch Zielhardware genannt), zum Test der Software nutzen. Leider ist dies aber nur in Ausnahmefällen möglich. Im weitaus größeren Teil der Fälle kann die Zielhardware aus den verschiedensten Gründen nicht für den Softwaretest genutzt werden.

Der wohl häufigste Grund dafür ist der, dass die Zielhardware einfach noch nicht zur Verfügung steht. Gerade in der heutigen Zeit, in der der Wettbewerbsdruck bei Neuprodukten sehr groß ist, kann es sich ein Unternehmen nicht leisten, zunächst die Hardware bis zur Produktionsreife fertig zu entwickeln und dann erst mit der Softwareentwicklung zu beginnen. Sowohl Hard- als auch Software wird daher heutzutage meist parallel entwickelt. Nicht selten steht die Hardware erst dann zum Test zur Verfügung, wenn die Software schon nahezu einwandfrei arbeiten muss.

Ein weiterer Grund dafür, dass zum Test von Software die Zielhardware nicht besonders geeignet ist, ist der, dass die Software in der Zielhardware mithilfe der Datenträger (EPROM, EEPROM usw.) implementiert wird. Die Software muss also zum Test in den Flash-Speicher des Mikrocontrollers oder in dem EPROM programmiert und dann mit den mehr oder weniger einfachen Debugmöglichkeiten eines Monitorprogramms getestet werden. Sehr häufig steht ein solches Monitorprogramm jedoch gar nicht zur Verfügung bzw. muss erst implementiert werden. Hierbei stellt sich natürlich sofort die Frage, welche Debugmöglichkeiten bei der Implementierung des Monitorprogramms zur Verfügung stehen. Zur Implementierung des Monitorprogramms in der Zielhardware ist also in jedem Fall ein anderes Hilfsmittel erforderlich.

Nimmt man nun der Einfachheit halber an, dass das Monitorprogramm bereits auf der Zielhardware existiert. Welche Hindernisse erwarten nun den Entwickler, wenn er einen Fehler in der entwickelten Software gefunden hat? Jetzt muss der Fehler im Quelltext ausgebessert, compiliert, assembliert werden, anschließend ist der Mikrocontroller zu programmieren. Erst dann kann erneut getestet werden. Man sieht, dass die Fehlersuche mithilfe dieser Methode sehr aufwendig ist. Zum Test von Software und zur Implementierung der Software in der Hardware sind daher effektivere Methoden und Werkzeuge erforderlich.

Dennoch sind Fälle denkbar, bei denen die Zielhardware zum Test von Software genutzt werden kann. Vorwiegend sind Bedingungen, in denen eine Zielhardware mit EEPROM-Programmspeicher und ein leistungsfähiges Betriebssystem (mit Debughilfen) möglich. Aber auch hier gibt es Einschränkungen. Programmunterbrechungen durch sogenannte Break-Pointsbleiben dem Echtzeitemulator vorbehalten.

Emulatoren sind Werkzeuge, die den Entwicklungsingenieur in der Integrationsphase von Hard- und Software sowie beim Test von Software unterstützen. Sie sind primär dafür ausgelegt, die Zielhardware und die entwickelte Software so zusammenzufügen, dass sie als Ganzes testbar sind. Wichtig ist dabei, dass die Funktionen des zu entwickelnden Gerätes möglichst uneingeschränkt nachgebildet werden. Als Testhilfen stellen die Emulatoren umfangreiche Möglichkeiten wie beispielsweise Break-Point-Technik und State-Logikanalyse zur Verfügung. Den Programmspeicher, in den die zu testende Software geladen wird, stellt ebenfalls der Emulator zur Verfügung. Er wird daher auch als Emulationsspeicher bezeichnet. Seine Größe ist den Erfordernissen der Zielhardware entsprechend ausbaubar und kann durch die sogenannte Mapping-Logik des Emulators, je nach Entwicklungsstand der Zielhardware, in kleineren oder größeren Blöcken dem Zielmikrocontroller zugeordnet werden.

Ein besonders wichtiger Bestandteil eines Emulators ist die Break-Logik. Hierunter versteht man eine Einrichtung,die in der Lage ist, den Programmlauf beim Auftreten einer vom Benutzer frei definierbaren Bedingung des Mikrocontrollers Adress-, Daten- und Kontrollbusse anzuhalten. Wenn dies in Originalgeschwindigkeit, ohne Einfügung von Wait-States möglich ist, spricht man von einem Echtzeitemulator. Die

Break-Logik besteht bei den Echtzeitemulatoren aus einem Breakregister und einer Komparatorbank. Im Breakregister definiert der Anwender das Triggerwort, bei dem die Emulation unterbrochen werden soll. Der Anwender kann die Bedingung im Regelfall hexadezimal oder binär eingeben. Einzelne Bits oder Bitgruppen, die nicht in die Break-Bedingung eingehen sollen, können als sogenannte „don't cares" spezifiziert werden. Der Komparator hat die Aufgabe, während des Programmablaufs ständig den Status der Mikrocontrollerbusse mit dem Breakregister zu vergleichen. Werden zu einem beliebigen Zeitpunkt die spezifizierten Werte erreicht, wird der Programmablauf unterbrochen bzw. eine bestimmte, vom Benutzer definierte Befehlssequenz abgearbeitet. Es können beispielsweise Prozessorregister, Stackpointer, Programmzähler oder aber auch Inhalte des Programm- oder Datenspeichers ausgegeben oder aber auch modifiziert werden. Dadurch kann exakt analysiert werden, warum sich ein Programm oder ein Teilprogramm vielleicht so unerwartet anders verhält, als man es ursprünglich geplant hat. Im sogenannten Single-Step-Mode kann ein Programm, Schritt für Schritt, abgearbeitet werden. In diesem Fall arbeitet der Mikrocontroller das Programm also nicht in Echtzeit ab, sondern der Anwender bestimmt mit einem Tastendruck, wann der nächste Programmschritt erfolgt. Danach stoppt der Emulator erneut und erwartet die nächste Eingabe des Anwenders. Einige Emulatoren liefern beim Auftreten einer Triggerbedingung an einer Ausgangsbuchse zusätzlich ein Signal für allgemeine Anwendungen. Hiermit lässt sich dann z. B. ein Logikanalysator triggern.

Einige Emulatoren sind neben dem Emulationsmode auch im Simulationsmode betreibbar. Hier ist, ohne dass Zielhardware erforderlich ist, bereits ein Test der entwickelten Software möglich. Als Programm- und Datenspeicher dient in diesem Fall ausschließlich der Emulationsspeicher des Emulators. Die Versorgung des Mikrocontrollers mit Betriebsspannung und Taktsignal erfolgt ebenfalls aus dem Emulator. Im Simulationsmode stellt der Emulator also ein vollständiges Minimal-Mikrocontrollersystem dar.

Sehr häufig werden autark arbeitende Emulatoren als „Stand-alone Debug-Station" bezeichnet. Die Leistung und Ausstattung solcher Stationen hängt natürlich sehr stark vom Kaufpreis ab, die oben genannten Grundfunktionen sollten aber in jedem Fall möglich sein.

2.2   Arbeiten und Erstellung für Programme mit AVR-Studio 4

Die aktuelle Software von ATMEL finden Sie unter www.atmel.com. Wenn die Studio-Software bereits installiert ist, gibt es unter „Help" die Funktion „Check for Program Update", sofern die Internetverbindung besteht, erfährt man, ob es bei ATMEL eine neuere Version gibt.

Wenn Sie das Programm AVR-Studio 4 auf Ihrem PC installiert haben, erscheint Abb. 2.3. Klicken Sie das Symbol an, erscheint kurz Abb. 2.4und dann das Arbeitsfeld von Abb. 2.5.

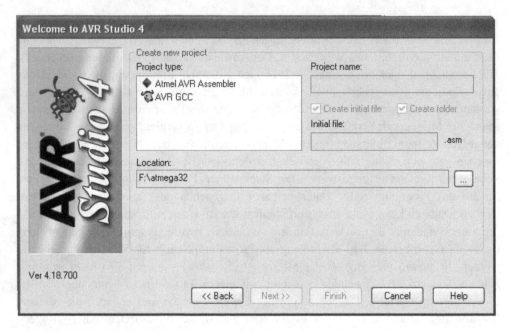

Abb. 2.3   Symbol auf der Oberfläche von Windows

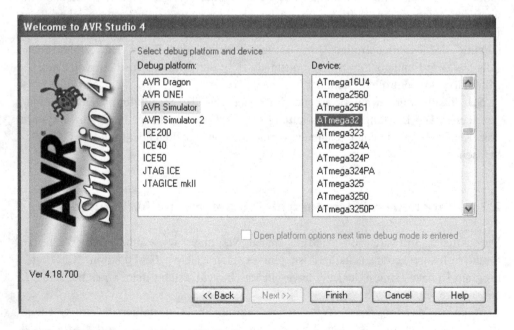

Abb. 2.4   Kostenloses Programm AVR-Studio 4

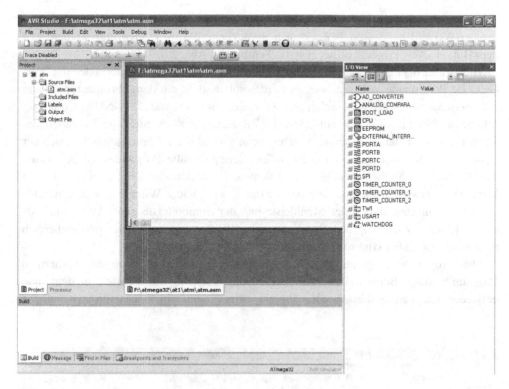

Abb. 2.5 Arbeitsfeld zum Programmieren mit AVR-Studio 4

AVR-Studio 4 ist eine komplette Entwicklungsumgebung mit Editieren, Assemblieren oder Compilieren, Linken und zum Debuggen. Um mehr Platz für andere Bereiche zu erhalten und die Oberfläche übersichtlich zu halten, können einzelne Bereiche oder Teilbereiche je nach Bedarf der aktuellen Entwicklungsphase in Breite und Höhe verändert oder mit View-Toolbars ein-oder ausgeblendet werden.

Wenn man mit dem kostenlosen Programm AVR-Studio 4 arbeitet, ist es sinnvoll, für die eigenen Projekte einen speziellen Ordner anzulegen und nicht die vorgegebenen „default"-Einstellungen zu verwenden. Normalerweise erstellt man einen Ordner für den ATtiny 2313 (digitaler μC im 20-poligen DIL-Gehäuse), ATtiny 26 (digitaler μC mit elf AD-Wandlern im 20-poligen DIL-Gehäuse) und dem ATmega32 (digitaler μC mit elf AD-Wandlern im 40-poligen DIL-Gehäuse). Für jeden dieser drei μC ist ein Grundprogramm zu erarbeiten. Standardmäßig arbeitet man mit einem Grundprogramm, kopiert dieses einfach und modifiziert es. Bei dem erstellten Grundprogramm kann man immer nachlesen, für welchen AVR-Typ es erstellt wurde und welche Taktfrequenz erzeugt werden muss.

Nach dem Aufrufen von AVR-Studio hat man den Startdialog. Der Startdialog ist der Projekt-Wizzard, in dessen Fenster auch die „recent"-Projects angezeigt werden. Mit dem Button „New Project" öffnet sich das Fenster von Abb. 2.6.

Hier wählt man dann aus, ob man mit dem AVR-Assembler arbeitet, oder mit AVR GCC die Programme in C geschrieben werden sollen, d. h. mit dem „Project type" kann man entweder ein AVR-Assemblerprogramm oder ein C-Programm (GNU-C-Compiler) schreiben. Mit einem Klick auf „Atmel AVR Assembler" werden die Eingabefelder aktiv. Die beiden Haken lassen sich setzen,wenn sowohl die Ursprungsdatei als auch der passende Unterordner erzeugt werden sollen, der später alle Projektdateien beinhaltet. Das Programm „Studio" schlägt einen Filenamen vor, der aber überschrieben werden kann. Die Entwicklungsumgebung ist prinzipiell wie andere Windowsprogramme aufgebaut und umfasst neben der Menüleiste und der Symbolleiste einen Programmtexteditor (Source-Window), den Arbeitsbereich (Workspace) und den Ausgabebereich (Output-Space). Man kommt zu Abb. 2.7.

Das Programm zeigt auf den Mikrocontroller „ATmega32" von der vorherigen Programmierung. Beim Starten des AVR-Studio erscheint das Fenster, in dem man entweder ein bereits bestehendes Projekt öffnet oder ein neues Projekt anlegen

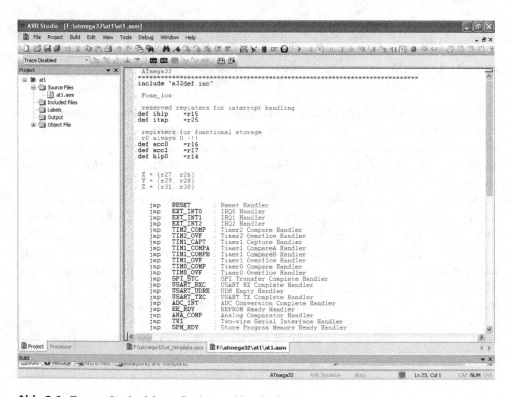

Abb. 2.6 Fenster für das Menü „Project → New Project"

```
; ATmega32
;***********************************************************
.include "m32def.inc"

; Fuse_low:

; reserved registers for interrupt handling
.def ihlp      =r15
.def itmp      =r25

; registers for functional storage
; r0 always 0 !!!
.def acc0      =r16
.def acc1      =r17
.def hlp0      =r14


; X = (r27, r26)
; Y = (r29, r28)
; Z = (r31, r30)

        jmp    RESET        ; Reset Handler
        jmp    EXT_INT0     ; IRQ0 Handler
        jmp    EXT_INT1     ; IRQ1 Handler
        jmp    EXT_INT2     ; IRQ2 Handler
        jmp    TIM2_COMP    ; Timer2 Compare Handler
        jmp    TIM2_OVF     ; Timer2 Overflow Handler
        jmp    TIM1_CAPT    ; Timer1 Capture Handler
        jmp    TIM1_COMPA   ; Timer1 CompareA Handler
        jmp    TIM1_COMPB   ; Timer1 CompareB Handler
        jmp    TIM1_OVF     ; Timer1 Overflow Handler
        jmp    TIM0_COMP    ; Timer0 Compare Handler
        jmp    TIM0_OVF     ; Timer0 Overflow Handler
        jmp    SPI_STC      ; SPI Transfer Complete Handler
        jmp    USART_RXC    ; USART RX Complete Handler
        jmp    USART_UDRE   ; UDR Empty Handler
        jmp    USART_TXC    ; USART TX Complete Handler
        jmp    ADC_INT      ; ADC Conversion Complete Handler
        jmp    EE_RDY       ; EEPROM Ready Handler
        jmp    ANA_COMP     ; Analog Comparator Handler
        jmp    TWI          ; Two-wire Serial Interface Handler
        jmp    SPM_RDY      ; Store Program Memory Ready Handler
```

```
EXT_INT0:
EXT_INT1:
EXT_INT2:
TIM2_COMP:
TIM2_OVF:
TIM1_CAPT:
TIM1_COMPA:
TIM1_COMPB:
TIM1_OVF:
TIM0_COMP:
TIM0_OVF:
SPI_STC:
USART_RXC:
USART_UDRE:
USART_TXC:
ADC_INT:
EE_RDY:
ANA_COMP:
TWI:
SPM_RDY:
        reti


RESET:
        ; A0 input taster
        ; A7 output LED
        ; A1 .. A6  Input with Pullup
        ldi    acc0,$fe
        out    PORTA,acc0
        ldi    acc0,$80
        out    DDRA,acc0
; mainprogram
main:
        ; default LED off
        ldi    acc0,$fe
        in     acc1,PINA
        sbrs   acc1,0
        ; LED on
        ldi    acc0,$7e
        out    PORTA,acc0
        rjmp   main
```

Abb. 2.7 Anlegen eines AVR-Assemblerprogramms unter „Pro1"

kann. Beim Anlegen eines neuen Projekts ist darauf zu achten, dass man die richtige Debug-Plattform auswählt. Abb. 2.8 zeigt die Debug-Plattform für den ATtiny 2313.

Nach dem Anlegen eines Objekts ist das Programm „Pro1" komplett leer und zum Editieren bereit. Zur Übernahme einer existierenden Datei gibt es zahlreiche Möglichkeiten, von diesen werden eigentlich nur zwei verwendet:

a) Direkt in den Ordner kopieren und dann umbenennen (rename) und mit dem aktuellen Namen versehen.
b) Textübernahme per Editor → alles markieren → copy und paste in „Pro1.asm.".

Die Methode unter a) erfordert, das leere Projekt zu speichern, das Programm Studio muss beendet werden. Nach dem Kopieren der Quellfile und Umbenennen hat man zwei Dateien mit gleichem Namen, es muss die ursprüngliche gelöscht werden. Mit Doppelklick auf die Projektdatei „Pro1.aps" startet das Studioprogramm und stellt fest, dass die zugehörige „..asm"-Datei fehlt, obwohl sie vorhanden ist. Die Projektdatei gibt aber „try to locate?" aus und anschließend kann man mit dem Programmieren beginnen.

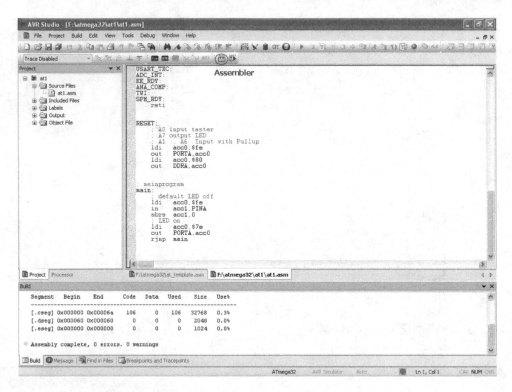

Abb. 2.8 Debug-Plattform für den ATtiny 2313

Für die Übernahme per Editor (zweite Methode) kann man auch den internen Studio-Editor mit „Datei-Öffnen"verwenden. Die übliche Methode „Alles markieren" fehlt, man kann sie aber per Maus und „shift-build" ebenso verwenden. Nach „copy-Datei", „Datei close" und im Editierfenster „paste" einfügen wird der aktuelle Zustand mit „Datei save"gesichert.

Das Programm kann nun sofort mit „gebuildet" werden, per Menü „Build" oder über die Funktionstaste „F7" arbeiten. Das Meldefenster von Abb. 2.9 gibt Auskunft über die ordnungsgemäße Übernahme.

2.2.1 Fenster des AVR-Studio 4

Nach dem Start des AVR-Studio 4 erscheint das Fenster der Entwicklungsumgebung mit vier Bereichen unterhalb der Symbolleisten. Abb. 2.10 zeigt die Unterteilung der Entwicklungsumgebung.

Die Entwicklungsumgebung des AVR-Studio 4 ist in wesentliche drei Teile unterteilt:

Abb. 2.9 Meldefenster für die Auskunft über die ordnungsgemäße Übernahme

- „Source-Windows ": In diesem Bereich 2 ist der Editor untergebracht, mit dem
  die Programmtexte erstellt und editiert werden können. Auch die Windows-
  Kopierfunktionen über die Zwischenablage des Betriebssystems sind vorhanden, sodass
  man Programmtexte aus anderen Textdateien mit „Strg + C" bzw. „Strg + V" in das
  Fenster einschreiben kann. Es ist auch möglich, dass gleichzeitig mehrere Programmtexte des gleichen Projekts offen sind, wobei jeder in einem eigenen Source-Window
  angezeigt wird.
- „Workspace ": In diesem Bereich 4 hat man mit dem I/O-Fenster eine Übersicht
  über alle Universalregister, Programmzähler, Stapelzeiger und I/O-Register des
  AVR-Mikrocontrollers. Dies ist beim Testen des Programms von Vorteil. Es besteht
  nämlich die Möglichkeit, in diesem Bereich ein Register-Window einzurichten, in
  dem nur die Inhalte der Universalregister zusammengefasst werden.
- „Output-Bereich ": In diesem Bereich 3 erscheinen Meldungen wie z. B.
  Informationen zum Übersetzungsvorgang des Programmtextes in Maschinencode
  (Build), Syntaxfehler, usw.

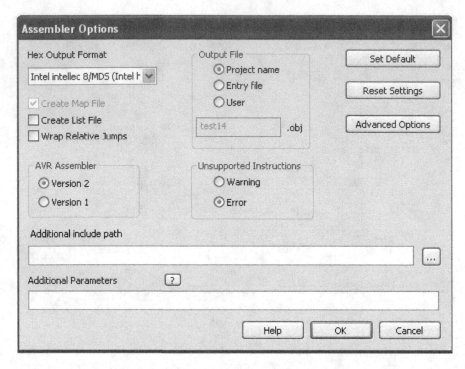

Abb. 2.10 Assembler-Optionen des AVR-Studio 4

- Bereich 1: In diesem Bereich wird das Projekt angezeigt, und es handelt sich um ein fertiges Projekt mit dem Mikrocontroller ATtiny 2313. Dieses Programm wird in Kap. 4 beschrieben.

In diesem Fenster werden die Inhalte aller Kontrollregister während der Laufzeit des Programms im Simulator oder mit dem In-Circuit-Emulator angezeigt. Der Inhalt des Fensters ist abhängig vom Mikrocontroller, für den das Projekt eingestellt wurde.

Wird das Programm im Debug-Modus ausgeführt und befindet sich das Programm im Ausführungsmodus „Stopped", lassen sich die einzelnen Registerinhalte anklicken und verändern. Im Ausführungsmodus „Running " lassen sich die Registerinhalte nicht mehr ändern.

In dem Fenster „Projekt" werden bei Projekten vom Typ „Atmel AVR Assembler", die zum Projekt gehörigen Dateien angezeigt.

„Source Files": Die Dateien mit den Assembler-Quelltexten (Erweiterung .asm).

„Included Files": Alle Dateien, die in Quelltextdateien mit der include-Anweisung eingebunden werden. Sie lassen sich mit Doppelklick im Editor-Fenster öffnen.

„Labels": Eine Liste aller Labels, die in den Assembler-Quelltexten verwendet werden. Mit Doppelklick wird die Datei, die das Label enthält, im Editor angezeigt, und eine blaue Markierung zeigt an, in welcher Zeile man das Label findet.

„Output": Alle vom Assembler/Linker erzeugten Ausgabedateien (List-Datei, Map-Datei, Hex-Datei usw.).

„Object File": Name der erzeugten Objektdatei, die dann mit dem Linker zur eigentlichen ausführbaren Programmdatei übersetzt wird.

In dem Fenster „AVR GCC" werden bei Projekten vom Typ .AVR GCC die zum Projekt gehörenden Dateien angezeigt. Die Ordnerstruktur ist fest und kann nicht verändert werden. Die Ordner haben folgenden Inhalt:

„Source Files": Die Dateien mit den C-Quelltexten (Erweiterung .c oder .s).

„Header Files": Die Header-Dateien mit den Funktionsdeklarationen, den Definitionen von Konstanten und Makros des eigenen Projekts.

„External Dependencies": Die Header-Dateien von Dateien außerhalb des eigenen Projekts (z. B. in das Projekt eingebundene Funktionsbibliotheken).

„Other Files" (weitere Dateien): Hier befinden sich nach dem ersten Build-Vorgang die „lss"-Datei mit dem generierten Assemblercode und die „map"-Datei mit der Übersicht über den belegten Programmspeicher im Mikrocontroller.

Im Ordner „Other Files" lassen sich auch weitere zum Projekt gehörende Dateien ablegen, z. B. eine „changelog-Datei", in der Änderungen am Projekt festgehalten werden oder Grafikdateien, die Programmablaufpläne usw. enthalten.

- Bereich 2: In diesem Bereich erscheinen die Editorfenster, um die Quelltexte und Header-Dateien zu bearbeiten. Mit einem Doppelklick auf eine Datei im Project- oder AVR GCC-Fenster wird die Datei zum Bearbeiten geöffnet.

In diesem Fenster sind auch die Positionen aller gesetzten Breakpoints und der aktuell ausgeführten Zeile angegeben, wenn das Programm gerade im Simulator oder über den In-Circuit Emulator ausgeführt wird.

- Bereich 3: In diesem Bereich befinden sich verschiedene Ausgabefenster für Meldungen der Entwicklungsumgebung.

„Build": In diesem Fenster werden alle Meldungen angezeigt, die von den Komponenten des Entwicklungssystems (Compiler , Assembler ,Linker usw.) bei einem Übersetzungslauf ausgegeben werden. Mit einem Doppelklick auf eine Fehlermeldung des Compilers oder Assemblers in diesem Fenster wird die entsprechende Codezeile im Bereich 2 angezeigt. Auch die Aufrufe der Komponenten mit allen Parametern sind hier aufgelistet.

„Message": Hier lassen sich alle weiteren Meldungen und Aktivitäten der IDE anzeigen. Welche Meldungen angezeigt werden, kann der Benutzer konfigurieren. Das Menü wird mit Rechtsklick in dem Message-Fenster angezeigt.

„Find in Files": In diesem Fenster werden alle Fundstellen des Begriffs dargestellt, der mit der Funktion „Find In Files" in den Dateien des Projekts gesucht wurde. Mit einem Doppelklick auf eine Zeile wird die angegebene Stelle im Bereich 2 angezeigt.

„Breakpoints and Tracepoints": Hier kann man alle gesetzten Breakpoints und ihre Eigenschaften anzeigen. Mit einem Doppelklick können die Eigenschaften bearbeitet werden.

Über die Symbolleisten können die für die Simulation benötigten Funktionen komfortabel aufgerufen werden.

- Build (F7) (Abb. 2.11a): Der Programmtext wird einschließlich der eingebundenen Datei in den Maschinencode übersetzt und eine Objekt-Datei erzeugt. Syntaxfehler werden im Output-Bereich angegeben.
- Start debugging (Abb 2.11b): Der Debug- bzw. Testvorgang wird gestartet, die Kontrollfunktion aktiviert, die Objekt-Datei geladen und automatisch ein Reset ausgeführt.

a

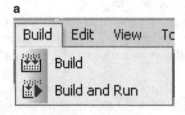

b

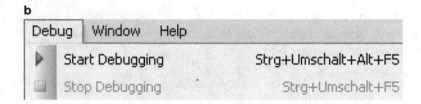

c

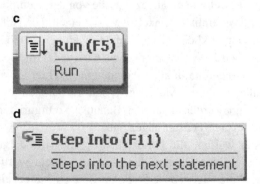

d

Abb. 2.11 Befehlsleiste des AVR Studio 4

- Stop debugging: Der Debug- bzw. Testvorgang wird gestoppt.
- Reset (Shift + F5): Befindet man sich im Debug-Vorgang, wird mit dieser Funktion der Ablauf gestoppt und der Debug-Vorgang zurückgesetzt.
- Run (F5) (Abb. 2.11c): Die Ausführung des übersetzten Programms wird gestartet und läuft bis zur Unterbrechung durch den Benutzer bzw. bis zu einem Haltepunkt (Breakpoint) im Programmtext, den der Benutzer setzen kann, wenn dieser an einer bestimmten Stelle im Programmablauf z. B. die Registerinhalte begutachten möchte.
- Single Step/Trance Into (F11) (Abb. 2.11d): Im Source-Window wird ein einzelner Programmschritt ausgeführt. Wird ein Unterprogramm oder eine Interrupt-Routine aufgerufen, werden mit dieser Funktion auch die Befehlszeilen in diesem Unterprogramm bzw. in der Interrupt-Routine ausgeführt.
- Step Over: Diese Funktion führt ein Unterprogramm bzw. eine Interrupt-Routine in einem Schritt aus, aber es gibt keine Möglichkeit, die einzelnen Schritte des aufgerufenen Unterprogramms bzw. der aufgerufenen Interrupt-Routine zu betrachten. Ein vom Benutzer gesetzter Haltepunkt wird jedoch berücksichtigt.
- Autostep: Diese Funktion arbeitet wie die Funktion „Run", aber die ausgeführten Schritte werden einzeln ausgegeben.

Wird der Programmtext während der Testphase verändert, muss man das ganze Programm erneut übersetzen und der gesamte Programmtext wird im Maschinencode nochmals überprüft.

- Bereich 4: In diesem Bereich lässt sich der aktuelle Zustand der Peripherieregister darstellen, wenn das Programm unter einer Debug-Plattform ausgeführt wird und sich im Ausführungszustand „Stopped" befindet. Welche Register dargestellt werden, ist von der Ausstattung des eingestellten Ziel-Mikrocontrollers abhängig.

Der Inhalt der angewählten Register wird im unteren Teil noch einmal detailliert bitweise dargestellt und kann hier auch verändert werden.

„Verändern von Registerbits": Befindet sich das Programm im Ausführungsmodus „Stopped", so können die einzelnen Bits mit Klick auf die Kästchen verändert werden. Im Ausführungszustand „Running" lassen sich die Registerbits nicht ändern.

- Statuszeile: In der Statuszeile werden von links nach rechts folgende Daten angezeigt:
  - eingestellter Controller für Debug-Plattform,
  - eingestellte Debug-Plattform,
  - Schnittstelle zur aktuellen Debug-Plattform (beim Simulator immer automatisch),
  - Ausführungszustand des Programms,
  - Zeile, Spalte im Editor,
  - Zustand der Tasten „CAP LOOK", „NUM" und „Einfg" (OVR).

2.2.2 Programmentwicklung

Zuerst wird ein neues Projekt angelegt

1) Project – New Project
2) Projekt auswählen
   a) Atmel AVR Assembler für Assembler-Projekte
   b) AVR GCC für C-Projekte: Abhängig vom Projekttyp wird die Ordnerstruktur des Projekts angelegt und die zulässigen Dateierweiterungen in den Ordnern „Source Files" und „Header Files"festgelegt.
3) Projektnamen festlegen (keine Leerzeichen verwenden)
4) Next
5) Die Plattform zum Debuggen des Programms festlegen
   a) AVR Simulator oder
   b) JTAGICE
6) Den zu verwendenden Zielprozessor ATtiny 2313 auswählen
7) Finish

Das Projekt ist nun angelegt und es lassen sich Quellcode-Dateien erstellen.

- Gemischte Projekte (Assembler und C) werden als C-Projekt angelegt. Der Assembler-Code muss sich in Dateien mit der Erweiterung „.s" befinden.
- Quellcode erstellen: Es ist die vorhandene Datei zu öffnen. Bereits vorhandene Dateien können mit einem Doppelklick auf den Dateinamen im Bereich 1 im Editor geöffnet werden. Bei der Erstellung des Projekts wird bereits ein Initial-File erstellt, das den gleichen Namen besitzt wie das Projekt.
- Neue Datei erstellen:
  1. Rechtsklick auf den Ordner „Source Files" oder „Header Files",
  2. „Create New Source File",
  3. Dateinamen mit Erweiterung angeben.
- Dateien aus anderen Verzeichnissen einbinden: Dateien, die sich in anderen Verzeichnissen befinden,oder über das Betriebssystem in den Projektordner kopiert wurden, sind erst im Projekt sichtbar, wenn sie in das Projekt eingebunden wurden. Erst danach werden diese auch bei der Programmerstellung mit übersetzt.
  1. Rechtsklick auf den Ordner „Source Files" oder „Header Files",
  2. „Add Existing Source File(s)",
  3. Datei(en) auswählen.

Wenn Dateien auf Betriebssystemebene verändert werden (verschieben, umbenennen, löschen), werden sie von der Projektverwaltung von AVR-Studio 4 nicht mehr gefunden. Beim Öffnen des Projekts wird ein entsprechender Hinweis ausgegeben, und die

Dateien im Projektfenster markiert. Mit den folgenden Optionen lässt sich das wieder korrigieren:

- Dateien suchen: Der Speicherort einer verschobenen/unbenannten Datei kann neu eingegeben werden durch
  1. Rechtsklick auf die Datei,
  2. „Locate File",
  3. Datei auswählen.
- Datei aus Projekt entfernen: Dateien lassen sich aus dem Projekt entfernen, ohne dass diese im Dateisystem gelöscht werden. Sie lassen sich dann nicht mehr bei der Programmerstellung berücksichtigen.
  1. Rechtsklick auf die Datei
  2. „Remove File from Project"
- Datei löschen: Mit dieser Option wird die ausgewählte Datei aus dem Projekt entfernt und gelöscht.
  1. Rechtsklick auf die Datei
  2. „Delete File"

2.2.3   Programm erstellen (Build)

Wenn alle Quelltexte erstellt bzw. in das Projekt eingebunden sind, müssen alle Quelltexte übersetzt (Compiler oder Assembler) und anschließend zu einem Programm zusammengebunden werden (Linker). Den kompletten Vorgang bezeichnet man als „Build". Alle dafür benötigten Menüpunkte sind im Menü „Build" zu finden.

„Build": Alle seit dem letzten Build geänderten Dateien werden übersetzt und ein ausführbares Programm generiert,das auf einer Debug-Plattform getestet oder in dem Mikrocontroller des Zielsystems programmiert werden kann.

„Rebuild All": Alle im Projekt befindlichen Dateien werden übersetzt, und ein ausführbares Programm wird generiert. Diese Variante muss man wählen, wenn Änderungen in den Projekteigenschaften vorgenommen wurden, die sich auf den erzeugten Code auswirken (z. B. Änderung der Optimierungseinstellungen des Compilers).

„Compile": Die im Bereich 2 aktuell angezeigte Quellcode-Datei wird übersetzt und es wird kein ausführbares Programm erzeugt. Dies ist sinnvoll zum Beseitigen der syntaktischen Fehler. Die Meldungen, die von den Software-Komponenten ausgegeben werden, die an „Build" beteiligt sind, sind im Fenster „Message" zu sehen.

Die beim Übersetzen aufgetretenen Fehlermeldungen sollen immer in der Reihenfolge ihres Auftretens beseitigt werden. Viele später auftretende Fehler sind die Folge von früheren Fehlern.

Das Programm funktioniert im Simulator, aber nicht in der Zielhardware. Der Zielprozessor muss auf den tatsächlich verwendeten Baustein eingestellt werden (ATtiny 2313).

- Project → Configuration Options → Device: auf ATtiny 2313 einstellen
- Das Projekt komplett neu übersetzen: Build → Rebuild All

Das Kompatibilitätsbit vom ATtiny 2313 darf beim Programmieren nicht gesetzt sein.

- Tools → Program AVR → Auto Connect → Fuses sind mit Häkchen zu versehen und die Versuchsplatine muss eingeschaltet sein.

Im Einzelschritt werden Befehlszeilen übersprungen, aber der Compiler darf keine Code-Optimierungen vornehmen. Ausschalten der Optimierung mit

- Project → Configuration Options → Optimization: auf -O0 einstellen
- Das Projekt komplett neu übersetzen: Build → Rebuild All

2.2.4   Programm testen (Debugging)

Hat man ein Programm fehlerfrei geschrieben und überprüft, sind alle syntaktischen Fehler beseitigt. Nun bleiben nur noch Denkfehler des Programmierers übrig, die er mit einem Debug-Lauf beseitigen muss. Die entdeckten logischen Fehler werden im Quellcode entsprechend korrigiert und damit werden häufig neue Fehler eingegeben. Um die logischen Fehler leichter entdecken zu können, gibt es verschiedene Möglichkeiten, die vom AVR-Studio unterstützt werden.

- Eigene Testausgaben: Es handelt sich um Codebereiche, die in den Nutzcode eingefügt werden und den Inhalt von Speicherbereichen auf einem Ausgabemedium ausgeben (z. B. Bildschirm, serielle Schnittstelle). Diese Art des Debugging hat folgende gravierende Nachteile:
  1) In der vorhandenen Mikrocontroller- und Entwicklungsumgebung sind zunächst keine Ausgabefunktionen zur einfachen Variablenausgabe vorhanden, wie z. B. das aus der Hochsprache C für den PC bekannte „sprintf ( )".
  2) Der Code für die Ausgabe von Daten muss für jedes Projekt an die vorhandenen und geeigneten Ausgabemedien angepasst werden. Wie soll man auf einem Zielsystem ohne Anzeige und serielle Schnittstelle einen Variableninhalt ausgeben?
  3) Durch das Einfügen von zusätzlichem Code und der Entfernung des Codes nach erfolgtem Test können weitere Fehler auftreten.

Aus diesen Gründen sollten eigene Testausgaben nur gemacht werden, wenn kein anderes Debugging-Werkzeug zur Verfügung steht.
Der Simulator ist eine PC-Software, die das Verhalten des verwendeten Zielprozessors nachbildet und auf dem Bildschirm anzeigt. Dies hat den Vorteil, dass noch

keine funktionierende Hardware vorhanden sein muss und das Programm ohne Einfügen von zusätzlichem Code trotzdem auf logische Fehler getestet werden kann.

Die Programmausführung kann an bestimmten Stellen durch Setzen von Unterbrechungspunkten (Breakpoint) angehalten oder im Einzelschritt getestet werden. Im angehaltenen Zustand kann der Inhalt der Register, des Speichers sowie der aktuelle Zustand der IO-Einheiten und Spezialregister (Timer, RS232-Schnittstelle, AD-Wandler usw.) angesehen und geändert werden. So lassen sich die ersten Software-Tests bereits durchführen, wenn die Hardware noch entwickelt wird und bereits im Programm logische Fehler korrigiert werden.

2.2.5   In-Circuit-Emulator (ICE) und In-System-Programmierung (ISP)

Das tatsächliche Verhalten der Software hängt allerdings nicht allein von der Zielhardware ab. So muss der Mikrocontroller z. B. Tastendrücke, Interrupt-Anforderungen, über Schnittstellen eintreffende Nachrichten und viele weitere Ereignisse erkennen und verarbeiten. Diese Ereignisse beeinflussen das Verhalten einer Software ganz erheblich und müssen vor dem endgültigen Einsatz der Hard- und Software nach vorher festgelegten Routinen getestet werden.

Das Verhalten der Umgebungs-Hardware, in die der Zielprozesor eingebettet ist, kann allerdings nicht oder nur unvollständig von einem Simulator nachgebildet werden. Hierfür ist ein In-Circuit-Emulator (ICE) notwendig.

Ein ICE ersetzt den späteren Prozessor in der Zielhardware oder steuert den in der Zielhardware eingesetzten Mikrocontroller über eine spezielle Schnittstelle. Damit sind alle Debug-Funktionen wie im Simulator – allerdings jetzt unter realen Umgebungsbedingungen – realisierbar.

Bei der In-System-Programmierung(ISP) wird ein Teil im PC abgearbeitet,das ISP ermöglicht das Programmieren eines Mikrocontrollers direkt im Einsatzsystem. Dazu wird meist eine einfache serielle Verbindung genutzt, z. B. JTAG oder SPI. Der Vorteil der In-System-Programmierung ist, dass der zu programmierende Schaltkreis nicht mehr aus dem Zielsystem entfernt werden muss und der gesamte Programmiervorgang schneller ist. Den Programmer für die In-System-Programmierung findet man im Internet und die Kosten betragen etwa 20 €.

Zur Programmierung über die seriellen USB-Schnittstellen kann man mit einem In-System-Programmer den Mikrocontroller im eingesteckten oder gelöteten Zustand programmieren. Programmieren in diesem Zusammenhang bedeutet, dass das zuvor erstellte Programm mit den dazugehörigen Daten vom PC in den Mikrocontroller übernommen und im internen, nichtflüchtigen Speicher (z. B. ein internes EEPROM oder Flash-Speicher) geschrieben wird. Die eventuelle noch nötige Bereitstellung von höherer Programmierspannung erfolgt im Mikrocontroller selbst. Meistens wird die höhere

Programmierspannung vom Mikrocontroller intern erzeugt und der Anwender muss sich nicht um die Bereitstellung kümmern.

Ein In-System-Programmer besitzt normalerweise eine Steckverbindung, die auf den zu programmierenden, eingebauten Baustein aufgesteckt oder an einen extra für diesen Zweck auf der Leiterplatte vorgesehenen Anschluss angesteckt wird. Der In-System-Programmer bezieht seine Daten vom PC, mit dem er ebenfalls verbunden ist. Im Normalfall übernimmt eine Software auf dem PC die gesamte Steuerung des Programmierablaufs, sodass der ISP recht einfach und preiswert gehalten werden kann. Er setzt in diesem Fall die Spannungspegel vom PC in für den Baustein geeignete Werte um. Abb. 2.12 zeigt die genormte Steckverbindung, wo der In-System-Programmer angeschlossen wird.

Die Anschlüsse des Wannensteckers sind

Ebene 1   – Pin 1: Anschluss für MOSI,
Ebene 1   – Pin 2: LED (ist nicht unbedingt erforderlich),
Ebene 1   – Pin 3: RESET,
Ebene 1   – Pin 4: SCK,
Ebene 1   – Pin 5: MISO,
Ebene 2   – Pin 1: $+U_b$ (+5 V) ist nicht unbedingt erforderlich,
Ebene 2   – Pin 2: Masseanschluss,
Ebene 2   – Pin 3: Masseanschluss,
Ebene 2   – Pin 4: Masseanschluss,
Ebene 2   – Pin 5: Masseanschluss.

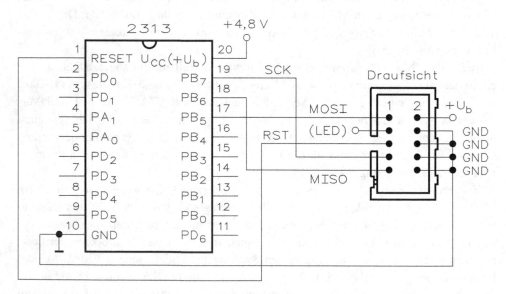

Abb. 2.12 Genormte Steckverbindung für den In-System-Programmer

Der ISP-Programmer ist für Atmel-Mikrocontroller geeignet und wird über die einfache Drei-Draht-SPI-Schnittstelle programmiert. Normalerweise sind diese Programmer mit einem eigenen Mikrocontroller und spezieller Firmware ausgestattet,die einen sehr schnellen Programmierzyklus erlauben. Der Programmer wird zwischen PC mit USB-Schnittstelle und dem 10-poligen Wannenstecker eingeschaltet. Die Besonderheit ist die dynamische Nutzung des auf dem Programmer vorhandenen Speichers, der bereits Teile vom PC übernehmen kann, während noch programmiert wird.

Über zwei DIL-Schalter ist eine Target-Spannungsversorgung (Zielsystem) möglich. Diese ist wahlweise auf +5 V oder +3,3 V einstellbar, sowie zu- und ausschaltbar. Wenn mit dem Akkumulatorblock oder Stromversorgung der Zielhardware gearbeitet wird, ist die Stromversorgung vom USB-Programmer auf der Platine abzuschalten.

Zwei Status-Leuchtdioden signalisieren den momentanen Zustand des Programmers:

- USB-LED: Softblinken im Leerlauf oder Blinken bei USB-Aktivität,
- Target-LED: Aus im Leerlauf oder Blinken bei Targetzugriffen.

Den USB-Programmer gibt es beim SR-Tronic-Versand.

Bitte laden Sie sich die „*inf-Datei" für den Treiber des ISP-Programmers hier herunter bzw. unter www.obd-diag.de – downloads – Downloadcenter – Treiber – „Stange ISP Prog" oder DX_ISP.inf, für Vista oder WIN2000 auf das kleine Festplatten-symbol klicken. Alternativ können Sie sich diese Datei auch per Mausklick über Internet zusenden lassen, die Anforderung ist an „spm@cyberclone.de" zu senden.

Die „*inf"-Datei auf Festplatte oder einem Suchpfad ablegen. Den Programmer USB seitig anschließen und dieser führt die automatischen Verbindungen aus. Bei der Installation fragt Windows nun nach einem Treiber. Es wird der Windows-eigene Treiber verwendet, das wird dem System durch die spezielle „Stange_ISP_Prog.inf"-Datei mit-geteilt. Dazu Häkchen setzen und „Weiter" klicken. Im nächsten Dialog angeben, wo sich die „.inf"-Datei befindet.

Die ISP-SPI-Geschwindigkeiten ergeben sich durch die USB-Anbindung, diese zeigt leicht abweichende ISP-Frequenzen (Tab. 2.1) gegenüber einem STK500.

Tab. 2.1 ISP-SPI-Geschwindigkeiten

STK500	ISP-Programmer
921,6 kHz	1 MHz
230,4 kHz	250 kHz
57,6 kHz	62,5 kHz
28,8 kHz	28,2 kHz
4 kHz	4 kHz
603 Hz	779 Hz

Der Zustand der beiden LEDs signalisiert:

- USB-LED: Softblinken im Leerlauf, Blinken bei USB-Aktivität,
- Target-LED: Aus im Leerlauf, Blinken bei Targetzugriffen.

Folgende Funktionen sind enthalten:

- FLASH, EEPROM, Fusebits, Lockbits schreiben oder lesen, „Chip-erase"- und OSCCAL-Register lesen.

Folgendes Protokoll ist vorhanden:

- STK500v2.

Softwareunterstützung:

- AVR-Studio (COM1 … COM9)
- AVRDUDE
- Bascom mit der Einstellung Options → Programmer = STK500:

Spannungsversorgung der Versuchsplatine (Target):

- 3,3 V maximal mit 120 mA, 5 V maximal mit 150 mA bis 500 mA, abhängig vom PC.
  Schalter 1 off = 3,3 V, on = 5,0 V
  Schalter 2 off = Target-Spannung, on = ein.
- Benötigt zum Programmbetrieb keine Stromversorgung vom Target.

Nachdem man die USB-Schnittstelle für den ISP-Programmer auf der Zielplatine eingesteckt und verlötet hat, kann man mit der Übertragung des Programms beginnen.

Die Steuersoftware auf dem PC ist häufig in eine entsprechende Programmierumgebung zur Softwareerstellung für den spezifischen Baustein integriert. Häufig können die ISP-Hardware und die PC-Software auch die bereits im Baustein vorhandenen Daten auslesen, z. B. zur Kontrolle eines Programmiervorgangs.

Das „Serial Peripheral Interface" (SPI) ist ein von Motorola entwickeltes Bussystem mit einem sehr einfachen Standard für einen synchronen seriellen Datenbus (Synchronous Serial Port), mit dem Mikrocontroller nach dem Master-Slave-Prinzip miteinander verbunden werden können. Ein ähnliches Bussystem ist Microwire von National Semiconductor.

Drei gemeinsame Leitungen, an denen jeder Teilnehmer angeschlossen ist:

- SDO (Serial Data Out) bzw. MISO (Master in, Slave out) oder SOMI (Slave out, Master in)
- SDI (Serial Data In) bzw. MOSI (Master out, Slave in) oder SIMO (Slave in, Master out)
- SCK (Serial Clock) bzw. SCLK und wird vom Master ausgegeben

Eine oder mehrere mit logisch-0 aktiven Chip-Select-Leitungen, welche alle vom Master gesteuert werden und von denen je eine Leitung pro Slave vorgesehen ist. Diese Leitungen werden je nach Anwendung unterschiedlich mit Bezeichnungen wie SS (Slave Select), CS (Chip Select) oder STE (Slave Transmit Enable) bezeichnet, häufig noch in Kombination mit einer Indexnummer zur Unterscheidung. Es gibt auch spezielle Anwendungen, bei denen sich mehrere Slaves eine Verbindung teilen. Das Besondere sind aber die unterschiedlichen Taktfrequenzen von kHz bis in den MHz-Bereich.

2.3   Simulator

Um die Software mit dem Simulator zu testen, muss dieser im AVR-Studio als Debug-Plattform angegeben werden:

- Debug → „Select Platform and Device"
- Debug Platform: AVR Simulator
- Device: ATtiny 2313

Die aktuell eingestellten Werte sind in der Statusleiste sichtbar.
    Mit den folgenden Befehlen wird der Simulator gestartet/gestoppt.

- Start Debugging
- Stop Debugging

Direkt nach dem Start befindet sich der Simulator im Zustand „Stopped", d. h. das Programm wird noch nicht ausgeführt. Die Programmausführung erfolgt mit den Befehlen. Sobald der Simulator gestartet wurde, erscheint ein gelber Pfeil in der Zeile der ersten Anweisung, d. h. nächster Befehl (Instruction Pointer). Der Pfeil zeigt immer auf die Anweisung, die als nächstes ausgeführt wird.
    Zusätzlich öffnet sich das Fenster I/O-View im Bereich 4. In diesem Fenster werden alle I/O-Register und ihre aktuellen Zustände angezeigt. Die Anzeige wird nur aktualisiert, nachdem das Programm in den Zustand „Stopped" gebracht wurde.
    Im oberen Teil sind alle vorhandenen I/O-Module (Gruppen aus I/O-Registern) des Controllers als Baumstruktur aufgelistet. Mit Anklicken eines Moduls wird der aktuelle Inhalt der zugehörigen Register im unteren Teil angezeigt.

- Verändern von Werten: Im oberen Teil des I/O-View können in der zweiten Spalte die
  Werte der einzelnen Register verändert werden:

  1. Direkte Eingabe einer Zahl im Format dezimal, hexadezimal oder binär
  2. Wert aus einem Select-Feld auswählen
  3. Bit durch Anklicken setzen (Haken) oder löschen (kein Haken)

Im unteren Teil des I/O-View können die Werte einzelner Bits durch Anklicken gesetzt
(schwarz, 1-Signal) oder gelöscht (weiß, 0-Signal) werden.

Mit den folgenden Befehlen lässt sich bei gestartetem Simulator der Programmablauf
beeinflussen:

„Run": Starten des Programms vom aktuellen Befehl aus (gelber Pfeil)

„Break": Anhalten des Programms → Anzeige der Register und I/O-Inhalte

„Reset": Rücksetzen des Programms auf den ersten Befehl

„Step into": Ausführen des Programms im Einzelschritt, aufgerufene Unterprogramme
  werden ebenfalls im Einzelschritt durchlaufen.

„Step over": Ausführen des Programms im Einzelschritt, aufgerufene Programme
  werden als Ganzes und ohne Unterbrechung ausgeführt.

„Step out": Ausführen eines Unterprogramms im Einzelschritt. Anhalten nach dem
  Rücksprung zum aufrufenden Programm.

„Run to Cursor": Ausführen des Programms bis zur Cursorposition und dann auto-
  matisches Anhalten.

2.3.1 Unterbrechungspunkte (Breakpoints)

Soll die Ausführung der Software nur an ganz bestimmten Stellen unterbrochen werden
(z. B. wenn ein bestimmtes Unterprogramm aufgerufen wird), können in jeder Codezeile im Quelltext die Unterbrechungspunkte gesetzt werden. Das Programm lässt sich
so anhalten, sobald die Programmzeile während der Ausführung erreicht wird. Die Zeile,
in der sich der Breakpoint befindet, wird jedoch nicht ausgeführt.

- Setzen eines Breakpoints
  Cursor in die gewünschte Zeile setzen
  F9 drücken (alternativ: Debug → New Breakpoint → Program Breakpoint)
- Löschen eines Breakpoints
  Cursor in die gewünschte Zeile setzen
  F9 drücken
- Löschen aller Breakpoints
  Debug → Remove All Breakpoints

2.3.2 Variablenwerte von Register und Prozessor ausgeben

Um die aktuellen Werte von selbstdefinierten Variablen oder Arrays zu sehen, können diese in das Watch-Fenster übernommen werden. Dort wird der aktuelle Wert angezeigt, sobald das Programm angehalten wurde. Zusätzlich zum Wert werden der Variablenname, der Datentyp und die Speicheradresse der Variablen angezeigt.

- Öffnen des Watch-Fensters:
  View – Watch
- Variablen im Watch-Fenster hinzufügen:
  Mit dem Mauszeiger über die Variable im Editorfenster
  Rechtsklick: „Add Watch" mit dem Variablennamen
- Variablen aus dem Watch-Fenster entfernen:
  Variable im Watch-Fenster auswählen
  Rechtsklick: „Remove Selected Item"

Die aktuellen Werte der Controller-Register können im Fenster „Processor" im Bereich 1 angesehen und geändert werden, wenn sich das Programm im Zustand „Stopped" befindet.

Der aktuelle Inhalt des Speichers lässt sich im Fenster „Memory" betrachten und entsprechend ändern, wenn das Programm im Zustand „Stopped" beendet wird. Da alle Register und I/O-Register in den Speicherbereich gemappt werden,können auch diese in dem Fenster angesehen und verändert werden.

- Öffnen des Memory-Fensters:
  View → Memory
- Verändern eines Wertes:
  Doppelklick auf ein Byte/Wort im Memory-Fenster

In diesem Fenster wird der vom Assembler oder Compiler erzeugte Maschinencode zusammen mit den Zeilen des Quelltextes angezeigt. Diese Ansicht ist vor allem wichtig, wenn aufgrund von Assembler-/Compiler-Optimierungen Fehler im generierten Code auftreten.

- Öffnen des Disassembler-Fensters:
  View → Disassembler

Um die Software mit dem In-Circuit-Emulator zu testen, muss dieser im AVR-Studio als Debug-Plattform angegeben werden:

- Debug → „Select Platform and Device"
- Debug Platform: JTAGICE
- Device: ATtiny 2313

Die aktuell eingestellten Werte sind in der Statusleiste sichtbar.

2.4 Programmieren des Mikrocontrollers

Die Zielhardware wird von Studio nur gefunden, wenn die Spannungsversorgung eingeschaltet ist. Aufrufen der „Connect"-Funktion mit dem „AVR"-Button oder per Menü „Tools → Program AVR".

Die Einstellungen in Studio sind entscheidend und müssen sorgfältig ausgeführt werden, der AVR-Dialog hat diverse Fenster, wie Abb. 2.13 zeigt.

Mit „Main" ist unbedingt der richtige Mikrocontroller zu wählen. Mit dem Button „Read Signature" prüft Studio ob der Device-Code mit dem gewählten Mikrocontroller übereinstimmt und meldet das Ergebnis. Wenn die ISP-Frequenz zu hoch ist, wird die Signatur des Mikrocontrollers nicht ausgegeben. Mit „Read Signature" erhält man eine Signatur mit zwölf Buchstaben und Ziffern. Unter „Programming Mode and Target Setting" ist „ISP mode" eingestellt. Die „In-System-Program"-Methode ist auch praktisch in Endgeräten, weil das Umstecken des Mikrocontrollers entfällt. Der Hardwareaufwand ist gering, es gibt nur die Verbindungen zu einem zehnpoligen Stecker.

Abb. 2.14 zeigt die Funktionen unter „Program". Das Register „Program"definiert die Programmierdateien und den gesamten Ablauf. Die Häkchen für „Erase " und „Verify " müssen gesetzt sein. Das Einstellen der Dateinamen per „browse" ist problemlos. In jedem Fall ist eine „Flash-Input-HEX "-Datei notwendig, denn das ist das eigentliche Programm. Zum Programmieren reicht das Anklicken von Button „Program" und „Verify" völlig aus und der Ablauf wird automatisch wegen der Häkchen ausgeführt.

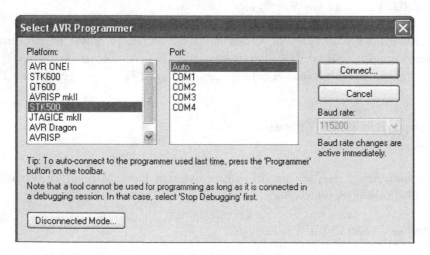

Abb. 2.13 Geöffnetes Fenster, wenn der „AVR"-Button angeklickt wurde

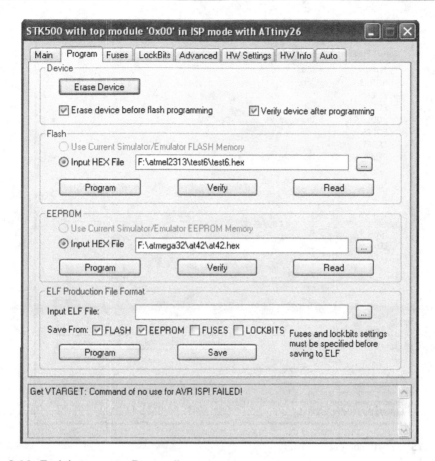

Abb. 2.14 Funktionen unter „Program"

Abb. 2.15 zeigt die Funktionen von „Fuses", diese Funktionen lassen sich durch ein Häkchen aktivieren.

RSTDISBL:	„Reset disable" ist normalerweise nicht gesetzt
WDTON:	der Watchdog darf nur eingestellt sein, wenn er softwaremäßig behandelt wird!
SPIEN:	muss gesetzt sein
EESAVE:	ohne Funktion
BOOTSZ:	Bootflashsize kann default bleiben
BOOTRST:	nein
CKOPT:	nein, die Clock-Option ist eine Funktion, die normalerweise nicht gesetzt wird
BODLEVEL:	kann „default" (Standardeinstellung) bleiben

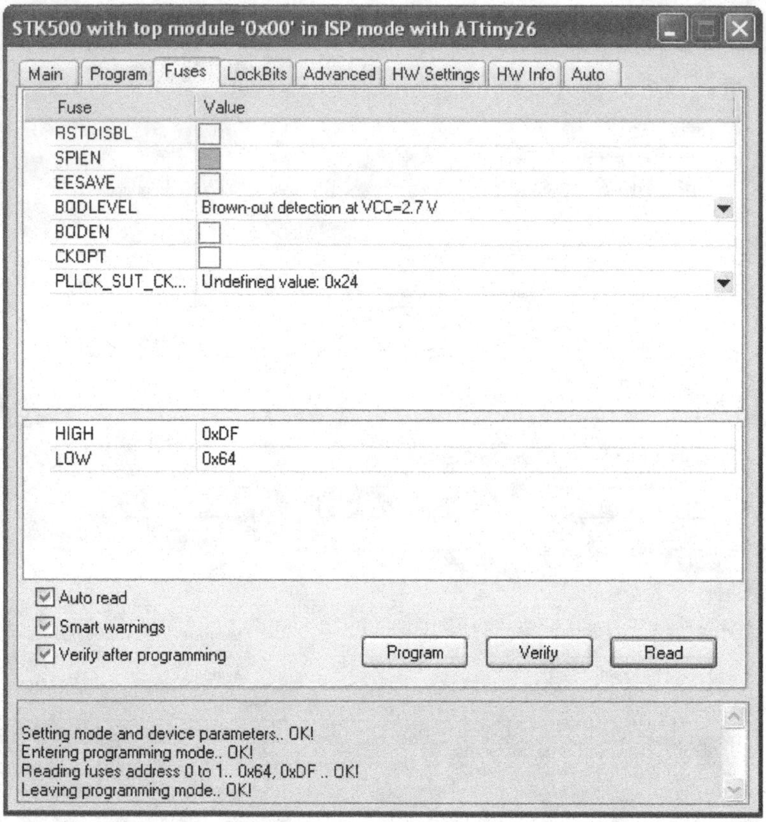

Abb. 2.15 Funktionen unter „Fuses"

BODEN:	Brown-Out-Detection-Enable soll auf nein (ohne Häkchen) gesetzt werden
SUT_CKSEL:	Ist die richtige Wahl der Frequenz, Ext. Osc. 8 MHz, Start-up time:14 CK + 65 ms

Die Häkchen bei „Auto Read", „Smart warnings" und „Verify after programming" stehenlassen.

Abb. 2.16 zeigt die Funktionen von „Lock-Bits ", die sich durch ein Häkchen aktivieren lassen. Eine ganz komplizierte bzw. gefährliche Sache sind die „Lock-Bits", mit denen sich das zukünftige Programmieren (Auslesen des Programmes) sperren lässt. Dieser Vorgang ist nur bei kommerziellen Anwendungen sinnvoll. Normalerweise bleibt „No Lock", denn das Zurücknehmen eines Sperrbits ist nur mit sehr großem Aufwand möglich.

Abb. 2.17 zeigt die Funktionen von „Advanced ", und diese Funktionen lassen sich aktivieren. Der interne Taktgenerator kann nach Beschreibung über das

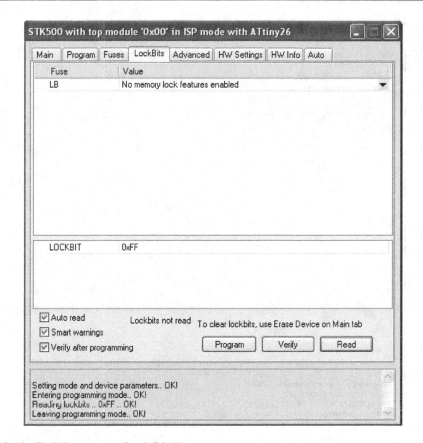

Abb. 2.16 Funktionen unter „Lock-Bits"

„Calibrationbyte" in der Genauigkeit verbessert werden. Der Wert wird bei der Herstellung festgelegt und kann mit „Read" gelesen werden. Das Schreiben in den Flash-Speicher kann hier oder im Programm erfolgen. Die Speicheradresse kann man im Register-„Summary" des Mikrocontrollers unter OSCCAL nachlesen.

In den Hardwaresettings werden die Spannungen für die Zielhardware eingestellt und Abb. 2.18 zeigt das Fenster. Das ist besonders praktisch, wenn eine spezielle Referenzspannung (AREF) verwendet werden soll. Allerdings muss dann eine Verbindung AREF vorhanden sein. Der Taktgenerator liefert nicht die Taktfrequenz, sondern kann optional verwendet werden.

Das Fenster „HW Info" beinhaltet die Revision der Hardware und die Version der Firmware.

Abb. 2.19 zeigt die Funktionen unter „Auto", damit lassen sich die einzelnen Funktionen setzen. Normalerweise setzen sich durch die Entwicklungssoftware „AVR-Studio 4" automatisch die wichtigen Funktionen.

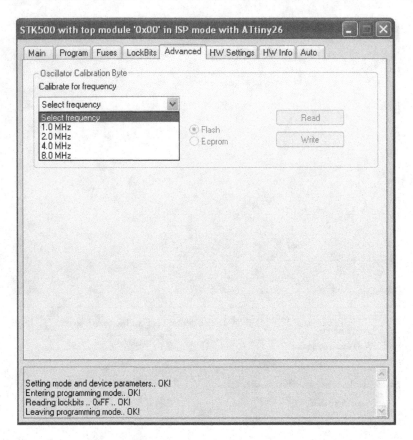

Abb. 2.17 Funktionen unter „Advanced"

2.5   µC-Programmierung

Meist beginnen Einführungen in die µC-Programmierung mit der Beschreibung von
Zahlensystemen, Rechnerstrukturen und Befehlswirkungen. So wichtig diese Themen
auch sind, sie eignen sich wenig, die Fantasie des Lesers anzuregen. Dies mag mit
ein Grund für die verbreitete Ansicht sein, dass das Programmieren eine trockene
Angelegenheit ist. Das Gegenteil ist aber der Fall. Sieht man von den Grenzen der
Rechnergeschwindigkeit und des Speicherplatzes ab, so begrenzen nur Fantasie und Aus-
dauer des Programmierers das Mögliche.

Genau wie in der Hardware gibt es in der Programmierung die logischen Grundelemente UND, ODER, NEGATION. Diese und die Möglichkeit auch, Information
zu speichern, bilden die Grundlage der gesamten PC-Technik bzw. mit der Steuerung
und Regelung von Mikrocontroller. Wie in der Hardware die Logik unabhängig
von der jeweiligen Realisierungsart ist, ist die Programmierlogik unabhängig vom

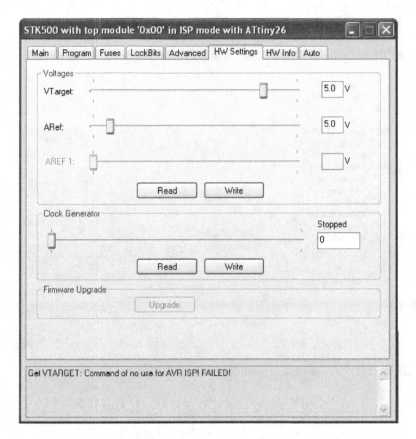

Abb. 2.18 Funktionen unter „HW Settings"

Mikroprozessor- und Mikrocontrollertyp. Wie es in der Hardware auf die Grundelemente aufbauender Schaltungen, wie Multiplexer, Rechenwerke, Speichereinheiten usw. gibt, verfügt der Programmierer über eine breite Palette von Standard-Programmiertechniken. Ein Programm setzt sich aus einer Folge von Befehlen zusammen. Im Gegensatz zur Hardware mit parallel und/oder seriell ablaufenden Vorgängen arbeitet die CPU (Central Processing Unit) und die ALU (Arithmetic Logic Unit) die Befehle der Reihe nach (sequenziell) ab mithilfe der Neumann-Architektur. Dies und die Ähnlichkeit des Befehlsvorrates mit einem Wortschatz führte zum Vergleich mit den üblichen Sprachen und man spricht von einzelnen Programmiersprachen.

John von Neumann (1903–1957), der bedeutendste Computerpionier, schuf die uns heute bekannte Computerarchitektur. Der Mathematiker österreichisch-ungarischer Herkunft wirkte in Berlin, Hamburg und Princeton (N. J.). Im Juni 1945 stieg er in den Entwurf des „Discrete Variable Automatic Computer" (EDVAC) ein, der in den frühen 50er Jahren gebaut wurde. Zum ersten Mal war damit das Konzept der Steuerung durch ein gespeichertes Programm realisiert worden. Weiter kennzeichnet die

Abb. 2.19 Funktionen unter „Auto"

Neumann-Architektur die globale fünffache Teilung eines Computers in die Funktionseinheiten Steuer- oder Leitwerk, Rechenwerk, Speicher, Eingabe und Ausgabe.

Die Programmiersprache (programming language oder nur language) ist die Summe
sinnvoll kombinierbarer formaler Sprachelemente zur Formulierung von Anweisungen
für den Computer. Für unterschiedliche Aufgaben- und Problemstellungen wurden
geeignete Sprachen geschaffen. Sie können prinzipiell in drei Klassen eingeteilt werden,
Maschinensprachen, Assembler und höhere Programmiersprachen. Eine Untermenge
höherer Programmiersprachen sind die problemorientierten Programmiersprachen.

Die Sprachelemente und die Regeln für ihre Zusammensetzung (Syntax) sind bei
diesen Programmiersprachen von dem verwendeten Computersystem unabhängig. Die
Übersetzung der in höheren Programmiersprachen geschriebenen Programme in die
Maschinensprache der jeweiligen Anlage erfolgt mithilfe eines Interpreters oder Über-
setzers (Compilers).

Die Aufteilung einer vorgegebenen Aufgabenstellung in elementare Bearbeitungs-
schritte, also das Auffinden eines Algorithmus und die Zuordnung von Anweisungen
(Befehlen) einer Programmiersprache in einer logisch geordneten Folge. Dadurch entsteht ein Programm, das von einem Computer verarbeitet werden kann.

Softwarewerkzeug sollen den Benutzer bei der Programmerstellung unterstützt.
Im „programm generator" sind eine Vielzahl von Funktionen in einer allgemeinen
Form programmiert. Durch Parameter oder Anweisungen werden sie dem einzelnen
Problemfall angepasst. Der Benutzer kommt dabei mit der eigentlichen Programmier-
sprache nicht in Berührung. Damit können auch Nichtfachleute eigene Programme
erstellen und anpassen. Der Nachteil besteht darin, dass bei den meisten Generatoren
Performance-Verluste (Leistungsverluste) hingenommen werden müssen. Der Aufgaben-
komplexität sind Grenzen gesetzt.

Alle Programme, Werkzeuge und Hilfsmittel dienen dem Entwurf, der Programmierung,
dem Test und der Verwaltung von Programmen. Dazu gehören grafische Entwurfswerk-
zeuge mit fundierten anwendungsgerechten Methoden, Spezifikationssprachen, Masken-,
Listen- und Berichtegeneratoren, Grafik-, Text- und Programmeditoren, Datenmanager,
Datenentwurfs- und -beschreibungswerkzeuge, Compiler, Laufzeitsysteme, Testwerkzeuge,
Debugger, Trace- und Dumpprogramme, Konfigurationsverwalter u. a.

2.5.1 Flussdiagramme und Programmablaufpläne

Flussdiagramme bzw. Programmablaufplane sind grafische Beschreibungsformen von
Programmen. Sie ermöglichen die anschauliche und übersichtliche Darstellung komplexer
Zusammenhänge. Ein Programm ist durch mehrere Flussdiagramme unterschiedlich
detailliert beschreibbar. In der Grobstruktur sind jeweils umfangreiche Teilaufgaben in
einem Symbol zusammengefasst. Ein solches Diagramm kann eine erste Übersicht über
ein größeres Programm geben. Die Beschriftung der Symbole ist verbal gehalten. Ein
feiner strukturiertes Diagramm bezieht sich mehr auf Programmierungsdetails, wobei
einem Symbol meist mehrere Befehle im Programm entsprechen. Bei der Programm-
konstruktion und Dokumentation empfiehlt es sich, mit Flussdiagrammen zu arbeiten. DIN
66 001 legt die Sinnbilder fest und die wichtigsten Symbole sind in Abb. 2.20 gezeigt.

Ein Unterprogramm ist ein in sich abgeschlossener Programmteil, der sich von
beliebigen Stellen im Hauptprogramm aufrufen lässt. Es gibt zwei Gründe, ein Hauptprogramm als Unterprogramm zu organisieren:

1. Die gleiche Befehlsfolge kommt in einem Programm an mehreren Stellen vor.
2. Programmteile, die eine Teilaufgabe leisten, aber nur einmal im Programm benötigt
   werden, sind gelegentlich zweckmäßig als Unterprogramm zu formulieren. Dadurch
   wird auch das Hauptprogramm kürzer und übersichtlicher. Häufig besteht das Hauptprogramm nur aus einer Folge von Unterprogrammaufrufen. Ein Beispiel dafür zeigt
   Abb. 2.21.

Abb. 2.20 Symbole für
Flussdiagramme nach DIN 66
001

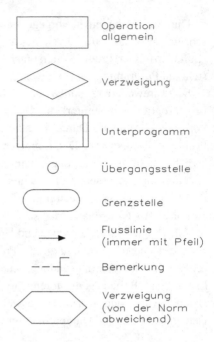

Abb. 2.21 Ein
Hauptprogramm besteht
aus einer Folge von
Unterprogrammaufrufen

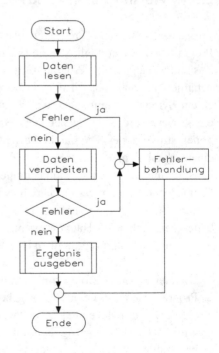

Verzweigungen setzen einen Vergleich voraus. Beispielsweise ob eine Zahl größer, kleiner, gleich Null oder mit einer anderen Zahl identisch ist. Je nachdem, ob die Bedingung erfüllt ist oder nicht, fährt der Computer mit der folgenden Anweisung fort oder verzweigt zu einem anderen Programmteil, d. h., er überspringt einen Teil des Programms. Springt das Programm durch einen Befehl zurück, kann er den durchlaufenen Programmteil wiederholen, bis eine Bedingung erfüllt ist.

Es soll aus den Zahlen a, b, c der größte Wert ermittelt und in D abgespeichert werden. Abb. 2.22 zeigt das Diagramm für eine mögliche Lösung. In diesem Beispiel lässt sich die richtige Arbeitsweise des Verfahrens einfach nachprüfen. Die Daten a, b, c können als sechs verschiedene Kombinationen auftreten, die der Reihe nach durchzulaufen sind. Bei komplexeren Aufgaben begnügt man sich mit Testbeispielen, die das Nachvollziehen jedes Programmzweiges gestatten. Es sei dem Leser empfohlen, das Beispiel nachzuprüfen. An diesem Beispiel fällt auf, dass es außer den Variablen a, b, c auch ein Speicherplatz mit der Bezeichnung D vorhanden sein muss. Der Pfeil bezeichnet den Transport einer Variablen zu einem Speicherplatz, in dem dieser dann vorhanden sein muss und jederzeit verfügbar ist.

Oft befinden sich zu verarbeitende Daten in Listenform im Speicher. Das Programm muss dann auf bestimmte Teile der Liste zugreifen oder sie durchsuchen können. Im Beispiel von Abb. 2.23 wird aus dem Inhalt der vorgegebenen Liste der größte Wert herausgesucht und in „D" abgelegt. „D" bezeichnet einen Speicherplatz <D> und den Inhalt von „D". Die Schreibweise <D> + 1 → D bedeutet, dass der Inhalt von „D" um +1 erhöht wieder und in „D" abgespeichert wird. Ein Speicherplatz lässt sich durch seine Adresse eindeutig bezeichnen und „D" ist in diesem Fall eine symbolische Adresse.

Abb. 2.22 Ein Programm ermittelt die größte von drei Zahlen und speichert das Ergebnis auf dem Speicherplatz „D" ab

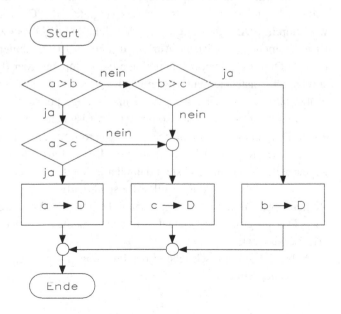

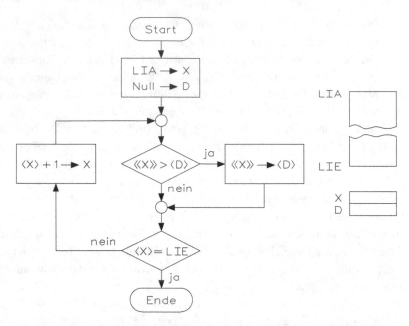

Abb. 2.23 Ein Programm ermittelt den größten Wert aus einer beliebig langen Liste

Um nun eine Liste im Speicher, die in aufeinanderfolgenden Adressen abgelegt ist, abarbeiten zu können, muss das Programm die jeweils erforderlichen Adressen berechnen. Das Programm arbeitet wie folgt: Nach dem Start wird die Anfangsadresse der Liste „LIA" in der Speicherzelle „X" abgespeichert und der Inhalt der Speicherzelle „D" wird gelöscht. Als nächstes vergleicht der Computer den Inhalt von X (dies wird durch <<X>> dargestellt) mit dem Inhalt von „D". <<X>> ist der Inhalt des ersten Listenelements. <X> ist die Adresse des ersten Listenelements, und diese Adresse steht in „X". Durch geeignete Befehle kann der Computer über die Adresse „X" auf das entsprechende Listenelement zugreifen. Ist <<X>> der Inhalt des ersten Listenelementes größer als <D>, so wird dieser Wert in „D" abgespeichert. Danach folgt die Abfrage, ob <X> identisch mit der Adresse des letzten Listenelements „LIE" ist. Da dies nach dem ersten Durchlauf noch nicht der Fall ist, wird <X> um +1 erhöht. In „X" steht jetzt die Adresse des folgenden Listenelementes. Der Zyklus wiederholt sich nun, bis die Liste abgearbeitet ist und in „D" steht dann der größte Listenwert.

Das in Abb. 2.24 dargestellte Beispiel sortiert den Listeninhalt in aufsteigender Reihenfolge. Für die Adressenrechnung benötigt das Verfahren zwei Hilfszellen „X" und „Y". Das Programm vergleicht jedes Listenelement mit jedem anderen und tauscht sie erforderlich aus.

Abb. 2.25 zeigt abschließend die Funktionen UND, ODER und EXKLUSIV-ODER als Flussdiagramm.

Abb. 2.24 Die Elemente
einer beliebig langen Liste
werden sortiert

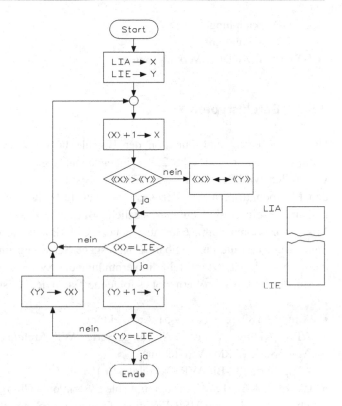

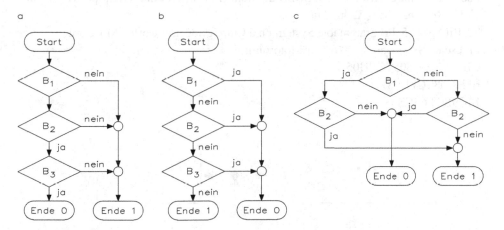

Abb. 2.25 Sind die Bedingungen „B" erfüllt, verzweigen die Programme nach „ENDE" 0, sonst
nach „ENDE 1":

a) UND-Verknüpfung
b) ODER-Verknüpfung
c) EXKLUSIV-ODER-Verknüpfung

2.5.2 Befehlstypen

Um die Wirkung und Funktion der Befehle besser zu verstehen, sei kurz auf die Computerstruktur von Abb. 2.26 eingegangen. Der PC-Computer besteht aus den vier Teilen wird der Ein/Ausgabe-Einheit, Speicher, Rechenwerk und Steuerwerk. Bei den Mikrocontrollern befinden sich alle vier Teile auf einem Chip. Ein/Ausgabe-Einheit und Speicher sind durch zusätzliche Bausteine erweiterbar. Die weit verbreiteten Mikroprozessoren 8080, 6800 und neuere CPU-Bausteine enthalten das Rechen- und Steuerwerk und die unmittelbare Ein/Ausgabe-Schaltung im beschränkten Umfang auf demselben Chip. Letztere stellt die Verbindung des Systems mit der Außenwelt her.

Bei den Mikrocontrollern gibt es folgende Typen der Hersteller:

- Atmel: AT89-Serie (MCS-51-Architektur)
  AT90-,ATtiny-, ATmega-, ATXmega-Serie (AVR-Architektur)
  AT91-Serie (ARM-Architektur)
  AT32-Serie (32-Bit AVR32-Architektur)
- Cypress: 8-Bit (PSoC1, Programmable System on a Chip), PSoC mit M8C-Core
  Mikrocontroller mit USB-Funktion (Device, LowSpeed und FullSpeed) M8A, M8B,
    EnCoRe, EnCoReII, EnCoReIII, PSoC
  PsoC 1 Mikrocontroller mit USB-Funktion (FullSpeed und HighSpeed) EZ mit
    USBxx und 8051-Architektur
  32-Bit PSoC 5, Programmable System on a Chip, PSoC mit Cortex M3-Core
- Freescale Semiconductor (früher Motorola):
  8-Bit   68HC05 (CPU05)
  68HC08 (CPU08)
  MC9S08 (HCS08)

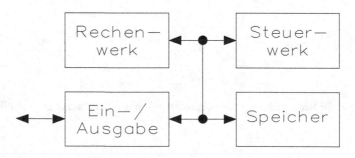

Abb. 2.26 Wirkung und Funktion der Computerstruktur

      68HC11 (CPU11)

16-Bit   68HC12 (CPU12)

      68HC16 (CPU16)

      MC9S12 (HCS12- und HCS12-Core)

      MC9S12X (HCS12X), HCS12-Core (CISC) und XGATE Periphere Co-Prozessor (RISC)

32-Bit   Freescale 683XX (CPU32)

      MPC500

      Kinetis L, ARM Cortex-M0+

      K10…K70 – Kinetis-Familie, ARM Cortex-M4

      MPC5500

      MPC860 (PowerQUICC)

      MPC8240/8250 (PowerQUICCII)

      MPC83xx (PowerQUICCII Pro) basierend auf PowerQUICCII, z. T. ohne QUICC-Engine

      MPC8540/8555/8560 (PowerQUICCIII)

      MCF-Serie (Coldfire, basierend auf Motorola 68000er-Familie)

      i.MX-Prozessoren (ARM-Architektur)

- Fujitsu Semiconductor

  8-Bit MB95xxx-Familie

      MB89xxx-Familie

  16-Bit   MB90xxx-Familie

      MB96xxx-Familie

  32-Bit   Embedded 32 Bit RISC Solutions (FR, FM3, FCR4…)

- Infineon (früher Siemens):

  8-Bit Infineon XC800 Flash basierende Produktfamilie

      Siemens 80C517

      Siemens 80C535

  16-Bit   C166 (Kern V1)

      C167 (Kern V1)

      XC16x, C166 kompatibel, Flash basierende16-Bit-Mikrocontroller-Familie (Kern V2)

      XE166, C166 kompatibel, Flash basierende DSP-Produktfamilie (Kern V2)

      XC2000, C166 kompatibel, Flash basierende Automobil-Produktfamilie (Kern V2)

  32-Bit   TLE984x: Relaistreiber mit 32-Bit-ARM-Cortex M0

      TLE9845: Gleichrichter (Halbbrücken) und IC-Treiber mit 32-Bit-ARM-Cortex M0

      TLE986x: Gleichrichter (Vollbrücken) und IC-Treiber mit 32-Bit-ARM-Cortex M3

      TLE987x: Drehstrom-Gleichrichter und IC-Treiber mit 32-Bit-ARM-Cortex M3

TriCore: Flash basierende 32-Bit-Mikrocontroller mit DSP-Einheit

XMC4000: 32-Bit-Mikrocontroller mit ARM-Cortex M4-Prozessor

XMC1000: 32-Bit-Mikrocontroller mit ARM-Cortex M0-Prozessor

- Intel 8-Bit MCS-48 (Familie 8048)

  MCS-51 (Familie 8051)

  8xC2511 6-Bit   MCS-96 (Familie 8096)

  MXS296

  32-Bit   80386EX (i386EX)

  80960 (i960)
- Maxim 16-Bit MAXQ
- Microchip Technology

  8-Bit   PIC10-, PIC12-, PIC16-, PIC17- und PIC18-Serien

  16-Bit   PIC24- und dsPIC-Serien

  32-Bit   PIC32-Serien
- NXP Semiconductors (früher: Philips und Signetics)

  8-Bit   Signetics 2650

          MCS-48 (Familie 8048)

          MCS-51 (Familie 8051)

          MCS-51 (Familie 8051)

  16-/32-Bit   SCC68070

          P90CE201

          LPC2100-Familie (ARM7)

          LPC2200-Familie (ARM7)

          LPC2300-Familie (ARM7)

          LPC2400-Familie (ARM7)

          LPC2900-Familie (ARM9)

          LPC3100-Familie (ARM9)

          LPC3200-Familie (ARM9)

          LPC1100-Familie (ARM-Cortex M0)

          LPC1700-Familie (ARM-Cortex M3)
- Parallax

  BASIC Stamp

  Propeller (32-Bit 8-fach-Kern)
- Renesas Electronics (früher: Hitachi, Mitsubishi, NEC)

  8-Bit   78K0S-, 78K0-Familie

  8-/16-Bit   H8

  H8S

  H8SX

  16-Bit   RL78

          78K0R-Familie

          R8C

          M16C

 32-Bit   V850-Familie
           SuperH
           RX
           M32R
           R32C
           M32C
- Samsung 8-Bit CalmRISC
- Silicon Labs 8-Bit C8051Fxxx-Familie
                      C8051Txxx-Familie
                      FM8 Busy Bee
                      FM8 Sleepy Bee
                      FM8 Universal Bee
 32-Bit   EFM32ZG – Zero Gecko ARM-Cortex M0+
           EFM32HG – Happy Gecko ARM-Cortex M0+
           EFM32TG – Tiny Gecko ARM-Cortex M3
           EFM32G – Gecko ARM-Cortex M3
           EFM32LG – Leopard Gecko ARM-Cortex M3
           EFM32GG – Giant Gecko ARM-Cortex M3
           EFM32WG – Wonder Gecko ARM-Cortex M3
- STMicroelectronics 8-Bit ST6
                      ST7
                      STM8
                      µPSD
           16-Bit   ST10
           32-Bit   STM32 (ARM-Archirektur)
                      STR7
                      STR9
- TDK-Micronas 8-Bit HVC2480A für BLDC- und Schrittmotorsteuerung (C8051)
           16-Bit   CDC16xy-Familie, Auto-Mikrocontroller (65C816, 65C02)
           32-Bit   CDC3207G-Familie, Auto-Mikrocontroller (ARM7TDMI)
                      HVC4223F für BLDC- und Schrittmotorsteuerung ARM-
                      Cortex M3
- Texas Instruments 16-Bit MSP430
           32-Bit   TMS470 (ARM7)
                      TMS570 (ARM Cortex R4)
                      TMS320C2000 (DSP-basiert)
                      TMS320C5000 (DSP-basiert)
                      TMS320C6000 (DSP-basiert)
                      LM3S ARM-Cortex M3
                      TM4C ARM-Cortex M4

- Toshiba 32-Bit 870
        TX19/A/900 (16/32-Bit)
        TX49 (16/32-Bit)
- Xilinx Soft-Core-Mikrocontroller für die Integration in FPGAs
        8-Bit   Pico Blaze
        32-Bit   Micro Blaze

Eine CPU mit CISC-Architektur (Complex Instruction Computer) bilden häufig genutzte Sprachkonstrukte von höheren Programmiersprachen direkt in der Hardware der CPU ab. Damit werden Anweisungen dieser Sprachen zu Maschinenbefehlen, deren Ausführung in sehr kurzen Zeiten erfolgen kann. CISC-Systeme sind daher für Spezialanwendungen, wie z. B. als reine LISP-Maschine schneller und effizienter, verlieren aber den allgemeinen Anwendungscharakter.

Eine CPU mit RISC-Architektur (Reduced Instruction Set Computer) arbeitet mit einem reduzierten Befehlssatz, der für universelle Anwendungen voll ausreicht. Damit ergibt sich eine bessere Ausnutzung des Mikroprozessors. Solche Systeme erzielen vergleichsweise höhere Durchsatzraten als gleichdimensionierte Universalmikroprozessoren.

Es gibt zahlreiche Peripheriegeräte zur Ein- und Ausgabe von Daten und Programmen. Der Speicher dient zur Aufnahme von Programmen und Daten. Steuerwerk und Rechenwerk greifen unmittelbar auf den Speicher zu. Der Speicher besteht aus einer fortlaufend durchnummerierten Folge von Speicherworten. Abb. 2.26 zeigt die Blockschaltung eines Computers

Abb. 2.26: Blockschaltung eines Computers

Ein „Wort" ist die über eine Nummer zu erreichende Informationseinheit. Die Wortlänge beträgt bei den genannten Mikroprozessoren und Mikrocontrollern 8 Bit (1 Byte), 16 Bit (2 Byte), 32 Bit (4 Byte) und 64 Bit (8 Byte). Die jeder Speicherzelle eindeutig zugeordnete Nummer heißt Adresse. Über sie kann der Inhalt der betreffenden Zahl gelesen oder geschrieben werden. Ob in einer Zelle ein Befehl oder ein Datum steht, ist aus dem Inhalt der Zelle nicht ersichtlich. Dies ist Sache der Interpretation des Speicherinhaltes, d. h., dem Computer ist mitzuteilen, wo sein Programm gespeichert ist.

Im Rechenwerk führt der Computer arithmetische und logische Operationen aus. Es besteht aus einem oder mehreren Registern, den Akkumulatoren. Die Verarbeitungsbreite des Rechenwerks entspricht normalerweise der Wortlänge eines Speicherwortes. Das Steuerwerk steuert die Abläufe im Rechner im das Zusammenspiel der verschiedenen Computerteile in der vom Programm vorgeschriebenen Weise. Die Befehle eines Programms stehen in aufeinanderfolgender Reihenfolge im Speicher. Ein Register im Steuerwerk, der Befehls- oder Programmzähler, enthält die Adresse des gerade adressierten Befehls. Nach jeder Befehlsausführung erhöht sich der Befehlszähler um +1 und über diese Adresse greift das Steuerwerk auf die Befehle des Programms zu.

Der beim Programmablauf feststehende Zyklus pro Befehl besteht darin, den gerade aktuellen Befehl aus dem Speicher in das Steuerwerk zu transportieren, ihn dort zu erkennen bzw. zu entschlüsseln und die Anweisung auszuführen. Ein Befehl enthält immer einen Operationsteil. Dieser gibt Aufschluss über das, was der Computer zu verarbeiten hat. Die meisten Befehle beziehen sich auf den Speicher. Diese enthalten als zweite Angabe einen Adressteil. Bei der Verknüpfung zweier Operanden, z. B. einer Addition, steht der eine Operand im Akkumulator, der zweite Operand steht unter der im Befehl bezeichneten Adresse im Speicher. Die Befehle der erwähnten Mikrocontroller/ Mikroprozessor sind ein, zwei, drei oder vier Byte lang.

Es gibt auf der Maschinenebene folgende Befehlstypen:

- Transportbefehle: Sie transportieren Daten zwischen Rechenwerk, Speicher und Ein/ Ausgabe-Einheit.
- Setz- und Löschbefehle: Es können Inhalte von Registern oder Speicherzellen verändern, entweder setzen bzw. löschen.
- Schiebebefehle: Sie dienen zum Verschieben der Information innerhalb eines Bytes im Akkumulator oder in einer Speicherzelle. Bei Mikroprozessoren und Mikrocontrollern wird jeweils um eine Bitstelle nach rechts, links oder im Kreis geschoben.
- Arithmetische Befehle: Bei den Mikroprozessoren und Mikrocontrollern sind dies im Wesentlichen der Additions- und der Subtraktionsbefehl und „höhere" Funktionen lassen sich damit aufbauen.
- Logische Befehle: Es gibt die Befehle UND, ODER und bei manchen Mikrocontrollern und Mikroprozessoren EXKLUSIV-ODER und NEGATION. Sie verknüpfen den Inhalt einer Speicherzelle bitweise mit dem Inhalt eines Akkumulators.
- Vergleichsbefehle: Diese Befehle setzen entsprechend dem Vergleichsergebnis verschiedene Bits im Bedingungsregister, ohne die Operanden zu verändern. Sie sind oft Voraussetzung für bedingte Sprungbefehle.
- Sprungbefehle: Die Sprungbefehle bilden die Grundlage für einige wesentliche Fähigkeiten des Mikroprozessors und Mikrocontrollers, wie das wiederholbare Ausführen eines Programmteils und das Verzweigen in verschiedene Programmteile, abhängig von Entscheidungen. Das automatische Hochzählen des Befehlszählers nach jeder Befehlsausführung steuert den linearen Programmablauf. Sprungbefehle laden den Befehlszähler mit einer neuen Adresse, wodurch das Programm an dieser Stelle fortfährt. Es gibt unbedingte und bedingte Sprungbefehle. Die unbedingten Sprünge führen in jedem Falle zur Fortsetzung auf der im Adressteil angegebenen Adresse. Die bedingten Sprünge verzweigen nur, wenn eine bestimmte Bedingung erfüllt ist. Andernfalls fährt das Programm mit dem folgenden Befehl fort.

Ein spezieller Sprungbefehl ist der Unterprogrammsprung. Unterprogramme sind in sich geschlossene Programmteile, die von beliebigen Stellen des Hauptprogramms aus aufgerufen werden können. Der Computer sorgt nach dem Durchlaufen des Unterprogramms für den Rücksprung auf die Adresse, die dem Unterprogramm-Sprungbefehl folgt.

2.5.3 Adressierungsarten

Das Rechnen und Arbeiten mit Adressen spielt beim Programmieren auf der Maschinen-ebene eine große Rolle. In Großcomputern wurden dafür schon früh kleine Spezial-rechenwerke eingebaut und aus ihnen entwickelten sich die Mikroprozessoren und Mikrocontroller. Um Adressrechenoperationen zu erleichtern, gibt es ein oder mehrere Indexregister und Befehle zum Arbeiten mit diesen Registern. Viele Befehle lassen sich mit mehreren Adressierungsarten verwenden. Die Adressierungsart bestimmt den Zugriff zum Operanden.

Die grundsätzlichen Möglichkeiten sind:

- Implizite Adressierung: Diese Adressierungsart bezieht sich auf Register. Die Registerbezeichnung steht unmittelbar im Operationscode, weshalb diese Befehle keinen Adressteil aufweisen (beispielsweise Schiebe- und Registertausch-Befehle).
- Unmittelbare Adressierung: In diesem Adressierungsmodus wird der Inhalt des Adressteils nicht als Adresse, sondern selbst als Operand verwendet (Abb. 2.27a). Beispielsweise steht nach der Befehlsausführung „Lade Akkumulator" (LDA) der Inhalt des Adressteils selbst im Akkumulator.
- Direkte und erweiterte Adressierung: Mit der direkten Adressierung kann auf Operanden im Speicherbereich von 0…255 zugegriffen werden. Der Vorteil liegt im geringeren Platzbedarf des Befehls und der Adressteil umfasst ein Byte. Bei der erweiterten Adressierung besteht der Adressteil aus zwei Byte. Damit lässt sich ein Adressenraum von 64 kByte bearbeiten. Manche Mikroprozessoren und Mikro-controllertypen verwenden nur die erweiterte Adressierung. Abb. 2.27b zeigt ein Bei-spiel. Der Befehlszähler steht auf der Adresse 50. Bei der Ausführung des Befehls wird der Inhalt der Adresse 71 in den Akkumulator geladen.
- Indizierte Adressierung: Bei der indizierten Adressierung wird vor der Befehlsaus-führung zur Adresse im auszuführenden Befehl der Inhalt des Indexregisters addiert. Im Beispiel von Abb. 2.27c wird deshalb der Operand nicht aus der Speicherzelle 70, sondern aus 72 geholt. Diese Adressierungsart ist besonders beim Durchsuchen oder Löschen von Speicherbereichen oder beim Modifizieren von Sprungbefehlen usw. einfach, da der Inhalt des Indexregisters auf- (vorwärts) oder abwärts (rückwärts) gezählt werden kann und sich dadurch die Befehle innerhalb einer Schleife nicht ändern müssen.

Ein Beispiel soll dies verdeutlichen: Es soll der Speicherbereich 80…100 gelöscht werden. Zuerst wird das Indexregister mit einem unmittelbaren (I = immediate) Befehl mit 20 geladen. Dann wird mit dem indizierten (X indexed) Löschbefehl CLR mit der Adresse 80 der Inhalt der Adresse 100 gelöscht (20 + 80 = 100). Der folgende Befehl DEX (dekrementiere Indexregister) zieht vom Inhalt des Indexregisters -1 ab. Der Sprungbefehl BNE springt um zwei Befehle solange zurück, bis das Ergebnis der Subtraktion im Indexregister Null ergibt. Danach sind die 20 Speicherzellen gelöscht, und das Programm verlässt die Schleife.

- Relative Adressierung: Einige Mikroprozessoren gestatten relative Adressen bei Sprungbefehlen. Dabei steht im Adressteil des Befehls die Sprungweite zum Sprungziel und nicht die Adresse des Sprungziels selbst. Der Vorteil liegt in der Befehlslänge, wie Abb. 2.27d zeigt. Der Adressteil ist auf ein Byte beschränkt, was eine maximale Sprungweite von +128 und -127 ergibt. Das erste Bit im Adressteil wird als Vorzeichen gewertet.

2.5.4 Programmierungstechniken

Mit den logischen Befehlen lassen sich einfach Binärstellen innerhalb eines Wortes manipulieren, d. h. ausblenden und einblenden. Im Abb. 2.28a blendet der UND-Befehl mit der im Speicher stehenden Maske drei Binärstellen aus der im Akkumulator stehenden Information aus. Der ODER-Befehl (Abb. 2.28b) fügt die in der Maske gesetzten Bits in das im Akkumulator stehende Wort ein. Durch Kombinieren beider Möglichkeiten lassen sich beliebige Informationen zusammenstellen und man hat eine Bitmanipulation.

Muss ein Programm nach mehr als zwei Stellen verzweigen, spricht man von Verteilern. Die Strukturdarstellung und eine Realisierungsmöglichkeit zeigt Abb. 2.29. Ein Verteiler ist immer mit einer Größe verbunden, die verschiedene Werte annehmen kann. Er verzweigt bei jedem Wert zu einem bestimmten Programmteil. Für den Fall, dass dem Verteiler ein unzulässiger Wert angeboten wird, soll ein Fehlerausgang vorgesehen sein.

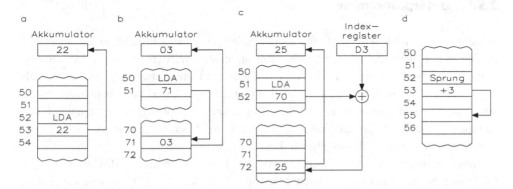

Abb. 2.27 a Unmittelbare Adressierung, d. h. im Adressteil des Befehls steht der Operand selbst **b** Direkte und erweiterte Adressierung, d. h. der Adressteil enthält die Adresse, unter der der Operand zu erreichen ist (1-Byte-Adresse bei direkter, 2-Byte-Adresse bei erweiterter Adressierung) **c** indizierte Adressierung, d. h. die Operanden-Adresse wird aus der Summe von Adressteil und Inhalt des Indexregisters gebildet **d** relative Adressierung, d. h. im Adressteil steht die Sprungweite zum nächsten Befehl (Rücksprung ist ebenfalls möglich)

Ein einfaches, verbal beschriebenes Programmbeispiel soll zur Verdeutlichung dienen: Der Computer soll nach einer manuellen Eingabe eine Zufallszahl (1…6) grafisch ausgeben.

Die manuelle Eingabe erzeugt einen Interrupt, d. h., das laufende Programm wird unterbrochen, und es wird ein Interruptprogramm gestartet. Nach dem Rücksprung aus dem Interruptprogramm gibt der Computer die Regie an das Hauptprogramm zurück. Der Hauptteil des „Würfelprogramms" besteht aus einer Zählerschleife. Im Indexregister wird fortlaufend von 1…6 gezählt. Wird ein Interrupt wirksam, so steht die Zufallszahl im Indexregister. Das Interruptprogramm führt nun einen indizierten Sprungbefehl auf eine Tabelle aus. In dieser Tabelle stehen wiederum Sprungbefehle, die zu den entsprechenden Ausgabeprogrammteilen führen.

Programmschleifen dienen der wiederholten Ausführung eines Programmteils. Sie bestehen aus vier Komponenten:

a) Initialisierung (Schleifenkriterium)
b) Bearbeitung
c) Schleifenkriterium verändern
d) Endabfrage

Gelegentlich kann die Bearbeitung unmittelbar das Schleifenkriterium ergeben und Abb. 2.30 zeigt das Schema. Ist die Zahl der Schleifendurchläufe immer größer Null, kann die Endabfrage nach der Veränderungsphase erfolgen. Für die gleichartige Bearbeitung zusammenhängender Speicherbereiche werden meist indizierte Zählschleifen verwendet. Der Zähler ist dann Index zur fortlaufenden Adressierung des Bereichs.

2.5.5 Unterprogramme

Kommt die gleiche oder ähnliche Befehlsfolge in einem Programm an mehreren Stellen vor, so kann sie als Unterprogramm organisiert werden. Auch die Lösung von Standardaufgaben, die in verschiedenen Programmen einsetzbar sind, stellt man als Unterprogramme zur Verfügung. Ein Unterprogramm kann von beliebiger Stelle im Hauptprogramm aufgerufen werden. Ein spezieller Sprungbefehl veranlasst den Computer die Rücksprungadresse sicherzustellen. Nach Abarbeitung des Unterprogramms erfolgt der Rücksprung auf diese Adresse und

Unterprogramme können ihrerseits weitere Unterprogramme aufrufen usw. Der Computer muss deshalb über einen Stapelspeicher (Stack) die verschiedenen Rücksprungadressen so verwalten, dass beim jeweiligen Rücksprung die richtige Adresse zur Verfügung steht. In Abb. 2.31 ist ein möglicher Ablauf dargestellt. Vom Hauptprogramm aus wird zuerst das Unterprogramm U1 mit SU1 angesprungen. Innerhalb von U1 folgt ein Sprung auf das Unterprogramm U2 und später wird U2 nochmals vom Hauptprogramm mit U2 aufgerufen.

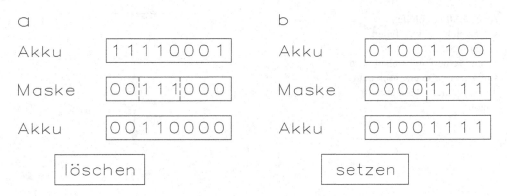

Abb. 2.28 Realisierung einer Bitmanipulation durch einen UND- bzw. ODER-Befehl

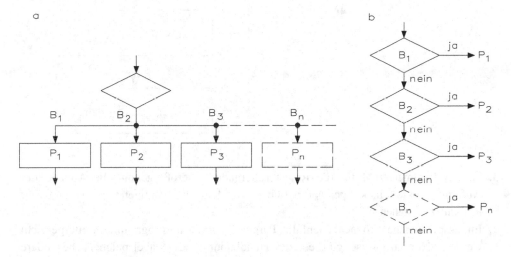

Abb. 2.29 Strukturdarstellung und Realisierungsmöglichkeit eines Verteilers

1 zusätzlich aufgerufen. Unterprogramme können beliebig verschachtelt sein. Die Hardware der CPU sorgt für den Rücksprung zur jeweils richtigen Programmstelle.

Ändern sich in Unterprogrammen von Aufruf zu Aufruf bestimmte Größen, z. B. Speicheradressen für Ergebnisse oder Berechnungskonstanten, werden diese als Parameter dem Unterprogramm übergeben. Für die Parameterübergabe gibt es verschiedene Möglichkeiten.

1. Es werden bestimmte Adressen des Speichers vereinbart. Das Hauptprogramm legt die Parameter dort ab und das Unterprogramm greift darauf zu. Diese einfache Form schränkt die allgemeine Verwendung von Unterprogrammen ein.
2. Bei wenigen Parametern sind diese in den Registern des Rechenwerkes zu übergeben.

Abb. 2.30 Schleifen setzen sich aus vier Teilen zusammen. Bei mehr als einem Schleifendurchlauf wird sinnvollerweise erst nach dem Teil „Verändern' auf „Ende" abgefragt

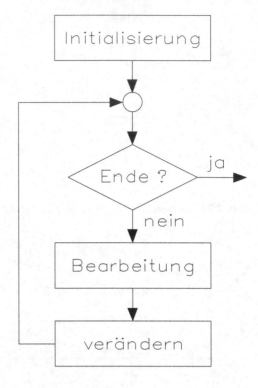

3. Ist die Parameterzahl für die Registerübergabe zu groß, genügt die Angabe der Anfangsadresse eines Speicherbereiches, in dem die Parameter in vereinbarter Reihenfolge stehen.
4. Im Stapelspeicher können ebenfalls Parameter an Unterprogramme weitergereicht werden. Normalerweise gibt es zur Handhabung des Stapelspeichers besondere Befehle (PUSH, POP).

Durch jede PUSH-Operation werden 16 Datenbits aus einem Registerpaar oder vom Befehlszähler in den Stack gebracht. Die Adresse des Speicherbereiches, auf den während des PUSH-Befehls zugegriffen wird, bestimmt man durch den Stackpointer in folgender Weise:

- die höherwertigen acht Datenbits werden auf dem Speicherplatz abgespeichert, der durch den Stackpointer minus 1 adressiert ist
- die niederwertigen acht Datenbits werden auf dem Speicherplatz abgespeichert, der durch den Stackpointer minus 2 adressiert wird, der Inhalt des Stackpointers wird automatisch um 2 verringert.

Nachfolgend sind die Verhältnisse für den Fall dargestellt, dass der Stackpointer 13A6H enthält, während das Register B 6AH und das Register C 30H enthält:

Abb. 2.31 Aufruf zweier
Unterprogramme vom
Hauptprogramm aus.
Unterprogramm 2 wird von
Unterprogramm

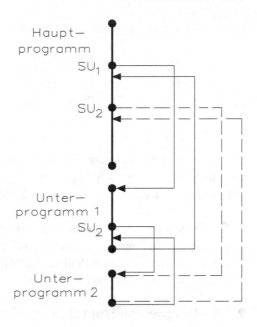

Vor PUSH-Befehl		Speicheradresse	Nach PUSH-Befehl	
SP	FF	13A3	FF	SP
13A6	FF	13A4	30	13A4
B	FF	13A5	6A	B
6A	FF	13A6	FF	6A
C				C
30				30

Durch jede POP-Operation werden 16 Datenbits vom Stack in ein Registerpaar oder in den Befehlszähler gebracht. Die Speicheradresse, auf die durch die POP-Operation zugegriffen wird, wird durch folgende Verwendung des Stackpointers bestimmt:

- das zweite Register des Paares oder die niederwertigen acht Bits des Befehlszählers werden mit dem Inhalt der Speicherstelle geladen, auf die der Stackpointer zeigt
- das erste Register des Paares oder die höherwertigen acht Bits des Befehlszählers werden mit dem Inhalt der Speicherstelle geladen, die durch den Stackpointer +1 adressiert wird,
- der Stackpointer wird automatisch um 2 erhöht.

Im folgenden Beispiel wird angenommen, dass der Stackpointer 1508H enthält. Die Speicherstelle 1508H soll den Wert 33H und die Speicherstelle 1509H soll den Wert 0BH enthalten. Eine POP-Operation ins Registerpaar H würde folgendermaßen aussehen:

Vor POP-Befehl		Speicheradresse		Nach POP-Befehl
SP	FF	1507	FF	SP
1508	33	1508	33	150A
H	08	1509	0B	H
FF	FF	150A	FF	08
L				L
FF				33

Der Programmierer bestimmt den Wert des Stackpointers durch den Befehl LXI. Die
Definition des Stackpointer-Inhaltes vor irgendeiner Stackoperation ist nötig, um eine
richtige Funktion des Programms zu gewährleisten.

5. Früher wurden die Parameter oft unmittelbar in die Speicherzellen nach dem
   Programmaufruf gelegt. Dies führt jedoch zur Vermengung von Daten- und Programm-
   bereichen und lässt sich auch nicht immer in Ferstwertspeichern (ROMs) realisieren.

2.5.6   Programmiersprachen

Das sequenzielle Abarbeiten eines Programms und der Wortschatz erinnert an den
Befehlsvorrat und führt zum Vergleich der Sprachen. Ein Programm kann durch einen
Namen symbolisch bezeichnet werden. Dieser Name lässt sich auch als Befehl ansehen,
hinter dem die spezifische Leistung des Programms steht. Tatsächlich gibt es oft in
Mikroprozessoren und Mikrocontrollern spezielle Befehle, die ihrerseits durch intern
Programme realisiert sind. Solche Befehle können höher mathematische Funktionen,
Tabellensuchoperationen, Operationen zum Retten von Registerinhalten usw. sein.
   Diese Eigenschaft ermöglicht es auf jedem Computer neue Befehle mit beliebigen
Eigenschaften zu erfinden bzw. zu definieren. Entwickelt man für eine Problemkate-
gorie besonders geeignete Befehle führt dies zur Bildung problemorientierter Sprachen.
Für die Kategorie Mathematik wurde u. a. FORTRAN und ALGOL, für kommerzielle
Zwecke COBOL und für Simulationen SIMULA entwickelt. Es gibt eine Vielzahl
weiterer standardisierter Sprachen.
   Die Einführung dieser Sprachen brachte den Vorteil der menschlichen Unabhängig-
keit von Computertypen, vorausgesetzt die Sprachbegriffe waren in die jeweils benötigte
Maschinensprache zu übersetzen. Beispielsweise muss der mathematische Begriff
„Wurzel" für jeden Computertyp durch ein anderes Programm formuliert werden.
   Die höheren Programmsprachen versuchen sich möglichst an die Umgangssprache
anzulehnen. Dadurch soll erreicht werden, dass sich Programme leicht verständlich selbst beschreiben und dass der Programmierer sich nicht um Rechnerstrukturen
kümmern muss. Beispielsweise lassen sich mathematische Formeln unmittelbar nieder-
schreiben. Der Vorteil der bequemen Handhabung und der Unabhängigkeit vom
Computertyp wird durch Standardisierung erreicht. Der Nachteil standardisierter

Sprachen liegt in einer gewissen Starrheit gegenüber Weiterentwicklungen und darin, dass besondere Leistungen eines CPU-Typs oft nicht ausgenutzt werden. Programme, die Zeit- oder Speicherplatz kritisch sind, müssen u. U. ganz oder teilweise in der Maschinensprache geschrieben werden. Ist ein Programm in einer problemorientierten Sprache geschrieben, so übersetzt es der Compiler in den Maschinencode. Der Compiler ist ebenfalls ein Programm, das für jeden Computertyp vorgegeben sein muss.

Auch auf der Maschinenebene lässt sich mithilfe des Computers das Programmieren erleichtern. Die bitweise

Anordnung von Programmen oder Daten im Computer wird bei der Ein- und Ausgabe oft im Oktal- oder Sedezimalsystem dargestellt. Ein weiterer Schritt ist die Verschlüsselung des Befehlscodes in mnemotechnische Ausdrücke. Der Befehl „Addiere" wird dann beispielsweise durch „A" ersetzt. Die Zahlen werden dezimal und Texte in Klarschrift dargestellt.

Der Assembler, ein Programm, das dem Compiler sehr ähnlich, jedoch einfacher ist, übersetzt diese Schreibweise in den Maschinencode. Im Gegensatz zum Compiler entspricht dabei jeder externe Befehl einem internen Befehl. Nach der Übersetzung ist das Programm betriebsbereit.

Eine weitere Vereinfachung bringt die Einführung von symbolischen Adressen. Bei einem lauffähigen Programm beziehen sich bestimmte Befehle auf Adressen im eigenen Programm (Sprungbefehle) und auf Adressen des Datenspeichers. Da sich in der Entstehungsphase eines Programms die Adressenzuordnung oft ändert, gelegentlich auch noch gar nicht möglich ist, erfolgt diese beim Assemblieren.

Zuvor verwendet man symbolische Adressen (Namen). Beispiel: Speichere nach „Ergebnis". Der Assembler reserviert sich automatisch einen Speicherort für „Ergebnis" und setzt dann die absolute Adresse in den Befehl ein. Der Befehl springe nach „Teil 1" wird entsprechend interpretiert. Die Bezeichnung „Teil 1" muss sich vor dem Befehl befinden, auf den gesprungen wird.

Von wenigen Ausnahmen abgesehen, sind die verschiedenen Mikroprozessor- und Mikrocontroller-Typen nicht softwarekompatibel, d. h. ein für den Typ AVR geschriebenes Programm läuft nicht auf dem Typ Intel und umgekehrt. Der Grund liegt im unterschiedlichen Hardwareaufbau, aus dem verschiedene, dort wenn ähnliche Befehlssätze folgen.

Andererseits gibt es zwischen den einzelnen Mikroprozessoren und Mikrocontrollern auch keine prinzipiellen Unterschiede. Die Unterschiede beziehen sich auf die Zahl und den Komfort der Befehle, auf die parallel zu verarbeitende Wortlänge, die Schnelligkeit, die Anchlussmöglichkeit der Peripherie usw. Leider gibt es bei den Mikroprozessor- und Mikrocontroller-Herstellern oft unterschiedliche Bezeichnungen für Befehlstypen und Adressierungsarten bei gleichen Funktionen. Da die Kurzbezeichnungen der Befehle unterschiedliche Abkürzung der englischen Namen sind und so auch von den Assemblern verstanden werden, ist keine Normung möglich.

2.6   Hard- und Software von Mikrocontrollern

Das STK500 ist ein umfangreich ausgestattetes Starterkit für die Flash-Mikrocontroller
der AVR Serie von Atmel. Das Kit erlaubt den Einsatz nahezu aller AVR-Typen. Hierzu
sind auf der Platine mehrere Stecksockel (DIP) montiert. Es ist alles enthalten, um sofort
mit der praktischen Arbeit zu beginnen.

Die Hardware des STK500 bietet:

- Sockel für AVR-Bausteine im DIP8-, DIP20-, DIP28- und DIP40-Gehäuse
- Alle Portsignale sind auf Steckverbindern zugänglich
- Takt, Spannung und Reset sind flexibel konfigurierbar
- RS232-Interface als PC-Interface zur Programmierung und Steuerung
- zusätzlicher zweiter RS232-Port zur freien Benutzung
- Serielle In-System Programmierung (ISP), auch für externe Targets
- Parallele High-Voltage Programmierung wird unterstützt
- Spannungsregler on-board (10…15 V-Gleichstromnetzteil erforderlich)
- 8 Tasten zur freien Benutzung
- 8 LEDs zur freien Benutzung
- Erweiterungsschnittstelle für Einsteckmodule

Entwickler können mit dem STK500 auf komfortable Weise Software für neue
Anwendungen implementieren und testen, denn zum STK500 gehört die Entwicklungsumgebung von AVR-Studio. Dieses leistungsfähige Softwareentwicklungstool bündelt
alle benötigten Funktionen – vom Assembler bis zum Simulator. Im STK500 Starterkit sind zusätzlich zum STK500-Entwicklungsboard noch ein Satz Anschluss- und Ver-
bindungskabel, AVR-Musterbausteine und eine CD-ROM mit Software, Datenblättern
und Applikationsinformationen enthalten.

Das STK501 ist ein Adapterboard für AVR-Bausteine der ATmega Familie im
64-poligen QFP-Gehäuse. Es verfügt über einen hochwertigen Nullkraftsockel und wird
einfach auf das (separat erhältliche) STK500 Entwicklungskit aufgesteckt.

Neben der Unterstützung von neuen AVR-Bausteinen (z. B. ATmega103, ATmega128,
ATmega64) bietet das STK501 außerdem zusätzliche Peripherieoptionen, z. B. einen
zweiten RS232C-Treiber, XRAM-Interface und JTAG-Anschluss.

Abb. 2.32 zeigt eine universelle STK500-Adapterplatine und wird nur von
AVR-Studio in der Version 3.2 oder höher unterstützt.

Benötigt wird außerdem ein externes +10 bis +15 V Gleichstromnetzteil. In
der Eingangsschaltung befindet sich ein Brückengleichrichter und man kann die
STK500-Adapterplatine mit Positiv- wie auch mit Masse-Mittelkontakt betreiben.

Wenn der Mittelkontakt auf +U gelegt ist, kann es unter Umständen nicht möglich
sein, das STK500 auszuschalten, da bei der STK500-Adapterplatine die Masse nicht verbunden ist. In diesem Fall kann das Board entweder über das RS-232-Kabel oder eine

andere Quelle mit Masse verbunden werden. Man schließt nun die Stromversorgung mit einem externen Netzteil an. Über den Power-Schalter kann man nun das Board ein- und ausschalten. Die rote LED leuchtet, wenn das Board eingeschaltet ist und die Status-LED wechselt von rot über gelb nach grün. Die grüne LED zeigt an, dass am AVR die Zielspannung +U anliegt. Das im Programmspeicher des AVR befindliche Programm läuft nun.

Um den Mikrocontroller zu programmieren, muss man den Anschluss „ISP6PIN" mit „SPROG3" mit dem beiliegenden 6-adrigen Flachbandkabel verbinden wie es in Abb. 2.33 gezeigt wird. Man verbindet das RS232 (SubD-9)-Kabel mit dem „RS232CTRL" bezeichneten Anschluss auf der STK500-Adapterplatine und das andere Ende mit einem freien COM-Port des PC.

Nun Installiert man die AVR-Studio Software auf dem PC. Wenn das AVR-Studio installiert und gestartet ist, wird automatisch erkannt, an welchem Port das STK500 angeschlossen ist.

Das STK500 wird von der AVR-Studio Software gesteuert (Version 3.2 oder höher). AVR-Studio ist eine Entwicklungsumgebung (IDE) für die Entwicklung und Fehlerbeseitigung in AVR-Anwendungen. AVR-Studio beinhaltet ein Projekt-Management Tool, einen Quell-Code-Editor, Simulator, eine In-Circuit-Schnittstelle und eine ISP-Schnittstelle für das STK500.

Um ein compiliertes HEX-File in den Programmspeicher des Mikrocontrollers zu übertragen, wählt man „STK500" aus dem „Tools"-Menü in dem AVR-Studio.

Man wählt den Ziel-Controller aus dem Pull-Down-Menü des „Program"-Eintrags und wählt anschließend das HEX-File aus, welches übertragen werden soll.

Man drückt erst den „Erase"-Button und anschließend den „Program"-Button. Während der Programmierung des Controllers wechselt die Status-LED des STK500 von grün auf gelb. Wenn die Programmierung erfolgreich war, wechselt die LED wieder auf grün, andernfalls zeigt sie durch rotes Licht einen Fehler an.

2.6.1 Hardware-Beschreibung

Durch die verschiedenen Komponenten des STK500 ergibt sich eine universelle Platine, wie Abb. 2.34 zeigt.

Das STK500 enthält acht gelbe LEDs und acht Druckschalter. Die LEDs und Schalter lassen sich von der restlichen Schaltung mittels separater Leisten anschließen und können mit den 10-adrigen Flachbandkabeln an die AVR-E/A-Ports angeschlossen werden. Die Kabel sollten direkt an die Anschlussleisten angeschlossen werden und nicht verdreht oder verdrillt sein. Die rote Leitung am äußeren Rand der Kabel markiert Pin 1. Man vergewissert sich, dass diese Leitung jeweils mit Pin 1 der Anschlussleisten verbunden ist.

Die AVR-Bausteine können genug Strom liefern bzw. aufnehmen, um LEDs direkt anzusteuern.

Abb. 2.32 Universelle STK500-Adapterplatine

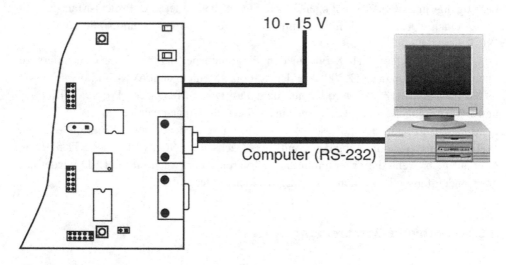

Abb. 2.33 Verbinden der STK500-Adapterplatine mit einem PC

Im STK500-Design werden die LEDs über einen Transistor mit zwei Widerständen angesteuert, um die LEDs unabhängig von der AVR Arbeitsspannung immer mit +5 V zu versorgen, bzw. bei fehlender Ansteuerung durch den AVR auszuschalten.

Die acht Schalter sind mit der Anschlussleiste verbunden. Durch Drücken eines Schalters wird der dazugehörige Pin SWx nach Masse gezogen, ein loslassen bzw. ein nicht gedrückter Knopf sorgt für ein Anliegen der Spannung +5 V am betreffenden Pin. Die zulässige Spannung beträgt hier $1,8\,V < +5\,V < 6,0\,V$.

Die AVRs besitzen interne Pull-Up-Widerstände, die aktiviert werden können. Damit können bei eigenen Schaltungsentwürfen externe Pull-Up entfallen. Im STK500-Design wurden die Widerstände dennoch hinzugefügt, sodass eine logische „1" an den betreffenden SWx-Pins anliegt, solange der betreffende Knopf nicht gedrückt ist. Der 150-Ω-Widerstand limitiert den Strom, der durch den AVR-Eingang fließt.

Die Verbindung mit den Schaltern und LEDs kann wahlweise mit allen E/A-Ports des AVR durch die 10-adrigen Flachbandkabel erfolgen. Die Anschlussleisten sind zusätzlich zu den Signalleitungen noch mit +5 V und GND (0 V) belegt.

Der PORTE/AUX-Anschluss hat eine besondere Funktion im Zusammenhang mit den PORTE-Pins.

Die speziellen Funktionen dieses Ports sind aus Tab. 2.2 zu entnehmen:

- REF (analoge Referenzspannung): Dieser Pin ist mit dem U_{REF}-Pin der Controller mit separatem Eingang für die analoge Referenzspannung verbunden.
- XT1 (XTAL 1 Pin): Dies ist das interne Haupttaktsignal, das an allen AVR-Sockeln anliegt. Wenn der XTAL1-Jumper nicht verbunden ist, kann hier ein externes Taktsignal angelegt werden.
- XT2 (XTAL 2 Pin): Wenn der XTAL1-Jumper nicht verbunden ist, kann hier zusammen mit XT1 ein Quarz angeschlossen werden.

Die Anschlüsse für die LEDs und Schalter verwenden die gleiche Pinbelegung wie die Anschlüsse der E/A-Ports.

Das STK500-Adapterplatine enthält zwei RS-232-Schnittstellen. Ein RS-232-Port ist für den Datenaustausch zwischen STK500 und AVR-Studio reserviert. Die zweite RS-232-Schnittstelle kann zur Kommunikation zwischen AVR und externen Schaltungen

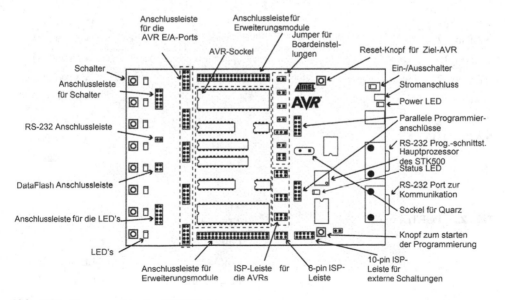

Abb. 2.34 Komponenten des STK500

oder PC-Programmen genutzt werden. Dafür müssen die UART-Pins des AVR physikalisch mit der RS-232-Schnittstelle verbunden werden.

Der 2-Pin-Anschluss mit der Bezeichnung „RS232-SPARE" kann dazu benutzt werden, um den AVR im Sockel des STK500 mit dem RS-232-Wandlerbaustein zu verbinden.

Zum Speichern von Daten, die auch beim Ausschalten der Versorgungsspannung erhalten bleiben, ist auf dem STK500 (nur ältere Modelle!) ein AT45D021 ein 2-Mbit DataFlash vorhanden.

Ein „DataFlash" ist ein „high-density" Flash-Speicher mit serieller SPI-Schnittstelle. Der Speicher kann mit den E/A-Pins der AVR-Sockel verbunden werden, indem man den 4-Pin-Anschluss mit der Bezeichnung „DATAFLASH" mit den gewünschten E/A-Pins des AVR-Controllers durch die mitgelieferten 2-adrigen Kabel verbindet. Das 10-adrige Flachbandkabel kann auch benutzt werden, wenn der DataFlash-Baustein mit der Hardware-SPI-Schnittstelle der AVR-Controller verbunden wird.

2.6.2   Programmiermodul

Das Programmiermodul besteht aus acht Sockeln in der weißen Fläche, die sich in der Mitte des STK500 befinden. Abb. 2.35 zeigt das Programmiermodul.

In diese Sockel werden die AVR-Controller zum Programmieren und zum Testen vom Programmen gesteckt. Es darf nur jeweils ein Controller gleichzeitig im Programmiermodul stecken!

Die Systemsoftware unterstützt folgende AVRs in allen Geschwindigkeitsstufen:

• ATtiny11	• AT90S4433
• ATtiny12	• AT90S4434
• ATtiny15	• AT90S8515
• ATtiny22	• AT90S8535
• ATtiny28	• ATmega8
• AT90S1200	• ATmega16
• AT90S2313	• ATmega161
• AT90S2323	• ATmega163

Tab. 2.2 PORTE-Anschluss

	ATmega161	AT90S4414/8515
PE0	PE0/ICP/INT2	ICP
PE1	PEI/ALE	ALE
PE2	PE2/OC1B	OC1B

• AT90S2333	• ATmega323
• AT90S2343	• ATmega103[a]
• AT90S4414	• ATmega128[a]

[a]Diese AVRs passen nicht in die Sockel des STK500 und können nur mit dem Zusatzboard STK501 oder anderen externen Schaltungen verwendet werden

Die Funktionstüchtigkeit des Flash-Speichers der AVR-Controller wird für 1000 Lösch-/ Schreibzyklen garantiert. Die durchschnittliche Lebenserwartung liegt jedoch wesentlich höher. Beim Einsetzen eines AVR-Controllers in den Sockel ist unbedingt auf die richtige Ausrichtung zu achten. Die Kerbe auf der Seite des Controllers muss mit der Kerbe im Sockel des STK500 übereinstimmen. Wenn der Controller falsch herum eingesetzt wird kann es zu Schäden am Mikrocontroller und auch am STK500 kommen.

Der eingesetzte Mikrocontroller kann mit AVR Studio auf zwei verschiedene Arten im System programmiert werden:

1. AVR „In-System-Programming" bei normaler Betriebsspannung
2. High-Voltage Programming und hier beträgt die Spannung immer +5 V.

Beim In-System-Programming wird das AVR interne SPI (Serial Periphal Interface = serielle Peripherie-Schnittstelle) benutzt um den Programmcode in den Flash und/oder EEPROM-Speicher des AVR zu laden. ISP benötigt nur +5 V, GND (0 V oder Masse), RESET und drei Signalleitungen zum Programmieren. Alle AVRs (außer AT90S8534, ATtiny11 und ATtiny28) können per ISP bei normaler Betriebsspannung, normalerweise zwischen 2,1 V und 6 V, programmiert werden. Es werden keine „Hochspannungsleitungen" benötigt, wobei der ISP-Programmer Flash und EEPROM programmieren können. Der Programmer kann auch die Fuse-Bits zum Auswählen der Takteinstellungen, Startverzögerung und der internen Brown-Out-Detection (BOD) der meisten AVRs setzen.

Durch das High-voltage Programming lassen sich auch die AVRs programmieren, die nicht durch ISP programmierbar sind. Manche AVRs benötigen zum Setzen bestimmte Fuse-Bits High-Voltage Programming.

Da die Programmier-Schnittstelle bei den AVRs an unterschiedlichen Pins liegt, gibt es drei verschiedene ISP-Anschlüsse auf dem STK500 um die Programmiersignale mithilfe des beigelegten 6-adrigen Flachbandkabels zu den richtigen Pins der AVRs zu leiten. Welche der drei ISP-Schnittstellen des STK500 mit welchen Sockeln verbunden sind, wird über eine Farbcodierung und ein Nummernsystem festgelegt.

Während der ISP-Programmierung muss das 6-adrige Flachbandkabel ständig mit dem Anschluss mit der Bezeichnung „ISP6PIN" verbunden sein. Beim Programmieren von AVRs im blauen Sockel muss das andere Ende mit dem korrespondierenden grünen Anschluss mit der Bezeichnung „SPROG1" verbunden werden. Analog dazu wird mit dem grünen (SPROG2) und dem roten (SPROG3) Sockel verfahren.

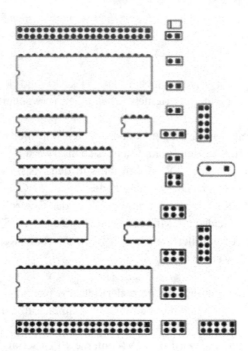

Abb. 2.35 Programmiermodul STK500

Das 6-adrige Kabel sollte nicht verdreht oder verdrillt werden. Auch hier markiert eine rote Leitung Pin 1 und man sollte sich vergewissern, dass diese Leitung auch tatsächlich mit dem entsprechenden Pin 1 des SPI-Anschlusses verbunden ist.

Beim Programmieren von 8-Pin AVRs sollte man folgendes beachten: Pin 1 wird bei manchen AVRs sowohl als RESET als auch als PB5 genutzt (ATtiny11, Altiny12 und ATtiny15). Das während der ISP-Programmierung benötigte Reset-Signal ist also nicht an diese Sockel geführt. Dies kann jedoch geändert werden, indem für die Programmierung eine Verbindung zwischen RST vom PORTE-Anschluss zwischen PB5 vom PORTB-Anschluss hergestellt wird.

2.6.3 ANSI-C-Compiler für AVR-Typen

Der ImageCraft C-Compiler ICCV7 für AVR unterstützt alle ATtiny- und AT90S-Bausteine mit internem RAM, die ATmega-Typen sowie den AT94K FPSLIC.

Der Compiler bietet den vollen ANSI-Sprachumfang, d. h. beispielsweise auch 32-Bit Longvariablen, Fließkommaarithmetik (IEEE Single-Precision-Format), Strukturen und Unions. Eine dynamische Speicherverwaltung (Heap) ist ebenso implementiert. Die Standardbibliothek ist ein auf Embedded Control abgestimmtes Subset des

ANSI-Bibliotheksumfangs. Die Quelltexte der Bibliotheken werden mitgeliefert und sind auch im Internet vorhanden. Dank Assemblerintegration, sowohl „Inline" als auch eigenständige Module, sind systemnahe Zugriffe effizient implementierbar. Selbstverständlich werden auch Interruptroutinen auf C-Level unterstützt.

Die Compilerkomponenten sind „verpackt" in eine leistungsfähige integrierte 32-Bit-Entwicklungsumgebung (ICCIDE). Der Editor der ICCIDE bietet eine farbliche Hervorhebung der Quelltextbestandteile (Syntax-Coloring) und in der ICCIDE ist ein Terminalemulator mit variablen Baudraten enthalten.

Umfangreiche Programme lassen sich mit der integrierten Projektverwaltung einfach handhaben. „Dependency-Check" und „Makefile-Generierung" übernimmt die IDE automatisch. Durch eine Schnittstelle zu AVR-Studio ist Source-Level-Debugging möglich.

- Integrierter Editor mit Syntax-Highlighting
- Doppelklick auf eine Fehlermeldung springt sofort zur jeweiligen Zeile im Quelltext
- Integrierte Projektverwaltung erleichtert Erstellung von Multidatei-Projekten mit Dependency-Check und automatischer Makefile-Generierung
- Übersetzen selbst umfangreicher Programmprojekte mit minimalem Aufwand!
- Übersichtliche Dialogboxen zur Einstellung der Compiler-, Linker und Target-optionen
- Integrierter Terminalemulator mit variablen Baudraten

Mit einer zulässigen Codegröße von 64 kByte deckt die Standardversion des ICCV7 bereits nahezu alle Entwicklerwünsche ab. Einige wesentliche Eigenschaften von ICCV7 in Stichpunkten:

- Optimierender ANSI-C-Compiler für die Controller aus der Atmel AVR-Familie (außer Typen ohne RAM)
- Integrierte Entwicklungsumgebung ICCIDE und läuft auf 32-Bit-Windows
- Volle Unterstützung aller ANSI-C Sprachelemente (inkl. long, struct, union usw.)
- „Application Builder" vereinfachte Erstellung vom Initialisierungscode
- Assembleranweisungen lassen sich beliebig über C-Anweisungen in den C-Quelltext einfügen
- C- und Assembler-Module lassen sich kombinieren
- #pragma-Anweisungen zur Definition von Interruptfunktionen
- Fließkommaunterstützung im IEEE Single-Precision-Format (sowohl float als auch double sind vier Byte lang, Fließkommaroutinen sind nicht wiedereintrittsfähig)
- Dynamische Speicherverwaltung (Heap)
- Preprocessor akzeptiert auch Kommentare im C++ Stil ('//')
- Der Compiler produziert stets eine Assemblerdatei und der Crossassembler erzeugt daraus relozierbare Objektdateien für den Linker
- Quelltexte der Bibliotheksfunktionen sind im Lieferumfang enthalten
- Ausgabeformate Intel-Hex oder AVR COFF

ICCV7 (die Nachfolgeversion von V6 Pro) unterstützt zusätzlich ATmega-Bausteine mit mehr als 64 kByte Codegrößen (128 kByte, 256 kByte) und bietet außerdem einen Advanced-Code-Compressor. Diese Möglichkeit reduziert die Codegröße eines Programms um ca. 5…15 %, d. h. in vielen Fällen, dass eine Applikation mit einem kleineren, preisgünstigeren AVR-Chip auskommt und eine signifikante Kostenreduzierung bei Serienprodukten vorhanden ist.

Das Typkonzept der Sprache C bietet Voraussetzungen für einen direkten und effektiven Zugriff auf die zugrunde liegende CPU. Als Grunddatentypen gibt es den Zeichentyp, verschiedene Integer- und Realtypen, den Aufzählungstyp, sowie den Typ für die leere Wertemenge. Weiterhin existieren Möglichkeiten, zusammengesetzte Datentypen zu bilden, z. B. Felder, Strukturen und Zeiger.

In der Sprache C werden Variablen – als symbolische Repräsentation von Speicherplatz – durch ihren Typ und ihre Speicherklasse beschrieben.

Eine Variable muss vor ihrer Benutzung vereinbart werden. Vereinbarungen bestehen aus einem Speicherklassenattribut und/oder einer Typspezifikation sowie einer Liste von Bezeichnern. Jeder Bezeichner legt den Namen einer Variablen fest.

```
int x;    /* x ist eine Variable für ganze Zahlen */
float y, z;   /* y und z sind Variablen für reelle Zahlen */
```

Die folgende Notation soll keine exakte Syntaxbeschreibung für Variablenvereinbarungen darstellen. Sie wird hier und an weiteren Stellen im Text gewählt, um die allgemein benutzte Form einer C-Sprachkonstruktion hervorzuheben. In spitze Klammern eingeschlossene Begriffe dienen dabei als „Platzhalter" für im konkreten Fall einzusetzende syntaktische Kategorien, wie Schlüsselwörter, Variablenbezeichner, Ausdrücke usw. Durch die Wahl der Begriffe soll deren intuitive Bedeutung ausgedrückt werden. Die Zeichenfolge „…" deutet die Möglichkeit der Wiederholung an. Alle anderen Zeichen sind sog. Terminalsymbole und müssen unverändert angegeben werden.

Die allgemeine Form einer Variablenvereinbarung lautet:

```
<speicherklasse> <typ> <bezeichner_1>, …, <bezeichner_n>;
```

Mit dem Speicherklassenattribut kann man Festlegungen über die Sichtbarkeit und Lebensdauer der Variablen treffen. In den meisten Fällen ergibt sich die Speicherklasse einer Variablen implizit aus der Stellung der Variablenvereinbarung. Häufig kann deshalb die Speicherklassenangabe weggelassen werden.

An dieser Stelle soll auf einen wesentlichen Unterschied in der Begriffsverwendung aufmerksam gemacht werden. Wenn von einer Vereinbarung die Rede ist, bleibt offen, ob mit der Spezifikation von Typ und Speicherklasse auch die Vergabe von Speicherplatz verbunden ist. Während bei der Deklaration nur die Attribute festgelegt werden, schließt die Definition die Bereitstellung von Speicherplatz ein. In Zusammenhängen, wo der Aspekt der Speicherplatzvergabe von Bedeutung ist, werden deshalb im Weiteren die Begriffe Definition bzw. Deklaration verwendet.

Bezeichner können aus Buchstaben, dem Zeichen _ (Unterstreichungszeichen) und Ziffern bestehen. Das erste Zeichen muss ein Buchstabe sein wobei _ als Buchstabe gilt. Es wird zwischen Groß- und Kleinbuchstaben unterschieden. Allgemein ist es jedoch üblich, für Bezeichner ausschließlich Kleinbuchstaben zu verwenden, um sie leicht von symbolischen Konstanten unterscheiden zu kennen. Bezeichner sollten so gebildet werden, da sie zur Eigendokumentation des Programms beitragen, z. B.

konto_nummer
betr_teil

Zwar existiert keine Beschränkung, wie lang Bezeichner sein dürfen, sind aber nur die ersten n Zeichen (n ≥ 8) signifikant.

Schlüsselwörter sind reserviert und dürfen nicht als Bezeichner verwendet werden, wie Tab. 2.3 zeigt.

Zu den Grunddatentypen gehören der Zeichentyp char, die Integertypen int, short, long, unsigned sowie die Realtypen float und double.

Variablen des Zeichentyps können Zeichen aus dem implementierten Zeichensatz und andere Bitkombinationen aufnehmen. Integervariable dienen zur Speicherung ganzer Zahlen. Länge und damit Wertebereich hängen von der jeweiligen CPU-Architektur ab, wobei hinsichtlich der Länge L gilt: L(short) <= L(int) <= L(long). Tab. 2.4 zeigt den Speicherplatzbedarf.

Eine 16-Bit-Integerzahl kann somit im Bereich von -32768 bis 32767 liegen, eine Integervariable vom Typ „long" liegt im Intervall -2^{31} und $2^{31} - 1$. Reelle Zahlen werden in Variablen der Realtypen float (einfache Genauigkeit) bzw. double (doppelte Genauigkeit) gespeichert. Wertebereich und Genauigkeit der Realtypen sind maschinen- und implementationsabhängig. Der Integertyp „unsigned" ist eine Besonderheit von C. Eine Variable dieses Typs wird als vorzeichenlose ganze Zahl betrachtet und das erweist sich in der systemnahen Programmierung oft als nützlich. Als Typspezifikationen sind in einer Vereinbarung verschiedene Kombinationen möglich:

short int /* gleichbedeutend mit short */
long int /* gleichbedeutend mit long */
unsigned int /* gleichbedeutend mit unsigned */
long float /* gleichbedeutend mit double */
unsigned short
unsigned short int /* gleichbedeutend mit unsigned short */
unsigned long
unsigned long int /* gleichbedeutend mit unsigned long */
unsigned char

Es muss darauf hingewiesen werden, dass einige Compilerimplementationen nicht alle der hier aufgeführten Typspezifikationen realisieren, das betrifft z. B. unsigned char und long float. Es folgen einige Beispiele für Variablenvereinbarungen:

- short int a1; /* a1 repräsentiert einen 16-Bit-Integerwert */
- short a2; /* ebenso die Variable a2 */
- int i, j; /* zwei „normale" Integervariable i und j */
- long k, l, m; /* Wertebereich von k, l und m: [-2^{31}, $2^{31} - 1$] */
- unsigned anz; /* Wertebereich von anz: [0, $2^{16} - 1$ bzw. $2^{32} - 1$]*/
- char c; /* für Zeichen des betreffenden Zeichensatzes */
- float x; /* einfach genaue Realvariable */
- double y, z; /* doppelt genaue Realvariable */

Im Weiteren werden auch die Begriffe integrale und arithmetische Typen verwendet. Den Zeichentyp, die Integertypen und den Aufzählungstyp rechnet man zu den integralen Typen. Zu den arithmetischen Typen gehören die integralen Typen und die Realtypen.

2.6.4 Integer-, Real-, Zeichen- und Zeichenkettenkonstanten

Die Programmiersprache C erlaubt die Verwendung von Integer-, Real-, Zeichen- und Zeichenkettenkonstanten.

Tab. 2.3 Schlüsselwörter

auto	do	for	return	typedef
break	double	goto	short	union
case	else	if	sizeof	unsigned
char	enum	int	static	void
continue	extern	long	struct	while
default	float	register	switch	

Tab. 2.4 Speicherplatzbedarf, abhängig von der CPU

Typ	16-Bit-CPU	32-Bit-CPU
char	8-Bit	8-Bit
int	16-Bit	32-Bit
short	16-Bit	16-Bit
long	32-Bit	32-Bit
float	32-Bit	32-Bit
double	64-Bit	64-Bit

- Integerkonstanten: Integerkonstanten können als Dezimalkonstanten (Basis 10), Oktalkonstanten (Basis 8) oder Hexadezimalkonstanten (Basis 16) vorkommen. Standardmäßig ist der Typ int, wenn nicht der zulässige Wertebereich über- bzw. unterschritten wird. In diesem Fall wird der Typ long angenommen, der auch explizit durch das nachgestellte Alphazeichen L oder l gefordert werden kann. Allgemein besteht eine Integerkonstante aus einer Ziffernfolge, wobei die zulässigen Ziffern von der Basis abhängen. Für die Dezimaldarstellung sind das die Zeichen 0 bis 9, für die Oktaldarstellung 0 bis 7 und für die Hexadezimaldarstellung 0 bis 9 und a bis f bzw. A bis F, d. h., die Werte 10 bis 15 werden durch die Buchstaben a bis f bzw. A bis F dargestellt. Steht vor der ersten signifikanten Ziffer eine 0, so wird die Ziffernfolge als Oktalkonstante interpretiert. Beginnt die Konstante mit der Zeichenfolge 0X oder 0x, so handelt es sich um eine Hexadezimalkonstante.

In den drei Beispielen sind als Kommentar Typ und äquivalente Darstellungen angegeben:

Dezimalkonstanten:	100	/* int;	0144, 0x64 */
	5L	/* long;	051, 0x51 */
	128043	/* long;	0372053, 0x1f42b */
Oktalkonstanten:	020	/* int;	16, 0x10 */
	01000L	/* long;	512, 0x200 */
	0177	/* int;	127, 0x7f */
Hexadezimalkonstanten	0X15	/* int;	21, 025 */
	0xFF	/* int;	255, 0377 */
	0x1ffffl	/* long;	131071, 0377777 */

- Realkonstanten: Realkonstanten bestehen aus einem ganzzahligen Anteil, einem Dezimalpunkt, einem gebrochenen Anteil, dem Zeichen E oder e und einem eventuell vorzeichenbehafteten Exponenten. Ganzzahliger und gebrochener Anteil sowie der Exponent stellen Folgen von Dezimalziffern dar. Verschiedene dieser Angaben können entfallen. Die folgenden Beispiele verdeutlichen die möglichen Notationen:

17631.0e-7   /* 17631E-7 */
1E-10   /* 0.0000000001 */
1.   /* 1.0 */
-3.25   /* −325.e-2 */
1.E+12   /* 1e12 */
.78   /* .078E1 */
.2e3   /* 200. */

Realkonstanten sind grundsätzlich vom Typ double.

- Zeichenkonstanten: Einzelne Zeichen werden durch Einschluss in Apostrophe dargestellt. Der numerische Wert einer Zeichenkonstanten hängt vom verwendeten

Zeichensatz ab, z. B. entspricht im ASCII-Zeichensatz die Zeichenkonstante 'a' der Integerkonstanten 0x61. Zeichenkonstanten besitzen den Typ int.

'0'   /* Ziffer Null als Zeichenkonstante */
'*'   /* das Zeichen * (Stern) */
' " '   /* Anführungszeichen */

Nichtdarstellbare Steuerzeichen, die Zeichen Apostroph und Backslash, sowie beliebige Bitkombinationen können wie folgt angegeben werden:

'\0'   /* Nullzeichen (oder kurz: NUL) */
'\n'   /* Newline-Zeichen (newline) */
'\t'   /* Tabulator-Zeichen (tabulator) */
'\b'   /* Backspace-Zeichen (backspace) */
'\f'   /* Seitenvorschub-Zeichen (formfeed) */
'\r'   /* Wagenrücklauf-Zeichen (carriage return) */
'\v'   /* Vertikal-Tabulator */
'\ '   /* Apostroph */
'\\'   /* Backslash-Zeichen */
'\nnn'   /* Bitmuster (nnn ist Folge von 1 bis 3 Oktalziffern) */

In allen Fällen wird nur ein Zeichen dargestellt. Folgt dem Zeichen \ in der Zeichenkonstanten ein Zeichen, das nicht in der Aufstellung angegeben wurde, so ist das Verhalten des Compilers laut /50/ undefiniert. Die Notationsmöglichkeiten von Zeichenkonstanten unterstützen die Lesbarkeit und Portabilität von Programmen, da die konkrete numerische Verschlüsselung eines Zeichens nicht bekannt sein muss.

- Zeichenkettenkonstanten: Eine Zeichenkettenkonstante ist eine in Anführungszeichen eingeschlossene Folge von Null oder mehreren Zeichen. Sie besitzt den Typ „Zeichenfeld", d. h., vom Compiler wird ein eindimensionales Feld von Zeichen erzeugt und mit \0 abgeschlossen. Demzufolge ist eine Zeichenkettenkonstante immer um ein Zeichen länger als tatsächlich angegeben. Das Zeichen \0 wird zur Endeerkennung benutzt. Nichtdarstellbare Steuerzeichen, das Anführungszeichen, das Zeichen Backslash und beliebige Bitkombinationen können wie in Zeichenkonstanten notiert werden.

    "int"
    "Mein erstes C-Programm!\n"
    "A" /* nicht zu verwechseln mit "A" */
    "\"abc\"" /* Zeichenfolge "abc" */
    " /* leere" Zeichenkette */

Während die Zeichenkonstante 'A' nur aus dem Buchstaben A besteht, stellt die Zeichenkettenkonstante "A" eine Folge von zwei Zeichen dar: A und das Zeichen \0.

Das Anführungszeichen selbst ist innerhalb einer Zeichenkettenkonstante als \" darstellbar. Die Notation " " repräsentiert eine leere Zeichenkettenkonstante. Sie besteht aus einem Byte mit dem Nullzeichen \0.

- Symbolische Konstanten: Häufig werden in C-Quelltexten symbolische Konstanten verwendet, um die Lesbarkeit von Programmen zu unterstützen. Die Vereinbarung einer symbolischen Konstanten kann mittels #define erfolgen.

```
#define    ZINS 3.25
#define    EOF (-1)
#define    NL '\n'
```

Beginnt eine Quelltextzeile mit der Zeichenfolge #define, so wird sie von einem Präprozessor (vor der eigentlichen Compilierung) ausgewertet. Symbolische Konstanten sind genaugenommen kein Bestandteil der Sprache. Die allgemeine Form der Definition einer symbolischen Konstanten lautet:

#define   <bezeichner> <zeichenfolge>

Der Präprozessor ersetzt die symbolische Konstante <bezeichner> bei jedem Auftreten im nachfolgenden Quelltext durch <zeichenfolge>.

Die Regeln zur Bildung von Namen für symbolische Konstanten sind analog zu denen für Variablenbezeichner. Es ist allgemeine Praxis, Konstantennamen als Folge von Großbuchstaben darzustellen. Als Ersetzungstext kann eine beliebige Zeichenfolge stehen. Treten symbolische Konstanten innerhalb von Kommentaren, in Zeichenkonstanten oder in Zeichenkettenkonstanten auf, so wird an diesen Stellen keine Ersetzung vorgenommen.

2.6.5 Ausdrücke und Operatoren

Ausdrücke bestehen aus Operanden und Operatoren. Die Operanden sind Variablen, Konstanten oder wiederum Ausdrücke. Die Auswertung jedes Ausdrucks liefert einen Wert, der sich aus der Verknüpfung von Operanden durch Operatoren ergibt.

- Wertzuweisung: Die Wertzuweisung ist ein Ausdruck und sie stellt die übliche Methode dar, einer Variablen einen bestimmten Wert zuzuordnen.

```
x = 0
y = x + 4
c = getchar ()
```

Der rechts vom Operator = stehende Ausdruck wird berechnet und sein Wert der Variablen auf der linken Seite zugewiesen. Die allgemeine Form einer Wertzuweisung lautet:

<lvalue> = <ausdruck>

Dabei ist unter <lvalue> ein Ausdruck zu verstehen, der sich auf einen modifizierbaren Hauptspeicherbereich bezieht und durch einen Typ gekennzeichnet ist. Das einfachste Beispiel hierfür ist ein Variablenbezeichner.

Im Gegensatz zu anderen Programmiersprachen besitzt C eine Wertzuweisung wie jeder andere Ausdruck stets einen Wert. Aus diesem Grunde sind Mehrfachzuweisungen wie z. B.

a = b = c = 1

erlaubt, die von rechts nach links berechnet werden, d. h.

a = (b = (c = 1))

Der Teilausdruck

c = 1

besitzt den Wert 1, der b zugewiesen wird usw. Allgemein gilt, dass der Wertzuweisungsoperator in einem Ausdruck wie jeder andere Operator benutzt werden kann. In einem Ausdruck

(c = getchar ()) = = '\n'

liefert die Funktion getchar das nächste Zeichen. Das Zeichen wird nach c gespeichert und stellt den Wert dieses Teilausdrucks dar. Anschließend wird geprüft, ob es sich bei diesem Wert und das Zeichen Newline ('\n') handelt. Derartige Konstruktionen tragen zu einer kompakteren Schreibweise bei.

- Arithmetische Operatoren: Als elementare arithmetische Operatoren gibt es den unären Operator
  - /* negatives Vorzeichen */
und die binären Operatoren

    +, -   /* Addition, Subtraktion */
    , /   / Multiplikation, Division */
    %   /* Rest der ganzzahligen Division */

Bei der Division x/y von positiven Integerwerten x und y wird der gebrochene Teil abgeschnitten. Ist einer der Operanden negativ, so ist die Form des Abschneidens maschinenabhängig. Der Divisionsrest kann durch x%y ermittelt werden. Welches Vorzeichen der Rest besitzt, hängt vom Maschinentyp ab. Der Operator % ist nur für Operanden mit integralem Typ erlaubt.

- Vergleichsoperatoren: Die Sprache C besitzt die Vergleichsoperatoren

$>, >=$ /* größer, größer gleich */
$<, <=$ /* kleiner, kleiner gleich */
$==$ /* gleich */
$!=$ /* ungleich */

Per Definition besitzt ein Vergleichsausdruck der Form

$<ausdruck_1> <rel\_op> <ausdruck_2>$

den Wert 1, wenn die durch $<rel\_op>$ spezifizierte Bedingung erfüllt ist, ansonsten den Wert 0. Es sei z. B. folgende Anweisungsfolge gegeben:

int x, y, schalter;
…
x = 4;
y = 2;
schalter = x > y;

Im Ergebnis der letzten Anweisung wird dem Variablenschalter der Wert 1 zugewiesen.

Ungewöhnlich ist die Notation des Vergleichsoperators $==$, der sorgfältig von dem Wertzuweisungsoperator $=$ unterschieden werden muss. Eine häufige Fehlerquelle, insbesondere bei Anfängern besteht darin, statt des beabsichtigten Vergleichsoperators den Zuweisungsoperator zu schreiben. Da bei einer Verwechslung syntaktisch korrekte Ausdrücke entstehen, ist die Ursache für das Fehlverhalten des Programms mitunter schwer zu entdecken. Das trifft z. B. zu, wenn man anstelle von
if (a $==$ 1) …

irrtümlich den syntaktisch zwar zulässigen, aber sicherlich nicht sinnvollen Text

if (a $=$ 1) …

notiert.

2.6.6 Anweisungen mit if-else, while, do-while

Die Möglichkeiten zur Steuerung des Programmablaufs korrespondieren mit sprachlichen Mitteln anderer Programmiersprachen. Dieser Abschnitt geht dabei nur auf die elementaren Steueranweisungen (if-else, while, do-while) ein.

Eine einfache Anweisung (expression statement) besteht aus einen Ausdruck, dem ein Semikolon folgt:
$<ausdruck>;$

Gewöhnlich handelt es sich bei <ausdruck> um eine Wertzuweisung oder einen Funktionsaufruf:

```
bytes = 0
printf ("Mein erstes C-Programm! \n");
schalter = x > y;
```

Der Trivialfall einer einfachen Anweisung ist die leere Anweisung. Sie besteht nur aus einem Semikolon;
und ist in bestimmten Situationen erforderlich.

Mithilfe geschweifter Klammern werden Vereinbarungen und Anweisungen zu einem Block (auch Verbundanweisung bezeichnet) zusammengefasst. Zum Beispiel bilden alle zu einer Funktion gehörenden Variablenvereinbarungen und Anweisungen einen Block, den sog. Funktionsblock:

```
main ()
{
int i, n;
…
i = 0
n = i + 1;
…
}
```

An jeder Stelle, wo eine Anweisung stehen darf, kann auch ein Block stehen. Der schließenden geschweiften Klammer folgt kein Semikolon und Blöcke können beliebig geschachtelt werden. Die Vereinbarung von Variablen ist nur am Blockanfang vor der ersten Anweisung möglich. Eine in einem Block vereinbarte Variable ist außerhalb des Blocks nicht sichtbar, d. h., auf sie kann nur innerhalb dieses Blocks zugegriffen werden.

Zur Auswertung von Entscheidungen gibt es die if-else-Anweisung.

```
if (<ausdruck>)
<anweisung₁>
else
<anweisung₂>
```

Der auszuwertende Vergleichsausdruck <ausdruck> muss in runde Klammern eingeschlossen werden. Besitzt <ausdruck> den Wahrheitswert TRUE, so wird <anweisung$_1$> ausgeführt. Wenn die Auswertung des Vergleichsausdrucks den Wahrheitswert FALSE liefert, so erfolgt die Ausführung von <anweisung$_2$>.

Es sei an dieser Stelle nochmals darauf hingewiesen, dass es sich bei <anweisung$_1$> bzw. <anweisung$_2$> sowohl um einzelne Anweisungen als auch um Blöcke handeln kann.

Der else-Zweig kann auch fehlen:

```
if (<ausdruck>)
<anweisung>
```

Zu beachten ist, dass in C kein spezieller boolean-Typ zur Darstellung von Wahrheitswerten existiert. Allgemein gilt, dass der Wahrheitswert eines Ausdrucks TRUE ist, falls sein numerischer Wert verschieden von Null und FALSE bei Null ist.

```
if (z != 0)
y = x/z;
else
print f ("Division durch 0\n");
```

Da nur geprüft wird, ob <ausdruck> einen Wert gleich oder ungleich Null besitzt, sind auch Kurzschreibweisen möglich, also

```
if (z)
y = x/z;
else
print f ("Division durch 0\n");
```

Beliebige Schachtelungen von if-else-if-Konstruktionen sind erlaubt. Ein eventuell folgender else-Zweig wird hierbei dem letzten else-losen if-Zweig zugeordnet. Ist es anders beabsichtigt, muss die gewünschte Abarbeitungsfolge durch gezielte Klammernsetzung erzwungen werden:

```
if (z ! = 0) {
if (x ! = 0)
y = x/z;
} else
print f ("Division durch 0\n");
```

Mit diesen Mitteln steht auch eine Form der Mehrwegentscheidung zur Verfügung:

```
if (<ausdruck₁>)
<anweisung₁>
else if (<ausdruck₂>)
<anweisung₂>
...
else if (<ausdruck_{n-1}>)
<anweisung_{n-1}>
else
<anweisung_n>
```

Die Vergleichsausdrücke werden der Reihe nach ausgewertet, bis ein Ausdruck gefunden wird, z. B. <ausdruck$_i$>, der den Wahrheitswert TRUE, d. h. einen Wert ungleich Null besitzt. In diesem Fall erfolgt die Ausführung des zugehörigen Anweisungsteils <anweisung$_i$>. Die Abarbeitung wird hinter der Gesamtkonstruktion fortgesetzt. Ist keine der Bedingungen erfüllt, so wird <anweisung$_n$> ausgeführt. Der letzte else-Zweig ist wiederum wahlweise.

Man unterscheidet zwei Varianten von while-Schleifen: while und do-while. Zunächst betrachtet man die allgemeine Form der while-Schleife:

```
while (<ausdruck>)
<anweisung>
```

Hierbei erfolgt als erstes die Auswertung von <ausdruck>. Bei einem Wahrheitswert TRUE wird <anweisung> ausgeführt und anschließend erneut der Vergleichsausdruck berechnet. Dies geschieht zyklisch so lange, bis die Auswertung von <ausdruck> einen Wahrheitswert FALSE ergibt und damit die Abarbeitung der while-Anweisung beendet ist. Besitzt <ausdruck> bereits beim ersten Durchlauf den Wahrheitswert FALSE, d. h., sein numerischer Wert ist gleich Null, so wird <anweisung> überhaupt nicht ausgeführt.

```
#define EOF (-1)
main () /* Kopieren eines Files */
{
int c;
while ((c = getchar)) ! = EOF)
putchar (c);
}
```

Dieses Programm liest zyklisch ein Zeichen mit getchar und gibt dieses Zeichen sofort wieder aus. Das geschieht so lange, bis die Fileendebedingung EOF erkannt wird. Der Ausdruck

(c = getchar ()) ! = EOF

muss vor der Anweisung

putchar (c);

ausgewertet werden, da das Eingabefile leer sein kann und bei EOF kein Zeichen mehr ausgegeben werden darf. Es könnte in diesem Zusammenhang die Frage auftauchen, warum c nicht als char-Variable definiert ist, sondern den Typ int besitzt. Das liegt daran, dass „getchar" in der Lage sein muss, alle möglichen Zeichenwerte als Funktionsergebnis zurückzugeben und darf darüber hinaus EOF auf den Integerwert −1 setzen.

Im Gegensatz zur while-Konstruktion wird bei der do-while-Schleife

```
do
<anweisung>
while (<ausdruck>);
```

die Bedingung <ausdruck> erst nach Ausführung von <anweisung> überprüft. Der Anweisungsteil einer do-while-Schleife wird also mindestens einmal abgearbeitet.

In den meisten Anwendungsfällen kann anstelle einer do-while-Anweisung auch eine while-Schleife verwendet werden. So auch in dem folgenden Programm, das ein File kopiert und dabei jedes Tabulatorzeichen durch eine festgelegte Anzahl von Leerzeichen ersetzt.

```
#define EOF (-1)
#define TABANZ 6
main () /* Filekopieren mit Tabulatorauswertung */
{
int c, i;
while ((c = getchar ()) ! = EOF) {
if (c == '\t') {
i = 0
do {
putchar (' ');
i = i + 1;
} while (i < TABANZ);
} else
putchar (c);
}
}
```

Natürlich könnte der gleiche Effekt durch eine while-Schleife erreicht werden:

```
...
i = 0;
while (i < TABANZ) {
putchar (' ');
i = i + 1;
}
...
```

2.6.7 Spezielle Operatoren

Einige der Operatoren von C sind in den meisten anderen höheren Programmiersprachen nicht vorhanden. Hierzu gehören:

- Inkrement- und Dekrementoperatoren, die spezielle Maschinenbefehle einiger Rechnerarchitekturen widerspiegeln
- Operatoren zur direkten Bitmanipulation
- zusammengesetzte Zuweisungsoperatoren zur kompakteren Codierung und effektiveren Auswertung häufig auftretender Zuweisungsausdrücke
- ein Entscheidungsoperator für Zweiwegeentscheidungen

Neben den bereits erläuterten arithmetischen Operatoren gibt es die unären Operatoren ++ zur Inkrementierung und – zur Dekrementierung des Operanden um den Wert 1. Beide Operatoren können nur auf einen Operanden angewendet werden, der sich auf einen modifizierbaren Speicherbereich bezieht. Ein solcher Operand wird auch Lvalue-Ausdruck (oder kurz Lvalue) bezeichnet. Das Ergebnis der Operationen ist kein Lvalue. Es ist erlaubt, Inkrement- und Dekrementoperatoren sowohl in der Präfix- als auch in der Postfixnotation zu verwenden:

```
++<lvalue> /* Präfixnotation */
-<lv al u e>
<lvalue >++ /* Postfixnotation */
<lvalue>-
```

Bei Verwendung der Präfixnotation ergibt sich der Ausdruckswert aus dem Wert des Operanden nach der Inkrementierung bzw. Dekrementierung. Im Gegensatz hierzu ist der Wert des Ausdrucks bei der Postfixnotation gleich dem Wert des Operanden vor Ausführung der Operation.

Folgende Beispiele verdeutlichen die unterschiedliche Wirkungsweise der Präfix- gegenüber der Postfixinkrementierung:

```
int x, y;
…
x = 3;
y = ++x; /* Präfixinkrementierung: x = x + 1; y = x; */1
…
x = 3;
y = x++; /*Postfixinkrementierung: y = x; x = x + 1; */
```

In beiden Fallen wird zunächst der Ausdruckswert auf der rechten Seite berechnet und anschließend der Variablen y zugewiesen. Demzufolge erhält y im ersten Fall den Wert 4, im Fall der Postfixinkrementierung jedoch den Wert 3. Außerdem wird der Wert von x jeweils um 1 erhöht.

Inkrement- und Dekrementoperationen sind Operationen mit Nebeneffekt d. h. der Haupteffekt besteht in der Ausdrucksberechnung, während die Inkrementierung bzw.

Dekrementierung des Operanden den Nebeneffekt darstellen. Oftmals jedoch ist der Nebeneffekt der eigentliche Zweck einer solchen Operation. Wird der Ausdruckswert nicht benötigt, ist es gleichgültig, ob man die Prüfix- oder die Postfixnotation anwendet.

```
int x;
...
x = 3;
++x; /* ist identisch zu: x++; */
```

Als erstes Beispiel soll eine Funktion zeigen, die für natürliche Zahlen n (n > 1) die Fakultät n! nach der Formel

$$n! = /*2* \dots *n$$

berechnet. Per Definition gilt

$$0! = 1$$

Der Quelltext der Funktion fakult zeigt, wie einfach diese Aufgabe gelöst werden kann.

```
long fakult (n) /* Berechnung von n! = 1 * 2* … *n */
int n;
{
long i, fak;
fak = i = 1;
while (++i <= n);
fak = fak * i;
return (fak);
}
```

Man betrachtet die Auswertung des Vergleichsausdrucks

++i <= n

Der Teilausdruck ++i besitzt den gleichen Wert wie i nach der Inkrementierung. Dieser Wert geht in den Vergleich mit n ein. Ist die Bedingung erfüllt, d. h., ist der Wahrheitswert des Vergleichsausdrucks TRUE, so wird der Schleifenkörper ausgeführt.

Als zweites Beispiel folgt eine Version des Filekopierprogramms, wobei der Dekrementoperator verwendet wird. Das Programm ersetzt jeden Tabulator durch eine Folge von Leerzeichen.

```
#include <stdio.h>
#define TABANZ 6
main () /* Filekopieren mit Tabulatorauswertung */
{
int c, i;
```

```
while((c = getchar ()) ! = EOF) {
if (c ! = '\'
putchar(c);
else {
i = TABANZ
while(i -):
putchar(' ');
}
}
}
```

Gegenüber dem vorhergehenden Beispiel ergibt sich der Wert des Ausdrucks

i −

aus dem Wert von i vor der Dekrementierung. Demzufolge wird der Schleifenkörper nur dann ausgeführt, wenn der „alte" Wert von i größer als 0 ist.

Die Operatoren zur Inkrementierung und Dekrementierung werden hauptsächlich beim elementweisen Verarbeiten von Feldern sowie im Zusammenhang mit Zeigeroperationen angewendet.

2.6.8　Bitorientierte Operatoren

Die bitorientierten Operatoren ermöglichen die direkte Manipulation einzelner Bits. Auf den meisten Rechnerarchitekturen können derartige Operationen durch den Compiler effektiv auf entsprechende Maschinenbefehle abgebildet werden. Neben den binären Operatoren

```
& /* UND: Maskieren von Bits */
|, ^ /* inklusives bzw. exklusives ODER */
», « /* Links- bzw. Rechtsverschiebung */
gibt es den unären Operator
~ /* Einerkomplement */
```

Die Operanden bitorientierter logischer Operatoren werden in jeder Bitposition nach folgenden Regeln miteinander verknüpft. Gegeben ist ein Ausdruck x <op> y. Tab. 2.5 zeigt die Wirkung der Operatoren &, | und ^ bezogen auf jede einzelne Bitposition.

Bei Anwendung des Operators & ist z. B. jedes Bit des Ausdruckswertes genau dann 1, wenn die korrespondierenden Bits beider Operanden 1 sind usw.

Bei Verschiebeoperationen der Form x « n bzw. x » n wird x um so viele Stellen nach links bzw. nach rechts verschoben, wie n angibt.

In einem Ausdruck ~x bewirkt der Einerkomplementoperator ~ das Vertauschen der Bitbelegung seines Operanden x.

Die Operanden bitorientierter Operationen unterliegen gewissen Forderungen:

- Sie müssen vom integralen Typ sein, z. B. char, short, int, unsigned, long oder eine der möglichen Kombinationen.
- Bei Verschiebeoperationen muss der Verschiebewert positiv und, gemessen in Bits, kleiner als die Länge des zu verschiebenden Operanden sein. Andernfalls ist das Ergebnis undefiniert.
- Bei der Linksverschiebung erfolgt ein Auffüllen der frei werdenden Bitpositionen mit 0, d. h., es handelt sich um eine logische Verschiebung. Bei der Rechtsverschiebung kann bei einem negativen Operandenwert eine arithmetische Verschiebung erfolgen, d. h., frei werdende Bitstellen werden mit 1 aufgefüllt. Für Werte vom Typ unsigned wird die logische Verschiebung garantiert.

Es soll nun die Anwendung einiger der bitorientierten Operatoren erklärt werden. Zu diesem Zweck nimmt man an, dass die Bitpositionen einer int-Variablen wie folgt durchnummeriert werden: Das Bit mit dem Stellenwert 2^0 belegt die Position 0, das Bit mit dem Stellenwert 2^1 belegt die Position 1 usw. Die Bitpositionen 0, 1 und 2 einer Variablen flag sollen als Anzeigebits benutzt werden.

```
#define ANZEIGE 07
#define BIT_POS_0 01
#define BITPOS_1 02
#define BITPOS_2 04
...
int flag;
```

Die erste Anweisung zeigt, wie man alle drei Anzeigebits setzen kann.

    flag = flag | ANZEIGE; /* Setzen der drei Anzeigebits auf 1 */

Nun werden alle Anzeigebits auf 0 gesetzt.

    flag = flag & ~ANZEIGE; /* Löschen aller Anzeigebits */1

~ANZEIGE ist ein Konstantenausdruck, der einem Oktalwert 0177770 entspricht. Das gilt für Rechnerarchitekturen mit einer Wortläge von 16 Bit. Bei Maschinen mit 32-Bit-Integerwerten entspricht ~ANZEIGE einem Oktalwert von 037777777770. Durch die UND-Verknüpfung werden alle Bitpositionen bis auf die Positionen 0, 1 und 2 maskiert. Der Ausdruck

    flag = flag & ~ANZEIGE

Tab. 2.5 Wirkung bitorientierter logischer Operatoren

x y	x & y	x | y	x ^ y
0 0	0	0	0
0 1	0	1	1
1 0	0	1	1
1 1	1	1	0

ist einem Ausdruck

    flag = flag & 0177770

vorzuziehen, da ~ANZEIGE unabhängig von der konkreten Länge des Datentyps int ist. Außerdem erfolgt die Berechnung von Konstantenausdrücken bereits während der Compilierung.

In der nächsten Anweisung benutzt man den Operator |, um die Bits der Positionen 0 und 2 der Variablen flag zu setzen.

    flag = flag | BITPOS_0 | BITPOS_2; /* Positionen 0 und 2 setzen */

Der Vergleichsausdruck der folgenden if-Anweisung testet, ob das in Position 1 stehende Bit von flag auf 1 gesetzt ist.

```
if (flag & BITPOS_1) { /* Abfrage, ob Bit 1 belegt */
...
}
```

Schließlich wird geprüft, ob nur das Anzeigebit in Position 0 gesetzt ist.

```
if (flag & ANZEIGE) == BITPOS_0) { /* Nur letztes Bit gesetzt? */
...
}
```

Dabei sichert der Teilausdruck

    flag & ANZEIGE

dass nur die Bitpositionen 0, 1 und 2 in den Vergleich eingehen.

Um die Anwendung bitorientierter Operatoren zu erklären, stellt man die Funktion „wordlen" vor. Sie berechnet die Länge des Datentyps „int" derjenigen Maschine, auf der die Funktion übersetzt und ausgeführt wird.

```
int wordlen () /* Anzahl der Bits, die ein int-Wert belegt */
{
int i;
unsigned int wort;
```

```
i = wort = 0
wort = ~wort;
while (wort ! = 0) {
wort = wort » 1;
i ++;
}
return (i);
}
```

Da „wort" ursprünglich mit dem Wert 0 initialisiert wurde, setzt

wort = ~wort;

alle Bitpositionen von „wort" auf 1. Die Anweisung

wort = wort >> 1;

verschiebt diese unsigned-Variable um jeweils eine Bitstelle nach rechts und füllt von links mit 0 auf. Das geschieht so oft, bis die Variable den Wert 0 besitzt. Nach jeder Verschiebeoperation wird der Zähler i um 1 erhöht und er stellt letztlich den Funktionswert dar. Die Lösung ist portabel, d. h., der Quellcode der Funktion kann ohne Änderung auf einen beliebigen Maschinentyp übertragen werden.

2.6.9   Logische Operatoren

Es gibt die binären logischen Operatoren

&& /* bedingtes logisches UND */
|| /* bedingtes logisches ODER */

sowie den unären Operator

! /* logische Negation */

Die logische Negation liefert den Wert 1, wenn der Operand den numerischen Wert 0 besitzt, ansonsten den Wert 0. Die Wirkung dieses Operators kann ausgenutzt werden, um den Wahrheitswert von Ausdrücken festzustellen. Wie bereits erwähnt, ist der Wahrheitswert eines Ausdrucks TRUE bzw. FALSE, wenn sein numerischer Wert ungleich 0 bzw. gleich 0 ist.

```
int schalter;

…

if (! schalter)
<anweisung₁>
else
<anweisung₂>
```

Besitzt die Variable „schalter" den Wert 0, wird <anweisung$_1$> ausgeführt. In allen anderen Fällen erfolgt die Ausführung von <anweisung$_2$>.

Enthalten Ausdrücke die bedingten logischen Operatoren && bzw. ||, so erfolgt die Ausdrucksauswertung von links nach rechts so lange, bis der Wahrheitswert des Gesamtausdrucks eindeutig festgestellt werden kann. Demzufolge besitzt ein logischer UND-Ausdruck den Wert 1 (und damit den Wahrheitswert TRUE) genau dann, wenn beide Operandenwerte verschieden von 0 sind. Ist der Wert eines Operanden gleich 0, so hat auch der UND-Ausdruck diesen Wert. Der rechte Operand wird nur dann ausgewertet, wenn der linke Operand verschieden von 0 ist. Für einen logischen ODER-Ausdruck gilt analog, dass der rechte Operand nur ausgewertet wird, wenn der Wert des linken Operanden gleich 0 ist. Der Gesamtausdruck ist TRUE, wenn wenigstens einer der Operanden einen Wert ungleich 0 besitzt. Logische Operatoren kann man auf Operanden mit arithmetischem Typ sowie auf Zeigerwerte anwenden. Logische Ausdrücke liefern immer Werte vom Typ „int".

Das Beispiel ist eine Variante des Filekopierprogramms, wobei die nicht druckbaren Zeichen eines Files in eine Zeichenfolge der Form \nnn transformiert werden.

```
#include <stdio.h>
#include <ctype.h>
main () /* Transformation nicht druckbarer Zeichen */
{
int c;
while ((c = getchar () ! = EOF)
if (isprint (c) || isspace (c))
putchar (c);
else
print f ("\\%.30", c);
}
```

Betrachtet man den Vergleichsausdruck der if-Anweisung etwas genauer und liefert „isprint" einen Wert ungleich 0, so steht der Wahrheitswert des Gesamtausdrucks bereits mit TRUE fest, und „isspace" wird nicht ausgeführt.

Als weiteres Beispiel zeigt man die Funktion „letter". Sie prüft, ob das Argument ein Buchstabe ist, und gibt in diesem Fall den Funktionswert 1 zurück, andernfalls 0.

```
int letter (c) /* liefert 1, falls c Buchstabe (nur ASCII) */
int c;
{
if (((c >= 'a') && (c <= 'z')) || (c >= 'A') && (c <= 'Z')))
return (1);
else
return (0);
}
```

Die Auswertung des Vergleichsausdrucks

$$((c >= \text{'a'}) \&\& (c <= \text{'z'})) \| ((c >= \text{'A'}) \&\& (c <= \text{'z'}))$$

erfolgt von links nach rechts. Wird der Funktion z. B. als Argumentwert ein Kleinbuchstabe übergeben, so besitzt der Teilausdruck

$$((c >= \text{'a'}) \&\& (c <= \text{'z'}))$$

den Wahrheitswert TRUE. Somit ist auch der Wahrheitswert des gesamten ODER-Ausdrucks mit TRUE festgestellt, und die Auswertung wird abgebrochen. Vergleichsoperatoren besitzen einen höheren Vorrang als logische Operatoren, d. h., vor der UND- bzw. ODER-Verknüpfung erfolgt jeweils die Auswertung der Vergleiche. Da der Vorrang von ‖ außerdem geringer als der von && ist, kann man sämtliche Klammern weglassen:

$$c >= \text{'a'} \&\& c <= \text{'z'} \| c >= \text{'A'} \&\& c <= \text{'Z'}$$

Die Funktion „letter" in der obigen Form arbeitet nur korrekt bei einem Zeichensatz, in dem die Groß- bzw. Kleinbuchstaben in geschlossener Folge angeordnet sind. Das ist z. B. im ASCII gegeben. Folgende Version funktioniert auch bei Verwendung des EBCDIC-Zeichensatzes.

```
{
int letter (c) /* Prüfung, ob c Buchstabe (portable Version) */
int c;
{
if (c >= 'a' && c <= 'i'
|| c >= 'j' && c <= 'r'
|| c >= 's' && c <= 'z'
|| c >= 'A' && c <= 'I'
|| c >= 'J' && c <= 'R'
|| c >= 'S' && c <= 'Z')
```

```
return (1);
else
return (0);
}
```

Man beachte den Unterschied, der zu den bitorientierten Operatoren & bzw. | besteht.

```
int x, y, z;
…
x = 1;
y = 2;
z = x & y; /* z erhält den Wert 0 */
z = x && y; /* z erhält den Wert 1 */
z = x | y; /* z erhält den Wert 3*/
z = x || y /* z erhält den Wert 1 */
```

Befehle der ATMEL-AVR-Mikrocontroller-Familie

3

3.1 Arithmetische und logische Befehle

ADC (Add with Carry): Addiere Register mit Carry-Flag

Syntax: ADC Rd, Rr	Funktion: Rd ← Rd + Rr + C
Der Inhalt des Registers Rr und das C-Flag (Carry-Flag) des Statusregisters werden zum Inhalt desRegisters Rd addiert. Das Ergebnis der Addition steht im Register Rd. Der Inhalt des Registers Rr bleibtunverändert (zulässig für Rd, Rr: r0 bis r31)	
beeinflusste Flags: H S V N Z C	Taktzyklen: 1

ADD (Add without Carry): Addiere Register ohne Carry-Flag

Syntax: ADD Rd, Rr	Funktion: Rd ← Rd + Rr
Der Inhalt des Registers Rr wird zum Inhalt des Registers Rd addiert. Das Ergebnis der Addition stehtim Register Rd. Der Inhalt des Registers Rr bleibt unverändert (zulässig für Rd, Rr: r0 bis r31)	
beeinflusste Flags: H S V N Z C	Taktzyklen: 1

ADIW (Add Immediate to Word): Addiere Wert zum Registerpaar

Syntax: ADIW Rd + 1, Rd, k63	Funktion: Rd + 1 : Rd ← Rd + 1 : Rd + k63
Der Wert k63 wird zum Inhalt des Registerpaares Rd + 1 : Rd addiert. Dabei gibt Rd das untere derbeiden Register an (zulässig für Rd: r24, r26, r28 und r30) (zulässig für k63: 0 bis 63)	
beeinflusste Flags: S V N Z C	Taktzyklen: 2

© Springer Fachmedien Wiesbaden GmbH, ein Teil von Springer Nature 2020
H. Bernstein, *Mikrocontroller*, https://doi.org/10.1007/978-3-658-30067-8_3

SBC (Subtract with Carry): Subtrahiere Register mit Carry-Flag

Syntax: SBC Rd, Rr	Funktion: Rd ← Rd − Rr − C
Der Inhalt des Registers Rr und das C-Flag (Carry-Flag) aus dem Statusregister werden vom Inhalt desRegisters Rd subtrahiert. Das Ergebnis der Subtraktion steht im Register Rd. Der Inhalt des Registers Rr wirddabei nicht verändert (zulässig für Rd, Rr: r0 bis r31)	
beeinflusste Flags: H S V N Z C	Taktzyklen: 1

SBCI (Subtract Immediate Carry): Subtrahiere Wert und Carry-Flag von Register

Syntax: SBCI Rd, k255	Funktion: Rd ← Rd − k255 − C
Der unmittelbare Wert k255 und das C-Flag (Carry-Flag) aus dem Statusregister werden vom Inhalt desRegisters Rd subtrahiert. Das Ergebnis der Subtraktion steht im Register Rd (zulässig für Rd: r16 bis r31) (zulässig für k255: 0 bis 255 oder $00 bis $FF)	
beeinflusste Flags: H S V N Z C	Taktzyklen: 1

SUB (Subtract without Carry): Subtrahiere Register ohne Carry-Flag

Syntax: SUB Rd, Rr	Funktion: Rd ← Rd − Rr
Der Inhalt des Registers Rr wird vom Inhalt des Registers Rd subtrahiert. Das Ergebnis der Subtraktionsteht im Register Rd. Der Inhalt des Registers Rr bleibt unverändert (zulässig für Rd, Rr: r0 bis r31)	
beeinflusste Flags: H S V N Z C	Taktzyklen: 1

SUBI (Subtract Immediate): Subtrahiere Wert vom Register

Syntax: SUBI Rd, k255	Funktion: Rd ← Rd − k255
Der unmittelbare Wert k255 wird vom Inhalt des Registers Rd subtrahiert. Das Ergebnis der Subtraktionsteht im Register Rd (zulässig für Rd: r16 bis r31) (zulässig für k255: 0 bis 255 oder $00 bis $FF)	
beeinflusste Flags: H S V N Z C	Taktzyklen: 1

SBIW (Subtract Immediate from Word): Subtrahiere Wert vom Registerpaar

Syntax: SBIW Rd + 1 : Rd, k63	Funktion: Rd + 1 : Rd ← Rd + 1 : Rd + k63
Der unmittelbare Wert k63 wird vom Inhalt des Registerpaars Rd + 1 : Rd subtrahiert, wobei Rd dasuntere der beiden Register angibt (zulässig für Rd: r24, r26, r28 und r30) (zulässig für k63: 0 bis 63)	
beeinflusste Flags: S V N Z C	Taktzyklen: 2

DEC (Decrement): Dekrement eines Registerinhalts

Syntax: DEC Rd	Funktion: Rd ← Rd − 1
Der Inhalt des Registers Rd wird um 1 dekrementiert (um 1 verringert). Das Ergebnis steht im RegisterRd. Das C-Flag (Carry-Flag) des Statusregisters wird dabei nicht beeinflusst, sodass der Befehl in Schleifen fürarithmetische Berechnungen benutzt werden kann. Dieser Befehl arbeitet bei vorzeichenlosen Werten nur mit denbedingten Sprungbefehlen BREQ und BRNE konsistent zusammen. Werden dagegen Werte im Zweierkomplement verwendet,stehen alle bedingten Sprungbefehle für vorzeichenbehaftete Werte zur Verfügung (zulässig für Rd: r0 bis r31)	
Beeinflusste Flags: S V N Z	Taktzyklen: 1

INC (Increment): Inkrement eines Registerinhalts

Syntax: INC Rd	Funktion: Rd ← Rd + 1
Der Inhalt des Registers Rd wird um 1 inkrementiert (um 1 erhöht). Das Ergebnis steht im RegisterRd. Das C-Flag (Carry-Flag) des Statusregisters wird dabei nicht beeinflusst, sodass der Befehl in Schleifen fürarithmetische Berechnungen benutzt werden kann. Dieser Befehl arbeitet bei vorzeichenlosen Werten nur mit denbedingten Sprungbefehlen BREQ und BRNE konsistent zusammen. Werden dagegen Werte im Zweierkomplement verwendet,stehen alle bedingten Sprungbefehle für vorzeichenbehaftete Werte zur Verfügung (zulässig für Rd: r0 bis r31)	
Beeinflusste Flags: S V N Z	Taktzyklen: 1

NEG (Two's Complement): Zweierkomplement

Syntax: NEG Rd	Funktion: Rd ← $00 − Rd
Es wird das Zweierkomplement des Inhalts des Registers Rd gebildet. Dabei wird vom Wert $00 der Inhaltdes Registers subtrahiert (zulässig für Rd: r0 bis r31)	
Beeinflusste Flags: N S V N Z	Taktzyklen: 1

TST (test for Zero or Minus): Teste, ob Register Null oder negativ ist

Syntax: TST Rd	Funktion: Rd ← Rd AND Rd
Dieser Befehl überprüft, ob der Inhalt des Registers Rd Null oder negativ ist. Zu diesem Zweck wirdder Inhalt dieses Registers mit sich selbst über UND verknüpft (zulässig für Rd: r0 bis r31)	
Beeinflusste Flags: H S V N Z	Taktzyklen: 1

3.2   Logische Befehle

AND (Logical AND): UND-Verknüpfung zweier Register

Syntax: AND Rd, Rr	Funktion: Rd ← Rd AND Rr
Der Inhalt des Registers Rr wird mit dem Inhalt des Registers Rd logisch mit UND verknüpft. DasErgebnis der Verknüpfung steht im Register Rd. Der Inhalt des Registers Rr bleibt unverändert (zulässig für Rd, Rr: r0 bis r31)	
Beeinflusste Flags: S V(0) N Z	Taktzyklen: 1

ANDI (Logical AND with Immediate): Logische UND-Verknüpfung und Register mit Wert

Syntax: AND Rd, k255	Funktion: Rd ← Rd AND k255
Der unmittelbare Wert k255 wird mit dem Inhalt des Registers Rd logisch mit UND verknüpft. DasErgebnis der Verknüpfung steht im Register Rd (zulässig für Rd: r16 bis r31) (zulässig für k255: 0 bis 255 oder $00 bis $FF)	
beeinflusste Flags: S V(0) N Z	Taktzyklen: 1

OR (Logical OR): Logische ODER-Verknüpfung zweier Register

Syntax: OR Rd, Rr	Funktion: Rd ← Rd OR Rr
Der Inhalt des Registers Rr wird mit dem Inhalt des Registers Rd logisch mit ODER verknüpft. DasErgebnis der Verknüpfung steht im Register Rd. Der Inhalt des Registers Rr bleibt unverändert (zulässig für Rd, Rr: r0 bis r31)	
Beeinflusste Flags: S V(0) N Z	Taktzyklen: 1

ORI (Logical OR with Immediate): Logische ODER-Verknüpfung und Register mit Wert

Syntax: OR Rd, k255	Funktion: Rd ← Rd OR k255
Der unmittelbare Wert k255 wird mit dem Inhalt des Registers Rd logisch mit ODER verknüpft. DasErgebnis der Verknüpfung steht im Register Rd (zulässig für Rd: r16 bis r31) (zulässig für k255: 0 bis 255 oder $00 bis $FF)	
Beeinflusste Flags: S V(0) N Z	Taktzyklen: 1

EOR (Exclusiv OR): Exklusiv-ODER-Verknüpfung zweier Register

Syntax: EOR Rd, Rr	Funktion: Rd ← Rd EOR Rr
Der Inhalt des Registers Rr wird mit dem Inhalt des Registers Rd logisch mit Exklusiv-ODERverknüpft. Das Ergebnis der Verknüpfung steht im Register Rd. Der Inhalt des Registers Rr bleibtunverändert (zulässig für Rd: r0 bis r31)	
Beeinflusste Flags: S V(0) N Z	Taktzyklen: 1

COM (One's Complement): Einserkomplement eines Registers

Syntax: COM Rd	Funktion: Rd ← $FF − Rd
Das Einserkomplement aus dem Inhalt des Registers Rd wird gebildet. Dazu wird vom konstanten Wert $FFder Inhalt des Registers Rd subtrahiert. Jene Bits im Register Rd, welche auf 1 sind, werden dabei auf 0 gesetztund jene Bits im Register Rd, welche auf 0 sind, werden dabei auf 1 gesetzt (zulässig für Rd, Rr: r0 bis r31)	
Beeinflusste Flags: S V(0) N Z C(1)	Taktzyklen: 1

3.3 Sprungbefehle

SBIC (Skip if Bit in I/O-Register is Cleared): Sprung, wenn Bit im I/O-Register gelöscht

Syntax: SBIC addr, bit	Funktion: If I/O(bit) = 0 then PC ← PC + 2(3) else PC ← PC + 1
Der nächste Befehl im Programmspeicher wird übersprungen, wenn das Bit „bit" im I/O-Register „addr"gelöscht ist. Ist dies nicht der Fall, wird die Programmausführung mit dem nächsten Befehl fortgesetzt. Im Falledes Überspringens eines Einwortbefehls wird der PC (Programm-zähler) um 2 erhöht und im Falle des Überspringenseines Zweiwortbefehls um 3 (zulässig für bit: 0 bis 7)(zulässig für addr: 0 bis 31 bzw.$00 bis $1F)	
Beeinflusste Flags: keine	Taktzyklen: 1 (2/3)

SBIS (Skip if Bit in I/O-Register is SET): Sprung, wenn Bit im I/O-Register gesetzt

Syntax: SBIS addr, bit	Funktion: If I/O(bit) = 1 then PC ← PC + 2(3) else PC ← PC + 1
Der nächste Befehl im Programmspeicher wird übersprungen, wenn das Bit „bit" im I/O-Register „addr"gesetzt ist. Ist dies nicht der Fall, wird die Programmausführung mit dem nächsten Befehl fortgesetzt. Im Falledes Überspringens eines Einwortbefehls wird der PC (Programmzähler) um 2 erhöht und im Fall des ÜberspringenseinesZweiwortbefehls um 3 (zulässig für bit: 0 bis 7)(zulässig für addr: r0 bis r31 bzw.$00 bis $1F)	
Beeinflusste Flags: keine	Taktzyklen: 1 (2/3)

SBRC (Skip if Bit in Register is Cleared): Sprung, wenn Bit im Register gelöscht

Syntax: SBRC Rr, bit	Funktion: If Rr(bit) = 0 then PC ← PC + 2(3) else PC ← PC + 1
Der nächste Befehl im Programmspeicher wird übersprungen, wenn das Bit „bit" im Register Rr gelöschtist. Ist dies nicht der Fall, wird die Programmausführung mit dem nächsten Befehl fortgesetzt. Im Fall desÜberspringens eines Einwortbefehls wird der PC (Programmzähler) um 2 erhöht, im Fall des Überspringens einesZweiwortbefehls um 3 (zulässig für bit: 0 bis 7)(zulässig für Rr: r0 bis r31)	
Beeinflusste Flags: keine	Taktzyklen: 1 (2/3)

SBRS (Skip if Bit in Register is Set): Sprung, wenn Bit im Register gesetzt

Syntax: SBRS Rr, bit	Funktion: If Rr(bit) = 1 then PC ← PC + 2(3) else PC ← PC + 1
Der nächste Befehl im Programmspeicher wird übersprungen, wenn das Bit „bit" im Register Rr gesetztist. Ist dies nicht der Fall, wird die Programmausführung mit dem nächsten Befehl fortgesetzt. Im Fall desÜberspringens eines Einwortbefehls wird der PC (Programmzähler) um 2 erhöht, im Fall des Überspringens einesZweiwortbefehls um 3 (zulässig für bit: 0 bis 7)(zulässig für Rr: r0 bis r31)	
Beeinflusste Flags: keine	Taktzyklen: 1 (2/3)

BRBC (Branch if Bit in SREG is Clear): Sprung, wenn Statusregisterbit gelöscht

Syntax: BRBC bit, k	Funktion: If SREG(bit) = 0 then PC ← PC + k + 1 else PC ← PC + 1
Dieser bedingte relative Sprung um den Wert k wird ausgeführt, wenn das mit „bit" angegebene Bit imStatusregister gelöscht ist (PC ← PC + k + 1). Ist dies nicht der Fall, wird mit jener Befehlszeile fortgefahren,die nach diesem Sprungbefehl steht (PC ← PC + 1). Mit dem Wert „bit" lässt sich jedes Bit im Statusregisteradressieren. Der Wert k wird als Zweierkomplement interpretiert, sodass relative Sprünge im Bereich −64 bis +63zum PC (Programmzähler) ausgeführt werden können. Der Wert k kann auch eine Sprungmarke sein	
Beeinflusste Flags: keine	Taktzyklen: 1 (2)

BRBS (Branch if Bit in SREG is Set): Sprung, wenn Statusregisterbit gesetzt

Syntax: BRBS bit, k	Funktion: If SREG(bit) = 0 then PC ← PC + k + 1 else PC ← PC + 1
Dieser bedingte relative Sprung um den Wert k wird ausgeführt, wenn das mit „bit" angegebene Bit imStatusregister gesetzt ist (PC ← PC + k + 1). Ist dies nicht der Fall, wird mit jener Befehlszeile fortgefahren,die nach diesem Sprungbefehl steht (PC ← PC + 1). Mit dem Wert „bit" lässt sich jedes Bit im Statusregisteradressieren. Der Wert k wird als Zweierkomplement interpretiert, sodass relative Sprünge im Bereich −64 bis +63zum PC (Programmzähler) ausgeführt werden können. Der Wert k kann auch eine Sprungmarke sein	
Beeinflusste Flags: keine	Taktzyklen: 1 (2)

BRCC (Branch if Carry Cleared): Sprung, wenn Carry-Flag gelöscht

Syntax: BRCC k	Funktion: If C = 0 then PC ← PC + k + 1 else PC ← PC + 1
Dieser bedingte relative Sprung um den Wert k wird ausgeführt, wenn das C-Flag (Carry-Flag) imStatusregister gelöscht ist (PC ← PC + k + 1). Ist dies nicht der Fall, wird mit jener Befehlszeile fortgefahren,die nach diesem Sprungbefehl steht (PC ← PC + 1). Der Wert k wird als Zweierkomplement interpretiert, sodassrelative Sprünge im Bereich −64 bis +63 zum PC (Programmzähler) ausgeführt werden können. Der Wert k kann aucheine Sprungmarke sein (äquivalent zu BRBC 0, k)	
Beeinflusste Flags: keine	Taktzyklen: 1 (2)

BRCS (Branch if Carry Set): Sprung, wenn Carry-Flag gesetzt

Syntax: BRCS k	Funktion: If C = 1 then PC ← PC + k + 1 else PC ← PC + 1
Dieser bedingte relative Sprung um den Wert k wird ausgeführt, wenn das C-Flag (Carry-Flag) imStatusregister gesetzt ist (PC ← PC + k + 1). Ist dies nicht der Fall, wird mit jener Befehlszeile fortgefahren,die nach diesem Sprungbefehl steht (PC ← PC + 1). Der Wert k wird als Zweierkomplement interpretiert, sodassrelative Sprünge im Bereich −64 bis +63 zum PC (Programmzähler) ausgeführt werden können. Der Wert k kann aucheine Sprungmarke sein (äquivalent zu BRBS 0, k)	
Beeinflusste Flags: keine	Taktzyklen: 1 (2)

BREQ (Branch if Equal): Sprung, wenn Zero-Flag gesetzt

Syntax: BREQ k	Funktion: If Z = 1 then PC ← PC + k + 1 else PC ← PC + 1
Dieser bedingte relative Sprung um den Wert k wird ausgeführt, wenn das Z-Flag (Zero-Flag) imStatusregister gesetzt ist (PC ← PC + k + 1). Ist dies nicht der Fall, wird mit jener Befehlszeile fortgefahren,die nach diesem Sprungbefehl steht (PC ← PC + 1). Steht dieser Befehl unmittelbar nach dem Befehl „CP Rd, Rr",„CPI Rd, k255", „SUB Rd, Rr" oder „SUBI Rd, k255", wird der Sprung nur dann ausgeführt, wenn die Werte (mit oderohne Vorzeichen) in den Registern Rd und Rr bzw. k255 gleich sind. Der Wert k wird als Zweierkomplementinterpretiert, sodass relative Sprünge im Bereich −64 bis +63 zum PC (Programmzähler) ausgeführt werdenkönnen. Der Wert k kann auch eine Sprungmarke sein (äquivalent zu BRBS 1, k)	
Beeinflusste Flags: keine	Taktzyklen: 1 (2)

BRGE (Branch if Greater or Equal (Signed)): Sprung, wenn Größer oder Gleich (vorzeichenbehaftet)

Syntax: BRGE k	Funktion: If S = 0 then PC ← PC + k + 1 else PC ← PC + 1
Dieser bedingte relative Sprung um den Wert k wird ausgeführt, wenn das S-Flag (Signed-Flag) imStatusregister gelöscht ist (PC ← PC + k + 1). Ist dies nicht der Fall, wird mit jener Befehlszeile fortgefahren,die nach diesem Sprungbefehl steht (PC ← PC + 1). Steht dieser Befehl unmittelbar nach dem Befehl „CP Rd, Rr",„CPI Rd, k255", „SUB Rd, Rr" oder „SUBI Rd, k255", wird der Sprung nur dann ausgeführt, wenn dervorzeichenbehaftete Wert im Register Rd größer oder gleich dem vorzeichenbehafteten Wert im Register Rr bzw. demvorzeichenbehafteten Wert k255 ist. Der Wert k wird als Zweierkomplement interpretiert, sodass relative Sprünge imBereich −64 bis +63 zum PC (Programmzähler) ausgeführt werden können. Der Wert k kann auch eine Sprungmarkesein (äquivalent zu BRBC 4, k)(zulässig für k255: 0 bis 255 bzw.$00 bis $FF)	
Beeinflusste Flags: keine	Taktzyklen: 1 (2)

BRHC (Branch if Half-Carry-Flag is Cleared): Sprung, wenn Half-Carry-Flag gelöscht

Syntax: BRHC k	Funktion: If H = 0 then PC ← PC + k + 1 else PC ← PC + 1
Dieser bedingte relative Sprung um den Wert k wird ausgeführt, wenn das H-Flag (Half-Carry-Flag) imStatusregister gelöscht ist (PC ← PC + k + 1). Ist dies nicht der Fall, wird mit jener Befehlszeile fortgefahren,die nach diesem Sprungbefehl steht (PC ← PC + 1). Der Wert k wird als Zweierkomplement interpretiert, sodassrelative Sprünge im Bereich −64 bis +63 zum PC (Programmzähler) ausgeführt werden können. Der Wert k kann aucheine Sprungmarke sein (äquivalent zu BRBC 5, k)	
Beeinflusste Flags: keine	Taktzyklen: 1 (2)

BRHS (Branch if Half-Carry-Flag is Set): Sprung, wenn Half-Carry-Flag gesetzt

Syntax: BRHS k	Funktion: If H = 1 then PC ← PC + k + 1 else PC ← PC + 1
Dieser bedingte relative Sprung um den Wert k wird ausgeführt, wenn das H-Flag (Half-Carry-Flag) imStatusregister gesetzt ist (PC ← PC + k + 1). Ist dies nicht der Fall, wird mit jener Befehlszeile fortgefahren,die nach diesem Sprungbefehl steht (PC ← PC + 1). Der Wert k wird als Zweierkomplement interpretiert, sodassrelative Sprünge im Bereich −64 bis +63 zum PC (Programmzähler) ausgeführt werden können. Der Wert k kann aucheine Sprungmarke sein (äquivalent zu BRBS 5, k)	
Beeinflusste Flags: keine	Taktzyklen: 1 (2)

BRID (Branch if Global Interrupt is Disabled): Sprung, wenn Interrupt-Flag gelöscht

Syntax: BRID k	Funktion: If I = 0 then
	PC ← PC + k + 1 else PC ← PC + 1
Dieser bedingte relative Sprung um den Wert k wird ausgeführt, wenn das I-Flag (Global-Inter-rupt-Flag)im Statusregister gelöscht ist (PC ← PC + k + 1). Ist dies nicht der Fall, wird mit jener Befehlszeilefortgefahren, die nach diesem Sprungbefehl steht (PC ← PC + 1). Der Wert k wird als Zweierkomplementinterpretiert, sodass relative Sprünge im Bereich −64 bis +63 zum PC (Programmzähler) ausgeführt werdenkönnen. Der Wert k kann auch eine Sprungmarke sein (äquivalent zu BRBC 7, k)	
Beeinflusste Flags: keine	Taktzyklen: 1 (2)

BRIE (Branch if Global Interrupt is Enabled): Sprung, wenn Interrupt-Flag gesetzt

Syntax: BRIE k	Funktion: If I = 1 then
	PC ← PC + k + 1 else PC ← PC + 1
Dieser bedingte relative Sprung um den Wert k wird ausgeführt, wenn das I-Flag (Global-Inter-rupt-Flag)im Statusregister gesetzt ist (PC ← PC + k + 1). Ist dies nicht der Fall, wird mit jener Befehlszeilefortgefahren, die nach diesem Sprungbefehl steht (PC ← PC + 1). Der Wert k wird als Zweierkomplementinterpretiert, sodass relative Sprünge im Bereich −64 bis +63 zum PC (Programmzähler) ausgeführt werdenkönnen. Der Wert k kann auch eine Sprungmarke sein (äquivalent zu BRBS 7, k)	
Beeinflusste Flags: keine	Taktzyklen: 1 (2)

BRLO (Branch if Lower (Unsigned)): Sprung, wenn kleiner (vorzeichenlos)

Syntax: BRLO k	Funktion: If C = 1 then
	PC ← PC + k + 1 else PC ← PC + 1
Dieser bedingte relative Sprung um den Wert k wird ausgeführt, wenn das C-Flag (Carry-Flag) imStatusregister gesetzt ist (PC ← PC + k + 1). Ist dies nicht der Fall, wird mit jener Befehls-zeile fortgefahren,die nach diesem Sprungbefehl steht (PC ← PC + 1). Steht dieser Befehl unmittelbar nach dem Befehl „CP Rd, Rr",„CPI Rd, k255", „SUB Rd, Rr" oder „SUBI Rd, k255", wird der Sprung nur dann ausgeführt, wenn der vorzeichenloseWert im Register Rd niedriger als der vorzeichenlose Wert im Register Rr bzw. vorzeichenlose Wert k255 ist. DerWert k wird als Zweierkomplement interpretiert, sodass relative Sprünge im Bereich −64 bis +63 zum PC(Programmzähler) ausgeführt werden können. Der Wert k kann auch eine Sprungmarke sein (äquivalent zu BRBS 0, k) (zulässig für k255: 0 bis 255 bzw.$00 bis $FF)	
Beeinflusste Flags: keine	Taktzyklen: 1 (2)

BRLT (Branch if Less Than (Signed)): Sprung, wenn kleiner (vorzeichenbehaftet)

Syntax: BRLT k	Funktion: If S = 1 then PC ← PC + k + 1 else PC ← PC + 1
Dieser bedingte relative Sprung um den Wert k wird ausgeführt, wenn das S-Flag (Signed-Flag) imStatusregister gesetzt ist (PC ← PC + k + 1). Ist dies nicht der Fall, wird mit jener Befehlszeile fortgefahren,die nach diesem Sprungbefehl steht (PC ← PC + 1). Steht dieser Befehl unmittelbar nach dem Befehl „CP Rd, Rr",„CPI Rd, k255", „SUB Rd, Rr" oder „SUBI Rd, k255", wird der Sprung nur dann ausgeführt, wenn dervorzeichenbehaftete Wert im Register Rd niedriger als der vorzeichenbehaftete Wert im Register Rrbzw. vorzeichenbehaftete Wert k255 ist. Der Wert k wird als Zweierkomplement interpretiert, sodass relativeSprünge im Bereich −64 bis +63 zum PC (Programmzähler) ausgeführt werden können. Der Wert k kann auch eineSprungmarke sein (äquivalent zu BRBS 4, k) (zulässig für k255: 0 bis 255 bzw.$00 bis $FF)	
Beeinflusste Flags: keine	Taktzyklen: 1 (2)

BRMI (Branch if Minus): Sprung, wenn negativ

Syntax: BRMI k	Funktion: If N = 1 then PC ← PC + k + 1 else PC ← PC + 1
Dieser bedingte relative Sprung um den Wert k wird ausgeführt, wenn das N-Flag (Negativ-Flag) imStatusregister gesetzt ist (PC ← PC + k + 1). Ist dies nicht der Fall, wird mit jener Befehlszeile fortgefahren,die nach diesem Sprungbefehl steht (PC ← PC + 1). Der Wert k wird als Zweier-komplement interpretiert, sodassrelative Sprünge im Bereich −64 bis +63 zum PC (Programm-zähler) ausgeführt werden können. Der Wert k kann aucheine Sprungmarke sein (äquivalent zu BRBS 2, k)	
Beeinflusste Flags: keine	Taktzyklen: 1 (2)

BRNE (Branch if Not Equal): Sprung, wenn ungleich

Syntax: BRNE k	Funktion: If Z = 0 then PC ← PC + k + 1 else PC ← PC + 1
Dieser bedingte relative Sprung um den Wert k wird ausgeführt, wenn das Z-Flag (Zero-Flag) imStatusregister gelöscht ist (PC ← PC + k + 1). Ist dies nicht der Fall, wird mit jener Befehls-zeile fortgefahren,die nach diesem Sprungbefehl steht (PC ← PC + 1). Steht dieser Befehl unmittelbar nach dem Befehl „CP Rd, Rr",„CPI Rd, k255", „SUB Rd, Rr" oder „SUBI Rd, k255", wird der Sprung nur dann ausgeführt, wenn die Werte (mit oderohne Vorzeichen) in den Registern Rd und Rr bzw. k255 nicht gleich sind. Der Wert k wird als Zweierkomplementinter-pretiert, sodass relative Sprünge im Bereich −64 bis +63 zum PC (Programmzähler) ausgeführt werdenkönnen. Der Wert k kann auch eine Sprungmarke sein (äquivalent zu BRBS 1, k) (zulässig für k255: 0 bis 255 bzw.$00 bis $FF)	
Beeinflusste Flags: keine	Taktzyklen: 1 (2)

BRPL (Branch if Plus): Sprung, wenn positiv

Syntax: BRPL k	Funktion: If N = 0 then PC ← PC + k + 1 else PC ← PC + 1
Dieser bedingte relative Sprung um den Wert k wird ausgeführt, wenn das N-Flag (Negativ-Flag) imStatusregister gelöscht ist (PC ← PC + k + 1). Ist dies nicht der Fall, wird mit jener Befehlszeile fortgefahren,die nach diesem Sprungbefehl steht (PC ← PC + 1). Der Wert k wird als Zweierkomplement interpretiert, sodassrelative Sprünge im Bereich −64 bis +63 zum PC (Programmzähler) ausgeführt werden können. Der Wert k kann aucheine Sprungmarke sein (äquivalent zu BRBS 2, k) ||
Beeinflusste Flags: keine	Taktzyklen: 1 (2)

BRSH (Branch if Same or Higher (Unsigned)): Sprung, wenn gleich oder größer (vorzeichenlos)

Syntax: BRSH k	Funktion: If C = 0 then PC ← PC + k + 1 else PC ← PC + 1
Dieser bedingte relative Sprung um den Wert k wird ausgeführt, wenn das C-Flag (Carry-Flag) imStatusregister gelöscht ist (PC ← PC + k + 1). Ist dies nicht der Fall, wird mit jener Befehlszeile fortgefahren,die nach diesem Sprungbefehl steht (PC ← PC + 1). Steht dieser Befehl unmittelbar nach dem Befehl „CP Rd, Rr",„CPI Rd, k255", „SUB Rd, Rr" oder „SUBI Rd, k255", wird der Sprung nur dann ausgeführt, wenn der vorzeichenloseWert im Register Rd gleich oder größer als der vorzeichenlose Wert im Register Rr bzw. vorzeichenloser Wert k255ist. Der Wert k wird als Zweierkomplement interpretiert, sodass relative Sprünge im Bereich 64 bis ⊦63 zum PC(Programmzähler) ausgeführt werden können. Der Wert k kann auch eine Sprungmarke sein (äquivalent zu BRBC 0, k) (zulässig für k255: 0 bis 255 bzw. $00 bis $FF) ||
Beeinflusste Flags: keine	Taktzyklen: 1 (2)

BRTC (Branch if T-Flag is Cleared): Sprung, wenn T-Flag gelöscht

Syntax: BRTC k	Funktion: If T = 0 then PC ← PC + k + 1 else PC ← PC + 1
Dieser bedingte relative Sprung um den Wert k wird ausgeführt, wenn das T-Flag (Transfer-Flag) imStatusregister gelöscht ist (PC ← PC + k + 1). Ist dies nicht der Fall, wird mit jener Befehlszeile fortgefahren,die nach diesem Sprungbefehl steht (PC ← PC + 1). Der Wert k wird als Zweierkomplement interpretiert, sodassrelative Sprünge im Bereich −64 bis +63 zum PC (Programmzähler) ausgeführt werden können. Der Wert k kann aucheine Sprungmarke sein (äquivalent zu BRBC 6, k) ||
Beeinflusste Flags: keine	Taktzyklen: 1 (2)

BRTS (Branch if T-Flag is Set): Sprung, wenn T-Flag gesetzt

Syntax: BRTS k	Funktion: If T = 1 then PC ← PC + k + 1 else PC ← PC + 1
Dieser bedingte relative Sprung um den Wert k wird ausgeführt, wenn das T-Flag (Transfer-Flag) imStatusregister gesetzt ist (PC ← PC + k + 1). Ist dies nicht der Fall, wird mit jener Befehlszeile fortgefahren,die nach diesem Sprungbefehl steht (PC ← PC + 1). Der Wert k wird als Zweier- komplement interpretiert, sodassrelative Sprünge im Bereich −64 bis +63 zum PC (Programm- zähler) ausgeführt werden können. Der Wert k kann aucheine Sprungmarke sein (äquivalent zu BRBS 6, k)	
Beeinflusste Flags: keine	Taktzyklen: 1 (2)

BRVC (Branch if T-Overflow-Flag Cleared): Sprung, wenn Overflow-Flag gelöscht

Syntax: BRVC k	Funktion: If V = 0 then PC ← PC + k + 1 else PC ← PC + 1
Dieser bedingte relative Sprung um den Wert k wird ausgeführt, wenn das V-Flag(Zweierkomple- ment-Overflow-Flag) im Statusregister gelöscht ist (PC ← PC + k + 1). Ist dies nicht der Fall, wirdmit jener Befehlszeile fortgefahren, die nach diesem Sprungbefehl steht (PC ← PC + 1). Der Wert k wird alsZweierkomplement interpretiert, sodass relative Sprünge im Bereich −64 bis +63 zum PC (Programmzähler) ausgeführtwerden können. Der Wert k kann auch eine Sprungmarke sein (äquivalent zu BRBC 3, k)	
Beeinflusste Flags: keine	Taktzyklen: 1 (2)

BRVS Branch if T-Flag Set): Sprung, wenn Overflow-Flag gesetzt

Syntax: BRVS k	Funktion: If V = 1 then PC ← PC + k + 1 else PC ← PC + 1
Dieser bedingte relative Sprung um den Wert k wird ausgeführt, wenn das V-Flag(Zweierkomple- ment-Overflow-Flag) im Statusregister gesetzt ist (PC ← PC + k + 1). Ist dies nicht der Fall, wirdmit jener Befehlszeile fortgefahren, die nach diesem Sprungbefehl steht (PC ← PC + 1). Der Wert k wird alsZweierkomplement interpretiert, sodass relative Sprünge im Bereich −64 bis +63 zum PC (Programmzähler) ausgeführtwerden können. Der Wert k kann auch eine Sprungmarke sein (äquivalent zu BRBS 3, k)	
Beeinflusste Flags: keine	Taktzyklen: 1 (2)

3.4   Vergleichsbefehle

CP (Compare): Vergleich zweier Register

Syntax: CP Rd, Rr	Funktion: Rd − Rr
Die Inhalte der Register Rd und Rr werden miteinander verglichen, ohne dabei die Inhalte zu verändern. Nach diesem Befehl können alle bedingten Verzweigungsbefehle (Sprungbefehle) folgen (zulässig für Rd, Rr: r0 bis r31)	
Beeinflusste Flags: H S V N Z C	Taktzyklen: 1 (2)

CPC (Compare with Carry): Vergleich zweier Register inklusiv Carry-Flag

Syntax: CPC Rd, Rr	Funktion: Rd − Rr − C
Die Inhalte der Register Rd und Rr werden miteinander verglichen, wobei auch das C-Flag (Carry-Flag)des Statusregisters miteinbezogen wird. Keines der verwendeten Register wird verändert. Nach diesem Befehl könnenalle bedingten Verzweigungsbefehle (Sprungbefehle) folgen (zulässig für Rd, Rr: r0 bis r31)	
Beeinflusste Flags: H S V N Z C	Taktzyklen: 1

CPI (Compare with Immediate): Vergleich Register mit Wert

Syntax: CPI Rd, k255	Funktion: Rd − k255
Der Inhalt des Registers Rd wird mit dem Wert k255 verglichen, wobei der Inhalt des Registers erhaltenbleibt. Nach diesem Befehl können alle bedingten Verzweigungsbefehle (Sprungbefehle) folgen (zulässig für Rd, Rr: r16 bis r31)(zulässig für k255: 0 bis 255 bzw. $00 bis $FF)	
Beeinflusste Flags: H S V N Z C	Taktzyklen: 1

CPSE (Compare Skip if Equal): Vergleich zweier Register mit Sprung

Syntax: CPC Rd, Rr	Funktion: If Rd = Rr then PC ← PC + 2 (or 3) else PC ← PC + 1
Die Inhalte der Register Rd und Rr werden miteinander verglichen. Sind die Inhalte beider Registergleich, so wird der nachfolgende Befehl übersprungen. Handelt es sich beim nachfolgenden Befehl um einenEinwort-Befehl, so wird der PC (Programmzähler) um 2 erhöht. Handelt es sich beim nachfolgenden Befehl um einenZweiwort-Befehl, wird der PC um 3 erhöht. Keines der verwendeten Register wird verändert (zulässig für Rd, Rr: r0 bis r31)	
Beeinflusste Flags: keine	Taktzyklen: 1

3.5   Unbedingte Sprungbefehle

IJMP (Indirect Jump): Indirekter Sprung

Syntax: IJMP	Funktion: PC ← r31: r30
Ein Sprung zur Adresse, auf die der Inhalt des Z-Zeigers (Z-Pointer, r31: r30) zeigt, wirdausgeführt. Der PC (Programmzähler) wird mit der Adresse geladen, die im Registerpaar r31: r30 (Z-Zeiger)steht. Dieser Sprungbefehl kann eine beliebige Adresse innerhalb des Programmspeichers verzweigen	
Beeinflusste Flags: keine	Taktzyklen: 2

RJMP (Relativ Jump): Relativer Sprung

Syntax: RJMP k2048	Funktion: PC ← PC + 1 + k2048
Ein zur gegenwärtigen Adresse (Inhalt des Programmzählers) relativer Sprung wird ausgeführt. Hierbeiwird der Inhalt des PC (Programmzähler) um den Wert 1 + k2048 bzw. 1 − k2048 verändert	
Beeinflusste Flags: keine	Taktzyklen: 2

3.6   Unterprogrammaufrufe

ICALL (Indirect Call to Subroutine): Indirekter Unterprogrammaufruf

Syntax: ICALL	Funktion: PC ← r31 : r30
Ein Unterprogramm an der Adresse, auf die der Inhalt des Z-Zeigers (Z-Pointer, r31 : r30) zeigt, wirdaufgerufen und der um 1 erhöhte PC (Programmzähler) wird auf den Stapel (Stack) gespeichert. Danach wird der PC(Programmzähler) mit der Adresse geladen, die im Registerpaar r31 : r30 (Z-Zeiger) steht. Das Unterprogramm kannan einer beliebigen Adresse innerhalb des Programmspeichers stehen	
Beeinflusste Flags: keine	Taktzyklen: 3

RCALL (Relative Call to Subroutine): Relativer Unterprogrammaufruf

Syntax: RCALL k2048	Funktion: PC ← PC + 1 + k2048
Ein Unterprogramm mit einem Abstand von k2048 Bytes zur gegenwärtigen Adresse wird aufgerufen. Der umden Wert 1 erhöhte PC (Programmzähler) wird im Stapel abgelegt, und der Stapelzeiger um den Wert 2 dekrementiert,damit ein späterer Rücksprung zu jenem Befehl ermöglicht wird, der in der Zeile nach dem Aufruf des Unterprogrammssteht	
Beeinflusste Flags: keine	Taktzyklen: 3

RET (Return from Subroutine): Rücksprung vom Unterprogramm

Syntax: RET	Funktion: PC ← Stapel
Der Inhalt jener Speicherstelle, auf den der Stapelzeiger verweist, wird in den PC (Programm-zähler)geladen. Anschließend wird der Stapelzeiger um den Wert 2 inkrementiert, da jede Adresse im Programmspeicher auszwei Bytes (Higher-Byte, Lower-Byte) besteht. Die Abarbeitung der Befehle wird an jener Stelle im Programmfortgesetzt, auf die der PC (Programmzähler) nun verweist	
Beeinflusste Flags: keine	Taktzyklen: 4

RETI (Return from Subroutine): Rücksprung von Interrupt-Routine

Syntax: RETI	Funktion: PC ← Stapel
Der Inhalt jener Speicherstelle, auf den der Stapelzeiger verweist, wird in den PC (Programm-zähler)geladen. Anschließend wird der Stapelzeiger um den Wert 2 inkrementiert, da jede Adresse im Programmspeicher auszwei Bytes (Higher-Byte, Lower-Byte) besteht. Die Abarbeitung der Befehle wird an jener Stelle im Programmfortgesetzt, auf die der PC (Programmzähler) nun verweist. Das I-Flag (Global-Interrupt-Flag) wird auf 1 gesetztund damit das Abarbeiten anderer Interrupts wieder ermöglicht. Das Statusregister wird weder beim Aufruf einerInterrupt-Routine noch beim Rücksprung aus der Interrupt-Routine gesichert	
Beeinflusste Flags: I (1)	Taktzyklen: 4

3.7 Datentransferbefehle

IN (Load an I/O-Location to Register): Lade von I/O-Register in Universalregister

Syntax: IN Rd, Port	Funktion: Rd ← I/O (Port)
Dieser Befehl lädt den Inhalt des durch den Wert „Port" adressierten I/O-Registers in einUniversalregister (zulässig für Rd: r0 bis r31)(zulässig für Port: 0 bis 63 bzw. $00 bis $3F)	
Beeinflusste Flags: keine	Taktzyklen: 1

OUT (Store Register to I/O-Location): Lade von Universalregister in I/O-Register

Syntax: OUT Port, Rr	Funktion: I/O (Port) ← Rr
Dieser Befehl lädt den Inhalt des Registers Rr in das durch den Wert „Port" adressierteI/O-Register (zulässig für Rd: r0 bis r31)(zulässig für Port: 0 bis 63 bzw. $00 bis $3F)	
Beeinflusste Flags: keine	Taktzyklen: 1

PUSH (PUSH-Register on Stack): Lege Registerinhalt in den Stapel

Syntax: PUSH Rd	Funktion: Stapel ← Rr
Der Stapelzeiger (Stack-Pointer) wird dekrementiert, da der Stapel von der initialisierten Startstelleim Speicher nach unten (gegen 0) wächst und durch diesen Befehl vergrößert wird. Danach wird der Inhalt desRegisters Rd an jener Stelle, auf die der Stapelzeiger zeigt, im Stapel abgelegt (zulässig für Rd: r0 bis r31)	
Beeinflusste Flags: keine	Taktzyklen: 2

POP (POP-Register from Stack): Lade vom Stapel in Register

Syntax: POP Rd	Funktion: Rd ← Stapel
Der Inhalt der Speicherstelle, auf die der Stapelzeiger (Stack-Pointer) verweist, wird in das RegisterRd geladen. Anschließend wird der Stapelzeiger inkrementiert, da der Stapel von der initialisierten Startstelle imSpeicher nach unten (gegen 0) organisiert ist und durch diesen abgebaut wird, d. h. nach oben wächst (zulässig für Rd: r0 bis r31)	
Beeinflusste Flags: keine	Taktzyklen: 2

MOV (Copy Register): Kopiere Registerinhalt

Syntax: MOV Rd, Rr	Funktion: Rd ← Rr
Der Inhalt des Registers Rr wird in das Register Rd kopiert. Der Inhalt des Registers Rr bleibt dabeiunverändert (zulässig für Rd: r0 bis r31)	
Beeinflusste Flags: keine	Taktzyklen: 1

LDI (Load Immediate): Lade Register mit Wert

Syntax: LDI Rd, k255	Funktion: Rd ← k255
Der Wert k255 wird in das Register Rd geladen (zulässig für Rd: r16 bis r31) (zulässig für k255: 0 bis 255 bzw. $00 bis $FF)	
Beeinflusste Flags: keine	Taktzyklen: 1

LDS (Load Direct from Data Space): Lade Register mit Byte aus Datenspeicher

Syntax: LDS Rd, k65535	Funktion: Rd ← SRAM (k65535)
Das mit k65535 adressierte Byte aus dem Datenspeicher wird direkt in das Register Rd geladen. DerDatenspeicher beinhaltet die gespiegelten Universalregister und I/O-Register, sowie internes und optional externesSRAM. Das EEPROM hat einen eigenen Adressbereich (zulässig für Rd: r0 bis r31) (zulässig für k65535: 0 bis 65535 bzw. $0000 bis $FFFF)	
Beeinflusste Flags: keine	Taktzyklen: 2

STS (Stare Direct to Data Space): Speichere Register in den Datenspeicher

Syntax: STS k65535, Rr	Funktion: SRAM (k65535) ← Rr
Dieser Befehl speichert den Inhalt des Registers Rr direkt an die mit k65535 adressierte Stelle imDatenspeicher. Der Datenspeicher beinhaltet die gespiegelten Universalregister und I/O-Register, sowie internesund optional externes SRAM. Das EEPROM hat einen eigenen Adressbereich (zulässig für Rd: r0 bis r31) (zulässig für k65535: 0 bis 65535 bzw. $0000 bis $FFFF)	
Beeinflusste Flags: keine	Taktzyklen: 2

3.8 Bitmanipulationsbefehle

SER (Set als Bits in Register): Setze alle Bits im Register

Syntax: SER Rd	Funktion: Rd ← $FF
Dieser Befehl setzt alle Bits im Register Rd. (zulässig für Rd: r16 bis r31)	
Beeinflusste Flags: keine	Taktzyklen: 1

SBR (Set Bits in Register): Setze Bits im Register

Syntax: SBR Rd, maske	Funktion: Rd ← Rd OR maske
Setzt die mit dem Wert „maske" spezifizierten (auf 1 gesetzten) Bits im Register Rd. Der Inhalt desRegisters Rd wird dabei mit dem Wert „maske" logisch ODER verknüpft. An allen binären Stellen, an denen im Wert„maske" der Wert 1 steht, wird das zugehörige Bit im Register Rd gesetzt. An allen binären Stellen, an denen imWert „maske" der Wert 0 steht, bleibt der Wert des zugehörigen Bits im Register Rd erhalten. Das Ergebnis steht imRegister Rd (zulässig für Rd: r16 bis r31) (zulässig für maske: 0 bis 255 bzw. $00 bis $FF)	
Beeinflusste Flags: S V(0) N Z	Taktzyklen: 1

SBI (Set Bit in I/O-Register): Setze Bit im I/O-Register

Syntax: SBI addr, bit	Funktion: I/O (bit) ← 1
Dieser Befehl setzt das mit „bit" angegebene Bit im I/O-Register „addr". (zulässig für bit: 0 bis 7) (zulässig für addr: 0 bis 31 bzw. $00 bis $1F)	
Beeinflusste Flags: keine	Taktzyklen: 1

BSET (Set Bit in SREG): Setze Bit im Statusregister

Syntax: BSET bit	Funktion: SREG (bit) ← 1
Das Flag an der Position „bit" im Statusregister wird mit diesem Befehl gesetzt. Der Zustand deranderen Flags im Statusregister wird dabei nicht verändert (zulässige Werte für bit: 0 bis 7)	
Beeinflusste Flags: I T H S V N Z C	Taktzyklen: 1

SEC (Set Carry-Flag): Setze Carry-Flag im Statusregister

Syntax: SEC	Funktion: C ← 1
Das C-Flag (Carry-Flag) im Statusregister wird gesetzt	
Beeinflusste Flags: C(1)	Taktzyklen: 1

SEZ (Set Zero-Flag): Setze Zero-Flag im Statusregister

Syntax: SEZ	Funktion: Z ← 1
Das Z-Flag (Zero-Flag) im Statusregister wird gesetzt	
Beeinflusste Flags: Z(1)	Taktzyklen: 1

SEN (Set Negativ-Flag): Setze Negativ-Flag im Statusregister

Syntax: SEN	Funktion: N ← 1
Das N-Flag (Negativ-Flag) im Statusregister wird gesetzt	
Beeinflusste Flags: N(1)	Taktzyklen: 1

SEV (Set Overflow-Flag): Setze Overflow-Flag im Statusregister

Syntax: SEV	Funktion: V ← 1
Das V-Flag (Zweierkomplement-Overflow-Flag) im Statusregister wird gesetzt	
Beeinflusste Flags: V(1)	Taktzyklen: 1

SES (Set Signed-Flag): Setze Signed-Flag im Statusregister

Syntax: SES	Funktion: S ← 1
Das S-Flag (Signed-Flag) im Statusregister wird gesetzt	
Beeinflusste Flags: S(1)	Taktzyklen: 1

SEH (Set Half-Carry-Flag): Setze Half-Carry-Flag im Statusregister

Syntax: SEH	Funktion: H ← 1
Das H-Flag (Half-Carry-Flag) im Statusregister wird gesetzt	
Beeinflusste Flags: H(1)	Taktzyklen: 1

SET (Set T-Flag): Setze T-Flag im Statusregister

Syntax: SET	Funktion: T ← 1
Das T-Flag (Transfer-Flag) im Statusregister wird gesetzt	
Beeinflusste Flags: T(1)	Taktzyklen: 1

SEI (Set Global Interrupt-Flag): Setze I-Flag im Statusregister

Syntax: SEI	Funktion: I ← 1
Das I-Flag (Global-Interrupt-Flag) im Statusregister wird gesetzt	
Beeinflusste Flags: I(1)	Taktzyklen: 1

BLD (Bit Load from the T-Flag in SREG to a Bit in a Register): Lade T-Flag in Register

Syntax: BLD Rd, bit	Funktion: Rd (bit) ← 1
Das T-Flag (Transfer-Flag) aus dem Statusregister wird mit diesem Befehl an die Position „bit" desRegisters Rd geladen. Der Zustand des T-Flags (Transfer-Flag) wird dabei nicht verändert (zulässige Werte für bit: 0 bis 7) (zulässig für Rd: r0 bis r31)	
Beeinflusste Flags: keine	Taktzyklen: 1

BST (Bit Store from Bit in Register to T-Flag in SREG): Speichere Bit aus Register im T-Flag

Syntax: BST Rd, bit	Funktion: T ← Rd (bit)
Das Bit an der Position „bit" des Registers Rd wird in das T-Flag (Transfer-Flag) im Statusregistergeladen. Der Zustand der anderen Flags im Statusregister wird dabei nicht verändert (zulässige Werte für bit: 0 bis 7) (zulässig für Rd: r0 bis r31)	
Beeinflusste Flags: T	Taktzyklen:1

3.9   Löschbefehle

CLR (Clear Carry-Flag): Lösche alle Bits im Register

Syntax: CLR Rd	Funktion: Rd ← Rd XOR Rd
Dis Register Rd wird gelöscht (auf 0 gesetzt), indem es mit sich selbst logisch XOR verknüpftwird (zulässig für Rd: r0 bis r31)	
Beeinflusste Flags: S(0) V(0) N(0) Z(1)	Taktzyklen: 1

CBR (Clear Bits in Register): Lösche Bits im Register

Syntax: CBR Rd, maske	Funktion: Rd ← Rd AND ($FF − maske)
Löscht die mit dem Wert „maske" spezifizierten (auf 1 gesetzten) Bits im Register Rd. Der Inhalt desRegisters Rd wird dabei mit dem Einserkomplement (z. B. 11100110 → 00011001) des Wertes „maske" logisch UNDverknüpft. An allen binären Stellen, an denen im Wert „maske" der Wert 1 steht, wird das zugehörige Bit imRegister Rd gelöscht. An allen binären Stellen, an denen im Wert „maske" der Wert 0 steht, bleibt der Wert deszugehörigen Bits im Register Rd erhalten. Das Ergebnis steht im Register Rd (zulässig für Rd: r16 bis r31) (zulässig für maske: 0 bis 255 bzw. $00 bis $FF)	
Beeinflusste Flags: S V(0) N Z	Taktzyklen: 1

CBI (Clear Global Interrupt-Flag): Lösche Bit im I/O-Register

Syntax: CBI Port, bit	Funktion: I/O (Port, bit) ← 0
Das Bit in der Position „bit" im I/O-Register Port wird gelöscht. Der Zustand der anderen Bits indiesem I/O-Register wird dabei nicht verändert. (zulässige Werte für bit: 0 bis 7) (zulässig für Port: 0 bis 31 bzw. $00 bis $1F)	
Beeinflusste Flags: keine	Taktzyklen: 2

BCLR (Clear in SREG): Lösche ein Bit im Statusregister

Syntax: BCLR bit	Funktion: SREG (bit) ← 0
Dieser Befehl löscht das Flag „bit" im Statusregister. Die anderen Bits werden von diesem Befehl nichtverändert. (zulässige Werte für bit: 0 bis 7)	
Beeinflusste Flags: I T H S V N Z C	Taktzyklen: 1

CLC (Clear Carry-Flag): Lösche C-Flag im Statusregister

Syntax: CLC	Funktion: C ← 0
Das C-Flag (Carry-Flag) im Statusregister wird gelöscht	
Beeinflusste Flags: C(0)	Taktzyklen: 1

CLZ (Clear Zero-Flag): Lösche Z-Flag im Statusregister

Syntax: CLZ	Funktion: Z ← 0
Das Z-Flag (Zero-Flag) im Statusregister wird gelöscht	
Beeinflusste Flags: Z(0)	Taktzyklen: 1

CLN (Clear Negativ-Flag): Lösche N-Flag im Statusregister

Syntax: CLN	Funktion: N ← 0
Das N-Flag (Negativ-Flag) im Statusregister wird gelöscht	
Beeinflusste Flags: N(0)	Taktzyklen: 1

CLV (Clear Overflow-Flag): Lösche V-Flag im Statusregister

Syntax: CLV	Funktion: V ← 0
Das V-Flag (Zweierkomplement-Overflow-Flag) im Statusregister wird gelöscht	
Beeinflusste Flags: V(0)	Taktzyklen: 1

CLS (Clear Signed-Flag): Lösche S-Flag im Statusregister

Syntax: CLS	Funktion: S ← 0
Das S-Flag (Signed-Flag) im Statusregister wird gelöscht	
Beeinflusste Flags: S(0)	Taktzyklen: 1

CLH (Clear Half-Carry-Flag): Lösche Half-Carry-Flag im Statusregister

Syntax: CLH	Funktion: H ← 0
Das H-Flag (Half-Carry-Flag) im Statusregister wird gelöscht	
Beeinflusste Flags: H(0)	Taktzyklen: 1

CLT (Clear T-Flag): Lösche T-Flag im Statusregister

Syntax: CLT	Funktion: T ← 0
Das T-Flag (Transfer-Flag) im Statusregister wird gelöscht	
Beeinflusste Flags: T(0)	Taktzyklen: 1

CLI (Clear I-Flag): Lösche I-Flag im Statusregister

Syntax: CLI	Funktion: I ← 0
Das I-Flag (Global-Interrupt-Flag) im Statusregister wird gelöscht. Die Interrupts werden sofortgesperrt. Nach dem Aufrufen dieses Befehles werden ab sofort keine Interrupts mehr abgearbeitet. Nur ein geradeablaufender Interrupt wird noch ausgeführt	
Beeinflusste Flags: I(0)	Taktzyklen: 1

3.10   Schiebebefehle

LSL (Logical Shift Left): Logisches Linksschieben

Syntax: LSL Rd	Funktion: C, Rd(7) … Rd(1), Rd(0) ← Rd(7), Rd(6) … Rd(0), 0
Der Inhalt des Registers Rd wird um eine Stelle logisch nach links geschoben. Dabei wird der Inhaltvon Rd(7) in das C-Flag (Carry-Flag) des Statusregisters übertragen. Rd(6) … Rd(0) wird nach links aufRd(7) … Rd(1) geschoben und Rd(0) mit 0 überschrieben. Dieser Befehl multipliziert eine vorzeichenlose Zahl mitzwei (zulässig für Rd: r0 bis r31)	
Beeinflusste Flags: H S V N Z C	Taktzyklen: 1

LSR (Logical Shift Right): Logisches Rechtsschieben

Syntax: LSR Rd	Funktion: Rd(7), Rd(6) … Rd(0), C ← 0, Rd(7) … Rd(1), Rd(0)
Der Inhalt des Registers Rd wird um eine Stelle logisch nach rechts geschoben. Dabei wird der Inhaltvon Rd(0) in das C-Flag (Carry-Flag) des Statusregisters übertragen. Rd(7) … Rd(1) wird nach links aufRd(6) … Rd(0) geschoben und Rd(7) mit 0 überschrieben. Dieser Befehl dividiert eine vorzeichenlose Zahl mitzwei. Das C-Flag lässt sich zum Runden verwenden (zulässig für Rd: r0 bis r31)	
Beeinflusste Flags: S V N Z C	Taktzyklen: 1

ROL (Rotate Left through Carry): Linksrotation über Carry-Flag

Syntax: ROL Rd	Funktion: C, Rd(7) … Rd(1), Rd(0) ← Rd(7), Rd(6) … Rd(0), C
Der Inhalt des Registers Rd rotiert um eine Stelle nach links. Rd(7) wird in das C-Flag (Carry-Flag)des Statusregisters geschoben, Rd(6) … Rd(0) wird gleichzeitig auf Rd(7) … Rd(1) nach links verschoben. Das C-Flagaus dem Statusregister wird zeitgleich in Rd(0) gespeichert (zulässig für Rd: r0 bis r31)	
Beeinflusste Flags: H S V N Z C	Taktzyklen: 1

ROR (Rotate Right through Carry): Rechtsrotation über Carry-Flag

Syntax: ROR Rd	Funktion: Rd(7), Rd(6) … Rd(0), C ← C, Rd(7) … Rd(1), Rd(0)
Der Inhalt des Registers Rd rotiert um eine Stelle nach rechts. Rd(0) wird in das C-Flag (Carry-Flag)des Statusregisters geschoben. Rd(7) … Rd(1) gleichzeitig auf Rd(6) … Rd(0) nach rechts verschoben. Das C-Flag ausdem Statusregister wird zeitgleich in Rd(7) gespeichert (zulässig für Rd: r0 bis r31)	
Beeinflusste Flags: S V N Z C	Taktzyklen: 1

ASR (Arithmetic Shift Right): Arithmetisches Rechtsschieben

Syntax: ASR Rd	Funktion: Rd(7), 0, Rd(5) … Rd(0), C ← Rd(7), Rd(6) … Rd(1), Rd(0)
Der Inhalt des Registers Rd wird arithmetisch um eine Stelle nach rechts verschoben, dabei bleibt derInhalt in Rd(7) erhalten. Rd(0) wird in das C-Flag (Carry-Flag) des Statusregisters übertragen. Rd(6) … Rd(1) aufRd(5) … Rd(0) nach rechts verschoben und Rd(6) mit 0 überschrieben. Dieser Befehl teilt eine Zahl, die alsZweierkomplement gespeichert ist, durch 2, wobei das Vorzeichen der Zahl nicht geändert wird (zulässig für Rd: r0 bis r31)	
Beeinflusste Flags: S V N Z C	Taktzyklen: 1

3.11 Sonstige Befehle

NOP (No Operation): Keine Operation

Syntax: NOP	Funktion: Verzögerung
Es wird ein funktionsloser Befehl ausgeführt, der im Programmablauf eine Verzögerung um einenTaktzyklus erzeugt	
Beeinflusste Flags: keine	Taktzyklen: 1

SLEEP (Sleep): Setze den µC in den Sleep-Modus

Syntax: SLEEP	Funktion: keine
Dieser Befehl setzt den AVR-µC in den Sleep-Modus, der im MCU-Controlregister definiert ist. Wenn einInterrupt den µC aus dem Sleep-Modus holt, wird zunächst der dem Sleep-Befehl folgende Befehl ausgeführt, bevorder Interrupt-Handler gestartet wird	
Beeinflusste Flags: keine	Taktzyklen: 1

SWAP (Swap Nibbles): Vertausche die Halb-Bytes eines Registers

Syntax: SWAP Rd	Funktion: Rd(7) … Rd(4), Rd(3) … Rd(0) ← Rd(3) … Rd(0), Rd(7) … Rd(4)
Dieser Befehl tauscht die Halb-Bytes (Nibbles) eines Bytes (zulässig für Rd: r0 bis r31)	
Beeinflusste Flags: keine	Taktzyklen: 1

WDR (Watchdog-Timer): Setze den Watchdog-Timer zurück

Syntax: WDR	Funktion: WDT ← 0
Dieser Befehl setzt den Watchdog-Timer zurück	
Beeinflusste Flags: keine	Taktzyklen: 1

3.12   Befehlsverzeichnis in alphabetischer Reihenfolge

ADC   Addiere Register mit Carry-Flag

ADD   Addiere Register ohne Carry-Flag

ADIW   Addiere Wert zum Registerpaar

AND   Logisches UND zweier Register

ANDI   Logisches UND Register mit Wert

ASR   Arithmetisches Rechtsschieben

BCLR   Lösche ein Bit im Statusregister

BLD   Lade T-Flag in Register

BRBC   Sprung, wenn Statusregisterbit gelöscht

BRBS   Sprung, wenn Statusregisterbit gesetzt

BRCC   Sprung, wenn Carry-Flag gelöscht

BRCS   Sprung, wenn Carry-Flag gesetzt

BREQ   Sprung, wenn Zero-Flag gesetzt

BRGE	Sprung, wenn größer oder gleich (vorzeichenbehaftet)
BRHC	Sprung, wenn Half-Carry-Flag gelöscht
BRHS	Sprung, wenn Half-Carry-Flag gesetzt
BRID	Sprung, wenn Interrupt-Flag gelöscht
BRIE	Sprung, wenn Interrupt-Flag gesetzt
BRLO	Sprung, wenn kleiner (vorzeichenlos)
BRLT	Sprung, wenn kleiner (vorzeichenbehaftet)
BRMI	Sprung, wenn negativ
BRNE	Sprung, wenn ungleich
BRPL	Sprung, wenn positiv
BRSH	Sprung, wenn gleich oder größer (vorzeichenlos)
BRTC	Sprung, wenn T-Flag gelöscht
BRTS	Sprung, wenn T-Flag gesetzt
BRVC	Sprung, wenn Overflow-Flag gelöscht
BRVS	Sprung, wenn Overflow-Flag gesetzt
BSET	Setze Bit im Statusregister
BST	Speichere Bit aus Register im T-Flag
CBI	Lösche Bits im I/O-Register
CBR	Lösche Bits im Register
CLC	Lösche C-Flag im Statusregister
CLH	Lösche Half-Carry-Flag im Statusregister
CLI	Lösche I-Flag im Statusregister
CLN	Lösche N-Flag im Statusregister
CLR	Lösche alle Bits im Register
CLS	Lösche S-Flag im Statusregister
CLT	Lösche T-Flag im Statusregister
CLV	Lösche V-Flag im Statusregister
CLZ	Lösche Z-Flag im Statusregister
COM	Einserkomplement eines Registers
CP	Vergleich zweier Register
CPC	Vergleich zweier Register inklusiv Carry-Flag
CPI	Vergleich Register mit Wert
CPSE	Vergleich zweier Register mit Sprung
DEC	Dekrement eines Registerinhalts
EOR	Exklusiv-ODER zweier Register
ICALL	Indirekter Unterprogrammaufruf
IJMP	Indirekter Sprung
IN	Lade von I/O-Register in Universalregister
INC	Inkrement eines Registerinhalts
LDI	Lade Register mit Wert
LDS	Lade Register mit Byte aus Datenspeicher
LSL	Logisches linksschieben

LSR	Logisches rechtsschieben
MOV	Kopiere Registerinhalt
NEG	Zweierkomplement
NOP	Keine Operation
OR	Logisches ODER zweier Register
ORI	Logisches ODER Register mit Wert
OUT	Lade von Universalregister in I/O-Register
POP	Lade vom Stapel in Register
PUSH	Speichere Registerinhalt in den Stapel
RCALL	Relativer Unterprogrammaufruf
RET	Rücksprung von Unterprogramm
RETI	Rücksprung von Interrupt-Routine
RJMP	Relativer Sprung
ROL	Linksrotation über Carry-Flag
ROR	Rechtsrotation über Carry-Flag
SBC	Subtrahiere Register mit Carry-Flag
SBCI	Subtrahiere Wert und Carry-Flag von Register
SBI	Setze Bit im I/O-Register
SBIC	Sprung, wenn Bit in I/O-Register gelöscht
SBIS	Sprung, wenn Bit in I/O-Register gesetzt
SBIW	Subtrahiere Wert vom Registerpaar
SBR	Setze Bits im Register
SBRC	Sprung, wenn Bit in Register gelöscht
SBRS	Sprung, wenn Bit in Register gesetzt
SEC	Setze Carry-Flag im Statusregister
SEH	Setze Half-Carry-Flag im Statusregister
SEI	Setze Interrupt-Flag im Statusregister
SEN	Setze Negativ-Flag im Statusregister
SES	Setze Signed-Flag im Statusregister
SET	Setze T-Flag im Statusregister
SEV	Setze Overflow-Flag im Statusregister
SEZ	Setze Zero-Flag im Statusregister
SLEEP	Setze µC in den Sleep-Modus
STS	Speichere Register in den Datenspeicher
SUB	Subtrahiere Register ohne Carry-Flag
SUBI	Subtrahiere Wert vom Register
SWAP	Vertausche die Halb-Bytes eines Registers
TST	Teste, ob Register Null oder negativ
WDR	Setze den Watchtdog-Timer zurück

3.13 Befehle in Assembler

Die Befehle sind nach Funktion geordnet.

Funktion	Unterfunktion	Instruktionen	Flags	Clk
Register setzen	0	CLR r1	Z N V	1
	255	SER rh		1
	Konstante	LDI rh, k255		1
Kopieren	Register ⇒ Register	MOV r1, r2		1
	SRAM ⇒ Register, direkt	LDS r1, k65535		2
	SRAM ⇒ Register	LD r1, rp		2
	SRAM ⇒ Register mit INC	LD r1, rp+		2
	DEC, SRAM ⇒ Register	LD r1, -rp		2
	SRAM, indiziert ⇒ Register	LDD r1, ry + k63		2
	Port ⇒ Register	IN r1, p1		1
	Stack ⇒ Register	POP r1		2
	Programmspeicher Z ⇒ R0	LPM		3
	Register ⇒ SRAM, direkt	STS k65535, r1		2
	Register ⇒ SRAM	ST rp, r1		2
	Register ⇒ SRAM mit INC	ST rp+, r1		2
	DEC, Register ⇒ SRAM	ST -rp, r1		2
	Register ⇒ SRAM, indiziert	STD ry + k63, r1		2
	Register ⇒ PORT	OUT p1, r1		1
	Register ⇒ Stack	PUSH r1		2
Addition	8 Bit, +1	INC r1	Z N V	1
	8 Bit	ADD r1, r2	Z C N V H	1
	8 Bit + Carry	ADC r1, r2	Z C N V H	2
	16 Bit, Konstante	ADIW rd, k63	Z C N V S	1
Subtraktion	8 Bit, −1	DEC r1	Z N V	1
	8 Bit	SUB r1, r2	Z C N V H	1
	8 Bit, Konstante	SUBI rh, k255	Z C N V H	1
	16 Bit − Carry	SBC r1, r2	Z C N V H	1
	8 Bit − Carry, Konstante	SBCI rh, k255	Z C N V H	1
	16 Bit	SBIW rd, k63	Z C N V S	2
Schieben	Logisch, links	LSL r1	Z C N V	1
	Logisch, rechts	LSR r1	Z C N V	1
	Rotieren, links über Carry	ROL r1	Z C N V	1
	Rotieren, rechts über Carry	ROR r1	Z C N V	1
	Arithmetisch, rechts	ASR r1	Z C N V	1
	Nibbletausch	SWAP r1		1

Funktion	Unterfunktion	Instruktionen	Flags	Clk
Binär	UND	AND r1, r2	Z N V	1
	UND, Konstante	ANDI rh, k255	Z N V	1
	ODER	OR r1, r2	Z N V	1
	ODER, Konstante	ORI rh, k255	Z N V	1
	Exklusiv-ODER	EOR r1, r2	Z N V	1
	Einer-Komplement	COM r1	Z C N V	1
	Zweier-Komplement	NEG r1	Z C N V H	1
Bits ändern	Register, Setzen	SBR rh, k255	Z N V	1
	Register, Rücksetzen	CBR rh, 255	Z N V	1
	Register, Kopieren nach T-Flag	BST r1, b7	T	1
	Register, Kopieren vom T-Flag	BLD r1, b7		1
	Port, Setzen	SBI pl, b7		2
	Port, Rücksetzen	CBI pl, b7		2
Statusbit setzen	Zero-Flag	SEZ	Z	1
	Carry-Flag	SEC	C	1
	Negativ-Flag	SEN	N	1
	Zweierkomplement, Überlauf, Flag	SEV	V	1
	Halbübertrag-Flag	SEH	H	1
	Signed-Flag	SES	S	1
	Transfer-Flag	SET	T	1
	Interrupt-Enable-Flag	SEI	I	1
Statusbit rücksetzen	Zero-Flag	CLZ	Z	1
	Carry-Flag	CLC	C	1
	Negativ-Flag	CLN	N	1
	Zweierkomplement, Überlauf, Flag	CLV	V	1
	Halbübertrag-Flag	CLH	H	1
	Signed-Flag	CLS	S	1
	Transfer-Flag	CLT	T	1
	Interrupt-Enable-Flag	CLI	I	1
Vergleiche	Register, Register	CP r1, r2	Z C N V H	1
	Register, Register + Carry	CPC r1, r2	Z C N V H	1
	Register, Konstante	CPI rh, k255	Z C N V H	1
	Register, ≤ 0	TST r1	Z N V	1
Unbedingte Verzweigung	Relativ	RJMP k4096	I	2
	Indirekt, Adresse in Z	IJMP		2
	Unterprogramm, relativ	RCALL k4096		3
	Unterprogramm, Adresse in Z	ICALL		3
	Rücksprung vom Unterprogramm	RET		4
	Rücksprung vom Interrupt	RETI		4

Funktion	Unterfunktion	Instruktionen	Flags	Clk
Bedingte Verzweigung	Statusbit gesetzt	BRBS b7, k127		1/2
	Statusbit rückgesetzt	BRBC b7, k127		1/2
	Springe bei gleich	BREQ k127		1/2
	Springe bei ungleich	BRNE k127		1/2
	Springe bei Überlauf	BRCS k127		1/2
	Springe bei Carry = 0	BRCC k127		1/2
	Springe bei gleich oder größer	BRSH k127		1/2
	Springe bei kleiner	BRLO k127		1/2
	Springe bei negativ	BRMI k127		1/2
	Springe bei positiv	BRPL k127		1/2
	Springe bei größer oder gleich (Vorzeichen)	BRGE k127		1/2
	Springe bei kleiner Null (Vorzeichen)	BRLT k127		1/2
	Springe bei Halbübertrag	BRHS k127		1/2
	Springe bei Half-Carry = 0	BRHC k127		1/2
	Springe bei gesetztem T-Bit	BRTS k127		1/2
	Springe bei gelöschtem T-Bit	BRTC k127		1/2
	Springe bei Zweierkomplementüberlauf	BRVS k127		1/2
	Springe bei Zweierkomplement-Flag = 0	BRVC k127		1/2
	Springe bei Interrupts eingeschaltet	BRIE k127		1/2
	Springe bei Interrupts ausgeschaltet	BRID k127		1/2
Bedingte Sprünge	Registerbit = 0	SBRC r1, b7		1/2/3
	Registerbit = 1	SBRS r1, b7		1/2/3
	Portbit = 0	SBIC pl, b7		1/2/3
	Portbit = 1	SBIS pl, b7		1/2/3
	Vergleiche, Sprung bei gleich	CPSE r1, r2		1/2/3
Andere	No Operation	NOP		1
	Sleep	SLEEP		1
	Watchdog Reset	WDR		1

3.14   Ports für die AVR-Mikrocontroller

ACSR, Analog Comparator Control & Statusregister
DDRx, Port x Data Direction Register
EEAR, EEPROM Adress Register
EECR, EEPROM Control Register
EEDR EEPROM Data Register
GIFR, General Interrupt Flag Register
GIMSK, General Interrupt Mask Register
ICR1 L/H, Input Capture Register 1
MCUCR, MCU General Control Register
OCR1A Output Compare Register 1A
OCRIB. Output Compare Register 1B

PINx, Port Input Access
PORTx Port x Output Register
SPL/SPH, Stackpointer
SPCR, Serial Peripheral Control Register
SPDR, Serial Peripheral Data Register
SPSR, Serial Peripheral Status Register
SREG, Status Register
TCCR0, Timer/Counter Control Register 0
TCCR1A, Timer/Counter Control Register 1A
TCCRIB, Timer/Counter Control Register 1B
TCNT0, Timer/Counter Register, Counter 0
TCNT1, Timer/Counter Register, Counter 1
TIFR, Timer Interrupt Flag Register
TIMSK, Timer Interrupt Mask Register
UBRR, UART Baud Rate Register
UCR, UART Control Register
UDR, UART Data Register
WDTCR, Watchdog Timer Control Register

3.15   Assemblerdirektiven für die AVR-Mikrocontroller

.BYTE x	: reserviert x Bytes im Datensegment (siehe auch .DSEG)
.CSEG	: compiliert in das Code-Segment
.DB x, y, z	: Byte(s), Zeichen oder Zeichenketten einfügen (in .CSEG, .ESEG)
.DEF x = y	: dem Symbol x ein Register y zuweisen
.DEVICE x	: die Syntax-Prüfung für den AVR-Typ x durchführen (in Headerdatei enthalten)
.DSEG	: Datensegment, nur für Marken und .BYTE zulässig
.DW x, y, z	: Datenworte einfügen (.CSEG, .ESEG)
.ELIF x	: .ELSE mit zusätzlicher Bedingung x
.ELSE	: Alternativcode, wenn .IF nicht zutreffend war
.ENDIF	: schließt .IF bzw. .ELSE ab
.EQU x = y	: dem Symbol x einen festen Wert y zuweisen
.ERROR x	: erzwungener Fehler mit Fehlertext x
.ESEG	: compiliert in das EEPROM-Segment
.EXIT	: beendet die Compilation
.IF x	: compiliert den folgenden Code, wenn Bedingung x erfüllt ist
.IFDEF x	: compiliert den Code, wenn Variable x definiert ist
.IFNDEF.	: compiliert den Code, wenn Variable x undefiniert ist
.INCLUDE x	: fügt Datei „Name/Pfad" x in den Quellcode ein
.MESSAGE x	: gibt die Meldung x aus

.LIST   : schaltet die Ausgabe der List-Datei ein

.LISTMAC   : schaltet die vollständige Ausgabe von Makrocode ein

.MACRO x   : Definition des Makros mit dem Namen x

.ENDMACRO   : beendet die Makrodefinition (siehe auch .ENDM)

.ENDM   : beendet die Makrodefinition (siehe auch .ENDMACRO)

.NOLIST   : schaltet die Ausgabe der List-Datei aus

.ORG x   : setzt den CSEG-/ESEG-/DSEG-Zähler auf den Wert x

.SET x = y   : dem Symbol x wird ein variabler Wert y zugewiesen

3.16 Befehle und Adressierung

In diesem Kapitel sollen alle wichtigen Befehlsgruppen und die unterschiedlichen Adressierungsarten vorgestellt werden. Auch die Beeinflussung der Bedingungsbits (Flags, Zustandsbits) durch Befehle soll ebenfalls untersucht werden,sowie die damit verbundenen Programmsprünge.

Bei dem AT-Mikrocontroller stehen mehr Befehle als bei einem klassischen 8-Bit-Mikrocontroller (z. B 8051 usw.) zur Verfügung. Die AT-Mikrocontroller besitzen wesentlich mehr an Arbeitsregistern. Außerdem beschränken sich arithmetische Befehle nicht nur auf ein oder zwei Register, die sich für die Arbeitsweise von ein oder zwei Akkumulatoren eignen. Es können alle 32 Arbeitsregister für Berechnungen verwendet werden.

Ein Befehl besteht aus dem Opcode und den Operanden. Es gibt Befehle ohne Operand , dann die mit nur einem und mit zwei Operanden.

Beispiele

	Opcode	Operand
kein Operand	nop	
ein Operand	inc	r18
Zwei Operanden	ldi	r18, 0x06

Bei zwei Operanden steht immer zuerst das Ziel, dann folgt die Quelle!

Befehl: Ziel ⇐ Quelle

Für die meisten Befehle ist nur ein Wort erforderlich (16 Bit). Ausnahmen sind:„lds Rd,k16“, „sts k16,Rd“, „call k“und „jmp k“, welche zwei Worte benötigen.

Im Befehlssatz werden für Operanden folgende Abkürzungen verwendet:

Rd	Meist Zielregister (destination, bei einigen Befehlen auch Quelle), r0 ... r31 (bei unmittelbaren (immediate) Befehlen nur r16 ... r31)
Rdl	Niederwertiges Byte (L-Byte) eines 16-Bit-Zielregisters
Rr	Quell- oder Zielregister (r0 ... r31, source)
K	Daten-Konstante im 8-Bit-Format (0 ... 255)
k	Adress-Konstante für Operationen mit dem PC (program counter), z. B. Label für einen Sprung
b	Bitkonstante mit drei Bits (0 ... 7) zum Auswählen eines Bits in einem Arbeits- oder SF-Register
P	Adresse eines SF-Registers im 6-Bit-Format (0 ... 63)
s	Bitkonstante im 3-Bit-Format (0 ... 7) zum Auswählen eines Bits im Statusregister
X, Y, Z	Doppelregister (Pointer, Adresszeiger) zur direkten Adressierung von

$$X \Rightarrow r27{:}r26; Y \Rightarrow r29{:}r28, Z \Rightarrow r31{:}r30$$

Wie aus dem Befehlssatz ersichtlich, unterscheidet man die einzelnen Befehlsgruppen.

3.16.1 Datentransferbefehle (Datentransportbefehle)

Transfer- oder Transportbefehle dienen dem Austausch von Daten zwischen zwei Arbeitsregistern, einem Arbeitsregister und SF-Registern sowie Arbeitsregistern und dem SRAM. Sie werden benötigt, um Konstanten in die Register, Registerpaare oder in den Speicher zu schreiben. Diese Datentransferbefehle beeinflussen die Zustandsbits (Flags) nicht.

Beispiele für Transferbefehle

„mov Rd,Rr", „in Rd,P", „push Rr", „sts k,Rr", „lpm" ◀

Bemerkung Bei mov-Befehlen wird keine Verschiebung im eigentlichen Sinne durchgeführt, sondern der Inhalt wird nur kopiert!Der Inhalt des Quellregisters bleibt also immer erhalten!

Abb. 3.1 zeigt die direkte Adressierung mit einem Register im RAM-Bereich des Mikrocontrollers.

Mit dem Befehl „inc R16" erhöht das Register seinen Wert um +1 (Inkrement).

Abb. 3.2 zeigt die direkte Adressierung mit zwei Registern im RAM-Bereich des Mikrocontrollers.

Mit dem Befehl „add R16, R17; R16 ← R16 + R17" steht das Ergebnis der Addition im Register R16. Dieser Befehl verwendet ein 16-Bit-Format.

Abb. 3.3 zeigt die direkte Adressierung mit einem Register im I/O-Bereich des Mikrocontrollers.

Abb. 3.1 Direkte
Adressierung mit einem
Register im RAM-Bereich

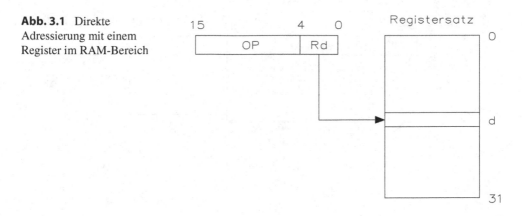

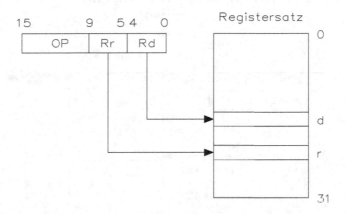

Abb. 3.2 Direkte Adressierung mit zwei Registern im RAM-Bereich

Mit dem Befehl „in R16, PINA" wird der I/O-Bereich direkt in das Register R16 geladen. Das 6-Bit-Format dieses Befehls erlaubt den Zugriff auf verschiedene 64-Port-Adressen.

Abb. 3.4 zeigt die direkte Adressierung mit einem 16-Bit-Register (Registerpaar) im Datenbereich des Mikrocontrollers.

Mit dem Befehl „lds R16, 0x60" wird der Wert vom Registerpaar in den Datenbereich des SRAM-Bereichs des Mikrocontrollers geladen. Dieser Befehl benötigt zwei Bytes wegen der 16-Bit-SRAM-Adresse.

3.16.2 Arithmetische und logische Operationen (Befehle)

Arithmetik-Befehle sind Befehle zur Anwendung der Grundrechenarten wie Addieren, Subtrahieren, Multiplizieren,Dividieren. Logikbefehle umfassen die Boolschen

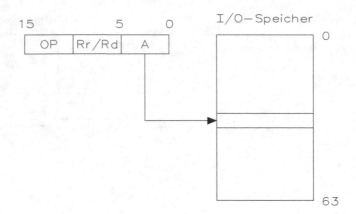

Abb. 3.3 Direkte Adressierung mit einem Register im I/O-Bereich

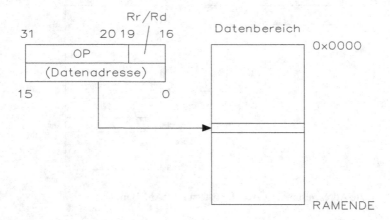

Abb. 3.4 Direkte Adressierung mit einem 16-Bit-Register (Registerpaar) im Datenbereich

Funktionen UND, ODER, NICHT und Exklusiv-ODER. Sie erlauben ein gezieltes Maskieren, Löschen oder Setzen von Bits in Datenworten. Arithmetische und logische Operationen werden in der ALU ausgeführt und arbeiten nur in Verbindung mit den Arbeitsregistern! Arithmetische und logische Operationen beeinflussen immer die Zustandsbits im Statusregister.

Beispiele für arithmetische Operationen

„add Rd,Rr", „sbiw Rdl,K", „inc Rd", „mul Rd,Rr" ◄

Beispiele für logische Operationen

„or Rd,Rr", „adiw Rdl,K", „com Rd", „tst Rd" ◄

3.16.3 Bitorientierte Befehle

Bitorientierte Befehle dienen dazu, die Zustandsbits (Flags) zu beeinflussen, Programm-unterbrechungen (Interrupts) zu erlauben bzw. zu sperren, einzelne Bits in den Arbeits-registern bzw. SF-Registern zu setzen, zu löschen oder ein Register um eine Bitstelle nach links oder rechts zu verschieben (rotieren).

Beispiele für bitorientierte Befehle

„sec", „cli", „sbi P,b", „lsl Rd" ◄

3.16.4 Sprungbefehle (jump), Verzweigungsbefehle (branch) und Unterprogrammbefehle (call)

Sprungbefehle benötigt man, um die Verzweigungen im Programm zu erreichen, diese beeinflussen die Zustandsbits nicht. Man unterscheidet unbedingte Sprünge (jump) und bedingte (an eine Bedingung verknüpfte)Sprünge (to branch). Bedingte Sprünge über-prüfen meist einzelne Bits im Zustandsregister (Flags), welche durch arithmetische oder logische Operationen beeinflusst wurden (z. B. „tst Rd"). Hierzu lassen sich auch vergleichende Befehle „cp", „cpc" und „cpi" verwenden, die man eigentlich den arithmetischen Befehlen zurechnen könnte.

Bei den Mikrocontrollern gibt es Befehle, die das Programmieren erleichtern, wie die „skip-Befehle", die bei erfüllter Bedingung eine Befehlszeile überspringen. Vier Befehle „sbrc", „sbrs", „sbic", „sbis" testen einzelne Bits in Arbeits- bzw. den untersten 32 SF-Registern, um bei erfüllter Bedingung die folgende Zeile zu überspringen. Ein Befehl überspringt die folgende Zeile, wenn beide Register gleich sind („cpse").

Unterprogrammbefehle sind ähnlich den Sprungbefehlen und werden oft diesen zugerechnet. Man unterscheidet Programmaufrufbefehle (Unterprogrammsprungbefehle) und Rücksprungbefehle.

Beispiele für unbedingte Sprungbefehle

„jmp", „rjmp" ◄

Beispiele für bedingte Sprungbefehle

„breq k", „brbs s,k", „sbrc Rr,b", „sbis P,b" ◄

Beispiele für Unterprogrammbefehle

„call", „rcall", „ret", „reti" ◄

3.16.5 Sonstige Befehle

Es existieren noch vier Befehle, die sich nicht in die vorherigen Kategorien einordnen lassen. Interessant ist der Leerbefehl (nop), der nur einen Taktzyklus benötigt. Er wird öfter als Platzhalter für spätere Codes eingesetzt, man kann diese als kurze Verzögerungen in Zeitschleifen einfügen.

3.16.6 Zustands- oder Statusregister SREG

Das Rechenwerk des Mikrocontrollers addiert und subtrahiert nur Bitmuster, aber die Resultate werden nicht interpretiert. Um arithmetische Operationen richtig bewerten zu können, benötigt man ein Zustands- oder Statusregister (Flagregister). Seine Bits (0 … 5) kennzeichnen das Ergebnis einer Operation, die in der ALU durchgeführt wurde.

Es handelt sich beim Statusregister um arithmetische Befehle und um Vergleichsbefehle, logische Befehle,Rotationsbefehle und Befehle zur Bit-Beeinflussung, die das SREG entsprechend setzen oder rücksetzen. Zusätzlich ist im Zustandsregister noch ein Bit enthalten, das den globalen Interrupt zulässt oder sperrt (I-Flag) und ein Bit (T-Flag), das dazu dient, dem Anwender das Zwischenspeichern eines Zustandes (Bits, Flags) zu vereinfachen. Für jedes Flag existiert ein spezieller Befehl, um das Flag zu setzen (set) bzw. zu löschen (clear).

SREG-Register: SF-Register-Adresse 0x3F (SRAM-Adresse 0x005F)

Befehle: „in", „out", „sec", „clc", „sez", „clz", „sen", „cln", „sev", „clv", „ses", „cls", „seh", „clh", „set",„clt", „sei", „cli". (Die Befehle „sbi", „cbi", „sbic", „sbis" sind nicht vorhanden, da die Adresse > 32 (0x1F) größer ist).

Aufbau des SREG (Statusregister)

	7	6	5	4	3	2	1	0
	I Interrupt	T Transfer	H Halfcarry	S Sign	V Overflow	N Negative	Z Zero	C Carry
Startwert	0	0	0	0	0	0	0	0
Read/Write	R/W	R/W	R/W	R/W	R/W	R/W	R/W	R/W

Das „Global Interrupt Enable/Disable"-Flag I wird vom Benutzer gesetzt (1) oder rückgesetzt (0), um globale Unterbrechungen zu erlauben bzw. zu sperren (Befehle: „sei", „cli").

Das „Transfer"-Flag T erlaubt mithilfe der Befehle „bld" und „bst", ein einzelnes Bit aus einem Arbeitsregister abzuspeichern und wieder zu laden. Mit den Befehlen „set" und „clt" kann das Bit gelöscht oder gesetzt werden.

Das „Halfcarry"-Flag H (Auxiliary-Carry) kennzeichnet einen Übertrag von Bit 3 auf Bit 4 und wird bei Berechnungen mit Nibbles (4 Bit) benötigt. Mit den Befehlen „seh" und „clh" kann das Bit gelöscht oder gesetzt werden.

Das „Sign"-Flag S wird bei der Berechnung mit vorzeichenbehafteten Zahlen eingesetzt. Es entspricht einer internen Exklusiv-ODER-Verknüpfung des Negativ- und des Overflow-Flags. Mit den Befehlen „ses" und „cls" lässt sich das Bit löschen oder setzen.

Das „Overflow"-Flag V zeigt einen Überlauf bei der Zweierkomplement-Berechnung, bei vorzeichenbehafteten Zahlen. Mit den Befehlen „sev" und „clv" lässt sich das Bit löschen oder setzen.

Das „Negativ"-Flag N entspricht dem höherwertigen Bit des Resultats.

$$8 \text{ Bit:} \quad N = r7$$

$$16 \text{ Bit:} \quad N = r15$$

Mit den Befehlen „sen" und „cln" lässt sich das Bit löschen oder setzen.

Das „Zero"-Flag Z wird auf 1 gesetzt, wenn das Ergebnis einer Operation Null ist. Mit den Befehlen „sez" und „clz"kann das Bit gelöscht oder gesetzt werden.

Das „Carry"-Flag C wird auf 1 gesetzt, wenn ein Übertrag an der höchsten Stelle entsteht. Es kann mit den Befehlen „sec" und „clc" gelöscht oder gesetzt werden.

Der Inhalt der Zustandsbits entscheidet über den weiteren Programmablauf bei Programmverzweigungen. Programmverzweigungen finden über bedingte Sprungbefehle (Verzweigung) statt.

Beim Befehl „breq" (branch if equal, springe wenn Ergebnis eines Vergleichs (Subtraktion) gleich Null ist) fragt die Ablaufsteuerung den Zustand des Zero-Flags ab. Bei Z = 1 wird das Programm zu der im Sprungbefehl enthaltenen Adresse (k)verzweigt, bei Z = 0 an der alten Adresse fortgesetzt. Solche bedingten Springbefehle werden meist gleich nach einer arithmetischen oder logischen Operation eingesetzt.

Entsprechend bedingte Sprungbefehle gibt es auch für die übrigen Flags. Wegen dieser Bedeutung der Zustandsbits muss der Programmierer genau wissen, welche Befehle bestimmte Auswirkungen auf den Inhalt des entsprechenden Zustandsbits aufweisen. Dies ist im Befehlssatz vermerkt.

3.16.7 Adressierungsarten

Man unterscheidet zwischen

- unmittelbarer Adressierung, bei der die Operanden Bestandteil eines Befehls ist,
- direkter Adressierung, bei der die unveränderte Adresse im Befehl enthalten ist,
- indirekter Adressierung, bei der die Adresse in einem speziellen 16-Bit-Adressregister (Doppelregister X, Y oder Z) abgespeichert wird und somit dynamisch veränderbar ist. Das Doppelregister wird als Adresszeiger, Indexregister oder Pointer bezeichnet. Abb. 3.5 zeigt eine indirekte Adressierung.

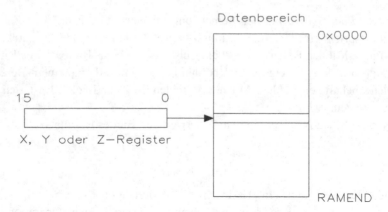

Abb. 3.5   Indirekte Adressierung mit dem Doppelregister X, Y oder Z

Das Register X besteht aus R27 und R26, und wird mit $65 geladen:

ldi R27, 0

ldi R26, $65

oder

ldi R27, high ($65)   ; ist 0

ldi R26, low ($65)   ; ist $65

Es kommt zu einer Datenübertragung

ldi R16, 'A'

st X, R16

Diese Art der Programmierung ist jedoch recht umständlich, und es gibt entsprechend kürzere Befehle, wie noch gezeigt wird.

Beim Mikrocontroller wird die Harvard-Struktur verwendet, der Programm- und der Datenspeicher sind getrennt. Bei der Adressierung muss man die Harvard-Struktur unbedingt auch getrennt betrachten.

Alle Adressierungsarten lassen sich auf dem SRAM-Datenspeicher anwenden. Der nichtflüchtige EEPROM-Datenspeicher kann nicht intern adressiert werden, denn es stehen keine Befehle zur Verfügung. Seine Adressierung über die SF-Register wird noch behandelt.

Da der Programmspeicher vorrangig nicht zur Verwaltung von Daten gedacht ist, sind seine Adressierungsarten stark eingeschränkt.

Die direkte Adressierung kann man unterteilen in die

- direkte Registeradressierung (arbeiten mit wenigen Variablen (32 Arbeitsregister)),
- direkte Adressierung der SF-Register (Ein- und Ausgabe über die Peripherie),

- direkte Adressierung des SRAM-Datenspeichers (Arbeiten mit vielen Variablen mit konstanten Adressen).

Bei der indirekten Adressierung des SRAM-Speichers unterscheidet man zwischen

- indirekter Adressierung (viele Variablen mit variablen Adressen),
- indirekter Adressierung mit automatischem Erhöhen bzw. Verringern des Adress-zeigers,
- indirekter Adressierung mit festem (konstantem) Abstand,
- indirekter Adressierung mit „push" und „pop".

Abb. 3.6 zeigt indirekte Sprünge auf die Programmadressen mit „ijmp"und „icall". Der Inhalt des Z-Registers wird in den Programmzähler PC übernommen und die Speicherzelle im Programmspeicher angesprochen. Dieser Befehl ist praktisch für Case-Anweisungen bzw. Sprung-Tabellen.

Abb. 3.7 zeigt relative Sprünge auf die Programmadressen mit „rjmp" und „rcall". Der Inhalt des Programmzählers PC wird mit dem konstanten Wert (11 Bit) verknüpft, damit wird ein Adresszugriff auf den Programmspeicher möglich.

Die unmittelbare Adressierung dient zum Arbeiten mit konstanten Werten. Die Konstante wird mit dem betroffenen Register unmittelbar hinter dem Opcode angegeben und befindet sich als Wert also unveränderbar im Flash. Befehle für die unmittelbare Adressierung erkennt man am Buchstaben „i" für „immediate"

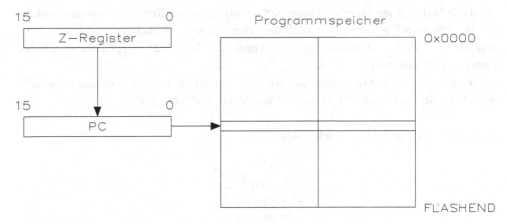

Abb. 3.6 Indirekte Sprünge auf die Programmadressen mit „ijmp" und „icall"

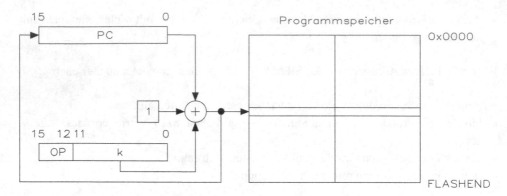

Abb. 3.7 Relative Sprünge auf die Programmadressen mit „ijmp" und „icall"

Beispiele für eine unmittelbare Adressierung

$$
\begin{array}{ll}
\text{ldi} & \text{r18, 0xA3} \\
\text{andi} & \text{Tmp1,0xFF} \\
\text{subi} & \text{Tmp2, 0x01}
\end{array}
$$

◄

Bemerkung Wie schon erwähnt, kann keine unmittelbare Adressierung mit den Arbeitsregistern r0 bis r15 durchgeführt werden.

Bei der direkten Registeradressierung beziehen sich alle Operanden eines Befehls auf die Arbeitsregister. Es gibt Befehle, die nur ein einzelnes Register benötigen, andere arbeiten mit zwei Registern. Es wird die Registeradressierung auch als direkte Registeradressierung (direkte Adressierung) bezeichnet, da die Adresse des Arbeitsregisters direkt im Operanden enthalten ist.

Befehle für die direkte Registeradressierung erkennt man daran, dass ausschließlich Arbeitsregister als Operanden fungieren (Ausnahme „sbr" und „cbr").

Beispiele für eine Registeradressierung

$$
\begin{array}{ll}
\text{inc} & \text{r23} \\
\text{com} & \text{Tmp1} \\
\text{mov} & \text{r5, r20} \\
\text{sub} & \text{r5, r20} \\
\text{cp} & \text{Tmp2, r22}
\end{array}
$$

◄

3.16.8   Direkte Adressierung der SF-Register (Sonderfunktions-Register)

Es gibt sechs Befehle für die direkte Adressierung der SF-Register:

```
in    r19, 0x10      ;Adresse von PIND
out   PORT, Tmp1
sbi   PORTD, 4
cbi   0x18, PB5      ;Adresse von PINB
sbic  PORTA, 6
sbis  0x18, PB3
```

Die Befehle „sbi", „cbi", „sbic" und „sbis" können nur die unteren 32 SF-Register (r0 ... r31)ansteuern. Bitmanipulationen der oberen 32 Register müssen mit Maskierungen erfolgen.

3.16.9   Direkte Adressierung des Datenspeichers (SRAM)

Für die direkte Adressierung des Datenspeichers existieren nur zwei Befehle („lds" und „sts"). Es sind die einzigen Befehle, die zwei Befehlsworte (32 Bit) benötigen, und es sind zwei Taktzyklen notwendig. Das höherwertige Befehlswort enthält den Opcode und die Adresse des Arbeitsregisters. Das niederwertige Befehlswort enthält die SRAM-Adresse, die also unveränderbar im Programmcode (Flash) enthalten ist.

Es gibt zwei Befehle für die direkte Adressierung des SRAM:

```
sts 0x40, Tmp1   ;Speichere den Inhalt des Registers Tmp1 in den Datenspeicher
                 ;auf der Adresse 0x0040
lds r16, 0x0AAA ;Lade den Inhalt der SRAM-Adresse 0x0AAA in das Register r16
```

Der ganze Adressbereich des SRAM lässt sich adressieren. Es ist also auch möglich, die Arbeitsregister und die SF-Register so zu adressieren. Wegen des größeren und langsameren Befehls macht das wenig Sinn, da bessere (schnellere)Befehle zur Verfügung stehen. Mit zusätzlichem externen Speicher ist eine Adressierung bis 64 Kbyte möglich (0xFFFF).

Bei der direkten Adressierung verwendet man meist symbolische Adressen (Label). Beim Assemblieren werden diese Labels dann durch die eigentliche Adresse ersetzt.

Die direkte Adressierung des Datenspeichers ist unflexibel, da die Adresse nicht durch das Programm verändert werden kann. Bei der Bearbeitung mehrerer Daten ist für jeden Zugriff eine Zeile im Programmcode nötig. Für die Adressierung größerer Datenbestände verwendet man die indirekte Adressierung.

3.16.10   Indirekte Adressierung

Bei der indirekten Adressierung ist die Adresse des Operanden nicht direkt im Befehl enthalten, sondern in einem der drei Registerpaare X, Y oder Z, welche als Adresszeiger (Indexregister, Pointer) dienen. Dies bietet den großen Vorteil,dass die Adresse veränderbar ist und somit z. B. in einer Schleife erhöht werden kann, um große Datensätze oder Tabellen zu adressieren. Da die Adresse 16 Bit groß ist, werden für sie zwei Arbeitsregister benötigt. Hierfür sind die Arbeitsregister r26 … r31 vorgesehen, welche als Doppelregister X (r27: r26), Y (r29:r26) und Z (r31:r30) verwendet werden können.

Vor der indirekten Adressierung muss der Adresszeiger initialisiert werden!

Beispiel

```
        ldi  XL, 0x00  ;Adresszeiger X mit 0x0100 initialisieren
        ldi  XH, 0x01
```
◄

Mit der indirekten Adressierung kann ebenfalls der gesamte SRAM-Bereich adressiert werden, also im Notfall auch die Arbeits- und SF-Register, sowie eventuell vorhandene externe Speicher (64 Kbyte).

Einige Befehle für die indirekte Adressierung des SRAM (es existieren je ein „ld" (load) und ein „st" (store) Befehl pro Doppelregister (für sechs mögliche Befehle)):

```
   sts  X, Tmp1  ; Speichere den Inhalt des Registers Tmp1 in den Datenspeicher
                 ; Die Adresse befindet sich im X-Doppelregister
   lds r16, Y    ; Lade Inhalt der SRAM-Adresse, die sich im Y-Doppelregister
                 ; befindet, in das Register r16
```

Bemerkung Bei der indirekten Adressierung muss praktisch immer der Adresszeiger laufend erhöht oder verringert werden. Werden mehr als 256 Speicherzellen adressiert, so reicht der einfache Inkrement- bzw. Dekrement-Befehl, der ein Byte adressiert, auch nicht mehr aus und es muss im 16-Bit-Format gerechnet werden (Befehle „adiw" bzw. „sbiw"). Um dies zu vereinfachen, bieten die Mikrocontroller die indirekte Adressierung mit automatischem Erhöhen bzw. Verringern des Adresszeigers.

3.16.11 Indirekte Adressierung mit automatischem Erhöhen bzw. Verringern des Adresszeigers

Einige Befehle für die indirekte Adressierung des SRAM mit automatischem Erhöhen bzw. Verringern des Adresszeigers (12 Befehle vorhanden):

st Y+,Tmp ; Inhalt des Registers Tmp1 nach Datenspeicher. Adresse ist im
      ; Doppelregister Y. Erhöhe den Adresszeiger um Eins (Y = Y + 1)
st −Z,Tmp ; Verringere den Adresszeiger um Eins (Z = Z − 1). Speichere den
      ; Inhalt des Registers Tmp1 im Datenspeicher (Adresse in Z)
ld r16,Z+ ; Lade den Inhalt der SRAM-Adresse, die sich in Z befindet, in das
      ; Register Z und erhöhe den Adresszeiger um Eins (Z = Z + 1)
ld r16, −X ; Verringere den Adresszeiger um Eins (X = X − 1) und lade den Inhalt
      ; der SRAM-Adresse, die sich in Z befindet, in das Register r16

Beim Inkrementieren (Post-Inkrement) wird immer zuerst gespeichert bzw. geladen und dann erst inkrementiert. Inkrementiert wird immer nach der Operation! Im Befehl befindet sich das Pluszeichen hinter dem Adresszeiger. Beim Dekrementieren ist es umgekehrt (Pre-Dekrement). Der Adresszeiger wird zuerst dekrementiert. erst dann werden die Daten gespeichert oder geladen. Dekrementiert wird vor der Operation! Im Befehl befindet sich das Minuszeichen immer vor dem Adresszeiger. Abb. 3.8 zeigt eine indirekte Datenübertragung mit Post-Inkrement und Abb. 3.9 mit Pre-Dekrement.

Bemerkung Der folgende Post-Inkrement-Befehl:

st Y+, Tmp1

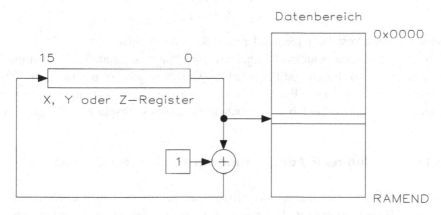

Abb. 3.8 Indirekte Datenübertragung mit Post-Inkrement

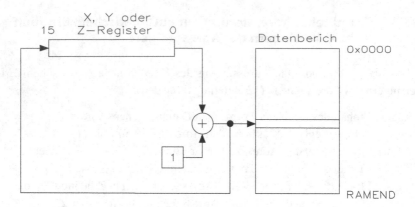

Abb. 3.9　Indirekte Datenübertragung mit Pre-Dekrement

Dieser Befehl reduziert ein Programm, eine Befehlszeile und zwei Taktzyklen. Er entspricht den beiden Befehlen:

$$\text{st} \quad \text{Y, Tmp1}$$
$$\text{adiw} \quad \text{YL, 1}$$

Der folgende Pre-Dekrement-Befehl:

$$\text{st} \quad -\text{Z, Tmp1}$$

Dieser Befehl reduziert ein Programm, ebenfalls eine Befehlszeile und zwei Taktzyklen. Er entspricht den beiden Befehlen:

$$\text{sbiw} \quad \text{YL, 1}$$
$$\text{st} \quad \text{Z, Tmp1}$$

Es existieren keine Post-Dekrement- oder Pre-Inkrement-Befehle.

Abb. 3.10 zeigt eine indirekte Datenübertragung mit Displacement. Bei komplexen Datenstrukturen, z. B. Listen von Records bzw. Objekten, wäre es praktisch, die Basisadresse des Objekts (Zeiger, Pointer bzw. Objekt) durch ein bestimmtes Feld anzusprechen. Der Versatz der Feld- bzw. Attributadresse wird als „Displacement" bezeichnet.

3.16.12　　　Indirekte Adressierung mit konstantem Abstand

Die Mikrocontroller bietet eine weitere Möglichkeit bei der indirekten Adressierung. Es besteht die Möglichkeit,mehrere Datenbytes mit einem festen Abstand zur momentanen Adresse (Adresszeiger) zu adressieren. Dies bietet eine Vereinfachung bei der Adressierung von Tabellen mit festen Datensätzen.

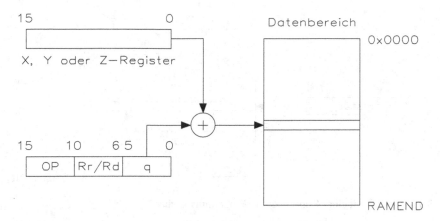

Abb. 3.10 Indirekte Datenübertragung mit Displacement

Es können nur die Adresszeiger Y und Z benutzt werden! Der Abstand (displacement) kann fünf Bits betragen (0 ... 63). Der Abstand wird für die Operation zum Adresszeiger dazu addiert, wobei dessen Inhalt nicht verändert wird.

Abb. 3.11 zeigt einen Zugriff einer Konstanten im Programmspeicher. Im Programmspeicher können Konstanten gespeichert werden mit der Assembler-Direktive .db. Mit dem „lpm"-Befehl lässt sich ein Byte aus dem Programmspeicher mittels des Z-Registers in ein Register kopieren. Da der Programmspeicher ein 16-Bit-Format hat, erfolgt der Zugriff mittels H- und L-Byte.

Es gibt vier Befehle für die indirekte Adressierung des SRAM mit festem Abstand:

```
std  Y + q, Tmp1  ; Inhalt des Registers Tmp1 im Datenspeicher ablegen.
                  ; Die Adresse ist die Summe aus Y und dem Abstand q
std  Z + q, r20   ; Inhalt von Register r20 nach Datenspeicher.
                  ; Die Adresse ist die Summe aus Z und dem Abstand q
ldd  r16, Y + q   ; Inhalt der SRAM-Adresse (Y + q) nach r16
ldd  Tmp1, Y + q  ; Inhalt der SRAM-Adresse (Y + q) nach Tmp1
```

3.16.13   Indirekte Adressierung mit PUSH und POP

Eine Sonderform der indirekten Adressierung erfolgt mit den Befehlen „push " und „pop " in Kombination mit dem Stapelzeiger SP als Adresszeiger.

3.16.14   Adressierung des Programmbereichs

Beim Programmbereich unterscheidet man zwischen folgenden Adressierungsarten

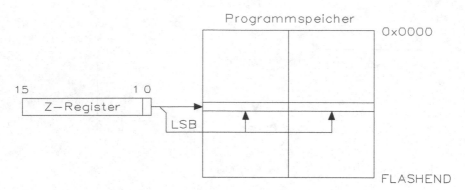

Abb. 3.11   Zugriff mit einer Konstanten im Programmspeicher

- Relative Adressierung des Programmspeichers (Befehle „rjmp" und „rcall")
- Direkte Adressierung des Programmspeichers (Befehle „jmp" und „call")
- Indirekte Adressierung des Programmspeichers (Befehle „ijmp" und „icall")
- Indirekte Adressierung von Konstanten im Programmspeicher (Befehle „lpm")

Meist werden relative Sprünge , also die relative Adressierung des Programmspeichers mit „rjmp" und „rcall" benutzt. Hierbei wird ein relativer positiver (Vorwärtssprung) oder negativer (Rückwärtssprung) Abstand k zur momentanen Adresse hinzuaddiert. Der Assembler berechnet diesen Abstand mithilfe der Labels. Hierbei ist zu beachten, dass nach der Addition des Abstandes zum Programmzähler PC (program counter) dieser nochmals um Eins erhöht wird (PC = PC + k + 1). Abb. 3.12 zeigt einen direkten Sprung auf Programmadressen mit „rjmp" und „rcall", und es ist ein 22-Bit-Format erforderlich.

Bei relativen Sprüngen steht im Opcode ein 12-Bit-Abstand zur Verfügung. Es kann also maximal über 2-Kbyte-Worte vorwärts und rückwärts gesprungen werden. Soll im Programm noch weiter gesprungen werden, so muss die direkte Adressierung verwendet werden. Der Assembler überwacht, ob die Grenze überschritten wird und meldet in diesem Fall einen Fehler.

Die relative Adressierung ist schneller und kürzer als die direkte Adressierung. Man soll also, falls möglich, immer diese Adressierung verwenden.

Hier ein kurzer Ausschnitt aus einer List-Datei:

```
00002e 9985    Main:    sbic     PIND, PB      ;
00002f cffe             rjmp     MAIN          ;
000030 e420             ldi      Mask, 0x40    ;
000031 2702             eor      Tmp1, Mask    ;
000032 bb02             out      PORTD, Tmp1   ;
000033 cffa             rjmp     MAIN          ;
```

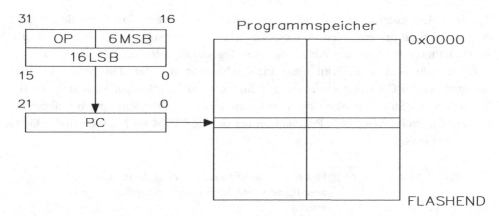

Abb. 3.12 Direkter Sprung auf Programmadressen mit „rjmp" und „rcall"

Der erste „rjmp"-Befehl (Opcode: 0xc) springt ein Wort rückwärts. Der Abstand muss also −2 oder 0xFFFFFE (Zweierkomplement) betragen, da der PC nach der Addition noch um Eins erhöht wird. Der zweite „rjmp"-Befehl springt fünf Worte rückwärts (mit k = −6 entspricht 0xFFFFFA).

Bei der direkten Adressierung des Programmspeichers mit „jmp" und „call" stehen 22 Bit (4-M-Worte) für eine feste Adresse zur Verfügung. Die Befehle benötigen zwei Worte mit drei oder vier Taktzyklen.

Für spezielle Anwendungen der indirekten Adressierung des Programmspeichers mit „ijmp" und „icall" (z. B. Umsetzung von „switch"-Konstruktionen in C) kann diese Adressierung verwendet werden. Die Sprungadresse muss dazu zuerst im Z-Adresszeiger initialisiert werden.

3.16.15 Direkte Adressierung von Konstanten im Programmspeicher mit „lpm"

Der Ladebefehl „lpm" (load program memory) ermöglicht es, ein beliebiges Datenbyte aus dem Programmspeicher (Flash)in das Arbeitsregister R0 zu laden. Die indirekte Adresse muss sich dazu im Z-Pointer (Adresszeiger) befinden.

lpm r18, Z   ; Speichere Inhalt der Programmzeile von Adresse des Z-Pointers nach
                Register r18
lpm r18, Z+ ;Speichere Inhalt der Programmzeile von Adresse des Z-Pointers nach
                Register r18
                ; und inkrementiere danach den Adresszeiger Z

Bei dem Mikrocontroller ist es besser, die beiden erweiterten „lpm"-Befehle bei der Programmierung zu verwenden, da diese alle Arbeitsregister adressieren können und die Syntax mittels eines Registers mitteilt, welches Register als Adresszeiger genutzt wird.

Diese Adressierungsart wird meist in Kombination mit der .DB bzw. DW und eventuell der .ORG-Direktive verwendet. Damit können Tabellen mit Konstanten (z. B. Zeichenketten (Strings)) gleich beim Programmieren im Programmspeicher abgelegt werden. Die recht aufwendige Programmierung des EEPROM im Mikrocontroller lässt sich so vermeiden.

.ORG	Adresse	Legt eine Anfangsadresse fest ab, in der der folgende Code abgespeichert wird. Hiermit kann derSpeicher organisiert werden Beispiel: .ORG = 0xA00
.DB	Liste mit Bytekonstanten	(define Byte) Fügt konstante Bytes ein. Dabei ist die Bedeutung des Bytes nicht wichtig (Zahl von0 … 255, ASCII-Zeichen, eine Zeichenkette, alle Bytes werden durch Kommas getrennt). Im Flash muss eine geradeZahl von Bytes eingefügt werden (16-Bit-Worte), sonst hängt der Assembler ein Nullbyte an oder gibt eineFehlermeldung aus
.DW	Liste mit Wort-konstanten	(define Word) Fügt konstantes binäres Wort (16 Bit) ein. Im EEPROM und Flash zuerst dasniederwertige und dann das höherwertige Byte

Beispiel für die Programmierung einer Tabelle

```
.ORG  0x300                    ; ab Adresse 0x0300 im Programmspeicher
TAB:
.DB    0x22,0x33,0x44,0x55 ; Tabelle mit vier Bytes
```

Auf diese Tabellen kann dann nur lesend (load) zugegriffen werden. ◄

Bemerkung Die Speicherorganisation mit der .ORG Direktive kann Programme vereinfachen. Bei größeren Programmen mit unterschiedlichen Bibliotheken (bzw. Unterprogrammen) kann es allerdings zu Überschneidungen kommen, die zu Fehlern führen. Hier ist es besser, die Speicherorganisationen ausschließlich mit symbolischen Adressen (Labeln)vorzunehmen.

Abb. 3.13 zeigt einen Zugriff auf den Programmspeicher mit Post-Inkrement. Im Programmspeicher können Konstanten gespeichert werden mit der Assembler-Direktive .db. Mit dem „lpm"-Befehl lässt sich ein Byte aus dem Programmspeicher mittels des Z-Registers in ein Register kopieren. Da der Programmspeicher ein 16-Bit-Format hat, erfolgt der Zugriff mittels H- und L-Byte.

Da der Flash-Speicher in Worten (2 Byte) organisiert ist und intern in Worten adressiert wird, ist es nötig, die Wortadresse mit dem Faktor zwei zu multiplizieren, da

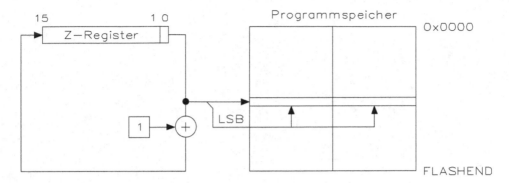

Abb. 3.13 Zugriff auf den Programmspeicher mit Post-Inkrement

der Adresszeiger (hier Z) mit einer byteweisen Adressierung arbeitet. Eine wortweise Adressierung macht keinen Sinn, da der Ladebefehl nur Werte in 1 Byte großen Arbeitsregistern ablegen kann. Jedes zweite Byte könnte so nicht genutzt werden.

Bei der Initialisierung des Z-Adresszeigers muss in unserem Beispiel also 0x0600 (Byteadresse) statt 0x0300 (Wortadresse) als Anfangsadresse verwendet werden.

Programmierung in Assembler

4

Der Befehlssatz eines Mikrocontrollers oder Mikroprozessors besteht aus einem Satz von binären Eingangssignalen, mit denen bestimmte Tätigkeiten während eines Befehlszyklus ausgeführt werden. Ein Befehlssatz ist für einen Mikrocontroller oder Mikroprozessor das Gleiche wie eine Funktionstabelle für einen Logikbaustein, z. B. ein Gatter, Addierer oder Schieberegister. Natürlich sind die Tätigkeiten, die ein Mikrocontroller oder Mikroprozessor infolge eines Befehls ausführt, wesentlich komplexer als jene Tätigkeiten, die ein Logikbaustein mit seinen Eingangssignalen durchführt.

Ein Befehl ist ein binäres Bitmuster, es muss an den Dateneingängen des Mikrocontrollers zur richtigen Zeit anliegen, um als ein Befehl interpretiert zu werden. Wenn beispielsweise das aus 16 Bits bestehende Binärmuster „0000.1100.0000.0001" oder im hexadezimalen Muster „0C01" als Eingabe während eines Befehlsabrufes empfängt, so bedeutet dieses:

„Register r1 wird zu Register r0 addiert"

Ähnlich bedeutet das Muster „0001.1000.0000.0001" oder „1801":

„Register r1 wird von Register r0 subtrahiert"

Der Mikrocontroller (wie auch jeder andere Computer mit Mikroprozessor) erkennt nur binäre Muster als Befehle oder Daten. Er ist nicht imstande, Worte oder Oktal-, Dezimal- oder Hexadezimalzahlen zu erkennen und zu verarbeiten.

4.1 Programm für den Mikrocontroller

Ein Programm besteht aus einer Serie von Befehlen, die den Computer zur Ausführung einer bestimmten Aufgabe veranlassen.

© Springer Fachmedien Wiesbaden GmbH, ein Teil von Springer Nature 2020
H. Bernstein, *Mikrocontroller*, https://doi.org/10.1007/978-3-658-30067-8_4

In Wirklichkeit enthält ein Computerprogramm mehr als Befehle. Es enthält auch Daten und Speicheradressen, die der Mikrocontroller zur Ausführung der durch die Befehle definierten Aufgaben benötigt. Zweifellos muss der Mikrocontroller zur Ausführung einer Addition hierfür zwei Zahlen aufweisen, sowie einen Platz, in den er das Resultat abspeichert. Das Computerprogramm muss die Quellen der Daten und den Bestimmungsort für das Resultat bestimmen und muss ferner die auszuführende Operation angeben.

Die meisten Mikrocontroller führen Befehle sequenziell aus, es sei denn, einer der Befehle ändert die Befehlssequenz oder hält den Mikrocontroller an, d. h. der Mikrocontroller erhält den nächsten Befehl von der nächsthöheren Speicheradresse, außer der momentane Befehl weist ihn an, etwas anderes auszuführen.

Jedes Programm wird letztlich in einen Satz von Binärzahlen umgewandelt. Folgendes ist beispielsweise ein Programm im Mikrocontroller, das den Inhalt der Speicherplätze 60H und 61H addiert und das Ergebnis in den Speicherplatz 60H des Registers ablegt.

Dies ist ein Maschinensprachen- oder Objektprogramm. Wenn dieses Programm in einen auf einem Mikrocontroller basierenden Mikrocomputer eingegeben wird, so ist der Mikrocomputer imstande, dieses Programm direkt auszuführen.

4.1.1 Probleme des Programmierens

Es gibt verschiedene Schwierigkeiten, die mit der Bildung von Programmen in Form eines Objektprogramms, d. h. eines Programms in binärer Maschinensprache, verbunden sind. Einige dieser Probleme sind:

1) Die Programme sind schwierig zu verstehen oder arbeiten fehlerfrei (Binärzahlen sehen einander sehr ähnlich, insbesondere wenn man bereits einige Stunden mit ihnen gearbeitet hat).
2) Die Eingabe der Programme ist sehr langwierig, da man jedes Bit individuell bestimmen muss.
3) Die Programme beschreiben die Aufgabe, die der Mikrocontroller ausführen soll, nicht in irgendeinem vergleichbaren vom Menschen lesbaren Format.
4) Die Programme sind häufig sehr lang und mühsam zu schreiben.
5) Der Programmierer macht häufig Fehler, die sehr schwierig zu finden sind.

Obwohl der Mikrocontroller die Binärzahlen mit Leichtigkeit handhabt, ist dies für einen Menschen sehr schwierig. Der Mensch findet Binärprogramme lang, mühsam, verwirrend und bedeutungslos. Ein Programmierer kann sich möglicherweise einige der Binärcodes merken, aber derartige Anstrengungen sollten produktiver verwendet werden.

Man kann diese Situation wesentlich verbessern, indem man die Befehle in Form von Oktal- oder Hexadezimal-, anstatt von Binärzahlen schreibt. In diesem Buch werden Hexadezimalzahlen verwendet, da sie kürzer und bereits zum Standard für die Mikrocontroller-Industrie geworden sind. Das Programm für den Mikrocontroller zur Addition zweier Zahlen in den Registern sieht nun folgendermaßen aus:

$$0C01$$

Man sieht, dass die hexadezimale Version wesentlich kürzer in der Schreibweise ist und lange nicht so ermüdend bei der Überprüfung.

Fehler sind wesentlich leichter in einer Folge von Hexadezimalziffern zu finden.

Was fängt man aber nun mit diesem hexadezimalen Programm an? Der Mikrocontroller versteht nur binäre Befehlscodes. Die Antwort ist, dass man die hexadezimalen Zahlen in Binärzahlen umwandeln muss. Diese Umwandlung ist eine sich wiederholende mühsame Aufgabe. Bei dieser Umwandlung macht man im Allgemeinen alle möglichen Arten der Fehler, wie etwa das Verwechseln einer Zeile, Vergessen eines Bits, oder Vertauschen eines Bits oder einer Stelle.

Diese sich wiederholende und zermürbende Arbeit ist jedoch eine ideale Aufgabe für einen Mikrocontroller. Der Mikrocontroller wird niemals müde oder gelangweilt und führt niemals leichtfertig Fehler aus. Es liegt daher nahe, ein Programm zu schreiben, das die hexadezimalen Zahlen aufnimmt, sie in Binärzahlen umwandelt und die Binärzahlen in den Speicher des Computers bringt. Dies war früher ein Standardprogramm, das für viele Mikroprozessoren und Mikrocontroller erhältlich war, der Hexadezimal-Lader.

Lohnt sich ein Hexadezimal-Lader? Wenn man die Absicht hat, ein Programm unter Verwendung von Binärzahlen zu schreiben, und man dazu bereit ist, das Programm in seiner binären Form in den Computer einzugeben, dann benötigt man keinen Hexadezimal-Lader. Der Hexadezimal-Lader ist selbst ein Programm, das man in den Speicher laden muss. Außerdem wird der Hexadezimal-Lader Speicherplatz besetzen – Speicherplatz, den man vielleicht für andere Zwecke benötigt. Die Software von Atmel hat bereits den Hexadezimal-Lader intern und wird kostenlos mitgeliefert.

Ein Hexadezimal-Lader löst aber keinesfalls irgendein Programmierproblem. Die hexadezimale Version des Programms ist noch immer schwierig zu lesen und zu verstehen. Er unterscheidet beispielsweise weder Befehle von Daten oder Adressen, noch ergibt sich aus der Auflistung des Programmes irgendein Hinweis darauf, was das Programm ausführt. Was bedeutet „9588" oder „EA0A"? Das Auswendiglernen einer langen Reihe von Codes ist sicherlich nicht sehr attraktiv. Ferner unterscheiden sich die Codes völlig bei unterschiedlichen Mikroprozessoren und Mikrocontrollern, und das Programm benötigt eine umfangreiche Dokumentation.

Eine offensichtliche Verbesserung des Programmierens stellt die Zuweisung einer Bezeichnung zu jedem Befehlscode dar. Den Namen eines Befehlscodes nennt man ein Mnemonik, oder mnemotechnisches Hilfsmittel. Die mnemotechnische Abkürzung eines Befehls sollte in irgendeiner Form beschreiben, was der Befehl ausführt.

Die Mnemonik ist ein Verfahren zur Unterstützung des menschlichen Gedächtnisses. Durch eine symbolische oder abgekürzte Schreibweise kann auf Sinn und Inhalt des

Begriffes geschlossen werden. Sie wird in der Programmierung zur Darstellung von Anweisungen, zur Markierung von Adressen und zur Identifizierung von Daten benutzt. Sie bringt Klarheit und Übersicht und erleichtert die Interpretation von Programmen.

In der Tat liefert jeder Hersteller eines Mikrocontrollers einen Satz von Mnemoniks für den Befehlssatz seines Mikrocontrollers. Man muss sich aber nicht mit dem Befehlssatz des Herstellers abfinden. Sie sind jedoch Standard für einen gegebenen Mikrocontroller und werden daher von allen Anwendern verstanden. Daher stellen sie die Bezeichnungen für die Befehle dar, die man in Handbüchern, Listen, Büchern, Artikeln und Programmen findet. Das Problem bei der Auswahl von Mnemoniks für Befehle besteht darin, dass nicht alle Befehle „offensichtliche" Namen besitzen. Bei einigen Befehlen ist dies der Fall (z. B. ADD, AND, OR), andere bestehen aus offensichtlichen Abkürzungen (z. B. SUB für Subtraktion, XOR für Exklusiv-ODER), während dies bei anderen überhaupt nicht der Fall ist. Daraus resultieren Mnemoniks wie etwa BRCC, CLH und auch SES. Die meisten Hersteller verwenden einige brauchbare Namen, zum Teil aber auch sehr unglückliche Bezeichnungen.

Zusammen mit den Befehls-Mnemoniks wird ein Hersteller gewöhnlich auch den Registern entsprechende Namen zuweisen. Ebenso wie bei den Befehlsnamen besitzen einige Register offensichtliche Bezeichnungen, während andere mehr historische Bedeutung besitzen.

Wenn man die Standard-Mnemonik für Befehle und Register des Mikrocontrollers verwendet, wie sie von Atmel definiert wurden, so wird unser Programm für den Mikro-controller folgendermaßen aussehen:

$$ADD\ r1,r2$$
$$LSL\ r1$$
$$SUB\ r1,r2$$
$$EOR\ r1,r2$$

Die Darstellung des Programms ist immer noch nicht völlig offensichtlich, aber es werden wenigstens einige Teile hiervon verständlich. ADD r1, r2 ist eine beträchtliche Verbesserung gegenüber „0C01", und das Ergebnis der Addition steht im Register r1. Anschließend wird mit LSL r1 das Register r1 nach links geschoben, mit SUB r1, r2 die beiden Register subtrahiert und das Ergebnis wird in Register r1 gespeichert. Danach folgt eine Exklusiv-ODER-Verknüpfung von Register r1 mit r2 und das Ergebnis steht in Register r1.

4.1.2   Assemblerprogramm

Wie bekommt man nun das Programm in Assemblersprache in den Computer? Man muss es übersetzen, entweder in Hexadezimal- oder in Binärzahlen. Man kann ein Programm in Assemblersprache manuell übersetzen, Befehl für Befehl. Dies wird Hand-Assemblierung genannt.

Wie im Falle der Umwandlung hexadezimal in binär, ist die Hand-Assemblierung eine Routineaufgabe, die uninteressant, sich wiederholend und anfällig für zahllose kleine Irrtümer ist. Eingeben der falschen Zeile, Vertauschen von Ziffern, Auslassen von Befehlen und falsches Lesen der Codes sind nur einige der Fehler, die einem unterlaufen können. Die meisten Mikrocontroller machen die Aufgaben noch komplizierter, indem sie verschiedene Befehle mit unterschiedlichen Wortlängen besitzen. Manche Befehle sind nur ein Wort lang, während andere eine Länge von zwei, drei oder vier Worten besitzen. Manche Befehle benötigen Daten im zweiten und dritten Wort. Andere benötigen Speicheradressen, Registernummern oder andere Informationen.

Die Assemblierung ist eine weitere routinemäßige Aufgabe, die man einem Mikrocomputer überlassen kann. Der Mikrocomputer macht niemals Fehler beim Übersetzen von Codes. Er weiß immer, wie viele Worte und welches Format jeder Befehl benötigt. Ein Programm, das eine derartige Aufgabe ausführt, wird als Assembler bezeichnet. Das Assemblerprogramm übersetzt ein Anwenderprogramm oder Quellprogramm, das mit Mnemoniks geschrieben wurde, in ein Programm der Maschinensprache (oder Objektprogramm), das der Mikrocontroller ausführen kann. Die Eingabe für den Assembler ist ein Quellprogramm und er gibt ein Objektprogramm aus. (Bei Benutzung des Wortes „Assembler" ist jeweils darauf zu achten, ob nun die Assemblersprache oder dasAssemblerprogramm gemeint ist).

Die Überlegungen, die beim Hexadezimal-Lader angestellt wurden, gelten in erhöhtem Maße auch für den Assembler. Assembler sind aufwendiger, benötigen mehr Speicherplatz und erfordern längere Ausführungszeiten als Hexadezimal-Lader. Während Anwender häufig ihre eigenen Lader schreiben, geschieht dies weniger häufig bei Assemblern.

Assembler besitzen eigene Regeln, die man erlernen muss. Diese enthalten die Verwendung bestimmter Markierungen oder Kennzeichen (wie Zwischenräume, Kommata, Strichpunkte oder Doppelpunkte) an den entsprechenden Stellen, korrekte Aussprache, die richtige Steuerinformation und vielleicht auch die ordnungsgemäße Platzierung von Namen und Zahlen. Diese Regeln stellen nur ein kleines Hindernis dar, das man leicht überwinden kann.

4.1.3 Eigenschaften von Assemblern

Frühere Assemblerprogramme leisteten wenig mehr als die Übersetzung der Mnemoniks der Befehle und Register in ihr binäres Äquivalent. Die meisten neueren Assemblerprogramme besitzen zusätzliche Eigenschaften, wie:

1) Sie gestatten dem Anwender die Zuweisung von Namen zu Speicherplätzen, Eingabe- und Ausgabebausteinen und sogar vollständigen Befehlssequenzen.

2) Die Umwandlung von Daten oder Adressen von verschiedenen Zahlensystemen (z. B. dezimal oder hexadezimal) in binäre und die Umwandlung von Zeichen in ihre ASCII- oder EBCDIC-Binärcodes.
3) Die Ausführung einiger arithmetischer Operationen als Teil des Assembliervorgangs.
4) Die Mitteilung an das Laderprogramm, wohin Teile des Programms oder Daten in den Speicher platziert werden sollen.
5) Sie gestatten dem Anwender die Zuweisung von Speicherbereichen für zeitweilige Datenspeicherung und die Platzierung fester Daten in bestimmte Bereiche des Programmspeichers.
6) Die Lieferung von Informationen, die erforderlich sind, um Standardprogramme aus einer Programmbibliothek, oder Programme, die zu einer anderen Zeit geschrieben wurden, in das momentane Programm aufzunehmen.
7) Sie gestatten dem Anwender die Steuerung des Formats der Programmauflistung und der verwendeten Eingabe- und Ausgabebausteine.

Alle diese Eigenschaften bedingen natürlich zusätzliche Kosten und Speicher. Mikrocontroller weisen im Allgemeinen wesentlich einfachere Assembler als große Computer auf, tendieren jedoch immer umfangreicher zu werden. Man besitzt häufig eine Auswahl an verschiedenen Assemblerprogrammen. Das wichtigste Kriterium hierbei ist nicht, wie viele ausgefallene Eigenschaften der Assembler besitzt, sondern wie bequem er bei der Anwendung in der Praxis ist.

4.1.4 Nachteile der Assemblersprache

Der Assembler, ebenso wie der Hexadezimal-Lader, löst keinesfalls die gesamtenProbleme des Programmierens. Ein Problem besteht in der gewaltigen Lücke zwischen dem Befehlssatz des Mikrocomputers und den Aufgaben, die der Mikrocontroller auszuführen hat. Computerbefehle führen meist Dinge aus, wie das Addieren des Inhalts zweier Register, Verschieben des Inhalts des Akkumulators um ein Bit nach links bzw. nach rechts, oder das Platzieren eines neuen Wertes in den Befehlszähler. Auf der anderen Seite möchte der Anwender eines Mikrocomputers etwa die Prüfung, ob eine analoge Größe einen bestimmten Wert überschritten hat, nach einem bestimmten Kommando eines externen Gerätes Ausschau halten und auf dieses reagieren, oder ein Relais zur richtigen Zeit aktivieren. Ein Programmierer, der die Assemblersprache verwendet, muss derartige Aufgaben in eine Folge (oder Sequenz) einfacher Computerbefehle umwandeln. Diese Umwandlung kann eine schwierige und zeitraubende Aufgabe darstellen.

Abb. 4.1 zeigt ein Beispiel für ein Struktogramm, Ablaufdiagramm oder Flussdiagramm. Die „Grenzstelle" am Anfang des Programms ist der Start. Dann folgt der Hinweis einer allgemeinen Operation. In diesem Bild kann auch stehen „C = A − B", „schließe das Ventil" usw. Danach folgt eine Verzweigung. Der Text muss eine Frage

Abb. 4.1 Beispiel
für ein Struktogramm,
Ablaufdiagramm oder
Flussdiagramm

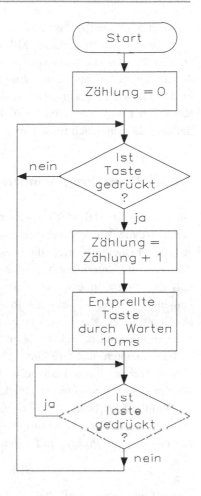

(Bedingung) enthalten, die entweder mit ja oder nein zu beantworten ist. Je nach Beantwortung der Frage wird das Programm mit dem „Ja"- oder „Nein"-Zweig fortgesetzt.

Ferner muss man beim Programmieren in Assemblersprache eine sehr detaillierte Kenntnis des verwendeten speziellen Mikrocomputers besitzen. Man muss wissen, welche Register und Befehle der Mikrocontroller hat, wie die Befehle die verschiedenen Register genau beeinflussen, welche Adressierverfahren der Mikrocontroller verwendet und eine Unmenge weiterer Informationen. Keine dieser Informationen ist für die Aufgabe, die der Mikrocontroller letztlich ausführen muss, relevant. Programme in Assemblersprache sind nicht auf andere Mikrocontroller übertragbar. Jeder Mikrocontroller besitzt seine eigene Assemblersprache, die durch seine Architektur des Herstellers bestimmt wird.

Da die Programme nicht übertragbar sind, bedeutet dies, dass man sein Programm in Assemblersprache nicht auf einem anderen Mikrocontroller verwenden kann. Das bedeutet auch weiter, dass man nicht imstande ist, irgendein Programm zu verwenden, das nicht für den verwendeten Mikrocontroller speziell geschrieben wurde. Daraus ergibt sich häufig, dass man auf sich selbst angewiesen ist. Wenn man ein Programm für die Ausführung einer speziellen Aufgabe benötigt, wird man dies wahrscheinlich nicht in den kleinen Programmbibliotheken des Herstellers finden. Man wird es auch wahrscheinlich kaum in einem Archiv, Zeitungsartikel oder einer alten Programmbibliothek finden. Wahrscheinlich muss man sich sein spezielles Programm selbst schreiben.

4.1.5 Höhere Programmiersprachen

Die Lösung für viele der mit Assemblersprachen-Programmen verbundenen Schwierigkeiten ist die Verwendung von „höheren" oder „problemorientierten" Sprachen. Derartige Sprachen gestatten die Beschreibung von Aufgaben in einer Art und Weise, die eherproblemorientiert als computerorientiert ist. Jede Anweisung in einer höheren Programmiersprache führt eine erkennbare Funktion aus. Sie wird im Allgemeinen mehreren Befehlen in Assemblersprache entsprechen. Ein Programm, das als Compilierer oder Compiler bezeichnet wird, übersetzt ein Quellprogramm höherer Programmiersprache in Befehle, in Objektcode oder Maschinensprache.

Es existieren mehrere unterschiedliche höhere Sprachen für verschiedene Arten von Aufgaben. Wenn man beispielsweise die Aufgabe für einen Computer in einer algebraischen Darstellung ausdrücken kann, so könnte man das Programm in FORTRAN (FORmula TRANslation language) schreiben, der ältesten und früher einer der meist verbreiteten höheren Programmiersprachen. Wenn man nun zwei Zahlen addieren will, so muss man das Programm für den Computer nur schreiben:

$$SUM = NUMB1 + NUMB2$$

Dies ist um einiges einfacher (und auch kürzer) als irgendein äquivalentes Programm in Maschinensprache oder ein äquivalentes Programm in Assemblersprache. Andere höhere Programmiersprachen sind COBOL (für kaufmännische Anwendungen), ALGOL und PASCAL (andere algebraische Sprachen), PL/1 (eine Kombination von FORTRAN, ALGOL und COBOL), APL und BASIC (Sprachen für Time-Sharing-Systeme und Hobbyanwender).

COBOL (Common Business Oriented Language) COBOL ist eine speziell für den administrativen und kommerziellen Bereich entwickelte Programmiersprache. Die bis dahin verfügbaren höheren Programmiersprachen (ALGOL und FORTRAN) genügten den Anforderungen der Anwender aus diesem Bereich nicht. 1960 wurde die erste Version von COBOL veröffentlicht. Diese Compilerprogrammiersprache war nicht leicht zu erlernen, dafür jedoch selbstdokumentierend. Programm-Listings sind verhältnismäßig gut lesbar. COBOL arbeitet mit variablen Datenlängen. Der Speicherbedarf des übersetzten Programms ist geringer als bei ALGOL und FORTRAN, dafür

der Schreibaufwand bei der Programmerstellung höher. Die Laufzeit des Maschinenprogramms ist bei ein-/ausgabe-intensiven Programmen fast so gut wie bei Assemblerprogrammen. Auf kaufmännische und wirtschaftliche Aufgaben zugeschnitten, ist
COBOL in diesem Bereich mit die am häufigsten verwendete Programmiersprache.

APL (A Programming Language) APL wurde an der Harvard-Universität als eine
vereinfachte Beschreibungssprache für arithmetische Operationen und Strukturen entwickelt, die sich besonders für Vektor- und Matrizenrechnung eignet. APL ist besonders
auf die Belange eines Teilnehmerbetriebes abgestimmt. Sie verfügt nicht, wie andere
höhere Programmiersprachen, über die klassischen Daten- und Anweisungsstrukturen;
sie hat eine Vielzahl von mathematischen und logischen Operationen und ist daher nicht
sehr leicht zu erlernen. Sprachelemente für die Listenverarbeitung, bedingte Sprünge und
Schleifen fehlen.

PL/1 (Programming Language 1) Diese höhere problemorientierte Programmiersprache
wurde 1963 von IBM entwickelt. Sie eignet sich sowohl für technisch-wissenschaftliche
als auch für betriebswirtschaftliche Anwendungen, da sie wesentliche Eigenschaften von
FORTRAN und COBOL besitzt. PL/1 bietet Fest- und Gleitkommaarithmetik, Bit- und
Stringverarbeitung, gute Fehlerdiagnose und Dokumentationsmöglichkeiten. PL/1 ist leicht
erlernbar, der Sprachumfang kann aber nur von erfahrenen Softwareentwicklern wirklich
genutzt werden. PL/l wurde hauptsächlich in Großcomputern eingesetzt.

PL/M (Programming Language Mikroprocessor) PL/M besitzt jedoch nicht die
vielen Datentypen wie PL/1. PL/M ist eine Weiterentwicklung und enthält zusätzliche Bitmanipulationsbefehle. In Anlehnung an PL/1 wurde 1970 von Intel diese
Programmiersprache entwickelt. Sie ist eine Computersprache für Mehrprozessoren mit
einigen Einschränkungen gegenüber PL/1.

ALGOL (ALGOrithmic Language) Eine problemorientierte Programmiersprache
für den technisch-wissenschaftlichen Anwendungsbereich. ALGOL baut auf der
algorithmischen Beschreibungsweise von Problemen auf. Mathematische und logische
Operatoren sind vorhanden. Als Sprachenelemente dienen alphabetische, numerische und
alphanumerische Symbole. Sprünge, Laufanweisungen, Felder und Prozeduren sind möglich, und eine Blockstruktur ist vorhanden. Der Speicherbedarf des Maschinenprogramms
ist bei ALGOL groß, der Schreibaufwand beim Erstellen des Quellprogramms klein. Die
Laufzeit des Maschinenprogramms ist im Vergleich zu FORTRAN-Programmen länger.

BASIC (Beginner's All-Purpose Symbolic Instruction Code) Eine höhere
Programmiersprache, die vor allem bei PC und Homecomputern große Verbreitung
gefunden hat. Sie ist besonders für Dialogbetrieb geeignet und relativ leicht erlernbar.
BASIC unterstützt jedoch nicht die strukturierte Programmierung. Sie ist daher auch
nicht für komplexe Anwendungen geeignet. Die Verarbeitung durch BASIC-Interpreter

bringt lange Laufzeiten. Mit Compilern sind in der Regel günstigere Verarbeitungs-
geschwindigkeiten zu erzielen. Im Laufe der Jahre ist eine Vielzahl von Dialekten der
Sprache BASIC entstanden, die eine Portierbarkeit von Programmen erschweren.

Im Vergleich zu höher entwickelten Programmiersprachen besitzt BASIC nur wenige
Steueranweisungen. Vergleichsoperationen stehen nicht nur für Zahlen-, sondern auch
für Textvariable zur Verfügung. Daneben gibt es Schleifen, unbedingte und bedingte
Sprungbefehle sowie Unterprogrammtechniken in einem gewissen Umfang.

PASCAL Eine nach dem Mathematiker benannte höhere Programmiersprache, die
sich besonders für Mikroprozessoren eignet. PASCAL wurde von Klaus Wirth in den
70er Jahren an der Technischen Hochschule Zürich entwickelt. Sie zeichnet sich durch
einen besonderen Komfort aus, besitzt ähnlich wie ALGOL Blockstrukturen, verfügt
über eine Mehrzahl von Datentypen und ist sehr stark prozedurorientiert. Ein Programm
setzt sich aus einem Vereinbarungs- und einem Anweisungteil zusammen. Der Ver-
einbarungsteil enthält den Programmnamen, das/die Ein-/Ausgabegerät(e), Definition
der Konstanten und Variablen. Der Anweisungsteil enthält das eigentliche Programm
und wird mit „BEGIN" und „END" eingegrenzt. PASCAL hat in den letzten Jahren an
Bedeutung gewonnen. Viele Computer-Anbieter haben inzwischen diese Sprache auf
ihren Systemen implementiert.

C Die Programmiersprache C wurde von den Bell Laboratories auf dem
Unix-Betriebssystem entwickelt und ist universell einsetzbar. Unix selbst ist in C
geschrieben. Jedoch ist diese höhere Programmiersprache nicht an ein bestimmtes
Betriebssystem oder eine spezielle Hardware gebunden. C ist eine blockorientierte
Sprache, die viele Eigenschaften der Assemblersprache hat; sie ist sehr schnell,
maschinennah und noch verhältnismäßig einfach zu erlernen. Integer-Variable können
direkt als Register deklariert werden. Bit-, Shift- und Inkrementbefehle sind vorhanden
(wie sonst nur in der Assemblersprache). Obwohl C als System-Programmiersprache
bezeichnet wird, ist sie auch für numerische, textverarbeitende und Datenbank-
anwendungen einsetzbar. Aufgrund der Blockstruktur von C sind Programm-Listings
relativ leicht lesbar und übersichtlich. Vergleicht man C mit PASCAL, so erkennt man
einige Übereinstimmungen in der Struktur der Sprache. C lässt jedoch dem Anwender
mehr Freiraum bei der Programmierung. Für Ein/Ausgaben müssen verschiedene Unterprogramme aufgerufen werden, direkte Befehle existieren nicht. Das I/O-Schema von C
garantiert Rechnerunabhängigkeit (Portabilität).

4.1.6 Vorteile von höheren Programmiersprachen

Offensichtlich erleichtern höhere Sprachen das Programmieren und beschleunigen
die Erstellung eines Programms. Man kann etwa sagen, dass ein Programmierer ein
Programm zehnmal schneller in einer höheren Sprache als in der Assemblersprache

schreiben kann. Dies betrifft nur das Schreiben des Programms. Es enthält nicht die Definition des Problems, Entwicklung des Programms, Fehlersuche, Testen oder Dokumentation, was ebenfalls einfacher und schneller wird. Das Programm in der höheren Sprache ersetzt beispielsweise zum Teil eine entsprechende Dokumentation. Sogar wenn man FORTRAN nicht beherrscht, kann man wahrscheinlich erkennen, was die oben dargestellten Anweisungen besagen.

Höhere Sprachen lösen viele andere Probleme, die mit der Programmierung inAssemblersprache verknüpft sind. Die höhere Sprache besitzt ihre eigene Syntax (gewöhnlich definiert durch einen nationalen oder internationalen Standard). In der Sprache werden Befehlssatz, die Register oder andere Eigenschaften eines speziellen Computers nicht erwähnt. Auf alle derartigen Details muss der Compiler achten. Die Programmierer können sich auf ihre eigentliche Aufgabe konzentrieren. Sie brauchen die verwendete CPU-Architektur nicht im Detail zu verstehen, d. h. sie brauchen nicht einmal etwas über den Computer zu wissen, der programmiert werden muss.

Programme, die in einer höheren Sprache geschrieben wurden, sind übertragbar; zumindest in der Theorie.

Sie werden auf jedem beliebigen Computer laufen, der einen Standardcompiler für diese Sprache besitzt.

Dadurch sind aber gleichzeitig alle früher in einer höheren Sprache geschriebenen Programme für bestimmte Computer auch verfügbar, wenn man einen neuen Computer programmieren will. Dies kann im Falle der gebräuchlichsten Sprachen wie FORTRAN oder BASIC bedeuten, dass man Tausende von Programmen zur Verfügung hat.

4.1.7   Nachteile von höheren Programmiersprachen

Wenn nun aber alle erwähnten Vorteile, die bei höheren Programmiersprachen aufgezählt wurden, wahr sind, wenn man Programme schneller schreiben kann und sie außerdem übertragbar sind, warum quält man sich dann überhaupt noch mit Assemblersprachen? Wer würde sich noch mit Registern, Befehlscodes, Mnemoniks und all diesem Ballast herumschlagen? Wie gewöhnlich steht allen Vorteilen meist auch eine entsprechende Anzahl von Nachteilen gegenüber.

Ein offensichtliches Problem liegt darin, dass man die „Regeln" oder die „Syntax" jeder höheren Programmiersprache, die man verwenden will, lernen muss. Eine höhere Sprache besitzt einen ziemlich komplizierten Satz von Regeln. Man wird finden, dass man viel Zeit benötigt, ein Programm zu schreiben, das syntaktisch korrekt ist (und sogar dann wird es wahrscheinlich noch nicht das tun, was man will). Eine höhere Computersprache ist wie eine Fremdsprache. Wenn man ein wenig Talent besitzt, wird man sich rasch mit den Regeln vertraut machen, und imstande sein, Programme zu liefern, die der Compiler annimmt. Aber mit dem Lernen der Regeln und dem Versuch, das Programm für den Compiler annehmbar zu gestalten, ist unsere Aufgabe noch lange nicht gelöst.

Einige FORTRAN-Regeln sehen etwa folgendermaßen aus:

- Marken (Labels) müssen gänzlich aus Zahlen bestehen und in die ersten fünf Karten-spalten platziert werden
- Anweisungen müssen in Spalte sieben beginnen
- Ganzzahlige Variable müssen mit dem Buchstaben I, J, K, L, M oder N beginnen

Ein weiteres Problem lag früher darin, dass man einen Compiler zur Übersetzung der in einer höheren Sprache geschriebenen Programme in Maschinensprache benötigt. Compiler sind aufwendig und benötigen große Speicherkapazität, was heute kein Problem mehr darstellt. Während die meisten Assembler 2 Kbyte bis 16 Kbyte eines Speichers belegen (1 K = 1024), benötigt ein Compiler gewöhnlich wesentlich mehr Speicherplatz. Daher lagen die Kosten bei der Verwendung eines Compilers wesentlich höher.

Ferner machen nicht alle Compiler unsere Aufgabe tatsächlich leichter. FORTRAN ist beispielsweise sehr gut für Aufgaben geeignet, die man als algebraische Formeln dar-stellen kann. Wenn man jedoch die Aufgabe hat, einen Drucker zu steuern, eine Kette von Zeichen zu editieren oder ein Alarmsystem zu überwachen, kann die Aufgabe nicht ohne weiteres in algebraischer Schreibweise dargestellt werden. In der Tat kann die Formulierung der Lösung in algebraischer Schreibweise wesentlich mühsamer und schwieriger sein, als ihre Formulierung in Assemblersprache. Die naheliegende Antwort wäre natürlich die Verwendung einer besser geeigneten höheren Sprache. Es existieren einige derartiger Sprachen, aber sie sind wenig verbreitet und standardisiert wie FORTRAN oder C. Man wird nicht allzu viel von den Vorteilen höherer Sprachen haben, wenn man diese sogenannten „System-Implementation-Languages" (System-Durchführungssprachen) verwendet.

Höhere Sprachen ergeben häufig wenig effiziente Programme in Maschinensprache. Der wesentliche Grund hierfür ist, dass die Compilierung einen automatischen Vorgang darstellt, der voll mit Kompromissen für die Ausführung zahlreicher Möglichkeiten ist. Der Compilierer arbeitet ähnlich einem computergesteuerten Sprachübersetzer, bei dem die Worte manchmal stimmen, aber der Klang und der Satzbau äußerst unbeholfen wirken.

Ein einfacher Compiler kann nicht wissen, wann eine Variable nicht länger verwendet wird und gelöscht werden kann, wann ein Register besser anstelle eines Speicher-platzes verwendet werden soll, oder wann Variable einfache Beziehungen untereinander besitzen. Der erfahrene Programmierer kann die Vorteile von Abkürzungen verwenden, um die Ausführungszeit zu verringern oder die Verwendung des Speichers zu reduzieren. Einige wenige Compiler (bekannt als optimierende Compiler) können dies eben-falls, aber derartige Compiler sind wesentlich größer und langsamer als gewöhnliche Compiler.

Die allgemeinen Vorteile und Nachteile höherer Programmiersprachen sind:
Vorteile:

- Bequemer für die Beschreibung von Aufgaben
- Größere Produktivität des Programmierers
- Einfachere Dokumentation
- Standardisierte Syntax
- Unabhängigkeit von der Struktur des speziellen Computers mit Mikroprozessor oder Mikrocontroller,
- Übertragbarkeit
- Verfügbarkeit von Bibliotheken und anderen Programmen

Nachteile:

- Spezielle Regeln
- Weitgehende Hardware- und Softwareunterstützung erforderlich
- Orientierung der gebräuchlichen Sprachen auf algebraische oder kaufmännischeProbleme
- Ineffiziente Programme
- Schwierigkeit bei der Optimierung des Codes für zeitliche und Speicher-anforderungen
- Unmöglichkeit der bequemen Verwendung spezieller Eigenschaften eines Computers mit Mikroprozessor oder Mikrocontroller

4.1.8   Höhere Sprachen für Mikroprozessoren und Mikrocontroller

Die Anwender von Mikroprozessoren oder Mikrocontrollern werden auf verschiedene spezielle Schwierigkeiten stoßen, wenn sie höhere Programmiersprachen verwenden. Diese sind unter anderem:

- Es existieren wenige höhere Programmiersprachen für Mikroprozessoren und Mikro-controller.
- Es sind keine Standardsprachen allgemein verfügbar.
- Wenige Compiler laufen tatsächlich auf Mikrocontrollern. Die es tun, benötigen häufig sehr großen Speicherraum.
- Die meisten Mikroprozessor- und Mikrocontroller-Anwendungen sind nicht besonders gut für höhere Programmiersprachen geeignet.
- Speicherkosten sind häufig in Mikroprozessor- und Mikrocontroller-Anwendungen kritisch, was aber seit 2000 nicht mehr der Fall ist.

Das Fehlen höherer Programmiersprachen liegt zum Teil in der Tatsache begründet, dass Mikroprozessoren und Mikrocontroller Produkte der Hersteller von Halbleitern sind anstelle von Computer-Herstellern. Es existieren sehr wenige höhere Sprachen für Mikroprozessoren und Mikrocontroller. Die bekanntesten hiervon sind die Sprachen in der Art der PL/1 wie PL/M von Intel, MPL von Motorola und PLμS von Signetics.

Weil nun die wenigen existierenden höheren Sprachen nicht anerkannten Standards entsprechen, kann der Mikroprozessor- und Mikrocontroller-Anwender nicht erwarten, dass viele Programme übertragbar sind, dass er einen Zugriff zu Programmbibliotheken erhält, oder frühere Erfahrungen oder Programme verwenden kann. Die verbleibenden Hauptvorteile liegen daher in der Verringerung des Programmieraufwandes und des geringeren erforderlichen detaillierten Verständnisses der Computerarchitektur.

Die mit der Verwendung höherer Programmiersprachen bei Mikroprozessoren undMikrocontrollern verbundenen Kosten sind beträchtlich, aber heute kann man fast alle Programme vom Internet herunterladen. Mikrocontroller sind für Steuerungen und andere Anwendungen besser geeignet als für Zeichenmanipulationen und Sprachanalyse bei der Compilierung. Daher werden die meisten Compiler für Mikroprozessoren und Mikrocontroller nicht auf einem System laufen, das auf einem Mikroprozessor oder und Mikrocontroller basiert. Sie erfordern stattdessen einen wesentlich leistungsfähigeren PC, d. h. sie sind eher Cross-Compiler (Compiler, der nicht auf demMikrocomputer läuft, für den das zu compilierende Programm geschrieben ist) anstatt Selbstcompiler. Ein Anwender muss daher nicht nur die Aufwendungen für den leistungsfähigen PC tragen, er muss auch das Programm physikalisch vom leistungsfähigen PC zum Mikrocomputer mit Mikrocontroller übertragen.

Es sind einige wenige Selbstcompiler verfügbar. Diese Compiler laufen auf dem Mikrocomputer, für den sie den Objektcode erzeugen. Unglücklicherweise benötigen sie jedoch sehr viel Speicherplatz (16 Kbyte oder mehr), sowie spezielle unterstützende Hardware und Software.

Höhere Programmiersprachen sind auch im Allgemeinen für Mikroprozessor- und Mikrocontroller-Anwendungen nicht gut geeignet.

Die meisten der bekannten Sprachen sind entweder zur Lösung wissenschaftlicher Probleme oder für die Handhabung großer Datenmengen in der kommerziellen Datenverarbeitung vorgesehen. Wenige Mikroprozessor- und Mikrocontroller-Anwendungen fallen in diese Bereiche. Die meisten Mikroprozessor- und Mikrocontroller-Anwendungen beinhalten das Senden von Daten und Steuer-Informationen zu Ausgabebausteinen und das Empfangen von Daten und Status-Informationen von Eingabebausteinen. Häufig entstehen die Steuer- und Status-Informationen aus einigen wenigen binären Ziffern mit sehr genauen Bedeutungen bezüglich der Hardware. Wenn man versuchen würde, ein typisches Steuerprogramm in einer höheren Sprache zu schreiben, fühlt man sich häufig so, als ob man versuchen würde, eine Suppe mit Stäbchen zu essen. Für Anwendungen wie etwa Testgeräte, Terminals, Navigationssysteme und Bürogeräte arbeiten die höheren Sprachen wesentlich besser als dies bei Anwendungen in der Instrumentierung, Kommunikation, Steuerung von peripheren Bausteinen und im Automobil der Fall wäre.

Besser geeignete Anwendungen für höhere Sprachen sind jene, in denen große Speicher erforderlich sind.

Wenn die Kosten eines einzelnen Speicherchips wesentlich sind, wie dies zum Beispiel in einem Steuergerät, elektronischen Spielkonsolen, Haushaltsgerät oder einem
kleineren Instrument der Fall ist, dann ist die Ineffizienz der höheren Sprache nicht
mehr tragbar. Wenn andererseits das System mehrere tausend Bytes eines Speichers
besitzt, wie dies in einem Terminal oder Testgerät der Fall ist, dann ist die Ineffizienz
der höheren Sprachen nicht so wesentlich. Natürlich sind die Größe des Programms
und die produzierte Stückzahl des betreffenden Gerätes ebenfalls wesentliche
Faktoren. Ein großes Programm wird die Vorteile der höheren Sprachen entsprechend
nutzen. Andererseits werden bei einer Anwendung mit hohen Stückzahlen die festen
Software-Entwicklungskosten nicht so wesentlich sein wie die Speicherkosten, die ein
Teil jedes Systems sind.

Dies hängt von der speziellen Anwendung ab. Es sollen kurz die Faktoren zusammengefasst werden, die für ein spezielles Programmierniveau den Ausschlag geben:

- Maschinensprache:
  - Ein Programm in Maschinensprache ist tatsächlich völlig unwirtschaftlich. Bei den
    niedrigen Kosten eines Assemblers ist seine Anwendung nicht gerechtfertigt.
- Assemblersprache:
  - Kleine bis mittlere Programme
  - Anwendungen, bei denen die Speicherkosten ein wesentlicher Faktor sind
  - Echtzeit-Steueranwendungen
  - Begrenzte Datenverarbeitung
  - Anwendungen mit hohen Stückzahlen
- Höhere Sprachen:
  - Große Programme
  - Anwendungen mit kleiner Stückzahl, die jedoch lange Programme benötigen
  - Anwendungen, die große Speicher erfordern
  - Anwendungen, in denen mehr Berechnungen als Ein-/Ausgabeoperationen oder
    Steuerungen vorliegen
  - Kompatibilität mit ähnlichen Anwendungen, die größere Computer verwenden
  - von speziellen Programmen in höherer Sprache, die in der vorliegenden
    Anwendung verwendet werden können

Viele andere Faktoren sind ebenfalls wichtig, wie etwa die Verfügbarkeit eines leistungsfähigen PC für die Entwicklung, Erfahrung mit speziellen Sprachen und Kompatibilität
mit anderen Anwendungen.

Wenn schließlich die Hardware die wesentlichsten Kosten in der Anwendung darstellt, oder die Geschwindigkeit kritisch ist, sollte auf jeden Fall die Assemblersprache
bevorzugt werden. Man muss jedoch damit rechnen, dass man zusätzliche Zeit für die
Entwicklung der Software aufwenden muss, um dafür niedrigere Speicherkosten und
höhere Ausführungsgeschwindigkeit zu erhalten. Wenn die Software die größten Kosten

in unserer Anwendung darstellt, so sollte man höhere Sprachen bevorzugen. Aber es sind zusätzliche Kosten für die Hilfshardware und Software erforderlich.

Natürlich ist auch die Verwendung sowohl der Assemblersprache als auch höherer Programmiersprachen möglich. Man kann das Programm zunächst in einer höheren Sprache schreiben und dann einzelne Abschnitte durch Assemblersprache ersetzen. Es wird dies jedoch in der Praxis nicht sehr häufig durchgeführt, da hierdurch gewaltige Schwierigkeiten bei der Fehlersuche, dem Testen und der Dokumentation entstehen.

Es ist zu erwarten, dass in Zukunft eine Tendenz in Richtung höherer Programmiersprachen aus folgenden Gründen vorhanden sein wird:

- Programme scheinen immer aufwendiger und umfangreicher zu werden.
- Hardware und Speicherkapazität werden immer preiswerter.
- Software und Programmierer gewinnen an Erfahrung.
- Speicherchips bekommen mehr Kapazität bei niedrigeren Kosten „pro Bit", sodass die tatsächlichen Einsparungen an Speicherkosten nicht mehr so stark ins Gewicht fallen.
- Es werden geeignetere und effizientere höhere Programmiersprachen entwickelt.
- Höhere Programmiersprachen werden weiter standardisiert.

Die Programmierung von Mikrocontrollern in Assemblersprache ist jedoch keine aussterbende Kunst, wie es derzeit bei leistungsfähigen PC der Fall ist. Jedoch längere Programme, billigere Speicher und teurere Programmierer werden einen immer größeren Anteil der Softwarekosten bei den meisten Applikationen zur Folge haben. Bei zahlreichen Anwendungen werden daher immer höhere Programmiersprachen Verwendung finden.

4.2   Assembler

Es sollen kurz die ausgeführten Funktionen von Assemblern besprochen werden, beginnend mit den Eigenschaften, die den meisten Assemblern gemeinsam sind, bis zu weitergehenden Möglichkeiten wie Makros und bedingte Assemblierung.

4.2.1   Eigenschaften von Assemblern

Wie bereits eingangs erwähnt, führen moderne Assembler nicht nur die Übersetzung von Mnemoniks in Assemblersprache in den entsprechenden Binärcode durch. Es soll daher beschrieben werden, wie ein Assembler die Übersetzung von Mnemoniks ausführt, bevor zusätzliche Eigenschaften des Assemblers behandelt werden.

Befehle oder Anweisungen der Assemblersprache werden in eine Anzahl von Feldern aufgeteilt, wie aus Tab. 4.1 zu sehen ist. Das Operationscode-Feld ist das einzige Feld,

Tab. 4.1 Felder eines Assemblersprachen-Befehls

Markenfeld	Operationscode oder Mnemonikfeld	Operanden- oder Adressenfeld	Kommentarfeld
Start Next	LD LD SUB	r1,rp r2,rp r1,r2	Lade Wert vom SRAM rp in Register r1 Lade Wert vom SRAM rp in Register r2 Subtrahiere r2 von r1

das niemals leer sein darf. Es enthält immer entweder ein Befehlsmnemonik oder eine Anweisung für den Assembler, definiert als Pseudo-Befehl, Pseudooperation oder abgekürzt Pseudo-Op.

Das Adressenfeld kann eine Adresse oder Daten enthalten, oder auch leer sein.

Der Programmierer kann einem Namen oder einer Markierung (label) einen Befehl zuweisen oder einen Kommentar verwenden, z. B. um das Programm leichter verwendbar und lesbar zu gestalten.

Natürlich muss dem Assembler auf irgendeine Weise mitgeteilt werden, wo ein Feld endet und das nächste beginnt. Feste Formate sind jedoch unbequem und lästig für den Programmierer. Die Alternative hierzu ist ein freies Format, bei dem die Felder an beliebiger Stelle auf einer Zeile erscheinen können.

Wenn der Assembler die Position auf der Zeile zur Trennung der Felder nicht verwenden kann, so muss er etwas anderes zu Hilfe nehmen. Die meisten Assembler benutzen ein spezielles Symbol oder Begrenzungszeichen (delimiter) am Beginn oder Ende jedes Feldes.

Das am meisten gebräuchliche Begrenzungszeichen ist das Zeichen für den Zwischenraum. Kommata, Punkte, Strichpunkte, Schrägstriche, Fragezeichen und andere Zeichen, die anderweitig nicht verwendet werden, können in Programmen in Assemblersprache eingesetzt werden und als Begrenzungszeichen dienen.

Mit Begrenzungszeichen muss man jedoch etwas vorsichtig sein. Einige Assembler sind sehr empfindlich gegen zusätzliche Zwischenräume oder das Auftreten von Begrenzungszeichen in Kommentaren oder Marken. Ein gut geschriebener Assembler wird mit diesen kleineren Problemen leicht fertig, aber manche Assembler sind nicht so gut abgefasst. Um derartige Probleme zu vermeiden, können folgende Regeln behilflich sein:

1) Verwenden Sie keine zusätzlichen Zwischenräume, speziell nach Kommata, mit denen Operanden getrennt werden.
2) Verwenden Sie keine Begrenzungszeichen in Namen oder Marken.
3) Verwenden Sie Standard-Begrenzungszeichen auch dann, wenn Ihr Assembler diese nicht benötigt. Dann werden diese Programme für jeden Assembler annehmbar.

4.2.2   Marken (Labels)

Das Markenfeld ist das erste Feld eines Befehls in Assemblersprache. Es kann auch leer sein. Wenn eine Marke vorliegt, dann weist der Assembler der Marke den Wert der Adresse des Speicherplatzes zu, in den das erste Byte des Objekt-Programms, das sich aus diesem Befehl ergibt, geladen wird. Man kann danach die Marke als Adresse oder als Daten in einem anderen Adressenfeld eines Befehls verwenden. Der Assembler wird die Marke durch den zugewiesenen Wert ersetzen, wenn er ein Objektprogramm erzeugt.

Marken werden am häufigsten in Sprung-, Aufruf- oder Verzweigungsbefehlen verwendet. Diese Befehle bringen einen neuen Wert in den Befehlszähler und ändern somit die normale sequenzielle Ausführung von Befehlen. Der Befehl „RJMP START" bedeutet „Platziere den Wert, der der Marke START zugewiesen wurde, in den Befehlszähler". Der nächste auszuführende Befehl wird derjenige im Speicherplatz sein, der zur Marke START gehört. Tab. 4.2 zeigt ein Beispiel.

Wenn die Maschinensprache dieses Programms ausgeführt wird, so bewirkt der Befehl „RJMP Start", dass die Adresse des mit START markierten Befehls in den Befehlszähler gebracht wird. Dieser Befehl wird dann ausgeführt.

Weshalb werden Marken verwendet? Hier sind einige Gründe:

1) Eine Marke erleichtert das Auffinden und Erinnern einer Programmstelle.
2) Die Marke kann für die Korrektur eines Programms verschoben werden. Man braucht einen darauf folgenden Befehl, der die Marke verwendet, nicht ändern. Der Assembler führt alle erforderlichen Änderungen selbst aus.
3) Der Assembler oder Lader kann das ganze Programm verschieben, indem er eine Konstante (eine sogenannte Verschiebungs-Konstante) zu jeder Adresse addiert, der eine Marke zugewiesen wurde. Man kann daher das Programm verschieben, um das Einsetzen anderer Programme zu gestatten oder um einfach den Speicher neu zu ordnen.
4) Das Programm ist einfacher in der Anwendung als ein Bibliotheksprogramm, d. h. es kann jemand unser Programm einfacher übernehmen und es zu einem völlig anderen Programm hinzufügen.
5) Man braucht sich keine Speicheradressen auszudenken. Die Festlegung von Speicheradressen ist besonders schwierig mit Mikroprozessoren und Mikrocontrollern, die Befehle mit unterschiedlicher Länge besitzen.

Tab. 4.2   Zuweisung und Verwendung einer Markierung

Assemblersprachen-Programm
Start   Lade Register r1 mit der Konstanten 100
...
Hauptprogramm
...
RJMP Start

Es ist daher sehr sinnvoll, eine Marke jedem Befehl zuzuweisen, den man als Bestimmungsort verwenden oder anders identifizieren will.

Die nächste Frage ist, welche Marken man verwenden soll. Durch die Assembler-Syntax wird häufig die Anzahl der Zeichen begrenzt (gewöhnlich 5 oder 6), das erste Zeichen muss meist ein Buchstabe sein, und die folgenden Zeichen müssen meist Buchstaben, Zahlen oder ein spezielles Zeichen sein. Innerhalb dieser Begrenzungen hat man freie Wahl.

Man verwendet vorteilhafterweise Markierungen, die auf ihre Verwendung schließen lassen, d. h. mnemotechnische Marken. Typische Beispiele hierfür wären ADDW in einem Programm, bei dem ein Wort zu einer Summe addiert wird, SRETX in einem Programm, in dem nach dem ASCII-Zeichen ETX gesucht (search for) wird, oder NKEYS für einen Platz im Datenspeicher, der die Anzahl der Tasteneingaben (number of key entries) enthält. Wenn sich aus der Bezeichnung einer Marke auf ihre Verwendung schließen lässt, so kann man sich diese leichter merken, und sie vereinfachen die Programm-Dokumentation. Manche Programmierer ziehen es vor, ein Standardformat für Marken zu verwenden, die beispielsweise mit L0000 beginnen. Dadurch ergibt sich bei diesen Marken von selbst die entsprechende Reihenfolge (wobei man einige Zahlen überspringen kann, um nachträgliche Einfügungen zu ermöglichen), aber sie gestalten jedoch die Dokumentation nicht sehr einfach.

Einige einfache Regeln für die Auswahl von Marken vermeiden unnötige Schwierigkeiten. Die Einhaltung folgender Regeln ist empfehlenswert:

1) Verwenden Sie keine Marken, die mit Operationscodes oder anderen Mnemoniks übereinstimmen. Manche Assembler gestatten eine derartige Verwendung nicht. Bei anderen ist dies zwar der Fall, aber es kann zu Verwechslungen führen.

2) Verwenden Sie keine Marken, die länger sind als die vom Assembler zugelassenen. Assembler besitzen verschiedene Kürzungsregeln.

3) Vermeiden Sie spezielle Zeichen (nicht alphabetische und nicht numerische). Manche Assembler gestatten deren Verwendung nicht, andere verwenden einige hiervon. Man beschränkt sich am besten auf Buchstaben und Zahlen.

4) Beginnen Sie jede Markierung mit einem Buchstaben. Derartige Marken werden immer angenommen.

5) Verwenden Sie keine Marken, die sich mit anderen verwechseln lassen. Vermeiden Sie die Buchstaben I, O, Z und die Zahlen 0, 1 und 2. Vermeiden Sie ferner Anordnungen wie XXXX und XXXXX, sie lassen sich schwer unterscheiden.

6) Wenn Sie nicht sicher sind, dass eine Marke gestattet ist, dann verwenden Sie diese auch nicht. Es ist kein besonderer Vorteil genau zu erfahren, was der Assembler annehmen wird.

Dies sind gut gemeinte Empfehlungen. Man muss sie nicht befolgen, kann aber auf diese Weise unangenehme Probleme vermeiden.

4.2.3 Assembler-Mnemoniks

Die hauptsächliche Aufgabe des Assemblers ist die Übersetzung von Mnemoniks in ihre äquivalenten binären Operationscodes. Der Assembler führt dies unter Verwendung einer festgelegten Tabelle aus, ebenso wie man es bei einer händischen Assemblierung tun würde.

Der Assembler muss jedoch mehr leisten als nur die Übersetzung der Operationscodes. Er muss auch irgendwie bestimmen, wie viele Operanden der Befehl benötigt und welcher Art diese sind. Dies kann ziemlich komplex sein, da manche Befehle (wie ein RET für einen Unterbrechungsbefehl) keine Operanden besitzen. Andere dagegen (wie etwa ein Sprungbefehl) besitzen einen Operanden, während wiederum andere dagegen zwei erfordern. Manche Befehle gestatten sogar alternative Anwendungen, z. B. besitzen manche Mikrocontroller Befehle (wie Verschieben oder Löschen), die sich entweder auf den Registerplatz oder auf einen Speicherplatz beziehen. Es soll nicht weiter besprochen werden, wie ein Assembler diese Unterscheidungen trifft, und man soll nur festhalten, dass er dies tun muss.

4.2.4 Pseudooperationen

Einige Befehle von Assemblersprachen werden nicht direkt in die Befehle von Maschinensprachen übersetzt. Diese Befehle stellen eine „Anweisung" für den Assembler dar. Sie weisen das Programm bestimmten Speicherbereichen zu, definieren Symbole, bestimmen Bereiche im RAM für zeitweilige Datenspeicherung, platzieren Tabellen oder andere feste Daten in den Speicher und führen noch andere Funktionen aus.

Um diese Anweisungen oder Pseudooperationen zu verwenden, platziert ein Programmierer die Mnemoniks der Pseudooperationen in das Operationscode-Feld und eine Adresse oder Daten in das Adressenfeld, wenn eine bestimmte Pseudooperation dies erfordert.

Die gebräuchlichsten Pseudooperationen sind:

> DATA
> EQUATE oder DEFINE
> ORIGIN
> RESERVE

Verschiedene Assembler verwenden auch unterschiedliche Bezeichnungen für diese Operationen, ihre Funktionen sind jedoch die gleichen. Pseudooperationen für verschiedene Funktionen sind Folgende:

END
LIST
NAME
PAGE
SPACE
TITLE

Es sollen diese Pseudooperationen kurz besprochen werden, obwohl ihre Funktion offensichtlich ist.

Die Pseudooperation DATA gestattet dem Programmierer die Eingabe fester Daten in den Programmspeicher. Diese Daten können enthalten:

- Nachschlagetabellen,
- Code-Umwandlungstabellen,
- Nachrichten,
- Synchronisationsmuster,
- Schwellwerte,
- Namen,
- Koeffizienten für Gleichungen,
- Kommandos,
- Umrechnungsfaktoren,
- Bewertungsfaktoren,
- Charakteristische Zeiten oder Frequenzen,
- Unterprogramm-Adressen,
- Schlüsselidentifizierungen,
- Testmuster,
- Muster für Zeichenerzeugung,
- Identifizierungsmuster,
- Gebührentabellen,
- Standardformen,
- Maskiermuster,
- Zustandsübergangstabellen.

Die Pseudooperation DATA behandelt die Daten als ständigen Teil des Programms. Das Format der Pseudooperation DATA ist gewöhnlich sehr einfach. Ein Befehl wie

DZCON   DATA12

wird die Zahl 12 in den nächsten verfügbaren Speicherplatz bringen und diesem Platz die Bezeichnung DZCON zuweisen. Gewöhnlich besitzt jede Data-Pseudooperation eine Marke, es sei denn, sie ist eine aus einer Serie von Data-Pseudooperationen. Die Daten und Marken können in jeder beliebigen Form vorliegen, die vom Assembler zugelassen ist.

Die meisten Assembler gestatten umfangreichere Data-Befehle, mit denen eine große Anzahl von Daten zur gleichen Zeit gehandhabt werden können, z. B.:

$$\text{EMESS DATA 'ERROR'}$$
$$\text{SQRS   DATA } 1, 4, 9, 16, 25$$

Ein einzelner Befehl kann zahlreiche Worte des Programmspeichers füllen und wird nur durch die Länge einer Zeile begrenzt. Wenn man nicht alle auf einer Zeile unterbringt, kann immer ein Data-Befehl auf den anderen folgen, z. B.:

$$\text{MESSG DATA 'NOW IS THE'}$$
$$\text{DATA 'TIME FOR ALL'}$$
$$\text{DATA 'GOOD MEN'}$$
$$\text{DATA 'TO COME TO THE'}$$
$$\text{DATA 'AID OF THEIR'}$$
$$\text{DATA 'COUNTRY'}$$

Assembler für Mikroprozessoren und Mikrocontroller besitzen normalerweise einige Varianten der Standard-Pseudooperation DATA. DEFINE BYTE oder FORM CONSTANT BYTE definieren 8-Bit-Zahlen. DEFINE WORD oder FORM CONSTANT WORD definieren 16-Bit-Zahlen oder Adressen. Andere spezielle Pseudooperationen können zeichencodierte Daten verarbeiten.

4.2.5 Pseudooperation EQUATE (oder DEFINE)

Die Pseudooperation EQUATE gestattet dem Programmierer das „Gleichsetzen" von Namen mit Adressen oder Daten. Diese Pseudooperation wird meist mit dem Mnemonik EQU bezeichnet. Die Namen können sich auf Bausteinadressen, numerische Daten, Startadressen, feste Adressen etc. beziehen.

Die Pseudooperation EQUATE weist den numerischen Wert in ihrem Operandenfeld dem Namen in ihrem Markenfeld zu. Hier sind zwei Beispiele:

$$\text{TTY   EQU 5}$$
$$\text{LAST EQU 5000}$$

Die meisten Assembler gestatten die Definition einer Marke mit den Ausdrücken einer anderen, z. B.:

$$\text{LAST EQU FINAL}$$
$$\text{STI   EQU START} + 1$$

Die Marke im Operandenfeld muss natürlich vorher definiert werden. Häufig kann das Operandenfeld komplexere Ausdrücke enthalten, wie später noch zu sehen ist. Die Zuweisung doppelter Namen (zwei Namen für die gleichen Daten oder Adressen) kann sehr nützlich sein, wenn man Programme zusammenlegen will, die verschiedene Namen für die gleiche Variable (oder unterschiedliche Ausdrucksweise für scheinbar gleiche Namen) verwenden.

Es ist zu beachten, dass eine EQU-Pseudooperation nicht bewirkt, dass der Assembler irgendetwas in den Programmspeicher platziert. Der Assembler platziert einfach einen zusätzlichen Namen in eine Tabelle (eine sogenannte Symboltabelle). Diese Tabelle, anders als die Mnemonik-Tabelle, muss in einem RAM liegen, da sie sich mit jedem Programm ändert. Das Assembler-Programm wird immer einen Teil eines RAMs benötigen, um die Symboltabelle aufzubewahren. Je mehr RAM-Kapazität zur Verfügung steht, desto mehr Symbole kann dieser aufnehmen. Dieses RAM wird zusätzlich zu allem benötigt, was der Assembler an zeitweiligem Speicher benötigt.

Wann verwendet man einen Namen? Die Antwort ist: Wann immer man einen Parameter hat, den man ändern möchte oder der irgendeine Bedeutung neben seinem gewöhnlichen numerischen Wert besitzt. Gewöhnlich erfolgt eine Zuweisung von Namen zu Zeitkonstanten, Bausteinadressen, Maskiermustern, Umwandlungsfaktoren u. Ä. Ein Name wie DELAY, KBD, KROW oder OPEN gestattet es nicht nur einfach, den Parameter zu ändern, sondern erleichtert auch die Programmdokumentation. Man weist Namen auch Speicherplätzen zu, die einen speziellen Zweck aufweisen. Sie können Daten aufbewahren, den Start des Programms markieren, oder für unmittelbare Speicherung zur Verfügung stehen.

Welche Namen verwendet man? Man verwendet am besten Namen nach den gleichen Grundsätzen wie bei Markierungen, wobei hier besonders bedeutungsvolle Namen empfehlenswert sind. Weshalb soll man eine Bit-Zeitverzögerung BTIME oder BTDLY anstatt WW, die Nummer der „GO"-Taste (key) auf einer Tastatur GOKEY anstatt HORSE nennen? Diese Ratschläge scheinen trivial zu sein, eine überraschende Anzahl von Programmierern jedoch verwenden sie nicht.

Wohin wird man die Equate-Pseudooperationen platzieren? Die beste Stelle ist am Beginn des Programms, unter entsprechenden Kommentar-Überschriften wie E/A-Adressen, zeitweilige Speicherung, Zeitkonstanten oder Programmierstellen. Dadurch lassen sich die Definitionen leichter finden, wenn man sie ändern möchte. Ferner wird ein anderer Anwender imstande sein, alle Definitionen an einer zentralen Stelle zu übersehen. Offensichtlich verbessert diese Praxis auch die Dokumentation und erleichtert die Verwendung des Programms.

Definitionen, die nur in einem speziellen Unterprogramm verwendet werden, sollten am Beginn des Programms erscheinen.

4.2.6 Pseudooperation ORIGIN

Diese Pseudooperation (abgekürzt ORG) gestattet dem Programmierer das Assemblieren von Programmen, Unterprogrammen oder Daten überall im Speicher. Programme und Daten können in verschiedenen Speicherbereichen liegen, abhängig von der Speicherkonfiguration. Startroutinen, Unterbrechungs-Serviceroutinen und andere notwendige

Programme können über den ganzen Speicher verteilt sein oder an bestimmten Adressen festliegen.

Der Assembler enthält einen Stellenzähler (Location Counter), der vergleichbar ist mit dem Befehlszähler des Mikrocontrollers und der die Speicherstelle des nächsten zu verarbeitenden Befehls oder Daten enthält. Eine ORG-Pseudooperation bewirkt, dass der Assembler einen neuen Wert in den Stellenzähler platziert, gerade so wie ein Sprung-befehl bewirkt, dass die CPU einen neuen Wert in den Befehlszähler bringt. Die Ausgabe des Assemblers braucht nicht nur Befehle und Daten zu enthalten, sondern muss auch dem Ladeprogramm angeben, wo es die Befehle und Daten in den Speicher platzieren soll.

Mikroprozessor- oder Mikrocontroller-Programme enthalten häufig verschiedene ORIGIN-Anweisungen für folgende Zwecke:

Rücksetz (Start)-Adressen
Unterbrechungs-Serviceadressen
RAM-Speicherung
Speicherstapel
Hauptprogramm
Unterprogramme
Speicheradressen, reserviert für Eingabe/Ausgabe-Bausteine oder spezielle Funktionen

Weitere ORIGIN-Anweisungen können Platz für spätere Einfügungen schaffen, Tabellen oder Daten in den Speicher platzieren, oder freien RAM-Speicherraum Datenpuffern zuweisen. Programm- und Datenspeicher in Mikrocomputern können weit verstreute Adressen belegen, um die Hardware-Entwicklung zu vereinfachen.

Typische ORIGIN-Anweisungen sind:

> ORG RESET
> ORG 1000
> ORG INT1

Manche Assembler verwenden einen Standardwert von Null als ORIGIN, wenn der Programmierer keine ORG-Anweisung an den Beginn des Programms legt. Das ist bequem, wir empfehlen jedoch die Verwendung einer ORG-Anweisung, um Verwirrung zu vermeiden.

4.2.7   Reserve-Pseudooperation

Die Reserve-Pseudooperation gestattet dem Programmierer die Zuweisung von RAM-Bereichen für verschiedene Zwecke wie Datentabellen, zeitweilige Speicherung, indirekte Adressen, einen Stapel etc.

Bei der Verwendung der Pseudooperation RESERVE weist man einen Namen einem Speicherbereich zu und gibt die Anzahl der zuzuweisenden Speicherplätze an. Hier sind einige Beispiele:

```
NOKEY  RESERVE 1
TEMP   RESERVE 50
VOLTG  RESERVE 80
BUFR   RESERVE 100
```

Man kann die Reserve-Pseudooperation zur Reservierung von Speicherplätzen im Programmspeicher oder im Datenspeicher verwenden. Die Reserve-Pseudooperation besitzt jedoch eine größere Bedeutung, wenn sie auf den Datenspeicher angewendet wird.

In der Praxis erhöhen alle Reserve-Pseudooperationen nicht den Stellen-zähler(Location Counter) des Assemblers durch den Betrag, der im Operandenfeld angegeben ist. Der Assembler erzeugt tatsächlich überhaupt keinerlei Objektcode.

Beachten Sie die folgenden Eigenschaften von Reserve:

1) Die Markierung der Reserve-Pseudooperation wird dem Wert der ersten reservierten Adresse zugewiesen. Beispielsweise reserviert die Sequenz:

```
TEMP RESERVE   20
```

20 Bytes des RAM und weist den Namen TEMP der Adresse des ersten Bytes zu.
2) Man muss die Anzahl der zu reservierenden Speicherstellen spezifizieren. Es gibt hier keinen Standardfall.
3) Es werden keine Daten in die reservierten Speicherstellen platziert. Wenn sich Daten zufällig in diesen Speicherstellen befinden, werden sie dort belassen.

Einige Assembler gestatten dem Programmierer die Platzierung von Anfangswerten im RAM. Es ist dringend zu empfehlen, dass man diese Eigenschaft nicht verwendet. Es wird hierbei angenommen, dass das Programm (zusammen mit den Anfangswerten) von einem externen Gerät geladen wird (z. B. Speicher), jedesmal, wenn es abläuft. Die meisten Mikroprozessor- und Mikrocontroller-Programme befinden sich andererseits in nicht flüchtigen ROM-Einheiten und starten beim Einschalten der Betriebsspannung. In derartigen Situationen behält das RAM seinen Inhalt nicht, und es wird auch nicht neu geladen. Daher sind immer Befehle vorzusehen, die das RAM in dem entsprechenden Programm initialisieren.

Es gibt verschiedene Pseudooperationen, die den Betrieb des Assemblers und seine Programmauflistung eher beeinflussen als das Ausgangsprogramm selbst. Übliche Pseudooperationen beinhalten:

* „End": Durch die das Ende des Quellprogramms in Assemblersprache markiert wird.
* „List": Das dem Assembler sagt, das Quellprogramm zu drucken. Manche Assembler gestatten Variationen wie No List oder List.

- „Symbol Table": Dient dazu, dass sich wiederholende Auflistungen vermeiden lassen.
- „Name oder Title": Womit ein Name oben auf jede Seite der Auflistung gedruckt wird.
- „Page oder Space": Wodurch zur nächsten Seite oder nächsten Zeile gesprungen und das Aussehen der Auflistung verbessert wird. Damit wird das Programm lesbarer.

Anwender möchten häufig gerne wissen, ob oder wann sie eine Markierung einer Pseudooperation zuweisen können. Hierzu ist folgendes zu empfehlen:

1) Alle Equate-Pseudooperationen müssen Markierungen besitzen. Sie haben andernfalls keinen Sinn, da ihr Zweck in der Definition der Bedeutung dieser Markierungen besteht.
2) Data- und Reserve-Pseudooperationen sollten gewöhnlich Markierungen besitzen. Die Markierung identifiziert den ersten verwendeten oder zugewiesenen Speicherplatz.
3) Andere Pseudooperationen sollten keine Markierungen haben. Manche Assembler gestatten, dass andere Pseudooperationen Markierungen besitzen, die Bedeutung der Markierungen ist jedoch unterschiedlich. Diese Praxis ist nicht zu empfehlen.

4.2.8   Adressen und Operandenfeld

Die meisten Assembler gestatten dem Programmierer ziemlich viel Freiheit bei der Beschreibung des Inhalts des Operanden-Adressenfeldes. Aber man sollte sich daran erinnern, dass der Assembler eigene Namen für Register und Befehle besitzt, die andere Namen besitzen können.

Einige gebräuchliche Optionen für das Operandenfeld sind:

1) Dezimalzahlen: Die meisten Assembler nehmen an, dass alle Zahlen Dezimalzahlen sind, außer sie sind anderweitig markiert. Daher bedeutet:

$$\text{ADD} \quad 100$$

„Addiere den Inhalt des Speicherplatzes 100 (dezimal) zum Inhalt eines Registers".
2) Andere Zahlensysteme: Die meisten Assembler nehmen auch binäre, oktale oder hexadezimale Eingaben an. Man muss jedoch derartige Zahlensysteme auf irgendeine Weise identifizieren, z. B. indem man der Zahl ein Identifikationszeichen oder Buchstaben vorausgehen lässt. Hier sind einige gebräuchliche Kennzeichnungen:
B oder % für binär
O, @, Q oder C für oktal (gewöhnlich vermeidet man jedoch den Buchstaben O, damit keine Verwechslung mit 0 entsteht).
H oder $ für hexadezimal oder Standard-BCD
D für dezimal. D kann jedoch weggelassen werden, da es ein Standardfall ist.

Assembler benötigen manchmal Hexadezimalzahlen, um mit einer Ziffer zu beginnen (z. B. 0A36 anstatt A36), damit sie zwischen Zahlen und Namen oder Markierungen unterscheiden können. Es ist empfehlenswert, Zahlen in der Basis anzugeben, in der ihre Bedeutung am deutlichsten ist, d. h. dezimale Konstanten in dezimal, Adressen und BCD-Zahlen in hexadezimal, Maskiermuster oder Bitausgänge in binär, wenn sie kurz sind und in hexadezimal, wenn sie lang sind.

3) Namen: Namen können im Operandenfeld erscheinen. Sie werden wie Daten behandelt, die sie darstellen. Aber erinnern wir uns daran, dass es einen Unterschied zwischen Daten und Adressen gibt. Die Sequenz

$$\text{FIVE EQU} \qquad 5$$
$$\text{ADD} \quad \text{r1,r2 FIVE}$$

wird den Inhalt des Speicherplatzes 5 (nicht notwendigerweise die Zahl 5) zum Inhalt des Registers r1 addieren.

4) Der momentane Wert des Zählers wird mit * oder S bezeichnet. Dies ist vor allem bei Sprungbefehlen von Bedeutung, z. B. bewirkt

$$\text{RJMP} \quad *+6$$

einen Sprung zum Speicherplatz sechs Worte hinter dem Wort, das das erste Byte des Sprungbefehls enthält, wie Abb. 4.2 zeigt.

Die meisten Mikroprozessoren und Mikrocontroller besitzen Zwei- und Dreiwort-Befehle. Daher wird man Schwierigkeiten bei der genauen Bestimmung haben, wie weit voneinander entfernt zwei Assemblersprachen-Anweisungen sind. Die Verwendung von Versetzungen (offsets) vom Zähler resultieren daher häufig in Fehlern, die man vermeiden kann, wenn man stattdessen Markierungen verwendet.

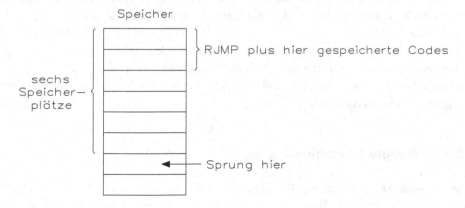

Abb. 4.2 Sprung zum Speicherplatz

5) Die meisten Assembler gestatten die Eingabe von Text als ASCII-Zeichenfolgen (strings). Derartige Zeichenfolgen können sich entweder zwischen einfachen oder doppelten Anführungszeichen befinden. Zeichenfolgen können auch ein Anfangs- oder Abschlusssymbol verwenden, wie etwa A oder C. Einige wenige Assembler gestatten auch EBCDIC-Zeichenfolgen.

Es ist zu empfehlen, dass man Zeichenfolgen für alle Arten von Text verwendet, da diese die Deutlichkeit und Lesbarkeit des Programms verbessern.

6) Kombination von 1. bis 5. mit arithmetischen, logischen oder speziellen Operatoren: Nahezu alle Assembler gestatten einfache arithmetische Kombinationen, wie etwa START + 1. Einige Assembler erlauben auch eine Multiplikation, Division, logische Funktionen, Verschiebungen, usw. Diese werden als Ausdrücke (expressions) bezeichnet. Es ist zu beachten, dass der Assembler Ausdrücke während der Assemblierzeit prüft. Auch wenn ein Ausdruck im Operandenfeld Multiplikationen enthalten kann, so wird man nicht imstande sein, die Multiplikation in der Logik des eigenen Programms zu verwenden, außer man schreibt ein Unterprogramm für diesen speziellen Zweck.

Assembler unterscheiden sich darin, welche Ausdrücke sie annehmen und wie sie diese interpretieren. Komplexe Ausdrücke ergeben schwer lesbare und schwer verständliche Programme.

Während dieses Abschnittes wurden mehrere Empfehlungen gegeben, sie sollen hier wiederholt und ergänzt werden. Im Allgemeinen soll man auf Deutlichkeit und Einfachheit achten. Es lohnt sich nicht, ein Experte für besondere Feinheiten des Assemblers zu sein oder sehr komplizierte Ausdrücke zu verwenden, wenn dies nicht erforderlich ist. Es ist Folgendes zu empfehlen:

- Verwenden Sie ein deutliches und einheitliches Zahlensystem oder Zeichencode für Daten.
- Masken und BCD-Zahlen in dezimal, ASCII-Zeichen in oktal, oder gewöhnliche numerische Konstanten in hexadezimal haben keinen Zweck und sollten daher nicht verwendet werden.
- Vergessen Sie nicht, Daten und Adressen zu unterscheiden.
- Verwenden Sie keine Versetzungen (offsets) vom Zähler.
- Halten Sie Ausdrücke einfach und deutlich. Verwenden Sie keine ausgefallenen Eigenschaften des Assemblers.

4.2.9   Bedingte Assemblierung

Manche Assembler gestatten das Einschließen oder Ausschließen von Teilen des Quellprogramms, abhängig von Bedingungen, die zur Assemblierzeit vorhanden sind. Dies wird bedingte Assemblierung genannt. Sie gibt dem Assembler etwas von der Flexibilität eines Compilers. Die meisten Mikrocomputer-Assembler haben begrenzte Möglichkeiten für eine bedingte Assemblierung.

IF   COND
CONDITIONAL PROGRAM
ENDIF

Wenn der Ausdruck COND während der Assemblierzeit gültig ist, dann sind die Befehle zwischen IF und ENDIF (zwei Pseudooperationen) im Programm enthalten. Typische Anwendungen von bedingter Assemblierung sind:

1) Das Einschließen oder Weglassen zusätzlicher Variablen.
2) Das Unterbringen von Diagnostik-Routinen in Testläufen.
3) Die Verwendung von Daten mit unterschiedlichen Bitlängen.

Unglücklicherweise tendiert die bedingte Assemblierung zum Verwirren von Programmen und macht sie schwierig zu lesen. Es soll daher die bedingte Assemblierung nur verwendet werden, falls dies erforderlich ist.

4.2.10 Makros

Man wird häufig finden, dass spezielle Sequenzen von Befehlen mehrfach in einem Quellprogramm auftreten. Wiederholte Befehlssequenzen können Forderungen unserer Programmlogik wiedergeben, oder sie können Unvollkommenheiten in dem Befehlssatz des Mikroprozessors bzw. Mikrocontrollers ausgleichen. Man kann das wiederholte Schreiben der gleichen Befehlssequenz vermeiden, wenn man ein Makro verwendet.

Makros gestatten die Zuweisung eines Namens zu einer Befehlssequenz. Man kann dann den Makronamen im Quellprogramm verwenden anstatt der wiederholten Befehlssequenz. Der Assembler wird den Makronamen durch die entsprechende Sequenz von Befehlen ersetzen, und dies ist in Abb. 4.3 abgebildet.

Makros sind nicht dasselbe wie Unterprogramme. Ein Unterprogramm tritt nur einmal in einem Programm auf, und die Programmausführung verzweigt zu diesem Unterprogramm. Ein Makro wird zu einer tatsächlichen Befehlssequenz erweitert, jedes Mal wenn der Makro auftritt. Daher bewirkt ein Makro keine Verzweigung.

Makros besitzen folgende Vorteile:

1) Kürzere Quellprogramme.
2) Bessere Programmdokumentation.
3) Verwendung von fehlerfreien Befehlssequenzen. Sobald der Makro fehlerfrei geschrieben wurde, ist man sicher, dass man eine einwandfreie Befehlssequenz bei jeder Verwendung des Makros zur Verfügung hat.

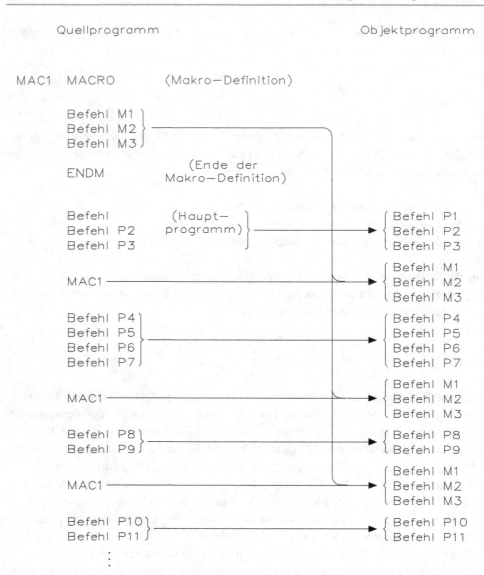

Abb. 4.3 Quellprogramm und Objektprogramm

4) Einfacher Austausch. Man ändert die Makrodefinition und der Assembler führt die Änderung aus, jedes Mal wenn der Makro verwendet wird.
5) Einschließen von Kommandos, Schlüsselworten oder anderen Computer-Befehlen in den grundlegenden Befehlssatz. Man verwendet Makros zur Erweiterung oder Erläuterung des Befehlssatzes.

Die Nachteile von Makros sind:

1) Wiederholung der gleichen Befehlssequenzen.
2) Ein einzelnes Makro kann eine Vielzahl von Befehlen bilden.
3) Mangel an Standardisierung.
4) Mögliche Einflüsse auf Register und Flags, die vielleicht nicht deutlich festgelegt sind.

Ein Problem liegt darin, dass die in einem Makro verwendeten Variablen nur innerhalb dessen bekannt sind (d. h. sie sind eher „lokal" anstatt „global"). Dies kann häufig zu einer Verwirrung führen, ohne dass entsprechende Vorteile vorhanden sind. Man soll sich dieses Problem ständig bei der Verwendung von Makros vor Augen halten.

4.2.11 Kommentare

Alle Assembler gestatten das Platzieren von Kommentaren in das Quellprogramm. Kommentare haben keinen Einfluss auf den Objektcode, aber sie helfen beim Lesen, Verstehen und Dokumentieren des Programms. Gute Kommentare sind ein wesentlicher Teil beim Schreiben von Assemblersprachen-Diagrammen. Ohne Kommentare sind Programme häufig sehr schwierig zu verstehen.

1) Verwenden Sie Kommentare, um auszudrücken, welche Anwendungsaufgabe das Programm ausführt, nicht wie der Mikrocomputer die Befehle ausführt. Kommentare sollten etwa folgende Dinge angeben: „Ist die Temperatur oberhalb der Grenze?", „Umdrehungszahl des Motors erreicht?" oder „Sind die Schalter in Ordnung?". Kommentare sollten folgende Dinge nicht ausdrücken: „Addiere Register r1 und Register r2", „Springe zum Anfang" oder „Prüfe Übertrag". Man sollte beschreiben, wie das Programm das System beeinflusst. Interne Einflüsse auf die CPU sind selten von Interesse.
2) Halten Sie Kommentare kurz und beschränken Sie sich auf das Wesentliche. Details sollten irgendwo anders in der Dokumentation zu finden sein.
3) Kommentieren Sie alle Schlüsselpunkte.
4) Kommentieren Sie nicht Standardbefehle oder Sequenzen, die Zähler und Zeiger ändern. Achten Sie besonders auf Befehle, die keine offensichtliche Bedeutung besitzen könnten.
5) Verwenden Sie keine obskuren Abkürzungen.
6) Definieren Sie die Kommentare deutlich und lesbar.
7) Kommentieren Sie alle Definitionen und beschreiben ihren Zweck. Markieren Sie auch alle Tabellen und Datenspeicherbereiche.
8) Kommentieren Sie Abschnitte des Programms, sowie individuelle Befehle.

9) Verwenden Sie möglichst eine gleichmäßige Terminologie. Man kann (und sollte sogar) sich wiederholen. Die Schönheit der Sprache ist nicht wesentlich.

10) Bringen Sie Anmerkungen bei Punkten an, die zur Verwirrung führen könnten, z. B. „Übertrag wurde vom letzten Befehl gesetzt". Man kann diese in der endgültigen Dokumentation weglassen.

Mit einem gut dokumentierten Programm lässt sich leicht arbeiten. Die hierfür aufgewandte Zeit macht sich vielfach bezahlt. In den Programmbeispielen wird auf eine Kommentierung geachtet, obwohl für Lern- und Lehrzwecke manchmal etwas überkommentiert wird.

4.2.12 Typen von Assemblern

Obwohl alle Assembler dem gleichen Zweck dienen, variieren ihre Ausführungen in weitem Maße. Es soll nicht versucht werden, alle existierenden Typen von Assemblern zu beschreiben. Es sollen einfach die Ausdrücke definiert und beschrieben werden.

Ein Cross-Assembler ist ein Assembler, der auf einem PC läuft, also auf jenem, für den er die Programme assembliert.

Computer, auf dem der Cross-Assembler läuft, ist normalerweise ein PC mit weitgehender Softwareunterstützung und schnellen Peripheriegeräten. Die meisten Cross-Assembler sind in FORTRAN oder C geschrieben, sodass sie übertragbar sind.

Ein Selbst-Assembler oder residenter Assembler ist ein Assembler, der auf einem anderen PC läuft als auf jenem, für den er Programme assembliert. Der Selbst-Assembler benötigt etliche Speicher und Peripherie, und er benötigt viel Zeit.

Ein Makro-Assembler ist ein Assembler, der die Definition von Sequenzen von Befehlen als Makros gestattet.

Ein Makro-Assembler oder Mikroprogramm-Assembler ist ein Assembler, der zum Schreiben von Mikroprogrammen verwendet wird, die den Befehlssatz eines Computers definieren. Die Mikroprogrammierung hat nichts speziell mit Mikrocontrollern zu tun.

Ein Meta-Assembler ist ein Assembler, der zahlreiche unterschiedliche Befehlssätze handhaben kann. Der Anwender muss den speziellen verwendeten Befehlssatz definieren.

Ein One-Pass-Assembler ist ein Assembler, der das Assembler-Programm nur einmal durchlaufen lässt. Die wesentliche Schwierigkeit bei einem One-Pass-Assembler liegt im Vorhandensein eines Befehls, der sich auf eine Markierung bezieht, die später im Quellprogramm erscheint. In dem Beispiel

RJMP THERE

.

.

.

THERE ADD

bezieht sich der Befehl RJMP THERE auf eine Markierung, THERE, die der Assembler noch nicht verarbeitet hat. Ein One-Pass-Assembler muss irgendeine Möglichkeit besitzen, diese Vorwärts-Referenzen zu lösen.

Ein Two-Pass-Assembler ist ein Assembler, der das Assemblersprachen-Quellprogramm zweimal durchläuft. Beim ersten Mal sammelt und definiert der Assembler einfach alle Symbole. Das zweite Mal ersetzt er die Referenzen durch die tatsächlichen Definitionen. Der Zwei-Pass-Assembler hat keine Probleme mit Vorwärts-Referenzen, kann jedoch etwas langsam sein, wenn kein schneller Massenspeicher im PC zur Verfügung steht. Sonst muss der Assembler das Programm zweimal von einem langsamen Eingabegerät lesen. Die meisten Assembler für Mikroprozessoren und Mikrocontroller benötigen zwei Durchläufe.

4.2.13 Fehler

Assembler besitzen normalerweise Fehler-Mitteilungen, die häufig aus einzelnen codierten Buchstaben bestehen. Einige typische Fehler sind:

1) Undefinierte Namen (häufig ein orthografischer Fehler oder eine vergessene Definition).
2) Ungültige Zeichen (z. B. die Zahl 2 in einer Binärzahl).
3) Ungültiges Format (falsches Begrenzungszeichen oder unkorrekte Operanden).
4) Ungültiger Ausdruck (z. B. zwei Operatoren in einer Spalte).
5) Ungültiger Wert (gewöhnlich zu groß).
6) Fehlender Operand.
7) Doppelte Definition (d. h. zwei verschiedene Werte wurden dem gleichen Namen zugewiesen).
8) Ungültige Markierung (z. B. eine Markierung für eine Pseudooperation, die keine besitzen darf).
9) Fehlende Markierung.
10) Undefinierte Mnemonik.

Bei der Interpretierung von Assembler-Fehlern muss man sich daran erinnern, dass der Assembler in die falsche Spur gelangen kann, wenn er einen vereinzelten Buchstaben, einen zusätzlichen Zwischenraum oder ein unkorrektes Satzzeichen findet. Zahlreiche Assembler werden dann fortfahren, die folgenden Befehle falsch zu interpretieren und bedeutungslose Fehlermitteilungen liefern. Es muss immer der erste Fehler sorgfältig untersucht werden. Darauf folgende Befehle können davon abhängen. Sorgfältige und ständige Verwendung von Standardformaten wird von vornherein zahlreiche lästige Fehler vermeiden.

4.2.14 Lader

Der Lader ist das Programm, das die Ausgabe (Objektcode) tatsächlich vom Assembler nimmt und in den Speicher platziert. Lader reichen von sehr einfachen bis zu sehr komplexen Ausführungen. Es sollen einige wenige Möglichkeiten beschrieben werden.

Der Bootstrap-Lader (oder Urlader) ist ein Programm, das nur eigene seiner ersten eigenen Befehle benützt, um den Rest selbst zu laden oder ein anderes Laderprogramm in den Speicher zu bringen. Der Urlader kann in einem ROM liegen oder man muss ihn in den Computerspeicher durch Verwendung der Frontplatten-Schalter eingeben. Der Assembler kann einen Urlader an den Beginn des Objektprogramms, das er erzeugt, platzieren.

Ein relokatibler (verschiebbarer) Lader kann Programme an jeder beliebigen Stelle in den Speicher laden. Er lädt normalerweise jedes Programm in den Speicherraum, das unmittelbar nach dem vom vorhergehenden Programm verwendeten folgt. Die Programme müssen jedoch imstande sein, dies selbst durchzuführen, d. h. sie müssen relokatibel sein. Ein absoluter Lader wird dagegen die Programme immer in den gleichen Speicherbereich legen.

Ein Binde-Lader (linking loader) lädt Programme und Unterprogramme getrennt. Er liefert Quer-Referenzen, d. h. ein Befehl in einem Programm oder Unterprogramm bezieht sich auf eine Markierung in einem anderen Programm oder Unterprogramm. Objektprogramme, die durch ein Binde-Laden geladen werden, müssen in einem Assembler erzeugt werden, der Quer-Referenzen gestattet und markiert.

8-Bit-Mikrocontroller ATtiny2313 für digitale Anwendungen

5

Der Baustein ATtiny2313 ist ein vielseitig verwendbarer 8-Bit-Mikrocontroller von Atmel. Wegen seines einfachen Aufbaus und der leichten Programmierbarkeit ist der Mikrocontroller nicht nur bei Technikern und Ingenieuren beliebt, sondern auch bei Hobbyelektronikern, Schülern und Studenten für den physikalischen Schulunterricht und Praktika weit verbreitet, denn es lassen sich zahlreiche praktische Übungen einfach und kostengünstig realisieren. Alle gezeigten Programme sind auch für den ATtiny26 und den ATmega32 geeignet und können übernommen werden, wenn man den Programmierkopf geringfügig auf die Einstellungen des ATtiny26 und des ATmega32 abwandelt.

5.1 Merkmale des Mikrocontrollers ATtiny2313

Der digitale Mikrocontroller ATtiny2313 ist in einem 20-poligen DIL-Gehäuse untergebracht, es handelt sich um einen 8-Bit-Mikrocontroller ohne AD-Wandler. Im Gegensatz zum Industrie-Standard-Mikrocontroller 8051 mit seiner CISC-Architektur (Complex Instruction Set Computer) verwendet der Mikrocontroller von Atmel eine RISC-Architektur (Reduced Instruction Set Computer). Die maximale Taktfrequenz liegt bei 12 MHz und hat mit der Abarbeitung der Befehle fast keine Bedeutung.

Bei den Versuchen in diesem Buch wird ohne externen Quarz für den Mikrocontroller ATtiny2313 gearbeitet. Die Arbeitsfrequenz des relativ genauen RC-Generators liegt bei internen 8 MHz, die durch einen Vorteiler auf 1 MHz heruntergeteilt wird.

Der Mikrocontroller ATtiny2313 verwendet eine schnelle und leistungsarme RISC-Architektur in CMOS-Technologie. Der Befehlssatz hat sehr leistungsstarke 120 Befehle und die meisten Befehle lassen sich innerhalb eines Taktzyklus abarbeiten. Bei einer Taktfrequenz von 8 MHz ergeben sich typisch 8 MIPS (Mega Instructions per

© Springer Fachmedien Wiesbaden GmbH, ein Teil von Springer Nature 2020
H. Bernstein, *Mikrocontroller*, https://doi.org/10.1007/978-3-658-30067-8_5

second) und die Arbeitsweise ist voll statisch. 32 Arbeitsregister mit einem 8-Bit-Format stehen zur Verfügung, davon können sechs als drei 16-Bit-Register verwendet werden.

Als interner Programmspeicher stehen 2-Kbyte-EEPROM (Electrically Erasable Programmable Read Only Memory) zur Verfügung, und über eine ISP-Schnittstelle (In-System-Programmable) lässt sich das Assemblerprogramm von der Entwicklungsoberfläche auf dem PC in den Mikrocontroller ATtiny2313 abspeichern. Es ist kein teures Programmiergerät ($\approx$25 €) erforderlich und die Programmierung kann direkt innerhalb der Schaltung durchgeführt werden, wenn man die Hardware entsprechend auslegt. Man kann auch auf verschiedene Schaltungen für ein selbstgebautes Programmiergerät zugreifen. Die Schreib-Löschzyklen liegen in der Größenordnung von 10.000. Der interne Arbeitsspeicher hat 128 Bytes.

Die Programmierung erfolgt über den standardisierten SPI-Bus (Serial Peripheral Interface oder auch Microwire bezeichnet). Es handelt sich um ein Bussystem, bestehend aus drei Leitungen für die serielle synchrone Datenübertragung zwischen dem PC und dem AVR-Mikrocontroller. Der Anschluss für den SPI-Bus ist standardisiert, wird aber in den Bauanleitungen in diesem Buch nicht verwendet. Der Bus zum Programmieren des Mikrocontrollers besteht aus folgenden Leitungen:

- MOSI (Master Out/Slave In) bzw. SDO (Serial Data Out) oder DO,
- MISO (Master In/Slave Out) bzw. SDI (Serial Data In) oder DI,
- SCK (Shift Clock) oder Schiebetakt.

Über den SPI-Bus erfolgt auch die Datenkommunikation zwischen den verschiedenen Mikrocontrollern in einem System. Für den SPI-Bus gibt es kein festgelegtes Protokoll, und die Taktfrequenz für den SPI-Bus kann bis 10 MHz betragen. Es gibt verschiedene integrierte Bausteine, die als Slaveeinheiten an dem SPI-Bus betrieben werden können, das beginnt mit externen Echtzeituhren (RTC = Real Time Clock), mehrstelligen 7-Segment-Anzeigen bis zu Grafikanzeigen mit vorgegebenem Protokoll.

Die Programmierbeispiele in diesem Buch sind in Assembler geschrieben und die dazugehörige Software von Atmel (Studio)ist kostenlos aus dem Internet herunterzuladen. Man lernt hierbei den Aufbau und die Wirkungsweise des Mikrocontrollers besser kennen. Das Programmieren in Assembler ist wesentlich aufwendiger als bei höheren Programmiersprachen wie z. B. C und BASIC. Programmieren in Assembler ist aber für den Anfänger besonders fehleranfällig und es kann lange dauern, bis das Programm richtig arbeitet. Aus diesem Grund wurden die höheren Programmiersprachen entwickelt. Das Programmieren in C ist besonders einfach, wenn bereits vorhandene Programmblöcke zur Verfügung stehen, die sich miteinander kombinieren lassen.

5.1.1 Anschlüsse des Mikrocontrollers ATtiny2313

Das 20-polige DIL-Gehäuse, in dem sich der Mikrocontroller ATtiny2313 befindet, ist einfach handzuhaben, wie in diesem Kapitel gezeigt wird. An Pin 10 und Pin 20 schließt man die Betriebsspannung und Masse an. Für die ersten Versuche verwendet man eine Betriebsspannung von $U_b = 4,8\,V$ und $0\,V$ (Masse), was einem Batterieblock mit vier Akkumulatoren entspricht. Abb. 5.1 zeigt das Anschlussschema des Mikrocontrollers ATtiny2313.

Port A sind bidirektionale I/O-Schnittstellen mit internen „pull-up"-Widerständen, die sich einzeln ansteuern lassen. Der ATtiny2313 hat drei PA-Anschlüsse für den Reset (PA2 oder Pin 1) und für den externen Quarz (PA1/PA0 oder Pin 4/Pin 5). Arbeitet Port A als Ausgabeeinheit, kann man diesen als Stromsenke oder als Stromquelle programmieren. Arbeiten diese als Eingänge, programmiert man sie als aktive „pull-up"-Widerstände. Schaltet man auf den Reset-Eingang ein 0-Signal, wird der

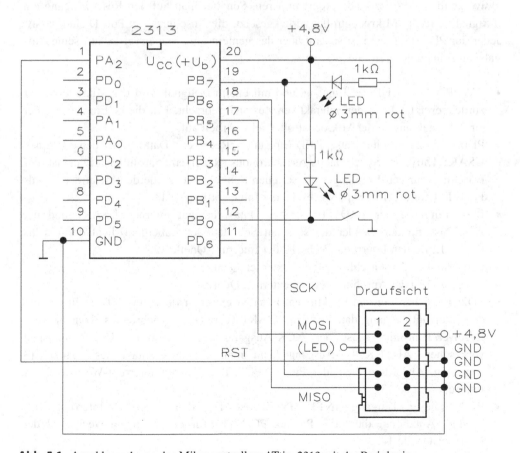

Abb. 5.1 Anschlussschema des Mikrocontrollers ATtiny2313 mit der Peripherie

Mikrocontroller zurückgesetzt und die Anschlüsse an Port A sind passiv. In dieser Versuchsanordnung wird immer ohne Quarz gearbeitet, dies ergibt eine Arbeitsfrequenz von etwa 1 MHz, wobei dieser Frequenzwert einen Toleranzbereich um ca. ±5 hat.

Port B sind acht bidirektionale I/O-Schnittstellen mit internen „pull-up"-Widerständen, die sich einzeln ansteuern lassen. Der ATtiny2313 hat acht PB-Anschlüsse. Arbeitet Port B als Ausgabeeinheit, kann man diese als Stromsenke oder als Stromquelle programmieren. Arbeitet diese als Eingabeeinheit, kann man sie als aktive „pull-up"-Widerstände programmieren. Schaltet man auf den Reset-Eingang ein 0-Signal, wird der Mikrocontroller zurückgesetzt, die Anschlüsse an Port B sind passiv. Jeder der PB-Anschlüsse ist separat über das gemeinsame Steuerregister auf seine Aufgabe einzeln zu programmieren.

Port D sind sieben bidirektionale I/O-Schnittstellen mit internen „pull-up"-Widerständen, die sich einzeln ansteuern lassen. Der ATtiny2313 hat sieben PD-Anschlüsse. Arbeitet Port D als Ausgabeeinheit, kann man diesen als Stromsenke oder als Stromquelle programmieren. Arbeiten diese als Eingabeeinheit, kann man sie als aktive „pull-up"-Widerstände programmieren. Schaltet man auf den Reset-Eingang ein 0-Signal, wird der Mikrocontroller zurückgesetzt, die Anschlüsse an Port D sind passiv. Jeder der PD-Anschlüsse ist separat über das gemeinsame Steuerregister auf seine Aufgabe einzeln zu programmieren.

- PA2: Pin 1 ist der Reset-Eingang, und mit einem 0-Signal wird der Mikrocontroller zurückgesetzt,d. h. in den interaktiven Zustand gebracht. Hat dieser Eingang wieder ein 1-Signal, nimmt der Mikrocontroller seine Arbeit auf.
- PD0: Pin 2 arbeitet als RXD-Eingang (Receiver Data) für den internen USART(Universal-Synchronous-Asynchronous Receiver/Transmitter). Dies ist der Anschluss für den Empfänger der seriellen Schnittstelle. Außerdem dient der Pin als PCINT11 für den Interrupt-Wechsel 2 der Interrupt-Quelle 11.
- PD1: Pin 3 ist der TXD (Transmitter Data) für den internen USART und der Anschluss für den Sender der seriellen Schnittstelle. Außerdem dient der Pin als PCINT12 für den Interrupt-Wechsel 2 der Interrupt-Quelle 12.
- PA1: Pin 4 ist der Anschluss für den externen Quarz.
- PA0: Pin 5 ist der Anschluss für den externen Quarz.
- PD2: Pin 6 hat mehrere Funktionen. Für den externen Interrupt INT0 stellt der Pin den Interrupt-Eingang dar. Für den USART (Universal-Synchronous-Asynchronous Receiver/Transmitter) ist der XCK-Ausgang als synchroner Übertragungstakt vorgesehen. Als CKOUT-Ausgang kann man den Systemtakt des ATtiny2313 abgreifen. Außerdem dient der Pin als PCINT13 für den Interrupt-Wechsel 2 der Interrupt-Quelle 13.
- PD3: Dieser Eingang INT1 (Pin 7) ist für den externen Interrupt vorhanden. Außerdem dient der Pin als PCINT14 für den Interrupt-Wechsel 2 der Interrupt-Quelle 14.

- PD4: Für den internen Zeitgeber und Zähler T0 schließt man das externe Taktsignal (Pin 8)an. Außerdem dient der Pin als PCINT15 für den Interrupt-Wechsel 2 der Interrupt-Quelle 15.
- PD5: Pin 9 lässt sich als „OC0B"-Ausgang (Timer/Counter 0 Compare Match B output) programmieren, wenn der Zeitgeber oder Zähler intern verglichen wird, ob der Zählerstand gleich oder ungleich ist. Für den internen Zeitgeber und Zähler T1 schließt man das externe Taktsignal an. Außerdem dient der Pin als PCINT16 für den Interrupt-Wechsel 2 der Interrupt-Quelle 16.
- PD6: Für den internen Zeitgeber und Zähler T1 schließt man an Pin 11 den Fangbereich für das externe Taktsignal an. Außerdem dient der Pin als PCINT17 für den Interrupt-Wechsel 2 der Interrupt-Quelle 17.
- PB0: Pin 12 ist der AIN0-Eingang für den analogen Komparator. Außerdem dient der Pin als PCINT0 für den Interrupt-Wechsel 0 der Interrupt-Quelle 0.
- PB1: Pin 13 ist der AIN1-Eingang für den analogen Komparator. Außerdem dient der Pin als PCINT1 für den Interrupt-Wechsel 0 der Interrupt-Quelle 1.
- PB2: Pin 14 ist der Ausgang OC0A für den internen Zeitgeber/Zähler 0. Außerdem dient der Pin als PCINT2 für den Interrupt-Wechsel 0 der Interrupt-Quelle 2.
- PB3: Pin 15 ist der Ausgang OC1A für den internen Zeitgeber/Zähler 1. Außerdem dient der Pin als PCINT3 für den Interrupt-Wechsel 0 der Interrupt-Quelle 3.
- PB4: Pin 16 ist der Ausgang OC1B für den internen Zeitgeber/Zähler 1. Außerdem dient der Pin als PCINT4 für den Interrupt-Wechsel 0 der Interrupt-Quelle 4.
- PB5: Pin 17 hat drei Funktionen. Für eine 3-Drahtverbindung nach USI (Universal Serial Interface)arbeitet er als Eingang DE. Für eine 2 Drahtverbindung nach USI arbeitet er als Eingang SDA. Außerdem dient der Pin als PCINT5 für den Interrupt-Wechsel 0 der Interrupt-Quelle 5. Die MISO-Funktion (Master In/Slave Out) ist der Anschluss für die Programmierung.
- PB6: Pin 18 arbeitet als Ausgang DO für eine 3-Drahtverbindung nach USI. Außerdem dient der Pin als PCINT6 für den Interrupt-Wechsel 0 der Interrupt-Quelle 6. Die MOSI-Funktion (Master Out/Slave In) ist der Anschluss für die Programmierung.
- PB7: Pin 19 arbeitet als Taktleitung USCK für eine 3-Drahtverbindung nach USI oder als Taktleitung SCL für eine 3-Drahtverbindung nach USI. Außerdem dient der Pin als PCINT7 für den Interrupt-Wechsel 0 der Interrupt-Quelle 7.

5.1.2 Interner Aufbau des Mikrocontrollers ATtiny2313

Der ATtiny2313 arbeitet als 8-Bit-Mikrocontroller für allgemeine Anwendungen, der dank seines außerordentlich geringen Bedarfs an zusätzlichen Bausteinen äußerst kostengünstig für kleine Mikrocontrollersysteme ist. Im Wesentlichen verwendet man diesen Mikrocontroller für digitale Aufgaben, denn er hat keinen internen 8- oder 10-Bit-AD-Wandler.

Der ATtiny2313 enthält außer den Funktionen, die der Befehlsausführung dienen, auch noch mehrere Einheiten für die Takterzeugung, die Systembus-Steuerung und die Prioritätsauswahl für die Interruptsteuerung. Der ATtiny2313 überträgt die internen Daten und Befehle auf einen 8-Bit-Datenbus. Der Prozessor des ATtiny2313 erzeugt Steuersignale, die zur Auswahl interner und externer Bausteine und zur Durchführung von Lese- und Schreiboperationen verwendet werden können, sowie zur Anwahl von I/O-Kanälen.

Der ATtiny2313 ist mit internen 8-Bit-Registern (General Purpose Register) ausgestattet. Den Registern von R0 (Addr. 0x00) bis R25 (Addr. 0x19) folgen die Register R26 (Addr. 0x1A) bis R31 (Addr. 0x1F), die als interne 16-Bit-Register (X, Y und Z) zusammengefasst werden können.

Die Register werden wie folgt unterschieden:

- Der Akkumulator ist ein Register mit allen Akkumulator-Befehlen. Dazu gehören arithmetische,logische, Lade- und Speicherbefehle sowie I/O-Anweisungen. Der Akkumulator ist ein 8-Bit-Register und arbeitet in Verbindung mit dem Statusregister, wo die Flags gespeichert werden.
- Der Programmzähler (PC oder Program Counter) zeigt auf den Speicherplatz des nächsten auszuführenden Befehls. Der Programmzähler hat eine 16-Bit-Adresse.
- Die Mehrzweckregister (General Purpose Register) lassen sich als allgemeine Register verwenden,abhängig vom auszuführenden Befehl.
- Der Stackpointer (SP) ist ein besonderer Datenzeiger, der stets auf das Ende des Stack (die Adresse des letzten gültigen Eintrags) zeigt. Es ist ein unteilbares 16-Bit-Register.
- Das Statusregister enthält sechs Flags von je einem Bit, in welchen je eine Zustandsinformation des Prozessors registriert wird, dadurch kann auch die Arbeitsweise des Prozessors gesteuert werden.

5.1.3 Programmierkopf des Mikrocontrollers ATtiny2313

Der Programmierkopf des Mikrocontrollers ATtiny2313 besteht aus mehreren Teilen. Abb. 5.2 zeigt den Anfang des Programmierkopfes, der nur einmal geschrieben werden muss. Für weitere Anwendungen wird jedes neue Projekt angelegt und dann der Programmierkopf kopiert.

Am Anfang steht die Frequenz vom internen Oszillator von 8 MHz, und diese Frequenz wird von dem internen Teiler auf 1 MHz heruntergeteilt. Danach folgt die Definition der beiden Interruptregister, dem „ihlp" und dem „itmp". Mit „.def ihlp" wird Register 15 definiert. Es handelt sich um ein einfaches Register (eingeschränkte Speicherfunktionen), wo sich Daten abspeichern und auslesen lassen. Mit „.def itmp" wird das Register 25 definiert, es handelt sich um ein höheres Register, wo man ebenfalls die Daten des Programms abspeichern kann.

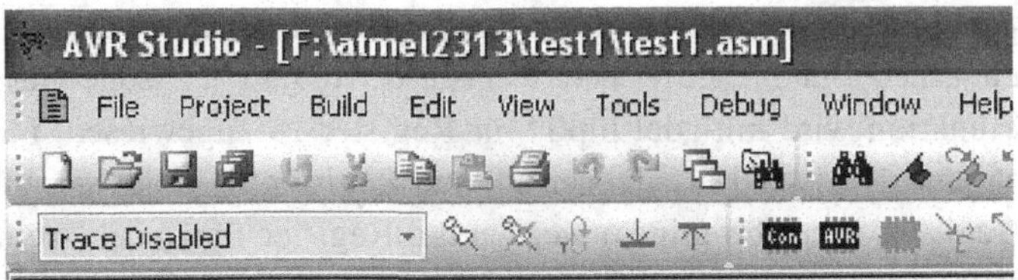

```
AVR Studio - [F:\atmel2313\test1\test1.asm]

File  Project  Build  Edit  View  Tools  Debug  Window  Help

Trace Disabled

.include "../tn2313def.inc"

; internal Oszillator
; CLKDIV8 on
; CK = 1MHz
; => Fuse_low = 01100100 = $64


; reserved registers for interrupt handling
.def ihlp    =r15
.def itmp    =r25

; registers for functional storage
; r0 always 0 !!!
.def acc0    =r16
.def acc1    =r17
.def hlp0    =r14
.def serin   =r18
.def serout  =r19

; registers for subroutines
.def sacc0   =r20
.def sacc1   =r21
.def shlp0   =r4
.def shlp1   =r5
.def shlp2   =r6
.def shlp3   =r7
.def shlp4   =r8

; X = (r27, r26) used for USI
; Y = (r29, r28) used for RAM
; Z = (r31, r30) used for ROM

; special functional registers
.def stavec  =r22
; stavec(0) = 0, 3s Interrupt
; stavec(1) = 0,
; stavec(2) = 0,
; stavec(3) = 0,
; stavec(4) = 0,
; stavec(5) = 0,
; stavec(6) = 0,
; stavec(7) = 0,


.def unused0 =r23
.def unused1 =r24

.equ CNTVAL  =$95   ;

; SRAM usage
; for time information
.equ MINS    =$60   ;
.equ SECS    =$61   ;
```

Abb. 5.2 Anfang des Programmierkopfes

Im nächsten Block (registers for functional storage) werden die beiden Akkumulatoren „acc0" und „acc1" den Registern 16 und 17 zugewiesen. Die einfache Registerfunktion wird mit „def hlp0" für Register 14 zugewiesen. Für die serielle Schnittstelle hat man Register 18 („.def serin") und Register 19 („.def serout").

Im Block (registers for subroutines) werden die Register für die Subroutinen (Unterprogrammaufrufe) definiert. Register 20 und 21 sind für höhere Subroutinen (sacc, subroutine acc0 und acc1) und die Register 4 bis 8 sind für niedere Subroutinen (shlp) zum Zwischenspeichern vorhanden. Bei der Behandlung für Unterprogrammaufrufe arbeitet man z. B. mit Sprungbefehlen, und diese verursachen Änderungen in der Programmsteuerung. Es müssen die Rücksprungadressen, die für die Rücksprungbefehle benötigt werden, hier abgelegt sein. Befehle dieser Klasse rufen ein Unterprogramm unter bestimmten Bedingungen auf. Ist die spezifizierte Bedingung erfüllt, wird die Rücksprungadresse in diesen Registern abgespeichert und die Befehlsausführung bei der Speicheradresse, die durch die Verkettung von einem 8- oder 16-Bit-Register gebildet wird, fortgesetzt. Ist die Bedingung nicht erfüllt, erfolgt die Befehlsausführung beim nächsten Befehl. Die Register X, Y und Y sind im 16-Bit-Format realisiert, damit kann man den Speicherbereich von 0 bis 65535 (ffffh) voll adressieren.

Im nächsten Block (special functional registers) werden alle Spezialfunktionsregister definiert und die Speicherung erfolgt im Register 22. Register 23 und 24 werden nur für spezielle Programmierungsfälle benötigt und sind normalerweise gesperrt. Es folgt eine „def stavec"-Anweisung mit der Zuweisung des Statusvektors an Register 22. Die acht darauffolgenden Zeilen ergeben das 8-Bit-Format für das „.def stavec"-Register mit den Statusvektoren.

Danach folgen mit SRAM die Definitionen für Minuten und Sekunden.

Abb. 5.3 zeigt das Ende des Programmierkopfes, die beiden Teile müssen in jedem Programm vorhanden sein. Was der Assembler ausführen soll oder was bei der Ausführung zu beachten ist, wird ihm in Anweisungen (Direktiven) mitgeteilt. Die nachfolgende Übersicht zeigt und erklärt die wichtigsten Direktiven.

Syntax:	.CSEG	Beispiel:	.CSEG

Diese Anweisung definiert den Start eines Codesegmentes. Ein Codesegment ist ein Speicherbereich, in dem der Programmcode (Maschinencode) gespeichert wird. Ein Programmtext in Assembler kann mehrere Codesegmente beinhalten, die aber beim Übersetzen in den Maschinencode in einem einzigen Codesegment zusammengeschlossen werden, welches sich dann im Programmspeicher befindet. Für diese Anweisung stehen keine Argumente bereit.

Syntax:	.DEF Bezeichner = Register	Beispiel:	.EF = r 16

Diese Anweisung weist einem Register einen Namen (Bezeichner) zu, unter dem es im Assembler-Programmtext angesprochen werden kann. Einem Register sind

```
rjmp RESET            ; Reset Handler
rjmp INT0             ; External Interrupt0 Handler
rjmp INT1             ; External Interrupt1 Handler
rjmp TIM1_CAPT        ; Timer1 Capture Handler
rjmp TIM1_COMPA       ; Timer1 CompareA Handler
rjmp TIM1_OVF         ; Timer1 Overflow Handler
rjmp TIM0_OVF         ; Timer0 Overflow Handler
rjmp USART0_RXC       ; USART0 RX Complete Handler
rjmp USART0_DRE       ; USART0 UDR Empty Handler
rjmp USART0_TXC       ; USART0 TX Complete Handler
rjmp ANA_COMP         ; Analog Comparator Handler
rjmp PCINT            ; Pin Change Interrupt
rjmp TIMER1_COMPB     ; Timer1 Compare B Handler
rjmp TIMER0_COMPA     ; Timer0 Compare A Handler
rjmp TIMER0_COMPB     ; Timer0 Compare B Handler
rjmp USI_START        ; USI Start Handler
rjmp USI_OVERFLOW     ; USI Overflow Handler
rjmp EE_READY         ; EEPROM Ready Handler
rjmp WDT_OVERFLOW     ; Watchdog Overflow Handler


; unused Interrupts
INT0:
INT1:
TIM1_CAPT:
TIM1_COMPA:
TIM1_OVF:
TIM0_OVF:
USART0_RXC:
USART0_DRE:
USART0_TXC:
ANA_COMP:
PCINT:
TIMER1_COMPB:
TIMER0_COMPA:
TIMER0_COMPB:
USI_START:
USI_OVERFLOW:
EE_READY:
WDT_OVERFLOW:
    reti

; used Interrupts
```

Abb. 5.3 Ende des Programmierkopfes

mehrere Bezeichner zugeordnet. Ein mit dieser Anweisung definierter Bezeichner kann imProgrammtext umdefiniert werden, d. h. auf ein anderes Register verweisen.

Syntax:	.DSEG	Beispiel:	.DSEG

Diese Anweisung definiert den Start eines Datensegmentes. Ein Datensegment ist ein Speicherbereich, in dem mittels Anweisungen z. B. Variablen definiert werden können. Ein Assembler-Programmtext kann mehrere Datensegmente beinhalten, die aber beim Übersetzen in den Maschinencode in einem einzigen Datensegment zusammengeschlossen werden, welches sich dann im Datenspeicher befindet. Diese Anweisung stellt keine Argumente bereit.

Syntax:	.EQU Bezeichner = Wert	Beispiel:	.EQU maxanzahl = 66

Diese Anweisung weist einem konkreten Wert einen Namen (Bezeichner) zu, unter dem es im Assembler-Programmtext angesprochen werden kann. Ein mit dieser Anweisung definierter Bezeichner lässt sich im Programmtext nicht mehr ändern.

Syntax:	.EXIT	Beispiel:	.EXIT

Diese Anweisung weist darauf hin, die Übersetzung des Programmtextes an dieser Stelle zu stoppen und nicht bis zum Ende der Datei zu übersetzen.

Syntax:	.INCLUDE „dateiname"	Beispiel:	.INCLUDE „8000DEF.INC"

Diese Anweisung weist darauf hin, die angeführte Datei an der angegebenen Stelle einzubinden. Eine mittels dieser Anweisung eingebundene Datei kann diese Anweisung ebenfalls enthalten.

Syntax:	.ORG expression	Beispiel:	.CSEG $20

Diese Anweisung setzt den Beginn eines zuvor angegebenen Segmentes fest. In einem Codesegment bezieht sich diese Anweisung auf den Programmspeicher und setzt den Programmzähler PC an diese Stelle. In einem Datensegment kann damit dieses in den internen SRAM abgespeichert werden.

Syntax:	.SET Bezeichner = Wert	Beispiel:	.SET maxanzahl = 66

Diese Anweisung weist einem korrekten Wert einen Namen (Bezeichner) zu, der später im Programmtext verändert werden kann.

Mit den „rjmp"-Befehlen wird das Ende des Programmierkopfes gezeigt und die folgenden Handler (Routine für checking peripherals) zurückgesetzt:

```
rjmp RESET     ; Reset Handler
rjmp INT0      ; External Interrupt Handler
rjmp INT1      ; External Interrupt Handler
rjmp TIM1_CAPT    ; Timer1 Capture Handler
rjmp TIM1_COMPA    ; Timer1 CompereA Handler
rjmp TIM1_OVF    ; Timer1 Overflow Handler
rjmp TIM0_OVF    ; Timer0 Overflow Handler
rjmp USART0_RXC    ; USART0 RX Complete Handler
rjmp USART0_DRE    ; USART0 UDR Empty Handler
rjmp USART0_TXC    ; USART0 TX Complete Handler
rjmp ANA_COMP    ; Analog Comparator Handler
rjmp PCINT     ; Pin Change Interrupt
```

```
rjmp TIMER1_COMPB    ; Timer1 Compare B Handler
rjmp TIMER0_COMPA    ; Timer0 Compare A Handler
rjmp TIMER0_COMPB    ; Timer0 Compare B Handler
rjmp USI_START    ; USI Start Handler
rjmp USI_OVERFLOW    ; USI Overflow Handler
rjmp EE_READY    ; EEPROM Ready Handler
rjmp WDT_OVERFLOW    ; Watchdog Handler
```

Anschließend folgen in dem Programm die gesperrten Interrupts. Beim Starten der Schaltung in der minimalen Konfiguration müssen alle Interrupts nach der Programmierung unterdrückt bzw. gesperrt sein. Andernfalls kann es beim Starten des Programms zu Fehlern kommen.

Zum Testen der Peripherie von Abb. 5.1 benötigt man das Programm von Abb. 5.4. Zuerst wird der Stackpointer gesetzt und dann Port A, Port B und Port D.

5.1.4 Ein- und Ausgänge des ATtiny2313

Jeder Mikrocontroller besitzt sogenannte Ports, die als Ein- und Ausgänge geschaltet werden. Ports sind Anschlüsse des Mikrocontrollers ATtiny2313, die durch eine entsprechende Programmierung als digitale Eingänge oder Ausgänge verwendet werden können.

Beim Mikrocontroller ATtiny2313 sind die einzelnen Anschlüsse zu Gruppen zusammengefasst und erhalten logische Namen, die sowohl im Datenblatt vorhanden sind als auch im Rahmen der Softwareentwicklung in den Programmen verwendet werden. So besitzt der ATtiny2313 beispielsweise drei Ports, die mit Port A, Port B und Port D bezeichnet werden. Jedem dieser Ports sind zwei, sieben und acht Anschlüsse des Mikrocontrollers zugeordnet. Die Portanschlüsse des ATtiny2313 werden durch eine entsprechende Nummerierung unterschieden. So werden beispielsweise die acht Anschlüsse des Port B als PB0 bis PB7 bezeichnet. Für die anderen Ports gelten entsprechende Zuordnungen.

Um eine hohe Flexibilität der Ports zu erzielen, ist es möglich, jeden einzelnen Anschluss eines Ports, unabhängig von den anderen Anschlüssen dieses Ports, als Eingang oder Ausgang zu programmieren.

Ist ein Port Bit als Ausgang programmiert, wird durch das Programm festgelegt, ob an diesem Anschluss eine 0 oder 1 ausgegeben wird. Entsprechend kann mithilfe eines als Eingang programmierten Ports ein digitaler Wert eingelesen und durch die Software des ATtiny2313 ausgewertet werden.

Die Ports stellen somit die universellste Peripheriekomponente dar, da sie für die Verbindung eines ATtiny2313 mit beliebigen anderen digitalen Bausteinen eingesetzt werden können. Aus diesem Grund wird statt des Begriffs „Port" häufig auch der Begriff „General Purpose Input/Output" (GPIO) verwendet.

Die Grenzen der Einsetzbarkeit von Ports werden im Wesentlichen durch die Leistungsfähigkeit der CPU des ATtiny2313 bestimmt. Je häufiger ein Port Bit pro Zeit-

einheit umprogrammiert werden muss, desto höher ist die hierfür benötigte Rechenleistung. Im ungünstigsten Fall übersteigt die zur Bedienung der Ports benötigte
Rechenleistung die durch die CPU zur Verfügung gestellte Rechenleistung, sodass eine
konkrete Aufgabe, wie die Kommunikation mit einem anderen Baustein, nicht realisiert
werden kann. Es muss daher im Einzelfall geprüft werden, ob eine angestrebte digitale
Ein-/Ausgabefunktion durch eine entsprechende Portprogrammierung erfolgen kann,
oder ob der Einsatz eines anderen Mikrocontrollers sinnvoller ist, der die gewünschte
Funktion durch entsprechende Hardware zur Verfügung stellt.

Entsprechend ihrer Funktion findet man in nahezu allen Mikrocontrollern zur
Programmierung von Ports die Datenrichtungsregister und Datenregister. Als Erklärung
wird das Programm von Abb. 5.4 verwendet. Mithilfe des Datenrichtungsregisters
wird die Datenrichtung, also ob ein Port Bit als Eingang oder als Ausgang arbeitet,
programmiert. Die Datenregister dienen der eigentlichen Ausgabe bzw. dem Auslesen
digitaler Werte.Darüber hinaus können einem Port weitere I/O-Register zugeordnet sein,
mit denen spezielle Portfunktionen aktiviert werden können:

Abb. 5.4 Programm zum
Testen der Peripherie von
Abb. 5.1

```
; Initialize
RESET:
        ; set stackpointer to end off RAM
        ldi acc0, low(RAMEND)
        out SPL,acc0

        ; set PortA to input with Pullup
        ldi acc0, $ff
        out PORTA, acc0
        ldi acc0, $00
        out DDRA, acc0

        ; set PortB to input with Pullup
        ; set PortB(7) to output with value 1
        ldi acc0, $ff
        out PORTB, acc0
        ldi acc0, $80
        out DDRB, acc0

        ; set PortD to input with Pullup
        ldi acc0, $ff
        out PORTD, acc0
        ldi acc0, $00
        out DDRD, acc0

; Mainprogram
main:
        in acc0, PINB
        andi acc0,$01
        brne not_pressed
        ; button pressed
        ldi acc0, $7f
        out PORTB, acc0
        rjmp main

not_pressed:
        ldi acc0, $ff
        out PORTB, acc0
        rjmp main
```

- Datenrichtungsregister (DDR): Wird ein Bit 0 im Datenrichtungsregister auf 0 gesetzt, arbeitet der zugehörige Anschluss als Eingang. Ist das dem Anschluss zugehörige Bit dagegen auf 1 gesetzt, wird der entsprechende Anschluss als digitaler Ausgang betrieben.
- Dateneingangsregister (PIN): Mithilfe dieses Registers können die an einem Port anliegenden digitalen Eingangswerte eingelesen werden. Dieses Register besitzt eine 8-Bit-Wortbreite für den Port PB. Sind für ein Programm nur die Werte einzelner Portanschlüsse relevant, können die nicht relevanten Bits des PIN-Registers durch eine geeignete logische Verknüpfung ausmaskiert werden.
- Datenausgaberegister (Port): Ist ein Portanschluss als Ausgang programmiert, kann mithilfe des Port-Registers der ausgegebene Wert festgelegt werden. Ist ein Portanschluss als Ausgang programmiert (zugehöriges Bit des Datenrichtungsregisters ist gesetzt), so wird durch Setzen des zugehörigen Bits des Port-Registers eine 1 bzw. durch Löschen des Bits eine 0 ausgegeben. Wird ein Portanschluss als Eingang verwendet, kann mithilfe des Port-Registers ein interner pull-up-Widerstand durch Setzen das Port Bit aktiviert werden. Dieser Widerstand hat einen Wert von 4,7 kΩ und verbindet den Porteingang mit der Betriebsspannung. Ist das zugehörige Bit im PORT-Register gelöscht, arbeitet der Eingang in einem hochohmigen Modus. Tab. 5.1 zeigt die Funktionen der Portanschlüsse.

Die Portprogrammierung kann anhand des Schaltungsbeispiels (Hardware) von Abb. 5.1 und dem Programm (Software) von Abb. 5.4 verdeutlicht werden: An einen ATtiny2313 ist ein Taster und eine LED angeschlossen. Der Taster ist mit dem Portanschluss PB0 und die LED mit dem Anschluss PB7 verbunden. Mit der Befehlsfolge

> ldi acc0, $ff
> out PORT A, acc0
> ldi acc0, $00
> out DDRA, acc0

wird zuerst der Wert „ff" in den Akkumulator geladen und anschließend der Inhalt auf das Datenausgaberegister PORT A gebracht. Danach wird der Wert „00" in den

Tab. 5.1 Funktionen der Portanschlüsse

Bit im I/O-Register		
DDR	PORT	Funktion des Portanschlusses
0	0	Eingang, hochohmig
0	1	Eingang, pull-up-Widerstand aktiviert
1	0	Ausgang, Ausgabe einer 0
1	1	Ausgang, Ausgabe einer 1

Akkumulator geladen und dann der Inhalt auf das Datenrichtungsregister DDRA gegeben. Diese Befehlsfolge gilt für Port A und Port C. Mit der Befehlsfolge

> ldi acc0, $ff
> out PORT A, acc0
> ldi acc0, $80
> out DDRA, acc0

wird zuerst der Wert „ff" in den Akkumulator geladen und anschließend der Inhalt auf das Datenausgaberegister PORT A gebracht. Danach wird der Wert „80" in den Akkumulator geladen und anschließend der Inhalt auf das Datenrichtungsregister DDRA gegeben.

80 ≙ 1000 0000
    ↓
   B7 ⇒ Ausgabe 1-Signal, LED dunkel

Das Programm „main" fragt den PINB ab und lädt den Zustand in den Akkumulator. Dann erfolgt eine UND-Verknüpfung mit einer Konstanten.

01 ≙ 0000 0001
        ↓
       B0 ⇒ 1

Anschließend wird mit „BRNE" ein relativer Sprung nach „not_pressed" ausgeführt, wenn der Inhalt des Akkumulators ungleich ist. Bei diesem Programmteil wird

01 ≙ 0111 1111
    ↓
   PB7 ⇒ Ausgabe 0-Signal, LED leuchte

und die LED kann leuchten.

Mit dem relativen Rücksprung RJMP wird auf das Programm „main" zurückgesprungen. Das Programm „not_pressed" beginnt mit „ldi accu,$ff", und in den Akkumulator werden lauter 1-Signale geladen und anschließend über PORT B ausgegeben. Bei diesem Programmteil wird der

01 ≙ 1111 1111
    ↓
   PB7 ⇒ Ausgabe einer 1, LED dunkel

Die LED kann nicht leuchten. Mit dem Rücksprung RJMP wird auf das Programm „main" zurückgesprungen.

Mit dem Makro-Assembler lässt sich das Programm testen, wie Abb. 5.5 zeigt. Das Programm hat keinen Fehler (error) und auch keine Warnungen (warnings).

```
AVRASM: AVR macro assembler 2.1.42 (build 1796 Sep 15 2009 10:48:36)
Copyright (C) 1995-2009 ATMEL Corporation

F:\atmel2313\testl\testl.asm(1): Including file 'F:\atmel2313\testl\../tn2313def.inc'
F:\atmel2313\testl\testl.asm(141): No EEPROM data, deleting F:\atmel2313\testl\testl.eep

ATtiny2313 memory use summary [bytes]:
Segment  Begin     End      Code   Data   Used   Size     Use%
----------------------------------------------------------------
[.cseg]  0x000000  0x000056    86      0     86  9999999   0.0%
[.dseg]  0x000060  0x000060     0      0      0  9999999   0.0%
[.eseg]  0x000000  0x000000     0      0      0  9999999   0.0%

Assembly complete, 0 errors. 0 warnings
```

Abb. 5.5 Bildschirmausgabe des Makro-Assemblers

5.1.5   Programmierung des ATtiny2313

Ist das Programm fehlerfrei und die Hardware richtig aufgebaut, kann das Programm
in den ATtiny2313 übernommen werden. Dazu ist der Programmer an eine
USB-Schnittstelle des PC und an den Programmiersockel anzuschließen. Auf die Einstellungen des Programmers ist zu achten. Die Batterie ist noch nicht anzuschließen.

Bevor die Batterie angeschlossen wird, führt man das Selektieren des AVR-
Programmers durch, Abb. 5.6 zeigt die Möglichkeiten. Es ist „STK500" und „Auto" zu
wählen. Danach ist die Batterie anzuschließen. Ist alles richtig, erscheint Abb. 5.7 mit
dem „Program", aber es ist „Main" anzuklicken.

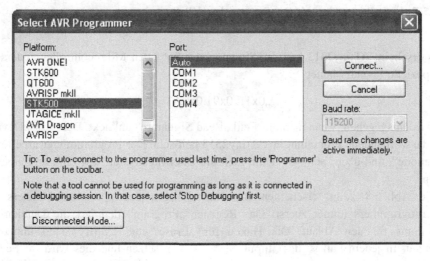

Abb. 5.6 Selektieren des AVR-Programmers

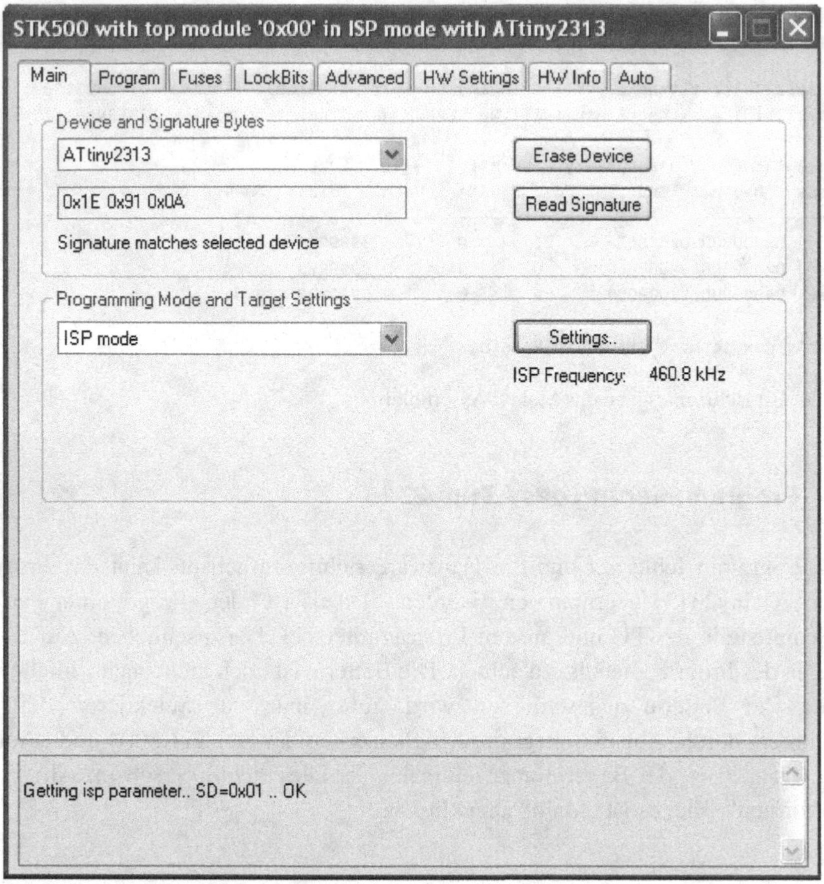

Abb. 5.7 Einstellungen des „MAIN"-Fensters des AVR-Programmers

Es erscheint ATtiny2313 und die Signatur, die für jeden Mikrocontroller anders ist. Die spezielle Signatur lautet

$$\text{„0x1E 0x91 0x0A"}$$

und wird ausgegeben, wenn man das Feld „Read Signature" anklickt. Bei „EraseDevice" wird das vorhandene Programm im ATtiny2313 gelöscht. Der Programmierer arbeitet im „ISP mode", und über „Settings" kann man die Übertragungsrate des Programmers einstellen.

Wie Abb. 5.8 zeigt, erscheinen die Einstellungen des „Program"-Fensters des AVR-Programmers immer zuerst. Das Register „Program" definiert die Dateien des Programms für den Ablauf. Die Haken für „Erase" und „Verify" sind unbedingt zu setzen. In jedem Fall ist das „Input HEX file" zu setzen und dies wird im Fenster angezeigt.

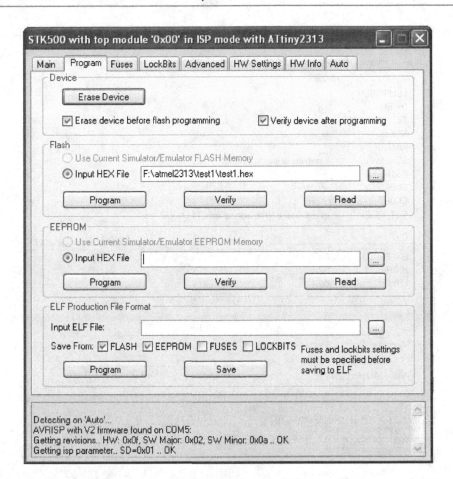

Abb. 5.8 Einstellungen des „Program"-Fensters des AVR-Programmers

Abb. 5.9 zeigt die Einstellungen des „Fuses"-Fensters. Das Fenster „SPIEN" muss gesetzt sein. Das Setzen wird automatisch durchgeführt, wenn alles richtig ist. Wichtig ist das Setzen des Fensters „CKDIV8", denn im Programm wird die Grundfrequenz von 8 MHz auf 1 MHz intern heruntergeteilt. Das Setzen wird automatisch ausgeführt. Das Fenster „SUT_CKSEL" ist von der Einstellung im Programm abhängig. Der interne RC-Oszillator ist auf 8 MHz eingestellt und ist wichtig für die richtige Wahl der Frequenz und der Takterzeugung. Das Setzen wird automatisch durchgeführt.

Nach einer Einstellung der Fuse-Änderung ist unbedingt das „Program" anzuklicken, da sonst die Änderung nicht übernommen wird. Die Häkchen bei „Auto read", „smart warnings" und „Verify after programming" sind nicht zu verändern.

Danach ist auf „Program" zu klicken und das Programm ist in den Mikrocontroller zu übernehmen. Dazu müssen Sie „Program" anklicken, der Programmablauf wird gestartet. Nach Bruchteilen einer Sekunde ist das Programm im Mikrocontroller und es erscheint unten, wie Abb. 5.10 zeigt.

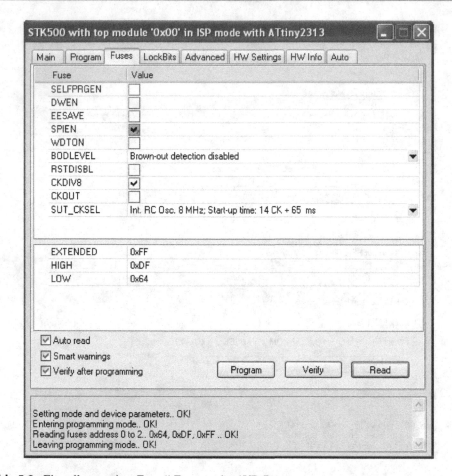

Abb. 5.9   Einstellungen des „Fuses"-Fensters des AVR-Programmers

```
Erasing device.. OK!
Programming FLASH ..    OK!
Reading FLASH ..    OK!
FLASH contents is equal to file.. OK
Leaving programming mode.. OK!
```

Abb. 5.10   Abschluss des Programmablaufs

Das noch vorhandene Programm wird gelöscht und der FLASH-Speicher beschrieben. Danach wird der FLASH-Speicher gelesen und verglichen. Zum Schluss wird der Programmmodus überprüft.

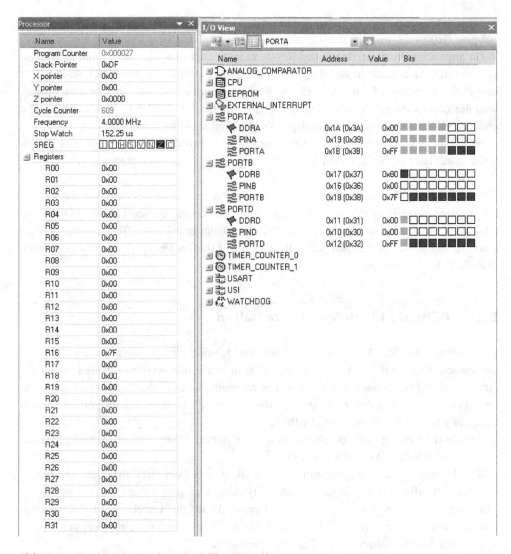

Abb. 5.11 Registerüberprüfung des Mikrocontrollers

5.1.6 Registerüberprüfung

Wenn das Programm auf den Mikrocontroller übertragen worden ist, kann das System überprüft werden. Dazu ist der Programmer vom PC und von dem Stecker zu nehmen. Auch die Batterie ist abzuklemmen. Wenn man die Batterie wieder anschließt, lässt sich das Programm überprüfen, denn es ist im Mikrocontroller gespeichert, d. h. wenn man die Spannungsversorgung anschließt, arbeitet die Schaltung ordnungsgemäß.

Abb. 5.11 zeigt die Registerüberprüfung. Der „Program Counter" steht auf der Adresse 0x000027. Für das Programm ist das Statusregister SREG wichtig, hier wird das Z-Bit angezeigt. Auch der Inhalt des Registers R16 zeigt den Wert 0x7F, und es handelt sich um den Akkumulator. Auf der rechten Seite sind die Inhalte des PORT A, PORT B und PORT D gezeigt. PORT A wurde bei der Programmierung auf „ffh" gesetzt, aber es sind nur drei Leitungen aktiviert, entweder mit 0 (helles Feld) oder 1 (dunkles Feld). Die anderen fünf Felder sind grau hinterlegt. Wichtig sind auch die Adressen.

PORT B zeigt das Datenrichtungsregister (DDRA) mit dem Wert „0x80", das Dateneingangsregister (PIN) mit dem Wert „00" und das Datenausgaberegister (PORT) mit dem Wert „0x7F".

PORT D zeigt das Datenrichtungsregister (DDRA) mit dem Wert „0x00", das Dateneingangsregister (PIN) mit dem Wert „00" und das Datenausgaberegister (PORT) mit dem Wert „0x7F". PORT D wurde bei der Programmierung auf „ffh" gesetzt, aber es sind nur sieben Leitungen aktiviert, entweder mit 0 (helles Feld) oder 1 (dunkles Feld). PORT D7 ist grau hinterlegt.

5.2   ATtiny2313 mit Speicherverhalten

Der Mikrocontroller kann in eine bistabile Kippschaltung oder in ein Flipflop umgewandelt werden. Beide Schaltzustände sind stabil und werden oft als Ruhe- oder Arbeitszustand bezeichnet. Ein Kippvorgang aus dem Ruhe- in den Arbeitszustand sowie umgekehrt kann durch den Taster erzeugt werden. Abb. 5.12 zeigt das Programm und die Schaltung von Abb. 5.1 dient als Hardware.

Die Initialisierung wird durch die Zeile „ldi stavec, $00" ergänzt, d. h. der Statusvektor wird mit dem Wert „00h" geladen.

Das Hauptprogramm beginnt mit „sbic PINB, 0", ob das PORT B0 (Datenrichtungsregister (DDRB)) auf 0 (Taster geschlossen) oder 1 (Taster offen) ist. Ist der Taster offen, springt das Programm mit „rjmp not_pressed" auf das Label,andernfalls wird das Programm auf „sbrc stavec, 0" fortgesetzt. Ist das Registerbit = 0, reagiert der Statusvektor und das Programm wird auf „main" vorgesetzt.

Mit dem Programm „toggle PORT B(7)" wird der Zustand des Ausgangs PB7 bestimmt und der Wert in den Akkumulator „acc0"geladen. Der Wert „80" wird in den Akkumulator „acc1" geladen und dann erfolgt eine Exklusiv-ODER-Verknüpfung zwischen „acc0" und „acc1". Das Ergebnis der Exklusiv-ODER-Verknüpfung befindet sich in „acc0".

Es folgt das Programm „store old button state" und mit dem Befehl „sbr stavec,$01" wird der Statusvektor mit der Konstanten „01" geladen. Dann springt das Programm auf „main".

Mit dem Programm „not_pressed" wird der Statusvektor auf die Konstante „$01" gesetzt und das Programm springt auf „main".

Abb. 5.12 Programm für eine
bistabile Kippschaltung bzw.
Flipflop

```
; Initialize
RESET:
        ; set stackpointer to end off RAM
        ldi acc0, low(RAMEND)
        out SPL,acc0

        ; set PortA to input with Pullup
        ldi acc0, $ff
        out PORTA, acc0
        ldi acc0, $00
        out DDRA, acc0

        ; set PortB to input with Pullup
        ; set PortB(7) to output with value 1
        ldi acc0, $ff
        out PORTB, acc0
        ldi acc0, $80
        out DDRB, acc0

        ; set PortD to input with Pullup
        ldi acc0, $ff
        out PORTD, acc0
        ldi acc0, $00
        out DDRD, acc0

        ; no button pressed
        ldi stavec, $00

; mainprogram
main:
        sbic PINB, 0
        rjmp not_pressed
        ; button pressed
        sbrc stavec, 0
        rjmp main

        ; toggle PORTB(7)
        in acc0, PORTB
        ldi acc1, $80
        eor acc0, acc1
        out PORTB, acc0

        ; store old button state
        sbr stavec, $01
        rjmp main

not_pressed:
        ; store old button state
        cbr stavec, $01
        rjmp main
```

Abb. 5.13 zeigt die Registerüberprüfung des Mikrocontrollers. Register R16 ist der „acc0" und Register R17 der „acc1". Register R22 ist der Statusvektor.

PORT A wurde bei der Programmierung auf „ff" gesetzt, aber es sind nur drei Leitungen aktiviert, entweder mit 0 (helles Feld) oder 1 (dunkles Feld). Die anderen fünf Felder sind grau hinterlegt.

PORT B zeigt das Datenrichtungsregister (DDRA) mit dem Wert „0x80", das Dateneingangsregister (PIN) mit dem Wert „00"und das Datenausgaberegister (PORT) mit dem Wert „0x7F".

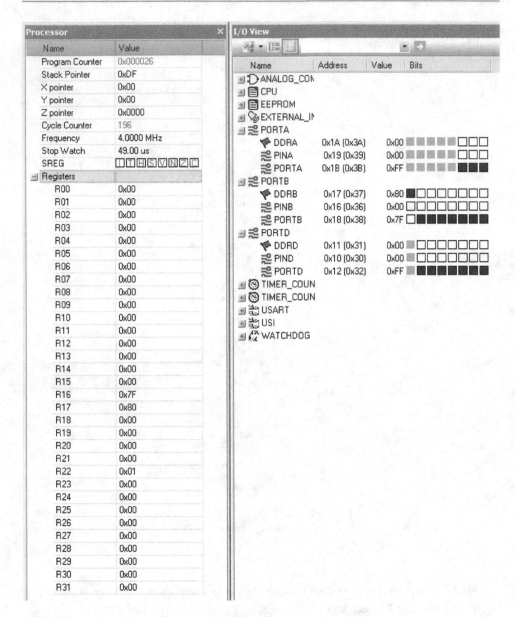

Abb. 5.13 Registerüberprüfung des Mikrocontrollers

PORT D zeigt das Datenrichtungsregister (DDRA) mit dem Wert „0x00", das Dateneingangsregister (PIN) mit dem Wert „00"und das Datenausgaberegister (PORT) mit
dem Wert „0x7F". PORT D wurde bei der Programmierung auf „ff" gesetzt, aber es sind
nur sieben Leitungen aktiviert, entweder mit 0 (helles Feld) oder 1 (dunkles Feld). PORT
D7 ist grau hinterlegt.

```
; used Interrupts
TIM0_OVF:
    ; save StatusRegister
    in itmp,SREG
    push itmp

    ; reload Timer0
    ldi itmp,CNTVAL
    out TCNT0,itmp
    lds itmp, TICKS
    inc itmp
    sts TICKS, itmp
    cpi itmp,$0a
    brlo TIM0_OVF_DONE
    clr itmp
    sts TICKS,itmp
    sbr stavec,$01

TIM0_OVF_DONE:
    ; restore StatusRegister
    pop itmp
    out SREG,itmp
    reti


; Initialize
RESET:
    ; set stackpointer to end off RAM
    ldi acc0, low(RAMEND)
    out SPL,acc0

    ; set PortA to input with Pullup
    ldi acc0, $ff
    out PORTA, acc0
    ldi acc0, $00
    out DDRA, acc0

    ; set PortB to input with Pullup
    ; set PortB(7) to output with value 1
    ldi acc0, $ff
    out PORTB, acc0
    ldi acc0, $80
    out DDRB, acc0

    ; set PortD to input with Pullup
    ldi acc0, $ff
    out PORTD, acc0
    ldi acc0, $00
    out DDRD, acc0

    ; Timer0 normal mode with CK/256 (256us)
    ldi acc0, $04
    out TCCR0B, acc0

    ; Timer0 Overflow after $100 - $3D = $C3 = 195 (*256us) = (50ms)
    ldi acc0, CNTVAL
    out TCNT0, acc0

    ; Timer0 Overflow Interrupt enable
    ldi acc0, $02
    out TIMSK, acc0

    ; no button pressed
    ldi stavec, $00
    clr acc0
    sts TICKS, acc0

; mainprogram
main:
    sbrs stavec, 0
    rjmp main

    ; 500 ms interrupt occured
    cbr stavec,$01
    ; toggle PORTB(7)
    in acc0, PORTB
    ldi acc1, $80
    eor acc0, acc1
    out PORTB, acc0
    rjmp main
```

Abb. 5.14 Programm für den Rechteckgenerator

Abb. 5.15 Ergänzung im
Programmkopf

```
; special functional registers
.def stavec  =r22
;  stavec(0) = 0, 500 ms interrupt occured
;  stavec(1) = 0,
;  stavec(2) = 0,
;  stavec(3) = 0,
;  stavec(4) = 0,
;  stavec(5) = 0,
;  stavec(6) = 0,
;  stavec(7) = 0,

.def unused0 =r23
.def unused1 =r24

.equ CNTVAL  =$3d   ;

; SRAM usage
; for time information
.equ TICKS   =$61   ; 50 ms Counter
```

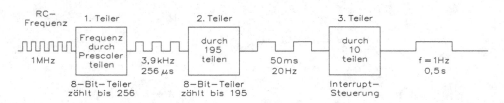

Abb. 5.16 Takterzeugung des Rechteckgenerators

5.3   ATtiny2313 als Rechteckgenerator

Ausgangsbasis für den Rechteckgenerator ist die Schaltung von Abb. 5.1. Das Programm zeigt Abb. 5.14, es sind mehrere Funktionseinheiten im Mikrocontroller für die Programmierung vorhanden.

Der Programmkopf muss erweitert werden, wie Abb. 5.15 zeigt.

Die Anweisung „.def stavec = r22" weist dem Register einen Namen („500 ms interrupt occured") zu, unter dem es im Assembler-Programmtext angesprochen werden kann.

Die Anweisung „equ CNTVAL = $3d" fügt einen konkreten Wert mit dem Namen „CNTVAL" zu, unter dem es im Assembler-Programmtext angesprochen werden kann. Der Wert „$95" ist auf „$3d" zu ändern.

Die Anweisung „equ TICKS = $61" gilt für einen konkreten Wert mit dem Namen „TICKS", unter dem es im Assembler-Programmtext angesprochen werden kann. Der Wert von „TICKS" hat „$61".

Die Funktion des Rechteckgenerators wird auch als astabile Kippschaltung, als astabiler Multivibrator oder als Rechteckgenerator bezeichnet. Beide Schaltzustände am Ausgang sind im Wesentlichen stabil, d. h. jeder Schaltzustand bleibt nur für eine bestimmte Zeit erhalten. Danach erfolgt ohne äußeren Anstoß der Kipp- bzw. Rückkippvorgang.

Abb. 5.16 zeigt die Arbeitsweise des Rechteckgenerators. Der interne Oszillator des ATtiny2313 arbeitet mit einer Frequenz von 1 MHz. Diese Frequenz wird durch den ersten Teiler um 256 heruntergeteilt. Damit ergibt sich nach dem ersten Teiler eine Frequenz von

$$f = \frac{1\,\text{MHz}}{256} = 3,9\,\text{kHz} \quad \text{oder} \quad 256\,\mu\text{s}$$

Der zweite Teiler erzeugt durch das Teilerverhältnis von 195 eine Frequenz von

$$f = \frac{3,9\,\text{kHz}}{195} = 20\,\text{Hz} \quad \text{oder} \quad 50\,\text{ms}$$

Der dritte Teiler wird durch eine Interrupt-Steuerung erzeugt. Damit erreicht man eine Impulszeit (1-Signal) von 0,5 s (LED dunkel) und eine Impulspause (0-Signal) von 0,5 s (LED leuchtet), sodass eine Ausgangsfrequenz von 1 Hz vorhanden ist.

Wenn man das Programm betrachtet, sieht man am Anfang die Funktionseinheit TCNT0 (8-Bit-Timer/Counter 0), es handelt sich um ein allgemeines, 8-Bit-Einkanal-Zeitgeber/Zähler-Modul. Die wesentlichen Merkmale sind:

- Einkanalzähler
- Frequenzgenerator
- Zähler für externe Ergebnisse
- 10-Bit-Taktvorteiler

Abb. 5.17 zeigt das Blockschaltbild des internen 8-Bit-Einkanal-Zeitgeber/Zähler-Moduls TCNT0. Der Timer/Counter 0 (TCNT0) ist ein 8-Bit-Register. Das Signal zur

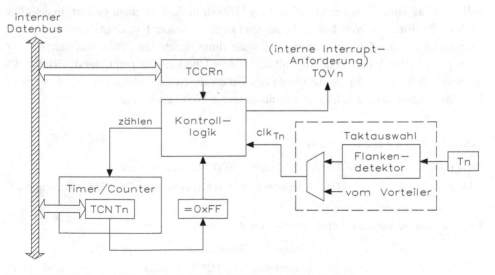

Abb. 5.17 Blockschaltbild des 8-Bit-Einkanal-Zeitgeber/Zähler-Moduls

Interrupt-Anforderung wird im „Timer Interrupt Flag Register" (TFIR) sichtbar. Alle Interrupts können individuell im „Timer Interrupt Mask Register" (TIMSK) maskiert werden. Die Register sind in Abb. 5.17nicht eingezeichnet, da sie auch von anderen Timer-Einheiten verwendet werden.

Der Timer/Counter 0 kann intern, über einen Vorteiler oder durch eine externe Takt-quelle am T0-Pin getaktet werden. Die Taktauswahllogik gibt vor, durch welchen Takt und mit welcher Flanke der Timer seinen Wert inkrementiert. Der Timer/Counter 0 ist inaktiv, wenn keine Taktquelle ausgewählt wurde. Der Ausgang der Taktauswahllogik wird als Timer-Takt „clk_{T0}" bezeichnet.

Viele Register und Bits in diesem Buch werden allgemein beschrieben. Der Index „n" steht für die Nummer des Timer/Counter, in diesem Fall also für eine 0. In einem Programm müssen aber immer die präzisen Bezeichnungen angegeben werden, also z. B. TCNT0, um auf den Wert des Timer/Counter 0 zuzugreife. Tab. 5.2 zeigt die Bezeichnungen.

Den Hauptbestandteil des 8-Bit-Timer/Counters 0 bildet die programmierbareZählereinheit. Abb. 5.18 zeigt das Blockdiagramm.

Die Beschreibung der internen Signale ist in Tab. 5.3 gezeigt.

Der Zähler wird bei jedem Takt von „clk_{T0}" um 1 erhöht. Der Takt „clk_{T0}"kann durch eine interne oder externe Quelle erzeugt werden, die mit den Bits CS02 bis CS00 aus-gewählt wird. Wenn keine Taktquelle ausgewählt ist (CS02 bis CS00 = 0), wird der Timer/Counter angehalten. Unabhängig davon, ob der Takt arbeitet oder nicht, kann die CPU zu jeder Zeit auf den Wert des TCNT0-Registers zugreifen. Ein Schreiben der CPU in das TCNT0-Register hat Vorrang vor allen Lösch- und Zähloperationen.

Die Zählrichtung ist immer aufwärts (inkrementieren), aber ein Löschen des Zählers ist nicht möglich. Der Zähler läuft über, wenn er seinen maximalen Wert (ffh) über-schreitet, dieser startet dann erneut von seinem niedrigsten Wert (00h). Im normalen Fall wird das Timer/Counter-Overflow-Flag (TOV0) in dem Moment gesetzt, in dem das TCNT0-Register den Wert Null erreicht. Man kann in diesem Fall das Überlaufbit TOV0 als neuntes Bit des Zählers betrachten, das allerdings durch den Zähler nur gesetzt, aber nicht gelöscht wird. In Verbindung mit dem Timer-Überlauf-Interrupt, der das TOV0-Bit automatisch löscht, kann die Auflösung des Timers durch die Software erweitert werden. Der Zähler lässt sich zu jeder Zeit mit einem neuen Wert beschreiben.

Tab. 5.2 Minimale und maximale Zählerstände

BOTTOM	Der Zähler erreicht BOTTOM, wenn 00h erreicht wird
MAX	Der Zähler erreicht sein MAXimum, wenn FFh (255D) erreicht wird

Tab. 5.3 Interne Signale der programmierbaren Zählereinheit

clk_{T0}	Takt für den Timer/Counter, nachfolgend clk_{T0}
max	Signalisiert, dass TCNT0 seinen maximalen Wert erreicht hat

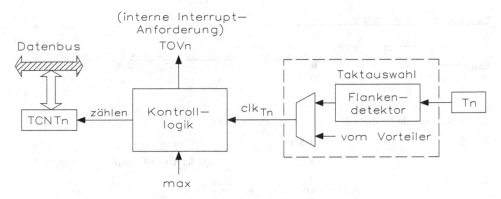

Abb. 5.18 Blockdiagramm für die programmierbare Zählereinheit

Der Timer/Counter ist synchron ausgelegt, daher ist der Timer-Takt „clk_{T0}" nachfolgend als Takt-Freigabesignal gezeigt. Abb. 5.19 zeigt auch, zu welchem Zeitpunkt das Interrupt-Flag gesetzt wird. Die obere Abb. 5.19 zeigt die grundlegende Timer/Counter-Funktion in dem Augenblick, wenn der Zähler seinen Maximalwert überschreitet. Die untere Abb. 5.19 zeigt das Zeitdiagramm mit einem Vorteiler, der den I/O-Takt durch 8 teilt (Tab. 5.4).

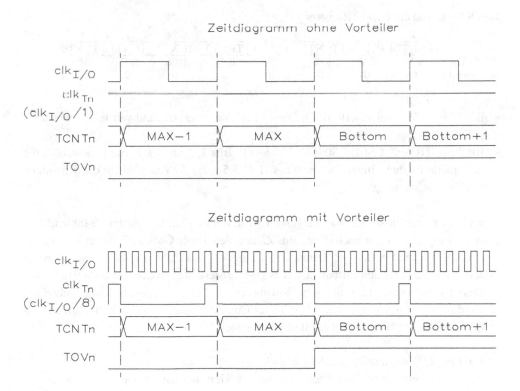

Abb. 5.19 Zeitdiagramm ohne (*oben*) und mit Vorteiler

Tab. 5.4 Aufbau des TCCR0-Registers

Bit	7	6	5	4	3	2	1	0	TCCR0
	-	-	-	-	-	CS02	CS01	CS00	
Read/Write	R	R	R	R	R	R/W	R/W	R/W	
Initialwert	0	0	0	0	0	0	0	0	

Tab. 5.5 Auswahl für die Taktquelle des Timer/Counter 0

CS02	CS01	CS00	Beschreibung
0	0	0	Stop, der Timer/Counter 0 wird angehalten
0	0	1	$clk_{I/O}$
0	1	0	$clk_{I/O}/8$
0	1	1	$clk_{I/O}/64$
1	0	0	$clk_{I/O}/256$
1	0	1	$clk_{I/O}/1024$
1	1	0	Externer Pin T0, fallende Flanke
1	1	1	Externer Pin T0, steigende Flanke

Tab. 5.6 Aufbau des TCNT0-Registers

Bit	7	6	5	4	3	2	1	0	TCNT0
	TCNT7	TCNT6	TCNT5	TCNT4	TCNT3	TCNT2	TCNT1	TCNT0	
Read/Write	R/W	R/W	R/W	R/W	R/W	R/W	R/W	R/W	
Initialwert	0	0	0	0	0	0	0	0	

- Bit 7 bis 3 (Res, reservierte Bits): Diese Bits sind reserviert und werden immer als 0 gelesen.
- Bit 2 bis 0 (CS02, CS01, CS0, Clock Select 0, Bits 2, 1 und 0): Diese Bits wählen die Taktquelle für den Timer/Counter 0 aus. Tab. 5.5 zeigt die Auswahl für die Taktquelle des Timer/Counter 0.

Wenn die externe Pin-Betriebsart eingesetzt wird, um den Timer/Counter zu takten, wird ein Übergang am T0-Pin auch dann zum Zählen des Timer/Counter 0 führen, wenn der Pin als Output konfiguriert ist. Damit ist es möglich, das Zählen über die Software zu steuern. Tab. 5.6 zeigt den Aufbau des TCNT0-Registers (Timer/Counter 0 Register).

Das Timer/Counter-Register gibt sowohl beim Lesen als auch beim Schreiben einen direkten Zugriff auf den 8-Bit-Timer/Counter. Tab. 5.7 zeigt den Aufbau des TIMSK-Registers (Timer/Counter Interrupt Register).

- Bit 7 bis 2: Werden später noch beschrieben
- Bit 1 (Res, reserviertes Bit): Dieses Bit ist reserviert und wird immer als 0 gelesen.

Tab. 5.7 Aufbau des TIMSK-Registers

Bit	7	6	5	4	3	2	1	0	TIMSK
	OCIE2	TOIE2	TICIE1	OCIE1A	OCIE1B	TOIE1	-	TOIE0	
Read/Write	R/W	R/W	R/W	R/W	R/W	R/W	R/W	R/W	
Initialwert	0	0	0	0	0	0	0	0	

Tab. 5.8 Aufbau des TIFR-Registers

Bit	7	6	5	4	3	2	1	0	TIFR
	OCF2	TOV2	ICF1	OCF1A	OCF1B	TOV1	-	TOV0	
Read/Write	R/W	R/W	R/W	R/W	R/W	R/W	R/W	R/W	
Initialwert	0	0	0	0	0	0	0	0	

- Bit 0 (TOIE0: Timer/Counter 0 Overflow Interrupt Enable): Wenn das TOIE0-Bit und das I-Bit im Statusregister (SREG) ebenfalls gesetzt ist, dann ist der „Timer/ Counter 0 Overflow Interrupt" freigegeben. Die dazugehörige Interrupt-Routine wird ausgeführt, wenn ein Überlauf im Timer/Counter 0 aufgetreten ist und somit das TOV0-Bit im TIFR-Register gesetzt wurde. Tab. 5.8 zeigt den Aufbau des TIFR-Registers (Timer/Counter Flag Register).
- Bit 7 bis 2: Werden später noch beschrieben
- Bit 1 (Res, reserviertes Bit): Dieses Bit ist reserviert und wird immer als 0 gelesen.
- Bit 0 (TOV0, Timer/Counter 0 Overflow-Flag): Das TOV0-Bit wird gesetzt, wenn ein Überlauf im Timer/Counter 0 auftritt. Das Bit wird automatisch gelöscht, wenn die dazugehörige Interrupt-Routine ausgeführt wird. Alternativ kann das Flag gelöscht werden, indem man eine 1 in das Flag schreibt. Der Interrupt wird ausgeführt, wenn das I-Bit in SREG und das TOIE0-Bit im TIMSK gesetzt sind und das TOV0-Flag durch den Überlauf gesetzt wird.

Das Programm von Abb. 5.14 beginnt mit der Initialisierung der drei Ports A, B und D, und die Initialisierung wurde bereits in den vorderen Kapiteln besprochen. Danach wird der Timer 0 in seiner Funktion eingestellt.

Der Timer 0 arbeitet im Normalbetrieb und teilt die Frequenz von 1 MHz auf 3,9 kHz herunter. Dazu muss man mit dem „ldi"-Befehl den Wert „$04" in den Akkumulator „acc0" laden. Anschließend wird mit dem „out"-Befehl der Akkumulator „acc0" in das TCCR0B-Register geladen. Mit dem Wert „$04" arbeitet der Timer 0 mit einem Teilerverhältnis von 256 und dies ergibt eine Ausgangsfrequenz von 3,9 kHz bzw. 256 µs.

Der Timer 0 muss die Frequenz von 3,9 kHz auf 20 Hz herunterteilen und löst einen Überlauf (Overflow) aus. In der Zeile des Programms steht „$100 − $3D = $C3 = 195". Mit dem „ldi"-Befehl wird der Wert „$3D" in den Akkumulator „acc0" geladen, dieser Wert ist aus dem „CNTVAL"-Register. Diese Anweisung hat einen konkreten Wert mit dem Namen (Bezeichner), unter dem es im Assembler-Programmtext angesprochen werden soll. Der Wert „3D" ist umzurechnen in

$$3D$$
$$3 \cdot 16^1 + D \cdot 16^0$$
$$48 \quad + \quad 13 \quad = 61$$

Das Ergebnis der Subtraktion ist 256D − 61D = 195D oder 100H − 3CH = C3H. Teilt man 3,9 kHz durch 195, erhält man die Ausgangsfrequenz des Timer 0 von 20 Hz oder 50 ms. Die 50 ms liegen dann an der Interrupt-Steuerung an.

In der Interrupt-Steuerung von Timer 0 wird „Overflow Interrupt enable" gestartet und der Akkumulator mit dem Wert „$02" geladen. Wenn das TOIE0-Bit und das I-Bit in Statusregister (SREG) gesetzt sind, erst dann wird der „Timer/Counter 0 Overflow Interrupt" freigegeben.

Danach wird die Funktion „no button pressed" gestartet und der Wert „$00" in den Statusvektor geladen. Mit „clr"werden alle Bits im Register (Akkumulator) gelöscht. Durch „sts" wird der Akkumulator im Datenspeicher unter „TICKS"abgelegt.

Es folgt das Programm „main" und mit dem Befehl „sbrs" ein Sprung, wenn im Register (Akkumulator) die Bits gesetzt sind. Danach wird ein relativer Sprung nach „main" ausgeführt.

Der Programmabschnitt mit „500 ms interrupt occured" erfolgt. Der Befehl „cbr" löscht den Wert „$01" im Statusvektor, d. h. aus „0000 0001" wird „1111 1110". Danach wird der Wert von Port B in den Akkumulator 0 geladen. Anschließend wird PORT B in den Akkumulator 1 geladen und mit „eor" erfolgt eine Exklusiv-ODER-Verknüpfung zwischen Akkumulator 0 und 1. Das Ergebnis der Verknüpfung befindet sich im Akkumulator 0. Der Inhalt des Akkumulators 0 wird mit dem „out"-Befehl in PORT B geschrieben, danach erfolgt mit „rjmp main" ein relativer Sprung auf „main".

Für das Interrupt-Programm müssen die Besonderheiten noch behandelt werden. Beim Ablauf der Interrupt-Verarbeitung dieses Controllers existieren keinerlei „Privilege-Levels", sodass deren Überprüfung komplett entfällt. Deshalb erfolgt durch die Hardware lediglich die globale Interrupt-Sperrung und das Sichern des Programmzählers PC auf dem Stack zu Beginn, sowie das Zurückschreiben und die globale Interrupt-Freigabe zum Ende der Verarbeitung. Ein Speichern und Wiederherstellen des Zustandes des Statusregisters muss in der eigentlichen Interrupt-Behandlungsroutine durch die Software erfolgen. Ebenso bleiben Interrupts während der kompletten Verarbeitung gesperrt, wenn keine Freigabe in der Behandlungsroutine erfolgt. In diesem Fall muss auch wieder eine Sperrung erfolgen, bevor RETI (Return from Interrupt) erfolgt.

Man sieht in Abb. 5.20, dass die Interrupt-Routine quasi parallel zum Hauptprogramm abläuft. Da aber im Mikrocontroller nur eine CPU vorhanden ist, hat man natürlich keine echte Parallelität, sondern das Hauptprogramm wird beim Eintreffen eines Interrupts unterbrochen, die Interrupt-Routine wird ausgeführt und erst danach kann das Unterprogramm wieder zum Hauptprogramm zurückkehren.

Um unliebsamen Überraschungen vorzubeugen, sollten einige Grundregeln bei der Programmierung der Interrupt-Routinen beachtet werden.

Abb. 5.20 Programmablauf
bei der Interrupt-
Programmierung

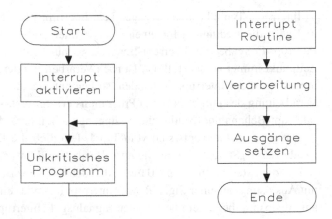

- Die Interrupt-Routine soll möglichst kurz und schnell abarbeitbar sein
- Keine umfangreichen Berechnungen innerhalb der Interrupt-Routine vornehmen
- Keine endlos langen Programmschleifen
- Es ist möglich, während der Abarbeitung einer Interrupt-Routine andere oder sogar den gleichen Interrupt wieder zuzulassen, aber dies ist nicht sinnvoll und führt häufig zu Fehlern im Programm

Wird während der Verarbeitung eines Befehls über mehrere Takte (wie z. B. eines indirekten Sprungbefehls IJMP mit drei Takten) ein Interrupt signalisiert, wird die Interrupt-Verarbeitung erst nach dem letzten Takt des Befehls begonnen. Der Mikrocontroller benötigt vier weitere Takte, bevor der erste Befehl der Interrupt-Behandlungsroutine verarbeitet wird. In diesen Takten erfolgen die Interrupt-Sperrung, das Löschen des jeweiligen Interrupt-Flags, das Signal des PC (Program Counter) sowie der Sprung an die Startadresse der Interrupt-Routine. Befindet sich der Mikrocontroller in einer der Sleep-Betriebsarten, werden acht anstatt vier Takte für diesen Vorgang benötigt,zuzüglich einer betriebsspezifischen Startup-Dauer.

Wird der „Return from Interrupt" (RETI) ausgelöst, werden wiederum vier Takte benötigt, in denen der ursprüngliche PC vom Stack wiederhergestellt wird, der Sprung an die ursprüngliche Adresse erfolgt und die Interrupts freigegeben werden. Danach wird die Ausführung der unterbrochenen Routine fortgesetzt. Steht noch die Verarbeitung eines weiteren Interrupts an, wird noch ein Befehl der unterbrochenen Routine verarbeitet, bevor die Interrupt-Behandlung beginnt.

Grundsätzlich existieren bei Mikrocontrollern zwei verschiedene Interrupt-Typen. Jeder externe Interrupt des Typ 1 besitzt ein zugehöriges Interrupt-Flag, wobei es sich um ein einfaches Merkerbit handelt, das bei der Erkennung des Interrupts gesetzt und bei Beginn der Interrupt-Behandlung gelöscht wird. Die Verarbeitung setzt sofort ein, wenn Interrupts global freigegeben sind, bzw. setzt unmittelbar nach der Freigabe ein, wenn diese global gesperrt sind. Nach Ende der Bearbeitung wird der Interrupt erst dann erneut ausgelöst, wenn der Interrupt nochmals signalisiert wird.

Interrupts Typ 2 besitzen dagegen kein Interrupt-Flag. Sind Interrupts global gesperrt und wird die Bedingung für einen solchen Interrupt erfüllt, so setzt nach der globalen Interrupt-Freigabe die Interrupt-Behandlung nur ein,wenn die Bedingung zu diesem Zeitpunkt immer noch erfüllt ist. Ist nach Verarbeitung der Interrupt-Behandlungsroutine immer noch ein Interrupt vorhanden, so beginnt die Interrupt-Behandlung erneut. Eine Verarbeitung des unterbrochenen Programms erfolgt erst, wenn nach dem Durchlauf der Interrupt-Behandlungsroutine die Bedingung nicht mehr erfüllt ist.

Die meisten Interrupts sind vom Typ 1, lediglich die Interrupts „Reset", „EEPROM Ready" und „Store Program Memory Ready" sind Interrupts Typ 2. Einen Sonderfall stellen die externen Interrupts 0 und 1 dar, denn diese verhalten sich wie Typ 1, wenn sie mit Auslösung bei einer Signalflanke (Interrupt by egde) eingestellt sind. Reagieren diese auf Auslösung bei einem bestimmten Signalpegel (Interrupt by level), verhalten sie sich wie Typ 2.

Die Interrupt-Vektor-Tabelle befindet sich grundsätzlich immer am Anfang des Programmspeichers (Interrupt base address = $0000). Jeder Eintrag besteht immer aus zwei Bytes, dabei handelt es sich jedoch um eine Adressangabe für die Interrupt-Behandlungsroutine. Stattdessen ist in dem Eintrag ein Befehl gespeichert, welcher beim Auslösen dieses Interrupts ausgeführt wird. Normalweise handelt es sich dabei um einen indirekten Sprungbefehl in die eigentliche Interrupt-Behandlungsroutine. Wird ein Interrupt nicht verwendet, so ist es üblich, zur Sicherheit den „Return from Interrupt-Befehl" (reti) an der entsprechenden Stelle der Tabelle einzutragen.

Tab. 5.9 zeigt eine Übersicht der Einträge der Interrupt-Vektor-Tabelle. Die Einträge sind in der Tabelle und im Speicher aufsteigend nach ihrer Priorität geordnet,d. h. Reset besitzt die höchste und „Store Program Ready" die niedrigste Priorität.

Einen typischen Programmkopf in AVR-Assembler mit allen Interrupt-Vektoren zeigt Tab. 5.10. Das Schlüsselwort .org bewirkt, dass der darauffolgende Befehl an die angegebene Speicheradresse geschrieben wird und stellt somit die Korrektheit der Einträge der Interrupt-Vektor-Tabelle sicher. Mit Ausnahme des Beginns der ersten Interrupt-Behandlungsroutine ist es im weiteren Programmcode aber eher unüblich (da fehleranfällig), das Schlüsselwort zu verwenden.

Die einzelnen Sprungbefehle in Tab. 5.10 verweisen auf die entsprechenden Sprung-marken, welche natürlich alle im weiteren Programmcode (am Beginn der jeweiligen Interrupt-Behandlungsroutine) vorhanden sein müssen. In Tab. 5.10 ist lediglich der Beginn der Reset-Routine aufgeführt. Da diese meistens auch im Hauptprogramm gespeichert sind, müssen diese mit einigen notwendigen Befehlen mit der Initialisierung beginnen. So ist es zur Verwendung von Interrupts unumgänglich, den Stackpointer auf eine Adresse festzulegen, was auf die höchste Speicheradresse des SRAM erfolgt. Um weitere Interrupts zu ermöglichen, werden Interrupts global freigegeben („sei"), denn diese sind noch vom Beginn der Reset-Interrupt-Behandlung gesperrt. Vor Beginn des eigentlichen Hauptprogramms sind natürlich auch noch beliebige weitere Initialisierungsbefehle möglich. Am Ende der Interrupt-Routine ist es außerdem üblich,

Tab. 5.9 Einträge der Interrupt-Vektor-Tabelle

Vektor-Nummer	Speicheradresse	Quelle	Auslöser
0	$000	RESET	External-Pin, Power-On-Reset, Brown-out-RESET, Watchdog-Reset, JTAG-AVR-Reset
1	$002	INT0	External Interrupt Request 0
2	$004	INT1	External Interrupt Request 1
3	$006	TIMER2_COMP	Timer/Counter2 Compare Match
4	$008	TIMER2_OVF	Timer/Counter2 Overflow
5	$00A	TIMER1_CAPT	Timer/Counter1 Capture Event
6	$00C	TIMER1_COMPA	Timer/Counter1 Compare Match A
7	$00E	TIMER1_COMPB	Timer/Counter1 Compare Match B
8	$010	TIMER1_OVF	Timer/Counter1 Overflow
9	$012	TIMER0_OVF	Timer/Counter0 Overflow
10	$014	SPI_STC	Serial Transfer Complete
11	$016	USART_RXC	USART, RXComplete
12	$018	USART_UDRE	USART Data Register Empty
13	$01A	USART_TXC	USART, TXComplete
14	$01C	ADC	ADC Conversion Complete
15	$01E	EE_RDY	EEPROM Ready
16	$020	ANA_COMP	Analog Comparator
17	$022	TWI	Two_Wire Serial Interface
18	$024	INT2	External Interrupt Request 2
19	$026	TIMER0_COMP	Timer/Counter0 Compare Match
20	$028	SPM_RDY	Store Programm Memory Ready

wieder an den Beginn des Hauptprogramms zu springen und somit die nur einmal benötigten Initialisierungsbefehle auszulassen.

Neben dem aufgezeigten Standard-Setup kann man auch noch einige nicht ganz so gebräuchliche Einstellungen vornehmen,welche sich auf die Interrupt-Behandlung auswirken.

Wird die BOORST-Fuse programmiert, erfolgt nach einem Reset ein Sprung an die Adresse der „Boot-Loader-Routine". Diese Adresse ist unter anderem von der eingestellten Größe des Loaders abhängig.

Ist das „Interrupt Vector Select-Bit" (IVSEL) im „Global-Interrupt-Control-Register" (GICR) gesetzt, so wird die Interrupt-Vektor-Tabelle an der Startadresse des „Boot Flash"-Speicherbereichs erwartet.

Tab. 5.10   Typischer Programmkopf mit Interrupt-Vektoren

```
 1 .org 0x000  jmp    RESET        ; Reset Handler
 2 .org 0x002  jmp    EXT_INT0     ; IRQ0 Handler
 3 .org 0x004  jmp    EXT_INT1     ; IRQ1 Handler
 4 .org 0x006  jmp    EXT_INT2     ; IRQ2 Handler
 5 .org 0x008  jmp    TIM2_COMP    ; Timer2 Compare Handler
 6 .org 0x00A  jmp    TIM2_OVF     ; Timer2 Overflow Handler
 7 .org 0x00C  jmp    TIM1_CAPT    ; Timer1 Capture Handler
 8 .org 0x00E  jmp    TIM1_COMPA   ; Timer1 CompareA Handler
 9 .org 0x010  jmp    TIM1_COMPB   ; Timer1 CompareB Handler
10 .org 0x012  jmp    TIM1_OVF     ; Timer1 Overflow Handler
11 .org 0x014  jmp    TIM0_COMP    ; Timer0 Compare Handler
12 .org 0x016  jmp    TIM0_OVF     ; Timer0 Overflow Handler
13 .org 0x018  jmp    SPI_STC      ; SPI Transfer Complete Handler
14 .org 0x01A  jmp    USART_RXC    ; USART RXComplete Handler
15 .org 0x01C  jmp    USART_UDRE   ; UDR Empty Handler
16 .org 0x01E  jmp    USART_TXC    ; USART TXComplete Handler
17 .org 0x020  jmp    ADCI         ; ADC Conversion Complete Handler
18 .org 0x022  jmp    EE_RDY       ; EEPROM Ready Handler
19 .org 0x024  jmp    ANA_COMP     ; Analog Comparator Handler
20 .org 0x026  jmp    TWI          ; Two-wire Serial Interface Handler
21 .org 0x028  jmp    SPM_RDY      ; Store Program Memory Ready Handler
22
23 .org 0x02A  RESET:
24             ldi    r16 , high (RAMEND)
25             out    SPH , r16     ; Set Stack Pointer to top of RAM
26             ldi    r16 , low (RAMEND)
27             out    SPL , r16     ; Set Stack Pointer to top of RAM
28                                  ; Possible other initalizations
29             sei                  ; Enable Interrupts
30             MAIN_START:
31                                  ; Main program
32             rjmp MAIN_START      ; Goto beginning of main program
33
34                                  ; Other interrupt routines , called routines , etc.
```

Verwendet man den Controller völlig ohne Interrupts, so kann die Interrupt-Vektor-Tabelle am Anfang des Programmspeichers komplett entfallen und direkt mit dem Hauptprogramm begonnen werden.

Wie aus Tab. 5.9 ersichtlich, sind die AVR-Mikrocontroller mit zwei oder drei externen Interrupts ausgestattet. Diese können auf unterschiedliche Signale reagieren und an dem jeweiligen Pin einen Interrupt auslösen. INT0 und INT1 können jeweils (unabhängig voneinander) auf eine steigende, eine fallende oder eine beliebige Signalflanke sowie auf den L-Pegel (on low) einen Interrupt auslösen. Im letzten Fall handelt es sich um den Typ des „Interrupt by level".

INT2 lässt sich hingegen nur auf eine steigende oder eine fallende Signalflanke konfigurieren. Da dieser Interrupt asynchron ist, kann er auch auf Signale reagieren,

Tab. 5.11 Aufbau des MCUCR-Registers

Bit	7	6	5	4	3	2	1	0	MCUCR
	SM2	SE	SM1	SM0	ISC11	ISC10	ISC01	ISC00	
Read/Write	R/W	R/W	R/W	R/W	R/W	R/W	R/W	R/W	
Initialwert	0	0	0	0	0	0	0	0	

Tab. 5.12 Triggermöglichkeiten des INT1-Pins im MCUCR-Register

ISC11	ISC10	Modus
0	0	L-Pegel am INT1-Pin löst einen Interrupt aus
0	1	Jeder logische Wechsel am INT1-Pin löst einen Interrupt aus
1	0	Eine fallende Flanke am INT1-Pin löst einen Interrupt aus
1	1	Eine steigende Flanke am INT1-Pin löst einen Interrupt aus

welche kürzer als ein Taktzyklus des Mikrocontrollers ist. Für eine zuverlässige Erkennung darf die Pulsweite des Signals aber auch nicht kürzer als 50 ns sein, daher ist Vorsicht beim Konfigurieren von INT2 geboten. Wird der Signalerkennungs-modus umgeschaltet, während der Interrupt eingeschaltet ist, so kann dieser durch den Umschaltvorgang unbeabsichtigt einen Interrupt auslösen.

Ist der Pin eines externen Interrupts als Ausgang und der Interrupt gleichzeitig ein-geschaltet, so löst dieser auch aus, wenn durch die Software des Pins entsprechend dem Interrupt geschaltet wird. Dies kann einerseits eine leicht zu übersehende Fehlerquelle darstellen, andererseits handelt es sich dabei um eine Möglichkeit, Software-Interrupts zu ermöglichen.

Die Konfiguration der externen Interrupts erfolgt über spezielle Register. Der Signalmodus INT0 wird mittels der Bits 0 (ISC00) und Bit 1 (ISC01) des MCU-Control-Registers (MCUCR) eingestellt. Äquivalent erfolgt dies für INTI mittels der Bits 2 (ISC10) und Bits 2 (ISC11) im gleichen Register. Die Bitbelegung des MCUCR zeigt Tab. 5.11.

- Bit 3 und 2 (ISC11 und ISC10, Interrupt Sense Control 1 für Bit 1 und 2): Der externe Interrupt wird über den Pin INT1 aktiviert, wenn das I-Bit im Statusregister und das dazugehörige Interrupt-Masken-Bit im GICR-Register gesetzt sind. Die Pegel und Flanken, die am INT1-Pin einen Interrupt auslösen, sind in Tab. 5.12 beschrieben. Der Wert des INT1-Pins wird abgetastet, bevor eine Flanke erkannt wird. Wenn Flanken oder wechselnde Pegel als den Interrupt auslösendes Ereignis ausgewählt werden, so müssen diese länger als eine Taktperiode andauern, damit sie einen sicheren Interrupt erzeugen. Kürzere Impulse führen garantiert nicht zum Auslösen eines Interrupts. Wenn ein L-Pegel als auslösendes Ereignis ausgewählt wurde, so muss dieser mindestens so lange anliegen, bis der gerade ausgeführte Befehl komplett abgearbeitet ist. Tab. 5.12 zeigt die Triggermöglichkeiten.

Tab. 5.13 Triggermöglichkeiten des INT0-Pins im MCUCR-Register

ISC01	ISC00	Modus
0	0	L-Pegel am INT0-Pin löst einen Interrupt aus
0	1	Jeder logische Wechsel am INT0-Pin löst einen Interrupt aus
1	0	Eine fallende Flanke am INT0-Pin löst einen Interrupt aus
1	1	Eine steigende Flanke am INT0-Pin löst einen Interrupt aus

Tab. 5.14 Aufbau des MCUCSR-Registers

Bit	7	6	5	4	3	2	1	0 MCUCSR
	-	-	-	-	WDRF	BORF	EXTRF	PORF
Read/Write	R	R	R	R	R/W	R/W	R/W	R/W
Initialwert	0	0	0	0	0	0	0	0

- Bit 1 und 0 (ISC01, ISC0, Interrupt Sense Control 0 für Bit 1 und 2). Der externe Interrupt 0 wird über den Pin INT0 aktiviert, wenn das I-Bit im Statusregister und das dazugehörige Interrupt-Masken-Bit im GICR-Register gesetzt sind. Die Pegel und Flanken, die am INT0-Pin einen Interrupt auslösen, sind in Tab. 5.13 beschrieben. Der Wert des INT0-Pins wird abgetastet, bevor eine Flanke erkannt wird. Wenn Flanken oder wechselnde Pegel für den Interrupt als auslösendes Ereignis aus-gewählt werden, so müssen diese länger als eine Taktperiode andauern, damit sie einen sicheren Interrupt erzeugen. Kürzere Impulse führen garantiert nicht zum Aus-lösen eines Interrupts. Wenn ein L-Pegel als auslösendes Ereignis ausgewählt wurde, so muss dieser mindestens so lange anliegen, bis der gerade ausgeführte Befehl komplett abgearbeitet ist. Tab. 5.13 zeigt die Triggermöglichkeiten des INT0-Pins im MCUCR-Register.

Die Betriebsart von INT2 kann mittels Bit 6 (ISC2) im „MCU-Controll and Status-Register" (MCUCSR) konfiguriert werden. Tab. 5.14 zeigt die Belegung.

- Bit 7 bis Bit 4 (Res: Reservierte Bits): Diese Bits sind reserviert und werden immer als 0 gelesen.
- Bit 3 (WDRF, Watchdog-Reset-Flag): Dieses Bit wird auf 1 gesetzt, wenn ein Watchdog-Reset auftritt. Dieser wird durch einen Power-on-Reset gelöscht, oder wenn dieser mit einer 0 beschrieben wird.
- Bit 2 (BORF, Brown-out-Reset-Flag): Dieses Bit wird auf 1 gesetzt, wenn ein Brown-out-Reset auftritt. Dieser wird durch einen Power-on-Reset gelöscht, oder wenn es mit 0 beschrieben wird.

Tab. 5.15 Aufbau des GICR-Registers

Bit	7	6	5	4	3	2	1	0	GICR
	INT1	INT0	INT2	-	-	-	IVSEL	IVCE	
Read/Write	R/W	R/W	R/W	R	R	R	R/W	R/W	
Initialwert	0	0	0	0	0	0	0	0	

- Bit 1 (EXTRF, externes Reset-Flag): Dieses Bit wird auf 1 gesetzt, wenn ein externer Reset auftritt. Dieser wird durch einen Power-on Reset gelöscht, oder wenn es mit einer 0 beschrieben wird.
- Bit 0 (PORF, Power-on-Reset-Flag): Dieses Bit wird auf 1 gesetzt, wenn ein Power-on-Reset auftritt. Dieses Bit kann nur gelöscht werden, indem es mit einer 0 beschrieben wird.

Die Reset-Flags können ausgewertet werden, um die Ursache eines Resets festzustellen. Dabei sollte das MCUSR so früh wie möglich im Programm ausgewertet und anschließend gelöscht werden. Tab. 5.15 zeigt den Aufbau des GICR-Registers.

- Bit 7 (INT1, externer Interrupt 1 Freigabe): Wenn das INT1-Bit und das I-Bit in Statusregister (SREG) gesetzt sind, dann ist der externe Interrupt 1 freigegeben. Mit den Interrupt-Sense-Controll-Bits 1 und 0 (ISC11 und ISC10) im General-Control-Register (MCUCR) wird festgelegt, bei welcher Bedingung ein externer Interrupt erkannt wird. Möglich sind: Steigende oder fallende Flanke, bei Pin Wechsel oder bei L-Pegel am INT1-Pin. Die Bedingungen am Pin INT1 werden auch dann eine Interrupt-Anforderung veranlassen, wenn INT1 als Output konfiguriert ist. Die Interrupt-Adresse für den Interrupt ist der Interrupt-Vektor INT1.
- Bit 6 (INT0, externer Interrupt 0 Freigabe): Wenn das INT0-Bit und das I-Bit in Statusregister (SREG) gesetzt sind, dann ist der externe Interrupt 0 freigegeben. Mit den Interrupt-Sense-Control für Bits 0 und 0 (ISC01 und ISC00) im „General-Control-Register" (MCUCR) wird festgelegt, bei welcher Bedingung ein externer Interrupt erkannt wird. Möglich sind: Steigende oder fallende Flanke, bei Pin-Wechsel oder bei L-Pegel am INT0-Pin. Die Bedingungen am Pin INT0 werden auch dann eine Interrupt-Anforderung veranlassen, wenn INT0 als Ausgang konfiguriert ist. Die Interrupt-Adresse für den Interrupt ist der Interrupt-Vektor INT0.
- Bit 5 bis 2 (Res, reservierte Bits): Diese Bits sind reserviert und werden immer als 0 gelesen.
- Bit 1 und 0: werden an anderer Stelle beschrieben

Im Statusregister SREG, dessen Bits in Tab. 5.16 beschrieben werden, ist lediglich das Bit 7 (I) für Interrupts wichtig, denn man kann zwischen Interrupts global ein- (Global Interrupt Enable) oder ausschalten (Global Interrupt Disable) wählen.

Die Interrupt-Flags befinden sich in den Bits 5 (INTF2), Bits 6 (INTF0) und Bits 7 (INTF1) des General-Interrupt-Flag-Registers (GIFR), Tab. 5.17 zeigt den Aufbau.

Tab. 5.16 Aufbau des SREG-Registers

Bit	7	6	5	4	3	2	1	0	SREG
	I	T	H	S	V	N	Z	C	
Read/Write	R/W	R/W	R/W	R/W	R/W	R/W	R/W	R/W	
Initialwert	0	0	0	0	0	0	0	0	

Tab. 5.17 Aufbau des GIFR-Registers

Bit	7	6	5	4	3	2	1	0	GIFR
	INTF1	INTF0	INTF2	-	-	-	-	-	
Read/Write	R/W	R/W	R/W	R	R	R	R	R	
Initialwert	0	0	0	0	0	0	0	0	

- Bit 7 (INTF1, externer Interrupt Flag 1): Eine Flanke oder ein logischer Wechsel am INT1-Pin triggert eine Interrupt-Anforderung und das INTF1-Bit wird gesetzt. Wenn das I-Bit im SREG und das INT1-Bit im GICR-Register gesetzt sind, wird der Controller zum Interrupt-Vektor INT1 springen. Das Flag wird gelöscht, wenn die Interrupt-Routine ausgeführt wurde. Alternativ kann das Flag gelöscht werden, indem man eine 1 in das Flag schreibt. Das Flag ist immer gelöscht, wenn INT1 als Pegel-Interrupt (L-Pegel) eingestellt ist.
- Bit 6 (INTF0, externer Interrupt Flag 0): Eine Flanke oder ein logischer Wechsel am INT0-Pin triggert eine Interrupt-Anforderung und das INTF0-Bit wird gesetzt. Wenn das I-Bit im SREG und das INT0-Bit im GICR-Register gesetzt sind, wird der Controller zum Interrupt-Vektor INT0 springen. Das Flag wird gelöscht, wenn die Interrupt-Routine ausgeführt wurde. Alternativ kann das Flag gelöscht werden, indem man eine 1 in das Flag schreibt. Das Flag ist immer gelöscht, wenn INT0 als Pegel-Interrupt (L-Pegel) eingestellt ist.
- Bit 5 bis 0 (Res, reservierte Bits): Diese Bits sind reserviert und werden immer als 0 gelesen.

Das Interrupt-Programm in Abb. 5.14 beginnt mit dem „in"-Befehl, der Inhalt vom SREG wird nach „itmp" geladen. Mit „push" wird der Registerinhalt auf den Stapel abgespeichert. Das Programm startet „reload Timer0" mit dem „ldi"-Befehl und der Wert von „CNTVAL" wird nach „itmp" geladen. Im Register „itmp" steht dann der Wert „$3d" und dieser Wert wird in das TCNT0-Register durch den „out"-Befehl geladen. Damit ist es möglich, das Zählen über die Software zu steuern. Mit „lds" wird der Wert „$61" von „TICKS" in den Datenspeicher unter „itmp" geladen. Der Wert „$61" ist umzurechnen in

$$61$$
$$6 \cdot 16^1 + 1 \cdot 16^0$$
$$96 \quad + \quad 1 \quad = 97$$

Der Wert „$61" wird durch den „inc"-Befehl inkrementiert, und dann wird „itmp" mit
„sts" in den Datenspeicher unter TICKS abgelegt.

Die Schleife muss mit „0A" durchlaufen werden, und es sind zehn Schleifen. Damit
wird aus der Eingangsfrequenz von 20 Hz eine Ausgangsfrequenz von 1 Hz erzeugt.
Mit dem „cpi"-Befehl wird der Schleifenwert von „itmp" verglichen,ist die Bedingung
erfüllt, springt das Programm mit dem „brlo"-Befehl nach „TIM0_OVF-DONE". Der
„sts"-Befehl speichert das Register „imp" nach TICKS, danach werden die Bits vom
Statusvektor auf den Wert „$01" gesetzt.

Der nächste Programmteil „TIM0_OVR_DONE" startet mit dem Laden vom Stapel
nach „itmp". Danach wird der Wert von „itmp" nach SREG geladen und anschließend
wird mit „reti" die Unterprogramm-Routine beendet.

5.4   Steuerbarer Blinker

Die Hardware für diese Schaltung ist wieder in Abb. 5.1, das Programm wird in
Abb. 5.21 gezeigt.

Drückt man die Taste, beginnt das Programm mit der Ansteuerung der Leuchtdiode
und diese blinkt. Lässt man die Taste los, bleibt die Leuchtdiode dunkel.

Das Initialisierungsprogramm wird nicht verändert, sondern das „mainprogramm".
Das Programm „main" beginnt mit einem „sbic PINB,0"-Befehl. Mit „sbic" wird der
nächste Befehl im Programmspeicher übersprungen, wenn das Bit „bit" im I/O-Register
„addr" gelöscht ist, also ein 0-Signal hat. Ist dies nicht der Fall, wird die Programmausführung mit dem nächsten Befehl fortgesetzt. Im Falle des Überspringens eines Einwortbefehles wird der Programmzähler um 2 erhöht. im Falle des Überspringens eines
Zweiwortbefehles um 3. Der nächste Befehl ist ein unbedingter Sprung und wird in dem
Programmteil „not_pressed" fortgesetzt.

Ist die Taste gedrückt, wird das Programm auf „not_pressed" fortgesetzt. Mit „sbi"
setzt das mit „bit"angegebene Bit im I/O-Register „addr", der Ausgang PORT B schaltet
auf 1-Signal und die Leuchtdiode bleibt dunkel. Es folgt ein relativer Sprung nach
„main".

Wird die Taste gedrückt, wird das Programm mit „sbrs" fortgesetzt. Im Statusvektor
wird das Bit 0 gesetzt,danach erfolgt ein unbedingter Sprung nach „main". Mit „sbrc"
wird der nächste Befehl im Programmspeicher übersprungen, wenn das Bit „bit" im
I/O-Register „addr" gesetzt ist, also ein 0-Signal hat. Ist dies nicht der Fall,wird die
Programmausführung mit dem nächsten Befehl fortgesetzt. Im Falle des Überspringens
eines Einwortbefehles wird der Programmzähler um 2 erhöht, im Falle des Überspringens eines Zweiwortbefehles um 3.

Mit „cbr" wird der Statusvektor mit dem Wert „$01" gesetzt. Der Inhalt des Registers
wird dabei mit dem Wert logisch ODER verknüpft. An allen binären Stellen, an denen
im Statusregister der Wert 1 steht, wird das zugehörige Bit im Statusvektor gesetzt. An

```
; Initialize
RESET:
    ; set stackpointer to end off RAM
    ldi acc0, low(RAMEND)
    out SPL,acc0

    ; set PortA to input with Pullup
    ldi acc0, $ff
    out PORTA, acc0
    ldi acc0, $00
    out DDRA, acc0

    ; set PortB to input with Pullup
    ; set PortB(7) to output with value 1
    ldi acc0, $ff
    out PORTB, acc0
    ldi acc0, $80
    out DDRB, acc0

    ; set PortD to input with Pullup
    ldi acc0, $ff
    out PORTD, acc0
    ldi acc0, $00
    out DDRD, acc0

    ; Timer0 normal mode with CK/256 (256us)
    ldi acc0, $04
    out TCCR0B, acc0

    ; Timer0 Overflow after $100 - $3D = $C3 = 195 (*256us) = (50ms)
    ldi acc0, CNTVAL
    out TCNT0, acc0

    ; Timer0 Overflow Interrupt enable
    ldi acc0, $02
    out TIMSK, acc0

    ldi stavec, $00
    clr acc0
    sts TICKS, acc0

    sei

; mainprogram
main:
    sbic PINB,0
    rjmp not_pressed

    sbrs stavec, 0
    rjmp main

    ; 500 ms interrupt occured
    cbr stavec,$01
    ; toggle PORTB(7)
    in acc0, PORTB
    ldi acc1, $80
    eor acc0, acc1
    out PORTB, acc0
    rjmp main

not_pressed:
    sbi PORTB, 7
    rjmp main
```

Abb. 5.21 Programm für einen steuerbaren Blinker

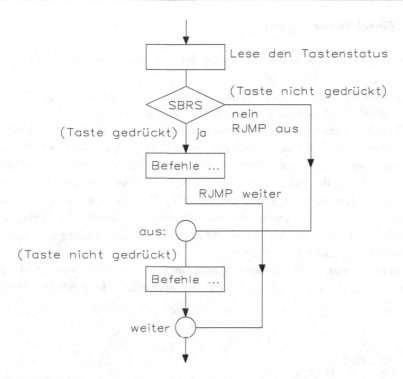

Abb. 5.22 Befehlsstruktur in Assembler (wenn, dann … . sonst springe nach „weiter")

allen binären Stellen, an denen im Statusregister der Wert 0 steht, bleibt der Wert des zugehörigen Bits im Statusvektor erhalten. Das Ergebnis steht im Statusregister.

Der nächste Schritt in dem Programm ist „in accu0, PORT B", d. h. mit dem Befehl wird der Wert von PORT B in den Akkumulator geladen. Mit „ldi accu1, $80" wird der Wert „$80" in den Akkumulator übertragen. Anschließend erfolgt eine Exklusiv-ODER-Verknüpfung zwischen den beiden Akkumulatoren, und das Ergebnis steht im „accu0". Mit „out PORT B, accO"wird der Inhalt des Akkumulators auf den PORT B ausgegeben, dann erfolgt ein relativer Sprung nach „main".

Die Befehle SBRC (Sprung, wenn Bit im Register gelöscht ist), SBRS (Sprung, wenn Bit im Register gesetzt ist),SBIC (Sprung, wenn Bit im I/O-Register gelöscht ist) und SBIS (Sprung, wenn Bit im I/O-Register gesetzt ist) werden in der Praxis in Verbindung mit dem Sprungbefehl RJMP verwendet. Mit diesen Programmsprüngen und Überspringen von Befehlen kann man sehr schnell die Übersicht verlieren und es ergeben sich Softwarefehler.

Nach einem SBRS-Befehl muss immer die RJMP-Anweisung programmiert sein. Im Programm überspringt die RJMP-Anweisung den „dann-Teil zum sonst-Teil", der in die Marke „weiter" mündet. Das „dann-Teil" wird abgearbeitet,wenn der SBRS-Befehl eine erste RJMP-Anweisung überspringt (skipt). Am Ende des „dann-Teils" muss ein unmittelbarer Sprung hinter den „sonst-Teil" zur Marke „weiter" erfolgen.

5.5   Einschaltverzögerung

Die Hardware für diese Schaltung ist wieder Abb. 5.1. Das Programm wird in Abb. 5.23 gezeigt.

Drückt man die Taste, beginnt das Programm mit einer Ansteuerung der Leuchtdiode und diese blinkt. Lässt man die Taste los, bleibt die Leuchtdiode dunkel.

Das Initialisierungsprogramm wird nicht verändert, sondern das „mainprogramm". Das Programm „main" beginnt mit einem „sbic PINB,0". Mit „sbic" wird der nächste Befehl im Programmspeicher übersprungen, wenn das Bit „bit" im I/O-Register „addr" gelöscht ist, also ein 0-Signal hat. Ist dies nicht der Fall, wird die Programmausführung mit dem nächsten Befehl fortgesetzt. Im Falle des Überspringens eines Einwortbefehles wird der Programmzähler um 2 erhöht, im Falle des Überspringens eines Zweiwortbefehles um 3. Der nächste Befehl ist ein unbedingter Sprung und wird in dem Programmteil „not_pressed" fortgesetzt.

Mit dem Programmteil „Timer0 normal mode" wird der Wert „$04" in den Akkumulator geladen und dann in den TCCR0B übergeben. Der 8-Bit-Timer/Counter 0

```
; mainprogram
main:
    sbic PINB,0
    rjmp not_pressed

    ; Timer0 normal mode with CK/256 (256us)
    ldi acc0, $04
    out TCCR0B, acc0

    sbrs stavec, 0
    rjmp main

    ; 1 sec interrupt occured
    cbr stavec,$01

    ; LED on
    cbi PORTB, 7
    rjmp main

not_pressed:
    ; Timer0   stopped
    clr acc0
    out TCCR0B, acc0

    ; Timer0 Overflow after $100 - $3D = $C3 = 195 (*256us) = (50ms)
    ldi acc0, CNTVAL
    out TCNT0, acc0

    cbr stavec,$01
    clr acc0
    sts TICKS, acc0

    ; LED off
    sbi PORTB, 7
    rjmp main
```

Abb. 5.23 Programm für eine Einschaltverzögerung

Tab. 5.18 Aufbau des Timer/Counter-0-Control-Registers (TCCR0)

Bit	7	6	5	4	3	2	1	0	TCCR0
	-	-	-	-	-	CS02	CS01	CS00	
Read/Write	R	R	R	R	R	R/W	R/W	R/W	
Initialwert	0		0	0 0	0	0	0	0	

kann mit der Taktfrequenz (CK), der durch den Vorteiler (Prescaler) geteilten bzw. gedrosselten Taktfrequenz oder extern getaktet betrieben werden, und es ist auch möglich, diesen wieder anzuhalten. Dies geschieht über das Timer/Counter-0-Control-Register (TCCR0) und Tab. 5.18 zeigt den Aufbau.

Die Bits 7 bis 3 werden beim Mikrocontroller nicht verwendet und sind mit dem Wert 0 belegt. Tab. 5.19 zeigt die möglichen Vorteilereinstellungen, die im TCCR0 vorgenommen werden können.

Wird der Timer/Counter 0 mit einem externen Takt an T0 betrieben, so muss dieser eine geringere Taktfrequenz aufweisen als die Taktfrequenz des Mikrocontrollers, da nur bei einer steigenden Taktflanke der internen Taktfrequenz (CK) das Signal an T0 abgetastet wird.

Mit „sbrs" wird der Statusvektor das Bit setzen, dann folgt ein relativer Rücksprung nach „main".

Mit „1 sec interrupt occured" wird mit dem cbr-Befehl der Wert „$01" geladen und dann über ODER verknüpft. An allen binären Stellen, an denen eine 0 steht, bleibt der Wert des zugehörigen Bits im Register erhalten. Das Ergebnis steht im Statusvektor.

Mit dem cbi-Befehl erfolgt die Ansteuerung der Leuchtdiode am PORT B7, danach wird ein relativer Rücksprung durchgeführt.

Der Programmteil „not_pressed" beginnt mit dem Stop von Timer 0. Der Akkumulator wird gelöscht, indem er mit sich selbst XOR verknüpft wird. Dieser Wert wird in dem Timer/Counter-0-Control-Register (TCCR0) gespeichert.

Tab. 5.19 Vorteilereinstellungen im TCCR0-Register

CS02	CS01	CS00	Beschreibung
0	0	0	Stop, der Timer/Counter0 wird angehalten
0	0	1	CK
0	1	0	CK/8
0	1	1	CK/64
1	0	0	CK/256
1	0	1	CK/1024
1	1	0	Externe fallende Flanke an Pin T0
1	1	1	Externe steigende Flanke an Pin T0

Tab. 5.20 Aufbau des TCNT0-Registers

Bit	7	6	5	4	3	2	1	0	TCNT0
	TCNT7	TCNT6	TCNT5	TCNT4	TCNT3	TCNT2	TCNT1	TCNT0	
Read/Write	R/W	R/W	R/W	R/W	R/W	R/W	R/W	R/W	
Initialwert	0	0	0	0	0	0	0	0	

Mit „ldi" wird der Wert vom Register „CRTVAL" (3dH oder 61D) in den Akkumulator und dann in das TCNT0-Register (Timer/Counter0) geladen. Tab. 5.20 zeigt den Aufbau des TCNT0-Registers.

Mit „cbr" wird der Statusvektor mit „$01" geladen, danach der Akkumulator mit „clr" gelöscht.

Über „sts" erfolgt die Speicherung des Akkumulators unter „TICKS". Der „sts"-Befehl speichert den Inhalt des Akkumulators direkt an die mit k65535 adressierte Stelle im Datenspeicher. Der Datenspeicher beinhaltet das gespiegelte Universalregister und I/O-Register, sowie internen und optionalen SRAM-Bereich. Das EEPROM hat einen eigenen Adressbereich.

Die Leuchtdiode am PORT B7 wird mit „sbi" ausgeschaltet, zum Schluss folgt ein relativer Rücksprung auf „main".

Abb. 5.24 zeigt das Editor-Fenster für Prozessor und I/O-Einheiten. Der Programmzähler befindet sich auf der Adresse 0x000042 und der Stack-Pointer zeigt 0xDF an. Der Zykluszähler steht auf 37. In den acht Feldern des Statusregisters sieht man, dass I- und Z-Bit gesetzt sind.

Mit „Debug" und „Step into" oder der Taste F11 wird der Einzelschritt für das Programm vorgenommen. Der Programmzähler verändert sich und erhöht sich um +1, +2 oder +3. Der Schrittzähler zählt den jeweiligen Zyklus und im Register R16 steht der hexadezimale Wert. Der „ldi"-Befehl lädt einen hexadezimalen Wert in ein Register. Nach einem weiteren Schritt mit F1 und Öffnen des PORT B im Hardware-Fenster „I/O-View" ist die Wirkung des gerade abgearbeiteten Befehls zu sehen. Das Richtungs-Port-Register (DDRB) zeigt einen Wert und in der Bitanzeige sind jeweils drei verschiedene Kästen (weiß, grau und schwarz).

5.6　Ein- und Ausschaltverzögerung

Mit diesem Programm wird eine Einschaltverzögerung von 1 s und eine Ausschaltverzögerung von 3 s durchgeführt, d. h. man muss die Taste für 1 s drücken, danach schaltet sich die Leuchtdiode ein. Lässt man die Taste los, dann leuchtet die Leuchtdiode noch 3 s nach. Die Hardware von Abb. 5.1 lässt sich ohne Änderungen verwenden.

Abb. 5.25 zeigt das Programm für eine Ein- und Ausschaltverzögerung. Mit „sbrc" wird der Zustand der Taste überprüft. Der nächste Befehl im Programmspeicher wird übersprungen, wenn das Bit ein Register gelöscht ist. Ist dies nicht der Fall, wird die Programmausführung mit dem nächsten Befehl fortgesetzt. Mit „sbrs"wird der Zustand

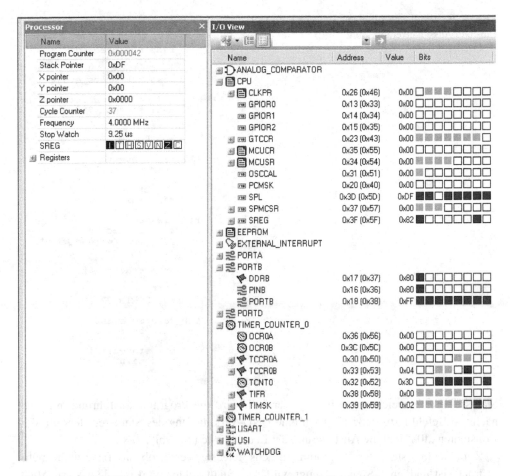

Abb. 5.24 Editor-Fenster für den Prozessor und den I/O-Einheiten des Simulators

des Statusvektors überprüft. Der nächste Befehl im Programmspeicher wird übersprungen, wenn das Bit im Statusregister gespeichert ist. Ist dies der Fall, wird die Programmausführung mit dem nächsten Befehl fortgesetzt.

Unter „interrupt occured" wird der unmittelbare Wert „f0h" mit dem Inhalt des Statusregisters über ein UND verknüpft. Das Ergebnis der Verknüpfung befindet sich im Statusregister. Mit „cbi" wird Bit 7 gelöscht und der Ausgang hat ein 0-Signal. Der Zustand der anderen Bits in diesem I/O-Register wird nicht verändert.

In dem Programmteil „chk_press_event" wird zuerst die Taste abgefragt, ob sie gedrückt ist oder nicht. Mit einem 0-Signal wird der Interrupt für 1 s gestartet. „ori" verknüpft den Statusvektor mit der Konstanten „$02". Das Ergebnis steht im Statusvektor, dann erfolgt ein unbedingter Rücksprung auf „main".

Der Programmteil „not_pressed" überprüft mit „sbrs" den Zustand des Statusvektors. Der nächste Befehl im Programmspeicher wird übersprungen, wenn das Bit im

Abb. 5.25 Programm für eine
Ein- und Ausschaltverzögerung

```
; mainprogram
main:
    sbrc button,0
    rjmp not_pressed

    sbrs stavec, 0
    rjmp chk_press_event

    ; 1 sec interrupt occured
    andi stavec, $f0

    ; LED on
    cbi PORTB, 7

chk_press_event:
    sbrc button,1
    ; start 1 sec interrupt
    ori stavec,$02
    rjmp main

not_pressed:
    sbrs stavec, 0
    rjmp chk_release_event

    ; 3 sec interrupt occured
    andi stavec, $f0

    ; LED off
    sbi PORTB, 7

chk_release_event:
    sbrs button,1
    ; start 3 sec interrupt
    ori stavec,$04
    rjmp main
```

Statusregister gespeichert ist. Ist dies der Fall, wird die Programmausführung mit dem nächsten Befehl fortgesetzt. Es folgt eine UND-Verknüpfung des Statusregisters mit der Konstanten „f0h" und die Ansteuerung der Leuchtdiode mit „sbi".

Zum Schluss steht der Programmteil „chk_release_event", ob die Taste nicht mehr gedrückt ist und ein 1-Signal erzeugt wird. Der Statusvektor wird mit dem Wert „$04" verknüpft, danach erfolgt ein relativer Rücksprung auf „main".

5.7   Logische Verknüpfung zwischen zwei Tasten

Der Mikrocontroller ATtiny2313 hat folgende logischen Befehle:

AND Rd, Rr: Logische UND-Verknüpfung zwischen zwei Registern.

ANDI Rd, K255: Logische UND-Verknüpfung zwischen einem Register und einer Konstanten.

OR Rd, Rr: Logische ODER-Verknüpfung zwischen zwei Registern.

OR Rd, K255: Logische ODER-Verknüpfung zwischen einem Register und einer Konstanten.

EOR Rd, Rr: Logische Exklusiv-ODER-Verknüpfung zwischen zwei Registern.

COM Rd: Einserkomplement des Registers Rd.

Tab. 5.21 UND-Verknüpfung zwischen zwei Eingängen

E_2	E_1	A
0	0	0
0	1	0
1	0	0
1	1	1

Tab. 5.22 ODER-Verknüpfung zwischen zwei Eingängen

E_2	E_1	A
0	0	0
0	1	1
1	0	1
1	1	1

Tab. 5.23 Exklusiv-ODER-Verknüpfung zwischen zwei Eingängen

E_2	E_1	A
0	0	0
0	1	1
1	0	1
1	1	0

Für die logische UND-Verknüpfung soll im Sinne einer sachlichen Zweckmäßigkeit eine Arbeitstabelle (Tab. 5.21) aufgestellt werden.

Liegt an einem der beiden Eingänge ein 0-Signal (kein Potenzial), hat der Ausgang immer ein 0-Signal. Erst wenn beide Eingänge auf 1-Signal liegen, hat der Ausgang ein 1-Signal.

Für die logische ODER-Verknüpfung soll wieder eine Arbeitstabelle (Tab. 5.22)aufgestellt werden.

Liegt an beiden Eingängen ein 0-Signal (kein Potenzial), hat der Ausgang immer ein 0-Signal. Erst wenn einer der beiden Eingänge ein 1-Signal hat, schaltet der Ausgang auf 1-Signal.

Für die logische Exklusiv-ODER-Verknüpfung (EOR) soll eine Arbeitstabelle (Tab. 5.23) aufgestellt werden.

Liegt an einem der beiden Eingänge ein 0-Signal (kein Potenzial) oder ein 1-Signal (kein Potenzial), ist der Ausgang auf 0-Signal, d. h. beide Eingänge sind gleich.

Um das Programm testen zu können, ist Pin 13 (PB1) mit einem Taster, einer Leuchtdiode und einem Widerstand zu versehen.

Abb. 5.26 zeigt ein Programm für eine UND-Verknüpfung. Das Programm „main" fragt die beiden Taster ab, ob sie offen oder geschlossen sind. Der unmittelbare Wert von „$11" wird mit dem Inhalt des Registers „button" über UND verknüpft, das Ergebnis steht im Register „button". Mit „brne" wird ein bedingter relativer Sprung um den Wert ausgeführt, wenn das Z-Flag (Zero-Flag) im Statusregister gelöscht ist. Ist dies nicht der

Abb. 5.26 Programm für eine
UND-Verknüpfung

```
; mainprogram
main:
        andi button,$11
        brne led_off

        ; LED on
        cbi PORTB, 7
        rjmp main

led_off:
        ; LED off
        sbi PORTB, 7
        rjmp main
```

Fall, wird mit jener Befehlszeile fortgefahren, die nach diesem Sprungbefehl steht. Mit „cbi" wird Bit 7 gelöscht und der Ausgang hat ein 0-Signal. Der Zustand der anderen Bits in diesem I/O-Register wird nicht verändert.

Beim Programmteil „led_off" wird mit „cbi" das Bit 7 gelöscht und der Ausgang hat ein 0-Signal. Der Zustand der anderen Bits in diesem I/O-Register wird nicht verändert. Bei einem 1-Signal erlischt die Leuchtdiode.

5.8   RS-Flipflop

Mit einem RS-Flipflop kann man eine Wechselschaltung realisieren, wobei das Flipflop mit der Software des ATtiny2313 gelöst wird. Mit der Taste am Eingang PB0 wird das Flipflop zurückgesetzt, mit der Taste am Eingang PB1 wird das Flipflop gesetzt. Die Leuchtdiode am Ausgang PB7 signalisiert den Speicherzustand. Abb. 5.27 zeigt das Programm.

Das Programm beginnt mit „main". Mit „sbrs" überprüft man den Zustand des Statusvektors auf den Wert 0. Ist die Bedingung erfüllt, wird der nächste Befehl im Programmspeicher übersprungen. Ist dies der Fall, wird die Programmausführung mit dem nächsten Befehl fortgesetzt. Es folgt ein relativer Rücksprung auf „main", andernfalls werden die Bits im Statusvektor gelöscht.

Mit „mov" wird der Akkumulator mit dem Zustand von dem Label „button" geladen. Es folgt „andi" mit einer UND-Verknüpfung zwischen Akkumulator und dem Wert „$03". Mit „cpi" wird das Register (Akkumulator) mit dem Wert „$02"verglichen und das Zerobit gesetzt bzw. rückgesetzt. Über „breq" wird ein Sprung durchgeführt, wenn das Zero-Flag im Statusregister gesetzt ist. Ist dies nicht der Fall, wird mit jener Befehlszeile fortgefahren, die nach diesem Sprungbefehl steht.

Mit „mov" wird der Akkumulator mit dem Zustand des Labels „button" geladen. Es folgt „andi" mit einer UND-Verknüpfung zwischen Akkumulator und dem Wert „$30". Mit „cpi" wird das Register (Akkumulator) mit dem Wert „$20" verglichen und das Zerobit gesetzt bzw. rückgesetzt. Über „brne" wird ein Sprung durchgeführt, wenn das Ergebnis ungleich ist. Ist dies nicht der Fall, wird mit jener Befehlszeile fortgefahren, die

Abb. 5.27 Programm für ein
RS-Flipflop

```
; mainprogram
main:
    sbrs stavec,0
    rjmp main
    clr stavec

    mov acc0, button
    andi acc0, $03
    cpi acc0, $02
    breq led_toggle

    mov acc0, button
    andi acc0, $30
    cpi acc0, $20
    brne main

led_toggle:
    ; toggle PORTB(7)
    in acc0, PORTB
    ldi acc1, $80
    eor acc0, acc1
    out PORTB, acc0
    rjmp main
```

nach diesem Sprungbefehl steht. Damit ist der Teil für das Setzen oder Rücksetzen des Flipflops abgeschlossen.

Die Ansteuerung der Leuchtdiode erfolgt über PORT B7. Zuerst wird Port B in den Akkumulator geladen. Mit „ldi" wird der Akkumulator mit „$80" geladen. Danach werden die beiden Akkumulatoren über ein Exklusiv-ODER verknüpft und das Ergebnis befindet sich anschließend in „acc0". Der Inhalt von „acc0" wird über Port B ausgegeben und zum Schluss führt das Programm einen relativen Rücksprung nach „main" durch.

5.9 Steuerbarer Blinker

Die Peripherie des steuerbaren Blinkers besteht aus zwei Tastern und einer Leuchtdiode. Drückt man den Taster am Eingang PB0, blinkt die LED mit 1 Hz, d. h. die LED ist etwa 500 ms an und 500 ms aus. Drückt man den Taster am Eingang PB1, blinkt die LED mit 0,33 Hz, d. h. die LED ist etwa 1,5 s an und 1,5 s aus. Abb. 5.28 zeigt das Programm.

Das Programm startet mit „sbrc". Der nächste Befehl im Programmspeicher wird übersprungen, wenn das Bit im Akkumulator gelöscht ist. Ist das nicht der Fall, wird die Programmausführung mit dem nächsten Befehl fortgesetzt. Mit einem unbedingten Sprung wird auf „not_pressed" gesprungen oder mit dem nächsten „sbrc" fortgefahren. Hier erfolgt ein Sprung nach „led_on", wenn das Bit im Statusregister gelöscht ist.

Der Programmteil „led_off" beginnt mit dem Setzen von Bit 7 im PORT B, danach erfolgt ein Rücksprung auf „main". Anschließend wird „not_pressed" durchgeführt mit „sbrc", wenn das Bit im Register gelöscht ist. Danach wird ein Rücksprung nach „led_off" ausgeführt. Es folgt „sbrs", ein Sprung, wenn das Bit 4 im Register gesetzt ist. Zum Schluss erfolgt ein Rücksprung nach „led_off".

Abb. 5.28 Programm für
einen steuerbaren Blinker

```
; mainprogram
main:
        sbrc button,0
        rjmp not_pressed

        sbrc stavec, 0
        rjmp led_on
led_off:
        sbi PORTB, 7
        rjmp main

not_pressed:
        sbrc button,4
        rjmp led_off

        sbrs stavec, 1
        rjmp led_off
led_on:
        cbi PORTB, 7
        rjmp main
```

Den Abschluss des Programms bildet der „cbi"-Befehl, und das Bit 7 an PORT B wird im I/O-Register gelöscht, d. h. die Leuchtdiode kann ein Licht emittieren, da der Ausgang ein 0-Signal hat.

5.10   PWM-Helligkeitssteuerung einer Leuchtdiode

In der Elektronik kennt man folgende Modulationsverfahren:

- Pulsweitenmodulation (PWM) oder Pulsdauermodulation (PDM)
- Pulslängenmodulation (PLM)
- Pulsbreitenmodulation (PBM)

Bei der Pulsweitenmodulation wird Spannung oder Strom erzeugt, dieser wird zwischen zwei Werten „ein" und „aus"umgeschaltet. Es entsteht eine Rechteckspannung mit konstanter Frequenz, nur das Tastverhältnis der Rechteckimpulse ändert sich, wie Abb. 5.29 zeigt.

Die Pulsweitenmodulation wird zum Ansteuern von größeren Lasten wie z. B. Motoren verwendet. Der Mikrocontroller ATtiny2313 hat zwei PWM-Ausgänge, mit diesen lässt sich ein Motor über eine entsprechende Leistungselektronik ansteuern. Wenn ein Motor durch den Mikrocontroller eingeschaltet wird und mit dem Anlaufen beginnt, liegt beispielsweise für 10 s die volle Leistung (100 %) auf dem Motor. Erst danach folgt das gewünschte Tastverhältnis. Bei der Pulsweitenmodulation werden Impulse mit voller Spannung, aber variabler Breite an die Last gegeben. Beträgt die Frequenz 100 Hz, erhält man eine Rechteckperiodendauer von 10 ms. Hat die Impulsbreite eine Länge von 2 ms, muss folglich die Impulspause 8 ms betragen. Man erhält ein PWM-Signal mit einem Tastverhältnis von

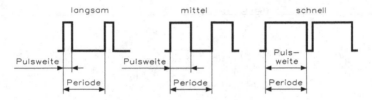

Abb. 5.29   Frequenzdiagramm für die Pulsweitenmodulation

$$t_v = \frac{t_i}{T} = \frac{2\,\text{ms}}{10\,\text{ms}} = 0{,}2 = 20\,\%$$

Statt mit einer Leistung von 100 W wird der Motor mit 20 W durch die Pulsweiten-modulation betrieben. Die Durchschnittsspannung berechnet sich aus

$$\bar{U}_{\text{PWM}} = U_e \cdot \frac{t_i}{t_i + t_p} = U_e \cdot t_i \cdot f_{\text{PWM}}$$

Zu beachten ist, dass es sich hierbei um die mittlere Spannung handelt, diese ist nicht unbedingt ausschlaggebend für die Leistungsaufnahme.

In der Praxis kann man die Pulsweitenmodulation durch zwei Schaltungsvarianten lösen. Abb. 5.30 zeigt die Methode durch Zählung und Abb. 5.31 mittels analogem Komparator.

Durch einen 8-Bit-Zähler ergibt sich ein Bereich von 0 bis 255. Der Zählerausgang steuert einen Komparator an. Der Ausgang des Komparators hat ein 1-Signal. Mit jedem Zählimpuls erhält man einen höheren Wert, und erreicht der Zählwert einen bestimmten Wert, schaltet der Ausgang auf 0-Signal. Die Genauigkeit ist begrenzt durch die Stabilität der Spannung, die das PWM-Signal erzeugt. Das Prinzip der Wandlung ist monoton, d. h. ein höherer PWM-Wert erzeugt auch eine höhere Ausgangsspannung.

Wesentlich besser ist die Pulsweitenmodulation durch einen analogen Komparator, wobei eine Sinusschwingung mit einem Sägezahn- oder Dreiecksignal verglichen wird.

- Steigendes Sägezahnsignal (rückflankenmoduliert): Die Vorderflanke (steigende Flanke) der Schaltfunktion ist konstant und die Position der Rückflanke (fallende Flanke) wird moduliert.
- Fallendes Sägezahnsignal (vorderflankenmoduliert): Die Position der Vorderflanke der Schaltfunktion wird moduliert und die Rückflanke bleibt konstant.
- Dreiecksignal für symmetrische Modulation: Bei dieser Modulationsart werden die Positionen beider Flanken der Schaltfunktion moduliert. Ändert sich der Sollwert innerhalb einer Trägerperiode nur gering, sind die beiden Schaltflanken näherungs-weise symmetrisch zu den Scheitelpunkten des Dreiecksignals.

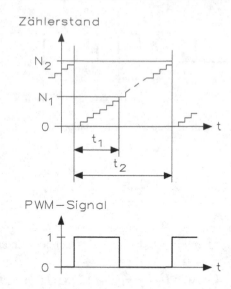

Abb. 5.30 Pulsweitenmodulation durch Zählung

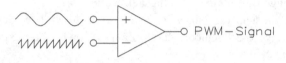

Abb. 5.31 Pulsweitenmodulation durch analogen Komparator

Viele Mikrocontroller beinhalten ein oder mehrere PWM-Module. Die Dauer eines einzelnen Impulses bei einer 8-Bit-Auflösung ist in 256 Schritte aufgeteilt, von denen je nach gewünschtem Ausgangspegel von 0 bis 255 eingeschaltet werden kann.

Der einfachste PWM-Betriebsmodus beim ATtiny 2313 ist der normale Modus (WGM21 und WGM20 = 00). In diesem Modus zählt der Zähler immer vorwärts (inkrementieren) und wird nicht gelöscht. Wenn der Zähler seinen maximalen Wert erreicht (ffh),läuft er über und beginnt erneut bei seinem BOTTOM-Wert „00h". Im normalen Modus wird das „Timer Overflow"-Flag (TOV2) in dem Augenblick gesetzt, in dem das TCNT2-Register wieder „00h" wird. Das TOV2-Flag kann in diesem Fall wie ein 9 Bit betrachtet werden, dass aber nur gesetzt und nicht automatisch gelöscht wird. In Kombination mit dem „Timer Overflow Interrupt", der das TOV2-Flag automatisch löscht, kann also die Auflösung des Timers durch die Software erheblich erweitert werden. Im normalen Modus sind keine Besonderheiten zu beachten, der Wert des TCNT2-Registers kann jederzeit überschrieben werden.

Die „Output Compare"-Einheit lässt sich verwenden, um die Interrupts beim jeweiligen Zählerstand zu erzeugen. Das Erzeugen von Ausgangsfrequenzen in der normalen Betriebsart wird nicht empfohlen, da hierfür zu viel Prozessorkapazität benötigt wird.

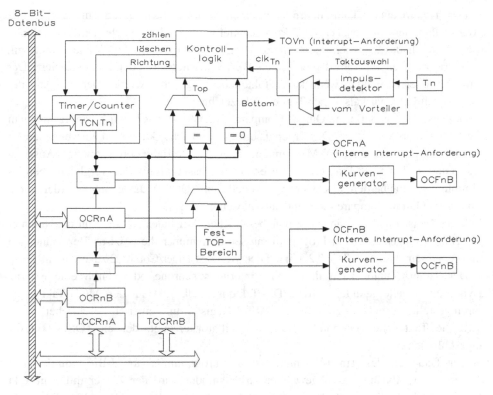

Abb. 5.32 8-Bit-Timer/Counter-Einheit im ATtiny 2313

In der „Clear Timer on Compare"-Betriebsart (CTC) (WGM21 und WGM20 = 2) wird das OCR2-Register dazu verwendet, die Auflösung des Timers zu manipulieren. Im CTC-Modus wird der Zähler gelöscht, wenn der Wert des Zählers (TNCT2) mit dem des OCR2-Registers übereinstimmt. Das OCR2-Register bestimmt also den Maximalwert des Zählers und somit seine Auflösung. Dieser Modus erlaubt eine größere Kontrolle der „Compare Match"-Ausgangsfrequenz und vereinfacht auch das Zählen externer Ereignisse.

Abb. 5.32 zeigt die 8-Bit-Timer/Counter-Einheit im ATtiny 2313. Neben dem Register TCNT0 (Timer/Counter) und den Registern OCR0A und OCR0B (Output Compare Register) befindet sich noch die interne Anforderung für das Register TIFR (Timer Interrupt Flag Register) und das Register TIMSK(Timer Interrupt Mask Register). In Verbindung mit dem Kurvengenerator entstehen die PWM-Betriebsart oder die Signale des Ausgangs für die variable Frequenz.

Das „Timer/Counter"-Register (TCNT2) und das „Output Compare"-Register (OCR2) sind 8-Bit-Register. Die Signale der Interrupt-Anforderungen sind im „Timer Interrupt Flag"-Register (TIFR) gespeichert. Alle Interrupts lassen sich individuell im „Timer Interrupt Mask"-Register (TIMSK) maskieren.

Der Timer/Counter kann intern über einen Vorteiler oder durch eine asynchrone externe Taktquelle an den TOSC1/2 Pins getaktet werden. Die asynchronen Operationen werden durch das „Asynchronous Status"-Register kontrolliert. Die Taktauswahllogik definiert, welcher Takt am Timer seinen Wert inkrementiert oder dekrementiert. Der Timer/Counter ist inaktiv, wenn keine Taktquelle ausgewählt wurde. Der Ausgang der Taktauswahllogik wird als Timer-Takt clk_{T2} bezeichnet.

Das zweifach gebufferte „Output Compare"-Register (OCR2) wird ständig mit dem Wert des Timers verglichen. Das Ergebnis dieses Vergleiches kann vom Kurvengenerator genutzt werden, um eine PWM-Spannung oder eine variable Frequenz am Ausgang des „Output Compare"-Pins (OC2) zu erzeugen. Das Ereignis der Vergleichsüberein-stimmung setzt außerdem das „Compare Match Flag"(OCF2), das genutzt werden kann, um einen „Output Compare Interrupt" auszulösen.

Viele Register und Bits sind allgemein beschrieben. Der Index „n" steht für die Nummer des Timer/Counter. In einem Programm müssen aber immer die präzisen Bezeichnungen angegeben sein, also z. B. TCNT2, um auf den Wert des Timer/Counter2 zuzugreifen.

Der Timer/Counter kann durch eine interne synchrone oder durch eine externe asynchrone Quelle getaktet werden. Die Taktquelle clk_{T2} ist auf den MCU-Takt $clk_{I/O}$ voreingestellt. Wenn das AS2-Bit im ASSR-Register mit einer 1 beschrieben wird, wird die Taktquelle verwendet, die der Oszillator erzeugt, der an TOSC1/TOSC2 angeschlossen ist.

Der Hauptteil des Timer/Counter2 ist die programmierbare 8-Bit bidirektionale Zählereinheit. Abhängig vom gewählten Arbeitsmodus wird der Zähler mit dem Takt des Timer-Clock clk_{T2} gelöscht, inkrementiert oder dekrementiert. Der clk_{T2}-Takt kann durch eine externe oder interne Quelle erzeugt werden, die Einstellung erfolgt mit den „Clock Select"-Bits CS22 bis CS20. Wenn keine Taktquelle ausgewählt ist (CS22 bis CS20 = 000),dann wird der Zähler gestoppt. Auf den Wert von TCNT2 kann aber jeder-zeit zugegriffen werden, unabhängig davon, ob der clk_{T2}-Takt vorhanden ist oder nicht. Das Beschreiben des Zählers durch die CPU hat Vorrang vor allen Lösch- und Zähl-operationen des Zählers.

Eine Zählsequenz wird durch die Einstellungen des „Waveform Generation Mode"-Bits (WGM21 und WGM20) in dem TCCR2-Register bestimmt. Es besteht ein fester Zusammenhang zwischen der Arbeitsweise des Zählers und der erzeugten Kurven-form am „Output Compare"-Ausgang OC2.

Das „Timer Counter Overflow"-Flag (TOV2) wird den Einstellungen der WGM2x-Bits entsprechend gesetzt. Es lässt sich nutzen, um einen Interrupt auszulösen.

Der 8-Bit-Komparator vergleicht kontinuierlich den Wert des TCNT2-Registers mit dem „Output Compare"-Register OCR2. Wenn die Werte von TCNT2 und OCR2 gleich sind, signalisiert der Komparator eine Übereinstimmung. Durch die Übereinstimmung wird das „Output Compare Flag" (OCF2) mit dem nächsten Timer-Takt gesetzt. Ist OCIE2 = 1, erzeugt das „Output Compare Flag" einen Interrupt . Das Flag wird auto-matisch gelöscht, wenn die Interrupt-Routine ausgeführt wird. Es kann aber auch per Software gelöscht werden, indem ein 1-Signal in das Bit geschrieben wird. Der Kurvengenerator verwendet das Übereinstimmungssignal, um ein Ausgangssignal entsprechend den Einstellungen der „Waveform Generation Mode"-Bits (WGM21 bis WGM20) und der „Compare Output Mode"-Bits (COM21 und COM20) zu erzeugen. Das TOP-und BOTTOM-Signal wird vom Kurvengenerator verwendet um die besonderen Fälle von extremen Werten in einigen Betriebsarten zu handhaben.

Das OCR2-Register ist zweifach gebuffert, wenn einer der PWM-Betriebsarten verwendet wird. In der normalen „Clear Timer on Compare"-Betriebsart (CTC) ist die zweifache Bufferung ausgeschaltet. Die zweifache Bufferung dient zur Synchronisation der laufenden Zählung mit sich verändernden TOP- und BOTTOM-Werten in dem OCR2-Register. Die Synchronisation verhindert das Auftreten von unsymmetrischen PWM-Impulsen und sorgt für „glitches" freie Ausgangssignale.

In der erzwungenen PWM-Betriebsart kann der Übereinstimmungsausgang des Vergleiches auch verwendet werden, indem man eine 1 in das FOC2-Bit (Force Output Compare) schreibt. Bei der erzwungenen Vergleichsübereinstimmung wird weder OCF2-Flag gesetzt noch der Timer gelöscht oder neu geladen. Allerdings wird der OC2-Pin aktualisiert, so als sei eine echte Vergleichsübereinstimmung aufgetreten. Ob der OC2-Pin gelöscht, gesetzt oder gewechselt wird, hängt von den Einstellungen der COM21- und COM20-Bits ab.

Alle Schreibversuche der CPU in das TCNT2-Register blockieren eine Vergleichsübereinstimmung, die im nächsten Taktzyklus auftritt, auch wenn der Timer gestoppt ist. Dadurch ist es möglich, die OCR2-Register mit den gleichen Werten wie das TCNT2-Register zu beschreiben, ohne dass dadurch ein Interrupt ausgelöst wird.

Da das Beschreiben des TCNT2-Registers in jeder Betriebsart eine Vergleichsübereinstimmung für einen Timer-Takt blockiert, entstehen gewisse Risiken beim Verändern des TCNT2, wenn einer der „Output Compare"-Kanäle verwendet wird,unabhängig davon, ob der Timer arbeitet oder nicht. Wenn ein Wert in das TCNT2 geschrieben wird, der dem Wert des OCR2 entspricht, wird die Vergleichsübereinstimmung unterbunden, wodurch eine undefinierte Ausgangsform erzeugt wird. Daher sollte das TCNT2 nicht mit dem BOTTOM-Wert beschrieben werden, wenn der Zähler rückwärts arbeitet.

Das Einstellen des OC2-Registers sollte vorgenommen werden, bevor der entsprechende Port-Pin als Ausgang verwendet wird, Der einfachste Weg, den OC2-Wert zu setzen ist die Verwendung des „Force Output Compare Strobe"-Bits (FOC2) in der normalen Betriebsart. Das OCR2-Register behält seinen Wert auch dann, wenn zwischen den„Waveform Generation"-Betriebsarten umgeschaltet wird.

Zu beachten ist, dass die COM21 und COM20 Bits nicht zweifach gebuffert sind. Daher wirken sich Veränderungen dieser Bits unmittelbar aus.

Die „Compare Output Mode"-Bits COM21 und COM20 weisen zwei Funktionen auf. Zum einen verwendet der Kurvengenerator die beiden Bits, um den Zustand des OC2-Registers bei der nächsten Vergleichsübereinstimmung festzulegen. Und zweitens kontrollieren die Bits die Ausgangsquelle des OC2-Pins.

Die allgemeine I/O-Portfunktion wird durch den „Output Compare" (OC2) überschrieben, wenn eines der beiden Bits COM21 oder COM20 gesetzt ist. Allerdings wird die Richtung des OC2-Pins (Eingang oder Ausgang) nach wie vor durch das „Data Direction"-Register (DDR) bestimmt. Das Richtungsbit für die OC2-Pins (DDR_OC2) muss als Ausgang gesetzt werden, bevor der Wert von OC2 am Ausgang arbeiten kann. Die überschreibende Funktion ist unabhängig von der ausgewählten „Waveform Generation"-Betriebsart.

Die Schaltlogik der „Output Compare Pin"-Logik erlaubt das Initialisieren des OC2-Zustandes, bevor der Ausgang freigegeben wird.

Der Kurvengenerator verwendet die COM21- und COM20-Bits in den Betriebsarten normal,CTC und PWM unterschiedlich. In allen Fällen wird bei einer Vergleichsüberein-stimmung keine Aktion ausgelöst, wenn beide Bits auf 0 gesetzt sind.

In der Operationsbetriebsart wird das Verhalten des Timer/Counters und des „Out-put Compare"-Pins durch die Kombination der „Waveform Generation Mode"-Bits (WGM21 und WGM20) und den „Compare Output Mode"-Bits (COM21 und COM20) bestimmt. Die „Compare Output Mode"-Bits beeinflussen die Zählsequenz nicht, die „Waveform Generation Mode"-Bits allerdings schon. Die COM21- und COM20-Bits legen fest, ob der PWM-Ausgang invertiert sein soll oder nicht. In erzwungener PWM-Betriebsart legen die COM21- und COM20-Bits fest, ob der Ausgang gelöscht, gesetzt oder gewechselt werden soll, wenn eine Vergleichsübereinstimmung auftritt.

Abb. 5.33 zeigt die Kurvenformen der CTC-Betriebsart für die PWM-Betriebsart. Der Wert des Zählers (TCNT2) wird so lange erhöht, bis eine Gleichheit mit dem OCR2 auf-tritt, dann wird der Zähler (TCNT2) gelöscht.

Durch das OCF2-Flag kann ein Interrupt generiert werden, zu jedem Zeitpunkt, wenn der Wert des Zählers den TOP-Wert erreicht, der durch das OCR2-Register vorgegeben ist. Wenn der Interrupt freigegeben ist, kann die Interrupt-Routine dazu verwendet werden, um den TOP-Wert zu verändern. Das Einstellen des TOP-Wertes in die Nähe des BOTTOM-Wertes muss mit Vorsicht durchgeführt werden, wenn der Zähler ohne oder mit einem niedrigen Zählerstand für den Vorteiler betrieben wird, da der CTC-Modus keine Zweifachbuffer-Eigenschaft hat. Wenn ein neuer Wert in das OCR2-Register geschrieben wird, der kleiner als der aktuelle Wert des TGNT2 ist, wird zunächst keine Vergleichsübereinstimmung erkannt. Der Zähler wird dann zunächst bis zu seinem maximalen Wert „ffh" arbeiten und von Null erneut starten, erst dann kann eine Ver-gleichsübereinstimmung erkannt werden.

Beim Generieren einer Ausgangsfrequenz der CTC-Betriebsart kann der OC2-Ausgang so eingestellt werden, dass er seinen Zustand bei jeder Vergleichs-übereinstimmung wechselt, indem die COM21- und COM20-Bits auf 1 gesetzt werden. Der OC2-Wert wird nicht am Port erscheinen, wenn die Datenrichtung nicht auf Aus-gang (DDR_OC2 = 1) eingestellt ist. Die erzeugte Ausgangswelle kann eine maximale Frequenz von $f_{OC2} = f_{clkj/O/2}$ aufweisen, wenn OCR2 auf „00h" gesetzt wird. Allgemein wird die Ausgangsfrequenz mit folgender Gleichung bestimmt:

$$f_{OCnx} = \frac{f_{clk\_I/O}}{2 \cdot N \cdot (1 + OCRRnx)}$$

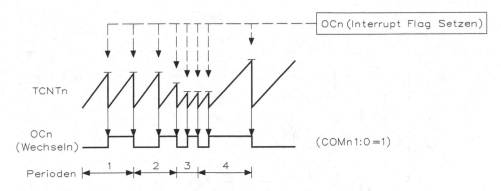

Abb. 5.33 Kurvenformen der CTC-Betriebsart für die PWM-Betriebsart

Die N-Variable kann zwischen Faktor 1, 8, 64, 256 oder 1024 gewählt werden.

Im normalen Modus wird das TOV2-Flag in demselben Taktzyklus gesetzt, in dem der Zähler von seinem MAX-Wert auf Null wechselt.

In der „Fast PWM"-Betriebsart (WGM21 und WGM20 = 3) ergibt sich eine hochfrequente Ausgangsspannung. Die „Fast PWM"-Betriebsart unterscheidet sich von den anderen PWM-Betriebsarten durch die Erzeugung einer einfachen Impulsflanke. Der Zähler arbeitet vom BOTTOM-Wert bis zum TOP-Wert und beginnt danach wieder mit dem BOTTOM-Wert. In der nicht invertierenden „Compare Output"-Betriebsart wird „Output Compare" (OC2) gelöscht, wenn eine Vergleichsübereinstimmung zwischen dem TCNT2 und OCR2 auftritt, und wird gesetzt, wenn der BOTTOM-Wert erreicht ist. In der invertierenden „Output Compare"-Betriebsart ist es genau umgekehrt. Durch die einfache Impulsflanke kann die Frequenz in der „Fast PWM"-Betriebsart doppelt so hoch sein wie in den anderen PWM-Betriebsarten, die mit doppelten Impulsflanken arbeiten. Die hohe Frequenz des PWM-Signals ist günstig bei der Verwendung als Gleichrichtung, Spannungsquellen und Anwendungen beim Digital-Analog-Wandler. Hohe Frequenzen erlauben kleine externe Komponenten wie Spulen und Kondensatoren,wodurch sich die Systemkosten und der Platzbedarf reduzieren lassen.

In der „Fast PWM"-Betriebsart wird der Zähler so lange inkrementiert, bis der Zähler den MAX-Wert erreicht. Der Zähler wird dann mit dem nachfolgenden Zyklus des Timertaktes gelöscht. Das Zeitdiagramm der „Fast PWM"-Betriebsart wird in Abb. 5.34 gezeigt. Der Wert des TCNT2-Registers ist als Kurvenform für die einfache Impulsflanke gezeigt. Auch der invertierende und der nicht invertierende Ausgang sind gezeigt. Die kleinen horizontalen Linien an der TCNT2-Flanke kennzeichnen die Vergleichsübereinstimmung zwischen OCR2 und TCNT2.

Das „Timer/Counter Overflow"-Flag (TOV2) wird jedes Mal gesetzt, wenn der Zähler seinen MAX-Wert erreicht. Wenn der Interrupt freigegeben ist, kann die Interrupt-Routine dazu verwendet werden, um die Vergleichswerte zu aktualisieren.

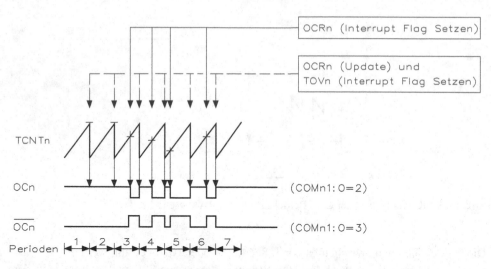

Abb. 5.34 Kurvenformen der CTC-Betriebsart für die PWM-Betriebsart

In der „Fast PWM"-Betriebsart können die Vergleichseinheiten durch das Erzeugen von PWM-Signalen an den 0C2-Pins durchgeführt werden. Durch Setzen der COM21- und COM20-Bits auf 2 wird ein nicht invertiertes PWM-Signal erzeugt. Ein invertiertes PWM-Signal kann erzeugt werden, indem COM21 und COM20 auf 3 gesetzt sind. Um das PWM-Signal am Port Pin zu erzeugen, muss man diesen als Ausgang konfigurieren (DDR_OC2 = 1). Das PWM-Signal wird erzeugt, indem das OC2-Register gesetzt oder gelöscht wird, wenn eine Vergleichsübereinstimmung zwischen OCR2 und TCNT2 besteht. Auch das OC2-Register wird in dem Taktzyklus gelöscht oder gesetzt, indem man den Zähler durch den Wechsel von MAX zu BOTTOM löscht.

Die Frequenz des Ausgangssignals kann mit folgender Formel berechnet werden:

$$f_{OCnPWM} = \frac{f_{clk\_I/O}}{N \cdot 256}$$

Die N-Variable kann zwischen Faktor 1, 8, 64, 256 oder 1024 gewählt werden.

Extreme Werte des OCR2-Registers stellen spezielle Fälle bei der Erzeugung des PWM-Signals in der „Fast PWM"-Betriebsart dar. Wenn das OCR2-Register auf den gleichen Wert wie BOTTOM (also 00h) eingestellt wird, wird eine kurze Spitze am Ausgang erzeugt, die mit jedem MAX+1-Takt auftritt. Das Setzen des OCR2-Registers auf den MAX-Wert wird zu einem konstanten 1- oder 0-Signal am Ausgang führen, abhängig davon, ob invertierender oder nicht invertierender Ausgang programmiert ist.

Eine Frequenz mit einem Tastverhältnis von 50 % kann in „Fast PWM"-Betriebsart dadurch erreicht werden, dass man OC2 so einstellt, dass dieser seinen Pegel bei jeder Vergleichsübereinstimmung wechselt (COM21- und COM20-Bits auf 1). Die erzeugte Ausgangswelle kann eine maximale Frequenz von $f_{OC2} = f_{clk\_I/0/2}$ aufweisen, wenn

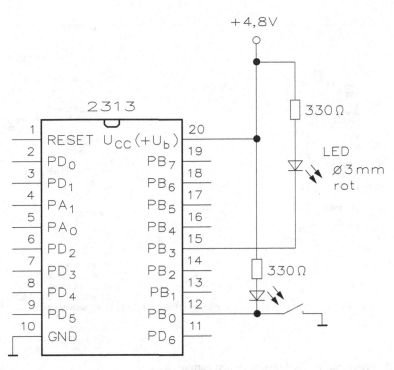

Abb. 5.35 Schaltung für die Pulsweitenmodulation einer Leuchtdiode

OCR2 auf „00h" gesetzt wird. Diese Eigenschaft ist gleich OC2-Wechselsignal in der CTC-Betriebsart, mit der Ausnahme, dass die zweifach gebufferte „Output-Compare"-Einheit in „Fast PWM"-Betriebsart zur Verfügung steht.

An Pin 15 (PB3) wird über den Widerstand eine Leuchtdiode angeschlossen und durch den Ausgang nach dem Prinzip des Pulsweitenmodulators (PWM) betrieben. Abb. 5.35 zeigt die Schaltung für die Pulsweitenmodulation einer Leuchtdiode, damit lässt sich die Helligkeit der Leuchtdiode verändern.

Abb. 5.36 zeigt das Programm für die Pulsweitenmodulation. Zuerst muss das Programm für die Initialisierung des Timer 1 festgelegt werden. Mit „ldi" wird der Akkumulator mit dem Wert „$82"geladen. Danach wird dieser Wert in das TCCR1A-Register übernommen. Mit „ldi" wird der Akkumulator mit dem Wert „$1c"geladen. Anschließend wird dieser Wert in das TCCR1B-Register übernommen. Durch den nächsten „ldi"-Befehl wird der Wert von CNTTOP in den Akkumulator geschrieben. Der Wert vom „r0"-Register wird in das „ICR1H"-Register übernommen, anschließend wird der Inhalt des Akkumulators in das „ICR1 L"-Register geschrieben. Der Akkumulator wird mit dem Wert „$14" geladen, danach erfolgt ein Laden vom „r0"-Register nach OCR1AH. Mit „out" erhält OCR1AL den Wert aus dem Akkumulator, dann erfolgt das Laden von TCNT1H und TCNT1 L.

```
; Timer0 Overflow Interrupt enable
ldi acc0, $02
out TIMSK, acc0

; Timer1 fast PWM
ldi acc0, $82
out TCCR1A, acc0
ldi acc0, $1c
out TCCR1B, acc0
ldi acc0, CNTTOP
out ICR1H, r0
out ICR1L, acc0
ldi acc0, $14
out OCR1AH, r0
out OCR1AL, acc0
out TCNT1H, r0
out TCNT1L, r0

ldi stavec, $00
clr acc0
sts TICKS_100ms, acc0
sts TICKS_1s, acc0
ldi button, $33

sei
```

```
; mainprogram
main:
    sbrc button, 0
    rjmp not_pressed

    sbrs stavec, 0
    rjmp main
    ; incr_ocr1a
    clr stavec
    in acc0, OCR1AL
    cpi acc0, CNTTOP
    breq main
    inc acc0
wr_ocr1a:
    out OCR1AH, r0
    out OCR1AL, acc0
    rjmp main

not_pressed:
    sbrc button, 4
    rjmp main

    sbrs stavec, 0
    rjmp main
    ; decr_ocr1a
    clr stavec
    in acc0, OCR1AL
    cpi acc0, $00
    breq main
    dec acc0
    rjmp wr_ocr1a
```

Abb. 5.36 Programm für die Pulsweitenmodulation

Der zweite Block der Initialisierung beginnt mit dem Ladevorgang des Statusvektors und anschließend mit dem Löschen aller Bits im Akkumulator. Die Daten für die Speicherung des Akkumulators in den Datenspeicher unter TICKS_100 ms und TICKS_1 s werden abgeschlossen mit dem Setzen des „button" mit Wert „$33".

Das Hauptprogramm ist in drei Unterprogramme aufgeteilt. Mit „sbrc" wird ein Sprung eingeleitet, wenn das Bit 0 im Register auf 0 steht. Es folgt ein relativer Sprung nach „not_presses". Ist das Bit gesetzt, springt der Mikrocontroller nach „main" zurück und die Abfrage des Tasters ist beendet. Das Programm „incr_ocr1a" für das Inkrement wird durchgeführt mit einem Löschen der Bits im Register, dann wird der Wert von OCR1AL in den Akkumulator geschrieben. Mit „cpi" erfolgt ein Vergleich zwischen CNTTOP und dem Akkumulator und anschließend ein Sprung, wenn das Zero-Flag gesetzt ist. Andernfalls wird der Akkumulator inkrementiert.

Das zweite Unterprogramm „wr_ocr1a" schreibt das „r0"-Register nach OCR1AH und den Wert vom Akkumulator nach OCR1AL. Es folgt ein relativer Sprung nach „main".

Das dritte Unterprogramm „not_pressed" führt einen Sprung durch, wenn das Bit im Register „button" gelöscht ist. Es wird ein relativer Sprung auf „main" ausgeführt. Mit „sbrc" wird ein Sprung ausgeführt, wenn das Bit im Register gesetzt ist. Es folgt ein relativer Sprung nach „main".

Mit „decr_ocr1a" werden alle Bits im Statusregister gelöscht. Dann beginnt das Laden von OCR1AL in den Akkumulator,und mit „cpi" wird der Akkumulator mit dem Wert „$00" verglichen. Das Programm springt, wenn das Zero-Flag gesetzt ist oder ein Dekrement im Akkumulator durchgeführt wird. Es folgt ein relativer Sprung nach „wr_ocr1a".

5.11 Steuerung einer Fußgängerampel

Für die Fußgängerampel ist die Schaltung mit dem Mikrocontroller zu erweitern, wie die Schaltung von Abb. 5.37 zeigt.

Am Anschlusspin 12 (PB0) befindet sich der Taster für die Fußgänger. Wenn ein Fußgänger den Taster drückt, muss er drei Sekunden warten, bevor die Schaltung anspricht. Die Fußgängerampel ist immer auf rot und die Autoampel auf grün, wenn die Anlage nicht aktiviert ist. Nach drei Sekunden schaltet die Autoampel auf gelb und drei Sekunden später auf rot, wenn ein Fußgänger den Taster drückt. Nach weiteren drei Sekunden schaltet die Fußgängerampel auf grün und für zwölf Sekunden ist diese auf grün. Anschließend schaltet die Fußgängerampel auf rot und nach einer Zeitverzögerung von zwölf Sekunden die Autoampel auf rot-gelb. Nach weiteren drei Sekunden geht die Autoampel auf grün.

Für den Port PB muss folgende Belegung festgelegt werden:

PB0:   Taster für die Ampelanforderung,
PB1:   nicht belegt,
PB2:   nicht belegt,
PB3:   Fußgängerampel grün,
PB4:   Fußgängerampel rot,
PB5:   Autoampel grün,
PB6:   Autoampel gelb,
PB7:   Autoampel rot.

Abb. 5.38 zeigt das Programm für die Fußgängerampel. Die Pseudo-Operation „equ" gestattet dem Programmierer das „Gleichsetzen" von Namen mit Adressen oder Daten. Die Namen können sich auf Bausteinadressen, numerische Daten,Startadressen, feste Adressen usw. beziehen.

Die Pseudo-Operation „equ" weist dem numerischen Wert in ihrem Operandenfeld den Namen in ihrem Markenfeld zu. Die meisten Assembler gestatten die Definition einer Marke mit den Ausdrücken einer anderen. Die Marke im Operandenfeld muss natürlich vorher definiert werden. Häufig kann das Operandenfeld komplexere Ausdrücke enthalten. Die Zuweisung doppelter Namen (zwei Namen für die gleichen Daten oder Adressen) kann sehr nützlich sein, wenn man Programme zusammenlegen will, die verschiedene Namen für die gleiche Variable (oder unterschiedliche Ausdrucksweise für scheinbar gleiche Namen)verwenden.

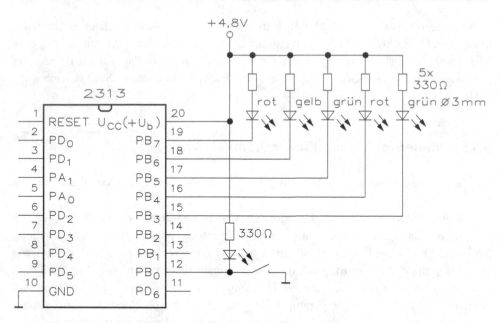

Abb. 5.37 Schaltung für eine Fußgängerampel

Es ist zu beachten, dass eine „equ"-Pseudo-Operation nicht bewirkt, dass der Assembler irgendetwas in den Programmspeicher platziert. Der Assembler platziert einfach einen zusätzlichen Namen in eine Tabelle (eine sogenannte Symbol-Tabelle). Diese Tabelle, anders als die Mnemonik-Tabelle, muss in einem RAM liegen, da sie sich mit jedem Programm ändert. Das Assemblerprogramm wird immer einen Teil eines RAM benötigen, um die Symbol-Tabelle aufzubewahren. Je mehr RAM-Plätze zur Verfügung stehen, desto mehr Symbole kann sie aufnehmen. Dieses RAM wird zusätzlich zu allem benötigt, was der Assembler an zeitweiligem Speicher braucht.

Wann verwendet man einen Namen? Die Antwort ist, wann immer man einen Parameter hat, den man ändern möchte oder der eine Bedeutung neben seinem numerischen Wert besitzt. Normalerweise erfolgt eine Zuweisung von Namen zu Zeitkonstanten,Bausteinadressen, Maskierungsmustern, Umwandlungsfaktoren u. ä.. Ein Name für ein Programm ist nicht nur einfacher als den Parameter zu ändern, sondern erleichtert auch die Programm-Dokumentation. Man weist Namen auch Speicherplätzen zu, die einen speziellen Zweck haben. Sie können Daten aufbewahren, den Start des Programms markieren, oder für unmittelbare Speicherung zur Verfügung stehen.

Welche Namen verwendet man? Man verwendet am besten Namen nach den gleichen Grundsätzen wie bei Markierungen, wobei hier besonders bedeutungsvolle Namen empfehlenswert sind. Diese Ratschläge scheinen trivial zu sein, jedoch verwenden sie eine überraschende Anzahl von Programmierern nicht.

Wohin wird man die „equ"-Pseudo-Operationen platzieren? Die beste Stelle ist am Beginn des Programms, unter entsprechenden Kommentar-Überschriften wie

```
;PB0 Taster                                        ; mainprogram
;PB1 not used                                      main:
;PB2 not used                                          ldi acc0, GRRT
;PB3 Fuss gruen                                        out PORTB, acc0
;PB4 Fuss rot
;PB5 Auto gruen                                        sbrc button,0
;PB6 Auto gelb                                         rjmp main
;PB7 Auto rot
                                                       rcall wait_3_sec
.equ GRRT   =$cf  ;                                    ldi acc0, GERT
.equ GERT   =$af  ;                                    out PORTB, acc0
.equ RTRT   =$6f  ;                                    rcall wait_3_sec
.equ RTGR   =$77  ;                                    ldi acc0, RTRT
.equ RTGERT =$2f  ;                                    out PORTB, acc0
                                                       rcall wait_3_sec
; Initialize                                           ldi acc0, RTGR
RESET:                                                 out PORTB, acc0
    ; set stackpointer to end off RAM
    ldi acc0, low(RAMEND)                              rcall wait_3_sec
    out SPL,acc0                                       rcall wait_3_sec
                                                       rcall wait_3_sec
    clr r0                                             rcall wait_3_sec
                                                       ldi acc0, RTRT
    ; set PortA to input with Pullup                   out PORTB, acc0
    ldi acc0, $ff                                      rcall wait_3_sec
    out PORTA, acc0                                     ldi acc0, RTGERT
    ldi acc0, $00                                      out PORTB, acc0
    out DDRA, acc0                                     rcall wait_3_sec

    ; set PortB to input with Pullup                   rjmp main
    ; set PortB(3), PB4, PB5, PB6 and PB7 to output with value 1
    ldi acc0, $ff                                 ;subroutine
    out PORTB, acc0                               wait_3_sec:
    ldi acc0, $f8                                     clr sacc0
    out DDRB, acc0                                    sts TICKS_3s, sacc0
                                                      clr stavec
    ; set PortD to input with Pullup
    ldi acc0, $ff                                 busy_wait:
    out PORTD, acc0                                   sbrs stavec,0
    ldi acc0, $00                                     rjmp busy_wait
    out DDRD, acc0                                    ret

    ; Timer0 normal mode with CK/256 (256us)
    ldi acc0, $04
    out TCCR0B, acc0

    ; Timer0 Overflow after $100 - $3D = $C3 = 195 (*256us) = (50ms)
    ldi acc0, CNTVAL
    out TCNT0, acc0

    ; Timer0 Overflow Interrupt enable
    ldi acc0, $02
    out TIMSK, acc0

    ldi stavec, $00
    clr acc0
    sts TICKS_3s, acc0
    ldi button, $33

    sei
```

Abb. 5.38 Programm für die Fußgängerampel

I/O-Adressen, zeitweilige Speicherung, Zeitkonstanten oder Programmstellen. Dadurch lassen sich die Definitionen leichter finden, wenn man sie ändern möchte. Ferner wird ein anderer Anwender imstande sein, alle Definitionen an einer zentralen Stelle zu übersehen. Offensichtlich verbessert diese Praxis auch die Dokumentation und erleichtert die Verwendung des Programms.

Definitionen, die nur in einem speziellen Unterprogramm verwendet werden, sollten am Beginn des Programms erscheinen.

Es gilt:

```
Equ GRRT   = $cf    ⇒   1 1 0 0 1 1 1 1
Equ GERT   = $af    ⇒   1 0 1 0 1 1 1 1
Equ RTRT   = $6f    ⇒   0 1 1 0 1 1 1 1
Equ RTGR   = $77    ⇒   0 1 1 1 0 1 1 1
Equ RTGERT = $2f    ⇒   0 0 1 0 1 1 1 1
```

```
                        ↑ ↑ ↑ ↑ ↑
                        | | | | └ Fußgängerampel grün
                        | | | └── Fußgängerampel rot
                        | | └──── Autoampel grün
                        | └────── Autoampel gelb
                        └──────── Autoampel rot
```

Die Initialisierung des Mikrocontrollers beginnt mit dem Setzen des Stackpointers auf das Ende des Schreib-Lese-Speichers. Danach wird Port A, Port B und Port D gesetzt. Port B hat fünf Ausgänge (LEDs) und einen Eingang (Taster). Anschließend wird der Timer 0 programmiert und zum Schluss das Interrupt-Flag im Statusregister gesetzt.

Das Programm „main" lädt zu Beginn den Wert von „GRRT" in den Akkumulator und gibt den Inhalt auf Port B aus. Mit „sbrc" erfolgt ein Sprung, wenn der Inhalt gelöscht ist, dann führt das Programm einen relativen Sprung durch. Mit „rcall" wird ein relativer Unterprogrammaufruf von „wait_3_sec" gestartet und anschließend der Wert von „GERT" in den Akkumulator geladen. Der Inhalt des Akkumulators wird auf den Port B gegeben. Es folgen noch zwei „rcall"-Aufrufe und das Laden des Port B.

Mit vier „rcall" werden die Unterprogramme aufgerufen, danach wird Port B immer mit dem Inhalt vom Akkumulator geladen. Mit einem relativen Sprung nach „main" wird das Hauptprogramm abgeschlossen.

Das Unterprogramm „subroutine" löscht mit „clr" den Hilfsakkumulator (saccu), dieser Inhalt wird im Datenspeicher unter dem Label „TICKS_3 s" gespeichert. Das Statusregister wird gelöscht.

Mit „busy_wait" erfolgt ein Sprung, wenn der Statusvektor auf 0 gesetzt ist. Danach wird der relative Sprung nach „busy_wait" durchgeführt und mit „ret" erfolgt der Rücksprung vom Unterprogramm.

5.12   Ampelsteuerung für Nebenstraße

Für eine Ampelsteuerung mit Nebenstraße sind zwei vollständige Ampeln erforderlich, Abb. 5.39 zeigt die Schaltung.

Die Bedingungen für die Ampelsteuerung sind folgendermaßen. Im Normalzustand blinkt die gelbe Leuchtdiode für die Nebenstraße, für die Hauptstraße ist keine Leuchtdiode in Betrieb. Der Taster simuliert eine Induktionsschleife. Passiert ein Auto die Induktionsschleife, wird das Gelbblinken unterbrochen und die Ampel der Nebenstraße schaltet auf rot. Gleichzeitig wird die Ampel auf der Hauptstraße auf grün geschaltet. Nach drei Sekunden schaltet die Ampel auf der Hauptstraße von grün nach gelb und

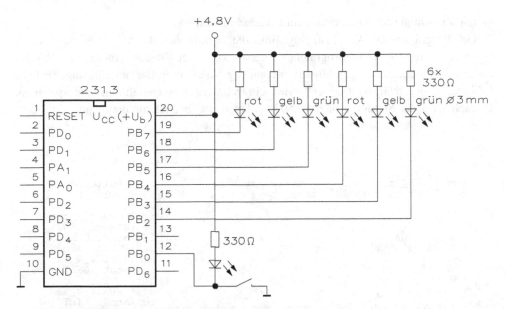

Abb. 5.39 Schaltung einer Ampelsteuerung für Nebenstraße

weiter nach rot. Nach drei Sekunden schaltet die Ampel auf der Nebenstraße von rot nach rot-gelb und weiter nach grün. Nach einer Zeit von zwölf Sekunden wird die Ampel der Nebenstraße wieder gelb und anschließend rot. Nach drei Sekunden wird die Hauptstraße von rot nach rot-gelb geschaltet.

Definitionen, die nur in einem speziellen Unterprogramm verwendet werden, sollten am Beginn des Programms erscheinen.

Es gilt:

Equ GRRT	= \$cf	⇒	1 1 0 0 1 1 1 1	
Equ GERT	= \$af	⇒	1 0 1 0 1 1 1 1	
Equ RTRT	= \$6f	⇒	0 1 1 0 1 1 1 1	
Equ RTRTGE	= \$67	⇒	0 1 1 0 0 1 1 1	
Equ RTGR	= \$7b	⇒	0 1 1 1 1 0 1 1	
Equ RTGE	= \$77	⇒	0 1 1 1 0 1 1 1	
Equ RTGERT	= \$2f	⇒	0 0 1 0 1 1 1 1	
Equ XGE	= \$f7	⇒	1 1 1 1 0 1 1 1	
Equ XX	= \$ff	⇒	1 1 1 1 1 1 1 1	

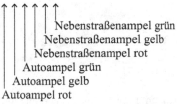
Nebenstraßenampel grün
Nebenstraßenampel gelb
Nebenstraßenampel rot
Autoampel grün
Autoampel gelb
Autoampel rot

Die Zuordnung der Ampeln ist damit abgeschlossen.

Das Programm von Abb. 5.40 zeigt links die Definitionen der beiden Ampeln,rechts befindet sich das Hauptprogramm. Zuerst wird der Taster (Induktionsschleife) abgefragt. Ist der Taster geschlossen,erkennt der Mikrocontroller am Eingang PB0 ein 0-Signal. Mit „rcall wait_3_sec" wird ein relatives Unterprogramm angesprungen. Danach wird der Statusvektor mit „$02" geladen und der Akkumulator mit „ldi acc0,

```
; SRAM usage                                 ; mainprogram
; for time information                       main:
.equ TICKS_3s   =$61   ; Overflow each 3s        sbrc button,0
.equ TICKS_1s   =$62   ; Overflow each 1s        rjmp main

;PB0 Taster                                      rcall wait_3_sec
;PB1 not used                                    cbr stavec, $02
;PB2 Auto1 gruen                                 ldi acc0, GRRT
;PB3 Auto1 gelb                                  out PORTB, acc0
;PB4 Auto1 rot                                   rcall wait_3_sec
;PB5 Auto0 gruen                                 ldi acc0, GERT
;PB6 Auto0 gelb                                  out PORTB, acc0
;PB7 Auto0 rot                                   rcall wait_3_sec
                                                 ldi acc0, RTRT
.equ GRRT    =$cf   ;                            out PORTB, acc0
.equ GERT    =$af   ;                            rcall wait_3_sec
.equ RTRT    =$6f   ;                            ldi acc0, RTRTGE
.equ RTRTGE  =$67   ;                            out PORTB, acc0
.equ RTGR    =$7b   ;                            rcall wait_3_sec
.equ RTGE    =$77   ;                            ldi acc0, RTGR
.equ RTGERT  =$2f   ;                            out PORTB, acc0
.equ XGE     =$f7   ;
.equ XX      =$ff   ;                            rcall wait_3_sec
                                                 rcall wait_3_sec
                                                 rcall wait_3_sec
                                                 rcall wait_3_sec
                                                 ldi acc0, RTGE
                                                 out PORTB, acc0
                                                 rcall wait_3_sec
                                                 ldi acc0, RTRT
                                                 out PORTB, acc0
                                                 rcall wait_3_sec
                                                 ldi acc0, RTGERT
                                                 out PORTB, acc0
                                                 rcall wait_3_sec
                                                 ldi acc0, XGE
                                                 out PORTB, acc0
                                                 sbr stavec, $02
                                                 rjmp main


                                             ;subroutine
                                             wait_3_sec:
                                                 clr sacc0
                                                 sts TICKS_3s, sacc0
                                                 cbr stavec, $01

                                             busy_wait:
                                                 sbrs stavec,0
                                                 rjmp busy_wait
                                                 ret
```

Abb. 5.40 Programm für eine Ampelsteuerung mit Nebenstraße

GRRT"übernommen. Anschließend wird mit „out PORT B, acc0" der Inhalt des Akkumulators aufPort B ausgegeben. Mit „rcall wait_3_sec" wird in ein relatives Unterprogramm gesprungen. Danach wird mit Call wieder ein „wait_3_sec" aufgerufen und der Akkumulator mit „ldi acc0, GERT" übernommen. Anschließend wird mit „out PORT B, acc0" der Inhalt des Akkumulators auf Port B ausgegeben. Das Programm wird nach und nach abgearbeitet.

Mit „rcall wait_3_sec" wird eine Zeitverzögerung von je drei Sekunden erzeugt. Danach wird das Programm nach und nach abgearbeitet, bis „rjmp main" erreicht wird.

Die „subroutine" ist ein Programm, mit dem man eine Zeitverzögerung von drei Sekunden erzeugt. Mit „busy_wait" wird der Statusvektor mit Null geladen und das Programm arbeitet solange, bis der Wert von Null erreicht wird, andernfalls springt das Programm mit „rjmp" zurück. Mit „ret" geht das Unterprogramm wieder auf das Hauptprogramm zurück.

5.13 Hexadezimaler Zähler mit 7-Segment-Anzeige

Ein hexadezimaler Zähler arbeitet von 0 bis F. Eine 7-Segment-Anzeige besteht aus sieben Leuchtdioden, die entsprechend angeordnet sind, wie Abb. 5.41 zeigt.

Für die Ansteuerung durch einen Mikrocontroller kann man eine 7-Segment-Anzeige mit gemeinsamer Anode verwenden. Port D hat sieben Anschlüsse für PD0 bis PD6. Zwischen Mikrocontroller und der 7-Segment-Anzeige sind sieben Widerstände für die Strombegrenzung erforderlich. Die sieben Leuchtdioden sind so angeordnet, dass die hexadezimalen Zahlen von 0 bis 9, A (10D), B (11D), C (12H), D (13H), E (14H) und F (15H) ausgegeben werden können. Die einzelnen Segmente sind mit Kleinbuchstaben von a bis g gekennzeichnet. Die Anoden der Leuchtdioden sind zusammengefasst und gemeinsam herausgeführt. Der Mikrocontroller erzeugt die einzelnen Wertigkeiten. Tab. 5.24 zeigt die Ansteuerung einer 7-Segment-Anzeige mit gemeinsamer Anode, mit einem 0-Signal am Ausgang wird das Segment mit einer Leuchtdiode angesteuert.

Bei der Schaltung von Abb. 5.42 steuert der Mikrocontroller die Segmente der Anzeige direkt an. Hat ein Ausgang von Port D ein 0-Signal, fließt ein Strom von der positiven Betriebsspannung über die Leuchtdiode und den Strombegrenzungswiderstand in den Mikrocontroller hinein. Die Ausgänge von Port D weisen ein typisches Stromsenkenverhalten auf. Hat der Ausgang ein 1-Signal, fließt kein Strom über die Leuchtdiode.

Wenn man das Programm von Abb. 5.43 betrachtet, sieht man den Pseudobefehl „org". Der Pseudobefehl „org" verändert den Adresszähler,der Zeiger, der bestimmt, wo der Assembler Befehle oder Daten im Speicher ablegen kann. Bei dem Compiler kann man diese Entscheidung meistens Windows überlassen, doch hat man mit „org" die Möglichkeit, diese Entscheidung auch selbst zu übernehmen.

Der „org"-Befehl „ORG 100H" weist beispielsweise den Assembler an, den Objektcode für die folgenden Befehle ab der Speicherstelle 256 Bytes vom Beginn des

Abb. 5.41 Aufbau einer
7-Segment-Anzeige mit
gemeinsamer Anode

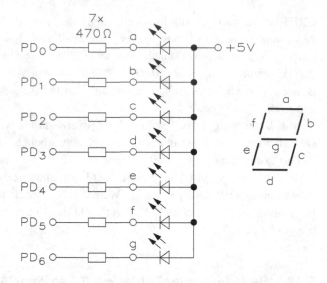

Segments abzuspeichern. Man kann den Objektcode auch relativ zum aktuellen Adresszähler im Speicher ablegen, es wird dabei das Dollarzeichen ($) verwendet, um den
aktuellen Adresszähler zu kennzeichnen. Die Anweisung

$$ORG \quad \$ + 4$$

addiert einen Wert von vier auf den Adresszähler, es werden also die nächsten vier Bytes
im Speicher reserviert.

Tab. 5.24 Ansteuerung einer 7-Segment-Anzeige mit gemeinsamer Anode, wobei die Stelle x (nicht bewertet), mit einem 1-Signal auf die hexadezimale Darstellung wirkt

Zahl	Segmente							Hexadezimale
	g	f	e	d	c	b	a	Darstellung
0	1	0	0	0	0	0	0	C0
1	1	1	1	1	0	0	1	F9
2	0	1	0	0	1	0	0	A4
3	0	1	1	0	0	0	0	B0
4	0	0	1	1	0	0	1	99
5	0	0	1	0	0	1	0	92
6	0	0	0	0	0	1	0	82
7	1	1	1	1	0	0	0	F8
8	0	0	0	0	0	0	0	80
9	0	0	1	0	0	0	0	90
A	0	0	0	1	0	0	0	88
B	0	0	0	0	0	1	1	83
C	1	0	0	0	1	1	0	C6
D	0	1	0	0	0	0	1	A1
E	0	0	0	0	1	1	0	86
F	0	0	0	1	1	1	0	8E

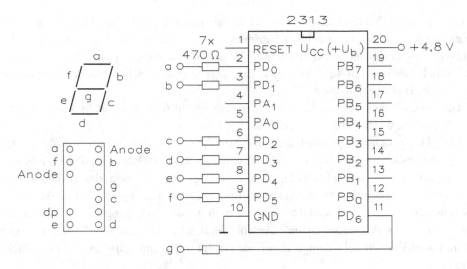

Abb. 5.42 Programm für den Mikrocontroller mit 7-Segment-Anzeige

Abb. 5.43 Programm für den
elektronischen Würfel

```
.org 0x0013
.db $c0, $f9, $a4, $b0, $99, $92, $82, $f8
.db $80, $90, $88, $83, $c6, $a1, $86, $8e


; mainprogram
main:
    lpm acc0, Z
    inc ZL
    out PORTD, acc0
    rcall wait_1_sec
    cpi ZL, $36
    brlo main
    ldi ZL, $26
    rjmp main


;subroutine
wait_1_sec:
    clr sacc0
    sts TICKS_1s, sacc0
    cbr stavec, $01

busy_wait:
    sbrs stavec,0
    rjmp busy_wait
    ret
```

Vielleicht werden Sie ORG niemals in eigenen Programmen benötigen, es ist jedoch möglich, dass es Ihnen einmal in Listings von Systemprogrammen begegnet. Deshalb sollten Sie wissen, was ORG durchführt.

Wie bereits erklärt wurde, können Daten auf fünf verschiedene Arten angegeben werden: binär, hexadezimal, dezimal,oktal und ASCII. Um zwischen diesen Arten zu unterscheiden, muss ein Identifikationsbuchstabe (oder Anführungszeichen bei ASCII) bei allen Daten durchgeführt werden, wenn sie nicht dezimal sind. Dies ist bequem, wenn ein Programm hauptsächlich Dezimalwerte verwendet, wenn jedoch mit vielen binären, hexadezimalen oder anderen nicht dezimalen Zahlen gearbeitet wird,ist es wesentlich einfacher, diese Zahlen ohne die Angabe eines solchen Identifikationsbuchstabens (B, H etc.) einzugeben.

Die Daten-Pseudobefehle des Assemblers können in fünf funktionelle Gruppen aufgeteilt werden, wie in Tab. 5.25 gezeigt ist.

Das Hauptprogramm gestaltet sich kurz. Mit „lpm acc0, Z" wird aus dem Z-Register (Programmspeicher) der Inhalt in den Akkumulator geladen. Dann wird das ZL-Register inkrementiert, also um +1 erhöht. Danach erfolgt die Ausgabe des Akkumulators überPort D. Es folgt ein Unterprogrammaufruf mit „rcall wait_1_sec" und ein Vergleich zwischen dem Register ZL und der Konstanten 36. Ist die Bedingung kleiner, erfolgt mit „brlo main" das Programm „main". Anschließend wird mit „ldi ZL,$26"das Register ZL mit dem Wert 26 geladen und zum Ende erfolgt mit „rjmp main" der relative Rücksprung.

Die „subroutine" ist ein Programm, mit dem man eine Zeitverzögerung von einer Sekunde erzeugt. Mit „busy_wait" wird der Statusvektor mit Null geladen, das Programm arbeitet solange, bis der Wert von Null erreicht ist, andernfalls springt das Programm mit „rjmp" zurück. Mit „ret" geht das Unterprogramm wieder auf das Hauptprogramm zurück.

5.14   Elektronischer Würfel mit 7-Segment-Anzeige

Für einen elektronischen Würfel kann man die Ansteuerschaltung von Abb. 5.42verwenden. Es muss nur der Taster am Eingang PB0 vorhanden sein. Wird der Taster nicht betätigt, hat der Eingang PB0 ein 1-Signal und die 7-Segment-Anzeige zeigt den Zählerstand konstant an. Wird der Taster betätigt, hat der Eingang PB0 ein 0-Signal und die 7-Segment-Anzeige läuft durch, bis der Taster wieder losgelassen wird. Abb. 5.43 zeigt das Programm für den elektronischen Würfel.

Ein elektronischer Würfel zählt von 1 bis 6, daher ist die „org"-Anweisung mit dem Programm von Abb. 5.40 identisch. Das Hauptprogramm beginnt mit „sbis PINB, 0" und das I/O-Register wird gesetzt. Dann erfolgt mit „rjmp pressed" die Abfrage, ob der Taster am Eingang PB0 geschlossen (gedrückt) oder offen ist. Ist der Taster offen, erkennt der Mikrocontroller ein 1-Signal und beginnt dann, das Programm „pressed"abzuarbeiten. Ist der Taster dagegen geschlossen, wird mit dem Befehl „ldi acc0, $08" geladen. Der Wert des Akkumulators wird in das TCCR1B-Register geladen. Mit dem Befehl „in ZL, TCNT1 L" wird der Zählerstand in das ZL-Register geladen. Der Befehl „ldi acc0,$27" bringt den Akkumulator auf einen neuen Wert. Anschließend wird der Inhalt des Akkumulators und das ZL-Register geladen. Durch den Befehl „lpm acc0, Z" wird der Inhalt des Z-Registers in den Programmspeicher geladen. Mit „out

Tab. 5.25 Daten-Pseudobefehle

Pseudobefehl	Funktion
Symboldefinition EQU =	Format: Name EQU = Ausdruck Weist den Wert von Ausdruck dem Namen fest zu. Format: Label = Ausdruck Wie EQU, Label kann jedoch umdefiniert werden.
Datendefinition DB DW DD	Format: [Name] DB = Ausdruck[,...] Definiert eine Variable oder initialisiert Speicher. DB weist ein oder mehrere Bytes zu. Format: [Namel DW = Ausdruck[,...] Ähnlich wie DB, weist aber ein oder mehrere Zwei-Byte-Worte zu. Format: (Name] DD = Ausdruck[,...] Weist ein oder mehrere Vier-Byte-Doppelworte zu.
Externe Referenzen PUBLIC EXTRN INCLUDE	Format: PUBLIC Symbol[,...] Das/Die definierte(n) Symbol(e) kann von anderen Modulen, die zu diesem hinzugebunden werden, verwendet werden. Format: EXTRN Name: Typ[,...1] Gibt Symbole an, die in anderen Modulen definiert wurden. Format: INCLUDE Dateiangabe Assembliert Quellbefehle aus einer anderen Quelldatei.

SEGMENT	Format: Segmentname SEGMENT [Ausrichtung]
	                                 [Kombination]
	                                 ['Klasse']
	                                 ...
	                                 ...
	         Segmentname ENDS
	Definiert die Grenzen eines mit Namen versehenen Segments. Eine SEGMENT-Definition muss durch die ENDS-Anweisung beendet werden.

ASSUME	Format: ASSUME Segmentregister: Segmentname[,...]
	         oder
	         ASSUME Segmentregister: NOTHING[,...]
	Sagt dem Assembler, zu welchem Segment ein Segmentregister gehört.
	ASSUME NOTHING setzt alle vorherigen ASSUME-Anweisungen für die angegebenen Register zurück.

PROC	Format: Name PROC [NEAR]
	         oder
	         Name PROC FAR
	
	                       ...
	
	                       RET
	         Name ENDP
	Weist einer Folge von Assemblerbefehlen einen Namen zu. Jede PROC-Definition muss mit einer ENDP-Anweisung beendet werden.

Assemblersteuerung END	Format: END (Ausdruck] Kennzeichnet das Ende des Quellprogramms

PORT D, acc0" wird der Wert des Akkumulators in Port D für eine Ausgabe geladen. Zum Schluss erfolgt ein „rjmp main" für den Rücksprung in das Hauptprogramm.

Mit dem Programm „pressed" wird der Taster abgefragt. Zuerst wird mit „ldi acc0,$09" der Wert in den Akkumulator geladen. Anschließend wird durch den Befehl „out" das TCCR1B mit dem Inhalt des Akkumulators gespeichert. Mit „ldi ZL,$26"wird

das ZL-Register geladen und dann mit dem Befehl „lpm acc0, Z" in den Programmspeicher geladen. Mit „out PORT D, acc0"wird der Wert des Akkumulators in Port D für
eine Ausgabe übernommen. Zum Schluss erfolgt „rjmp main" für den Rücksprung in das
Hauptprogramm.

5.15   Garagenzähler mit neun Stellplätzen

Ist die Garage leer, zeigt die Anzeige auf der Einfahrt den Zählerstand 0 an, die Ampel
an der Einfahrt ist auf rot. Wird der Taster am Eingang PB0 (z. B. ein Kartenleser)
gedrückt, öffnet sich nach drei Sekunden eine Schranke und die Ampel an der Einfahrt ist für fünf Sekunden auf grün. Dann schaltet die Ampel von grün auf rot und die
Schranke schließt. Gleichzeitig wird der Zähler um +1 inkrementiert und im EEPROM
des Mikrocontrollers gespeichert.

Bei der Ausfahrt zeigt die Ampel immer rot an. Wird der Taster an Eingang PB1 (z. B.
eine Lichtschranke) gedrückt,öffnet sich die Schranke für die Ausfahrt und die Ampel
zeigt grün an. Die Ampel zeigt nach fünf Sekunden rot an, die Schranke schließt wieder.
Der Zähler dekrementiert und der Zählerstand wird im EEPROM des Mikrocontrollers
gespeichert.

Die Anlage funktioniert auch, wenn gleichzeitig ein Auto in die Garage einfährt und
ein anderes die Garage verlässt. Durch die Speicherung im EEPROM ist das Programm
aufwendig, wie Abb. 5.44zeigt.

Das Hauptprogramm umfasst elf Teilprogramme. Am Anfang des Programms
„display" wird der Akkumulator gelöscht und dann das Programm „EEPROM_read"
aufgerufen, d. h. der Inhalt des EEPROM wird gelesen. Dann folgt mit „mov ZL, sacc1"
die Übernahme des Akkumulators in das ZL-Register. Anschließend wird mit „ldi acc0,
$26" der Wert 26 in den Akkumulator geladen und mit „add ZL, acc0" mit dem Inhalt
vom ZL-Register addiert. Danach wird der Inhalt des Z-Registers im Programmspeicher
abgelegt, dann erfolgt mit „out PORT D, acc0" die Ausgabe des Akkumulators an Port
D. Mit „cpi ZL, $2f" wird der Inhalt vom ZL-Register mit dem Wert 2F verglichen und
mit „brlo task0" wird Task 0 aufgerufen, wenn das ZL-Register kleiner ist. Ansonsten
wird Task 1 aufgerufen.

Das Programm „task0" beginnt mit „lds acc0, TASK0_STATE", damit wird der Inhalt
von der internen SRAM-Einheit direkt in den Akkumulator geladen. Dann wird der
Inhalt des Akkumulators mit dem Wert 0 verglichen und mit „brne t0_state1" wird eine
Verzweigung durchgeführt, wenn der Vergleich ungleich ist. Es wird mit „sbic PINB, 0"
das I/O-Register gelöscht oder mit „rjmp task1" zurückgesprungen. Anschließend wird
der Taster mit „in button pressed" untersucht. Der Wert „$14"(entspricht einer Sekunde)
wird in den Akkumulator geladen. Der Inhalt vom Akkumulator wird in das SRAM
unter „TASK0_TICK_MAX" mit dem Befehl „sts" geladen. Anschließend wird im
Statusvektor mit „cbr" das Register mit dem Wert 1 gesetzt. Dann folgt das Laden des

```
; mainprogram
main:
    ; display
    clr sacc0
    call EEPROM_read
    mov ZL, sacc1
    ldi acc0, $26
    add ZL, acc0
    lpm acc0, Z
    out PORTD, acc0

    cpi ZL, $2f
    brlo task0
    rjmp task1

task0:
    lds acc0, TASK0_STATE
    cpi acc0, $00
    brne t0_state1
    sbic PINB, 0
    rjmp task1

    ; in button pressed

    ldi acc0, $14      ; 1sec
    sts TASK0_TICK_MAX, acc0
    cbr stavec, $01
    ldi acc0, $01
    sts TASK0_STATE, acc0
t0_state1:
    cpi acc0, $01
    brne t0_state2
    sbrs stavec, 0
    rjmp task1

    cbi PORTB, 6

    ldi acc0, $14      ; 1sec
    sts TASK0_TICK_MAX, acc0
    cbr stavec, $01
    ldi acc0, $02
    sts TASK0_STATE, acc0
t0_state2:
    cpi acc0, $02
    brne t0_state3
    sbrs stavec, 0
    rjmp task1

    sbi PORTB, 7
    cbi PORTB, 5
```

```
    ldi acc0, $3c      ; 3sec
    sts TASK0_TICK_MAX, acc0
    cbr stavec, $01
    ldi acc0, $03
    sts TASK0_STATE, acc0
t0_state3:
    cpi acc0, $03
    brne t0_state4
    sbrs stavec, 0
    rjmp task1

    sbi PORTB, 5
    cbi PORTB, 7

    ldi acc0, $3c      ; 3sec
    sts TASK0_TICK_MAX, acc0
    cbr stavec, $01
    ldi acc0, $04
    sts TASK0_STATE, acc0
t0_state4:
    sbrs stavec, 0
    rjmp task1

    sbi PORTB, 6
    clr sacc0
    call EEPROM_read
    inc sacc1
    call EEPROM_write

    clr acc0
    sts TASK0_STATE, acc0
    rjmp main

task1:
    lds acc0, TASK1_STATE
    cpi acc0, $00
    brne t1_state1

    ; out button pressed
    sbic PINB, 1
    rjmp main

    cbi PORTB, 3

    ldi acc0, $64      ; 5sec
    sts TASK1_TICK_MAX, acc0
    cbr stavec, $02
    ldi acc0, $01
    sts TASK1_STATE, acc0
t1_state1:
    sbrs stavec, 1
    rjmp main

    sbi PORTB, 3
```

```
    clr sacc0
    call EEPROM_read
    cpi sacc1, $00
    breq t1_end
    dec sacc1
    call EEPROM_write

t1_end:
    clr acc0
    sts TASK1_STATE, acc0
    rjmp main

;    clr sacc0
;    clr sacc1
;    call EEPROM_write

;subroutines

EEPROM_write:
    ; address in sacc0
    ; data in sacc1
    sbic EECR, EEPE
    rjmp EEPROM_write

    ; address
    out EEAR, sacc0
    ; data
    out EEDR, sacc1

    in shlp0, SREG
    cli
    sbi EECR, EEMPE
    sbi EECR, EEPE
    out SREG, shlp0
    ret

EEPROM_read:
    ; address in sacc0
    ; data in sacc1
    sbic EECR, EEPE
    rjmp EEPROM_read

    out EEAR, sacc0
    ; eeprom read
    sbi EECR, EERE
    in sacc1, EEDR
    ret
```

Abb. 5.44 Programm für einen Garagenzähler mit neun Stellplätzen

Akkumulators mit dem Wert 1. Der Inhalt vom Akkumulator wird in das SRAM unter „TASK0_STATE" mit dem Befehl „sts" geladen.

Das Programm „t0_state1" beginnt mit „cpi acc0,$01" und das I/O-Registers wird gelöscht. Dann wird ein Vergleich mit „brne t0_state2" durchgeführt und gesprungen, wenn der Vergleich ungleich ist. Danach wird mit „sbrs stavec, 0" das Register abgefragt, ob es gesetzt ist oder nicht. Es erfolgt ein Sprung nach „task1" und wenn nicht, wird PORT B mit dem Wert 6 verglichen. Der Wert „$14" (entspricht einer Sekunde) wird in den Akkumulator geladen. Der Inhalt vom Akkumulator wird in das SRAM unter „TASK0_TICK_MAX" mit dem Befehl „sts" geladen. Anschließend wird im Statusvektor mit „cbr" das Register mit dem Wert „$02" gesetzt. Dann folgt das Laden des Akkumulators mit dem Wert „$01". Der Inhalt des Akkumulators wird in das SRAM unter „TASK0_STATE" mit dem „sts"-Befehl geladen.

Die Programme „t0_state2" und „t0_state3" sind sehr ähnlich, denn diese liefern die Zeitverzögerungen. Das Programm „t0_state4" liest und schreibt in das EEPROM.

Mit „task1" wird die nächste Softwareaufgabe des Mikrocontrollers in weitere kleine, überschaubare und abgeschlossene Aufgaben (task) aufgeteilt. Der Befehl „lds acc0, TASK1_STATE" lädt seine Wertigkeit aus dem SRAM direkt in den Akkumulator. Durch „cpi acc0,$00" wird der Inhalt des Akkumulators mit einer Konstanten verglichen. Ist die nachfolgende Operation „brne t1_state1" ungleich, springt das Programm auf „t1_ state1", ist es gleich, dann folgt „sbic PINB, 1" und die Löschung des I/O-Registers. Es erfolgt ein Sprung auf „main".

Mit „cbi PORT B, 3" erfolgt das Löschen des I/O-Registers für Port B. Danach erfolgt die Zeitverzögerung von fünf Sekunden mit „ldi acc0,$64". Der Akkumulator wird geladen und direkt mit dem Befehl „sts" in das SRAM geladen. Mit „cbr stavec,$02" wird der Statusvektor im Register gelöscht und danach wird mit „ldi acc0,$01" der Akkumulator geladen. Der Wert des Akkumulators wird direkt im SRAM gespeichert.

Das Programm kommt zu „t1_state1". Mit „sbrs stavec, 1" wird das Register im Statusvektor geladen, dann erfolgt ein Rücksprung auf „main". Andernfalls wird das I/O-Register von PORT B gesetzt. Danach wird das Register gelöscht und der Aufruf „call EEPROM_read" durchgeführt, d. h. das EEPROM gelesen. Durch „breq t1_end" erfolgt ein Vergleich und der Akkumulator wird dekrementiert. Anschließend erfolgt ein Aufruf für das Schreiben des EEPROM. Mit „t1_end" ist das Programm am Schluss angekommen. Mit „clr acc0" wird das Register gelöscht, dann erfolgt das direkte Speichern im SRAM. Danach erfolgt ein Rücksprung nach „main".

Die Subroutine für das EEPROM im Mikrocontroller besteht aus Schreiben (write) und Lesen (read). Zuerst ist der Befehl „sbic EECR, EEPE" zum Löschen vorhanden. Dann erfolgt ein Rücksprung. Mit „out EEAR, sacc0" wird der Inhalt des Akkumulators, der eine Adresse ist, in das EEAR-Register geschrieben, dann mit „out EEDR, sacc1" wird der Inhalt des Akkumulators, der ein Datenwert ist, in das EEDR-Register geschrieben. Der Interrupt wird mit Return beendet. Für das Lesen des EEPROM müssen zwei Akkumulatoren zur Verfügung stehen, einer für die Adresse und der andere für den Datenwert. Mit „sbic" wird das I/O-Register gelöscht. Danach wird die Adresse in das EEAR-Register geschrieben und der Inhalt mit einem „in"-Befehl gelesen. Der Interrupt wird mit Return beendet.

5.16   Lottomat mit 2-stelliger 7-Segment-Anzeige

Ein Lottomat zählt von 1 bis 49 und beginnt dann wieder bei 1. Über den Taster an Port B0 wird der Lottomat gesteuert, d. h. ist der Taster offen, bleibt der Zähler auf einem Wert stehen, wird der Schalter gedrückt, läuft der Zähler. Abb. 5.45 zeigt die Schaltung für den Lottomat.

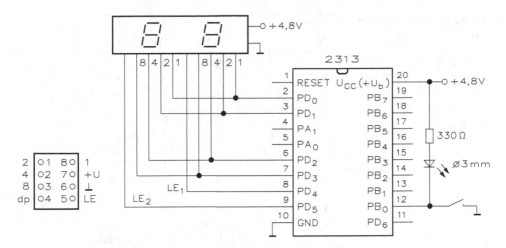

Abb. 5.45   Schaltung für elektronischen Lottomat

Im Zählerbetrieb arbeitet der Lottomat von 1 bis 9 (Einerstelle), dann erfolgt ein Übertrag in die Zehnerstelle. Die Wertigkeit der Einerstelle wird über vier Leitungen von PD0, PD1, PD2 und PD3 ausgegeben und liegt an einer Einer- und Zehnerstelle an. Mit einem 1-0-1-Signal an der Leitung LE1 (latch enable) wird die BCD-Wertigkeit der Einerstelle in die Anzeige übernommen. Die Wertigkeit der Zehnerstelle wird ebenfalls über vier Leitungen von PD0, PD1, PD2 und PD3 ausgegeben. Mit einem 1-0-1-Signal an der Leitung LE2 (latch enable) wird die BCD-Wertigkeit der Einerstelle in die Anzeige übernommen.

Die Anzeige 5082-7300 von Hewlett Packard hat intern eine 7-Segment-Anzeige und einen Zwischenspeicher (latch). Tab. 5.26 zeigt die Ansteuerung.

Der Dezimalpunkt DP wird nicht angeschlossen. Mit „latch enable" wird zwischen Daten laden und Daten speichern umgeschaltet.

Abb. 5.46 zeigt das Programm für den Lottomat (6 aus 49). Das Hauptprogramm besteht aus mehreren Unterprogrammen. Zuerst wird das I/O-Register auf 0 gesetzt, danach springt das Programm auf „pressed". Anschließend wird Akkumulator mit dem Wert 8 geladen, dann wird das Steuerregister des Zählers mit dem Akkumulator gesetzt. Mit „in acc0, TCNT1 L" wird der Zählerinhalt in den Akkumulator geladen und mit „inc acc0"inkrementiert. Zum Schluss wird der Akkumulator gelöscht.

Das Programm „dez1" bestimmt die rechte 7-Segment-Anzeige.Mit „subi acc0, $0a" wird die Konstante „$0a" in den Akkumulator subtrahiert. Dann erfolgt eine Verzweigung mit „brcs dez0", d. h. ist das Carrybit gesetzt, springt das Programm. Andernfalls wird der Akkumulator inkrementiert und auf die linke Dezimalstelle gesprungen.

Tab. 5.26 Ansteuerung der Anzeige 5082–7300

BCD-Daten				Anzeige
D8	D4	D2	D1	
0	0	0	0	0
0	0	0	1	1
0	0	1	0	2
0	0	1	1	3
0	1	0	0	4
0	1	0	1	5
0	1	1	0	6
0	1	1	1	7
1	0	0	0	8
1	0	0	1	9
1	0	1	0	o.A.
1	0	1	1	o.A.
1	1	0	0	o.A.
1	1	0	1	o.A.
1	1	1	0	o.A.
1	1	1	1	o.A.
DP				Ein = 0 Aus = 1
LE				Lade Daten = 0 Speichere Daten = 1

Mit dem Programm „dez0" muss eigentlich der Akkumulator mit „$0a" geladen werden. Da der Befehl „addi" nicht vorhanden ist, muss die Aufgabe mit „subi acc0,$f6" gelöst werden. Der Wert „0a" entspricht dem Komplement von „f0". Danach wird Akkumulator „acc1,$70" und „acc0,$70" mit ODER der jeweiligen Konstanten verknüpft. Der Inhalt vom Akkumulator „acc1" wird in den Port D geladen, dann erfolgt ein Vergleich mit der Konstanten 5 und Port D. Mit „sbi PORT D, 5" wird das I/O-Register gelöscht. Der Akkumulator wird in Port D geladen, dann erfolgt wieder das Löschen des I/O-Registers. Port D wird gesetzt,dann wird ein Rücksprung mit „rjmp main" durchgeführt.

Mit dem Programm „pressed" wird mit „ldi acc0, $09" eine Konstante in den Akkumulator geladen und dieser Wert in das Steuerregister des Zählers übergeben. Anschließend wird ein Rücksprung mit „rjmp main" durchgeführt.

```
; Initialize
RESET:
    ; set stackpointer to end off RAM
    ldi acc0, low(RAMEND)
    out SPL,acc0

    clr r0

    ; set PortA to input with Pullup
    ldi acc0, $ff
    out PORTA, acc0
    ldi acc0, $00
    out DDRA, acc0

    ; set PortB to input with Pullup
    ; set PortB(2), PB3, PB4, PB5, PB6 and PB7 to output with value 1
    ldi acc0, $ff
    out PORTB, acc0
    ldi acc0, $fc
    out DDRB, acc0

    ; set PortD to output with value 1
    ldi acc0, $7f
    out PORTD, acc0
    ldi acc0, $7f
    out DDRD, acc0

    ; Timer0 normal mode with CK/256 (256us)
    ldi acc0, $04
    out TCCR0B, acc0

    ; Timer0 Overflow after $100 - $3D = $C3 = 195 (*256us) = (50ms)
    ldi acc0, CNTVAL
    out TCNT0, acc0

    ; Timer0 Overflow Interrupt enable
    ldi acc0, $02
    out TIMSK, acc0

    ; Timer1 normal mode
    clr acc0
    out TCCR1A, acc0
    ldi acc0, $09
    out TCCR1B, acc0
    ldi acc0, $30
    out OCR1AH, r0
    out OCR1AL, acc0
    out TCNT1H, r0
    out TCNT1L, r0

    clr stavec
    clr acc0
    sts TICKS_1s, acc0
    ldi button, $33

    sei
```

```
; mainprogram
main:
    sbis PINB, 0
    rjmp pressed
    ldi acc0, $08
    out TCCR1B, acc0
    in acc0, TCNT1L
    inc acc0
    clr acc1

dez1:
    subi acc0, $0a
    brcs dez0
    inc acc1
    rjmp dez1

dez0:
    ; addi acc0, $0a
    subi acc0, $f6
    ori acc1, $70
    ori acc0, $70
    out PORTD, acc1
    cbi PORTD, 5
    sbi PORTD, 5
    out PORTD, acc0
    cbi PORTD, 4
    sbi PORTD, 4
    rjmp main

pressed:
    ldi acc0, $09
    out TCCR1B, acc0
    rjmp main
```

Abb. 5.46 Programm für den Lottomat (6 aus 49)

Hard- und Software für den ATtiny26

6

Im Gegensatz zum „digitalen" 8-Bit-Mikrocontroller ATtiny2313 hat der „analoge" ATtiny26 einen integrierten AD-Wandler (Analog-Digital-Wandler) mit elf Analogeingängen. Diese Eingänge arbeiten entweder als einfache Messeingänge oder werden als Differenzeingänge betrieben. Außerdem gilt der Befehlssatz vom ATtiny2313 für den8-Bit-Mikrocontroller ATtiny26, denn der Befehlssatz wurde um die analogen Funktionen erweitert. Abb. 6.1 zeigt das Anschlussschema.

Der interne 10-Bit-AD-Wandler setzt die analogen Eingangsspannungen entweder in ein 8- oder 10-Bit-Format um. Über einen Analogmultiplexer stehen elf AD-Wandler zur Verfügung. Diese AD-Wandler lassen sich auch zu acht Differenzeingängen verschalten, man kann selbstverständlich mit einfachen und/oder Differenzeingängen arbeiten. Sieben Differenzeingänge lassen eine programmierbare Verstärkung von $v = 1$ oder $v = 20$ zu. Die absolute Genauigkeit liegt bei ± 2 LSB (least significant bit, niederwertiges Bit) und die Nichtlinearität ist 0,5 LSB. Die Umsetzzeit beträgt zwischen 13 μs und 230 μs.

Im Gegensatz zum „digitalen" 8-Bit-Mikrocontroller ATtiny2313 sind die Betriebsspannungsanschlüsse wegen der internen AD-Wandler anders angeordnet. Der ATtiny26 hat 118 leistungsfähige Befehle und arbeitet voll statisch. Daher kann auf den externen Quarz verzichtet werden.

- Pin 1: Dieser Pin arbeitet hauptsächlich als bidirektionaler Port PB0 und hat mehrere Nebenfunktionen. „MOSI " ist der Eingang für die SPI -Programmierung, wie beim ATtiny2313. „DI" dient als Eingang für die serielle USI-Schnittstelle und „SDA" kann für die serielle Datenleitung der seriellen USI-Schnittstelle verwendet werden. Die vierte Funktion ist der invertierende Ausgang für den Zeitgeber bzw. Zähler 1 in der PWM-Betriebsart.

© Springer Fachmedien Wiesbaden GmbH, ein Teil von Springer Nature 2020
H. Bernstein, *Mikrocontroller,* https://doi.org/10.1007/978-3-658-30067-8_6

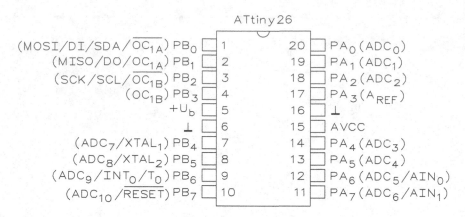

Abb. 6.1   Anschlussschema des 8-Bit-Mikrocontrollers ATtiny26

- Pin 2: Dieser Pin arbeitet hauptsächlich als bidirektionaler Port PB1 und hat mehrere Nebenfunktionen. „MISO " ist der Ausgang für die SPI-Programmierung, wie beim ATtiny2313. „DO" dient als Ausgang für die serielle USI-Schnittstelle. Die dritte Funktion ist der direkte Ausgang für den Zeitgeber bzw. Zähler 1 in der PWM-Betriebsart. In der vierten Funktion dient dieser Pin noch für den Anschluss des PCINT0 (externer Interrupt 0).
- Pin 3: Dieser Pin arbeitet hauptsächlich als bidirektionaler Port PB2 und hat mehrere Nebenfunktionen. „SCK" ist der Taktein- und Taktausgang für die USI-Schnittstelle. „SCL" arbeitet als Pin für einen externen Takt bei der USI-Schnittstelle. Die dritte Funktion ist der invertierende Ausgang für den Zeitgeber bzw. Zähler 1 in der PWM-Betriebsart. In der vierten Funktion dient dieser Pin noch für den Anschluss PCINT0 (externer Interrupt 0).
- Pin 4: Dieser Pin arbeitet als bidirektionaler Port PB3 und hat noch zwei Neben-funktionen. Der Ausgang OC1B dient für den Zeitgeber bzw. Zähler 1 in der PWM-Betriebsart und als Vergleichsausgang. In dieser Funktion dient der Pin noch für den Anschluss PCINT0 (externer Interrupt 0).
- Pin 5: Positiver Betriebsspannungsanschluss.
- Pin 6: Masseanschluss.
- Pin 7: Dieser Pin arbeitet als bidirektionaler Port PB4 und hat noch drei Neben-funktionen. In der ersten Funktion arbeitet er als analoger Eingang (ADC7) für den Kanal 7 des internen 10-Bit-AD-Wandlers. Wenn ein externer Quarz verwendet wird, arbeitet dieser Anschluss als Oszillatoreingang. In der dritten Funktion dient dieser Pin noch für den Anschluss PCINT1 (externer Interrupt 1).
- Pin 8: Dieser Pin arbeitet als bidirektionaler Port PB5 und hat noch drei Neben-funktionen. In der ersten Funktion arbeitet er als analoger Eingang (ADC8) für den Kanal 8 des internen 10-Bit-AD-Wandlers. Wenn ein externer Quarz verwendet wird,

arbeitet dieser Anschluss als Oszillatorausgang. In der dritten Funktion dient dieser Pin noch für den Anschluss PCINT1 (externer Interrupt 1).

- Pin 9: Dieser Pin arbeitet als bidirektionaler Port PB6 und hat noch mehrere Neben-funktionen. In der ersten Funktion arbeitet er als analoger Eingang (ADC9) für den Kanal 9 des internen 10-Bit-AD-Wandlers. In der weiteren Funktion dient dieser Pin noch für den Anschluss INT0 (externer Interrupteingang 0). Der Pin dient der Erfassung eines externen Signals eines Zählers oder Zeitgebers, die Funktion über-nimmt der Timer/Counter 0. In der letzten Funktion dient dieser Pin noch für den Anschluss PCINT1 (externer Interrupt 1).

- Pin 10: Dieser Pin arbeitet als bidirektionaler Port PB7 und hat noch mehrere Neben-funktionen. In der ersten Funktion arbeitet er als analoger Eingang (ADC10) für den Kanal 10 des internen 10-Bit-AD-Wandlers. Legt man kurzzeitig ein 0-Signal an, kann man den Mikrocontroller rückstellen, wenn man den Pin als „Reset"-Eingang programmiert hat. In der letzten Funktion dient dieser Pin noch für den Anschluss PCINT1 (externer Interrupt 1). Bei diesem Anschluss müssen die Funktionen genau beachtet werden, da es leicht zu Fehlfunktionen kommen kann. Normalerweise wird dieser Eingang nur für die Rückstellung des Mikrocontrollers verwendet.

- Pin 11: Dieser Pin arbeitet als bidirektionaler Port PA7 und hat mehrere Neben-funktionen. In der ersten Funktion arbeitet er als analoger Eingang (ADC6) für den Kanal 6 des internen 10-Bit-AD-Wandlers. „AIN1" ist der negative Eingang für den analogen Komparator. In der letzten Funktion dient dieser Pin noch für den Anschluss PCINT1 (externer Interrupt 1).

- Pin 12: Dieser Pin arbeitet als bidirektionaler Port PA6 und hat mehrere Neben-funktionen. In der ersten Funktion arbeitet er als analoger Eingang (ADC5) für den Kanal 5 des internen 10-Bit-AD-Wandlers. „AIN0" ist der positive Eingang für den analogen Komparator. In der letzten Funktion dient dieser Pin noch für den Anschluss PCINT1 (externer Interrupt 1).

- Pin 13: Dieser Pin arbeitet als bidirektionaler Port PA5 und hat nur eine Neben-funktion. In dieser Funktion arbeitet er als analoger Eingang (ADC4) für den Kanal 4 des internen 10-Bit-AD-Wandlers.

- Pin 14: Dieser Pin arbeitet als bidirektionaler Port PA4 und hat nur eine Neben-funktion. In dieser Funktion arbeitet er als analoger Eingang (ADC3) für den Kanal 3 des internen 10-Bit-AD-Wandlers.

- Pin 15: Wenn eine genaue Umsetzung vom AD-Wandler gefordert wird, legt man hier die analoge Betriebsspannung für den Mikrocontroller an.

- Pin 16: Masseanschluss.

- Pin 17: Dieser Pin arbeitet als bidirektionaler Port PA3 und hat nur eine Neben-funktion. Wenn eine genaue Umsetzung vom AD-Wandler gefordert wird, legt man hier die Referenzspannungsquelle an. In der zweiten Funktion dient dieser Pin noch für den Anschluss PCINT1 (externer Interrupt 1).

- Pin 18: Dieser Pin arbeitet als bidirektionaler Port PA2 und hat nur eine Neben-
  funktion. In dieser Funktion arbeitet er als analoger Eingang (ADC2) für den Kanal 2
  des internen 10-Bit-AD-Wandlers.
- Pin 19: Dieser Pin arbeitet als bidirektionaler Port PA1 und hat nur eine Neben-
  funktion. In dieser Funktion arbeitet er als analoger Eingang (ADC1) für den Kanal 1
  des internen 10-Bit-AD-Wandlers.
- Pin 20: Dieser Pin arbeitet als bidirektionaler Port PA0 und hat nur eine Neben-
  funktion. In dieser Funktion arbeitet er als analoger Eingang (ADC0) für den Kanal 0
  des internen 10-Bit-AD-Wandlers.

6.1   Interner AD-Wandler

Der AD-Wandler des ATtiny26 hat folgende Eigenschaften:

- 10-Bit-Auflösung,
- absolute Genauigkeit mit ± 2 LSB,
- integrale Nichtlinearität von 0,5 LSB,
- optionaler Ausgleich der Offsetspannung,
- Wandlungszeit zwischen 65 µs und 260 µs,
- einstellbare Verstärkung für die elf Analogeingänge,
- bis zu 15.000 Wandlungen pro Sekunde,
- gemultiplexte Einzeleingänge,
- interne Referenzspannung,
- Eingangsspannung von 0 V bis $+U_b$ an den Einzeleingängen,
- kontinuierliche oder Einzelwandlung,
- Interrupt bei Ende der Wandlung.

Der ATtiny26 bietet einen 10-Bit-AD-Wandler, der nach dem Prinzip der sukzessiven
Approximation arbeitet. Der Analog-Digital-Wandler ist mit einem analogen Multiplexer
verbunden, der die Auswahl zwischen Einzeleingängen an Port A und B erlaubt. Diese
Eingänge referenzieren gegen 0 V (GND).

6.1.1   Sukzessive Approximation

Bei der sukzessiven Approximation (schrittweisen Annäherung) wird das
eingehendeSignal mittels der Ausgangsspannung eines DA-Wandlers angenähert. Dazu
gibt es ein SAR-Datenregister (Successive Approximation Register), in dem zum Schluss
der ermittelte Digitalwert des DA-Wandlers steht. Der AD-Wandler besteht nicht nur
aus dem DA-Wandler, sondern verfügt über ein SAR, eine komplizierte elektronische

Schaltung für die digitale Steuerelektronik und separaten Komparator, der die erzeugte Referenzspannung vom DA-Wandler mit der Eingangsspannung vergleicht.

Für jedes Bit an Genauigkeit benötigt der AD-Wandler jeweils einen Taktzyklus an Wandlungszeit. Abb. 6.2 zeigt die Schaltung eines AD-Wandlers, der nach der sukzessiven Approximation (schrittweisen Annäherung) arbeitet.

Wandler mit mittlerer bis hoher Umsetzgeschwindigkeit verwenden das Verfahren der „sukzessiven Approximation", auch Wägeverfahren oder stufenweise Annäherung genannt. Mehr als 85 % aller AD-Wandler arbeiten nach diesem Prinzip.

Ebenso wie die Zähltechnik gehört diese Methode der Umsetzung zur Gruppe der Rückkopplungssysteme. In diesen Fällen liegt ein DA-Wandler in der Rückkopplungs-schleife eines digitalen Regelkreises, der seinen Zustand so lange ändert, bis seine Aus-gangsspannung dem Wert der analogen Eingangsspannung entspricht. Dabei wird der interne DA-Wandler von einer Optimierungslogik so gesteuert, dass bei n-Bit-Auflösung die Umsetzung in nur n-Schritten beendet ist.

In Abb. 6.2 ist dieses Verfahren gezeigt. Mittelpunkt der Schaltung ist das sukzessive Approximations-Register mit einer aufwendigen Steuerlogik für den DA-Wandler. Die Bezeichnung „Wägeverfahren"beruht darauf, dass die Funktion vergleichbar ist mit dem Wiegen einer unbekannten Last mittels einer Waage, deren Standardgewichte in binärer Reihenfolge, also 1/2, 1/4, 1/8 ... 1/n kg, aufgelegt werden. Das größte Gewicht legt man zuerst in die Schale. Kippt die Waage nicht, wird das nächstkleinere dazugelegt. Kippt die Waage, so entfernt man das zuletzt aufgelegte Gewicht wieder und legt das nächstkleinere auf. Diese Prozedur wird fortgesetzt, bis die Waage in Balance ist oder das kleinste Gewicht (1/2 ... 1/n kg)aufliegt. Somit stellen die auf der Ausgleichsschale

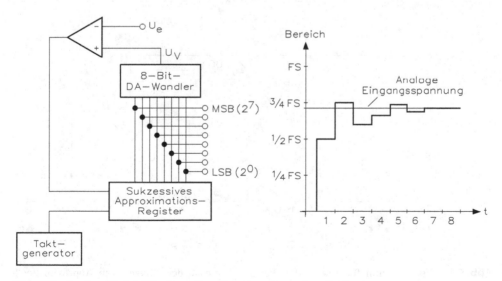

Abb. 6.2 Analog-Digital-Wandler mit „sukzessiver Approximation"

liegenden Standardgewichte die bestmögliche Annäherung an das unbekannte Gewicht dar.

Abb. 6.3 gibt das Flussdiagramm der stufenweisen Annäherung wieder. Man erkennt die Arbeitsweise einer 3-Bit-SAR-Einheit. Die Messspannung wird zuerst mit dem MSB (Most Significant Bit) auf den Wert 00 gesetzt. Der DA-Wandler erzeugt eine entsprechende Ausgangsspannung, die mit der Messspannung im Komparator verglichen wird. Durch den Komparator erhält man einen Vergleich, ob die Messspannung größer oder kleiner als die Vergleichsspannung ist. Ist die Messspannung größer, so wird das MSB in der SAR-Einheit gesetzt und ein neuer Vergleich mit dem Spannungsbetrag MSB $\pm$ MSB $-$ 1 (most significant Bit) durchgeführt. Ist die Messspannung kleiner als die Vergleichsspannung, so wird das MSB nicht gesetzt und der nächste Vergleich mit der Ausgangsspannung MSB $-$ 1 durchgeführt. Dieser Vorgang wird mit den nächstfolgenden Stufen so lange wiederholt, bis für eine vorgegebene Auflösung die bestmögliche Annäherung der Ausgangsspannung des DA-Wandlers an die unbekannte Messspannung erzielt worden ist. Die Umsetzzeit des Stufenwandlers lässt sich daher sofort bestimmen und berechnet sich bei einer Auflösung von n-Bit nach der Formel

$$T_u = n \cdot \frac{1}{f_\tau},$$

wobei f_τ die Ausgangsfrequenz des Taktgenerators ist.

Nach n-Vergleichen zeigt der Digitalausgang der SAR-Einheit jedes Bit im jeweiligen Zustand an und stellt damit das codierte Binärwort dar. Ein Taktgenerator bestimmt den zeitlichen Ablauf. Die Effektivität dieser Wandlertechnik erlaubt Umsetzungen in

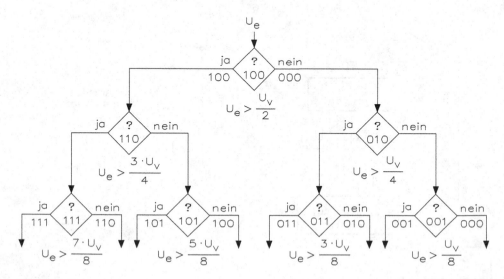

Abb. 6.3 Flussdiagramm für einen 3-Bit-Wandler, der nach der „sukzessiven Approximation" arbeitet

sehr kurzen Zeiten bei relativ hoher Auflösung. So ist es beispielsweise möglich, eine 10-Bit-Wandlung in weniger als 800 ns durchzuführen.

Damit sich während der Wandlungszeit der Eingangsmesswert nicht ändert, wird er durch ein Abtast-/Halteglied (Sample & Hold) zwischengespeichert. Allgemein ergibt sich die Umsetzfunktion zu:

$$Z = (2^n \cdot U_m/U_{ref}) = (U_m/U_{LSB}).$$

Beispiel

Hat man einen 8-Bit-AD-Wandler mit $U_{ref} = 2,56\,V$ und $U_m = 1,5\,V$, ergibt sich für einen 8-Bit-Wandler:

$$Z = (2^8 \cdot 1,5\,V/2,56\,V) = 150.$$

Dies ergibt eine Umsetzfunktion von $Z = 150$.

$$
\begin{array}{ll}
150 : 2 = 75\ R = 0 & \qquad 150 D \hat{=} 1001\ 0110 \\
75 : 2 = 37\ R = 1 & \qquad\qquad 9 \quad\ \ 6 \quad \hat{=} 150 \\
37 : 2 = 18\ R = 1 & \\
18 : 2 = \ 9\ R = 0 & \\
9 : 2 = \ 4\ R = 1 & \\
4 : 2 = \ 2\ R = 0 & \\
2 : 2 = \ 1\ R = 0 & \\
1 : 2 = \ 0\ R = 1 \uparrow \text{Leserichtung} &
\end{array}
$$

Die analoge Messspannung von 1,5 V ergibt ein digitales 8-Bit-Format vo n1001 0110. ◀

Der AD-Wandler im ATtiny26 enthält einen „Sample & Hold"-Verstärker, der sicherstellt, dass die Eingangsmessspannung für den Wandler während des Wandlungsvorganges konstant bleibt.

Der AD-Wandler hat einen separaten Pin für die Referenzspannung (AU$_b$). AU$_b$ (analoge Betriebsspannung) darf nicht mehr als $\pm 0,3\,V$ von $+U_b$ abweichen.

Die interne Referenzspannung von nominell 2,56 V wird auf dem Chip erzeugt. Die Referenzspannung sollte durch einen externen Kondensator am Pin A$_{Ref}$ gestützt werden, um eine Störsicherheit zu erreichen.

Abb. 6.4 zeigt das Schaltbild des internen AD-Wandlers des ATtiny26. Der AD-Wandler wandelt eine analoge Eingangsspannung durch sukzessive Approximation in einen 10-Bit-Digitalwert. Der kleinste Wert entspricht GND (0 V), also LSB, der maximale Wert entspricht der ausgewählten Referenzspannung minus ein LSB.

Die Referenzspannung für den AD-Wandler kann durch die Bits REFS1 und REFS0 im ADMUX-Register ausgewählt werden, die Referenzspannung liegt dann auch am AU$_b$-Pin an. Möglich sind $+U_b$ oder die interne Referenzspannung von 2,56 V. Die

Spannung an AU_b kann durch einen externen Kondensator am A_{Ref}-Pin zur besseren Rauschunterdrückung gestützt werden.

Die analogen Eingänge werden mit den Bits MUX2 bis MUX0 im ADMUX-Register ausgewählt. Jeder der Eingänge sowie GND oder die feste Bandgap (Referenzspannung) können als Einzeleingang für den AD-Wandler ausgewählt werden.

Der AD-Wandler lässt zwei Betriebsarten zu, die kontinuierliche oder die einzelne Umsetzung. Bei der Einzelwandlung wird jede Umsetzung durch das Programm gestartet. Bei der kontinuierlichen Umsetzung werden dagegen die Eingänge ständig ausgewertet und die Daten im ADC-Datenregister aktualisiert. Das ADFR-Bit im ADCSR-Register wählt zwischen diesen beiden Möglichkeiten aus.

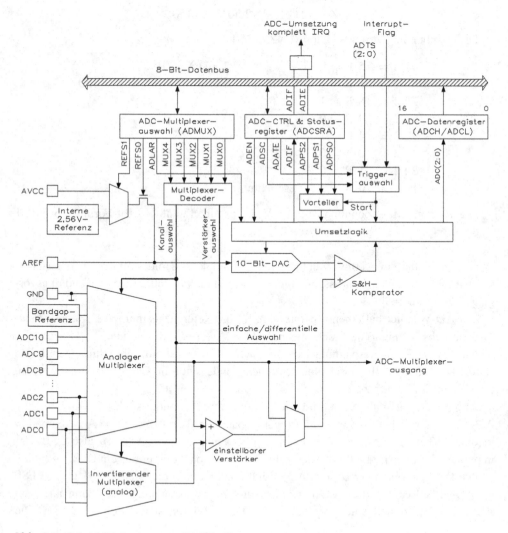

Abb. 6.4 Schaltbild des internen AD-Wandlers

Der AD-Wandler wird freigegeben, indem das ADEN-Bit im ADCSR-Register gesetzt wird. Änderungen an der Referenzspannung und den Eingangskanälen werden erst wirksam, wenn das ADEN-Bit gesetzt ist. Wenn das ADEN-Bit gelöscht ist, benötigt der AD-Wandler keinen Strom. Es ist also sinnvoll, das Bit zu löschen, bevor in den Stromsparmodus umgeschaltet wird.

Der AD-Wandler erzeugt ein 10-Bit-Ergebnis, das in den ADC-Datenregistern ADCH und ADCL abgelegt wird. Normalerweise wird das Ergebnis rechtsbündig in den beiden Registern abgelegt. Optional kann das Ergebnis aber auch linksbündig in ADCH und ADCL geschrieben werden. Die Einstellung erfolgt mit dem ADLAR-Bit im ADMUX-Register. Wenn nur ein 8-Bit-Ergebnis benötigt wird, liest man nur das ADCL-Register aus. Sobald man das ADCL-Register ausliest, wird der Zugriff des Wandlers auf beide Register gesperrt, d. h. wenn eine weitere Umsetzung abgeschlossen ist, bevor die Register komplett ausgelesen sind, geht das neue Ergebnis verloren. Die Register werden erst nach dem Auslesen von ADCH wieder freigegeben.

Der Wandler kann auch einen Interrupt auslösen, sobald eine Umsetzung abgeschlossen ist. Der Interrupt wird auch dann ausgelöst, wenn der Zugriff auf die Register blockiert ist und das neue Ergebnis verloren geht. Das Interrupt-Flag wird auch dann gesetzt, wenn die Interrupts lokal oder global deaktiviert sind.

Wenn das Ergebnis linksbündig geschrieben und keine größere Auflösung als 8-Bit-Format benötigt wird, kann das komplette 8-Bit-Ergebnis direkt aus ADCH gelesen werden. Andernfalls muss erst ADCL und dann ADCH gelesen werden, um sicherzustellen, dass beide Daten zu demselben Umsetzungsergebnis gehören. Sobald ADCL gelesen wird, kann der AD-Wandler keine Zugriffe auf die Datenbytes ausführen, d. h. wenn ADCL gelesen wurde und eine weitere Umsetzung beendet ist, bevor ADCH ausgelesen ist, werden beide Register nicht mit den neuen Werten beschrieben und das neue Umsetzungsergebnis geht verloren. Wenn ADCH gelesen wird, wird der Zugriff auf die Register ADCL und ADCH wieder freigegeben.

Der AD-Wandler hat einen eigenen Interrupt, der getriggert werden kann, wenn eine Umsetzung abgeschlossen wurde. Wenn der Zugriff des AD-Wandlers auf die Datenregister zwischen dem Lesen von ADCH und ADCL gesperrt ist, wird der Interrupt trotzdem getriggert, auch wenn das Ergebnis verloren geht.

6.1.2   Starten einer Umsetzung

Eine Umsetzung wird gestartet, indem ein 1-Signal in das ADC-Start-Conversion (ADSC)-Bit geschrieben wird. Das Bit bleibt während der Umsetzung gesetzt und wird nach Beendigung der Umsetzung automatisch durch die Hardware wieder gelöscht. Wenn die Umsetzung noch läuft und ein anderer Eingangskanal ausgewählt wird, wird die laufende Umsetzung erst bis zum Ende durchgeführt, bevor auf die Bedingungen des anderen Kanals umgeschaltet wird.

Im freilaufenden Modus tastet der AD-Wandler die Eingangsspannnung kontinuierlich ab und aktualisiert die beiden Datenregister ADCL und ADCH. Der freilaufende
Modus wird ausgewählt, wenn das ADFR-Bit im ADCSRA-Register auf 1 gesetzt wird.
Die erste Wandlung muss dann gestartet werden, indem ein 1-Signal in das ADSC-Bit
im ADCSRA-Register geschrieben wird. In diesem Modus führt der AD-Wandler
kontinuierlich Wandlungen durch, unabhängig davon, ob das ADC-Interrupt-Flag ADIF
gelöscht ist oder nicht.

Die Schaltung für die sukzessive Approximation benötigt einen Takt mit einer
Frequenz zwischen 50 kHz und 200 kHz,um die maximale Auflösung zu erreichen.
Wenn kleinere Auflösungen als 10 Bit ausreichen, kann die Taktfrequenz des
AD-Wandlers auch höher als 200 kHz sein, um dadurch eine höhere Abtastrate zu
erreichen.

Das AD-Modul enthält daher einen Vorteiler (Abb. 6.5), der einen sicheren ADC-Takt
aus den CPU-Taktfrequenzen über 100 kHz erzeugt. Der Vorteiler wird durch die
ADPS-Bits im ADCCRA-Register eingestellt. Der Vorteiler startet in dem Moment, in
dem der AD-Wandler durch Setzen des ADEN-Bits im ADCSR-Register eingeschaltet
wird. Der Vorteiler arbeitet so lange, wie ADEN gesetzt ist und wird kontinuierlich
zurückgesetzt, wenn ADEN auf 0-Signal steht.

Wenn eine Umsetzung durch Setzen des ADSC-Bits im ADCSRA-Register gestartet
wird, beginnt die Umsetzung mit der nächsten steigenden Flanke des ADC-Taktes. Eine
normale Umsetzung dauert 13 ADC-Takte lang. Die erste Umsetzung, die nach dem Einschalten des AD-Wandlers durchgeführt wird, dauert allerdings 25 Takte, da der analoge
Schaltkreis der S&H-Einheit erst initialisiert werden muss.

Der aktuelle „Sample and Hold "-Vorgang beginnt 1,5 ADC-Takte nach dem
Start einer normalen Wandlung und 13,5 ADC-Takte nach dem Start einer längeren
Wandlung. Nachdem eine Wandlung abgeschlossen wurde, wird das Ergebnis in die
AD-Datenregister geschrieben und das ADIF-Flag wird gesetzt. Im Modus der Einzel-
wandlung wird gleichzeitig das ADSC-Bit gelöscht. Die Software kann das ADSC-Bit
dann wieder setzen und eine neue Wandlung wird mit der steigenden Flanke des ADC-
Taktes eingeleitet.

Im Modus der fortlaufenden Wandlung wird eine neue Wandlung sofort wieder
angestoßen, sofern das ADSC-Bit weiterhin auf 1-Signal bleibt. Tab. 6.1 fasst die
Wandlungszeiten zusammen.

Abb. 6.6 zeigt das Impulsdiagramm für die erste Umsetzung. Die erste Umsetzung
einer einzelnen analogen Eingangsspannung erfolgt, nachdem der Wandler aktiviert
wurde, und dauert 25 Taktzyklen des Prescaler (Wandlertakte). Jede weitere normale
Umsetzung benötigt aber nur 13 Takte. Das Halteglied (S&H-Einheit)benötigt 13,5 Takte
und bei jeder weiteren nur 1,5 Takte. Abb. 6.7 zeigt das Impulsdiagramm für eine Einzelwandlung.

Beim Messen einer Spannungsdifferenz dauert jede Einzelwandlung 13 Zyklen, wenn
der zweite Wandlertakt auf 0-Signal bzw. 14 Zyklen liegt. Im Dauermodus benötigt jede
außer der ersten Umsetzung immer 14 Taktzyklen.

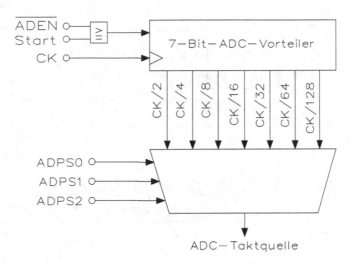

Abb. 6.5 Vorteiler im AD-Wandler

Tab. 6.1 Umsetzungszeiten des internen Wandlers

Wandlung	Sample&Hold (Anzahl der Takte nach Start der Umsetzung) (μs)	Anzahl der Takte für Umsetzung (μs)
Verlängerte Wandlung	13,5	25,0
Normale Wandlung, 1-Kanal-Betrieb	1,5	13,0
Auto-Trigger-Wandlung	2	13,5
Normale Wandlung, Differential-Betrieb	1,5/2,5	13/14

Abb. 6.8 zeigt das Impulsdiagramm für eine automatische Triggerung . Beim automatischen Auslösen der Wandlung wird der Prescaler neu gestartet, sobald das auslösende Ereignis eintritt. Dadurch wird immer eine konstante Verzögerung sichergestellt, bevor die Wandlung beginnt. In dieser Betriebsart benötigt das Halteglied zwei Wandlertakte für eine stabile Spannung nach der steigenden Taktflanke des Triggers. Drei weitere Takte sind für die Synchronisation erforderlich. Abb. 6.9 zeigt das Impulsdiagramm für den Dauerbetrieb.

Wenn man eine Spannungsdifferenz messen muss und dazu die automatische Auslösung des Wandlers benutzt, außer im Dauermodus, benötigt jede Wandlung 25 Zyklen, da der Wandler nach jeder Umsetzung erst deaktiviert und dann neu gestartet werden muss.

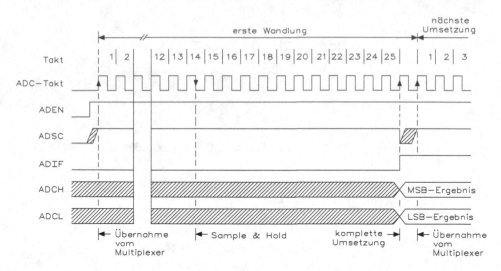

Abb. 6.6   Impulsdiagramm für die erste Wandlung

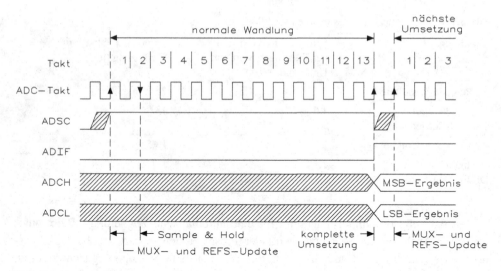

Abb. 6.7   Impulsdiagramm für eine normale Einzelumsetzung

6.1.3   Wechsel der Kanäle und Referenzspannung

Die MUXn-, REFS1- und REFS0-Bits im ADMUX-Register sind durch ein temporäres Register, auf das die CPU zugreifen kann, einfach gebuffert. Dadurch wird sichergestellt, dass sich die Kanal- und Referenzauswahl während einer Wandlung nicht verändern kann. Die Kanal- und Referenzauswahl wird kontinuierlich aktualisiert, bis eine Wandlung gestartet wird. Mit dem Start einer Wandlung wird die Kanal- und

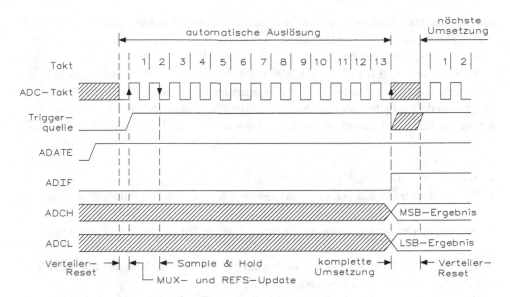

Abb. 6.8 Impulsdiagramm für eine automatische Triggerung

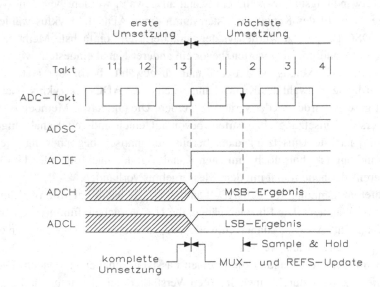

Abb. 6.9 Impulsdiagramm für den Dauerbetrieb

Referenzauswahl übernommen, um eine ausreichende Abtastzeit für den AD-Wandler zu erreichen. Das kontinuierliche Aktualisieren wird im letzten Takt, bevor die Wandlung abgeschlossen ist (ADIF im ADCSRA wird gesetzt), fortgesetzt. Man beachte, dass eine Wandlung mit der ersten negativen Flanke des ADC-Taktes gestartet wird, die nach

dem Setzen des ADSC auftritt. Der Anwender muss darauf achten, keine neuen Kanal-
oder Referenzwerte in das ADMUX zu schreiben, bis ein ADC-Taktzyklus nach dem
Schreiben des ADSC vorüber ist.

Wenn sowohl ADFR und auch ADEN mit 1-Signal beschrieben sind, kann jederzeit
ein Interrupt auftreten. Wenn das ADMUX-Register in dieser Zeit verändert wird, kann
der Anwender nicht feststellen, ob das nächste Wandlungsergebnis zu den alten oder
den neuen Einstellungen gehört. ADMUX kann sicher aktualisiert werden auf folgende
Weise:

- Wenn ADFR oder ADEN gelöscht sind.
- Während einer Umsetzung, muss mindestens ein ADC-Takt nach dem Wandlungsstart
  auftreten.
- Nach einer Umsetzung, bevor das Interrupt-Flag als Triggerquelle gelöscht wird.

Wenn das ADMUX unter einer der Bedingungen verändert wird, gelten die neuen Einstellungen für die nächste Umsetzung.

Wenn die Eingangskanäle gewechselt werden, sollte der Anwender folgende Richt-
linien beachten, um sicherzustellen,dass der richtige Kanal ausgewählt ist.

Im Einzelwandlungsmodus sollte ein Kanal ausgewählt werden, bevor die Wandlung
startet. Die Auswahl des Kanals lässt sich durch einen ADC-Taktzyklus wählen, nachdem das ADSC-Bit gesetzt wurde, wieder verändern. Die einfachste Methode ist aber,
das Ende einer Wandlung abzuwarten, bevor ein anderer Kanal eingestellt wird.

Im freilaufenden Modus wird der Kanal ausgewählt, bevor die erste Wandlung
gestartet wird. Die Auswahl des Kanals kann durch einen ADC-Taktzyklus, nachdem das
ADSC-Bit gesetzt wurde, wieder verändert werden. Die einfachste Methode ist aber, das
Ende der ersten Umsetzung abzuwarten, bevor auf einen anderen Kanal umgeschaltet
wird. Da die nächste Umsetzung dann bereits automatisch begonnen hat, gehört das
nächste Wandlungsergebnis noch zum alten Kanal. Bei den nachfolgenden Umsetzungen
ist dann bereits der neue Kanal mit dem Messergebnis vorhanden.

Die Referenzspannung für den AD-Wandler (U_{Ref}) bestimmt die Wandlungsband-
breite des AD-Wandlers. Die Einzeleingänge, die U_{Ref} erreichen, führen zu einem Ergeb-
niscode von „3Fh". Als U_{Ref} können entweder AU_b, die interne 2,56-V-Referenz oder der
externe A_{Ref}-Pin ausgewählt werden.

AU_b ist mit dem AD-Wandler durch einen passiven Schalter verbunden. Die interne
2,56-V-Referenz wird durch einen internen Verstärker aus der internen Bandbreiten-
referenz (VBG) abgeleitet. In allen Fällen ist der externe A_{Ref}-Pin direkt mit dem
AD-Wandler verbunden und kann durch einen externen Kondensator zwischen dem
A_{Ref}-Pin und GND (0 V) gestützt werden. Mit einem hochohmigen Voltmeter kann U_{Ref}
am A_{Ref}-Pin gemessen werden. Man beachte dabei, dass U_{Ref} eine Quelle mit hoher
Impedanz ist und sich nur eine kapazitive Last anschließen lässt.

Wenn der Anwender eine Festspannungsquelle an den A_{Ref}-Pin angeschlossen hat,
darf er die anderen Referenzspannungen in der Anwendung nicht verwenden, da sie

sonst mit der externen Spannungsquelle kurzgeschlossen werden. Wenn keine externe Referenzspannung angeschlossen wird, kann der Anwender zwischen U_{Ref} und 2,56 V als Referenzspannung auswählen. Die erste Umsetzung nach dem Umschalten der Referenzspannung kann ungenau sein, weshalb dieses Ergebnis vom Anwender nicht verwendet werden soll.

6.1.4 Störungsunterdrückung

Der AD-Wandler bietet eine Rauschunterdrückung , die es erlaubt, Umsetzungen auch dann durchzuführen, während der „Noise Reduction Mode" eingeschaltet ist. In diesem Modus werden Störungen, die von der CPU oder anderer I/O-Peripherie erzeugt werden, verringert. Die Störungsunterdrückung lässt sich im AD-Noise-Reduction- und im Idle-Modus verwenden. Um diese Möglichkeit zu nutzen, muss folgender Ablauf eingehalten werden:

1. Sicherstellen, dass der AD-Wandler freigegeben und nicht mit einer Umsetzung beschäftigt ist. Der Einzelwandlungsmodus muss ausgewählt und der AD-Complete-Interrupt muss freigegeben sein.
2. Einschalten des AD-Wandler-Noise-Reduction-Mode (oder Idle-Mode). Der AD-Wandler wird eine Umsetzung durchführen, während die CPU angehalten ist.
3. Wenn kein anderer Interrupt auftrat, bevor der AD-Wandler mit der Umsetzung fertig ist, wird der ADC-Interrupt die CPU wieder aufwecken und die ADC-Interrupt-Routine wird ausgeführt. Wenn ein anderer Interrupt die CPU aufweckt, bevor der AD-Wandler die Umsetzung abgeschlossen hat, wird dieser Interrupt ausgeführt und der ADC-Fertig-Interrupt wird erzeugt, wenn die Umsetzung abgeschlossen ist. Die CPU verbleibt aber im aktiven Zustand,bis ein neuer Sleep-Befehl ausgeführt wird.

Man beachte, dass der AD-Wandler nicht automatisch ausgeschaltet wird, wenn andere Sleep-Modi als der Idle- oder ADC-Noise-Reduction-Mode ausgewählt werden. Der Anwender ist also angehalten, das ADEN-Bit zu löschen, bevor einer dieser Sleep-Modi eingeschaltet wird, um unnötigen Stromverbrauch zu vermeiden.

Um eine optimale Messung zu erhalten, sollten folgende Bedingungen beachtet werden.

- Analoge Signalwege sollen möglichst kurz gehalten werden und nicht an Hochgeschwindigkeitsdatenleitungen vorbeiführen.
- Wenn der externe Pin des Wandlers als Ausgang definiert ist, ist es unbedingt notwendig, dass er sich während einer Wandlung nicht ändert.
- In Schaltungen kommt es oft vor, dass zwischen den verschiedenen Messpunkten und Masse Potenzialunterschiede vorhanden sind, die für das Messergebnis unbrauchbar sind. Es sollte also für einen durchdachten und sicheren Aufbau der Schaltung gesorgt werden.

- Alle unbenutzten Eingangspins (ADC0 … ADC10) des Wandlers sollten mit Masse verbunden sein, da ansonsten Spannung in ihnen induziert werden kann, was zuProblemen führt, auch wenn die Eingänge nicht ausgewählt wurden.
- Um Messfehler noch weiter zu reduzieren, wird empfohlen, immer mehrere Messungen durchzuführen und den Mittelwert zu bilden.
- Eine stabile externe Referenzspannung ist meistens besser als die interne Referenzquelle.

6.1.5 Schaltung der Analogeingänge

Die analoge Eingangsschaltung für die einzelnen Eingangskanäle ist in Abb. 6.10 gezeigt. Die analoge Quelle, die an den AD-Wandler-Pin angeschlossen wird, wird durch die Kapazität des Pins und dessen Eingangsfehlstrom belastet, unabhängig davon, ob der Kanal als Eingang für den AD-Wandler ausgewählt ist oder nicht. Wenn der Kanal ausgewählt ist, muss er zusätzlich den S/H-Kondensator über den Serienwiderstand laden.

Der AD-Wandler ist für analoge Signale mit einer Ausgangsimpedanz von $10 \, \text{k}\Omega$ oder weniger optimiert. Wenn eine solche Quelle verwendet wird, kann die Abtastzeit vernachlässigt werden. Wenn eine Quelle mit einer höheren Impedanz verwendet wird, hängt die Abtastzeit davon ab, wie lange die Quelle benötigt, um den S/H-Kondensator zu laden. Diese Zeit kann erheblich variieren. Dem Anwender wird empfohlen, nur Quellen mit niedriger Impedanz und sich langsam verändernde Signale zu verwenden, da dies den Ladungsübertrag zum S/H-Kondensator minimiert.

Signalbestandteile mit einer Frequenz oberhalb der Nyquist-Frequenz ($f_{ADC}/2$) sollten an keinem der Kanäle vorhanden sein, um Verzerrungen durch undefinierte Signale zu vermeiden. Hohe Frequenzanteile können vom Anwender durch ein Tiefpassfilter am Eingang der AD-Wandler-Kanäle unterdrückt werden.

Digitale Schaltkreise innerhalb und außerhalb des Bausteins erzeugen elektromagnetische Impulse, die die Genauigkeit der analogen Messungen beeinflussen können. Wenn die Genauigkeit der Messungen kritisch ist, können die Störungseinflüsse verringert werden, indem folgende Techniken angewendet werden:

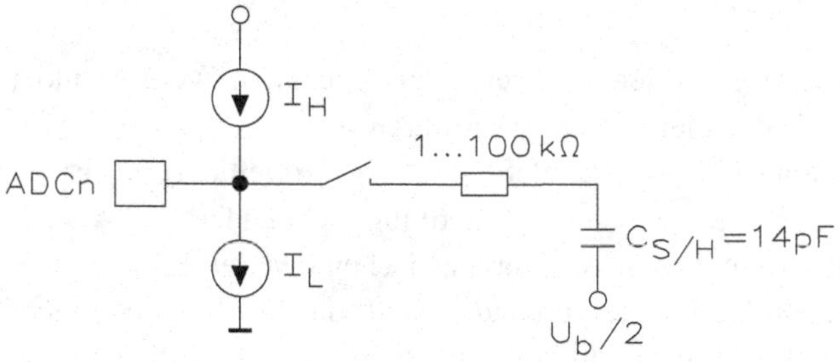

Abb. 6.10 Analoge Eingangsschaltung für die Eingangskanäle

1. Die analogen Leitungen sollten so kurz wie möglich sein. Ferner sollte sichergestellt sein, dass sie über analoge Masseflächen laufen und so weit wie möglich von digitalen Leitungen mit hohen Schaltfrequenzen entfernt sind.
2. Der AU_b-Pin des Bausteins sollte über ein LC-Netzwerk mit der digitalen $+U_b$-Spannung verbunden werden, wie in Abb. 6.11 gezeigt ist.
3. Verwenden der „Noise Canceler"-Funktionen, um Störungen durch die CPU zu verringern.

Die Verstärkung der Differenzspannung (Gain) ist optimiert für eine Bandbreite von 4 kHz, und das gilt für alle Stufen. Höhere Frequenzen sind einer nicht linearen Verstärkung unterworfen. Es wird ein externer Tiefpassfilter für die Eingänge empfohlen, wenn das Eingangssignal für höhere Frequenzen > 4 kHz ist. Die Taktfrequenz des Wandlers ist unabhängig von der Begrenzung des Verstärkers. Wenn z. B. ein Taktsignal 6 µs dauert, kann ein Kanal mit 12 ksps (Kilo Samples per Second) arbeiten.

Wenn man verschiedene Verstärkerstufen des Mikrocontrollers benutzen möchte und die Wandlungen automatisch ausgelöst werden müssen, muss man den gesamten AD-Wandler zwischen den Umsetzungen erst aus- und dann wieder einschalten. Vergisst man diese Reihenfolge, sind die Messergebnisse falsch.

Im normalen Zustand hat der AD-Wandler eine Auflösung im 10-Bit-Format. Verwendet man jedoch eine Verstärkung (Gain)von 1x oder 10x ist die Auflösung nur noch auf 8 Bit genau. Bei der Verstärkung von 20x ergibt sich eine Genauigkeit von 7 Bit. Da bei der Messung einer Spannungsdifferenz immer die Verstärkerschaltung benutzt wird, kann dort nur eine Auflösung von 8 Bit bzw. 7 Bit erreicht werden. In der Praxis wird

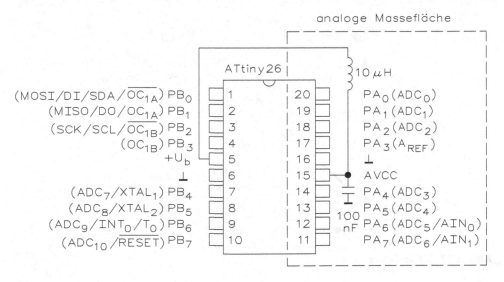

Abb. 6.11 Platinenlayout mit LC-Netzwerk

durch bedingte Effekte die Genauigkeit der Messung weiter beeinträchtigt und man
erreicht eine absolute Genauigkeit von ±2 LSB.

6.1.6   Definitionen der ADC-Genauigkeit

Ein n-Bit Einzeleingang des internen AD-Wandlers setzt die Spannung linear zwischen
GND und U_{Ref} in $2n$-Schritten (LSB). Der niedrigste Wert wird als 0, der höchste als
$2^n - 1$ gelesen. Verschiedene Parameter beschreiben die Abweichung von einem idealen
Verhalten.

* Offset-Fehler: Die Abweichung (Abb. 6.12) beim ersten Übergang (von 0000 nach
  0001) im Vergleich zu einem idealen Übergang liegt bei 0,5 LSB. Idealer Wert: 0
  LSB.
* Verstärkungsfehler: Nach dem Abstimmen des Offsets findet man den Verstärkungs-
  fehler (Abb. 6.13) als Abweichung beim Übergang von „3FEh" nach „3FFh". Im Vergleich zu einem idealen Übergang (bei 1,5 LSB) über dem Maximum. Idealer Wert: 0
  LSB.
* Integrale Nicht-Linearität (INL): Nach dem Abgleich des Offsets und des Verstärkungsfehlers ist INL die maximale Abweichung bei einem aktuellen Übergang
  (Abb. 6.14) zu einem idealen Übergang bei jedem Wert. Idealer Wert: 0 LSB.
* Differenziale Nicht-Linearität (DNL): Die maximale Abweichung (Abb. 6.15) der
  aktuellen Codeweite (das Intervall zwischen zwei Nachbarübergängen) von einer
  idealen Codeweite (1 LSB). Idealer Wert: 0 LSB.

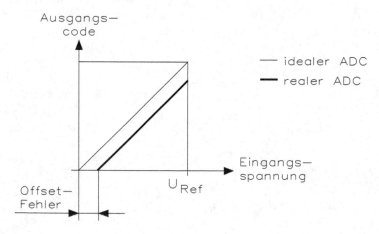

Abb. 6.12 Offset-Fehler

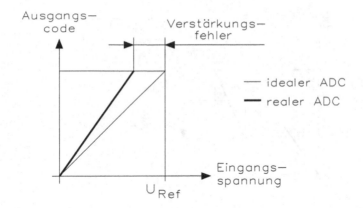

Abb. 6.13 Verstärkungsfehler

- Quantifizierungsfehler: Bei der Quantifizierung einer Eingangsspannung in einen Zahlenwert, hat man einen Spannungsbereich (1 LSB breit) mit dem identischen Zahlenwert. Immer ±1LSB.
- Absolute Genauigkeit: Die maximale Abweichung eines aktuellen Überganges im Vergleich zu einem idealen Übergang bei jedem Wert. Das ist der überlagerte Effekt des Offsets, des Verstärkungsfehlers, der Nicht-Linearität und des Quantifizierungsfehlers. Idealer Wert: ±0,5 LSB.

Nachdem eine Wandlung abgeschlossen ist (ADIF ist auf 1-Signal), kann das Ergebnis der Wandlung in den AD-Wandler-Registern ADCL und ADCII abgespeichert werden. Für eine einzelne Wandlung ist das Ergebnis

$$ADC = \frac{U_e \cdot 1024}{U_{Ref}},$$

wobei U_e die Spannung am ausgewählten Eingang und U_{Ref} die Spannung der ausgewählten Referenzspannung ist. Der Wert „000h" repräsentiert die analoge Masse und der Wert „3FFh" entspricht der ausgewählten Referenzspannung minus 1 LSB.

Der Wert von 1024 resultiert aus der 10-Bit-Auflösung, die einen Messbereich in 1024 Teile unterteilt. 0x000 ist in diesem Fall die Masse und 0x3FF der Wert für die Referenzspannung −1Bit.

Bei einer differenziellen Messung gilt:

$$ADC = \frac{(U_{pos} - U_{neg}) \cdot Gain \cdot 512}{U_{Ref}}.$$

Die 512 resultiert aus der 10-Bit-Auflösung, die den Messbereich in 1024 Teile teilt, die Hälfte dafür wird für positive und die andere für negative Werte verwendet.

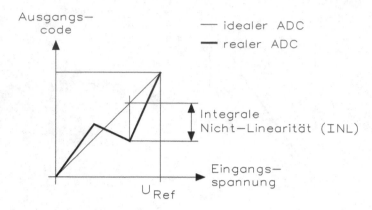

Abb. 6.14 Integrale Nicht-Linearität (INL)

Abb. 6.15 Differenziale
Nicht-Linearität (DNL)

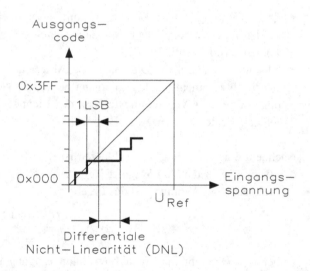

Außerdem wird beim Messen einer Spannungsdifferenz das Ergebnis in Form des Zweierkomplements gespeichert, von 0x200 (−512) bis 0x1FF (+511). Möchte man nur eine schnelle Polarisationsmessung durchführen, reicht es, nur das höchste Bit (MSB) zu betrachten. Ist es 1, so wird das Ergebnis negativ, ist es 0, dann ist es positiv.

6.1.7 Register für den AD-Wandler

Für die Auswahl der Referenzspannungsquellen und der Multiplexer benötigt man das ADMUX-ADC-Multiplexer-Selection-Register von Tab. 6.2.

Tab. 6.2 Aufbau des ADMUX-Registers

Bit	7	6	5	4	3	2	1	0 ADMUX
	REFS1	REFS0	ADLAR	-	MUX3	MUX2	MUX1	MUX0
Read/Write	R/W	R/W	R/W	R	R/W	R/W	R/W	R/W
Initialwert	0	0	0	0	0	0	0	0

- Bit 7, 6 (REFS1, REFS0, Reference-Selection-Bits): Mit diesen Bits wird die Spannungsreferenz für den AD-Wandler ausgewählt. Wenn diese Bits während einer laufenden Wandlung gewechselt werden, wird der Wechsel noch nicht während der laufenden Wandlung wirksam, sondern erst dann, wenn ADIF im ADCSRA gesetzt ist. Die internen Referenzspannungsoptionen können nicht verwendet werden, wenn eine externe Referenzspannung am A_{Ref}-Pin angeschlossen ist. Tab. 6.3 zeigt die Auswahl der Referenzspannungsoptionen.
- Bit 5 (ADLAR, ADC-Left-Adjust-Result): Mit diesem Bit wird eingestellt, wie das Wandlungsergebnis in den beiden AD-Wandler-Datenbytes gespeichert wird. Wenn das Bit gesetzt ist, wird das Ergebnis linksbündig abgelegt, andernfalls wird es rechtsbündig abgespeichert. Das Ändern des Bits wirkt sich sofort auf die ADC-Datenregister aus, unabhängig davon, ob gerade noch eine Umsetzung läuft.
- Bit 4 (Res, reserviertes Bit): Dieses Bit ist reserviert und wird immer als 0 gelesen.
- Bit 3 bis 0 (MUX3, MUX2, MUX1, MUX0, Analog Channel Selection Bits): Diese Bits legen fest, welcher analoge Eingang mit dem AD-Wandler verbunden ist. Werden diese Bits verändert, während eine Wandlung noch läuft, so wirken sich die Änderungen erst nach Abschluss der laufenden Umsetzung aus (ADIF im ADCSRA wird gesetzt). Tab. 6.4 zeigt die Adressierung für die einfachen Messeingänge, für den differenziellen Betrieb und für die Verstärkung.

Tab. 6.5 zeigt die Auswahl der ADCSRA-Register (ADC-Control-and-Status-Register-A).

- Bit 7 (ADEN, ADC-Enable): Mit einem 1-Signal wird der AD-Wandler freigegeben und durch Löschen des Bits wird der AD-Wandler gesperrt. Wird das Bit während einer laufenden Umsetzung gelöscht, wird diese Umsetzung abgebrochen.
- Bit 6 (ADSC, ADC-Start-Conversion): Im Modus der Einzelumsetzung muss dieses Bit zum Starten jeder einzelnen Umsetzung gesetzt werden. Wenn die Umsetzung abgeschlossen ist, wird das Bit automatisch wieder gelöscht. Im Modus der

Tab. 6.3 Auswahl der Referenzspannungsoptionen

REFS1	REFS0	Auswahl der Referenzspannung
0	0	A_{Ref}, interne V_{Ref} ist abgeschaltet
0	1	AU_b mit externem Kondensator am AU_b-Pin
1	0	Reserviert
1	1	Interne Referenzspannung 2,56 V mit externem Kondensator an AU_b-Pin

Tab. 6.4 Adressierung und Verstärkung für die einfachen und differenziellen Messeingänge

Mux4.0	Einzeleingänge	Positive differentielle Eingänge	Negative differentielle Eingänge	Verstärkung
00000	ADC0			
00001	ADC1			
00010	ADC2			
00011	ADC3			
00100	ADC4			
00101	ADC5			
00110	ADC6			
00111	ADC7			
01000	ADC8			
01001	ADC9			
01010	ADC10			
01011		ADC0	ADC1	20x
01100		ADC0	ADC1	1x
01101		ADC1	ADC1	20x
01110		ADC2	ADC1	20x
01111		ADC2	ADC1	1x
10000		ADC2	ADC3	1x
10001		ADC3	ADC3	20x
10010		ADC4	ADC3	20x
10011		ADC4	ADC3	1x
10100		ADC4	ADC5	20x
10101		ADC4	ADC5	1x
10110		ADC5	ADC5	20x
10111		ADC6	ADC5	20x
11000		ADC6	ADC5	1x
11001		ADC8	ADC9	20x
11010		ADC8	ADC9	1x
11011		ADC9	ADC9	20x
11100		ADC10	ADC9	20x
11101		ADC10	ADC9	1x
11110	1,18 V (VBG)			
11111	0 V (GND)			

Tab. 6.5 Aufbau des ADCSRA-Registers

Bit	7	6	5	4	3	2	1	0 ADCSRA
	ADEN	ADSC	ADFR	ADIF	ADIE	ADPS2	ADPS1	ADPS0
Read/Write	R/W	R/W	R/W	R/W	R/W	R/W	R/W	R/W
Initialwert	0	0	0	0	0	0	0	0

fortlaufenden Umsetzung startet das Setzen des Bits die erste Umsetzung. Die erste Umsetzung nach dem Beschreiben des ADSC, nachdem der AD-Wandler frei-gegeben wurde oder wenn das ADSC gleichzeitig mit der Freigabe des AD-Wandlers beschrieben wird, ist 25 ADC-Takte lang im Vergleich zu einer normalen Umsetzung, die nur 13 Takte beträgt. Bei der ersten Umsetzung muss zunächst der AD-Wandler initialisiert werden. Das ADSC wird so lange als 1 gelesen, wie eine Umsetzung andauert. Nach dem Abschluss einer Umsetzung wird das Bit automatisch wieder auf Null gesetzt. Das Schreiben einer Null in dieses Bit hat keine Auswirkungen.

- Bit 5 (ADFR, ADC-Free-Running-Select): Wenn dieses Bit gesetzt ist, arbeitet der AD-Wandler im Modus der fortlaufenden Umsetzung. In diesem Modus erfasst und wandelt der AD-Wandler kontinuierlich und aktualisiert die Datenregister. Das Löschen des Bits stoppt die weitere Wandlung.
- Bit 4 (ADIF, AD-Wandler Interrupt Flag): Dieses Bit wird gesetzt, wenn eine Umsetzung abgeschlossen und die Datenregister aktualisiert wurden. Der ADC-Conversion-Complete-Interrupt wird ausgeführt,wenn das ADIE-Bit und das globale Interrupt-Bit (I-Bit im SREG) gesetzt sind. ADIF wird durch die Hardware gelöscht, wenn die Interrupt-Routine ausgeführt wird. Alternativ kann das ADIF-Bit auch gelöscht werden, indem man ein 1-Signal in das Flag schreibt. Dies ist besonders zu beachten, wenn man eine Lesen-Änderung-Schreiben-Operation mit dem ADCSR durchführt, da dadurch ein unerwünschter Interrupt gelöscht werden kann. Man liest ein 1-Signal im ADIF, verändert irgendein anderes Bit und schreibt das ganze Byte zurück. 1-Signal im ADIF führt dann zum Löschen des Flags. Das kann auch verursacht werden, wenn SBI- und CBI-Befehle verwendet werden.
- Bit 3 (ADIE, ADC-Interrupt-Enable): Wenn dieses Bit gesetzt wird und auch das1-Bit im SREG die Interrupts global freigibt, dann ist der ADC-Conversion-Complete-Interrupt freigegeben. Diese Bits legen den Teilungsfaktor des Vorteilers fest, der aus der XTAL-Frequenz den ADC-Takt ableitet, wie Tab. 6.6 zeigt.

Tab. 6.6 Teilungsfaktor des Vorteilers

ADPS2	ADPS1	ADPS0	Teilungsfaktor
0	0	0	2
0	0	1	2
0	1	0	4
0	1	1	8
1	0	0	16
1	0	1	32
1	1	0	64
1	1	1	128

Tab. 6.7 Aufbau des ADCL- und ADCH-Registers bei ADLAR = 0

Bit	15	14	13	12	11	10	9	8	ADCH
	-	-	-	-	-	-	ADC9	ADC8	
	ADC7	ADC6	ADC5	ADC4	ADC3	ADC2	ADC1	ADC0	
	7	6	5	4	3	2	1	0	ADCL
Read/Write	R	R	R	R	R	R	R	R	
	R	R	R	R	R	R	R	R	
Initialwert	0	0	0	0	0	0	0	0	
	0	0	0	0	0	0	0	0	

Tab. 6.8 Aufbau des ADCL- und ADCH-Registers bei ADLAR = 1

Bit	15	14	13	12	11	10	9	8	ADCH
	ADC9	ADC8	ADC7	ADC6	ADC5	ADC4	ADC3	ADC2	
	ADC1	ADC0	-	-	-	-	-	-	
	7	6	5	4	3	2	1	0	ADCL
Read/Write	R	R	R	R	R	R	R	R	
	R	R	R	R	R	R	R	R	
Initialwert	0	0	0	0	0	0	0	0	
	0	0	0	0	0	0	0	0	

Das ADCL und ADCH (ADC-Datenregister) hat die Funktionen der Tab. 6.7 und 6.8.

Wenn eine ADC-Umsetzung abgeschlossen wurde, wird das Ergebnis in den beiden Registern ADCL und ADCH abgelegt. Wenn das ADCL-Register gelesen wurde, werden beide Register so lange nicht mit Werten der neuen Wandlungen aktualisiert, bis auch das ADCH gelesen wurde. Wenn das Ergebnis linksbündig eingetragen und eine Auflösung von 8 Bit ausreichend ist, dann ist es sinnvoll, nur das ADCH auszulesen. Andernfalls muss ADCL als erstes gelesen werden und anschließend auch ADCH.

Mit dem ADLAR-Bit im ADMUX-Register wird eingestellt, ob das Ergebnis rechts (0) oder linksbündig (1)eingetragen wird.

- Bit ADC9 bis ADC0 (ADC-Conversion-Result): Diese Bits repräsentieren das Ergebnis der Analog-Digital-Umsetzung.

6.2   Bau und Programmierung eines digitalen TTL-Messkopfes

Der „Worst-Case"-Störspannungsabstand lässt sich mit dem digitalen TTL-Messkopf erfassen und in der 7-Segment-Anzeige ausgeben. Beträgt die Eingangsspannung an einem TTL-Baustein zwischen 0 V und 800 mV, gibt die Anzeige ein L für „Low" aus. Ist die Eingangsspannung größer als 2,00 V, steht in der Anzeige ein H für „High". Befindet sich die Spannung zwischen 800 mV und 2,00 V, erscheint in der Anzeige „-" und der Störabstand wird angezeigt. Abb. 6.16 zeigt die Schaltung.

Mittelpunkt der Schaltung ist der ATtiny26 in seinem 20-poligen DIL-Gehäuse. An Port PB0 (Pin 1) ist der MOSI-Eingang für den 10-poligen Wannenstecker angeschlossen.

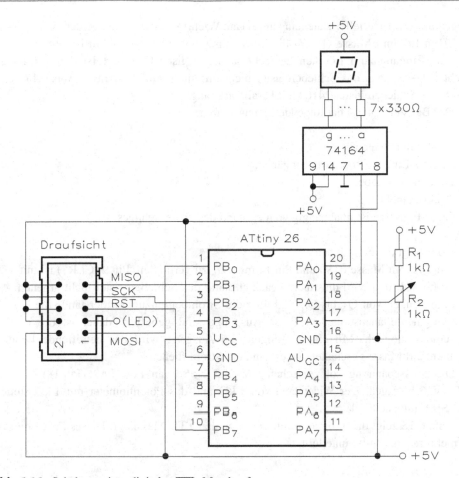

Abb. 6.16 Schaltung eines digitalen TTL-Messkopfes

Hier erhält der Mikrocontroller seine seriellen Daten von dem USB-Programmer. Über Port PB1 (Pin 2) gibt der Mikrocontroller seine seriellen Daten an den USB-Programmer aus. Wichtig ist Port PB2 (Pin 3) für das Taktsignal. Pin 5 ist die Betriebsspannung VCC ($+U_b$) für den Mikrocontroller. Da die Versuche in diesem Buch nicht den hohen industriellen Ansprüchen genügen müssen, wird der AV_{CC}-Anschluss (Pin 15) für die internen analogen Einheiten direkt mit $+U_b$ verbunden. Pin 6 ist der Masseanschluss GND für den Mikrocontroller und auch dieser Anschluss wird mit dem A_{GND}-Pin (Pin 16) direkt verbunden. Für den USB-Programmer ist noch die Verbindung zum Port PB7 (Pin 10) herzustellen, damit die Kommunikation zwischen den beiden Gehäusen automatisch zurückgesetzt werden kann.

Am Port PA0 (Pin 20) gibt der ATtiny26 sein Taktsignal für das Schieberegister 74164 aus. Das Taktsignal des ATtiny26 steuert direkt den Taktanschluss des Schieberegisters an. Die seriellen Daten gibt der ATtiny26 über Port PA1 (Pin 19) aus, die Daten liegen am Pin 1 (serieller Dateneingang A) an. Wichtig ist neben den beiden Anschlüssen +U (Pin 14) und Masse (Pin 7) die Verbindung von Pin 9 nach Pin 14. Pin 9 ist der „Clear"-Eingang zum Löschen der acht Schieberegister-Flipflops. Ist dieser Eingang nicht auf $+U_b$,kann das Schieberegister nicht ordnungsgemäß arbeiten. Abb. 6.17 zeigt das 8-Bit-Schieberegister 74164 mit Parallelausgang.

Der Baustein 74164 hat folgende Eigenschaften:

- Positiv flankengetriggert,
- Serielle Eingabe über zwei Eingänge,
- Parallele Ausgabe,
- Rechtsschieben,
- Clear-Funktion ist unabhängig vom Zustand des Takteinganges.

Tab. 6.9 zeigt die Funktionen.

Pin 7 ist mit Masse (0 V) und Pin 14 mit $+U_b$ zu verbinden. Pin 9 (CLR*) ist mit $+U_b$ zu verbinden, und wird dies nicht beachtet, kann das Schieberegister nicht arbeiten. An den Ausgängen von Q_A bis Q_G sind über die Strombegrenzungswiderstände die einzelnen Segmente anzuschließen. Diese Ausgänge sind gebuffert, daher ist der direkte Anschluss möglich. Mit einem 0-Signal am Ausgang wird das betreffende Leuchtsegment auf Masse geschaltet und es kann ein Strom fließen.

Die Messspannung soll zwischen 0 V und 2,55 V an Port PA2 (Pin 18) für den ATtiny26 betragen. Der Widerstand von 1 kΩ und das Potentiometer mit 1 kΩ stellen den Spannungsteiler dar.

Abb. 6.18 zeigt das Programm für den digitalen TTL-Messkopf. Dieses Programm ist in mehrere Abschnitte unterteilt.

Abb. 6.17 8-Bit-Schieberegister 74164 mit Parallelausgang

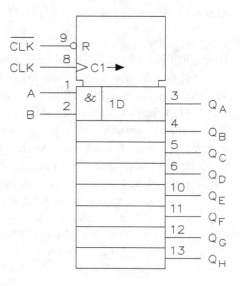

Tab. 6.9 Wahrheitstabelle des 8-Bit-Schieberegisters 74164 (↑ = positive Impulsflanke, X = 0- oder1- Signal)

Eingänge				Ausgänge		
Clear	Clock	A	B	Q_A	Q_B	... Q_H
0	X	X	X	0	0	0
1	0	X	X	Q_{A0}	Q_{B0}	Q_{H0}
1	↑	1	1	1	Q_{An}	Q_{Gn}
1	↑	0	X	0	Q_{An}	Q_{Gn}
1	↑	X	0	0	Q_{An}	Q_{Gn}

Am Anfang des Programms sind Pseudobefehle und sie stellen dem Assemblerübersetzer Informationen zur Verfügung, die er für die Übersetzung aus dem mnemonischen Assemblercode in den Maschinencode benötigt. Es handelt sich dabei also nicht um Anweisungen, die später in irgendeiner Form im Anwenderprogramm auftauchen, folglich wird auch kein entsprechender Befehl im Maschinencode erzeugt. Geschrieben wird ein Pseudobefehl in derselben Weise wie ein Maschinenbefehl, jedoch werden Namen nicht von einem Doppelpunkt gefolgt.

Namen sind Pflichtangaben im Namensfeld der Pseudobefehle MACRO, EQU und SET.

Das Namensfeld der übrigen Pseudobefehle kann dieselben Namen enthalten wie das der Maschinenbefehle. In diesem Fall ist dem Namen die Adresse des Speicherplatzes zugeordnet, der auf den zuletzt assemblierten Befehl folgt.

Der erste ORG-Befehl informiert den Assembler, dass das Programm bei einer Adresse beginnen soll. Der Programmierer darf nicht davon ausgehen, dass dieser Bereich irgendeinen bestimmten Wert (auch nicht den Wert 0!) aufweist.

Ein Name darf nur einmal im Namensfeld eines EQU-Befehls erscheinen, d. h. er darf später nicht neu zugeordnet werden.

Das Programm „ADC_INT" ist für die Interrupt-Steuerung vorhanden. Die erste Messung wird nach der Erfassung komplett gelöscht, da diese oft vom eigentlichen Wert abweicht. Die nächsten vier Messungen werden erfasst und hieraus wird der Mittelwert gebildet. Zu diesem Zweck werden die vier Messungen in das AVH- und AVL-Register geladen. Die beiden Register befinden sich im SRAM-Speicher des Mikrocontrollers. Anschließend wird noch das Interrupt-Flag im Statusregister gesetzt.

Mit „ADC_NEXT" wird das ADRS-Register geladen. Das Setzen des ADRS-Registers wird noch erklärt.

Durch „RESET" wird das „RAMEND" in den Akkumulator geladen und dann in dem Stackpointer abgespeichert. Mit „clr"werden alle Bits im Register r0 gelöscht.

Durch die Definitionen von A0 bis A7 werden die Ausgänge für den seriellen Takt, den seriellen Datenstrom, der analoge Eingang und die Eingänge von A3 bis A7 auf die internen „pull-up"-Widerstände geschaltet. Ebenso wird noch der Timer 0 auf die richtige Frequenz eingestellt.

a

```
; SRAM usage
; ADC average calculation
.equ AVC    =$60
.equ AVH    =$61
.equ AVL    =$62

; for time information
.equ MS27   =$63
.equ MS100  =$64


; .org gibt wortadresse an !!!
.org $0010

.db $47,$3f,$09,$00


ADC_INT:
    in      itmp,SREG
    push    itmp

    lds     itmp,AVC
    inc     itmp
    sts     AVC,itmp
    ; ignore 1. sample
    cpi     itmp,$01
    breq    ADC_NEXT
    lds     itmp,AVL
    in      ihlp,ADCL
    add     itmp,ihlp
    sts     AVL,itmp
    lds     itmp,AVH
    in      ihlp,ADCH
    adc     itmp,ihlp
    sts     AVH,itmp
    lds     itmp,AVC
    cpi     itmp,$05
    brne    ADC_NEXT
    ; sum of 4 samples in AVH:AVL
    clr     itmp
    sts     AVC,itmp
    ori     stavec,$01
    rjmp    ADC_DONE

ADC_NEXT:
    ldi     itmp,(1<<ADEN)|(1<<ADSC)|(1<<ADIF)|(1<<ADIE)|(1<<ADPS1)|(1<<ADPS0)
    out     ADCSR,itmp

ADC_DONE:
    pop     itmp
    out     SREG,itmp
    reti

RESET:
    ldi     acc0,RAMEND
    out     SP,acc0
    clr     r0

    ; A0 ser CLK
    ; A1 ser DATA
    ; A2 analog Input
    ; A3 .. A7  Input with Pullup
    ldi     acc0,$f8
    out     PORTA,acc0
    ldi     acc0,$03
    out     DDRA,acc0

    ; B0 .. B7  Input with Pullup
    ser     acc0
    out     PORTB,acc0
    out     DDRB,r0

    ; Timer0
    ; CK/256
    ldi     acc0,$0c
    out     TCCR0,acc0
    ; clear TIMER0 OVF
    ldi     acc0,(1<<TOV0)
    out     TIFR,acc0
    ; enable TIMER0 OVF Interrupt
    ldi     acc0,(1<<TOIE0)
    out     TIMSK,acc0
    ; cnt $100 - $95 = $6b ~ 27.4 ms
    ldi     acc0,CNTVAL
    out     TCNT0,acc0
```

Abb. 6.18 Programm für den digitalen TTL-Messkopf

b

```
                  ; internal 2.56V reference
                  ; A2 single ended
                  ldi   acc0,$82
                  out   ADMUX,acc0

                  ; single conversion
                  ; INT-freq = CK/(8*13) =~ 9615 Hz
                  ldi   acc0,(1<<ADEN)|(1<<ADIF)|(1<<ADIE)|(1<<ADPS1)|(1<<ADPS0)
                  out   ADCSR,acc0

                  sts   AVC,r0
                  sts   AVH,r0
                  sts   AVL,r0
                  sts   MS27,r0
                  sts   MS100,r0

                  ; current measurement done, result $00 in average
                  ldi   stavec,$01

                  clr   ZH
                  ldi   ZL, $20
                  sei

; mainprogram
main:
                  cpi   stavec,$03
                  brne  main

                  ; measurement done, result in AVH:AVL
                  lds   hlp0,AVL
                  ldi   acc0,$08
                  add   acc0,hlp0
                  lds   hlp0,AVH
                  adc   hlp0,r0
                  andi  acc0,$F0
                  or    acc0,hlp0
                  swap  acc0
                  cpi   acc0,81
                  brsh  gt08
                  ldi   ZL,$20
                  rjmp  display
gt08:
                  cpi   acc0,201
                  brsh  gt20
                  ldi   ZL,$21
                  rjmp  display
gt20:
                  ldi   ZL,$22
display:
                  lpm   sacc0,Z
                  rcall byteout

                  cbr   stavec,$03
                  ; restart ADC
                  sts   AVH,r0
                  sts   AVL,r0
                  ldi   acc0,(1<<ADEN)|(1<<ADSC)|(1<<ADIF)|(1<<ADIE)|(1<<ADPS1)|(1<<ADPS0
                  out   ADCSR,acc0

                  rjmp  main

byteout:
                  ldi   sacc1, $08
byteout_next:
                  cbi   PORTA, 0
                  lsl   sacc0
                  brcs  byteout_1
                  cbi   PORTA, 1
                  rjmp  byteout_2
byteout_1:
                  sbi   PORTA, 1
byteout_2:
                  sbi   PORTA, 0
                  dec   sacc1
                  brne  byteout_next
                  cbi   PORTA, 0
                  ret
```

Abb. 6.18   (Fortsetzung)

Mit „ldi acc0, $82" wird der Wert in den Akkumulator geladen und dann auf das ADMUX-Register geschaltet. Damit wird Pin 15 (PA2) über den analogen Multiplexer freigeschaltet.

Bit	7	6	5	4	3	2	1	0	ADMUX
	1	0	0	-			1	0	

Gleichzeitig wird die interne Referenzspannung mit +2,56 V auf den AD-Wandler geschaltet.

Der Analog-Digital-Wandler ist mit Pin PA2 verbunden, daher muss dieser Kanal adressiert werden. Außerdem soll der A2-Kanal im „single ended"-Modus mit einer Auflösung von acht Bit arbeiten. Der Wandler selbst setzt mit 9,615 kHz um.

Mit „ldi acc0" werden die einzelnen Bitstellen im ADCSR-Register mit einem 1-Signal gesetzt. Die ODER-Verknüpfung erfolgt mit „|".

Bit	7	6	5	4	3	2	1	0	ADCSR
	1	-	-	1	1	-	1	1	

Mit einem 1-Signal von ADEN wird der AD-Wandler freigegeben, durch Löschen des Bits wird der AD-Wandler gesperrt.

Das ADIF-Bit wird gesetzt, wenn eine Umsetzung abgeschlossen und die Datenregister aktualisiert wurden. Der ADC-Conversion-Complete-Interrupt wird ausgeführt, wenn das ADIE-Bit und das globale Interrupt-Bit (I-Bit im SREG) gesetzt sind. ADIF wird durch die Hardware gelöscht, wenn die Interrupt-Routine ausgeführt wird.

Wenn das ADIE-Bit gesetzt wird und auch das 1-Bit im SREG die Interrupts global freigibt, dann ist der ADC-Conversion-Complete-Interrupt freigegeben. Diese ADPS-Bits legen den Teilungsfaktor des Vorteilers fest, der aus der XTAL-Frequenz den ADC-Takt ableitet.

Dann erfolgen fünf „sts"-Befehle mit dem Speichern der Register in den Datenspeicher.

Das Hauptprogramm beginnt mit „cpi stavec,$03", und der Wert in den Statusvektor wird mit dem Wert „$03"verglichen. Ist das Ergebnis ungleich, springt das Programm auf „main".

Mit „lds hlp0, AVL" wird der Inhalt des AVL-Registers aus dem SRAM-Speicher des Mikrocontrollers gespeichert. Danach wird der Akkumulator mit dem Wert „$08" geladen und der Inhalt des Akkumulators mit dem „hlp0"-Wert addiert. Mit „lds hlp0, AVH" wird der Inhalt des AVH-Registers aus dem SRAM-Speicher des Mikrocontrollers gespeichert. Danach erfolgt eine Addition unter Berücksichtigung des Carrybits zwischen Register r0 und dem „hlp0"-Register. Anschließend wird der Inhalt des Akkumulators mit einer Konstanten von „$f0" addiert und dann der Inhalt des Akkumulators mit dem „hlp0"-Register mit ODER verknüpft. Mit dem „swap"-Befehl wird das höherwertige mit dem niederwertigen Nibble im Akkumulator ausgetauscht.

Tab. 6.10 Ansteuerung
einer 7-Segment-Anzeige mit
gemeinsamer Anode

Symbol	Segmente							Hexadezimale
	g	f	e	d	c	b	a	Darstellung
L	1	0	0	0	1	1	1	87
-	0	1	1	1	1	1	1	7F
H	0	0	0	1	0	0	1	11

Dieser Befehl kann auch als 4-Bit-Schieberegisterbefehl betrachtet werden. Danach wird der Akkumulator mit dem Wert 81 verglichen. Der Wert „$81" stellt die Grenze zwischen dem L-Pegel (0 … 80) und dem undefinierten Bereich (ab 81) der Eingangsspannung dar. Ist der Wert gleich oder größer, wird auf das Programm „gt08" gesprungen. Ansonsten wird der Inhalt des ZL-Registers mit der Konstanten „$20" geladen. Danach folgt ein Sprung auf „display" und mit der Ausgabe des Buchstabens L wird begonnen, wie Tab. 6.10 zeigt.

Im Programmabschnitt „gt08" wird zuerst der Akkumulator mit dem Wert 201 verglichen. Der Wert 201 stellt die Grenze zwischen dem undefinierten Bereich zwischen 81 und 200 und dem H-Pegel (201 bis 255) dar. Ist der Wert gleich oder größer, wird auf das Programm „gt20" gesprungen. Wenn nicht, wird das ZL-Register mit dem Wert „$21" geladen, danach folgt ein Sprung auf „display" mit der Ausgabe des Minussymbols (undefinierter Spannungsbereich).

Im Programmabschnitt „gt20" wird nur das ZL-Register mit der Konstanten „$22" geladen.

Im Programmabschnitt „display" wird der Akkumulator mit „lpm sacc0, Z" geladen. Danach folgt ein Aufruf der Subroutine. Mit „chr stavec,$03" wird der Statusvektor auf den Wert „$03" gesetzt. Mit „sts AVH, r0" wird das Register r0 mit dem höherenBytewert direkt im SRAM-Speicher unter „AVH" und mit „sts AVL, r0" wird das Register r0 mit dem niedrigen Bytewert direkt im SRAM-Speicher unter „AVL" abgelegt. Nach dem Laden des Akkumulators mit den sechs Registern des Analog-Digital-Wandlers wird der Akkumulator in das „ADCCR"-Register übergeben, dann erfolgt ein Rücksprung auf „main".

Die letzten Programmabschnitte dienen der Ausgabe für die einstellige 7-Segment-Anzeige mit dem Schieberegister 74164.

6.3   Programmierung eines digitalen Thermometers von 0 °C bis 99 °C

Die Erfassung der Temperatur ist in zahlreichen Prozessen von überragender Bedeutung, man denke an Schmelzen, chemische Reaktionen, Lebensmittelverarbeitung usw. So unterschiedlich die genannten Bereiche sind, so verschieden sind auch die Aufgabenstellungen an die Temperatursensoren, ihre physikalischen Wirkungsprinzipien und technische Ausführung.

In Industrieprozessen ist der Messort vielfach weit vom Ort der Anzeige entfernt, da beispielsweise bei Schmelz- und Glühöfen die Prozessbedingungen dies erfordern oder eine zentrale Messwerterfassung gewünscht ist. Häufig ist auch eine weitere Verarbeitung des Messwertes in Reglern oder Registriergeräten gefordert. Hier eignen sich keine direkt anzeigenden Thermometer, wie man sie aus dem Alltag kennt, sondern nur solche, welche die Temperatur in ein anderes, ein elektrisches Signal umformen.

Für Messobjekte, die eine Berührung gestatten, eignen sich neben anderen Messmethoden besonders Thermoelemente und Widerstandsthermometer. Sie finden in sehr großer Stückzahl Anwendung und werden beispielsweise für die Messung in Gasen, Flüssigkeiten, Schmelzen, Festkörpern an ihrer Oberfläche und im Innern benutzt. Genauigkeit, Ansprechverhalten, Temperaturbereich und chemische Eigenschaften bestimmen die verwendeten Sensoren und Schutzarmaturen.

Widerstandsthermometer nutzen die Tatsache, dass der elektrische Widerstand eines elektrischen Leiters mit der Temperatur variiert. Es wird zwischen Kalt- und Heißleitern unterschieden. Während bei den Kaltleitern der Widerstand mit wachsender Temperatur ansteigt, nimmt er bei den Heißleitern ab.

Zu den Kaltleitern zählen fast alle metallischen Leiter. Als Metalle kommen dabei vorwiegend Platin, Nickel, Iridium und nicht dotiertes Silizium zum Einsatz. Die weiteste Verbreitung hat dabei das Platin-Widerstandsthermometer gefunden. Die Vorteile liegen unter anderem in der chemischen Unempfindlichkeit dieses Metalls, was die Gefahr von Verunreinigungen durch Oxidation und andere chemische Einflüsse vermindert.

Platin-Widerstandsthermometer sind die genauesten Sensoren für industrielle Anwendungen und weisen auch die beste Langzeitstabilität auf. Als Richtwert kann für die Genauigkeit beim Platin-Widerstand $\pm 0,5\,\%$ von der Messtemperatur angegeben werden. Nach einem Jahr kann aufgrund von Alterungen eine Verschiebung um $\pm 0,05$ K auftreten.

Heißleiter sind Sensoren aus bestimmten Metalloxiden, deren Widerstand mit wachsender Temperatur abnimmt. Man spricht von Heißleitern, da sie erst bei höheren Temperaturen eine gute elektrische Leitfähigkeit besitzen. Da die Temperatur/Widerstands-Kennlinie fällt, spricht man auch von einem NTC-Widerstand (Negativer Temperature Coefficient).

Wegen der Natur der zugrundeliegenden Prozesse nimmt die Zahl der Leitungselektronen mit wachsender Temperatur exponentiell zu, sodass die Kennlinie durch einen stark ansteigenden Verlauf charakterisiert ist.

Diese starke Nichtlinearität ist ein großer Nachteil der NTC-Widerstände und schränkt die zu erfassenden Temperaturbereiche auf ca. 50 K ein. Zwar ist eine Linearisierung durch eine Reihenschaltung mit einem rein ohmschen Widerstand von etwa zehnfachem Widerstandswert möglich, Genauigkeit und Linearität genügen jedoch über größere Messspannen meist nicht den Anforderungen. Auch die Drift bei Temperaturwechselbelastungen ist höher als bei den anderen aufgezeigten Verfahren. Wegen des Kennlinienverlaufes sind sie empfindlich gegenüber Eigenerwärmung durch zu hohe Messströme. Ihr Aufgabengebiet liegt in einfachen Überwachungs- und Anzeigeanwendungen, wo Temperaturen bis 200 °C auftreten und Genauigkeiten von einigen Kelvin hinreichend sind. In derartig einfachen Anwendungsfällen sind sie allerdings wegen ihres niedrigen Preises und durch die vergleichsweise einfache Folge-elektronik den teureren Thermoelementen und (Metall-)Widerstandsthermometern über-legen. Auch lassen sich sehr kleine Ausführungsformen mit kurzen Ansprechzeiten und geringen thermischen Massen realisieren.

Thermoelementen liegt der Effekt zugrunde, dass sich an der Verbindungsstelle zweier unterschiedlicher Metalle eine mit der Temperatur zunehmende Spannung aus-bildet. Sie haben gegenüber Widerstandsthermometern den eindeutigen Vorteil einer höheren Temperatur-Obergrenze von bis zu mehreren tausend Grad Celsius. Ihre Lang-zeitstabilität ist demgegenüber schlechter (einige Kelvin nach einem Jahr), die Mess-genauigkeit etwas geringer (im Mittel $\pm 0{,}75$ % vom Messbereich).

NTC-Widerstände weisen einen negativen Temperaturkoeffizienten auf, d. h. ihr Widerstand nimmt mit steigender Temperatur ab, und sie werden daher auch als Heißleiter bezeichnet. Bei den Heißleitern erhöht sich mit steigender Temperatur die Zahl der freien Ladungsträger, wodurch die Leitfähigkeit zunimmt. Der Temperatur-koeffizient von Heißleitern liegt bei Zimmertemperatur zwischen $-30 \cdot 10^{-3}$ 1/K und $-55 \cdot 10^{-3}$ 1/K. Der Temperaturkoeffizient hat nicht nur ein anderes Vorzeichen als bei Metallen,er ist im Mittel auch um den Faktor 10 größer, d. h. der Widerstandswert ändert sich bereits bei geringen Temperaturschwankungen.

NTC-Widerstände werden aus Eisen-, Nickel- und Kobaltoxiden hergestellt, denen zur Erhöhung der Stabilität noch andere Oxide zugesetzt werden. Die Oxidmasse wird zusammen mit plastischen Bindemitteln bei hohen Temperaturen unter hohem Druck zusammengepresst (gesintert). Bei NTC-Widerständen sind drei Bauformen üblich: scheibenförmige, stabförmige und Zwerg-NTC-Widerstände.

Heißleiter werden in vielen unterschiedlichen Bauformen hergestellt. Die Bauformen hängen von der Belastbarkeit, dem Temperaturverhalten und dem thermischen Zeitver-halten ab.

Abb. 6.19 zeigt die Kennlinie eines NTC-Widerstands, der durch die Umgebungs-temperatur erwärmt wird. Bei der linearen Darstellung sind die Widerstandsverhältnisse bei Temperaturen oberhalb 100 °C nicht mehr ablesbar, weshalb in Datenbüchern die Kennlinien halblogarithmisch dargestellt werden.

Ein NTC-Widerstand kann nicht nur durch die Umgebungstemperatur, sondern auch durch elektrische Belastung erwärmt werden. Da sich mit ändernder elektrischer Belastung auch der Widerstand ändert, ergibt sich eine typische stationäre Strom/ Spannungskennlinie für NTC-Widerstände. Diese Kennlinie heißt stationär, weil nach jeder Belastungsänderung mit dem Ablesen der Messwerte gewartet werden muss, bis ein thermisches Gleichgewicht mit der Umgebung besteht. Bei kleiner elektrischer Leistung ist die Erwärmung vernachlässigbar und der NTC-Widerstand verhält sich wie ein ohmscher Widerstand,d. h. die Kennlinie verläuft geradlinig. Sobald die Leistung so groß wird, dass der NTC-Widerstand ca. 20 K bis 50 K wärmer als die Umgebung

Abb. 6.19 Kennlinie eines
NTC-Widerstands

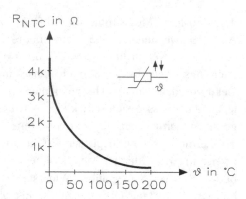

ist, wird die Widerstandsabnahme so groß, dass der Strom stark ansteigt, obwohl die
Spannung kleiner wird.

NTC-Widerstände werden eingesetzt zur Temperaturmessung und Temperatur-
kompensation, zur Unterdrückung von Einschaltstromstößen, zur Beeinflussung von
Relaisschaltzeiten, zur Amplitudenstabilisierung in Verstärkern und Stabilisierung
kleiner Spannungen, zur Effektivwertmessung von nicht sinusförmigen hochfrequenten
Wechselströmen und als ferngesteuerte Stellglieder in Steuerungen und Regelungen.

Wenn man die Schaltung von Abb. 6.20 aufbaut, ergeben sich keine Schwierigkeiten. Die Anzeige wird um eine Stelle nach links durch ein Schieberegister 74164
erweitert. Der Spannungsteiler besteht aus einem Widerstand mit 4,7 kΩ und dem
NTC-Widerstand B57421V2152H062 von EPCOS. Wahlweise kann für diese Schaltung
auch ein Potentiometer mit 5 kΩ verwendet werden.

Das eigentliche Problem stellt die Kennlinie des NTC-Widerstands dar. Abb. 6.21
zeigt das Fenster des NTC-Widerstands B57421V2152H062 von EPCOS. Sie finden die
zahlreichen NTC-Widerstände unter „NTC_EPCOS" im Internet. Aus den zahlreichen
NTC-Widerständen wurde dieser Typ ausgewählt, da dieser bei 25 °C einen Wert von
1,5 kΩ hat.

Der Temperaturbereich des NTC-Widerstands reicht von −55 °C bis 125 °C. Für ein
zweistelliges Thermometer von 0 °C bis 99 °C sind in der Tabelle die einzelnen Widerstände und ihre Bereiche aufgelistet. Es ergeben sich zwei Temperaturgrenzen:

$$0\,°C \Rightarrow 2,5\,V$$
$$99\,°C \Rightarrow 0,192\,V.$$

In Tab. 6.11 steht die Änderung der Ausgangsspannung für den NTC-Widerstand
B57421V2152H062.

Zwischen den einzelnen Temperaturen, Widerstandsänderungen und Ausgangs-
spannungen muss eine lineare Interpolation,eine Berechnung der Zwischenwerte
erfolgen.

Das Hauptprogramm von Abb. 6.22 ist in 16 Programme unterteilt, und Abb. 6.22a
bzw. b zeigen das Programm. „org" definiert ein Byte und weist dem Byte einen Platz

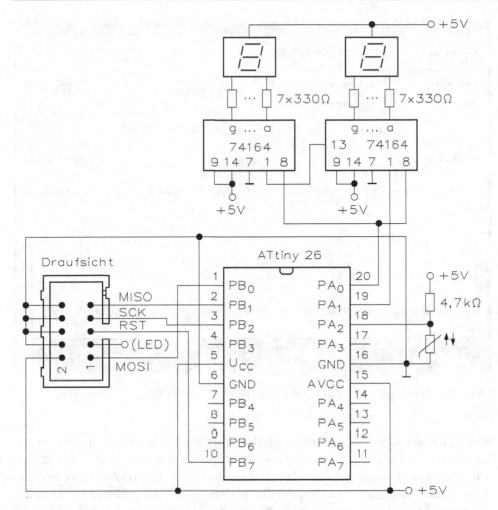

Abb. 6.20 Schaltung eines digitalen Thermometers von 0 °C bis 99 °C

im Speicher des ATtiny26 zu. Beim Pseudobefehl „definiere Byte" kann der Ausdruck als Zeichenkette bestehen. So lassen sich Fehlermeldungen, Überschriften und andere Texte definieren. Dabei kann der Operand „Ausdruck" verschiedene Formate annehmen, je nach dem, wie eine Variable definiert werden soll. Des Weiteren kann man Tabellen aufbauen, indem man zwei oder mehrere Ausdrücke durch Komma getrennt eingibt.

Am Anfang von „main" wird das Register für den Statusvektor mit der Konstanten „$03" verglichen und gesetzt. Ist das Ergebnis nicht gleich, springt das Programm zurück, andernfalls wird die Messung eingeleitet. Das Ergebnis steht in den Registern AVH und AVL im RAM-Speicher. Dazu wird der Inhalt von AVL aus dem SRAM-Speicher in den Akkumulator geladen und beim nächsten Schritt wird der andere Akkumulator mit der Konstanten „$02"geladen. Es erfolgt eine Addition der

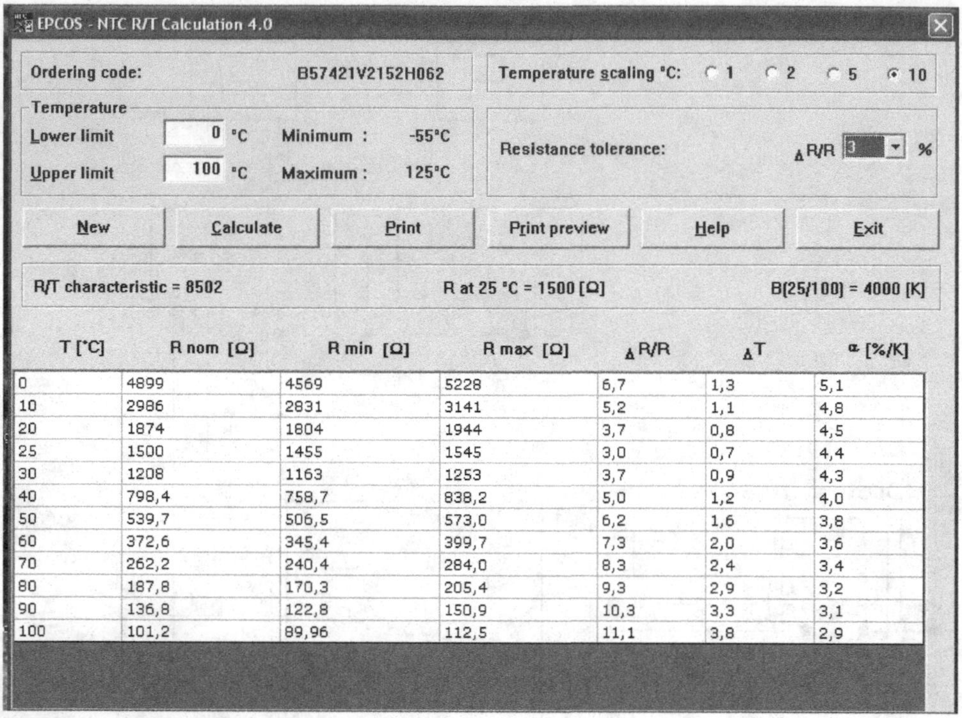

EPCOS - NTC R/T Calculation 4.0 [X]

| Ordering code: | B57421V2152H062 | Temperature scaling °C: ○ 1 ○ 2 ○ 5 ⦿ 10 |

Temperature
Lower limit 0 °C Minimum : -55°C
Upper limit 100 °C Maximum : 125°C

Resistance tolerance: $\Delta R/R$ [3 ▼] %

| New | Calculate | Print | Print preview | Help | Exit |

R/T characteristic = 8502   R at 25 °C = 1500 [Ω]   B[25/100] = 4000 [K]

T [°C]	R nom [Ω]	R min [Ω]	R max [Ω]	$\Delta R/R$	ΔT	α [%/K]
0	4899	4569	5228	6,7	1,3	5,1
10	2986	2831	3141	5,2	1,1	4,8
20	1874	1804	1944	3,7	0,8	4,5
25	1500	1455	1545	3,0	0,7	4,4
30	1208	1163	1253	3,7	0,9	4,3
40	798,4	758,7	838,2	5,0	1,2	4,0
50	539,7	506,5	573,0	6,2	1,6	3,8
60	372,6	345,4	399,7	7,3	2,0	3,6
70	262,2	240,4	284,0	8,3	2,4	3,4
80	187,8	170,3	205,4	9,3	2,9	3,2
90	136,8	122,8	150,9	10,3	3,3	3,1
100	101,2	89,96	112,5	11,1	3,8	2,9

Abb. 6.21 Fenster des NTC-Bauteils B57421V2152H062 von EPCOS

beiden Akkumulatoren. Dann wird der Inhalt von AVH aus dem SRAM-Speicher in den Akkumulator geladen und der Inhalt vom Akkumulator und Register mit Carry addiert. Mit „clc" wird das Carrybit gelöscht und dann der Inhalt des Akkumulators um eine Stelle nach rechts geschoben. Das Gleiche passiert auch beim anderen Akkumulator. Anschließend wird das Carrybit gelöscht und der Inhalt der beiden Akkumulatoren nochmals nach rechts verschoben. Der Inhalt von beiden Akkumulatoren wird in den „hlp"-Registern gespeichert. Das Ergebnis der beiden „hlp"-Register beinhaltet einen 10-Bit-Wert. Zum Schluss wird das „hlp4"-Register gelöscht und das wertniedrige Z-Register mit dem Wert „$2C" geladen. Nach und nach werden vier Messergebnisse geladen.

Das Programm „tap_num_next" beginnt mit der Übertragung des „lpm"-Befehls vom Z-Register in das „hlp3"-Register. Dann erfolgt ein Inkrement des unteren Z-Registers. Mit „lpm" wird das Z-Register nach „hlp2" geladen und der gesamte Wert steht in „hlp3:hlp2". Dann wird „hlp0" in den Akkumulator geladen, das Gleiche passiert mit „hlp1". Anschließend wird der Wert vom „hlp2"-Register vom Akkumulator subtrahiert. Mit „sbc acc1,hlp3" erfolgt eine Subtraktion unter Berücksichtigung des Carrybits von beiden Registern. Mit dem Verzweigungsbefehl „brcc"wird das Carrybit untersucht. Ist das Carrybit gelöscht, kommt der Programmaufruf „tab_num_found", und wenn nicht,

Tab. 6.11 Änderung der Ausgangsspannung

ϑ in °C	U_a in V	Wandler	Differenz	Hex	Korrektur	Differenz in Hex	Messfaktor
0	2,55	1021		3FD			
			244			$316	0
10	1,95	777		309	$309 + 12		
			207			$315	1
20	1,43	570		23A	$23A + 10		
			161			$244	2
30	1,02	409		199	$199 + 8		
			119			$1A1	3
40	0,73	290		122	$122 + 6		
			84			$128	4
50	0,52	206		CE	$CE + 4		
			59			$D2	5
60	0,37	147		93	$93 + 3		
			41			$96	6
70	0,26	106		6A	$6A + 2		
			29			$6C	7
80	0,19	77		4D	$4D + 1		
			20			$4E	8
90	0,14	57		39	$39 + 1		
			15			$3A	9
100	0,105	42		2A			

wird das „hlp4"-Register inkrementiert. Das niederwertige Z-Register wird anschließend inkrementiert und dann erfolgt der Rücksprung auf das Programm „tab_num_next", da es noch nicht komplett abgearbeitet ist.

Das Programm „tab_num_found" speichert das „hlp4"-Register in den Akkumulator, anschließend wird der Inhalt des Akkumulators mit einer Konstanten verglichen. Es kommt eine Verzweigung mit „brne temp_gt99" und ist das Ergebnis des Inhalts nicht gleich, springt das Programm. Wenn nicht, wird der Akkumulator mit dem Wert „$a0" geladen und die Subroutine aufgerufen. Dann erfolgt ein Sprung nach „finished".

Das Programm „temp_gt99" legt die obere Grenze von 99 °C für den maximalen Temperaturbereich fest. Zuerst wird der Akkumulator mit einer Konstanten „$0b" verglichen, und der Wert des Vergleichs befindet sich im Akkumulator. Ist der Inhalt nicht gleich, springt das Programm auf „tab_num2", der Zehnerstelle. Der Akkumulator wird mit einer Konstanten von „$99"geladen, dann erfolgt der Aufruf der Subroutine „dez2_ out". Anschließend erfolgt ein Sprung nach „finished".

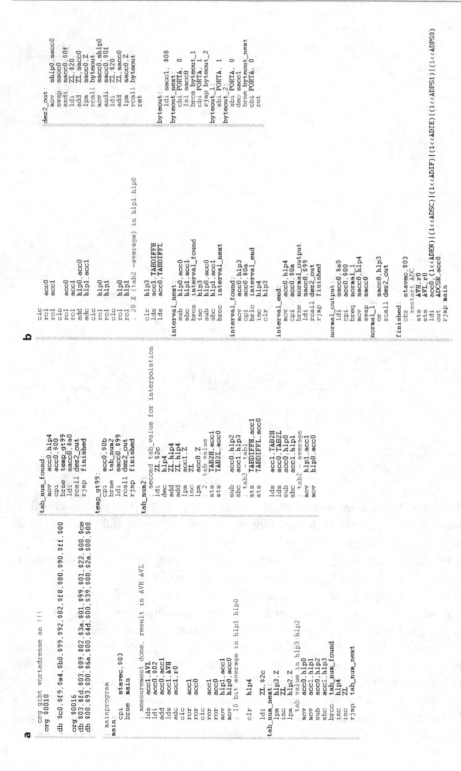

Abb. 6.22 Programm des digitalen Thermometers von 0 °C bis 99 °C

Mit dem Programm „tap_num2" erfolgt die Interpolation. Das untere Z-Register wird mit der Konstanten „2c" geladen, unmittelbar danach wird der Inhalt vom „hlp4-Register"dekrementiert. Danach wird der Inhalt der beiden Register „ZL" und „hlp4" addiert und ein zweites Mal addiert. Das Z-Register wird in den Akkumulator geladen, und dann das ZL-Register inkrementiert. Der Inhalt des Z-Registers wird in den Akkumulator geladen und damit ist die Interpolation abgeschlossen. Die Inhalte der beiden Akkumulatoren werden direkt im SRAM-Speicher unter „TAB2H" und „TAB2L" abgespeichert. Es erfolgt eine Subtraktion des „hlp2"-Registers vom Akkumulator und eine weitere Subtraktion unter Berücksichtigung des Carrybits im „hlp2"-Register vom Akkumulator. Die Inhalte der beiden Akkumulatoren werden direkt in den SRAM-Speicher unter „TABDIFF2H" und „TABDIFF2L" abgespeichert. Der Inhalt vom SRAM wird mit „TAB2H" und „TAB2L" im nächsten Schritt zurückgeschrieben, dann erfolgt wieder eine Subtraktion ohne und mit Berücksichtigung des Carrybits. Die Messung ist abgeschlossen, und es erfolgt die Rückspeicherung der beiden Akkumulatoren in die „hlp"-Register. Das Carrybit wird gelöscht. Der Inhalt der beiden Akkumulatoren wird durch das Carrybit zweimal nach links geschoben, und dann wird das Carrybit gelöscht. Anschließend wird der Inhalt der beiden Akkumulatoren durch das Carrybit zweimal nach links geschoben. Es erfolgen zwei Additionen zwischen Akkumulator und „hlp"-Registern. Das Carrybit wird gelöscht. Der Inhalt der beiden Akkumulatoren wird durch das Carrybit zweimal nach links geschoben, und dann wird das Carrybit gelöscht. Der Inhalt der beiden Akkumulatoren wird durch das Carrybit zweimal nach links geschoben und unter „TABDIFF2H" und „TABDIFF2L" direkt in das SRAM eingeschrieben.

Das Programm „interval_next" subtrahiert vom „hlp0"-Register den Inhalt vom Akkumulator, und dann vom „hlp1"-Register den Inhalt vom Akkumulator unter Berücksichtigung des Carrybits. Mit dem Befehl „brcs" wird das Carrybit abgefragt, ob es gesetzt ist. Ist es gesetzt, springt das Programm nach „interval_found", andernfalls wird das „hlp3"-Register inkrementiert. Es folgt eine Subtraktion zwischen Akkumulator und „hlp0"-Register und dann eine weitere Subtraktion zwischen Akkumulator und „hlp"-Register unter Berücksichtigung des Carrybits. Zum Schluss wird das Carrybit abgefragt, ob es gelöscht ist und das Programm springt auf „interval_next".

Das Programm „interval_found" beginnt mit dem Laden des Akkumulators mit dem Wert des „hlp3"-Registers, dann wird der Akkumulator mit der Konstanten „$0a" verglichen. Ist das Ergebnis kleiner, springt der Mikrocontroller auf „interval_end", andernfalls wird der Inhalt von „hlp4"-Register inkrementiert. Zum Schluss wird das „hlp3-Register" gelöscht.

Das Programm „interval_end" beginnt mit dem Laden des Akkumulators mit dem Wert des „hlp4"-Registers, und der Akkumulator wird mit der Konstanten „$0a" verglichen. Ist das Ergebnis ungleich, springt der Mikrocontroller nach „normal_output", andernfalls wird der Akkumulator mit der Konstanten „$99" geladen. Es erfolgt ein „rcall", also ein Aufruf der Subroutine , und zum Schluss springt das Programm auf „finished".

Das Programm „normal_output" beginnt mit dem Laden des Akkumulators mit der Konstanten „$a0". Dann wird der Inhalt des Akkumulators mit der Konstanten „$00" verglichen, und dann erfolgt ein Vergleich mit dem „breq"-Befehl. Ist das Ergebnis des Akkumulators gleich, springt der Mikrocontroller nach „normal_l", andernfalls wird der Inhalt vom „hlp4"-Register in den Akkumulator gespeichert, und dann werden mit „swap" beide Nibbles des Akkumulators vertauscht.

Mit dem Programm „normal_l" wird eine ODER-Verknüpfung zwischen Akkumulator und „hlp3"-Register durchgeführt. Anschließend erfolgt für das Programm ein unbedingter Aufruf für die Subroutine „dez2_out".

Das Programm „finished" führt zuerst ein Löschen des Statusvektors durch, damit wird der Analog-Digital-Wandler im Mikrocontroller gestartet. Das Programm lädt den Inhalt vom Register r0 in das AVH- und AVL-Register. Dann erfolgt das Laden des Akkumulators und der Inhalt wird in das Steuerregister des AD-Wandlers gespeichert. Zum Schluss erfolgt ein Rücksprung nach „main".

Mit dem Programm „dez_out" wird der Akkumulator in das „shlp0"-Register geladen und dann erfolgt die Vertauschung der beiden Nibbles im Akkumulator. Es wird der Inhalt vom Akkumulator mit einer Konstante „$0f" über UND verknüpft und das Ergebnis der Verknüpfung befindet sich im Akkumulator. Das ZL-Register wird mit einer Konstanten „$20" geladen, danach erfolgt eine Addition zwischen ZL-Register und Akkumulator. Der Inhalt vom Z-Register wird in den Akkumulator geladen und dann beginnt ein „rcall" mit dem Programm „byteout". Mit dem „mov"-Befehl wird der Inhalt vom „shlp0"-Register in den Akkumulator übernommen und dann erfolgt eine UND-Verknüpfung zwischen dem Akkumulator und der Konstanten „$0f". Die Konstante „$20" wird direkt in das ZL-Register geladen, dann erfolgt eine Addition zwischen Z-Register und Akkumulator. Der Inhalt des Z-Registers im Programmspeicher wird direkt in den Akkumulator übernommen. Anschließend erfolgt ein Aufruf der Subroutine und mit „ret" kehrt das Programm zurück in die Subroutine.

Zum Schluss des Programms ist die Ansteuerung der drei Schieberegister für die Ausgabe des Messwerts vorhanden.

6.4   Programmierung eines dreistelligen Voltmeters von 0 V bis 2,55 V

Für die Schaltung eines dreistelligen Voltmeters von 0 V bis 2,55 V benötigt man drei 7-Segment-Anzeigen. Die rechte Anzeige gibt die Messung in Schritten von 10 mV aus. Abb. 6.23 zeigt die Schaltung.

Als Eingangsspannung für den analogen Kanal PA2 dient die Betriebsspannung von +4,8 V. Mit dem Spannungsteiler erhält man eine maximale Messspannung von 2,4 V. Die Eingangsspannung errechnet sich aus

$$U_e = U \frac{R_2}{R_1 + R_2}.$$

Die Messspannung am Eingang PA2 ist vom Drehwinkel des Potentiometers abhängig und beträgt $U_{emin} = 0\,V$ bis $U_{emax} = 2,4\,V$. Statt des Spannungsteilers kann man die Messspannung über einen Eingangswiderstand von $1\,k\Omega$ anlegen. Durch eine Diode zwischen Messspannung und $+U_b$ lässt sich auf $+2,56\,V + 0,7\,V = 3,26\,V$ und durch eine Diode zwischen Messspannung und $0\,V$ auf $0\,V - 0,7\,V = -0,7\,V$ begrenzen.

Der zusätzliche Widerstand von $330\,\Omega$ ist für den Dezimalpunkt erforderlich. Zwischen der 100-mV- und der 1-V-Anzeige wird der Widerstand von $330\,\Omega$ gegen Masse geschaltet. Abb. 6.24 zeigt das Programm für ein dreistelliges Voltmeter von 0 V bis 2,55 V.

Das Hauptprogramm hat zehn Teilprogramme. Zuerst wird das Statusregister mit der Konstanten „$03" verglichen, dann erfolgt eine Verzweigung mit dem „brne"-Befehl. Ist das Statusregister nicht gleich, springt das Programm auf „main" zurück oder man startet die Messung, wobei das Ergebnis in dem AVH- und AVL-Register steht. Dazu wird mit dem „ldi-Befehl" der Akkumulator mit der Konstanten „$08" geladen, und der Wert vom „hlp"-Register wird mit der Konstanten „$08" im Akkumulator addiert. Anschließend wird der Inhalt des AVH-Registers, das sich im SRAM-Bereich befindet, in das „hlp"-Register geladen. Dann folgt eine Addition mit Berücksichtigung des Carrybits zwischen Register r0 und „hlp0"-Register. Mit dem „sbrs"-Befehl wird das „hlp0"-Register mit dem Wert „$04" geladen, dann erfolgt ein Programmsprung nach „div16". Mit „ldi"wird der Akkumulator mit dem Wert „$0f" geladen und anschließend mit „mov" vom Akkumulator in das „hlp0"-Register übertragen. Den Abschluss des Teilprogramms bildet das Setzen des Akkumulators mit dem Wert „$ff".

Das zweite Teilprogramm führt zuerst eine UND -Verknüpfung mit dem Akkumulator und dem Wert „$f0" durch. Dann folgt eine ODER -Verknüpfung zwischen Akkumulator und „hlp0"-Register. Anschließend werden die Nibbles im Akkumulator mit dem „swap"-Befehl vertauscht. Zum Schluss wird das „hlp0"-Register gelöscht.

Mit dem dritten Teilprogramm wird die zweite Anzeigenstelle berechnet. Zuerst erfolgt eine Subtraktion zwischen dem Akkumulator und der Konstanten „064". Mit dem „brcs"-Befehl wird das Carrybit abgefragt. Ist es gesetzt, führt der Mikrocontroller das Programm „dez_end" weiter oder er inkrementiert das „hlp0"-Register. Es erfolgt ein Rücksprung auf „dez2".

Das Programm „dez2_end" beginnt eigentlich mit einer Addition zwischen Akkumulator und der Konstanten „$64". Da aber dieser Befehl nicht vorhanden ist, erfolgt eine Subtraktion und vom Inhalt des Akkumulators wird „$9c" abgezogen. Dann wird eine Konstante „$20" in das ZL-Register geladen und mit dem Inhalt von „hlp0"-Register und dem ZL-Register addiert. Mit dem „lpm"-Befehl wird der Akkumulator mit dem Wert vom Programmspeicher geladen, anschließend erfolgt der Aufruf der Subroutine „byteout". Zum Schluss wird das „hlp0"-Register gelöscht.

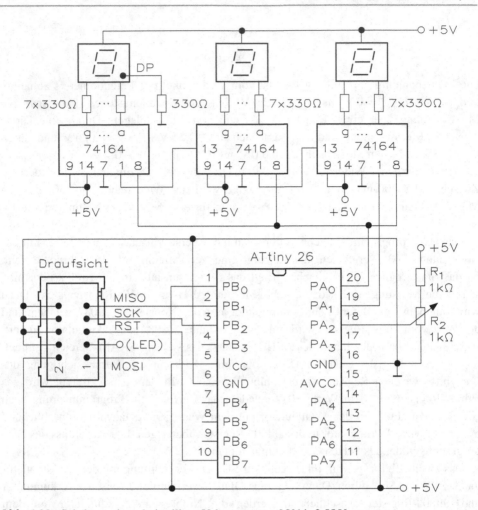

Abb. 6.23 Schaltung eines dreistelligen Voltmeters von 0 V bis 2,55 V

Das Programm „dez1" führt eine Subtraktion zwischen Akkumulator und der Konstanten „$0a" durch. Mit dem „brcs"-Befehl wird das Carrybit abgefragt und ist es gesetzt, führt der Mikrocontroller das Programm auf „dez1_end" aus. Andernfalls wird das „hlp0"-Register inkrementiert und dann auf das „dez1"-Programm gesprungen.

Das Programm „dez1_end" dient zur Ausgabe der Dezimalstelle 1. Eigentlich müsste eine Addition des Akkumulators mit „$0a" erfolgen, da aber dieser Befehl nicht vorhanden ist, wird eine Subtraktion mit dem Akkumulator minus der Konstanten „$f6" durchgeführt. Dann wird die Konstante „20" in das ZL-Register geladen und anschließend erfolgt eine Addition vom ZL-Register mit dem „hlp0"-Register. Es erfolgt das Laden des Akkumulators mit dem Wert aus dem Programmspeicher und dem Aufruf der Subroutine „byteout". Dann wird die Konstante „$20" in das ZL-Register geladen

```
; mainprogram
main:
        cpi     stavec,$03
        brne    main

; measurement done, result in AVH:AVL
        lds     hlp0,AVL
        ldi     acc0,$08
        add     acc0,hlp0
        lds     hlp0,AVH
        adc     hlp0,r0

        sbrs    hlp0,4
        rjmp    div16
        ldi     acc0,$0f
        mov     hlp0,acc0
        ser     acc0

div16:
        andi    acc0,$F0
        or      acc0,hlp0
        swap    acc0

        clr     hlp0

dez2:
        subi    acc0,$64
        brcs    dez2_end
        inc     hlp0
        rjmp    dez2

dez2_end:
        ;addi   acc0,$64
        subi    acc0,$9c
        ldi     ZL,$20
        add     ZL,hlp0
        lpm     sacc0,z
        rcall   byteout

        clr     hlp0


dez1:
        subi    acc0,$0a
        brcs    dez1_end
        inc     hlp0
        rjmp    dez1

dez1_end:
        ;addi   acc0,$0a
        subi    acc0,$f6
        ldi     ZL,$20
        adc     ZL,hlp0
        lpm     sacc0,z
        rcall   byteout

        ldi     ZL,$20
        adc     ZL,acc0
        lpm     sacc0,z
        rcall   byteout

        cbr     stavec,$03
        ; restart ADC
        sts     AVH,r0
        sts     AVL,r0
        ldi     acc0,(1<<ADEN)|(1<<ADSC)|(1<<ADIF)|(1<<ADIE)|(1<<ADPS1)|(1<<ADPS0)
        out     ADCSR,acc0

        rjmp    main

byteout:        ldi   sacc1, $08
byteout_next:
        cbi     PORTA, 0
        lsl     sacc0
        brcs    byteout_1
        cbi     PORTA, 1
        rjmp    byteout_2
byteout_1:
        sbi     PORTA, 1
byteout_2:
        sbi     PORTA, 0
        dec     sacc1
        brne    byteout_next
        cbi     PORTA, 0
        ret
```

Abb. 6.24 Programm für ein dreistelliges Voltmeter von 0 V bis 2,55 V

und mit dem Akkumulator addiert. Danach wird der Z-Wert auf dem Programmspeicher in den Akkumulator geladen und mit „rcall" wird die Subroutine „byteout" aufgerufen. Das Register für den Statusvektor wird gelöscht und mit „$03" geladen. Danach erfolgt der Restart für den AD-Wandler mit dem Laden der beiden AVL- und AVH-Register. Der Akkumulator erhält die Werte aus dem Programmspeicher zum Setzen oder Rücksetzen des Steuerregisters für den AD-Wandler.

Den Schluss des Programms bildet die Ansteuerung der drei Schieberegister für die Ausgabe des Messwertes in der 7-Segment-Anzeige.

6.5   Differenzmessung von Spannungen im 10-mV-Bereich

Für eine Differenzmessung ist eine Brückenschaltung nach Wheatstone von vier gleich großen Widerständen erforderlich. Es ergibt sich

$$\frac{R_1}{R_2} = \frac{R_3}{R_4}.$$

Die Wheatstonesche Messbrücke besteht im Prinzip aus zwei Spannungsteilern und daher gilt

$$U_{a1} = U_e \cdot \frac{R_2}{R_1 + R_2} \quad \text{und} \quad U_{a2} = U_e \cdot \frac{R_4}{R_3 + R_4}.$$

Die Differenzspannung errechnet sich aus

$$\Delta U = U_{a1} - U_{a2}.$$

Schaltet man die Messbrücke an den Mikrocontroller ATtiny26, erhält man die Schaltung von Abb. 6.25. Der linke Zweig der Brückenschaltung ist mit Pin 13 (ADC5) und der rechte Zweig mit Pin 14 (ADC4) verbunden.

Alle vier Widerstände der Messbrücke sollen einen Wert von 1 kΩ aufweisen. Die Messbrücke ist auf $\Delta U = 0$ V abgeglichen und die Anzeige des Mikrocontrollers zeigt 0 V an. Der rechte Zweig ist mit +gekennzeichnet und die Spannung beträgt 2,5 V gegen Masse. Diese Spannung wird am positiven Differenzeingang (Pin 14)angeschlossen. Der linke Zweig ist mit − gekennzeichnet und die Spannung beträgt 2,5 V gegen Masse. Diese Spannung wird am negativen Differenzeingang (Pin 13) angeschlossen. Diese Spannung ist einstellbar zwischen 0 V (Anzeige 0) und +2,5 V (2.50 V).

Wichtig! Die Spannung von U_{a2} ist konstant und definiert den Bezugspunkt der Messbrücke. Verändert man das Potentiometer, ändert sich auch die Spannung von U_{a1}, aber in negativer Richtung bis auf −2,5 V. Dies ist der Arbeitspunkt der Messbrücke. Wird die Spannung an U_{a2} positiver als U_{a1}, funktioniert der AD-Wandler des Mikrocontrollers ATtiny26 nicht. Tauscht man auch R_1 (Widerstand) und R_2 (Potentiometer), funktioniert die Messbrücke ebenfalls nicht.

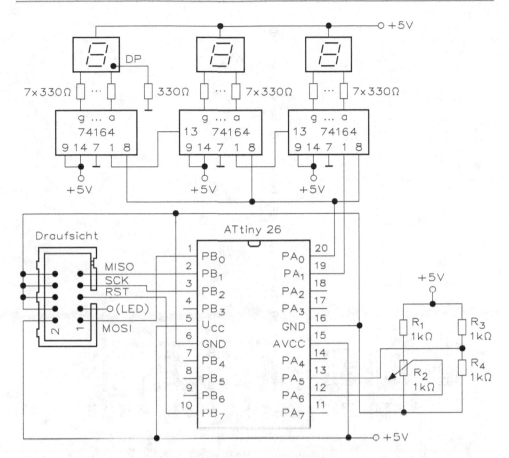

Abb. 6.25 Messbrücke zur Differenzmessung am Mikrocontroller ATtiny26

Die interne Verstärkung für die Differenzspannung wurde mit $v = 1$ gewählt. Dieser Verstärkungsfaktor kann auch auf $v = 20$ eingestellt werden.

Die Reset-Bedingung muss der Schaltung angepasst werden. A0 und A1 sind für den Takt und die seriellen Daten. A5 und A6 sind die analogen Eingänge, und die freien Eingänge werden folgendermaßen definiert: „others Input with Pullup", d. h. A2, A3, A4 und A7 sind Eingänge mit einem „pullup"-Widerstand, also 1-Signal. A5 und A6 arbeiten als analoge Differenzspannungseingänge. Abb. 6.26 zeigt das Programm zur Differenzmessung.

Für die interne Referenzspannung muss auch umprogrammiert werden in „A5, A6 differential". Das Taktsignal für den AD-Wandler bleibt aber in dieser Einstellung.

Das Hauptprogramm ist in elf Programme aufgeteilt. Das Programm beginnt mit „cpi stavec,$03" und vergleicht die Konstante „$03" mit dem Wert des Statusvektors. Ist sie nicht gleich, springt das Programm in die Schleife, ist es aber gleich, wird die Messung eingeleitet. Das Ergebnis steht in „AVH:AVL". Mit „lds hlp0,AVL" wird das

```
; mainprogram
main:
        cpi     stavec,$03
        brne    main

        ; measurement done, result in AVH:AVL
        lds     hlp0,AVL
        ldi     acc0,$08
        add     acc0,hlp0
        lds     hlp0,AVH
        adc     hlp0,r0

        sbrs    hlp0,4
        rjmp    div16
        ldi     acc0,$0f
        mov     hlp0,acc0
        ser     acc0

div16:
        andi    acc0,$F0
        or      acc0,hlp0
        swap    acc0

main_out:
        clr     hlp0

dez2:
        subi    acc0,$64
        brcs    dez2_end
        inc     hlp0
        rjmp    dez2

dez2_end:
        ; addi  acc0,$64
        subi    acc0,$9c
        ldi     ZL,$20
        add     ZL,hlp0
        lpm     sacc0,Z
        rcall   byteout

        clr     hlp0


dez1:
        subi    acc0,$0a
        brcs    dez1_end
        inc     hlp0
        rjmp    dez1

dez1_end:
        ; addi  acc0,$0a
        subi    acc0,$f6
        ldi     ZL,$20
        add     ZL,hlp0
        lpm     sacc0,Z
        rcall   byteout

        ldi     ZL,$20
        add     ZL,acc0
        lpm     sacc0,Z
        rcall   byteout

        cbr     stavec,$03
        ; restart ADC
        sts     AVL,r0
        sts     AVH,r0
        ldi     acc0,(1<<ADEN)|(1<<ADSC)|(1<<ADIF)|(1<<ADIE)|(1<<ADPS1)|(1<<ADPS0)
        out     ADCSR,acc0

        rjmp    main

byteout:
        ldi     sacc1, $08
byteout_next:
        cbi     PORTA, 0
        lsl     sacc0
        brcs    byteout_1
        cbi     PORTA, 1
        rjmp    byteout_2
byteout_1:
        sbi     PORTA, 1
byteout_2:
        sbi     PORTA, 0
        dec     sacc1
        brne    byteout_next
        cbi     PORTA, 0
        ret
```

Abb. 6.26 Programm zur Differenzmessung

„hlp0"-Register mit dem Ergebnisregister AVL geladen. Dann wird im nächsten Schritt der Akkumulator mit der Konstanten „$08" geladen. Es erfolgt eine Addition zwischen dem Akkumulator und dem „hlp0"-Register. Danach erfolgt ein direktes Laden vom SRAM-Speicher in das „hlp0"-Register und eine direkte Addition zwischen dem „hlp0"-Register und dem Register r0. Im nächsten Schritt erfolgt ein Sprungbefehl, wenn das „hlp0"-Register gesetzt ist. Ist die Bedingung nicht erfüllt, springt das Programm auf „div16", oder es setzt das Programm fort mit dem „ldi"-Befehl. Die Konstante „$0f" wird in den Akkumulator geladen und danach mit dem „mov"-Befehl vom Akkumulator in dem „hlp0"-Register gespeichert. Zum Schluss wird der Akkumulator gesetzt.

Das Programm „div16" beginnt mit der UND-Verknüpfung zwischen dem Akkumulator und der Konstanten „f0". Dann folgt eine ODER-Verknüpfung zwischen dem Akkumulator und dem „hlp0"-Register. Zum Schluss vertauscht „swap" die beiden Nibbles vom Akkumulator.

Das Programm „main_out" löscht das „hlp0"-Register.

Mit dem Programm „dez2" wird die Ausgabeoperation eingeleitet. Der „subi"-Befehl subtrahiert vom Akkumulator die Konstante „$64", dann erfolgt eine Verzweigung mit dem „brcs"-Befehl. Ist das Carrybit gesetzt, springt das Programm auf „dez2 end". Wenn nicht, wird das „hlp0"-Register inkrementiert. Danach springt das Programm auf „rjmp dez2".

Mit dem Programm „dez2_end" wird die Ausgabeoperation abgeschlossen. Da der „addi-Befehl" nicht vorhanden ist, muss mit „subi" gearbeitet werden, es wird eine Subtraktion zwischen Akkumulator und einer Konstanten „0C" durchgeführt. Das ZL-Register wird mit dem Wert „$20" geladen und dann erfolgt eine Addition zwischen ZL- und „hlp0"-Register. Der Inhalt des ZL-Registers wird aus dem Programmspeicher in den Akkumulator geladen, dann erfolgt ein Aufruf der Subroutine „byteout". Zum Schluss wird das „hlp0"-Register gelöscht.

Mit dem Programm „dez1" wird die Ausgabeoperation eingeleitet und das Programm arbeitet wie „dez2".

Mit dem Programm „dez1_end" wird die Ausgabeoperation abgeschlossen. Da der „addi-Befehl" nicht vorhanden ist, muss mit „subi" gearbeitet werden, es wird eine Subtraktion zwischen Akkumulator und einer Konstanten 0C durchgeführt. Das ZL-Register wird mit dem Wert „$20" geladen und dann erfolgt eine Addition zwischen ZL- und „hlp0"-Register. Der Inhalt des ZL-Registers wird aus dem Programmspeicher in den Akkumulator geladen und dann erfolgt ein Aufruf der Subroutine „byteout". Zum Schluss wird das „hlp0"-Register gelöscht. Das ZL-Register wird mit dem Wert „$20" geladen und es erfolgt eine Addition zwischen ZL- und „hlp0"-Register. Der Inhalt des ZL-Registers wird aus dem Programmspeicher in den Akkumulator geladen, dann erfolgt ein Aufruf der Subroutine „byteout". Zum Schluss wird das „hlp0"-Register gelöscht. Anschließend wird das Register vom Statusvektor mit der Konstanten „$03" gesetzt. Es erfolgt der Restart vom AD-Wandler. Mit den beiden „sts"-Befehlen wird der Inhalt von Register r0 direkt in das SRAM geschrieben. Danach wird der Akkumulator mit den

Steuerbefehlen geladen, anschließend wird der Akkumulator in das Steuerregister des AD-Wandlers übernommen. Zum Schluss folgt der Rücksprung nach „main".

Bei den vier letzten Programmen werden die Werte in den Schieberegistern gespeichert und ausgegeben.

6.6   Messungen und Anzeigen von zwei Spannungen

Für das Messen von zwei Spannungen benötigt man den Eingangskanal PA2 und PA4. Warum nicht den Eingangskanal PA3? Über den Anschluss PA3 kann man die interne Referenzspannung von 2,56 V messen. Misst man die Spannung, ergibt sich ein Messfehler von etwa ±5 %. Abb. 6.27 zeigt die Schaltung.

PA0 arbeitet als Ausgang für den seriellen Takt und PA1 dient als Anschluss für den seriellen Datenstrom vom Mikrocontroller zur Anzeige. PA2 arbeitet als analoger Eingang, ebenso PA4. PA6 und PA7 steuern die Ausgänge die beiden Leuchtdioden an. Wird PA2 im AD-Wandler angesteuert, emittiert die Leuchtdiode an PA6 ein Licht, und findet die Wandlung am Eingang PA4 statt, leuchtet die Anzeige am Ausgang PA7. Entsprechend müssen die Ein- und Ausgänge programmiert werden. Jede Sekunde wird ein analoger Eingang abgefragt, digital ausgegeben, und mit den beiden Leuchtdioden wird der Messkanal angezeigt.

Das Hauptprogramm ist in elf Programme aufgeteilt. Das Programm beginnt mit „cpi stavec,$03" und vergleicht die Konstante „$03" mit dem Wert des Statusvektors. Ist der Vergleich nicht gleich, springt das Programm in die Schleife, ist er aber gleich, wird die Messung eingeleitet. Das Ergebnis steht in „AVH:AVL". Mit „lds hlp0,AVL" wird das „hlp0"-Register mit dem Ergebnisregister AVL geladen. Dann wird im nächsten Schritt der Akkumulator mit der Konstanten „$08" geladen. Es erfolgt eine Addition zwischen dem Akkumulator und dem „hlp0"-Register. Danach erfolgt ein direktes Laden vom SRAM-Speicher in das „hlp0"-Register und eine direkte Addition zwischen dem „hlp0"-Register und dem Register r0. Im nächsten Schritt erfolgt ein Sprungbefehl, wenn das „hlp0"-Register gesetzt ist. Ist die Bedingung nicht erfüllt, springt das Programm auf „div16" oder es setzt das Programm fort mit dem „ldi"-Befehl. Die Konstante „$0f" wird in den Akkumulator geladen und danach mit dem „mov"-Befehl vom Akkumulator in das „hlp0"-Register gebracht. Zum Schluss wird der Akkumulator gesetzt.

Abb. 6.28 zeigt das Programm für das Messen von zwei Spannungen. Das Programm „div16" beginnt mit der UND-Verknüpfung zwischen dem Akkumulator und der Konstanten „$f0". Dann folgt eine ODER-Verknüpfung zwischen dem Akkumulator und dem „hlp0"-Register. Anschließend werden mit „swap" die beiden Nibbles vom Akkumulator vertauscht. Zum Schluss wird das „hlp0"-Register gelöscht.

Mit dem Programm „dez2" wird die Ausgabeoperation eingeleitet. Der „subi"-Befehl subtrahiert vom Akkumulator die Konstante „$64", dann erfolgt eine Verzweigung mit dem „brcs"-Befehl. Ist das Carrybit gesetzt, springt das Programm auf „dez2_end".

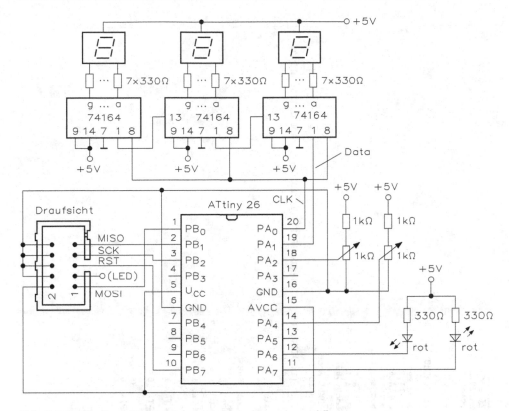

Abb. 6.27 Schaltung für das Messen und Anzeigen von zwei Spannungen

Wenn nicht, wird das „hlp0"-Register inkrementiert. Danach springt das Programm auf „rjmp dez2".

Mit dem Programm „dez2_end" wird die Ausgabeoperation abgeschlossen. Da der „addi-Befehl" nicht vorhanden ist, muss mit „subi" gearbeitet werden und es wird eine Subtraktion zwischen Akkumulator und der Konstanten „$9c" durchgeführt. Das ZL-Register wird mit dem Wert „$20" geladen, dann erfolgt eine Addition zwischen ZL- und „hlp0"-Register. Der Inhalt des ZL-Registers wird aus dem Programmspeicher in den Akkumulator geladen, danach erfolgt ein Aufruf der Subroutine „byteout". Zum Schluss wird das „hlp0"-Register gelöscht.

Mit dem Programm „dez1" wird die Ausgabeoperation eingeleitet, das Programm arbeitet wie „dez2".

Mit dem Programm „dez1_end" wird die Ausgabeoperation abgeschlossen. Da der „addi-Befehl" nicht vorhanden ist, muss mit „subi" gearbeitet werden, es wird eine Subtraktion zwischen Akkumulator und der Konstanten „$0a" durchgeführt. Das ZL-Register wird mit dem Wert „$20" geladen, dann erfolgt eine Addition zwischen ZL- und „hlp0"-Register. Der Inhalt des ZL-Registers wird aus dem Programmspeicher in den Akkumulator geladen und es folgt ein Aufruf der Subroutine „byteout". Zum

```
; mainprogram
main:
    cpi     stavec,$03
    brne    main

; measurement done. result in AVH:AVL
    lds     hlp0,AVL
    ldi     acc0,$08
    add     acc0,hlp0
    lds     hlp0,AVH
    adc     hlp0,r0

    sbrs    hlp0,4
    rjmp    div16
    ldi     acc0,$0f
    mov     hlp0,acc0
    ser     acc0

div16:
    andi    acc0,$F0
    or      acc0,hlp0
    swap    acc0

    clr     hlp0

dez2:
    subi    acc0,$64
    brcs    dez2_end
    inc     hlp0
    rjmp    dez2

dez2_end:
    ;addi   acc0,$64
    subi    acc0,$9c
    ldi     ZL,$20
    add     ZL,hlp0
    lpm     sacc0,Z
    rcall   byteout

    clr     hlp0

dez1:
    subi    acc0,$0a
    brcs    dez1_end
    inc     hlp0
    rjmp    dez1

dez1_end:
    ;addi   acc0,$0a
    subi    acc0,$f6
    ldi     ZL,$20
    add     ZL,hlp0
    lpm     sacc0,Z
    rcall   byteout


    ldi     ZL,$20
    add     ZL,acc0
    lpm     sacc0,Z
    rcall   byteout

    cbr     stavec,$03
; restart ADC
    in      acc0,ADMUX
    andi    acc0,$01
    brne    adc3_sel
    sbi     PORTA.6
    ldi     acc0,$83
    rjmp    adc_sel_end

adc3_sel:
    sbi     PORTA.6
    cbi     PORTA.7
    ldi     acc0,$82

adc_sel_end:
    out     ADMUX,acc0
    sts     AVH,r0
    sts     AVL,r0
    ldi     acc0,(1<<ADEN)|(1<<ADSC)|(1<<ADIF)|(1<<ADIE)|(1<<ADIF)|(1<<ADPS1)|(1<<ADPS0)
    out     ADCSR,acc0

    rjmp    main

byteout:
    ldi     sacc1,$08
byteout_next:
    cbi     PORTA.0
    lsl     sacc0
    brcs    byteout_1
    cbi     PORTA.1
    rjmp    byteout_2
byteout_1:
    sbi     PORTA.1
byteout_2:
    dec     sacc1
    brne    byteout_next
    cbi     PORTA.0
    ret
```

Abb. 6.28 Programm für das Messen von zwei Spannungen

Schluss wird das „hlp0"-Register gelöscht. Anschließend wird das Register vom Status-vektor mit der Konstanten „$03"gesetzt. Es erfolgt der Restart vom AD-Wandler. Mit dem „in"-Befehl wird der Inhalt des ADMUX-Registers in den Akkumulator geladen. Dann wird der Akkumulator mit der Konstanten „$01" geladen und es erfolgt eine Umschaltung des Messkanals. Danach erfolgt ein Vergleich mit dem „brne"-Befehl, ist der Vergleich „nicht gleich", springt das Programm auf „adc3_sel". Ist die Bedingung nicht erfüllt, wird das PortA-Register auf „7" gesetzt. Damit erhält PA7 an seinem Aus-gang ein0-Signal und die LED kann leuchten. Danach wird das PortA-Register gelöscht, damit erhält PA6 an seinem Ausgang ein 0-Signal und die andere LED leuchtet auf. Anschließend wird der Akkumulator mit einer Konstanten „$83" geladen und es erfolgt ein Sprung nach „adc_sel_end".

Es beginnt das Programm „adc3_sel" mit dem Setzen des I/O-Registers PortA auf den Wert „6". Anschließend wird der gleiche Port gelöscht und der Ausgang PA7 hat ein 0-Signal. Danach wird der Akkumulator mit der Konstanten „$82"geladen.

Mit dem Programm „adc_sel_end" wird der Inhalt des Akkumulators, der den Multi-plexer des AD-Wandlers freischaltet,gesetzt. Mit dem „sts"-Befehl wird der Inhalt von Register r0 in den AVH-Speicherplatz des SRAM-Speichers geschrieben,danach erfolgt das Gleiche in den AVH-Speicherplatz. Es folgt das Setzen des Steuerregisters für den Wandler und der Rücksprung nach „main".

In den letzten vier Programmen werden die Werte in den Schieberegistern gespeichert und über die 7-Segment-Anzeigen ausgegeben.

Der ATmega32 im 40-poligen DIL-Gehäuse wird in Abb. 7.1 gezeigt.

DIL ist die klassische Gehäusebauform für integrierte Schaltungen. Der Begriff „Dual In-Line package" steht für „zweireihiges Gehäuse". Man definiert die längliche Gehäuseform für elektronische Bauelemente, bei der sich zwei Reihen von Anschlussstiften (Pins) zur Durchsteckmontage an den gegenüberliegenden Seiten des Gehäuses befinden als DIL. Die Anschlussstifte sind dazu bestimmt,durch die Bohrungen einer Leiterplatte hindurchgesteckt und von der Unterseite her verlötet zu werden. Bei einlagigen Platinen und bei durchkontaktierten mehrlagigen Platinen ist es dadurch im Gegensatz zu obenliegenden oberflächenmontierten Gehäusen möglich, die Bauteile durch Wellenlöten zu löten.

Bei der Pinbelegung des ATmega32 im 40-poligen DIL-Gehäuse sind die Anschlüsse von Pin 1 bis Pin 8 des Port PB gezeigt. Hier befindet sich auch die ISP-Schnittstelle.

Pin 6: MOSI (Master Out/Slave In)
Pin 7: MISO (Master In/Slave Out)
Pin 8: SCK (Shift Clock)
Pin 9: RESET

Die Programmierung erfolgt über den standardisierten SPI-Bus (Serial Periphere Interface oder auch als Microwire bezeichnet). Es handelt sich um ein Bussystem, bestehend aus drei Leitungen für die serielle synchrone Datenübertragung zwischen dem PC und dem Mikrocontroller. Der Anschluss für den SPI-Bus ist standardisiert, wird aber in der Bauanleitung in diesem Buch nicht verwendet.

© Springer Fachmedien Wiesbaden GmbH, ein Teil von Springer Nature 2020   397
H. Bernstein, *Mikrocontroller,* https://doi.org/10.1007/978-3-658-30067-8_7

Abb. 7.1 Pinbelegung des
ATmega32 im 40-poligen DIL-
Gehäuse

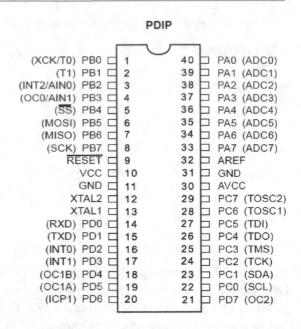

Über den Eingang „RESET" wird der Mikrocontroller zurückgesetzt. Mit VCC erhält der ATmega32 die Betriebsspannung, dann folgt der Masseanschluss (GND). Zwischen Pin 12 und Pin 13 schließt man den Quarz an, jedoch wird in diesem Buch ohne Quarz gearbeitet.

Zwischen Pin 14 und Pin 21 befindet sich der Port PD mit seinen acht I/O-Leitungen. Die Anschlusspins 14 und 15 arbeiten als serielle Schnittstelle. Verwendet man einen externen Treiberbaustein wie den MAX232, so ergibt sich eine serielle Schnittstelle nach RS232. Pin 16 und 17 sind zwei Interrupt-Eingänge. Pin 18 und 19 sind die Ausgänge für die beiden internen Zeitgeber/Zähler. Pin 20 dient als ICP-Eingang (In-System Programmer). Für den internen Zeitgeber/Zähler T1 schließt man den Fangbereich für das externe Taktsignal an.

Zwischen Pin 22 und Pin 29 befindet sich Port PC. Hier schließt man die acht Leitungen an, die zur und von der Peripherie kommen.

Pin 30 ist die analoge Betriebsspannung, Pin 31 die Masse (GND) und Pin 32 die Referenzspannung für die internen AD-Wandler. Die Referenzspannung an dem Pin 32 soll 2,56 V betragen und die Spannung ist mit einem 4 1/2-stelligen Digitalvoltmeter zu messen. Diese Spannung hat häufig Werte von 2,5 V bis 2,65 V, wenn die analoge Versorgungsspannung nicht richtig abgeblockt ist, also die Spule und der Kondensator fehlen. Auf der Platine ist dieser Messeingang mit der Referenzspannungsquelle verbunden.

Zwischen Pin 33 und Pin 40 hat man acht Leitungen für die Standard-Peripherie, wobei sich auch die Anschlüsse als Eingänge für die internen AD-Wandler verwenden lassen.

7.1   Interner Aufbau

Der ATmega32 kann durch seine RISC-Architektur die leistungsstarken 131 Befehle sehr schnell verarbeiten. Um den CPU-Kern sind oben und unten die vier Schnittstellen (Ports), die mit PA, PB, PC und PD gekennzeichnet sind, zu erkennen. Diese Schnittstellen lassen sich getrennt programmieren und sind im Wesentlichen in drei Betriebsarten aufgeteilt. In der ersten Betriebsart arbeitet ein Port als Ausgang, in der zweiten als Eingang, und in der dritten sind Steuerfunktionen für den digitalen Betrieb möglich. Insgesamt sind 32 programmierbare Leitungen vorhanden. Durch digitale Zwischenregister (Interface) können die externen Peripherieeinheiten unabhängig von dem internen System arbeiten.

Rechts vom CPU-Kern sind mehrere Funktionseinheiten um den internen Bus angeordnet. Die TWI-Einheit (Two-Wire Serial Interface Handler) ist für den gesamten zeitlichen Ablauf des ATmega32 über die serielle Schnittstelle am Port PC zuständig.

Unterhalb der TWI-Einheit befinden sich die Zeitgeber und die Zähler. Entweder verwendet man zwei 8-Bit-Zeitgeber/Zähler oder einen 16-Bit-Zeitgeber/Zähler. Diese Einheit wird von der Systemsoftware als eine Anzahl gewöhnlicher Ein-/Ausgabe-Kanäle behandelt. Damit lassen sich häufig auftretende Probleme einfach lösen, wie die programmgesteuerte Erzeugung präziser Verzögerungszeiten. Zur Erfüllung seiner Anforderung setzt der Programmierer statt der in der Software vorgesehenen Zeitschleifen diesen Block ein. Nachdem der Zähler mit dem gewünschten Anfangswert programmiert wurde, ist er startbereit. Nach Ablauf des Zähldurchlaufs wird ein Zähl-Ende-Signal gegeben, das zur Auflösung einer Programmunterbrechung verwendet werden kann. Es istdaraus bereits zu ersehen, dass der Programmieraufwand relativ gering ist und dass z. B. mehrere Zeitverzögerungen gleichzeitig nebeneinander ablaufen können,indem den einzelnen Zählern verschiedene Unterbrechungsebenen zugewiesen werden. AndereZähler-/Zeitgeber-Aufgaben, die normalerweise keine Zeitverzögerungsschaltungen sind, aber in einem Mikrocontrollersystem verwendet werden, lassen sich ebenfalls ausführen.

Über eine interne Schnittstelle ist die Zähler-/Zeitgeber-Einheit direkt vom Datenbus zu laden. Vom Prozessor werden die Daten in bzw. aus der Einheit geschrieben oder gelesen. Die Schnittstelle hat grundsätzlich drei Aufgaben:

1. die Einstellung der Betriebsarten durch Einschreiben entsprechender Steuerworte,
2. das Laden von Zähleranfangswerten,
3. das Lesen der Zählerinhalte.

Die Wirkungsweise der zeitlichen Ablaufsteuerung hat fünf Funktionseinheiten im ATmega32. Der Anwender kann einen hochkonstanten internen Oszillator für seine Funktionen verwenden. Durch einen Eingang (Pin 12) bzw. Ausgang (Pin 13) kann man einen externen Quarz anschließen und bestimmt so den internen Systemtakt. Dabei ergeben sich folgende Werte:

ATmega32L: 0 bis 8 MHz, Betriebsspannung 2,7 V bis 5,5 V,
ATmega32:   0 bis 16 MHz, Betriebsspannung 4,5 V bis 5,5 V.

Wenn der interne Oszillator verwendet wird, kann man die interne Taktfrequenz softwaremäßig beeinflussen.

Wichtig ist im Mikrocontroller die Funktion des Watchdog-Timers. Der Begriff „Watchdog" (Wachhund) wird für eine Einheit verwendet, die die Funktion anderer Komponenten überwacht. Wird eine mögliche Fehlfunktion erkannt, so wird dies entweder gemäß Systemvereinbarung signalisiert oder eine geeignete Sprunganweisung eingeleitet, die das anstehende Problem beheben kann. Das Signal oder die Sprunganweisungen dienen unmittel- oder mittelbar als Auslöser für andere kooperierende Systemkomponenten, die das Problem lösen sollen.

Normalerweise werden Watchdogs in Mikrocontroller-gesteuerten elektrischen Geräten eingesetzt, um einem Komplettausfall des Gerätes durch Softwareversagen zuvorzukommen. Verhindert wird der Ausfall eines automatischen Mikrocomputersystems, indem die Software in regelmäßigen Abständen dem Watchdog mitteilt, dass sie noch ordnungsgemäß arbeitet.

Alternativ kann das Gleiche auch durch einen Zähler realisiert werden, der in regelmäßigen Abständen von der Software auf einen bestimmten Wert gesetzt wird. Dieser Zähler wird hardwareseitig ständig dekrementiert, erreicht der Zähler nicht Null, so hat es die Software nicht geschafft, ihn rechtzeitig zu erhöhen und ist wahrscheinlich im Programm „hängengeblieben" oder Teile der internen bzw. externen Hardware sind ausgefallen. Der Watchdog setzt daraufhin das Gerät durch Rücksetzen (Reset) in den definierten Ausgangszustand zurück, damit das von der Software gesteuerte System wieder überwacht und ordnungsgemäß arbeiten kann.

Entwicklungssystem mit PC und Board für den ATmega32

7.1.1   Ein- und Ausschaltverzögerung

Die Ein- und Ausschaltverzögerung (Abb. 7.2) lässt sich mit drei Möglichkeiten durch-führen:

- •   Ein- und Ausschaltverzögerung mit konstantem Zustand (State),
- • Ein- und Ausschaltverzögerung mit variablem Zustand (State),
- • Ein- und Ausschaltverzögerung mit Unterprogramm.

An Pin 40 (PA0) wird der Taster und an Pin 33 (PA7) die LED angeschlossen. Abb. 7.3 zeigt das Programm für eine Ein- und Ausschaltverzögerung mit konstantem Zustand (state). Der Einschaltimpuls hat eine Verzögerung von 1 s und die Ausschaltverzögerung 2 s. Im Programm sind dies die Werte „24" und „48".
Die Einschaltverzögerung errechnet sich aus

$$27,4\,\text{ms} \cdot 36 = 0,9\,\text{s}$$

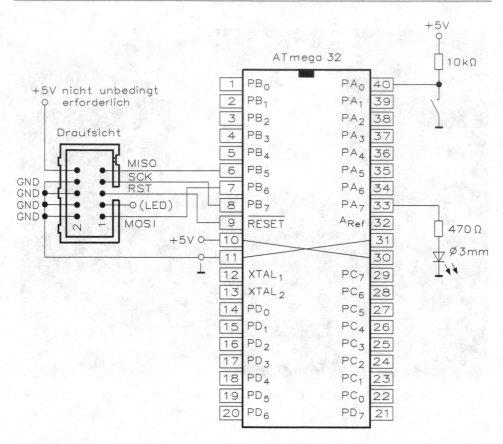

Abb. 7.2 Schaltung für die Ein- und Ausschaltverzögerung

Der Wert von „24" steht unter „tval,$24". Dieser Wert ist hexadezimal und muss in ein dezimales Format umgerechnet werden:

$$
\begin{array}{l}
24\,\text{h} \\
\quad \longrightarrow 4 \cdot 0 \quad D \quad 4 \\
\quad \longrightarrow 2 \cdot 16 \quad D \quad \underline{32} \\
 36
\end{array}
$$

Dasselbe Umrechnungsverfahren gilt auch für „tval,$48", und man bekommt ca. zwei Sekunden für die Ausschaltverzögerung.

Bei dem Programm „RESET" wird der Akkumulator mit dem höheren RAMEND geladen, dieser Wert wird mit einem „out"-Befehl in den oberen Stack geladen. Danach wird der untere Stack mit dem Wert des Akkumulators geladen und anschließend das Register r0 gelöscht. Dann folgt das Setzen des Ein- und Ausgangs. Mit dem „ldi"-Befehl wird der Akkumulator mit dem Wert „ff" geladen, danach der Inhalt auf PORTA gegeben. Alle Anschlüsse von PORTA arbeiten als Eingänge mit internen

```
RESET:                                          ; mainprogram
    ldi   acc0,high(RAMEND)                  main:
    out   SPH,acc0
    ldi   acc0,low(RAMEND)                   st_00:
    out   SPL,acc0                               ldi   tval,$24
    clr   r0                                     sts   MS27,r0
                                                 clr   stavec
    ; A0 Input  Button with Pullup               ldi   acc0,$ff
    ; A7 Output LED                              out   PORTA,acc0
    ; A1 .. A6  Input with Pullup                in    acc0,PINA
    ldi   acc0,$ff                               sbrc  acc0,0
    out   PORTA,acc0                             rjmp  st_00
    ldi   acc0,$80
    out   DDRA,acc0                          st_01:
                                                 in    acc0,PINA
    ; Timer0                                      sbrc  acc0,0
    ; CK/256                                      rjmp  st_00
    ldi   acc0,$04                               sbrs  stavec,0
    out   TCCR0,acc0                             rjmp  st_01
    ; clear TIMER0 OVF
    ldi   acc0,(1<<TOV0)                     st_02:
    out   TIFR,acc0                              ldi   tval,$48
    ; enable TIMER0 OVF Interrupt                sts   MS27,r0
    ldi   acc0,(1<<TOIE0)                        clr   stavec
    out   TIMSK,acc0                             ldi   acc0,$7f
    ; cnt $100 - $95 = $6b ~ 27.4 ms             out   PORTA,acc0
    ldi   acc0,CNTVAL                            in    acc0,PINA
    out   TCNT0,acc0                             sbrs  acc0,0
                                                 rjmp  st_02
    sts   MS27,r0
    clr   stavec                            st_03:
                                                 in    acc0,PINA
    sei                                          sbrs  acc0,0
                                                 rjmp  st_02
                                                 sbrs  stavec,0
                                                 rjmp  st_03
                                                 rjmp  st_00
```

Abb. 7.3 Programm für eine Ein- und Ausschaltverzögerung mit konstantem Zustand (state)

Pull-up-Widerständen. Mit dem „ldi"-Befehl wird der Wert „80" geladen und dann auf PORTA gegeben. Am Pin 33 (PA7) wird der Anschluss auf Ausgang geschaltet.

Das Programm „Timer0" startet mit dem „ldi"-Befehl, und der Akkumulator wird mit dem Wert „04" geladen. Der Inhalt des Akkumulators wird auf TCCT0 (Timer/Counter Control Register) gegeben. Dieses Register ist folgendermaßen aufgebaut:

7	6	5	4	3	2	1	0
FOC0	WGM00	COM01	COM00	WGM01	CS02	CS01	CS00

Mit dem Wert „04" wird das CS02-Bit gesetzt und führt die folgende Funktion aus:

$$1\ 0\ 0 \Rightarrow \text{Takt wird um 256 geteilt und ausgegeben}$$

Der Akkumulator wird mit dem Wert „1 << TOV0" geladen, dieser Wert wird in das TIFR (Timer/Counter Interrupt Flag Register)übernommen. Danach wird der Akkumulator mit dem Wert „1 << TOIE0" geladen und der Wert des Akkumulators in das TIMSK (Timer/Counter Interrupt Mask Register) übernommen. Es ergibt sich eine Zeit von 27,4 ms. Zum Schluss wird der Wert „CNTVAL" in das TCNT0 (Timer/ Counter Register) geladen. Am Ende wird das Register r0 in das SRAM unter MS27 gespeichert,danach das Statusregister gelöscht. Mit dem „sei"-Befehl wird der globale Interrupt gesperrt.

Das Hauptprogramm ist in vier Programmteile aufgeteilt, entsprechend der Funktion eines Schalters mit Ein- und Ausgabeverzögerung. Zuerst beginnt das Programm mit „st_00", dem Status 00. Das Register „tval" wird mit dem Wert „24"geladen, dann wird das Register r0 auf der Adresse „MS27" mit dem „sts"-Befehl in das SRAM geladen. Es folgt die Löschung des Statusvektors. Dann lädt der „ldi"-Befehl den Wert „ff" in den Akkumulator. Der Inhalt des Akkumulators wird auf PORTA gegeben und mit dem „in"-Befehl wird der Wert des PinA in den Akkumulator geschrieben. Damit erkennt dieses Programm, ob der Taster geschlossen oder geöffnet ist. Es erfolgt ein Vergleich mit dem „sbrc"-Befehl: Ist der Taster gedrückt, wird mit dem Programm fortgefahren, ist er offen, springt das Programm auf „st_00" zurück.

Das Teilprogramm „st_01" beginnt mit dem Laden des PINA in den Akkumulator. Darauf folgt ein Vergleich mit dem Akkumulator, ob dieser 0 ist. Es folgt ein Rücksprung nach „st_00" oder der Statusvektor wird mit dem „sbrs"-Befehl mit 0 verglichen. Es folgt ein Rücksprung auf „st_01".

Das Programm „st_02" startet mit dem Laden des Akkumulators mit den Werten von PINA. Der Inhalt des Akkumulators wird mit dem „sbrc"-Befehl bearbeitet und der Akkumulator wird mit „0" verglichen. Es folgt ein Rücksprung auf „st_00",oder ein „sbrs"-Befehl wird ausgeführt. Der Statusvektor wird mit „0" verglichen und dann erfolgt ein unbedingter Rücksprung auf „st_01". Das Programm „st_00" und „st_01" ist für den Ein-Zustand des Drückers erforderlich.

Mit dem Teilprogramm „st_02" wird die Verlängerung des Zustands für den Taster bestimmt. Solange der Taster gedrückt ist, wird eine Impulsverlängerung ausgeführt. Wenn ja, beginnt das Programm mit dem Laden des Registers „tval" mit dem Wert „48". Dann wird der Inhalt des Registers r0 in den Speicherplatz „MS27" im SRAM geladen. Es folgt eine Löschung des Statusvektors. Danach folgt das Laden des Akkumulators mit dem Wert „7f", der Inhalt des Akkumulators wird auf PORTA geschaltet. Damit wird die LED aktiviert und der Inhalt von PINA wird in den Akkumulator geschrieben. Es folgt ein „sbrs"-Befehl, ob der Akkumulator den Wert „0" hat, und ein unbedingter Rücksprung auf „st_02", wenn der Schalter noch gedrückt ist.

Das Teilprogramm „st_03" lädt die Wertigkeit von PINA in den Akkumulator. Dann erfolgt ein Vergleich zwischen Akkumulator und dem Wert „0". Ist die Bedingung erfüllt, kehrt das Programm nach „st_02" zurück oder führt den nächsten Befehl aus mit einem Vergleich zwischen dem Statusvektor und dem Wert „0". Zum Schluss werden zwei unbedingte Sprünge ausgeführt.

Abb. 7.4 zeigt das Programm für eine Ein- und Ausschaltverzögerung mit variablem Zustand (state) und man erkennt, dass das RESET-Programm mit dem vorherigen Programm identisch ist.

```
RESET:                              ldi    tval,$24          st_03:
  ldi    acc0,high(RAMEND)          sts    MS27,r0             in     acc0,PINA
  out    SPH,acc0                   clr    stavec              sbrs   acc0,0
  ldi    acc0,low(RAMEND)           ldi    acc0,$ff            rjmp   back_02
  out    SPL,acc0                   out    PORTA,acc0          sbrs   stavec,0
  clr    r0                         in     acc0,PINA           rjmp   main
                                    sbrc   acc0,0              clr    state
  ; A0 Input  Button with Pullup    rjmp   main               rjmp   main
  ; A7 Output LED                   ldi    state,$01
  ; A1 .. A6  Input with Pullup     rjmp   main             back_02:
  ldi    acc0,$ff                                             ldi    state,$02
  out    PORTA,acc0         st_01:                            rjmp   main
  ldi    acc0,$80             cpi    state,$01
  out    DDRA,acc0            brne   st_02

  ; Timer0                    in     acc0,PINA
  ; CK/256                    sbrc   acc0,0
  ldi    acc0,$04             rjmp   back_00
  out    TCCR0,acc0           sbrs   stavec,0
  ; clear TIMER0 OVF          rjmp   main
  ldi    acc0,(1<<TOV0)       ldi    state,$02
  out    TIFR,acc0            rjmp   main
  ; enable TIMER0 OVF Interrupt
  ldi    acc0,(1<<TOIE0)    back_00:
  out    TIMSK,acc0           clr    state
  ; cnt $100 - $95 = $6b ~ 27.4 ms  rjmp   main
  ldi    acc0,CNTVAL
  out    TCNT0,acc0         st_02:
                              cpi    state,$02
  sts    MS27,r0             brne   st_03
  clr    stavec
  clr    state               ldi    tval,$48
                              sts    MS27,r0
  sei                         clr    stavec
                              ldi    acc0,$7f
; mainprogram                 out    PORTA,acc0
main:                         in     acc0,PINA
  cpi    state,$00            sbrs   acc0,0
  brne   st_01               rjmp   main
                              ldi    state,$03
                              rjmp   main
```

Abb. 7.4 Programm für eine Ein- und Ausschaltverzögerung mit variablem Zustand (state)

Das Programm beginnt mit dem Laden der „state"-Speicherzelle mit dem Wert „00". Dann erfolgt der „brne"-Befehl und das Programm springt nach „st_01" oder arbeitet mit dem „ldi"-Befehl weiter. Der Wert „24" wird in das „tval"-Register geladen, dann wird der Inhalt vom Register r0 in die Speicherzelle „MS27" im SRAM geladen. Anschließend wird der Statusvektor gelöscht. Der Akkumulator wird mit dem „ldi"-Befehl mit „ff" geladen und dann auf PORTA gegeben. Danach wird der Zustand von PINA in den Akkumulator gegeben und mit dem „sbrc"-Befehl auf „0" verglichen. Hier wird überprüft, ob der Taster gedrückt oder offen ist. Es folgt ein Rücksprung nach „main", oder es wird der Wert „01" in den „state"geschrieben. Zum Schluss erfolgt ein unbedingter Rücksprung nach „main".

Das Teilprogramm „st_01" startet mit dem Vergleich von „state" mit dem Wert „01". Es erfolgt ein weiterer Vergleich mit dem „brne"-Befehl und „st_02", ob der Wert nicht gleich ist. Der Zustand von PINA wird in den Akkumulator geladen und mit „sbrc" verglichen. Es erfolgt ein unbedingter Sprung nach „back_00" oder der Vergleich mit dem Statusvektor auf den Wert „0". Es ergibt sich ein unbedingter Rücksprung auf „main" oder der „state" wird mit dem Wert „02" geladen. Den Schluss bildet ein unbedingter Rücksprung nach „main".

Das Teilprogramm „back_00" besteht aus dem „clr"-Befehl und einem Rücksprung.

Das Teilprogramm „st_02" beginnt mit einem Vergleich zwischen „state" und dem Wert „02". Dann folgt der „brne"-Befehl mit einem Vergleich, ob „state" ungleich dem Wert „02" ist. Entweder springt das Programm nach „st_03" oder der Wert für die Ausschaltverzögerung wird in das Register „tval" geladen. Der Inhalt von Register r0 wird in das SRAM geladen, dann erfolgt eine Löschung des Statusvektors. Mit dem „ldi"-Befehl wird der Akkumulator mit dem Wert „7f" geladen. Der Inhalt des Akkumulators wird in den PORTA geladen, dann erfolgt die Abfrage von PINA. Der Akkumulator wird auf „0" gesetzt, dann wird der Befehl ausgeführt. Es folgt ein unbedingter Rücksprung auf „main" oder „state", danach wird der Wert „03" geladen. Zum Schluss wird der unbedingte Sprung nach „main" ausgeführt.

Das Teilprogramm „st_03" startet mit dem Laden des Zustands von PINA in den Akkumulator. Es erfolgt ein Vergleich mit dem „sbrs"-Befehl. Das Programm kehrt auf „back_02" zurück, oder der „sbrs"-Befehl mit dem Statusvektor wird abgearbeitet. Es wird ein unbedingter Sprung nach „main" ausgeführt oder „state" gelöscht. Zum Schluss folgt der unbedingte Rücksprung nach „main".

Das Teilprogramm „back_02" lädt „state" mit dem Wert „02" und kehrt auf „main" zurück.

Abb. 7.5 zeigt das Programm für eine Ein- und Ausschaltverzögerung mit Unterprogramm. Eine Teilfunktion, die in einem Hauptprogramm (Routine) mehrfach benötigt wird, kann in einem eigenen Programm gelöst werden. Dieses Programm wird als Unterprogramm (Subroutine) bezeichnet und vom Hauptprogramm jeweils an der Stelle aktiviert, wo diese Funktion benötigt wird. Das Unterprogramm wird vom Hauptprogramm aufgerufen. Nach Abschluss gibt das Unterprogramm die Programmsteuerung wieder an das Hauptprogramm zurück. Dieser Vorgang kann sich mehrfach wiederholen. Die Unterprogrammtechnik bringt ein strukturiertes und übersichtliches Programmieren und bewirkt eine Speicherplatzersparnis.

7.1.2 Stackpointer im Mikrocontroller

Ein wichtiges Register innerhalb des Mikrocontrollers ist der Stackpointer (Stapelzeiger). Dies ist ein Register mit der gleichen Breite wie der Programmzähler. Der Inhalt des Stackpointers wird adressiert, ähnlich wie der Programmzähler oder eine Speicherstelle im Adressbereich des Mikrocontrollers. Prinzipiell kann mit dem Stackpointer so jede beliebige Speicherstelle des Mikrocontrollers erreicht werden. In der Praxis adressiert man jedoch nur einen kleinen Bereich des SRAM mit dem Stackpointer. Dieser Bereich im SRAM wird auch als Stack (Stapel) bezeichnet. Der Bereich des Stacks wird vom Mikrocontroller als dynamisch verwalteter Speicher für temporäre Daten verwendet. Immer dann, wenn ein Datenbyte auf diesem Stackspeicher abgelegt wird, wird automatisch nach der Schreiboperation der Stackpointer um eins dekrementiert. Er zeigt damit auf die nächstniedrigere noch freie Speicherzelle. So kann

```
RESET:
        ldi    acc0,high(RAMEND)
        out    SPH,acc0
        ldi    acc0,low(RAMEND)
        out    SPL,acc0
        clr    r0

        ; A0 Input  Button with Pullup
        ; A7 Output LED
        ; A1 .. A6  Input with Pullup
        ldi    acc0,$ff
        out    PORTA,acc0
        ldi    acc0,$80
        out    DDRA,acc0

        ; Timer0
        ; CK/256
        ldi    acc0,$04
        out    TCCR0,acc0
        ; clear TIMER0 OVF
        ldi    acc0,(1<<TOV0)
        out    TIFR,acc0
        ; enable TIMER0 OVF Interrupt
        ldi    acc0,(1<<TOIE0)
        out    TIMSK,acc0
        ; cnt $100 - $95 = $6b ~ 27.4 ms
        ldi    acc0,CNTVAL
        out    TCNT0,acc0

        sts    MS27,r0
        sts    STATE,r0
        clr    stavec

        sei
; mainprogram
main:

        call   ba0_la7  ; button at A0, LED at A7
        ; ...
        rjmp   main


ba0_la7:
        lds    sacc0,STATE
        cpi    sacc0,$00
        brne   st_01

        ldi    sacc1,$24
        sts    TVAL,sacc1
        sts    MS27,r0
        cbr    stavec,$01  ; affect only stavec[0]

        sbi    PORTA,7     ; affect only A7
        sbic   PINA,0
        ret
```

```
st_01:
        cpi    sacc0,$01
        brne   st_02

        sbic   PINA,0
        rjmp   back_00
        sbrs   stavec,0
        ret

back_02:
        ldi    sacc0,$02
        sts    STATE,sacc0
        ret

st_02:
        cpi    sacc0,$02
        brne   st_03

        ldi    sacc1,$48
        sts    TVAL,sacc1
        sts    MS27,r0
        cbr    stavec,$01
        cbi    PORTA,7
        sbis   PINA,0
        ret
        ldi    sacc0,$03
        sts    STATE,sacc0
        ret

st_03:
        sbis   PINA,0
        rjmp   back_02
        sbrs   stavec,0
        ret

back_00:
        clr    sacc0
        sts    STATE,sacc0
        ret
```

Abb. 7.5 Programm mit Ein- und Ausschaltverzögerung mit Unterprogramm

dynamisch ein relativ großer Speicherbereich mit Daten gefüllt werden,ohne dass die Adressen des Bereichs explizit bekannt sein müssen. Einzige Voraussetzung ist, dass der Stack in der entgegengesetzten Richtung wieder ausgelesen wird. Auch dies wird vom Mikrocontroller automatisch durchgeführt. Immer dann, wenn ein Wert vom Stack zurückgelesen werden soll, wird zunächst der Stackpointer um eins inkrementiert und erst dann der Wert gelesen. Dies ist der zuletzt auf dem Stack abgelegte Datenwert, so kann sukzessive der gesamte Bereich des Stacks wieder zurückgelesen werden. Abb. 7.6 zeigt Stackpointer und Stack mit Mikrocontroller.

Abb. 7.6 Stackpointer und
Stack mit Mikrocontroller

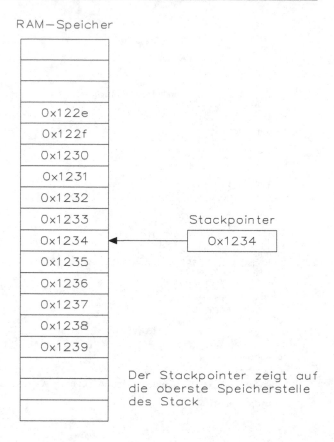

Besonders günstig bezüglich der Speichernutzung ist auch die Tatsache, dass der Stackpointer nach dem Zurücklesen der gespeicherten Daten für andere Daten erneut verwendet werden kann. Der Stack baut sich also dynamisch auf und wird auch dynamisch wieder abgebaut. Einziger Nachteil bei der Speicheradressierung durch den Stackpointer ist, dass die Daten nicht in beliebiger Reihenfolge zurückgelesen werden können. Der Stack muss grundsätzlich in umgekehrter Reihenfolge wieder ausgelesen werden. An den Inhalt einer beliebigen Speicherzelle kommt man daher unter Umständen erst nach vielen Rückleseoperationen heran.

Genutzt wird der Stackbereich im Mikrocontroller in erster Linie bei der Unterprogrammtechnik und bei der Interruptverarbeitung. Bei einem Programm, das in Unterprogrammtechnik programmiert wurde, muss der Mikrocontroller bei jedem Unterprogrammaufruf des Programmzählers mit der Startadresse des entsprechenden Unterprogramms laden. Die Adresse der nächsten Anweisung des rufenden Programms wird also durch die Startadresse des Unterprogramms überschrieben und geht dadurch verloren. Ein weiteres Abarbeiten des Hauptprogramms wäre dadurch unmöglich. Alle Mikrocontroller speichern daher, bevor der Sprung zum Unterprogramm ausgeführt wird, die Adresse der nächsten auszuführenden Anweisung vom rufenden Programm in einen temporären Zwischenspeicher, dem Stack, ab. Nachdem das Unterprogramm abgearbeitet wurde, wird zunächst die gerettete Rücksprungadresse des Hauptprogramms in den Programmzähler zurückgeladen. Danach kann das Hauptprogramm wieder problemlos fortgeführt werden. Abb. 7.7 zeigt den Aufruf eines Unterprogramms in einem Hauptprogramm.

Natürlich kann ein Unterprogramm selbst auch ein weiteres Unterprogramm aufrufen. Dies lässt sich nahezu beliebig fortsetzen. Begrenzt wird die Zahl der geschachtelten Unterprogrammaufrufe nur durch die Größe des Stackspeicherbereichs. Abb. 7.8 zeigt den Stack im Mikrocontroller beim Aufruf mehrerer geschachtelter Unterprogramme.

Die Befehle bei ATmega32 zum Aufruf eines Unterprogramms sind die Call-Befehle, wobei RCALL (Relative Subroutine Call), ICALL (Indirect Call zu Z) und CALL (Direct Subroutine) ebenfalls Unterprogramme aufrufen. Bei ATmega32 kann sowohl unbedingt als auch abhängig von Flags des Statusregisters bedingt zu Unterprogrammen verzweigt werden. Jedes Unterprogramm muss als letzte ausführbare Anweisung einen RET (Return oder zurück) enthalten. Durch diese Anweisung wird die Adresse des

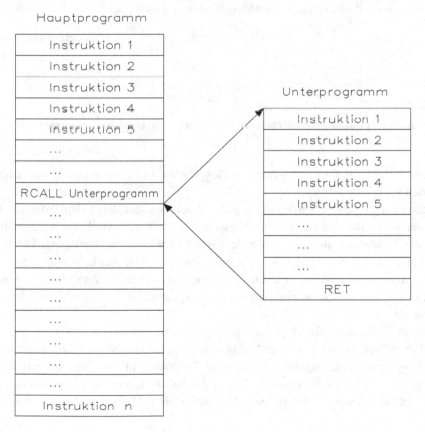

Abb. 7.7 Aufruf eines Unterprogramms in einem Hauptprogramm

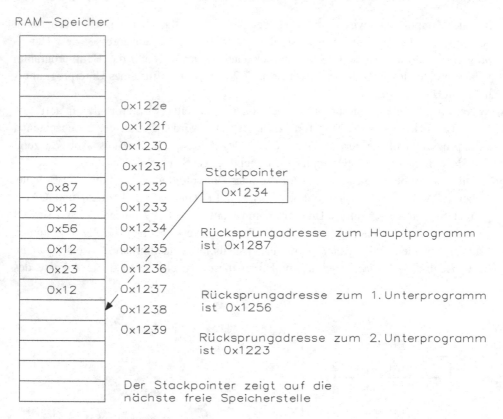

Abb. 7.8 Stack im Mikrocontroller beim Aufruf mehrerer geschachtelter Unterprogramme

Folgebefehls vom rufenden Programm zurückgeladen. Der Programmlauf wird dann im rufenden Programm fortgesetzt.

Neben der automatischen Verwaltung des Stackspeichers durch den Prozessor kann auch der Anwender den Stack kontrollieren und dort Daten zwischenspeichern. Hierzu stellt der Mikrocontroller entsprechende Assemblerbefehle zur Verfügung. Die PUSH -Befehle dienen zum Ablegen von Informationen auf dem Stack, und mit dem POP -Befehl können diese Werte vom Stack zurückgeladen werden. Zum Abspeichern und Zurückladen von Registerinhalten auf dem Stackspeicher ist ein besonderes Befehlspaar vorgesehen.

Der Anwender nutzt die temporäre Speicherung von Daten auf dem Stack vorwiegend zum Retten von Registern, wenn in ein Unterprogramm verzweigt werden soll und zur Übergabe von Parametern vom rufenden Programm in das Unterprogramm. Vom Anwender zu beachten ist, dass alle Werte, die auf dem Stack abgelegt wurden, auch wieder zurückgelesen werden müssen. Nur durch diese Maßnahme kann sichergestellt werden, dass der Stack nicht einseitig überläuft und die Unterprogrammtechnik einwandfrei funktioniert.

Bei dem Programm von Abb. 7.5 sieht man am Anfang das RESET-Programm mit der Timerfunktion. Dieser Programmteil ist mit dem vorherigen Programm identisch.

Das Programm „main" beginnt mit einem unbedingten Unterprogrammaufruf CALL. Dieser Befehl ruft ein Unterprogramm unter bestimmten Bedingungen auf. Ist die spezifizierte Bedingung erfüllt, wird die Rücksprungadresse in den Stack gebracht und die Befehlsausführung wird auf „ba0_la7" fortgesetzt.

Mit dem Teilprogramm „ba0_la7" wird der Taster an A0 und die LED an A7 angesprochen. Der „cpi"-Befehl vergleicht den Inhalt von „state" mit dem Wert „00". Anschließend erfolgt der „brne"-Befehl, ob diese Bedingung erfüllt ist. Entweder das Programm springt nach „st_01" oder das Register „tval" vom Timer wird mit dem Wert „24" geladen. Dann wird das Register r0 in die Speicherzelle „MS27" vom SRAM geschrieben. Der Statusvektor wird gelöscht, danach wird der Akkumulator mit dem Wert „ff" geladen. Der Inhalt wird dann vom Akkumulator nach PORTA übertragen. Mit dem „in"-Befehl wird die Wertigkeit von PINA in den Akkumulator übertragen und dann ein Vergleich durchgeführt. Mit „ret" wird ein unbedingter Rücksprung ausgeführt oder mit dem „ldi"-Befehl „state" mit dem Wert „01" geladen. Zum Schluss folgt nochmals „ret".

Das Programm „st_01" startet mit dem Laden des „state" mit dem Wert „01". Es folgt eine Verzweigung, entweder wird auf „st_02" fortgesetzt oder „state" wird mit dem Wert über den „brne"-Befehl mit dem Zustand von „PINA" verglichen. Der Inhalt des Akkumulators wird mit dem „sbic"-Befehl bearbeitet und mit „back_00" oder einem „sbrs"-Befehl wird der Statusvektor mit „0" verglichen. Mit „ret" wird ein unbedingter Rücksprung ausgeführt oder „state" mit dem Wert „02"geladen. Es folgt nochmals „ret" und es wird ein unbedingter Rücksprung ausgeführt.

Das Programm „back_00" besteht aus zwei Befehlen, dem Löschen von „state" und „ret".

Das Programm „st_02" startet mit dem Vergleich zwischen „state" und dem Wert „02". Es folgt ein „brne"-Befehl und das Programm springt auf „st_03", oder das Register „tval" für den Timer wird mit „48" geladen. Anschließend wird das Register r0 in die Speicherzelle „MS27" vom SRAM geschrieben. Der Statusvektor wird gelöscht, dann der Akkumulator mit dem Wert „7f" geladen. Es folgt eine Ausgabe des Akkumulators und eine Eingabe von der Schnittstelle. Danach wird der „sbrs"-Befehl ausgeführt und „ret" oder das Laden von „state" mit dem Wert „03" ausgeführt. Zum Schluss folgt „ret".

Das Programm „st_03" beginnt mit dem Laden des Akkumulators mit der Wertigkeit von PINA. Es folgt eine Verzweigung,entweder wird auf „back_02" fortgesetzt oder der Statusvektor wird mit dem Wert „0" verglichen. Mit „ret" wird ein unbedingter

Rücksprung ausgeführt oder „state" gelöscht. Es folgt nochmals „ret" und es wird ein unbedingter Rücksprung ausgeführt.

Das Programm „back_02" besteht aus zwei Befehlen, dem „ldi" zum Setzen von „state" auf den Wert „2" und „ret".

7.2   Ansteuerung der LCD-Anzeige

Um die Ausgabe von Informationen in Zahlen und Buchstaben zu erleichtern, wurde ein LCD-Display vom Typ L1672 in die Platine eingefügt. Die Anzeige L1672 kann zwei Reihen mit je 16 Zahlen und Buchstaben ausgeben und arbeitet weitgehend unabhängig vom Mikrocontroller ATmega32. Die Darstellung der Anzeige erfolgt im alphanumerischen Charakter in einer 5×7-oder 5×11-Matrix. Abb. 7.9 zeigt das Blockschaltbild der alphanumerischen LCD-Anzeige.

Die 32 alphanumerischen Zeichen der LCD-Anzeige bestehen aus 5×7-Matrizen und werden durch einen internen Mikrocontroller, der sich in der Kontrolllogik befindet, mit 16 Zeilen und 80 Spalten, angesteuert. Die Kontrolllogik übernimmt das 8-Bit-Datenformat vom Systemmikrocontroller und wandelt diese in die horizontalen und vertikalen Zeilen und Spalten um. Die Signalleitung „E" dient für die Steuerung des Schreib-Lese-Betriebs und sperrt die Kontrolllogik. Dann folgt das Signal „R/W" zum Steuern des Lese- und Schreibbetriebs. Mit dem Eingang RS werden die Daten für die LCD-Anzeige bestimmt, d. h. bei einem 1-Signal liegen an dem Datenbus die anzuzeigenden Werte, bei einem0-Signal die Befehle für den internen Mikrocontroller an. Der nächste Anschluss „Con" dient zur Einstellung des Kontrasts, dann erfolgen nur die Anschlüsse für dieBetriebsspannung und Masse.

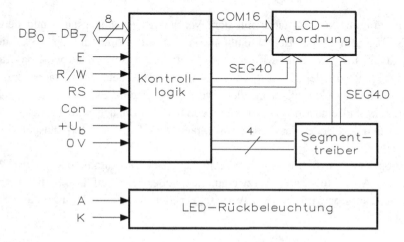

Abb. 7.9 Blockschaltbild der alphanumerischen LCD-Anzeige L1672

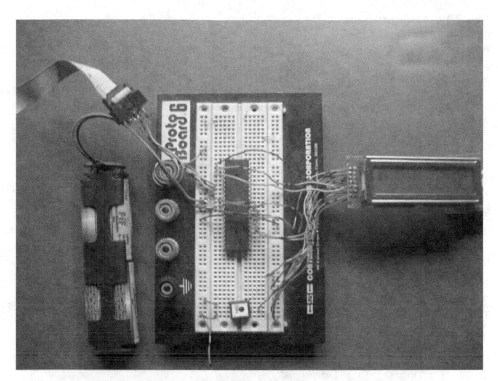

LCD-Anzeige L1672 wird mit einem ATmega32 angesteuert

Die alphanumerische LCD-Anzeige L1672 arbeitet noch mit einer LED-Hintergrundbeleuchtung. Über die Anschlüsse A (Anode) und K (Katode) wird die Beleuchtung über einen Schalter ein- und ausgeschaltet. Wenn der Kontrast sich ändern soll,ist der Anschluss „Con" mit einem Potentiometer auszustatten. Das Potentiometer ist zwischen +5 V und Masse einzuschalten und der Schleifer mit dem Anschluss „Con" zu verbinden.

Abb. 7.10 zeigt das Anschlussschema der alphanumerischen LCD-Anzeige L1672. Die Anschlüsse erfolgen nach Tab. 7.1.

Über einen Widerstand und einen Schalter wird die Anode mit +5 V und die Katode direkt mit Masse verbunden. Der Kontrast wird mit einem Potentiometer von 10 kΩ eingestellt.

Die zeitliche Steuerung für die Datenübertragung vom ATmega32 zur Anzeige benötigt zwei Betriebsarten. Tab. 7.2 zeigt den Ablauf für den Schreibbetrieb und Tab. 7.3 für den Lesebetrieb.

Abb. 7.11 zeigt das Impulsdiagramm für den zeitlichen Ablauf des Schreibbetriebs, dabei werden Daten vom ATmega32 zum L1672 geschrieben.

Abb. 7.12 zeigt das Impulsdiagramm für den zeitlichen Ablauf des Lesebetriebs, dabei werden Daten vom ATmega32 zur Anzeige L1672 geschrieben.

Tab. 7.4 zeigt die Befehle für die Kontrolleinheit und der Anzeige.

Abb. 7.10 Anschlussschema
der alphanumerischen LCD-
Anzeige L1672

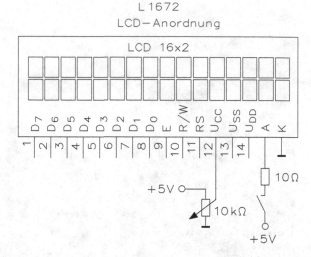

Tab. 7.1 Anschlussschema der alphanumerischen LCD-Anzeige L1672 (8-Bit-Format)

Pin	Symbol	Funktion
1	D7	Datensignal
2	D6	Datensignal
3	D5	Datensignal
4	D4	Datensignal
5	D3	Datensignal
6	D2	Datensignal
7	D1	Datensignal
8	D0	Datensignal
9	E	Enable-Signal
10	R/W	0: Datenschreiben (LCM ←MPU), 1: Datenlesen (LCM → MPU)
11	RS	Selektionsleitung, 1 = Dateneingang, 0 = Befehlseingang
12	V_{LCD}	Kontrast
13	V_{SS}	Ground oder Masse
14	V_{DD}	Betriebsspannung
15	A	Anode für LED-Beleuchtung
16	K	Katode für LED-Beleuchtung

Tab. 7.2 Ablauf für den Schreibbetrieb (schreibt Daten vom ATmega32 zum L1672)

Charakter	Symbol	Min	Typ.	Max	Einheit	Testpin
E-Zykluszeit	t_C	500	–	–	ns	E
E-Anstiegszeit	t_R	–	–	20	ns	E
E-Abfallzeit	t_F	–	–	20	ns	E
E-Puls von H nach L	t_W	230	–	–	ns	E
R/W an RS-Setzzeit	t_{SU1}	40	–	–	ns	R/W; RS
R/W an RS-Haltezeit	t_{H1}	10	–	–	ns	R/W, RS
Daten-Setzzeit	t_{SU2}	80	–	–	ns	D0 bis D7
Daten-Haltezeit	t_{H2}	10	–	–	ns	D0 bis D7

Tab. 7.3 Ablauf für den Lesebetrieb (schreibt Daten vom ATmega32 zur Anzeige L1672)

Charakter	Symbol	Min	Typ.	Max	Einheit	Testpin
E-Zykluszeit	t_C	500	–	–	ns	E
E-Anstiegszeit	t_R	–	–	20	ns	E
E-Abfallzeit	t_F	–	–	20	ns	E
E-Puls von H nach L	t_W	230	–	–	ns	E
R/W an RS-Setzzeit	t_{SU}	40	–	–	ns	R/W; RS
R/W an RS-Haltezeit	t_H	10	–	–	ns	R/W, RS
Daten-Setzzeit	t_D	–	–	120	ns	D0 bis D7
Daten-Haltezeit	t_{DH2}	5	–	–	ns	D0 bis D7

Abb. 7.13 zeigt die Programmsteuerung für den zeitlichen Ablauf der 8-Bit-Initialisierung. Wenn man die Betriebsspannung einschaltet, soll 30 ms gewartet werden, bis man mit der Initialisierung beginnt. Dabei soll die Betriebsspannung von $+U_b = 4{,}5$ V erreicht werden. Danach folgen die Funktionen für die Zeilenbetriebsart, ob ein- oder zweizeilig angezeigt werden soll. Bei der Auswahl der Matrix steht eine 5 × 8- oder 5 × 11-Matrix für die alphanumerischen Symbole zur Verfügung. Man muss eine kurze Zeit von 39 µs abwarten und kann dann die Anzeigenkontrolle in den L1672 laden. Über die Anzeigenkontrolle kann die Anzeige, der Cursor und das Blinken ein- oder ausgeschaltet werden.

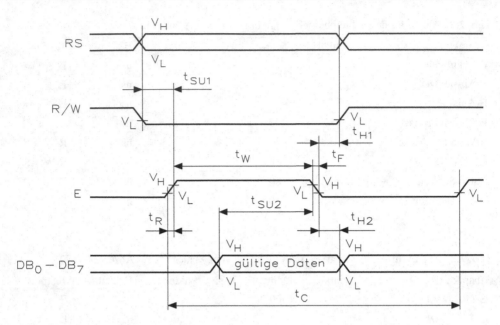

Abb. 7.11 Impulsdiagramm für den zeitlichen Ablauf des Schreibbetriebs (schreibt Daten vom ATmega32 zumL1672)

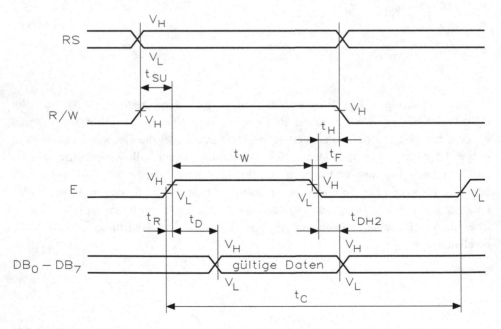

Abb. 7.12 Impulsdiagramm für den zeitlichen Ablauf des Lesebetriebs (schreibt Daten vom ATmega32 zur AnzeigeL1672)

Tab. 7.4 Befehle für die Kontrolleinheit und der Anzeige

Befehl	RS	R/W	D7	D6	D5	D4	D3	D2	D1	D0	Ausführungszeit (f_{osc} = 270 kHz)	Funktion
Lösche Anzeige	0	0	0	0	0	0	0	0	0	1	1,53 ms	Schreibe „20H" in DDRAM und setze die DDRAM-Adresse auf „00" für AC
Zurück	0	0	0	0	0	0	0	0	1	–	1,53 ms	Cursor für die erste Stelle
Eingabemodus	0	0	0	0	0	0	0	1	I/D	SH	39 µs	I/D: Setzt Cursor I/D = 1: Erhöhung I/D = 0: Verringerung SH: Spezifizierung der Anzeige SH = 1: Anzeige verschieben SH = 0: Anzeige nicht verschieben
Anzeigenkontrolle ein/aus	0	0	0	0	0	0	1	D	C	B	39 µs	Anzeige: D = 1: Anzeige ein D = 0: Anzeige aus Cursor: C = 1: Cursor ein C = 0: Cursor aus Blinken: B = 1: Blinken ein B = 0: Blinken aus
Cursor oder Anzeige verschieben	0	0	0	0	0	1	S/C	R/L	–	–	39 µs	S/C = 1: Anzeige verschieben S/C = 0: Cursor bewegen R/L = 1: Rechts schieben R/L = 0: Links schieben

(Fortsetzung)

Tab. 7.4 (Fortsetzung)

Befehl	RS	R/W	D7	D6	D5	D4	D3	D2	D1	D0	Ausführungszeit (f_{osc} = 270 kHz)	Funktion
Funktionen setzen	0	0	0	0	1	DL	N	F	–	–	39 μs	DL = 1: 8-Bit-Schnittstelle DL = 0: 4-Bit-Schnittstelle N = 1: zwei Zeilen N = 0: eine Zeile F = 1: 5 × 11-Matrix F = 0: 5 × 8-Matrix
Befehl	RS	R/W	D7	D6	D5	D4	D3	D2	D1	D0	Ausführungszeit (f_{osc} = 270 kHz)	Funktion
Setze CGRAM-Adresse	0	0	0	1	AC5	AC4	AC3	AC2	AC1	AC0	39 μs	Daten vom CGRAM sind zu übertragen
Setze DDRAM-Adresse	0	0	1	AC6	AC5	AC4	AC3	AC2	AC1	AC0	39 μs	Daten vom DDRAM sind zu übertragen
Lese Busy und Flags & Adressen	0	1	BF	AC6	AC5	AC4	AC3	AC2	AC1	AC0	0 μs	BF = 1: Busy BF = 0: Ready
Schreibe Daten in das RAM	1	0	D7	D6	D5	D4	D3	D2	D1	D0	43 μs	Schreibe Daten in DDRAM oder CGRAM
Lese Daten in das RAM	1	1	D7	D6	D5	D4	D3	D2	D1	D0	43 μs	Lese Daten vom DDRAM oder CGRAM

Ausgabe (Charaktersymbole) der LCD-Anzeige L1672

Nach weiteren 39 µs kann die Anzeige gelöscht werden. Dann ist eine Zeit von 1,53 ms erforderlich für die Betriebsarten, wobei I/D ein Inkrement oder ein Dekrement ist. Mit SH wird der Betrieb für das Schieberegister aktiviert.

Abb. 7.14 zeigt die Programmsteuerung für den zeitlichen Ablauf der 4-Bit-Initialisierung. Die Initialisierung verläuft ähnlich wie die Programmsteuerung für das 8-Bit-Format. „X" steht für 1 oder 0.

Wenn man die Betriebsspannung einschaltet, soll 30 ms gewartet werden, bis man mit der Initialisierung beginnt. Dabei soll die Betriebsspannung von $+U_b = 4,5$ V erreicht werden. Danach folgen die Funktionen für die Zeilenbetriebsart, ob ein- oder zweizeilig angezeigt werden soll. Bei der Auswahl der Matrix steht eine 5 × 8- oder 5 × 11-Matrix für die alphanumerischen Symbole zur Verfügung. Man muss eine kurze Zeit von 39 µs abwarten und kann dann die Anzeigenkontrolle in den L1672 laden. Über die Anzeigenkontrolle kann die Anzeige, der Cursor und das Blinken ein- oder ausgeschaltet werden.

Nach weiteren 39 µs kann die Anzeige gelöscht werden. Dann ist eine Zeit von 1,53 ms erforderlich für die Betriebsarten, wobei I/D ein Inkrement oder ein Dekrement ist. Mit SH aktiviert man das Schieberegister.

7.2.1   Ansteuerung der LCD-Anzeige im 4-Bit-Format

Der erste Versuch mit der LCD-Anzeige soll im 4-Bit-Format arbeiten. Pin PC4 erzeugt die Information für den Dateneingang D4, PC5 die Information für den Dateneingang D4, PC6 die Information für den Dateneingang D6 und PC7 die Information für den Dateneingang D7. PB0 erzeugt das Signal „RS" für das Umschalten zwischen Daten und Befehlen. PB1 dient für die Steuerung des Schreib-Lese-Betriebs (R/W-Leitung) und PB2 sperrt das Schreib-Lese-Signal mit der „enable"-Leitung.

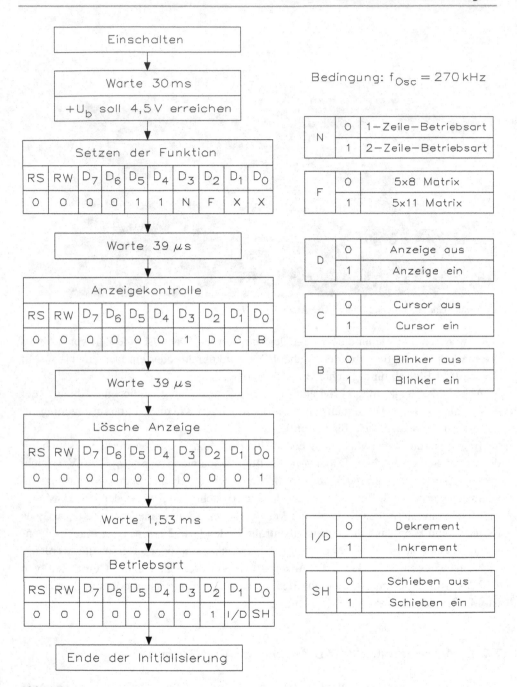

Abb. 7.13 Programmsteuerung für den zeitlichen Ablauf der 8-Bit-Initialisierung

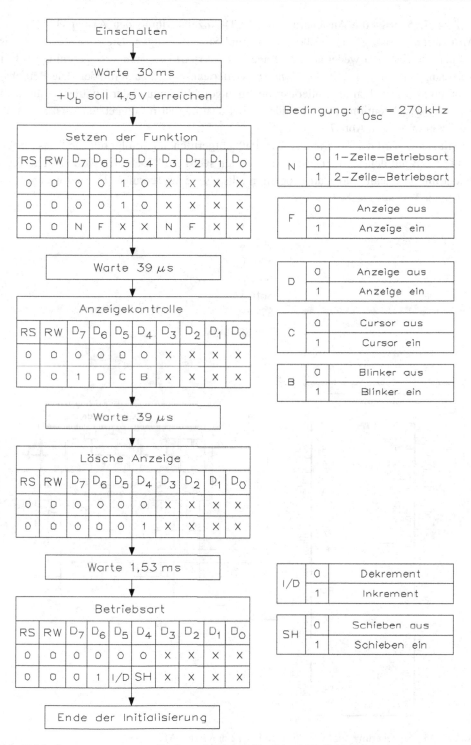

Abb. 7.14 Programmsteuerung für den zeitlichen Ablauf der 4-Bit-Initialisierung

Abb. 7.15 zeigt die Ansteuerung der LCD-Anzeige durch den ATmega32. Für die
Ansteuerung benötigt man sieben Daten- und Steuerleitungen. Die Anschlüsse D0 bis
D3 der Anzeige sind weder an Masse noch an die Betriebsspannung angeschlossen. Der
Masseanschluss V_{SS} ist mit dem negativen Batterieanschluss zu verbinden. Die Betriebs-
spannung V_{DD} wird an die Batteriespannung angeschlossen und der Kontrast ist mit dem
Schleifer des Potentiometers verbunden. Die Schaltung ist für den ersten Versuch bereit,
das Programm ist in Abb. 7.16 gezeigt.

Mit „call" wird das Programm „disp_init" aufgerufen, dann folgt mit „sbi" das Setzen
des PORTB auf den Wert „0". Mit den nächsten sechs „ldi"-Befehlen wird der Text festgelegt und mit „call" das Unterprogramm „disp_send" aufgerufen. In der Anzeige wird
folgender Text ausgegeben:

$48: H

$61: a

$6c: l

$6c: l

$6f: o

$21 :!

Cursor blinkt

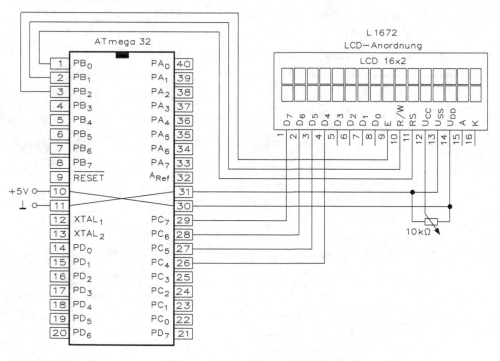

Abb. 7.15 Ansteuerung der LCD-Anzeige L1672 durch den ATmega32

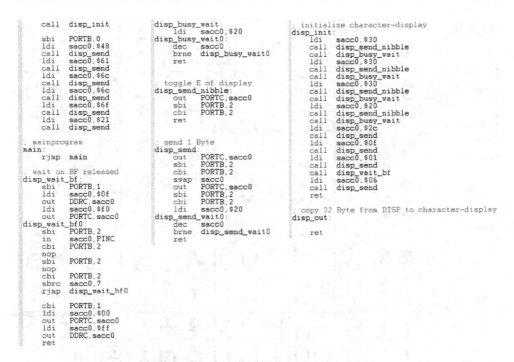

```
    call    disp_init

    sbi     PORTB,0
    ldi     sacc0,$48
    call    disp_send
    ldi     sacc0,$61
    call    disp_send
    ldi     sacc0,$6c
    call    disp_send
    ldi     sacc0,$6c
    call    disp_send
    ldi     sacc0,$6f
    call    disp_send
    ldi     sacc0,$21
    call    disp_send

; mainprogram
main:
    rjmp    main

; wait on BF released
disp_wait_bf:
    sbi     PORTB,1
    ldi     sacc0,$0f
    out     DDRC,sacc0
    ldi     sacc0,$f0
    out     PORTC,sacc0
disp_wait_bf0:
    sbi     PORTB,2
    in      sacc0,PINC
    cbi     PORTB,2
    nop
    sbi     PORTB,2
    nop
    cbi     PORTB,2
    sbrc    sacc0,7
    rjmp    disp_wait_bf0

    cbi     PORTB,1
    ldi     sacc0,$00
    out     PORTC,sacc0
    ldi     sacc0,$ff
    out     DDRC,sacc0
    ret

disp_busy_wait:
    ldi     sacc0,$20
disp_busy_wait0:
    dec     sacc0
    brne    disp_busy_wait0
    ret


; toggle E of display
disp_send_nibble:
    out     PORTC,sacc0
    sbi     PORTB,2
    cbi     PORTB,2
    ret


; send 1 Byte
disp_send:
    out     PORTC,sacc0
    sbi     PORTB,2
    cbi     PORTB,2
    swap    sacc0
    out     PORTC,sacc0
    sbi     PORTB,2
    cbi     PORTB,2
    ldi     sacc0,$20
disp_send_wait0:
    dec     sacc0
    brne    disp_send_wait0
    ret

; initialize character-display
disp_init:
    ldi     sacc0,$30
    call    disp_send_nibble
    call    disp_busy_wait
    ldi     sacc0,$30
    call    disp_send_nibble
    call    disp_busy_wait
    ldi     sacc0,$30
    call    disp_send_nibble
    call    disp_busy_wait
    ldi     sacc0,$20
    call    disp_send_nibble
    call    disp_busy_wait
    ldi     sacc0,$2c
    call    disp_send
    ldi     sacc0,$0f
    call    disp_send
    ldi     sacc0,$01
    call    disp_send
    call    disp_vait_bf
    ldi     sacc0,$06
    call    disp_send
    ret

; copy 32 Byte from DISP to character-display
disp_out:

    ret
```

Abb. 7.16   Programm für die LCD-Anzeige L1672 durch den ATmega32

Die Ausgabe der einzelnen Charaktere ist in Abb. 7.17 gezeigt. Normalerweise befindet sich die Anzeige im ROM-Code A00.

Über den „sbi"-Befehl wird das BF-Steuerwort für „read busy flag & address" an PORTB angesprochen. Das I/O-Register wird auf den Wert „2" gesetzt, damit hat die R/W-Leitung ein 1-Signal. Dann wird der Subakkumulator mit dem Wert „0f" und das DDRC-Register mit dem Wert geladen. Es folgt ein nochmaliges Laden des Subakkumulators mit dem Wert „f0"und eine Ausgabe an PORTC. Mit einem 1-Signal bestimmt der BF-Wert auf der Adressleitung A7, ob die Anzeige belegt ist,oder mit einem0-Signal, dass die Anzeige frei ist. Abb. 7.18 zeigt den zeitlichen Ablauf für eine 4-Bit-Übertragung zwischen ATmega32 und der Anzeige.

Bei der Befehlsübertragung sind alle drei Steuerleitungen des ATmega32 am Anfang auf 0-Signal. Mit zwei Takten auf der Leitung E werden die Befehle in das Befehlsregister IR übertragen. Danach muss die Leitung E auf 0-Signal liegen und die Leitung R/W schaltet auf 1-Signal für den Lesebetrieb. Danach werden das Busy -Signal und der Adresszähler von der Anzeige gelesen. Ist das BF-Signal für das Busy-Signal richtig und die vier niederwertigen Bits des Adresszählers erfüllt, schaltet die Leitung RS auf 1-Signal. Das Datenbyte wird vom ATmega32 durch zwei Nibbles übertragen.

Das Programm „disp_wait_bf0" kontrolliert die Arbeitsweise der Anzeige. Mit „sbi" wird PORTB mit dem Wert „2" geladen, damit hat die R/W-Leitung ein 1-Signal für die Datenübernahme der Anzeige. Mit dem „in"-Befehl wird der Inhalt von PORTC in

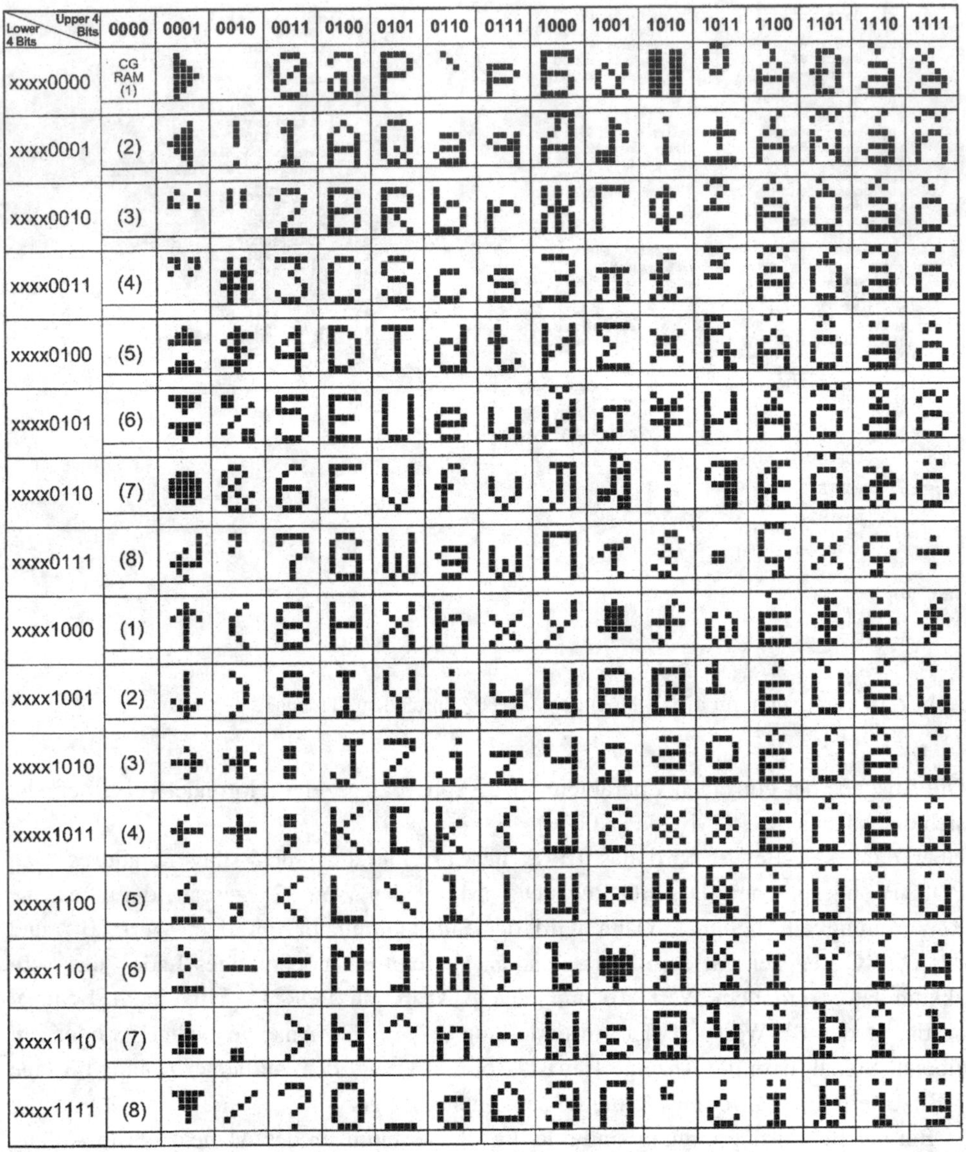

Lower 4 Bits \ Upper 4 Bits	0000	0001	0010	0011	0100	0101	0110	0111	1000	1001	1010	1011	1100	1101	1110	1111
xxxx0000	CG RAM (1)															
xxxx0001	(2)															
xxxx0010	(3)															
xxxx0011	(4)															
xxxx0100	(5)															
xxxx0101	(6)															
xxxx0110	(7)															
xxxx0111	(8)															
xxxx1000	(1)															
xxxx1001	(2)															
xxxx1010	(3)															
xxxx1011	(4)															
xxxx1100	(5)															
xxxx1101	(6)															
xxxx1110	(7)															
xxxx1111	(8)															

Abb. 7.17 Charakter der Anzeige, wenn der ROM-Code A00 gewählt wurde

den Subakkumulator übertragen und danach mit „cbi" PORTB gelöscht. Durch „nop"
folgt eine kurze Zeitverzögerung, dann wird mit „sbi" der Ausgang von PORTB wieder
auf1-Signal gebracht. Mit „nop" wird eine kurze Zeitverzögerung festgelegt und mit
„cbi" wird PORTB gelöscht, d. h. er hat ein 0-Signal auf der R/W-Leitung. Es folgt ein
Vergleich, ob der Subakkumulator den Wert „7" hat. Das Programm springt nach „disp_

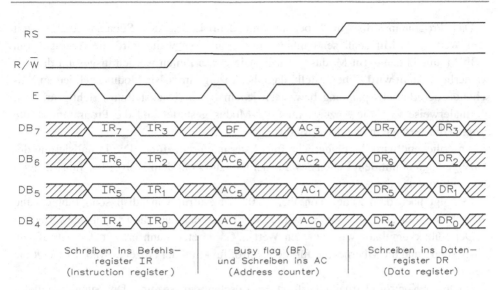

Abb. 7.18 Zeitlicher Ablauf für eine 4-Bit-Übertragung zwischen ATmega32 und der Anzeige

wait_bf0" oder wird mit „cbi" fortgesetzt. PORTB wird auf den Wert „1" gesetzt und anschließend der Subakkumulator mit dem Wert „00" geladen. Über „out" wird der Subakkumulator an PORTC übertragen und dann der Subakkumulator mit dem Wert „ff" geladen. Mit „out" wird der Subakkumulator zum DDRC übertragen, es folgt „ret".

Mit „disp_busy_wait" wird der Subakkumulator mit dem Wert „20" geladen, dann folgt „disp_busy_wait0". Der Subakkumulator wird dekrementiert und über „brne" verglichen. Ist die Zeitverzögerung abgeschlossen, kehrt das Programm mit einem unbedingten Sprung zurück oder die Schleife wird nochmals abgearbeitet.

Das Setzen und Rücksetzen der Steuerleitung E erfolgt mit „toggle E of display" mit dem Programm „disp_send_nibble". Der Inhalt vom Subakkumulator wird nach PORTB geladen, dann erfolgt das Setzen des I/O-Registers und anschließend das Rücksetzen. Damit wird die Steuerleitung gesetzt und rückgesetzt.

Mit dem Programm „send 1 Byte" erfolgt die Übertragung des Bytes vom Mikrocontroller in die Anzeige. Es wird jedoch nicht ein Byte komplett in einer Phase übertragen, sondern zwei Nibbles bzw. zwei Tetraden. Der Grund liegt in der Schnelligkeit der Anzeige, die man normalerweise nicht ausnützen kann. Mit „disp_send" wird der Inhalt des Subakkumulators in den PORTC geladen, dann erfolgt mit „sbi" und „cbi" die gesteuerte Übernahme in die Anzeige. Mit dem „swap"-Befehl werden die beiden Nibbles vom Subakkumulator vertauscht. Danach erfolgt die Ausgabe des Subakkumulators mit „sbi" und „cbi", dem Setzen und Löschen des I/O-Registers. Zum Schluss wird der Subakkumulator mit dem Wert „20" gesetzt. Es folgt mit „disp_send_wait0" ein Dekrementieren des Subakkumulators und mit „brne" der Rücksprung, wenn die Zeitverzögerung noch nicht erfüllt ist. Zum Schluss wird das Unterprogramm mit „ret" beendet.

Das Programm „disp_init" beginnt mit dem Laden des Subakkumulators mit dem Wert „30". Mit „call send_nibble" und „call disp_wait" wird die Anzeige vom 8-Bit-Modus in den 4-Bit-Modus gebracht. Diese drei Zeilen werden insgesamt dreimal wiederholt, damit wird sichergestellt, dass die Anzeige im 4-Bit-Modus nach jedem Einschalten der Betriebsspannung bzw. nach jedem Reset (Rückstellung) richtig arbeitet. Normalerweise wird die Anzeige im 8-Bit-Modus gestartet und die Programmschritte bringen die Anzeige in den 4-Bit-Modus.

Anschließend wird die eigentliche Initialisierungdurchgeführt. Die Initialisierung der Anzeige beginnt mit dem Laden des Subakkumulators mit dem Wert „20". Tab. 7.5 zeigt die Funktionen in der Anzeige.

Es folgt nach dem Laden von Wert „20" der Aufruf von „disp_send_nibble" und „disp_busy_wait", d. h. das Nibble wird gesendet und dann auf die Freigabe gewartet.

Der Subakkumulator wird auf den Wert „2C" gesetzt, dann erfolgt der Aufruf von „disp_send" und die Übernahme für die Kontrollfunktion der Anzeige. Tab. 7.6 zeigt die Kontrolle.

Nach der Kontrollübernahme erfolgt das Löschen der Anzeige. Der Subakkumulator wird mit dem Wert „01" geladen. Und dann erfolgt der Aufruf. Tab. 7.7 zeigt das Löschen der Anzeige.

Der Subakkumulator wird mit dem Wert „06" geladen und die Betriebsarten der Anzeige festgelegt. Tab. 7.8 zeigt die Eingangsbetriebsarten der Anzeige.

Tab. 7.5 Funktionen der Anzeige

Funktionen									
RS	RW	D7	D6	D5	D4	D3	D2	D1	D0
0	0	0	0	1	0	X	X	X	X
0	0	0	0	1	0	X	X	X	X
0	0	1	1	X	X	X	X	X	X

Tab. 7.6 Kontrolle für die Anzeige

Funktionen									
RS	RW	D7	D6	D5	D4	D3	D2	D1	D0
0	0	0	0	0	0	X	X	X	X
0	0	1	1	1	1	X	X	X	X

Tab. 7.7 Löschen der Anzeige

Funktionen									
RS	RW	D7	D6	D5	D4	D3	D2	D1	D0
0	0	0	0	0	0	X	X	X	X
0	0	0	0	0	1	X	X	X	X

Tab. 7.8 Eingangsbetriebsarten der Anzeige

Funktionen									
RS	RW	D7	D6	D5	D4	D3	D2	D1	D0
0	0	0	0	0	0	X	X	X	X
0	0	0	0	1	0	X	X	X	X

Lädt man das Programm in den ATmega32, dann blinkt der Text mit „Hallo!" in der Matrix der ersten Zeile. Mit dem Kontrast kann man die Helligkeit der Matrix verändern.

7.2.2 Zweistellige Darstellung der LCD-Anzeige

In der zweistelligen Darstellung soll folgender Text stehen:

1. Zeile: Hallo!
2. Zeile: ATmega32

Abb. 7.19 zeigt das Programm für eine zweistellige Anzeige. Im Gegensatz zum Programm von Abb. 7.16 wird hier der Text im internen SRAM des ATmega32 abgespeichert.

Das Programm beginnt man mit „call", und das Unterprogramm „disp_init" wird aufgerufen. Dann wird das ZH-Register gelöscht. Es folgt die direkte Ladung des „DISP"-Wertes in das ZL-Register, anschließend werden die beiden Akkumulatoren mit dem Wert „20" geladen.

Der nächste Programmabschnitt „disp_ram_next" beginnt mit dem Laden des internen Registers Z+ mit dem Inhalt des Akkumulators, wobei ein „Post-Increment" ausgeführt wird, also eine Addition mit +1. Dann wird der Akkumulator dekrementiert und der Platzhalter in der Anzeige der ersten Zeile bestimmt. Anschließend wird über „brne" eine Verzweigung durchgeführt, ob das Ergebnis „nicht ungleich" ist. Mit dem „ldi"-Befehl wird der Wert von „DISP" in das ZL-Register geladen. Dann folgt mit dem „ldi"-Befehl der Ladevorgang für den Akkumulator, und der Wert des ASCII-Codes „$48" wird für „H" eingeschrieben. Danach folgt ein indirektes Abspeichern des Akkumulators im Z-Register. Nach und nach wird der Text der ersten Zeile eingeschrieben, bis „Hallo!" erscheint.

Der Charakter einer Zeile ist auf 16 Symbole beschränkt. Mit dem „ldi"-Befehl wird der Wert „DISP + 16" in das ZL-Register geladen und die zweite Zeile für die nächsten 16 Symbole vorbereitet. Es folgen mehrere indirekte Ladebefehle der entsprechenden Charakter in den Speicherbereich des ATmega32. Ist das Laden abgeschlossen, wird der Statusvektor mit dem Wert „02" geladen.

Das Hauptprogramm beginnt mit einem „sbrc"-Befehl und der Statusvektor wird gelöscht. Dann folgt „call" mit dem Aufruf von „disp_out". Dieses Programm wird mit zwei relativen Sprüngen abgeschlossen.

```
; mainprogram                sh_up:                          a_8255_out:
    ldi   acc0,$fe               lds   acc1,SHREG_H              ; outbyte in shlp0
    sts   SHREG_L,acc0           sbrs  acc1,1                    cbi   PORTD,3
    ser   acc0                   rjmp  main                      out   PORTC,shlp0
    sts   SHREG_H,acc0           lds   acc0,SHREG_L              ldi   sacc0,$ff
    mov   shlp0,acc0             lsl   acc0                      out   DDRC,sacc0
    call  led_out                ori   acc0,$01                  sbi   PORTD,3
                                 rol   acc1                      ldi   sacc0,$ff
    lds   shlp0,SHREG_L          sts   SHREG_H,acc1              out   PORTC,sacc0
    call  a_8255_out             sts   SHREG_L,acc0              ldi   sacc0,$00
    lds   shlp0,SHREG_H                                          out   DDRC,sacc0
    call  c_8255_out         disp_out:                          ret
                                 mov   shlp0,acc0
main:                            call  a_8255_out            led_out:
    sbrs  stavec,0               mov   shlp0,acc1                ; outbyte in shlp0
    rjmp  main                   call  c_8255_out                ldi   sacc0,$08
                                 rjmp  main                      in    sacc1,PORTD
    cbr   stavec,$01
    call  c_8255_in          c_8255_out:                     led_out_nxt:
                                 ; lower nibble in shlp0         andi  sacc1,$4f
    mov   acc1,stavec            sbi   PORTA,5                    lsl   shlp0
    andi  acc1,$30               cbi   PORTD,3                    brcc  led_out_d0
    mov   acc0,shlp0             out   PORTC,shlp0               ori   sacc1,$10
    andi  acc0,$30               ldi   sacc0,$ff             led_out_d0:
    andi  stavec,$cf             out   DDRC,sacc0                out   PORTD,sacc1
    or    stavec,acc0            sbi   PORTD,3                    ori   sacc1,$20
    com   acc0                   ldi   sacc0,$ff                 out   PORTD,sacc1
    and   acc0,acc1              out   PORTC,sacc0               dec   sacc0
                                 ldi   sacc0,$00                 brne  led_out_nxt
    sbrc  acc0,4                 out   DDRC,sacc0
    rjmp  sh_up                  cbi   PORTA,5                    andi  sacc1,$4f
    sbrs  acc0,5                 ret                             ori   sacc1,$80
    rjmp  main                                                  out   PORTD,sacc1
                             c_8255_in:                         andi  sacc1,$4f
    ; sh_down                    ; higher nibble returned in shlp0  out   PORTD,sacc1
    lds   acc0,SHREG_L           sbi   PORTA,5                    ret
    sbrs  acc0,0                 cbi   PORTD,2
    rjmp  main                   nop
    lds   acc1,SHREG_H           nop
    lsr   acc1                   nop
    ori   acc1,$80               in    shlp0,PINC
    ror   acc0                   sbi   PORTD,2
    sts   SHREG_H,acc1           cbi   PORTA,5
    sts   SHREG_L,acc0           ret
    rjmp  disp_out
```

Abb. 7.19 Programm für eine zweistellige Anzeige

Die Programmteile „disp_wait_bf", „disp_wait_bf0", „disp_busy_wait", „disp_busy_wait0", „disp_send_nibble", „disp_send", „disp_send_wait0" und „disp_init" sind mit dem Programm von „at10" identisch.

Die Ausgabe der ASCII-Daten erfolgt mit dem Programmteil „disp_out", es werden 32 Bytes an Symbolen in die zweizeilige Anzeige übertragen. Es wird der Wert „01" in den Subakkumulator geladen und dann mit „call" das Unterprogramm „disp_send" aufgerufen, danach mit „call" das Unterprogramm „disp_wait_bf" und zum Schluss wird PORTB mit dem Wert „0"verglichen. Es folgt das Löschen des ZH-Registers. Danach wird der aktuelle Wert „DISP" in das ZL-Register geschrieben.

Mit dem Programmteil „disp_out_next0" erfolgt die Ausgabe der ersten Zeile. Dazu wird der Subakkumulator mit dem Wert „Z+" indirekt geladen, und damit eine „Post-Increment"-Funktion durchgeführt. Mit „call" wird „disp_send" aufgerufen und durch einen „cpi"-Befehl erfolgt ein Vergleich mit dem unmittelbaren Wert von „DISP + 16". Es folgt eine Verzweigung entweder nach „disp_out_next0" oder der Ausgang von PORTB wird mit dem Wert „0" verglichen. Der Wert „c0" wird unmittelbar in

den Subakkumulator geladen, anschließend erfolgt ein „call" mit dem Aufruf von „disp_
send". Zum Schluss wird in das I/O-Register von PORTB der Wert „0" geladen.

Mit „disp_out_next1" erfolgt die Ausgabe von der zweiten Zeile. Dazu
wird der Subakkumulator mit dem Wert „Z+" indirekt geladen und damit eine
„Post-Increment"-Funktion durchgeführt. Mit „call" wird „disp_send" aufgerufen und
dann der „cpi"-Befehl für einen Vergleich mit dem unmittelbaren Wert von „DISP + 32"
durchgeführt. Es folgt eine Verzweigung entweder nach „disp_out_next1" oder der Ausgang von PORTB wird mit dem Wert „0" verglichen. Mit „cbr" wird der Statusvektor
mit dem Wert „2" geladen. Das Unterprogramm wird mit „ret" und dem anschließenden
Rücksprung abgeschlossen.

7.3   8-Bit-DA-Wandler MAX505 mit vier Ausgängen

Der MAX505 ist ein 8-Bit-DA-Wandler mit 8-Bit-Dateneingängen und vier separaten
Spannungsausgängen in CMOS-Technik. Die Betriebsspannung ist je nach Betriebsart +5 V (unipolar) oder ±5 V (bipolar). Die Referenzspannung beträgt $U_{ref} = 2,55$ V
und wird von der internen Referenzspannung des ATmega32 erzeugt, wobei bestimmte
Kriterien eingehalten werden müssen.

7.3.1   Analoge Signalverarbeitung

Die Signalverarbeitung in analogen Systemen wird in zunehmendem Maße digital durchgeführt, ein Trend, der nicht zuletzt durch die Entwicklung auf dem Gebiet der Mikrocontroller erheblich an Bedeutung gewonnen hat. Das Zusammenspiel zwischen den
analogen Eingangs- und Ausgangsfunktionen und der digitalen Signalverarbeitung ergibt
digitale und analoge Schnittstellen, die den Einsatz von speziellen Wandlern erfordern.
Je nach Funktionsrichtung unterscheidet man dabei zwischen Analog-Digital-Wandlern
(AD-Wandlern), die analoge in digitale Signale umwandeln, und Digital-Analog-Wandlern
(DA-Wandlern), die digitale Werte wieder in analoge Informationen umsetzen.

Abhängig von der Art, in der das digitale Signal an den Eingang eines DA-Wandlers
gelegt wird, unterscheidet man ferner zwischen „parallelen" und „seriellen"
DA-Wandlern. Ein paralleler Wandler, wie der MAX505, besitzt so viele Eingänge wie
die zu verarbeitenden Digitalworte Bits haben. Jedes Wort wird parallel eingegeben, d. h.
alle Bits eines Wortes werden gleichzeitig an die Eingänge gelegt und gleichzeitig verarbeitet.

Der serielle Wandler hingegen benötigt nur einen Eingang, dem die einzelnen Bits
eines Digitalwortes nacheinander zugeführt werden. Zur Abgrenzung der einzelnen Bits
ist bei dieser Wandlerart zusätzlich eine Taktfrequenz erforderlich. Im Folgenden werden

nur parallele DA-Wandler behandelt, da in den heutigen datenbusorientierten Systemen die Digitalinformationen stets parallel anfallen.

Der Ausgang eines DA-Wandlers kann aufgrund seiner Zuordnung zu einem digitalen Code nur ganz bestimmte feste Werte innerhalb eines vorgegebenen Bereichs annehmen, man spricht von einem quantisierten Signal. Die Anzahl der möglichen analogen Ausgangswerte bzw. der Abstand zwischen zwei benachbarten Werten werden von der Anzahl der möglichen Digitalworte (Bitkombinationen) bestimmt. Es wird mit einem gewichteten Code gearbeitet, d. h. den einzelnen Bits des Digitalwortes werden unterschiedliche Faktoren zugeordnet. Die im Folgenden behandelten Wandler arbeiten alle mit dem Binärcode, dem wohl gebräuchlichsten gewichteten Code überhaupt. Das binäre Codewort hat die Form

$$B_N \cdot 2^N + B_{N-1} \cdot 2^{N-1} + \ldots + B_2 \cdot 2^2 + B_1 \cdot 2^1 + B_0 \cdot 2^0,$$

wobei die Bit-Koeffizienten B_N bis B_0 den Wert 0- oder 1-Signal aufweisen können.

Die Wortlänge beträgt bei allen in diesem Beitrag behandelten Wandlern 8 Bit. Damit lassen sich 256 diskrete Werte darstellen. Ist beispielsweise der gesamte mögliche Wertebereich des Analogausgangs einem Spannungshub von 5 V zugeordnet,so beträgt der Abstand zwischen zwei benachbarten Analogwerten 19,6 mV.

Ein DA-Wandler besteht aus vier Baugruppen:

- Referenzeinheit,
- binäres Schaltwerk für die Bit-Koeffizienten B_N bis B_0,
- Bewertungsnetzwerk,
- Ausgangssummiereinheit.

Bei den mikroprozessor- und mikrocontrollerkompatiblen Typen kommt noch ein Eingangsspeicher hinzu.

Die Referenzeinheit tritt in diesem System immer als separater Schaltungsteil auf, der oftmals sogar als besondere Schaltung realisiert wird. Dies hängt damit zusammen, dass sich einerseits nicht alle Wünsche der Anwender mit einer einzigen festen Referenzspannung erfüllen lassen, andererseits für manche Anwendungen (z. B. Multiplikation) eine Referenzspannung unter Umständen gar nicht benötigt wird. Alle übrigen oben angeführten Baugruppen sind Bestandteile einer einzigen integrierten Schaltung.

Abb. 7.20 zeigt den Aufbau eines R2R-Netzwerkes. Die Bit-Koeffizienten D_7 bis D_0 eines Digitalwortes werden an die acht Eingänge des Wandlers gelegt. Ist der Anschluss WR auf 1-Signal, kann das Digitalwort über den Speicher an das Schalternetzwerk D_7 bis D_0 gelangen. Mit den zwei Adressleitungen bestimmt man, wo der digitale8-Bit-Wert abgespeichert werden soll. Abb. 7.21 zeigt den internen Aufbau eines MAX505 und sein Anschlussschema.

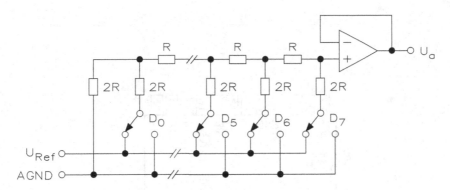

Abb. 7.20 Aufbau eines R2R-Netzwerkes im MAX505

Tab. 7.9 zeigt die Adressierung des MAX505.

Sind die Eingangsdaten vorhanden und der Ladevorgang abgeschlossen, gibt man auf den Eingang LDAC ein kurzes 0-Signal. Die Eingangsdaten werden in einem der vier Ausgangsregister zwischengespeichert und der jeweilige DA-Wandler erzeugt eine analoge Ausgangsspannung.

7.3.2   Bewertungsnetzwerk

Das Bewertungsnetzwerk erzeugt acht binär abgestufte Teilströme (128:64:32:16:8:4:2:1), die je nach Wertigkeit der Bit-Koeffizienten B_7 bis B_0 durch das binäre Schalternetzwerk S_7 bis S_0 entweder auf die Ausgangssummiereinheit (B_N = High) oder an Masse geschaltet werden (B_N = Low). Die Ausgangssummiereinheit ist im einfachsten Fall ein Schaltungsknoten, in dem die Summe aller Teilströme gebildet wird, kann aber auch ein Operationsverstärker sein, der den Ausgangsstrom in eine Ausgangsspannung transformiert.

Der Wert der Teilströme in Abb. 7.22 ergibt sich aus dem von der Referenzeinheit an das Bewertungsnetzwerk abgegebenen Referenzstrom I_{ref}. Mit dem Ausgangsstrom I_0 steht I_{ref} in folgendem Zusammenhang:

$$I_0 = I_{ref}\left(\frac{B_7}{2} + \frac{B_6}{4} + \dots \frac{B_2}{64} + \frac{B_1}{128} + \frac{B_0}{256}\right)$$

Die Bit-Koeffizienten B_7 bis B_0 bestimmen durch ihren Wert (0 oder 1) den Ausgangsstrom. Sind alle Koeffizienten 0, so ist der Ausgangsstrom 0. Sind alle Koeffizienten 1, so gilt:

$$I_0 = \frac{255}{256} I_{ref}$$

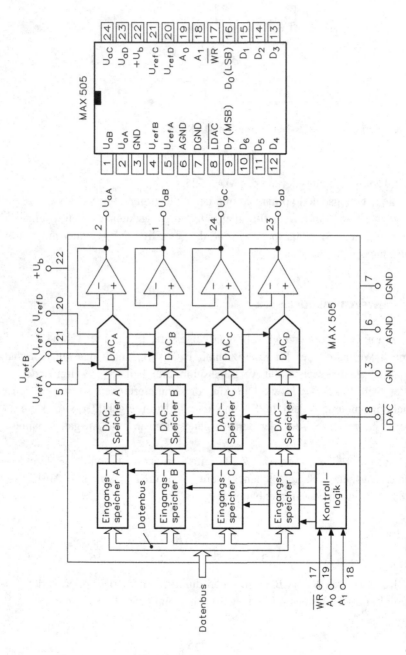

Abb. 7.21 Interner Aufbau des MAX505 und sein Anschlussschema

Tab. 7.9 Adressierung des
MAX505

WR	A1	A0	Ausgang
1	X	X	Eingangsdaten zwischengespeichert
0	0	0	im DACA-Speicher
0	0	1	im DACB-Speicher
0	1	0	im DACC-Speicher
0	1	1	im DACD-Speicher

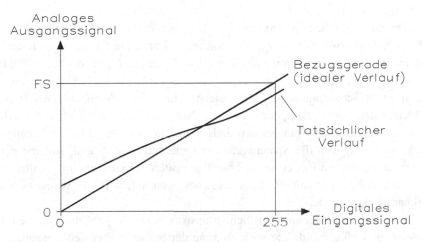

Abb. 7.22 Ausgangskennlinie eines nicht angeglichenen Wandlersystems

Auf diese Weise entsteht am Ausgang das analoge Äquivalent des digitalen Eingangs-
wortes, und durch den DA-Wandler wird eine entsprechende Ausgangsspannung erzeugt.

Für die Realisierung des Bewertungsnetzwerkes, das im Wesentlichen die Genauigkeit eines DA-Wandlers bestimmt, gibt es unterschiedliche Möglichkeiten (Bewertungs-
widerstände, abgestufte Teilströme usw.), von denen sich für integrierte Schaltungen das
R2R-Leiternetzwerk als besonders geeignet erwiesen hat. Dies hängt damit zusammen,
dass für dieses Netzwerk nur zwei Widerstandswerte im Verhältnis 2:1 erforderlich sind.
Es kommt also nicht auf die absoluten Toleranzen der Widerstände an, sondern auf die
relativen. Dies ist insofern vorteilhaft, als sich Widerstände der gleichen Größenordnung
mit geringen relativen Toleranzen in integrierter Technik gut herstellen lassen. Da die
internen Schalttransistoren im DA-Wandler in ihren Abmessungen entsprechend ihrer
Strombelastung gewählt werden, erreicht man, in Verbindung mit der für alle Transistoren
gemeinsamen Basisspannung, dass die Emitter auf gleichem Potenzial liegen. Dies ist
notwendig, damit sich die gewünschte Stromverteilung im Leiternetzwerk einstellt.

Der Referenzstrom I_{ref} teilt sich am Knoten 1 im Verhältnis der beiden dort
angreifenden Widerstände auf. Der eine Widerstand liegt als diskreter Wert 2R vor, der

andere wird gebildet durch das restliche R2R-Netzwerk. Betrachtet man dieses ausgehend vom Knoten 8, so findet man rechts neben jedem Knoten den Wert 2R. Dieser bildet zusammen mit dem nach oben abgehenden Widerstand 2R die Parallelschaltung R. Dies bedeutet gleichzeitig, dass in diesem Knoten der nach links abfließende Summenstrom halbiert wird. Zu dieser Parallelschaltung addiert sich der nach links abgehende Serien-widerstand R, sodass vom nächsten linken Knoten (7) aus gesehen wieder der Wert 2R erscheint. Also wird auch in diesem Knoten die nach links abfließende Stromsumme halbiert. Dies lässt sich fortsetzen bis zum Knoten 1 hin und bedeutet, dass sich der Referenzstrom wie folgt verteilt:

Am Knoten 1 entstehen zwei Ströme $I_{ref} / 2$, am Knoten 2 zwei Ströme $I_{ref} / 4$ usw. bis zum Knoten 8, wo zwei Ströme $I_{ref} / 256$ auftreten. Damit die Gleichungen hinsichtlich der Stromverteilung erfüllt sind, muss der letzte Teilstrom $I_{ref} / 256$ über den internen Transistor an Masse gelegt werden.

Die internen Schalttransistoren gewährleisten nicht nur gleiche Potenziale an den 2R-Widerständen, sie entkoppeln auch das Netzwerk von den Schaltern. An den Kollektoren der internen Transistoren sind in weiten Grenzen beliebige Spannungen möglich, ohne dass sich die Spannungen am Leiternetzwerk ändern. Auf diese Weise wird verhindert, dass im Bewertungsnetzwerk parasitäre Kapazitäten umgeladen werden müssen, was sich in Störspitzen, auch „Glitches" genannt, auf den Ausgangsstrom I_0, bemerkbar machen würde.

An den Kollektoren der internen Schalttransistoren stehen jetzt die binärbewerteten Teilströme zur Verfügung, die, je nach Stellung der Schalter, über den Ausgang I_0 oder über den Masseanschluss fließen. Damit wurde die in Gleichung aufgestellte Beziehung zwischen Ausgangs- und Referenzstrom im Prinzip schaltungstechnisch realisiert.

Neben dem Betrieb mit einem festen Referenzstrom sind manche DA-Wandler in der Lage, mit einem variablen Referenzstrom und unter Umständen sogar mit einem Referenzwechselstrom zu arbeiten. Diese Wandler werden als multiplizierende DA-Wandler bezeichnet, denn sie gestatten die Multiplikation einer analogen (dar-gestellt durch den Strom I_{ref}) mit einer digitalen Größe (dargestellt durch das Digital-wort B_7 bis B_0). Das Produkt tritt am Ausgang des DA-Wandlers in analoger Form auf. Dies ist neben der reinen DA-Umsetzung ein weitverbreiteter Anwendungsbereich der DA-Wandler.

7.3.3 Eigenschaften des MAX505

Die Eigenschaften eines DA-Wandlers werden im Wesentlichen durch die Faktoren Genauigkeit, Geschwindigkeit und Stabilität bestimmt, die im Folgenden näher erläutert werden sollen.

Bei der bisherigen Betrachtung der Funktion eines DA-Wandlers ist stets von idealen Bauelementen ausgegangen worden. Da es diese in der Praxis nicht gibt, treten Abweichungen vom idealen Verhalten auf, hervorgerufen zum Beispiel durch Toleranzen der Widerstände im R2R-Leiternetzwerk, der Innenwiderstände der Strom- und Spannungsquellen sowie der Durchlass- und Sperrwiderstände der internen Schalttransistoren. In der Praxis treten daher Abweichungen der Ausgangskennlinie eines Wandlers vom idealen Verlauf auf. Abb. 7.22 zeigt eine solche Kennlinie. Es wird darauf hingewiesen, dass die in Abb. 7.22 als stetige Funktion gekennzeichnete Ausgangskennlinie in Wirklichkeit eine fein abgestufte Treppenfunktion mit 255 Stufen ist.

7.3.4   MAX505 am ATmega32

Der MAX505 und der ATmega32 sind über acht Datenleitungen und vier Steuerleitungen miteinander verbunden. Abb. 7.23 zeigt die Verbindungen.

Als Referenzspannung für den MAX505 dient die interne Spannungsversorgung von 2,56 V des ATmega32. Wenn der ATmega32 ohne Programm startet, ergibt sich keine Spannung von 2,56 V, sondern 0 V. Der Grund liegt in Aufbau und Programmierung des ATmega32. Erst wenn eine komplette AD-Wandlung durchgeführt worden ist, steht die Referenzspannung von 2,56 V zur Verfügung. Für den Betrieb des MAX505 gilt Tab. 7.10.

Das Programm arbeitet ohne Interrupt und ist nur von der Befehlsstruktur des ATmega32 abhängig.

Abb. 7.24 zeigt das Programm für einen Sägezahngenerator mit dem MAX505 und dem ATmega32. Am Anfang werden die beiden Register für den Stack gebracht, dann muss das MCUCSR-Register auf den Wert „80" gesetzt werden.

Zuerst definiert man bei dem Programm die Funktionen von PORTA. Von PA0 bis PA3 werden die Anschlüsse als Eingänge mit internen Pull-up-Widerständen versehen. PA4 und PA5 sind die Adressseingänge, PA6 die Schreibleitung WR und PA7 die Übernahmeleitung LDAC. Da es sich um einen Grundversuch handelt, werden die beiden Adressleitungen A0 und A1 auf 0-Signal gelegt und nur der Ausgang für den Wandler A ist im MAX505 aktiv. Das erste Teilprogramm lädt den Akkumulator mit dem Wert „cf", d. h. die Adressleitungen sind auf 0-Signal. Der Inhalt vom Akkumulator wird auf PORTA gegeben und zum MAX505 übertragen. Dann folgt das Laden des Akkumulators mit dem Wert „f0" und die Ausgabe in das DDRA-Register. Die Adressierung ist abgeschlossen. Abb. 7.25 zeigt den zeitlichen Ablauf.

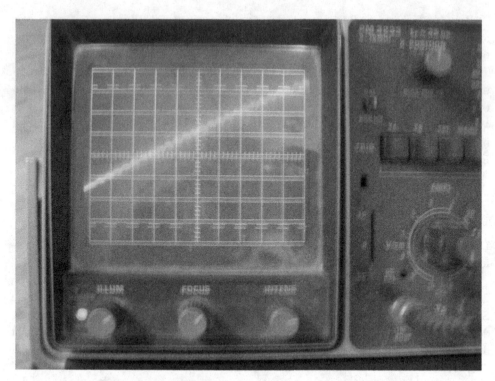

ATmega24 mit DA-Wandler als Sägezahngenerator

Vor dem Impuls der Leitung WR kann die Adresse wechseln, ohne dass der MAX505 eine Fehlfunktion hat. Die Zeit t_{AS} (address setup) beträgt typisch 8 ns. Der Impuls von der Leitung WR soll eine zeitliche Länge von t_{WR} (width) von 13 ns einhalten. Ist die Leitung WR auf 0-Signal, sollen die Daten den zeitlichen Ablauf von t_{DS} (data setup) von 40 ns aufweisen, um stabil am MAX505 anzuliegen. Die Leitung WR geht auf 1-Signal und nach einer Zeit von $t_{AH} = 5$ ns (address hold) können die Adressen wieder wechseln. Die Daten sollen die Zeit von $t_{DH} = 5$ ns (data hold) einhalten. Der digitale Wert befindet sich im MAX505 und mit dem Signal $t_{LD} = 40$ ns (load data) steht am analogen Ausgang der Spannungswert zur Verfügung. Es ergeben sich für die Zeitsignale keine Probleme.

Mit dem zweiten Teilprogramm wird PORTB geladen, damit arbeitet PORTB als Eingang mit den internen Pull-up-Widerständen. Es folgt die Bereitstellung von PORTC und die Anschlüsse arbeiten als Ausgänge. Anschließend wird der Timer 0 aktiviert, der später den internen Zähler für die Sägezahnspannung von 27,4 ms weiterschaltet.

Mit „AREF 2.56 V to output" wird die interne Referenzspannung freigeschaltet. Jetzt stellt der ATmega32 diese Referenzspannung dem MAX505 zur Verfügung. Danach

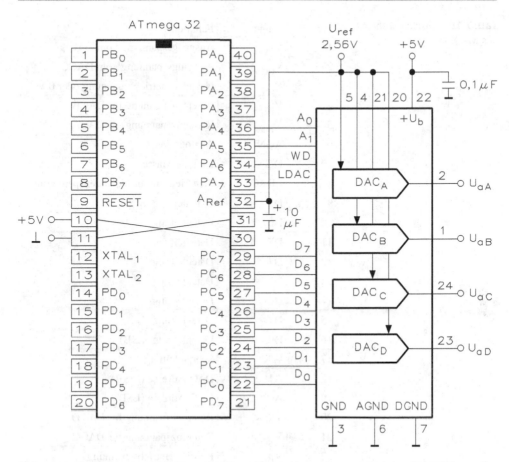

Abb. 7.23 Schaltung für den Mikrocontroller ATmega32 mit dem DA-Wandler MAX505

wird der Inhalt von Register r0 in dem SRAM unter MS27 und „STATE" abgespeichert. Anschließend wird der Akkumulator mit dem Wert „1" geladen, dieser Wert in der Speicherzelle des SRAM wird unter „TVAL" definiert. Zum Schluss folgt die Löschung des Statusvektors. Der globale Interrupt wird mit „sei" gesperrt und der Subakkumulator mit dem Wert „00" geladen.

Das Hauptprogramm besteht aus dem Aufruf von „dac_out" mit „call". Der Inhalt des Subakkumulators wird mit dem Inkrement erhöht, dann erfolgt ein Sprung nach „main".

Mit dem Programm „dac_out" wird der Inhalt des Subakkumulators auf PORTC gegeben. Danach folgt die Ausgabe mit „cbi" und „sbi", dem Setzen und Löschen des I/O-Registers von PORTA für die WR-Leitung. Anschließend folgt die Ausgabe

Tab. 7.10 Anschlussschema
des MAX505

Pin	Name	Funktion
1	V_{OUTB}	Ausgangsspannung vom DACB
2	V_{OUTA}	Ausgangsspannung vom DACC
3	V_{SS}	Negative Betriebsspannung oder 0 V
4	V_{REFB}	Referenzspannung für DACB
5	V_{REFA}	Referenzspannung für DACA
6	AGND	Analoge Masse
7	DGND	Digitale Masse
8	LDAC	Steuerleitung für die Datenspeicherung
9	D7	Datenleitung (MSB)
10	D6	Datenleitung
11	D5	Datenleitung
12	D4	Datenleitung
13	D3	Datenleitung
14	D2	Datenleitung
15	D1	Datenleitung
16	D0	Datenleitung (LSB)
17	WR	Schreibleitung
18	A1	DAC-Adresse (MSB)
19	A0	DAC-Adresse (LSB)
20	V_{REFD}	Referenzspannung für DACD
21	V_{REFC}	Referenzspannung für DACC
22	V_{DD}	Positive Betriebsspannung
23	V_{OUTD}	Ausgangsspannung vom DACD
24	V_{OUTC}	Ausgangsspannung vom DACC

mit „cbi" und „sbi", dem Setzen und Löschen des I/O-Registers von PORTA für die LDAC-Leitung. Die Sägezahnspannung beträgt 200 Hz und 2,55 V.

Wie kommt man auf die Frequenz von $f = 200$ Hz? Der ATmega32 arbeitet mit einer Taktfrequenz von 1 MHz. Für einen Wandlungsschritt ergeben sich folgende Befehle:

```
RESET:                                           ; mainprogram
    ldi    acc0,high(RAMEND)                    main:
    out    SPH,acc0                                 ; ...
    ldi    acc0,low(RAMEND)                         call   dac_out
    out    SPL,acc0                                 inc    sacc0
    clr    r0                                       rjmp   main

    ;disable JTAG
    ldi    acc0,$80                             dac_out:
    out    MCUCSR,acc0                              out    PORTC,sacc0
    out    MCUCSR,acc0                              cbi    PORTA,6
                                                    sbi    PORTA,6
    ; A0 .. A3 Input with Pullup                    cbi    PORTA,7
    ; A4 .. A5 A0,A1                                sbi    PORTA,7
    ; A6       WRn                                  ret
    ; A7       LDACn
    ; Channel A (A(1:0) = "00")
    ldi    acc0,$cf
    out    PORTA,acc0
    ldi    acc0,$f0
    out    DDRA,acc0

    ; B0 .. B7 Input with Pullup
    ldi    acc0,$ff
    out    PORTB,acc0
    ldi    acc0,$00
    out    DDRB,acc0

    ; C0 .. C7 Output
    ; C0 .. C7 D0..D7
    ldi    acc0,$00
    out    PORTC,acc0
    ldi    acc0,$ff
    out    DDRC,acc0

    ; AREF 2.56V to output
    ldi    acc0,$c0
    out    ADMUX,acc0
    ldi    acc0,(1<<ADEN)|(1<<ADIF)|(1<<ADIE)|(1<<ADPS1)|(1<<ADPS0)
    out    ADCSRA,acc0

    ldi    sacc0,$00
```

Abb. 7.24 Programm für einen Sägezahngenerator

call	4 Takte
inc	1 Takt
rjmp	2 Takte
out	1 Takt
cbi	2 Takte
sbi	2 Takte
cbi	2 Takte
sbi	2 Takte
ret	4 Takte
	20 Takte

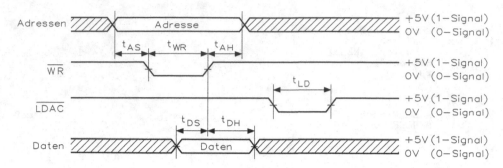

Abb. 7.25 Zeitlicher Ablauf zwischen ATmega32 und MAX505

Um eine Wandlung durchführen zu können, sind 20 Takte erforderlich und man benötigt 256 Schritte. Dies ergibt für einen Sägezahngenerator

$$20\,\text{Takte} \cdot 256 = 5120\,\text{Takte}$$

Wandelt man die Frequenz von 1 MHz um, ergibt sich eine Zeit von 1 μs. Für den Sägezahngenerator sind 5120 μs erforderlich und man erhält eine Frequenz von

$$f = \frac{1}{5120\,\mu s} \approx 200\,\text{Hz}$$

Die Frequenz der Sägezahnspannung lässt sich geringfügig ändern, wenn man NOP-Befehle nach dem Inkrement einfügt. Ein NOP-Befehl beinhaltet einen Taktzyklus von 1, damit ergibt sich eine minimale Verzögerung von 1 μs. Benötigt man eine höhere Frequenz für den Sägezahngenerator, ist der Takt vom ATmega32 zu erhöhen. Abb. 7.26 zeigt ein Programm für eine Interruptsteuerung des Sägezahngenerators.

Der MAX505 hat einen separaten Eingang für die Schreibleitung WR und für die Übernahme der digitalen Werte durch den Eingang LDAC in das Ausgangsregister. Mit der Schreibleitung im Programm mit A7 wird mit einem kurzen 0-Signal der digitale Wert in das Ausgangsregister übernommen, während mit A6 der Wert in das Zwischenregister übernommen wird.

Der Timer liefert alle 200 μs einen Interrupt, damit wird der Eingang LDAC angesteuert. Hierzu wird das Register TCCR0 (Timer/Counter-Control Register) von 256 auf 8 abgeändert. Das Register ist folgendermaßen aufgebaut:

7	6	5	4	3	2	1	0
FOC0	WGM00	COM01	COM00	WGM01	CS02	CS01	CS00

Während in dem vorherigen Beispiel immer mit

$$\text{CS02 CS01 CS00} \Rightarrow 1\,0\,0$$

gearbeitet wurde, wird jetzt dieses Register auf

```
RESET:                                      ; Timer0
    ldi   acc0,high(RAMEND)                 ; CK/8
    out   SPH,acc0                          ldi   acc0,$02
    ldi   acc0,low(RAMEND)                  out   TCCR0,acc0
    out   SPL,acc0                          ; clear TIMER0 OVF
    clr   r0                                ldi   acc0,(1<<TOV0)
                                            out   TIFR,acc0
    ;disable JTAG                           ; enable TIMER0 OVF Interrupt
    ldi   acc0,$80                          ldi   acc0,(1<<TOIE0)
    out   MCUCSR,acc0                       out   TIMSK,acc0
    out   MCUCSR,acc0                       ; cnt $100 - $e7 = $19 ~ 200 us
                                            ldi   acc0,CNTVAL
    ; A0 .. A3 Input with Pullup            out   TCNT0,acc0
    ; A4 .. A5 A0,A1
    ; A6      WRn                           ; AREF 2.56V to output
    ; A7      LDACn                         ldi   acc0,$c0
    ; Channel A (A(1:0) = "00")             out   ADMUX,acc0
    ldi   acc0,$cf                          ldi   acc0,(1<<ADEN)|(1<<ADIF)|(1<<ADIE)|(1<<ADPS1)|(1<<ADPS0)
    out   PORTA,acc0                        out   ADCSRA,acc0
    ldi   acc0,$f0
    out   DDRA,acc0                         ldi   stavec,1

    ; B0 .. B7 Input with Pullup            sei
    ldi   acc0,$ff
    out   PORTB,acc0                        ldi   acc0,$00
    ldi   acc0,$00
    out   DDRB,acc0                     ; mainprogram
                                       main:
    ; C0 .. C7 Output                       ; ...
    ; C0 .. C7 D0..D7
    ldi   acc0,$00                          sbrs  stavec,0
    out   PORTC,acc0                        rjmp  main
    ldi   acc0,$ff                          ; new value to DAC input-latch
    out   DDRC,acc0                         out   PORTC,acc0
                                            cbi   PORTA,6
                                            sbi   PORTA,6
                                            inc   acc0
                                            cbr   stavec,$01

                                            rjmp  main
```

Abb. 7.26 Programm für eine Interruptsteuerung des Sägezahngenerators

$$\text{CS02 CS01 CS00} \Rightarrow 0\ 1\ 0$$

eingestellt. Es ergibt sich eine Frequenz von 8 µs für das Register TCCR0. Die Ausgangsfrequenz des Registers beträgt 200 µs und dieser Wert muss mit 256 Werten noch multipliziert werden. Damit erhält man eine Ausgangsfrequenz von $f \approx 50$ Hz. Mit NOP-Befehlen kann man eine geringere Frequenz erhalten.

Die Programmteile von „RESET" sind mit dem vorherigen Programm identisch. Der Programmteil „Timer0" wird für den Interrupt verwendet, dann folgt „AREF" für den internen AD-Wandler. Das Hauptprogramm besteht aus dem „sbrs"-Befehl, und hat der Statusvektor den Wert „0", erfolgt eine Verzweigung. Entweder erfolgt ein Rücksprung nach „main" oder der neue Wert wird vom Akkumulator nach PORTA geladen. Mit „cbi" und „sbi" wird die Schreibleitung des MAX505 angesteuert und der Wert übernommen. Dann folgt das Inkrement des Akkumulators und ein Löschen des Statusvektors. Danach erfolgt der Rücksprung nach „main".

Die Arbeitsfrequenz des ATmega32 ist auf 1 MHz festgelegt worden. Im Programm von Abb. 7.27 wird die Frequenz auf 8 MHz erhöht, dabei sind einige Bedingungen zu beachten.

Der Kopf in dem Programm wurde auf 8 MHz und auf „$e4" geändert. Von „A4 … A5, A0, A1" bis „out ADCSRA, acc0" ist das Programm mit dem vorherigen identisch. Dann folgt das Laden mit dem Wert „0f" in den Akkumulator und der

```
RESET:
          ldi    acc0,high(RAMEND)
          out    SPH,acc0
          ldi    acc0,low(RAMEND)
          out    SPL,acc0
          clr    r0

          ;disable JTAG
          ldi    acc0,$80
          out    MCUCSR,acc0
          out    MCUCSR,acc0

          ; A0 .. A3 Input with Pullup
          ; A4 .. A5 A0,A1
          ; A6        WRn
          ; A7        LDACn
          ; Channel A (A(1:0) = "00")
          ldi    acc0,$cf
          out    PORTA,acc0
          ldi    acc0,$f0
          out    DDRA,acc0

          ; B0 .. B7 Input with Pullup
          ldi    acc0,$ff
          out    PORTB,acc0
          ldi    acc0,$00
          out    DDRB,acc0

          ; C0 .. C7 Output
          ; C0 .. C7 D0..D7
          ldi    acc0,$00
          out    PORTC,acc0
          ldi    acc0,$ff
          out    DDRC,acc0

          ; AREF 2.56V to output
          ldi    acc0,$c0
          out    ADMUX,acc0
          ldi    acc0,(1<<ADEN)|(1<<ADIF)|(1<<ADIE)|(1<<ADPS1)|(1<<ADPS0)
          out    ADCSRA,acc0


          ldi    acc0,$0f
          mov    hlp0,acc0
          ldi    acc0,$cf
          mov    hlp1,acc0
          ldi    acc0,$00

; mainprogram
main:
          out    PORTC,acc0
          out    PORTA,hlp0
          out    PORTA,hlp1
          inc    acc0
          rjmp   main
```

Abb. 7.27 Programm eines Sägezahngenerators, wenn der ATmega32 mit 8 MHz arbeitet

Inhalt des Akkumulators wird in dem Hilfsregister abgespeichert. Danach wird der Akkumulator mit dem Wert „cf" geladen und der Inhalt wird in dem anderen Hilfsregister abgespeichert. Zum Schluss folgt ein Laden des Akkumulators mit dem Wert „00".

Das Hauptprogramm besteht aus drei „out"-Befehlen, und der Akkumulator wird nach PORTC und die beiden Hilfsregister nach PORTA geladen. Dann erfolgt ein Inkrement des Akkumulators und der Rücksprung nach „main".

Lädt man das Programm in den ATmega32, funktioniert der Sägezahngenerator nicht. Man muss „fuses" anklicken und „low" von „0xE1" auf „0xE4" ändern, wie Abb. 7.28 zeigt.

In der Zeile „SUT_CKSEL" muss der Hinweis stehen, dass der interne RC-Oszillator auf 8 MHz steht. Es gilt:

$$\text{„0xE1" für } 1\,MHz$$
$$\text{„0xE4" für } 8\,MHz$$

Erst jetzt kann man mit dem Programm arbeiten und die Schaltung untersuchen.

Der MAX505 erhält die Referenzspannung von 2,56 V vom ATmega32. Das Foto zeigt die Ausgangsspannung des MAX505.

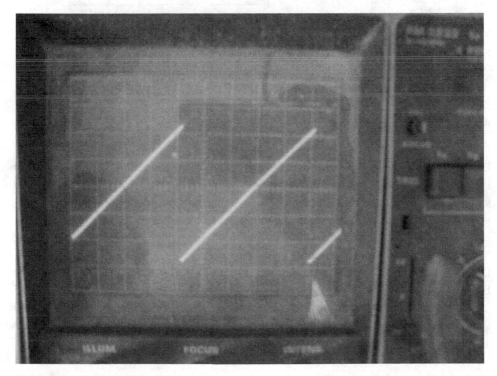

Oszillogramm einer Treppenspannung

```
┌──────────────────────────────────────────────────────────────────────────┐
│ STK500 with top module '0x00' in ISP mode with ATmega32      ⬚ ⬚ ✕        │
├──────────────────────────────────────────────────────────────────────────┤
│  Main │ Program │ Fuses │ LockBits │ Advanced │ HW Settings │ HW Info │ Auto │
│  ┌──────────────────────────────────────────────────────────────────────┐ │
│  │ Fuse            Value                                                 │ │
│  │ OCDEN           ☐                                                     │ │
│  │ JTAGEN          ☑                                                     │ │
│  │ SPIEN           ☑                                                     │ │
│  │ CKOPT           ☐                                                     │ │
│  │ EESAVE          ☐                                                     │ │
│  │ BOOTSZ          Boot Flash size=2048 words start address=$3800     ▼ │ │
│  │ BOOTRST         ☐                                                     │ │
│  │ BODLEVEL        Brown-out detection at VCC=2.7 V                    ▼ │ │
│  │ BODEN           ☐                                                     │ │
│  │ SUT_CKSEL       Int. RC Osc. 8 MHz; Start-up time: 6 CK + 64 ms     ▼ │ │
│  └──────────────────────────────────────────────────────────────────────┘ │
│  ┌──────────────────────────────────────────────────────────────────────┐ │
│  │ HIGH            0x99                                                  │ │
│  │ LOW             0xE4                                                  │ │
│  └──────────────────────────────────────────────────────────────────────┘ │
│                                                                            │
│  ☑ Auto read                                                               │
│  ☑ Smart warnings                                                          │
│  ☑ Verify after programming      [ Program ]  [ Verify ]   [ Read ]        │
│  ┌──────────────────────────────────────────────────────────────────────┐ │
│  │ Setting mode and device parameters.. OK!                             │ │
│  │ Entering programming mode.. OK!                                      │ │
│  │ Reading fuses address 0 to 1.. 0xE4, 0x99 .. OK!                    │ │
│  │ Leaving programming mode.. OK!                                       │ │
│  └──────────────────────────────────────────────────────────────────────┘ │
└──────────────────────────────────────────────────────────────────────────┘
```

Abb. 7.28 Änderung des Wertes „fuses" von „0xE1" auf „0xE4"

Die Ausgangsspannung des MAX505 zeigt ein großes Rauschen. Der Grund liegt in dem Strombedarf der internen Referenzspannung des MAX505, der ATmega32 kann diese Spannung bzw. Strom nicht erzeugen. Die Leitung der Referenzspannung vom ATmega32 zum MAX505 ist zu unterbrechen, es gibt zwei Möglichkeiten für den MAX505. Entweder wird eine externe Referenzspannung durch eine integrierte Schaltung erzeugt oder die Betriebsspannung von +5 V des ATmega32 verwendet. Das Foto zeigt die Ausgangsspannung des MAX505, wenn als Referenzspannung die Betriebsspannung dient.

Im Gegensatz zur internen Referenzspannung des ATmega32 hat die Betriebsspannung einen Wert von +5 V und daher betragen die Stufen nicht 10 mV, sondern 19,5 mV.

7.3.5   Sinusgenerator mit dem MAX505

Es soll ein synthetischer Sinus mit dem ATmega32 in Verbindung mit dem MAX505 entwickelt werden.

Viele Anwendungen benutzen Tabellen zum Speichern von Werten, die während der Verarbeitung benötigt werden. Bei einigen Programmen sind in diesen Tabellen die Ergebnisse von Berechnungen gespeichert, für deren mathematische Ableitung viel Zeit erforderlich wäre, wie beispielsweise das Berechnen des Sinus eines Winkels. Bei anderen Anwendungen enthalten die Tabellen Parameter, die eine vordefinierte Beziehung zu den Programmeingaben aufweisen, aber nicht berechnet werden können. Man kann beispielsweise nicht erwarten, dass der Mikrocontroller automatisch die Telefonnummer einer Person „berechnet", deren Namen man eingegeben hat. Anwendungen wie diese erfordern Tabellen. Über eine Tabelle kann man eine Informationseinheit (ein Argument) auf der Grundlage eines bekannten Wertes (einer Funktion)ausfindig machen.

Tabellen können komplizierte und zeitaufwendige Konvertierungen ersetzen, wie etwa das Berechnen der Quadrat- oder Kubikwurzel einer Zahl oder die Ableitung einer trigonometrischen Funktion (Sinus, Cosinus und so weiter) eines Winkels. Tabellen sind besonders dann effektiv, wenn eine Funktion nur einen kleinen Argumentbereich abdeckt. Durch die Verwendung von Tabellen braucht der Mikrocomputer komplexe Berechnungen nicht mehr jedes Mal durchzuführen, wenn die Funktion benötigt wird.

Tabellen reduzieren die Verarbeitungsgeschwindigkeit der 8-Bit-Mikrocontroller in fast allen Fällen. Nur bei ganz einfachen Beziehungen nicht, man würde beispielsweise keine Tabelle verwenden, um Argumente zu speichern, die immer doppelt so groß sind wie die Funktion. Da Tabellen jedoch gewöhnlich einen großen Teil des Speichers belegen, sind sie bei solchen Anwendungen am effektivsten, bei denen man zugunsten der Ausführungszeit auf Speicher verzichten kann.

Man kann Verarbeitungs- und Programmierzeit sparen, indem man die Ergebnisse von komplexen Berechnungen in Tabellen bereitstellt. Als ein typisches Beispiel wird hier beschrieben, wie mithilfe einer Tabelle der Sinus eines Winkels gefunden werden kann.

Wie sicherlich aus der Schultrigonometrie noch bekannt ist, kann der Sinus aller Winkel zwischen 0° und 360°dargestellt werden. Mathematisch kann diese Kurve näherungsweise mit dieser Formel berechnet werden:

$$\text{Sinus}(x) = x - \frac{x^3}{3!} + \frac{x^5}{5!} - \frac{x^7}{7!} + \frac{x^9}{9!} \cdots$$

Es ist durchaus möglich, ein Programm zu schreiben, das diese Berechnungen durchführt, doch ein solches Programm würde wahrscheinlich viele Millisekunden für die Ausführung benötigen. Wenn eine Anwendung sehr genaue Sinuswerte verlangt, kann es notwendig sein, ein solches Programm zu schreiben. Die meisten Anwendungen kommen jedoch mit einer Tabelle zur Umrechnung von Winkeln in Sinuswerte aus.

Wenn eine Anwendung den Sinus eines beliebigen Winkels zwischen 0° und 360° benötigt, wobei der Winkel eine ganzzahlige Gradangabe ist, wie viele Sinuswerte muss die Tabelle enthalten? 360 Werte? Nein, es reicht eine Tabelle mit elf Sinuswerten und man hat einen Wert für jeden Winkel zwischen 0° und 360°. Wenn man einen genauen Sinus am Ausgang benötigt, schreibt man eine Tabelle mit 91 Sinuswerten und rechnet mit einem Winkel von 0° bis 90°, d. h. der Mikrocontroller wird erheblich langsamer.

Die Nulllinie des Sinussignals beginnt bei dem Wert 128 und die Gleichung zeigt die Berechnung:

$$127 \cdot \left(\sin \frac{360°}{11} \cdot n \right) + 128$$

Würde man in die Gleichung den Wert 10 einsetzen, hätte man alle 36° die Ausgabe eines Tabellenwertes und eine symmetrische Sinusspannung. In der Praxis ist es aber üblich, mit dem Wert 11 zu arbeiten, also 32,7°. Setzt man den Wert 11 in die Gleichung ein, ergibt sich Tab. 7.11.

Im Programm steht:

.org $0030

Damit wird der Adresszähler auf den angegebenen Wert gesetzt. Der Assembler speichert den darauffolgenden Objektcode ab dieser Adresse. Der Objektcode ist relativ zum aktuellen Adresszähler im Speicher abgelegt, da ein Dollarzeichen verwendet wird. Im Programm mit elf Punkten innerhalb einer Sinusschwingung steht:

.dB $80, $C5, $F4, $FE, $E0, $A4, $5C, $20, $02, $0C, 3B, $80

Das Programm verwendet Speicherzellen, um Variable aufzubewahren, dazu werden die Datenbereiche mit Namen versehen,die nach Bedarf geändert werden können. Der Assembler hat dazu drei Pseudobefehle, die Platz für Variable zuweisen. Der Ausdruck „dB" steht für „definiere Byte" und weist 8-Bit-Bytes dem Speicher zu. Der zweite

Tab. 7.11 Symmetrische Sinusspannung

Zeit in µs	Dezimalzahl	Hexadezimalzahl
0	128	80
16	197	C5
32	244	F4
64	254	FE
128	224	E0
144	164	A4
160	92	5C
176	32	20
192	2	02
208	12	0C
224	59	3B
240	128	80

Ausdruck „dW" steht für „definiere Wort" und weist zwei Bytes dem Speicher zu. Der dritte Ausdruck „dD" steht für „definiere 4-Byte-Doppelwort" und weist vier Bytes dem Speicher zu. Wenn man mit einem Doppelwort arbeitet, wird die Ausgangsfrequenz mit dem 8-Bit-Mikrocontroller erheblich reduziert. Abb. 7.29 zeigt den Aufbau eines synthetischen Sinussignals.

Die elf Stützpunkte des synthetischen Sinussignals sind nicht optimal. Abb. 7.30 zeigt das Programm mit 256 Stützpunkten.

Zuerst sieht man den Anfang des Programms mit dem Hinweis, dass der ATmega32 mit 8 MHz arbeitet. Für die Hardware gilt die Referenzspannung des MAX505, dies ist in diesem Fall die Betriebsspannung.

Die Tabelle in dem Programm wurde in C erstellt. Bevor das Hauptprogramm erstellt wird, muss der Akkumulator mit dem „ldi"-Befehl auf den Wert „00" geladen werden. Dann ist das ZH-Register zu löschen und anschließend ist das ZL-Register mit dem Wert „60" zu laden.

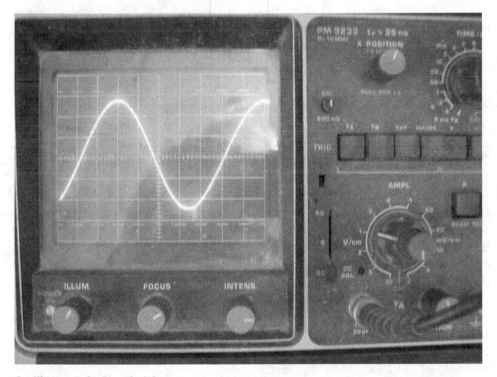

Oszillogramm für Sinusfunktionen

Das Hauptprogramm ist in zwei Teilprogramme mit „main_0" und „main_1" gegliedert. Durch die beiden NOP-Befehle in „main_0" tritt eine kurze Verzögerung an, damit die Amplitude der Sinusspannung symmetrisch erzeugt wird.

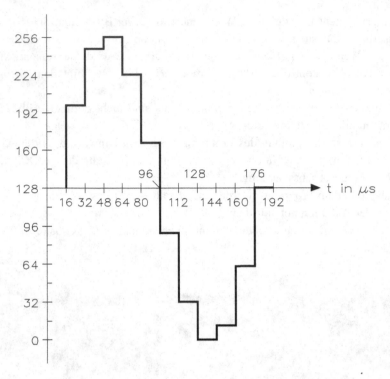

Abb. 7.29 Aufbau eines synthetischen Sinussignals mit einer Frequenz von 5,85 kHz

7.4　Hard- und Software für ein Platinensystem mit dem Mikrocontroller ATmega32

Die Schaltung soll nicht komplett aufgebaut werden, sondern schrittweise. Damit lassen sich alle Entwicklungsstufen einfacher und übersichtlicher nachvollziehen, und man lernt die einzelnen Funktionen der integrierten Bausteine näher kennen. Abb. 7.31 zeigt die Schaltung mit dem ATmega32, dem 74165 für die Abfrage der Tastatur, dem 74595 für die Ansteuerung der Leuchtdioden, dem Sockel für den Anschluss der LCD-Anzeige und dem Wannensockel für die Verbindung mit dem Programmiergerät.

Abb. 7.31 zeigt oben rechts vier Einsteller (Potentiometer) für den internen 10-Bit-AD-Wandler. Der Stecker X1 dient für die Schnittstelle zwischen PC, USB-ISP-Programmer und dem Mikrocontroller ATmega32. In der Mitte ist der Sockel für die zweizeilige LCD-Anzeige L1672 gezeigt.

Abb. 7.32 zeigt das komplette Netzgerät mit Gleichrichter und integriertem Spannungsregler 7805, den DA-Wandler MAX505 und die programmierbare Schnittstelle 8255 für den Mikrocontroller ATmega32.

```
; ATmega32
; ******************************************************************************
.include "m32def.inc"

; Fuse_low: $e4 8MHz sysclk internal osc


.org 0x0030
.db $7f, $82, $85, $88, $8b, $8f, $92, $95
.db $98, $9b, $9e, $a1, $a4, $a7, $aa, $ad
.db $b0, $b3, $b6, $b8, $bb, $be, $c1, $c3
.db $c6, $c8, $cb, $cd, $d0, $d2, $d5, $d7
.db $d9, $db, $dd, $e0, $e2, $e4, $e5, $e7
.db $e9, $eb, $ec, $ee, $ef, $f1, $f2, $f4
.db $f5, $f6, $f7, $f8, $f9, $fa, $fb, $fb
.db $fc, $fd, $fd, $fe, $fe, $fe, $fe, $fe
.db $ff, $fe, $fe, $fe, $fe, $fe, $fd, $fd
.db $fc, $fb, $fb, $fb, $f9, $f8, $f7, $f6
.db $f5, $f4, $f2, $f1, $ef, $ee, $ec, $eb
.db $e9, $e7, $e5, $e4, $e2, $e0, $dd, $db
.db $d9, $d7, $d5, $d2, $d0, $cd, $cb, $c8
.db $c6, $c3, $c1, $be, $bb, $b8, $b6, $b3
.db $b0, $ad, $aa, $a7, $a4, $a1, $9e, $9b
.db $98, $95, $92, $8f, $8b, $88, $85, $82
.db $7f, $7c, $79, $76, $73, $6f, $6c, $69
.db $66, $63, $60, $5d, $5a, $57, $54, $51
.db $4e, $4b, $48, $46, $43, $40, $3d, $3b
.db $38, $36, $33, $31, $2e, $2c, $29, $27
.db $25, $23, $21, $1e, $1c, $1a, $19, $17
.db $15, $13, $12, $10, $0f, $0d, $0c, $0a
.db $09, $08, $07, $06, $05, $04, $03, $03
.db $02, $01, $01, $00, $00, $00, $00, $00
.db $00, $00, $00, $00, $00, $00, $01, $01
.db $02, $03, $03, $04, $05, $06, $07, $08
.db $09, $0a, $0c, $0d, $0f, $10, $12, $13
.db $15, $17, $19, $1a, $1c, $1e, $21, $23
.db $25, $27, $29, $2c, $2e, $31, $33, $36
.db $38, $3b, $3d, $40, $43, $46, $48, $4b
.db $4e, $51, $54, $57, $5a, $5d, $60, $63
.db $66, $69, $6c, $6f, $73, $76, $79, $7c
```

```
                                          ; C0 .. C7 Output
                                          ; C0 .. C7 D0..D7
                                          ldi   acc0,$00
                                          out   PORTC,acc0
                                          ldi   acc0,$ff
                                          out   DDRC,acc0

                                          ldi   acc0,$0f
                                          mov   hlp0,acc0
                                          ldi   acc0,$cf
                                          mov   hlp1,acc0

                                          ldi   acc0,$00

                                          clr   ZH
                                          ldi   ZL,$60

                                          ; mainprogram
                                          main_0:
                                          nop
                                          nop
                                          main_1:
                                          lpm   acc0,Z+
                                          out   PORTC,acc0
                                          out   PORTA,hlp0
                                          out   PORTA,hlp1
                                          cpi   ZL,$60
                                          brne  main_0
                                          clr   ZH
                                          rjmp  main_1
```

Abb. 7.30   Programm eines synthetischen Sinussignals mit 256 Stützpunkten

7.4.1   Mikrocontroller ATmega32

Der Mikrocontroller ATmega32 ist über einen 40-poligen Sockel mit der Platine verbunden. Der Quarz und die beiden Kondensatoren (22 pF) sind nicht unbedingt erforderlich. Für die nicht zeitrelevanten Versuche reicht die Genauigkeit des internen Oszillators völlig aus. Das gilt auch für die Stromversorgung, denn Batterien oder Akkumulatoren lassen sich einfacher verwenden als eine externe Wechselspannungsquelle, die mit einem Gleichrichter und dem Spannungsregler erzeugt wird.

Der Mikrocontroller ATmega32 in Abb. 7.33 benötigt eine Spannung von $U_{CC} = +5$ V und Masse (GND). Die Betriebsspannung von $U_{CC} = +5$ V wird an Pin 10 und Masse (GND) an Pin 11 angeschlossen. Die Stromversorgung ist problemlos, wenn man eine Batterie oder Akkumulator mit $U_{CC} = +4{,}8$ V verwendet. Für den internen AD-Wandler und weitere analoge Baugruppen ist der Anschluss AU_{CC} und AGND vorhanden. Normalerweise kann man die digitale Spannung von U_{CC} mit AU_{CC} und GND

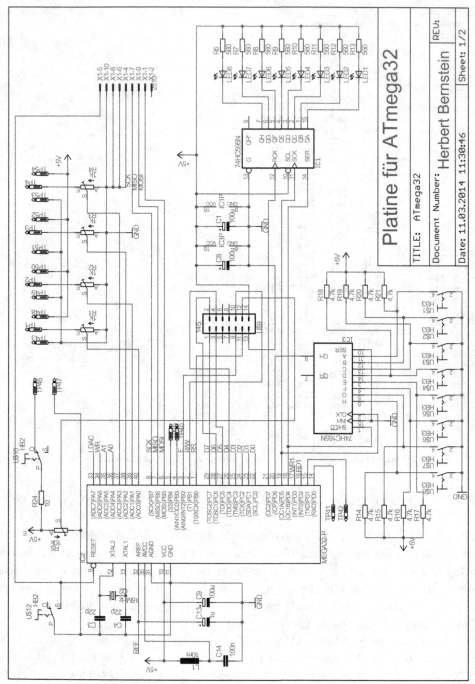

Abb. 7.31 Mikrocontroller ATmega32 mit den Ein- und Ausgabeeinheiten

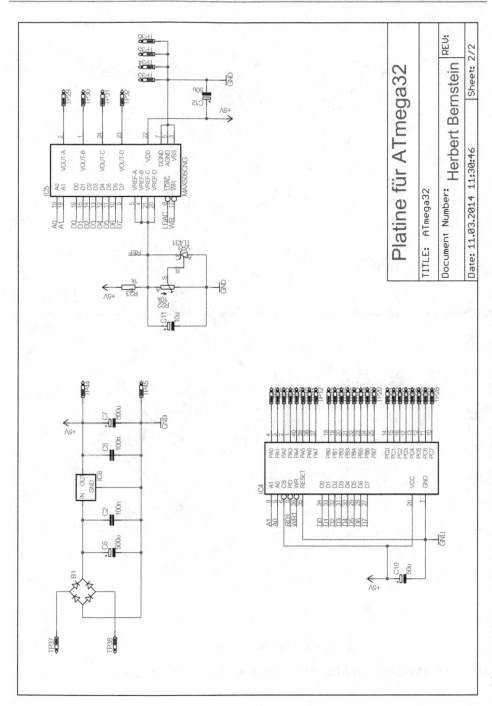

Abb. 7.32 Netzgerät, DA-Wandler und programmierbare Schnittstelle für den Mikrocontroller ATmega32

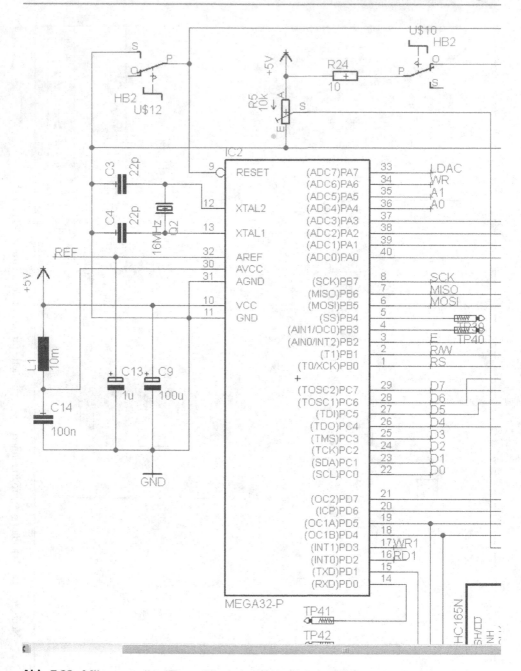

Abb. 7.33 Mikrocontroller ATmega32 mit den Ein- und Ausgabeleitungen

mit AGND verbinden. Betreibt man den Mikrocontroller ATmega32 dagegen mit dem integrierten Netzgerät auf der Platine, wird AGND über eine Spule (10 mH) und einen Kondensator (100 nF) mit $U_{CC} = +5$ V verbunden. Die Bohrungen für die Spule sind vorhanden, wird die Spule nicht eingesetzt, ist eine Drahtbrücke einzufügen. Auf den Kondensator mit 100 nF kann verzichtet werden, wenn man ohne Spule arbeitet.

Der Mikrocontroller ATmega32 hat einen Eingang mit der Bezeichnung AREF, dieser Eingang ist offen. Wenn es Probleme mit dem internen 10-Bit-AD-Wandler gibt, ist hier ein Kondensator mit 1 µF gegen Masse einzuschalten. Es ist eine Verbindung zur Referenzspannungsquelle des MAX505 vorhanden, aber nur, wenn die Platine vollständig bestückt ist. Die interne Erzeugung der Referenzspannung hat einen Wert von 2,56 V, bei dem 8- und 10-Bit-Format des AD-Wandlers. Beim 10-Bit-AD-Wandler ergibt sich eine Auflösung von 2,5 mV.

Die Resetleitung ist nur mit dem ISP-Sockel verbunden. Dann folgen die Anschlüsse für den Quarz, für alle nachfolgenden Versuche ist kein Quarz erforderlich. Links sehen Sie auch den Anschluss AVCC für Spule und Kondensator. Der Kondensator mit 1 µF wird ebenfalls nicht benötigt.

Auf der rechten Seite des Mikrocontrollers ATmega32 ist oben PORTA mit seinen acht Leitungen. PA0 bis PA3 sind die analogen Eingänge für den internen AD-Wandler. Die anderen vier Leitungen sind die Adress- und Steuerleitungen für den externen DA-Wandler. Die Leitungen A0 und A1 dienen für die Adressierung der vier internen Register im Baustein MAX505 und im Schnittstellenbaustein 8255. Damit lassen sich die vier analogen Ausgänge des MAX505 und die Ein- bzw. Ausgänge im 8255 beeinflussen. Der Anschluss WR ist die Schreibleitung, das Signal wird vom Mikrocontroller durch das Programm erzeugt. Die Steuerleitung LDAC dient für die Freigabe der Register im MAX505 und seinen Ausgängen.

PORTB von PB0 bis PB7 hat zwei Aufgaben. Die Leitung RS (Instruction and Input) vom Anschluss PB0 übernimmt die Steuerung für die LCD-Anzeige. Die Leitung R/W (Data read, Data write) ist für den Lese-Schreib-Betrieb der LCD-Anzeige verantwortlich. Hat die Leitung ein 0-Signal, werden die Daten in die LCD-Anzeige vom Mikrocontroller eingelesen, bei einem 1-Signal erhält der Mikrocontroller diverse Informationen zur Steuerung der LCD-Anzeige. Mit dem Signal E (Enable)von Pin 3 wird die Anzeige gesperrt und freigegeben. Von PB5 (MOSI), Pin 7 (MISO) und Pin 8 (SLK) wird die serielle Schnittstelle für den ISP-Programmer gesteuert.

PORTC gibt die parallelen Daten vom Mikrocontroller aus und übernimmt die parallelen Informationen von den externen Einheiten. Die Anschlüsse von PC0 bis PC7 liegen parallel an dem DA-Wandler MAX505 und an dem Schnittstellenbaustein 8255 an. Die LCD-Anzeige erhält die Daten im 4-Bit-Betrieb von D0 bis D3 über die Pins 26, 27, 28 und 29 vom ATmega32.

PORTD ist für die beiden Schieberegister 74595 und 74165 verantwortlich. Für das Schieberegister 74595 sind drei Steuerleitungen vorhanden. Über PD4 erhält der 74595 seinen seriellen Datenstrom vom Mikrocontroller, PD5 ist der Schiebetakt für den seriellen Datenstrom, und mit PD7 wird die Schnittstelle zwischen dem Schieberegister und den Ausgangstreibern freigegeben.

Über dem Mikrocontroller ATmega32 befindet sich ein Potentiometer für den Kontrast der LCD-Anzeige. Die Hintergrundbeleuchtung lässt sich mit einem DIL-Schalter ein- oder ausschalten.

7.4.2   Abfrage der Tastatur

Der Baustein 74165 übernimmt die Abfrage der Tastatur, wie Abb. 7.34 zeigt. Ist keine Taste gedrückt, liegt an allen Eingängen A bis H jeweils 1-Signal. Diese Eingangsinformationen werden im 74165 mit einem 0-Signal am SH/LD-Eingang für das Zwischenregister im Schieberegister zwischengespeichert. Der SH/LD-Eingang ist direkt mit PD4 verbunden. Über den Ausgang QH werden die seriellen Daten im Schieberegister ausgegeben,PD6 ist als Eingang geschaltet. Der Schiebetakt wird per Software erzeugt, PD5 gibt diese Taktfolge aus.

Wenn man eine Taste drückt, wird die entsprechende Leuchtdiodefreigegeben. Die Taste hat kein Speicherverhalten, denn wenn man sie loslässt, erlischt die Leuchtdiode. Abb. 7.34 zeigt den Baustein 74165 mit dem ATmega32 und den acht Tasten.

Für den Anschluss des 8-Bit-Schieberegisters 74165 an den ATmega32 sind drei Leitungen erforderlich. Die Daten der Tasten werden in das 8-Bit-Schieberegister durch den Eingang SH/LD übernommen, dieser Steuerimpuls kommt vom ATmega32 über

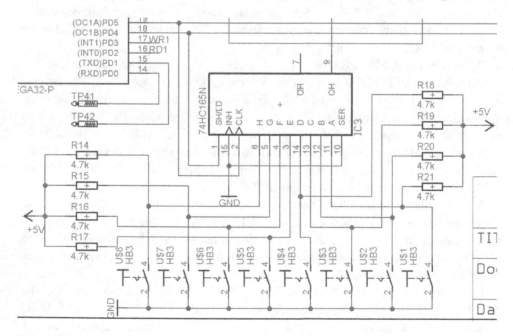

Abb. 7.34 Hardware für die Abfrage der Tastatur

Pin 18. Der 74165 erhält vom ATmega32 über den Ausgang von Pin 19 den Schiebetakt. Am QH-Ausgang werden die Informationen seriell ausgelesen, dieser Ausgang liegt an Pin 20.

Bei Normalbetrieb wird der Freigabe- (Enable-)Eingang auf 0-Signal (Low) gehalten. Jeder L-H-Übergang (positive Flanke) des Taktes am Takteingang schiebt die Daten um eine Stufe nach rechts.

Das Schieberegister kann mit parallelen Daten an PA bis PG geladen werden, wenn man den Load-Eingang kurzzeitig auf 0-Signal (Low) legt. Dieser Ladevorgang ist unabhängig vom Takt. Die am seriellen Eingang (Pin 10) liegenden Daten werden bei jeder positiven Flanke des Taktes vom Schieberegister aufgenommen,das gilt jedoch nur für ein 1-Signal (High) an Pin 10. Die Ausgabe erfolgt seriell am Ausgang Q8 und invertiert an Q8′. Das Takten kann man sperren, indem man den Freigabe- (Enable-)Eingang auf1-Signal (High)legt. Infolge der ODER-Verknüpfung in dem Schieberegister 74165 lassen sich die Eingänge Clock und Enable vertauschen.

Über die Widerstände haben die Eingänge von PA bis PH ein 1-Signal, wenn die Tasten in Ruhestellung sind. In diesem Fall wird immer in dem 74165 ein 1-Signal übernommen, in den ATmega32 eingeschrieben und über den 74595 wieder ausgegeben. Keine Leuchtdiode kann durch ein 1-Signal am Ausgang ein Licht emittieren. Erst wenn ein Taster gedrückt wird, schaltet ein Eingang vom 74165 auf 0-Signal, der ATmega32 übernimmt dieses Signal, gibt es an den 74595 weiter und der betreffende Ausgang erzeugt ein0-Signal. Die betreffende Leuchtdiode emittiert ein Licht.

Das Schieberegister 74165 erhält die Daten von den gedrückten Tasten als seriellen Datenstrom, der über Pin 21 (PD7)am Mikrocontroller anliegt. Der Datenstrom für den 74595 wird über Pin 18 (PD5) ausgegeben und liegt dann am SER-Eingang.

7.4.3   Ansteuerung der Leuchtdioden

Das Schieberegister 74595 gibt die Werte vom Mikrocontroller ATmega32 im 8-Bit-Format aus. Das Schieberegister 74595 ist in der Lage, die 3-mm-Leuchtdioden gegen Masse zu treiben. Wenn man bei allen Leuchtdioden die rote Farbe wählt,ergibt sich eine gleichmäßige Ausleuchtung. Auf der Platine wurden unterschiedliche Farben, rot, gelb und grün, gewählt,damit müssen die einzelnen Widerstände berechnet werden. Abb. 7.35 zeigt den Baustein 74595 für die Ansteuerung der Leuchtdioden.

Der Baustein 74595 enthält ein 8-stufiges Schieberegister mit serieller Eingabe und paralleler und serieller Ausgabe. Die parallele Ausgabe erfolgt über einen getakteten Zwischenspeicher mit Tristate-Ausgängen.

Die Dateneingabe erfolgt seriell über den Eingang SER. Bei jedem LH-Übergang (positive Flanke) des Taktes an SCK (Shift Register Clock) werden die Informationen von Pin 14 übernommen und die im Schieberegister bereits befindlichen Daten um eine Stufe weiter geschoben. Am Anschluss 9 (QH*) können die Daten seriell entnommen werden. Der asynchrone Löschanschluss SCL (Shift Register Clear) liegt normalerweise

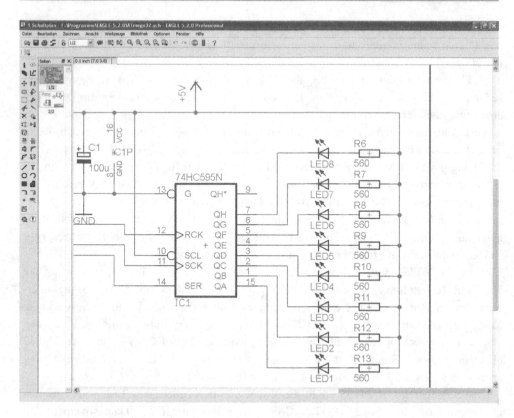

Abb. 7.35 Baustein 74595 für die Ansteuerung der Leuchtdioden

auf 1-Signal (High). Wird dieser auf 0-Signal (Low) gebracht, gehen alle Stufen des Schieberegisters auf Null.

Wenn am Takteingang für den Ausgangszwischenspeicher SCK ein LH-Übergang (positive Flanke) des Taktes anliegt,werden die im Schieberegister befindlichen Daten in den 8-Bit-Zwischenspeicher übernommen.

Die parallelen Daten liegen an den Ausgängen QA bis QH, wenn der Anschluss für die Ausgangsfreigabe G (Output Enable) auf 0-Signal (Low) liegt. Legt man diesen Anschluss auf 1-Signal (High), gehen alle Ausgänge in den hochohmigen Zustand (Tristate).

Auf der Platine sind die beiden Takteingänge (SCK und RCK) der Schiebe-register miteinander verbunden. Der Inhalt des Schieberegisters wird dann immer um einenTaktimpuls später in den Ausgangs-Zwischenspeicher übernommen.

Für die Verbindung zwischen dem TTL-Baustein und dem Mikrocontroller sind nur drei Leitungen erforderlich. Der Mikrocontroller arbeitet in diesem Fall als Parallel-Seriell-Umsetzer. Die Daten sind in einem Register parallel gespeichert und werden über den seriellen Ausgang PD4 ausgegeben. Dieser Ausgang ist mit dem seriellen Eingang des 74595 verbunden. Insgesamt werden acht Bits übertragen und in den acht internen Flipflops des 74595 gespeichert. Sind die einzelnen Bits stabil auf dieser Datenleitung, gibt der Mikrocontroller ein Taktsignal über seinen Ausgang PD5 aus. Es sind ebenfalls acht Bits notwendig, danach sind die seriellen Informationen im 74595 gespeichert. Über den Ausgang PD7 gibt der Mikrocontroller einen kurzen Impuls für den 74595 aus, der auf der Leitung am Eingang 12 anliegt und die gespeicherten 8-Bit-Daten auf die Ausgänge schaltet. Die entsprechenden Leuchtdioden emittieren ein Licht.

Die Dateneingabe beim 74595 erfolgt seriell über den Eingang SER. Bei jedem L-H-Übergang (positive Flanke) des Taktes an SCK (Shift Register Clock) werden die Informationen von Pin 14 übernommen und die im Schieberegister bereits befindlichen Daten um eine Stufe weitergeschoben. Am Anschluss 9 (QH*) können die Daten seriell entnommen werden. Der asynchrone Löschanschluss SCL (Shift Register Clear) liegt normalerweise auf 1-Signal (High). Wird dieser auf 0-Signal (Low) gebracht, gehen alle Stufen des Schieberegisters auf Null. Wenn am Takteingang für den Ausgangs-Zwischenspeicher RCK (Register Clock) ein L-H-Übergang (positive Flanke) des Taktes anliegt, werden die im Schieberegister befindlichen Daten in den 8-Bit-Zwischenspeicher übernommen. Die parallelen Daten liegen an den Ausgängen QA bis QH, wenn der Anschluss für die Ausgangsfreigabe OE (Output Enable) auf Low liegt. Legt man diesen Anschluss auf 1-Signal (High), gehen alle Ausgänge in den hochohmigen Zustand. Man kann beide Takteingänge (SCK und RCK) miteinander verbinden, dann wird der Inhalt des Schieberegisters immer um einen Taktimpuls verzögert in den Ausgangs-Zwischenspeicher übernommen.

Abb. 7.36 zeigt das Prüfprogramm für die acht Leuchtdioden. Es handelt sich um einen Zähler, der von 0 bis 255 (ff) zählt. Dabei wird jede Leuchtdiode angesteuert und man sieht, dass alle Leuchtdioden arbeiten. Wenn das nicht der Fall ist, wurde die Leuchtdiode verkehrt am 74595 angeschlossen. Hat ein Ausgang 1-Signal, kann die Leuchtdiode kein Licht emittieren. Schaltet der Ausgang auf 0-Signal, fließt ein Strom und die Leuchtdiode zeigt den Zustand des entsprechenden Ausgangs an.

Zuerst wird in dem Programm der Stackpointer SPH und SPL geladen. Danach wird die interne JTAG-Einheit gesperrt und der Akkumulator mit dem Wert „80" geladen. Mit den beiden Ausgabebefehlen „out MCUCSR" wird das Register sicher auf Wert „80" gesetzt, damit ist die JTAG-Funktion gesperrt. Die JTAG-Funktion (Joint Test Action Group) bezeichnet den IEEE-Standard 1149.1, der eine Ansammlung von Verfahren zum Testen und Debuggen elektronischer Hardware direkt in der Schaltung beschreibt, es sind zahlreiche Testmöglichkeiten vorhanden. Zweck des Verfahrens ist es, integrierte Schaltungen, Mikroprozessoren, Mikrocontroller und Speicher auf ihre Funktionen zu testen, während sie sich bereits in ihrer Anwendungsumgebung befinden, beispielsweise, wenn sich der Mikrocontroller bereits verlötet auf einer Platine befindet. Dazu besitzt ein JTAG-fähiger Baustein bestimmte Komponenten, die im Normalbetrieb vollkommen abgetrennt sind und somit die Funktion des Bauteils nicht stören. Erst durch Aktivierung der JTAG-Funktion an einem bestimmten Pin, dem „Test Mode Select Input", wird die

```
RESET:                                      ; mainprogram
    ldi    acc0,high(RAMEND)            main:
    out    SPH,acc0                         mov    shlp0,acc0
    ldi    acc0,low(RAMEND)                 call   led_out
    out    SPL,acc0                     wait0:
    clr    r0                               sbrs   stavec,0
                                            rjmp   wait0
    ;disable JTAG
    ldi    acc0,$80                         cbr    stavec,$01
    out    MCUCSR,acc0                      dec    acc0
    out    MCUCSR,acc0                      rjmp   main

                                        led_out:
    ; D4 Output SER                         ; outbyte in shlp0
    ; D5 Output SH-CLK                      ldi    sacc0,$08
    ; D7 Output R-CLK                       in     sacc1,PORTD
    ; sonst  Input with Pullup
    ldi    acc0,$4f                     led_out_nxt:
    out    PORTD,acc0                       andi   sacc1,$4f
    ldi    acc0,$b0                         lsl    shlp0
    out    DDRD,acc0                        brcc   led_out_d0
                                            ori    sacc1,$10
    ; Timer0                            led_out_d0:
    ; CK/256                                out    PORTD,sacc1
    ldi    acc0,$04                         ori    sacc1,$20
    out    TCCR0,acc0                       out    PORTD,sacc1
    ; clear TIMER0 OVF                      dec    sacc0
    ldi    acc0,(1<<TOV0)                   brne   led_out_nxt
    out    TIFR,acc0
    ; enable TIMER0 OVF Interrupt           andi   sacc1,$4f
    ldi    acc0,(1<<TOIE0)                  ori    sacc1,$80
    out    TIMSK,acc0                       out    PORTD,sacc1
    ; cnt $100 - $95 = $6b ~ 27.4 ms        andi   sacc1,$4f
    ldi    acc0,CNTVAL                      out    PORTD,sacc1
    out    TCNT0,acc0                       ret

    sts    MS27,r0
    clr    stavec

    sei

    ldi    acc0,$ff
```

Abb. 7.36 Prüfprogramm für die Leuchtdioden

Kontrolle bestimmter Funktionen an JTAG übergeben. Die Schnittstelle von JTAG zur Außenwelt ist als Schieberegister implementiert.

Die drei Anschlüsse PD4 (serielle Datenleitung), PD5 (Takt für die serielle Datenleitung) und PD7 (Datenübernahme und Freischalten der Ausgänge für die Leuchtdioden) werden aktiviert und die anderen Pins von PORTD sind als Eingänge mit Pull-up-Widerständen verschaltet. Der Mikrocontroller ATmega32 arbeitet in diesem Fall nur mit seinen Ausgangsfunktionen. Die Verbindungen sind

D4 (Pin 18) $\Rightarrow$ serielle Daten (Pin 14),
D5 (Pin 19) $\Rightarrow$ serieller Takt (Pin 11),
D7 (Pin 21) $\Rightarrow$ Freigabeimpuls (Pin 12).

Insgesamt sind für die seriellen Daten acht Informationen vorgesehen. Gibt Pin 18 die Informationen aus, schaltet etwas zeitversetzt die Taktleitung von 0 auf 1 und sofort wieder auf 0. Insgesamt werden acht Taktsignale für die serielle Datenübertragung benötigt. Ist die Datenübertragung abgeschlossen, erzeugt Pin 21 kurzzeitig eine positive Taktflanke und der Baustein 74595 gibt die zwischengespeicherten Werte aus. Dieser Impuls von Pin 21 ist sehr kurz, anschließend hat die Leitung wieder 0-Signal.

Mit „ldi acc0, $4f" wird der Wert „4f" in den Akkumulator indirekt eingeschrieben. Mit „out PORTD, acc0" wird der Wert in den Akkumulator geschrieben und PORTD vorbereitet mit

0100 1111

Damit sind die Pins PD6, PD3, PD2, PD1 und PD0 am Eingang mit Pull-up-Widerständen versehen und PD7, PD5 und PD4 können als Ausgänge arbeiten. Mit „ldi acc0, $b0" wird der Wert in den Akkumulator übernommen und PORTD vorbereitet:

1011 0000

Das DDRD-Register (Data Direction Register für PORTD) übernimmt mit „out DDRD, acc0" den Wert des Akkumulators.

Die Funktion des Timers 0 kann übernommen werden. Mit „sts MS27, r0" wird das SRAM mit dem Wert des Registers geladen, dann erfolgt die Löschung des Statusvektors. Über den Befehl „sei" wird der globale Interrupt gesperrt. Mit „ldi acc0, $ff" erfolgt die Übernahme in den Akkumulator.

Das Hauptprogramm startet mit „main". Der Inhalt vom Akkumulator wird in das Subhilfsregister shlp0 mit „mov" übertragen, dann folgt der Aufruf „call led_out". Mit „wait0" und dem Befehl „sbrs stavec, 0" (Skip if bit in Register is Set) springt das Programm, wenn das Register gesetzt ist. Andernfalls wird „rjmp" als unbedingter Sprung eingeleitet. Mit „cbr" wird der Statusvektor gelöscht und mit dem Wert von 01 geladen. Der Inhalt vom Akkumulator lässt sich mit „dec" verringern (dekrementiert), zum Schluss wird der unbedingte Sprung „rjmp main" durchgeführt.

Das Programm „led_out" bringt das Ausgangsbyte in das Subhilfsregister. Mit „ldi" wird der Subakkumulator mit dem Wert 8 geladen, der Mikrocontroller benötigt acht Impulse von der parallelen in die serielle Umsetzung. Mit „in" wird PORTD in den Subakkumulator 1 geladen.

Das Programm „led_out-nxt" beginnt mit einer UND-Verknüpfung mit dem Wert „4f" und der Subakkumulator wird geladen. Dann wird der Inhalt des Subhilfsregisters nach links geschoben. Mit einem bedingten Sprung „brcc" (Branch if Carry Cleared) wird auf das Programm „led-out-do" gesprungen oder der Inhalt des Subakkumulators über eine ODER-Verknüpfung mit dem Wert 10 verknüpft.

Das Programm „led_out_d0" lädt den Inhalt vom Subakkumulator in den PORTD, danach wird eine ODER-Verknüpfung mit dem Wert 20 durchgeführt. Mit „out PORTD, sacc1" wird der Inhalt vom Subakkumulator in den PORTD geschrieben, damit erhält die Ausgangsleitung PD5 ein 1-Signal für den Baustein 74595. Danach wird der Sub-akkumulator um 1 durch „dec" verringert und mit „brne led_out-nxt" wird eine Ver-zweigung vorgenommen. Die Abkürzung „brne" steht für „Branch if Not Equal". Ist die Verzweigung nicht erfüllt, durchläuft das Programm die Schleife nochmals. Andernfalls wird der Subakkumulator über eine UND-Verknüpfung mit dem Wert „4f" verglichen. Danach erfolgt eine ODER-Verknüpfung mit dem Wert „80" und der Inhalt des Sub-akkumulators wird auf PORTD gegeben. Anschließend wird der Subakkumulator noch-mals mit dem Wert „4f" verglichen und auf PORTD ausgegeben. Mit „ret" wird die Subroutine beendet und der Inhalt vom Stackpointer in den Programmzähler geladen.

7.4.4 Lauflicht

Das Programm für ein Lauflicht soll von rechts nach links und dann von links nach rechts verlaufen. Die Leuchtdioden werden in diesem Fall nur kurz angesteuert. Abb. 7.37 zeigt das Programm.

Der rechte Teil des Programms ist fast identisch mit den vorhergehenden Programmen, nur mit dem Ladebefehl „ldi acc0, $01" wird der Inhalt des Akkumulators direkt über-nommen. Das Hauptprogramm beginnt mit einem Ladebefehl „mov shlp0,acc0". Das Datenbyte vom Akkumulator wird in das Register der Subroutine geladen und dann im Einerkomplement negiert. Es ergibt sich folgender Ablauf:

$$\text{ldi acc0, \$01} \quad \Rightarrow 000\ 0001$$
$$\text{mov shlp0, acc0} \Rightarrow 000\ 0001$$
$$\text{com shlp0} \qquad \Rightarrow 111\ 1110$$

Für den Baustein 74595 bedeutet ein 1-Signal, dass die Leuchtdiode dunkel ist, bei einem 0-Signal dagegen leuchtet die entsprechende Leuchtdiode auf. Anschließend wird mit „call led_out" ein Unterprogramm aufgerufen.

Der nächste Programmteil „wait0" beginnt mit der Programmierung für die Zeit der Ansteuerung der Leuchtdioden. Mit „sbrs stavec, 0" wird der Statusvektor überprüft, solange der Wert nicht 0 ist, erfolgt ein direkter Sprung mit „rjmp wait 0". Ist die Bedingung erfüllt, wird der Befehl „cbr stavec, $01" bearbeitet und anschließend gelöscht. Der Statusvektor wird mit dem Wert „01" geladen, danach erfolgt mit „sbrc stavec, 1" eine Entscheidung, ob das Register gelöscht ist. Ist die Bedingung nicht erfüllt, springt das Programm auf „sh_right". Ist die Bedingung erfüllt, wird der Inhalt vom Akkumulator durch den Befehl „lsl acc0" nach links geschoben. Danach wird mit dem Befehl „cpi acc0, $80" der Inhalt vom Akkumulator mit dem Wert „80" verglichen. Zum Schluss wird mit dem Befehl „breq toggle" ein Vergleich durchgeführt. Ist die Bedingung logisch „nicht gleich", erfolgt ein Programmsprung nach „toggle", andernfalls wird mit „rjmp main" ein Programmsprung durchgeführt.

Der Programmteil „sh_right" dient für den Schiebebetrieb nach rechts. Mit „lsr acc0" wird der Inhalt des Akkumulators nach rechts geschoben. Danach wird der Inhalt des

```
RESET:                                          ; mainprogram
      ldi    acc0,high(RAMEND)           main:
      out    SPH,acc0                          mov    shlp0,acc0
      ldi    acc0,low(RAMEND)                  com    shlp0
      out    SPL,acc0                          call   led_out
      clr    r0                          wait0:
                                                sbrs   stavec,0
      ;disable JTAG                             rjmp   wait0
      ldi    acc0,$80
      out    MCUCSR,acc0                        cbr    stavec,$01
      out    MCUCSR,acc0
                                                sbrc   stavec,1
                                                rjmp   sh_right
      ; D4 Output SER                          lsl    acc0
      ; D5 Output SH-CLK                        cpi    acc0,$80
      ; D7 Output R-CLK                         breq   toggle
      ; sonst  Input with Pullup               rjmp   main
      ldi    acc0,$4f                    sh_right:
      out    PORTD,acc0                         lsr    acc0
      ldi    acc0,$b0                           cpi    acc0,$01
      out    DDRD,acc0                          brne   main
                                          toggle:
      ; Timer0                                  ldi    acc1,$02
      ; CK/256                                  eor    stavec,acc1
      ldi    acc0,$04                           rjmp   main
      out    TCCR0,acc0
      ; clear TIMER0 OVF                  led_out:
      ldi    acc0,(1<<TOV0)                     ; outbyte in shlp0
      out    TIFR,acc0                          ldi    sacc0,$08
      ; enable TIMER0 OVF Interrupt             in     sacc1,PORTD
      ldi    acc0,(1<<TOIE0)
      out    TIMSK,acc0                   led_out_nxt:
      ; cnt $100 - $95 = $6b ~ 27.4 ms          andi   sacc1,$4f
      ldi    acc0,CNTVAL                        lsl    shlp0
      out    TCNT0,acc0                         brcc   led_out_d0
                                                ori    sacc1,$10
      sts    MS27,r0                     led_out_d0:
      clr    stavec                             out    PORTD,sacc1
                                                ori    sacc1,$20
      sei                                       out    PORTD,sacc1
                                                dec    sacc0
      ldi    acc0,$01                           brne   led_out_nxt

                                                andi   sacc1,$4f
                                                ori    sacc1,$80
                                                out    PORTD,sacc1
                                                andi   sacc1,$4f
                                                out    PORTD,sacc1
                                                ret
```

Abb. 7.37 Programm für ein Lauflicht

Akkumulators mit „cpi acc0, $01" verglichen und mit „brne main" eine Entscheidung getroffen. Ist der Inhalt des Akkumulators logisch „nicht gleich", erfolgt ein Sprung nach „main". Andernfalls kommt man zu dem Programmteil „toggle". Mit dem Befehl „ldi acc1, $02" wird der Akkumulator mit dem Wert 2 geladen und dann mit dem Befehl „eor stavev, acc1" einer Exklusiv-ODER -Verknüpfung ein Vergleich durchgeführt. Der Inhalt der Verknüpfung befindet sich im Register, und es erfolgt ein unbedingter Sprung nach „main".

Mit dem Programmteil „led_out" erfolgt die Ausgabe des Inhaltes vom Subhilfs-register „shlp0". Zuerst wird der Subakkumulator mit dem Wert „8" geladen, danach erfolgt das Einlesen von PORTD in den Subakkumulator. Über „led_out_nxt" wird eine UND-Verknüpfung zwischen dem Subakkumulator und dem Wert „4f" durchgeführt. Dann wird der Inhalt des Subhilfsregisters „shlp0" nach links verschoben und mit „brcc led_out_d0" erfolgt eine Entscheidung. Ist das Carrybit gelöscht, wird das Programm auf „brcc led_out_d0" fortgesetzt, andernfalls wird der nächste Befehl ausgeführt. Mit dem Inhalt des Subakkumulators wird mit „ori sacc1, \$10" indirekt eine ODER-Verknüpfung durchgeführt.

Der Programmteil „led_out_d0" gibt den Inhalt des Subakkumulators über PORTD mit dem Befehl „out PORTD, sacc1" aus. Danach wird mit „ori sacc1, \$20" eine ODER-Verknüpfung mit dem Wert „20" durchgeführt. Es erfolgt ein Befehl mit „out PORTD, sacc1", weiter mit dem Befehl „dec sacc0". Der Inhalt des Subakkumulators wird um 1 verringert. Zum Schluss erfolgt eine Entscheidung mit „brne led_out_nxt" für die Steuerung der Ausgabefunktion. Ist die Bedingung erfüllt, springt der Mikro-controller auf den Programmteil „led_out_nxt" oder er setzt das Programm fort. Mit „andi sacc1, \$4f" erfolgt ein direktes Laden mit dem Wert „4f". Dann wird eine ODER-Verknüpfung mit dem Inhalt des Subakkumulators und dem Wert 80 durch-geführt. Danach wird der Inhalt auf PORTD gegeben. Es wird vom Subakkumulator eine direkte UND-Verknüpfung mit dem Wert „4f" ausgeführt, dieser Wert wird anschließend auf PORTD ausgegeben. Mit „ret" ist das Unterprogramm beendet.

7.4.5 Ansteuerung der Tastatur

Für die Ansteuerung der acht Tasten benötigt man den TTL-Baustein 74165, ein 8-Bit-Schieberegister mit Paralleleingang. Der Baustein 74165 ist positiv flanken-getriggert, für die serielle und parallele Eingabe geeignet, hat eine serielle Ausgabe, schiebt die zwischengespeicherten Daten nach rechts und besitzt einen komplementären QH-Ausgang.

Wenn man eine Taste drückt, wird die entsprechende Leuchtdiode freigegeben. Die Taste hat kein Speicherverhalten,denn wenn man sie loslässt, erlischt die Leuchtdiode. Abb. 7.34 zeigt den Baustein 74165 mit dem ATmega32 und den acht Tasten.

Für den Anschluss des 8-Bit-Schieberegisters 74165 an den ATmega32 sind drei Leitungen erforderlich. Die Daten der Tasten werden in das 8-Bit-Schieberegister durch den Eingang SH/LD übernommen. dieser Steuerimpuls kommt vom ATmega32 über Pin 18. Der 74165 erhält vom ATmega32 über den Ausgang von Pin 19 den Schiebe-takt. Am QH-Ausgang werden die Informationen seriell ausgelesen, dieser Ausgang liegt an Pin 20. Bei Normalbetrieb wird der Freigabe- (Enable-)Eingang auf 0-Signal (Low) gehalten. Jeder L-H-Übergang (positive Flanke) des Taktes am Takteingang schiebt die Daten um eine Stufe nach rechts.

Das Schieberegister kann mit parallelen Daten an PA bis PG geladen werden, wenn man den Load-Eingang kurzzeitig auf 0-Signal (Low) legt. Dieser Ladevorgang ist unabhängig vom Takt. Die am seriellen Eingang (Pin 10) liegenden Daten werden bei jeder positiven Flanke des Taktes vom Schieberegister aufgenommen, das gilt jedoch nur für ein 1-Signal (High) an Pin 10. Die Ausgabe erfolgt seriell am Ausgang QH und invertiert an QH'. Das Takten kann man sperren, indem man den Freigabe- (Enable-) Eingang auf1-Signal (High) legt. Infolge der ODER-Verknüpfung in dem Schieberegister 74165 lassen sich die Eingänge Clock und Enable vertauschen.

Über die Widerstände haben die Eingänge von PA bis PG ein 1-Signal, wenn die Tasten in Ruhestellung sind. In diesem Fall wird immer in dem 74165 ein 1-Signal übernommen, in den ATmega32 eingeschrieben und über den 74595 wieder ausgegeben. Keine Leuchtdiode kann durch ein 1-Signal am Ausgang ein Licht emittieren. Erst wenn ein Taster gedrückt wird,schaltet ein Eingang vom 74165 auf 0-Signal, der ATmega32 übernimmt dieses Signal, gibt es an den 74595 weiter und der betreffende Ausgang erzeugt ein0-Signal. Die betreffende Leuchtdiode emittiert ein Licht.

Das Schieberegister 74165 erhält die Daten von den gedrückten Tasten als seriellen Datenstrom, der über Pin 21 (PD7)am Mikrocontroller anliegt. Der Datenstrom für den 74595 wird über Pin 18 (PD5) ausgegeben und liegt dann am SER-Eingang.

Abb. 7.38 zeigt das Programm für die Ansteuerung der LEDs durch die Tastatur. Drückt man eine der acht Tasten, leuchtet die betreffende Leuchtdiode auf, d. h. wird der Taster 0 gedrückt,leuchtet die rechte LED auf.

Das RESET-Programm entspricht im Wesentlichen dem Programm von Abb. 7.37. Zuerst wird der Stackpointer geladen, dann das Register r0 gelöscht. Das Programm für die Sperre der JTAG-Einheit wurde übernommen. Der Ausgang D_4 wird aktiviert, ebenso die Ausgänge D_5 und D_7. Die anderen Pins von PORTD sind als Eingänge mit Pull-up-Widerstand programmiert. Mit „ldi acc0, $4f" wird der Akkumulator geladen und es ergibt sich

$$D_7 \qquad D_0$$
$$0100\ 1111$$

und die Leitungen D_4, D_5 und D_7 sind als Ausgänge programmiert. Der Wert „f4" wird auf PORTD geladen. Danach wird „ldi acc0, $b0" in den Akkumulator geladen und Bedingungen für das DDRD-Register festgelegt. Anschließend wird Timer 0 programmiert.

Das Programm „button_in" fragt über den Baustein 74165 die Tasten ab, das Programm „lcd_out" steuert seinerseits die acht Leuchtdioden an.

Das Hauptprogramm beginnt mit zwei Call-Befehlen (unbedingter Unterprogrammaufruf). Es werden die Unterprogramme „button_in" und „led_out" aufgerufen. Die Befehle dieser Unterprogramme arbeiten wie Sprungbefehle und verursachen eine Änderung der Programmsteuerung. Zusätzlich wird eine Rücksprungadresse, die für die Rücksprungbefehle benötigt wird, im Stack abgelegt. Diese Befehle rufen ein Unterprogramm auf. Ist die spezifizierte Bedingung erfüllt, wird die Rücksprungadresse in den

```
RESET:                                  ; mainprogram
    ldi   acc0,high(RAMEND)             main:
    out   SPH,acc0                          mov   shlp0,acc0
    ldi   acc0,low(RAMEND)                  call  led_out
    out   SPL,acc0                      wait0:
    clr   r0                                sbrs  stavec,0
                                            rjmp  wait0
    ;disable JTAG
    ldi   acc0,$80                          cbr   stavec,$01
    out   MCUCSR,acc0                       dec   acc0
    out   MCUCSR,acc0                       rjmp  main


    ; D4 Output SER                     led_out:
    ; D5 Output SH-CLK                      ; outbyte in shlp0
    ; D7 Output R-CLK                       ldi   sacc0,$08
    ; sonst  Input with Pullup              in    sacc1,PORTD
    ldi   acc0,$4f
    out   PORTD,acc0                    led_out_nxt:
    ldi   acc0,$b0                          andi  sacc1,$4f
    out   DDRD,acc0                         lsl   shlp0
                                            brcc  led_out_d0
                                            ori   sacc1,$10
    ; Timer0                            led_out_d0:
    ; CK/256                                out   PORTD,sacc1
    ldi   acc0,$04                          ori   sacc1,$20
    out   TCCR0,acc0                        out   PORTD,sacc1
    ; clear TIMER0 OVF                      dec   sacc0
    ldi   acc0,(1<<TOV0)                    brne  led_out_nxt
    out   TIFR,acc0
    ; enable TIMER0 OVF Interrupt           andi  sacc1,$4f
    ldi   acc0,(1<<TOIE0)                   ori   sacc1,$80
    out   TIMSK,acc0                        out   PORTD,sacc1
    ; cnt $100 - $95 = $6b ~ 27.4 ms        andi  sacc1,$4f
    ldi   acc0,CNTVAL                       out   PORTD,sacc1
    out   TCNT0,acc0                        ret

    sts   MS27,r0
    clr   stavec

    sei

    ldi   acc0,$ff
```

Abb. 7.38 Programm für die Ansteuerung der LEDs durch die Tastatur

Stack gebracht und die Befehlsausführung bei der Speicheradresse, die durch die Verkettung eines 16-Bit-Formats gebildet wird, fortgesetzt. Ist die spezifizierte Bedingung nicht erfüllt, wird die Befehlsausführung beim nächsten Befehl fortgesetzt. Den Anschluss bildet der unbedingte Sprung (rjmp), wenn beide Call-Befehle nicht erfüllt sind.

Das Programm „button_in" startet mit einem Befehl „ldi sacc0, $08", der Subakkumulator wird mit „08" geladen. Mit „in sacc1, PORTD" wird der Subakkumulator mit dem Wert von PORTD geladen und anschließend wird der Inhalt des Subakkumulators mit dem Wert „cf" direkt verknüpft. Der Inhalt vom Subakkumulator wird auf PORTD ausgegeben und danach mit dem Wert „$20" mit ODER verknüpft. Es erfolgt eine weitere Ausgabe des Subakkumulators und eine weitere ODER-Verknüpfung mit dem Wert „$10".

Das Programm „button_in_nxt" beginnt mit der UND-Verknüpfung des Sub-akkumulators mit dem Wert „$df", anschließend erfolgt eine Ausgabe an PORTD. Mit dem Befehl „sec" wird das Carry-Bit gesetzt. Mit dem Befehl „sbis PIND, 6" hat man einen Sprungbefehl, dann wird das Carry-Bit mit „clc" gelöscht. Mit dem Befehl „rol shlp0" wird der Inhalt des Registers nach links verschoben. Mit dem Befehl „ori sacc1, $20" erfolgt eine direkte ODER-Verknüpfung des Wertes „$20" mit einer Ausgabe an PORTD. Mit dem Befehl „dec sacc0" wird der Subakkumulator um 1 verringert, dann erfolgt ein Rücksprung auf „button_in_nxt", wenn die Verzweigung nicht gleich ist. Danach erfolgt eine UND-Verknüpfung des Subakkumulators mit dem Wert „$df", die Ausgabe mit „out" und mit einem unbedingten Rücksprung aus dem Unterprogramm. Dieser Befehl dient zur Rückkehr aus dem Unterprogramm und holt die letzte, im Stack sichergestellte Adresse in den Befehlszähler. Dadurch wird eine Verlagerung der Programmsteuerung auf diese Adresse verursacht.

Das Programm „led_out" führt zuerst eine UND-Verknüpfung mit dem Wert $08 aus und dann erfolgt ein „in"-Befehl von PORTD in den Subakkumulator. Mit „led_out_next" ist der Subakkumulator mit dem Wert „$4f" über ein direktes UND verknüpft. Dann erfolgt ein Linksschieben des Registers „shlp0" und die Entscheidung, ob das Carry-Bit gelöscht ist. Wenn der Vergleich nicht erfüllt ist, wird das Programm auf „led_out_d0" fortgeführt oder es wird der Subakkumulator über ODER mit dem Wert „$10" verknüpft.

Das Programm „led_out_d0" bringt zuerst den Inhalt des Subakkumulators nach PORTD. Dann wird der Subakkumulator mit dem Wert „$20" über ODER verknüpft und in PORTD geladen. Anschließend wird der Subakkumulator um 1 verringert und es folgt eine Entscheidung mit „brne led_out_next". Ist die Verzweigung logisch „nicht gleich", wird das Programm auf „brne led_out-next" weiter ausgeführt, andern-falls wird der Subakkumulator mit dem Wert „$4f" durch UND verknüpft. Es folgt eine direkte ODER-Verknüpfung zwischen dem Subakkumulator und „$80". Der Inhalt des Subakkumulators wird über PORTD ausgegeben,anschließend erfolgt eine direkte UND-Verknüpfung mit dem Wert „$4f". Zum Schluss wird der Subakkumulator über PORTD ausgegeben und das Unterprogramm mit „ret" beendet.

Wenn man eine Taste drückt, wird über ATmega32 und Schieberegister die ent-sprechende Leuchtdiode freigegeben. Die Taste hat laut Programm ein Speicherverhalten (Flipflop), denn wenn man die Taste loslässt, geht die Leuchtdiode nicht aus. Drückt man diese Taste nochmals, wird das Flipflop zurückgesetzt und die Leuchtdiode nicht durch ein 0-Signal angesteuert, sondern der Ausgang ist auf 1-Signal. Diese Schaltung hat auch den Vorteil, dass ein Prellen der Tasten automatisch unterdrückt wird. Abb. 7.39 zeigt das Programm für die Tastatur mit Speicherverhalten.

Das RESET-Programm wird nicht verändert, sondern nur das Hauptprogramm. Mit den beiden Befehlen „ser" wird der Akkumulator 0 mit der Bedingung geladen, dass alle Leuchtdioden ausgeschaltet sind, der Akkumulator 1 speichert den alten Zustand der Tasten.

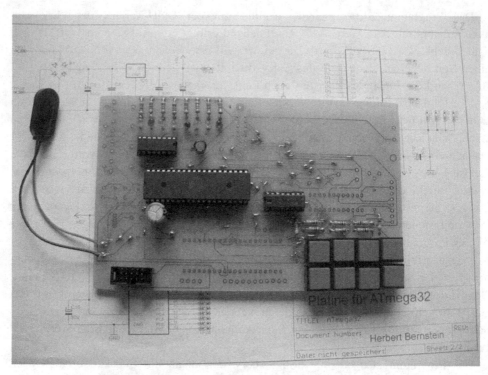

Hardware für die Ansteuerung der Leuchtdioden und Abfrage der Tastatur

Das Programm „main" beginnt mit dem Befehl „sbrs stavec, 0" und der Wert „0" wird mit dem gespeicherten Wert des Statusvektors auf „0" gesetzt. Ist die Bedingung nicht erfüllt, gibt es einen unbedingten Programmsprung nach „main". Andernfalls wird der Statusvektor mit dem Befehl „cbr" auf den Wert „01" gesetzt. Es erfolgt ein Programmaufruf mit „call button_in". Danach wird der Inhalt vom „shlp0" (Subhilfsregister) in den „hlp0" (Hilfsregister) geladen, d. h. der Inhalt wird vom Register der Subroutine in das Register vom direkten Register ohne Änderungen der Bedingungsbits eingeschrieben. Durch den Befehl „com" wird das Register im Einerkomplement negiert. Es erfolgt eine UND-Verknüpfung zwischen dem Akkumulator und dem „hlp0"-Register. Mit einer Exklusiv-ODER-Verknüpfung zwischen Akkumulator 0 und Akkumulator 1 erhält man eine logische Verknüpfung. Die beiden spezifizierten Bytes werden bitweise miteinander verglichen und die Bedingung sagt, dass das Ausgangsbit sich auf 1 befindet, wenn der Wert der beiden Bits ungleich ist. Mit dem „mov acc1, shlp0" wird das Subhilfsregister in den Akkumulator und mit dem nächsten Befehl „mov shlp0, acc0" wird der Inhalt vom Akkumulator in das Subhilfsregister geladen. Es erfolgt ein Befehl „call led_out" und ein unbedingter Rücksprung nach „main".

Das Programm „button_in" startet man mit dem direkten Laden des Akkumulators mit dem Wert „08". Dann wird PORTD in den Akkumulator geladen und anschließend mit dem indirekten Wert „cf" verglichen. Es handelt sich bei den drei Befehlen um den

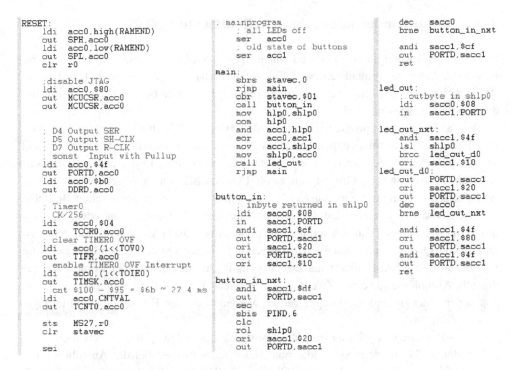

```
RESET:                          ; mainprogram                   dec    sacc0
    ldi   acc0,high(RAMEND)        ; all LEDs off                brne   button_in_nxt
    out   SPH,acc0                 ser    acc0
    ldi   acc0,low(RAMEND)         ; old state of buttons        andi   sacc1,$cf
    out   SPL,acc0                 ser    acc1                    out    PORTD,sacc1
    clr   r0                                                     ret
                                main:
    ;disable JTAG                  sbrs   stavec,0             led_out:
    ldi   acc0,$80                 rjmp   main                   ; outbyte in shlp0
    out   MCUCSR,acc0              cbr    stavec,$01             ldi    sacc0,$08
    out   MCUCSR,acc0              call   button_in              in     sacc1,PORTD
                                   mov    hlp0,shlp0
    ; D4 Output SER                com    hlp0                 led_out_nxt:
    ; D5 Output SH-CLK             and    acc1,hlp0              andi   sacc1,$4f
    ; D7 Output R-CLK              eor    acc0,acc1              lsl    shlp0
    ; sonst Input with Pullup      mov    acc1,shlp0             brcc   led_out_d0
    ldi   acc0,$4f                 mov    shlp0,acc0             ori    sacc1,$10
    out   PORTD,acc0               call   led_out             led_out_d0:
    ldi   acc0,$b0                 rjmp   main                   out    PORTD,sacc1
    out   DDRD,acc0                                              ori    sacc1,$20
                                button_in:                      out    PORTD,sacc1
    ; Timer0                       ; inbyte returned in shlp0    dec    sacc0
    ; CK/256                       ldi    sacc0,$08              brne   led_out_nxt
    ldi   acc0,$04                 in     sacc1,PORTD
    out   TCCR0,acc0               andi   sacc1,$cf              andi   sacc1,$4f
    ; clear TIMER0 OVF             out    PORTD,sacc1            ori    sacc1,$80
    ldi   acc0,(1<<TOV0)           ori    sacc1,$20              out    PORTD,sacc1
    out   TIFR,acc0                out    PORTD,sacc1            andi   sacc1,$4f
    ; enable TIMER0 OVF Interrupt  ori    sacc1,$10              out    PORTD,sacc1
    ldi   acc0,(1<<TOIE0)                                       ret
    out   TIMSK,acc0            button_in_nxt:
    ; cnt $100 - $95 = $6b ~ 27.4 ms  andi   sacc1,$df
    ldi   acc0,CNTVAL              out    PORTD,sacc1
    out   TCNT0,acc0              sec
                                   sbis   PIND,6
    sts   MS27,r0                  clc
    clr   stavec                   rol    shlp0
                                   ori    sacc1,$20
    sei                            out    PORTD,sacc1
```

Abb. 7.39 Programm für die Tastatur mit Speicherverhalten

Subakkumulator. Der Wert des Subakkumulators wird auf PORTD gegeben, danach erfolgt eine ODER-Verknüpfung mit dem Wert „20". Der Subakkumulator wird auf PORTD gegeben und dann mit dem Wert „10" verknüpft.

Das Programm „button_in_nxt" startet mit einer direkten UND-Verknüpfung vom Subakkumulator mit dem Wert „df". Der Inhalt des Subakkumulators wird an PORTD ausgegeben, anschließend wird das Carry gesetzt. Mit „sbis PIND, 6" erfolgt eine Entscheidung, ob das I/O-Register gesetzt oder rückgesetzt ist. Über „clc" wird das Carry gelöscht und das Subhilfsregister nach links verschoben. Anschließend erfolgt die ODER-Verknüpfung zwischen dem Subakkumulator und dem Wert „20". Der Inhalt des Subhilfsregisters wird auf PORTD ausgegeben, der dann den Inhalt vom Subakkumulator um 1 dekrementiert. Es erfolgt eine Entscheidung, ist die Bedingung nicht erfüllt, geht das Programm nach „button_in_nxt". Andernfalls wird eine UND-Verknüpfung zwischen dem Subakkumulator und dem Wert „cf" durchgeführt. Der Inhalt wird vom Subakkumulator auf PORTD gegeben und das Programm mit „ret" abgeschlossen.

Die Programme „led_out", „led_out_nxt" und „led_out_d0" sind mit dem Programm „at23" identisch.

7.5   Programmierbarer Schnittstellenbaustein 8255

Damit die Platine möglichst universell eingesetzt werden kann, ist ein programmierbarer peripherer Schnittstellenbaustein vom Typ 8255 vorhanden. Dieser Schnittstellenbaustein arbeitet voll statisch, daher sind einige Besonderheiten zu beachten. Abb. 7.40 zeigt das Blockschaltbild des 8255.

Der 8255 ist ein programmierbarer Mehrzweck-I/O-Baustein. Er hat 24 I/O-Anschlüsse, die in zwei Gruppen von je zwölf Anschlüssen getrennt programmiert und im Wesentlichen in drei Betriebsarten benutzt werden können. In der ersten Betriebsart (Betriebsart 0) kann jede Gruppe von zwölf I/O-Anschlüssen in Abschnitten von vier Anschlüssen als Eingang oder Ausgang programmiert werden. In der zweiten Betriebsart (Betriebsart 1) können acht Leitungen jeder Gruppe als Eingang oder Ausgang programmiert werden. Von den verbleibenden vier Anschlüssen werden drei für den Austausch von Quittierungen und für Unterbrechungs-Steuersignale verwendet. Die dritte Betriebsart (Betriebsart 2) kann als Zweiwegbus-Betriebsart bezeichnet werden, bei der die acht Anschlüsse für einen Zweiwegbus eingesetzt werden. Fünf weitere Anschlüsse, von denen einer zur anderen Gruppe gehört, werden in diesem Fall für den Quittierungs-austausch benutzt.

Ein 8-Bit-Zweigweg-Puffer mit drei Ausgangszuständen (Tristate-Verhalten) verbindet den 8255 mit dem Systemdatenbus. Die Daten werden bei der Ausführung der Befehle Eingabe (IN) und Ausgabe (OUT) vom Puffer ausgegeben oder empfangen.

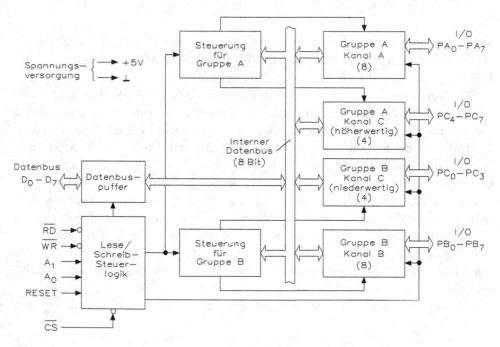

Abb. 7.40 Blockschaltbild des programmierbaren peripheren Schnittstellenbausteins 8255

Steuerwerte und Zustandsinformationen werden ebenfalls durch den Datenbus-Puffer übertragen.

Mit der Schreib-/Lese- und Steuerlogik werden alle internen und externen Übertragungen von Daten- und Steuer- oder Zustandsworte vorgenommen. Der Baustein übernimmt Informationen vom Adress- und Steuerbus des Mikrocontrollers und gibt entsprechende Befehle an die Steuerlogik der beiden Gruppen weiter.

Über Eingang CS (Chip Select) erfolgt die Auswahl des Bausteins. Ein 0-Signal an diesem Eingang ermöglicht den Informationsaustausch zwischen dem 8255 und dem Mikrocontroller.

Mit dem Eingang RD (Read) steuert der Mikrocontroller den Lesebetrieb beim 8255. Bei einem 0-Signal an diesem Eingang kann der 8255 die Daten oder Zustandsinformationen über den Datenbus an den Mikrocontroller senden. Das Steuerwort lässt sich nicht auslesen.

Über den Eingang WR (Write) lassen sich neue Informationen in den 8255 schreiben. Ein 0-Signal an diesem Eingang ermöglicht dem Mikrocontroller, seine Daten oder Steuerworte in den 8255 einzuschreiben.

Mit dem Eingang Reset wird der 8255 zurückgesetzt. Ein 1-Signal an diesem Eingang setzt alle internen Register einschließlich des Steuerregisters zurück und bringt alle Kanäle (A, B, C) in die Betriebsart 0, d. h. alle PORTs arbeiten als Eingabe. Diese Funktion ist auf der Platine nicht vorhanden, da eine gesamte Systemrückstellung fehlt.

Über die Anschlüsse A_0 und A_1 lässt sich die Kanalauswahl 0 und Kanalauswahl 1 programmieren. In Zusammenarbeit mit den RD- und WR-Eingängen steuern diese Eingangssignale die Auswahl eines der drei Kanäle oder des Steuerwortregisters. Normalerweise sind diese mit den niederwertigen Bits (A_0 und A_1) des Adressenbusses verbunden.

Es sind prinzipiell folgende Betriebsarten möglich, wie Tab. 7.12 zeigt.

Die Funktion jedes einzelnen Kanals ist durch Software in der Steuerlogik der Gruppen A und B zu programmieren. Dies geschieht durch Senden eines Steuerwortes an den 8255, das Informationen wie „Betriebsart", „Bit setzen", „Bit rücksetzen" und andere Informationen enthält, die die funktionellen Eigenschaften des 8255 bestimmen.

Jeder der Steuerblöcke (Gruppe A und Gruppe B) übernimmt „Befehle" von der Schreib-/Lese- und Steuerlogik, empfängt „Steuerworte" vom internen Datenbus und gibt die entsprechenden Befehle an die dazugehörigen Kanäle aus.

Steuerlogik Gruppe A   – Kanal A und Kanal C, höherwertige Bits (C_7 bis C_4)
Steuerlogik Gruppe B   – Kanal B und Kanal C, niederwertige Bits (C_3 bis C_0)

In das Steuerwortregister kann nur geschrieben werden. Das Lesen des Steuerwortregisters ist nicht möglich.

Der 8255 enthält drei 8-Bit-Kanäle (A, B und C). Diese können durch entsprechende Software-Programmierung verschiedene Funktionen erfüllen. Darüber hinaus besitzt jeder spezielle Merkmale, die den Anwendungsbereich und die Flexibilität des 8255 weiter vergrößern.

Tab. 7.12 Betriebsarten des 8255

A_1	A_0	RD	WR	CS	Eingabe (Lesen)
0	0	0	1	0	Kanal A $\Rightarrow$ Datenbus
0	1	0	1	0	Kanal B $\Rightarrow$ Datenbus
1	0	0	1	0	Kanal C $\Rightarrow$ Datenbus
					Ausgabe (Schreiben)
0	0	1	0	0	Datenbus $\Rightarrow$ Kanal A
0	1	1	0	0	Datenbus $\Rightarrow$ Kanal B
1	0	1	0	0	Datenbus $\Rightarrow$ Kanal C
1	1	1	0	0	Datenbus $\Rightarrow$ Steuerlogik
					Funktionen nicht ausgewählt
X	X	X	X	1	Datenbus $\Rightarrow$ hochohmiger
1	1	0	1	0	Zustand
X	X	1	1	0	ungültige Bedingung
					Datenbus $\Rightarrow$ hochohmiger
					Zustand

Kanal A: 8-Bit-Zwischenspeicher für Dateneingabe und ein 8-Bit-Zwischenspeicher für Datenausgabe.

Kanal B: 8-Bit-Zwischenspeicher für Datenein- oder Datenausgabe.

Kanal C: Ein 8-Bit-Datenausgabe/Zwischenspeicherpuffer (keine Zwischenspeicherung für die Eingabe). Dieser Kanal kann durch Steuerung der Betriebsart in zwei 4-Bit-Kanäle aufgeteilt werden. Jeder 4-Bit-Kanal besteht aus einem 4-Bit-Zwischenspeicher und kann für die Steuersignalausgänge in Verbindung mit den Kanälen A und B verwendet werden.

7.5.1   Betriebsarten des 8255

Drei wesentliche Betriebsarten lassen sich durch die Systemsoftware festlegen:

Betriebsart 0:   Einfache Ein-/Ausgabe,

Betriebsart 1:   Getastete Ein-/Ausgabe,

Betriebsart 2:   Zweiwegbus.

Liegt der Rücksetzeingang (Reset) auf 1-Signal, werden alle Kanäle in den Eingabezustand gebracht, d. h. die 24 Leitungen weisen einen hohen Eingangswiderstand (Tristate-Verhalten) auf. Nach Ende des Rücksetzsignals bleibt der 8255 im Eingabezustand, ohne dass zusätzliche Einstellungen notwendig sind. Jede der anderen Betriebsarten kann während der Ausführung eines Systemprogramms mit einem einfachen Ausgabebefehl ausgewählt werden. Damit kann ein einzelner 8255 verschiedene periphere Geräte mit einem einfachen Software-Verwaltungsprogramm bedienen.

Die Betriebsarten der Kanäle A und B können unabhängig voneinander definiert werden, während Kanal C entsprechend den Erfordernissen der Kanäle A und B in zwei Teile aufgeteilt wird. Wird die Betriebsart gewechselt, werden alle Ausgaberegister einschließlich des Zustands-Flipflops zurückgesetzt. Betriebsarten können kombiniert werden, sodass ihre funktionelle Definition praktisch auf jede I/O-Struktur hin „maßgeschneidert" werden kann. Zum Beispiel kann Gruppe B für die Betriebsart 0 programmiert sein, um das Schließen von Schaltern zu überwachen oder Rechenergebnisse anzuzeigen,während Gruppe A für die Betriebsart 1 programmiert sein könnte, um eine Tastatur oder ein Lesegerät durch eine Unterbrechungssteuerung zu überwachen.

Die möglichen Kombinationen von Betriebsarten erscheinen auf den ersten Blick verwirrend. Aber schon nach einem kurzen Überblick über die gesamte Arbeitsweise des Bausteins wird die einfache und einleuchtende I/O-Struktur erkennbar. Abb. 7.41 zeigt die Definition der Betriebsarten.

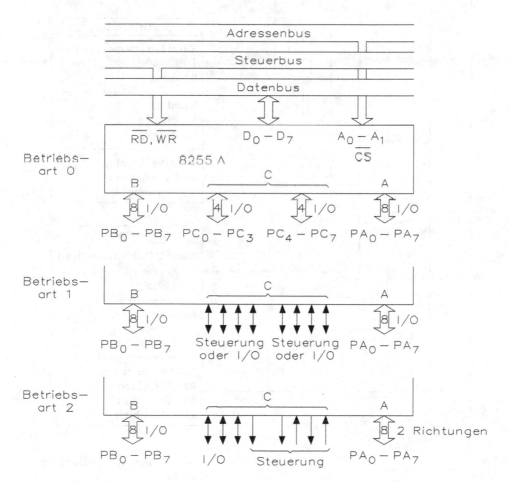

Abb. 7.41 Definition der Betriebsarten

Für die Formatdefinition der Betriebsartenwahl gilt Tab. 7.13.

Jedes der acht Bits des Kanals C kann durch einen Ausgabebefehl (OUT) an das Steuerwortregister gesetzt oder rückgesetzt werden. Diese Eigenschaft verringert denSoftwareaufwand in regelungstechnischen Anwendungen.

Wird Kanal C für Zustands- und Steuerzwecke für Kanal A oder B verwendet, können die Bits durch die Operation „Bit Setzen/Rücksetzen", wie bei einem Datenausgabe-kanal, gesetzt oder rückgesetzt werden. Die Bits D_1 bis D_3 des Steuerworts werden zur Bitauswahl benutzt, während Bit D_0 das ausgewählte Bit von Kanal C setzt oder rück-setzt.

Tab. 7.13 Formatdefinition der Betriebsartenwahl

Ist der 8255 für Betriebsart 1 oder 2 programmiert, stehen Steuersignale zur Verfügung, die sich als Unterbrechungs-Anforderungs-Signale für den Mikrocontroller benutzen lassen. Die vom Kanal C erzeugten Unterbrechungs-Anforderungs-Signale können durch Setzen oder Rücksetzen des dazugehörigen INTE-Flipflops gesperrt oder freigegeben werden, indem die Funktion „Bit Setzen/Rücksetzen" des Kanals C angesprochen wird.

Die Definitionen für das INTE-Flipflop lautet:

(Bit-SET)   – INTE ist gesetzt – Unterbrechung freigegeben,
(Bit-RESET)   – INTE ist rückgesetzt – Unterbrechung gesperrt.

Anmerkung: Alle Maskierungsflipflops werden bei der Auswahl der Betriebsart und beim Rücksetzen des Bausteins automatisch rückgesetzt. Tab. 7.14 zeigt das Format für „Bit Setzen/Rücksetzen".

Abb. 7.42 zeigt die Verschaltung des 8255 auf der Platine. Die Datenbus-Leitungen von D_0 bis D_7 sind direkt mit PORTC zu verbinden, denn sie sind durch das Platinensystem EAGLE mit dem Mikrocontroller verbunden. Die 24 I/O-Leitungen werden über drei PORTs ausgegeben, wobei die Betriebsarten bei der Programmierung zu beachten sind. Die Adressleitungen A_0 und A_1 sind mit PORTA des Mikrocontrollers verbunden. Die Adressleitung A_0 erhält durch den Anschluss PA4 (Pin 36) und A_1 durch den Anschluss PA5 (Pin 35) die Signale. Auch der Anschluss RD ist mit dem Anschluss PD2 (Pin 16) und der Anschluss WR mit dem Anschluss PD3 (Pin 17) verbunden.

Tab. 7.14 Format für „Bit Setzen/Rücksetzen"

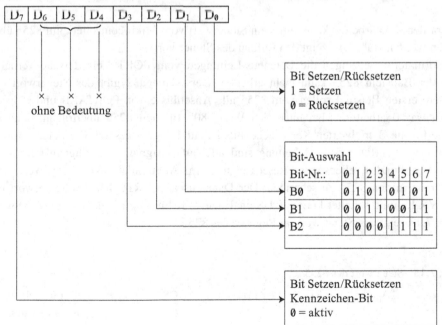

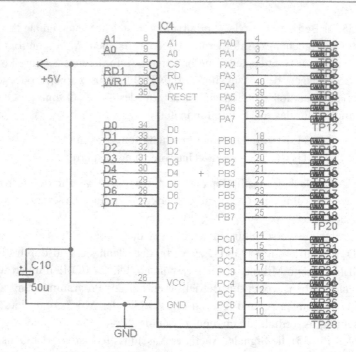

Abb. 7.42 Verschaltung des 8255 auf der Platine

7.5.2   Ausgabebetrieb des 8255

Bevor der 8255 arbeiten kann, muss ein Steuerwort vom Mikrocontroller zum 8255 übergeben werden. Tab. 7.15 zeigt den Aufbau des Steuerworts.

Normalerweise zeigen die Datenbus-Leitungen vom PORTC ein Tristate-Verhalten
und der Baustein 8255 kann nicht arbeiten. Der ATmega32 gibt das Steuerwort aus.
In dem ersten Beispiel sollen vom 8255 alle Anschlüsse von PORTA, B und C in der
Betriebsart 0 arbeiten. Man muss den Wert „80" für den 8255 übertragen, denn die
Stelle für die Betriebsarten-Kennzeichenbits ist auf 1-Signal gesetzt. Die beiden Adress-
leitungen, die RD- und WR-Leitung sind alle auf 1-Signal. Der Eingang CS ist mit
Masse verbunden, ebenso der Reset-Eingang. Im Akkumulator steht der Wert „80",
dieser ist in den 8255 zu schreiben. Der Datenbus an PORTC hat das Steuerwort und
die WR-Leitung schaltet kurz auf 1-Signal. Die WR-Leitung hat dann wieder 0-Signal.
Abb. 7.43 zeigt das Steuerwort im Register des 8255.

Tab. 7.15 Steuerwort des 8255

A_1	A_0	RD	WR	CS	Ausgabe (Schreiben)
1	1	1	0	0	Datenbus $\Rightarrow$ Steuerlogik

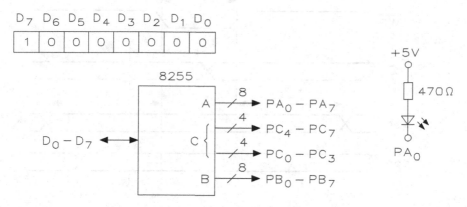

Abb. 7.43 Steuerwort im Register des 8255

Mit dem Wert „80" gibt der 8255 den Ausgang PA0 frei. In dem nächsten Datenbyte des Mikrocontrollers schaltet der Ausgang auf PORTA. Tab. 7.16 zeigt den Datenbus, wie dieser die Informationen auf Kanal A schreibt.

Der Ausgang PA0 schaltet die Leuchtdioden ein (0-Signal) oder aus (1-Signal).

Die Adressleitungen und die beiden Steuerleitungen sind folgendermaßen mit dem 8255 verbunden:

$A_1 \quad \to PA5,$
$A_0 \quad \Rightarrow PA4,$
$RD \quad \Rightarrow PD2,$
$WR \quad \Rightarrow PD3.$

Abb. 7.44 zeigt das Impulsdiagramm für Betriebsart 0 (einfache Ausgabe). Die Adressleitungen A_0 und A_1 müssen in der Zeit t_{AW} (Adresse stabil vor WR↑oder WR↓) anstehen. Die Zeit t_{AW} beträgt 20 ns und benötigt keine Verzögerung im Programm. Nach dieser Zeit muss die WR-Leitung auf 0-Signal schalten und für $t_{WW} = 300$ ns (WR-Impulsbreite) dort bleiben. Nach 150 ns werden die Informationen vom Datenbus übernommen und für $t_{DW} = 100$ ns (gültige Daten vor WR↑) stabil anstehen. Nach $t_{WD} = 30$ ns (gültige Daten nach WR↓) können sich die Informationen vom Datenbus ändern. Die Zeit $t_{WB} = 350$ ns (Zeit von WR = 1 bis zur Ausgabe) benötigt der 8255,

Tab. 7.16 Informationen des Datenbusses

A_1	A_0	RD	WR	CS	Ausgabe (Schreiben)
0	0	1	0	0	Datenbus 0000 0000 ⇒ Kanal A ⇒ LED an PORT PA0 ein
0	0	1	0	0	Datenbus 0000 0001 ⇒ Kanal A ⇒ LED an PORT PA0 aus

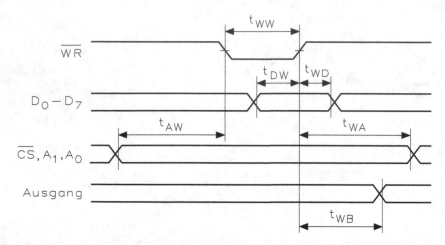

Abb. 7.44 Impulsdiagramm Betriebsart 0 (einfache Ausgabe)

bis die Ausgänge von PORTA einen stabilen Zustand annehmen und nach $t_{WA} = 20$ ns (Adresse stabil vor WR↑) ist die Datenübernahme abgeschlossen.

Wenn Taste 0 gedrückt wird, leuchtet die Leuchtdiode von der 8-stelligen Anzeige auf der Platine und gleichzeitig die Leuchtdiode an PORTA des Schnittstellenbausteins 8255 auf. Abb. 7.45 zeigt das Programm.

Das Programm „Reset" beginnt nach dem üblichen Schema, im dritten Block wird die Initialisierung durchgeführt. Mit „A4 Output A0 (8255)", „A5 Output A1 (8255)" und „sonst Input with Pullup" werden die beiden Adressleitungen freigegeben und alle anderen Pins von PORTA arbeiten als Eingänge. Dann folgt das Laden des Akkumulators mit dem Wert „ff". Dieser Wert wird auf PORTA ausgegeben, danach wird der Akkumulator mit dem Wert „30" geladen. Es erfolgt die Ausgabe des Akkumulators auf das Register DDRA (Data Direction Register-PORTA). Der Wert „30" wird aufgeschlüsselt in

```
0011 0000
      └──→ A4 hat 1
      └────→ A5 hat 1
```

Das Programm „C7 … C0 Bidir D7 … D0 (8255)" ist für die Ausgabe des Datenbusses vom ATmega32 zum Datenbus des Schnittstellenbausteins verantwortlich. Der Akkumulator wird mit dem Wert „ff" geladen und dieser Inhalt auf PORTC gegeben. Der Akkumulator wird mit dem Wert „00" übernommen und in das DDRC-Register (Data Direction Register-PORTC)geladen.

Es erfolgt die Definition von der D2-, D3-, D4-, D5- und D7-Datenleitung. Die restlichen Leitungen sind als Eingänge mit Pull-up-Widerständen programmiert. Der

```
RESET:                            ; Timer0                    a_8255_out:
    ldi   acc0,high(RAMEND)        ; CK/256                      ; outbyte in shlp0
    out   SPH,acc0                ldi   acc0,$04                  in    sacc1,PORTA
    ldi   acc0,low(RAMEND)        out   TCCR0,acc0                andi  sacc1,$cf
    out   SPL,acc0                 ; clear TIMER0 OVF             out   PORTA,sacc1
    clr   r0                      ldi   acc0,(1<<TOV0)            in    sacc1,PORTD
                                  out   TIFR,acc0                 ori   sacc1,$04
   ;disable JTAG                   ; enable TIMER0 OVF Interrupt  andi  sacc1,$f7
    ldi   acc0,$80               ldi   acc0,(1<<TOIE0)            out   PORTD,sacc1
    out   MCUCSR,acc0            out   TIMSK,acc0
    out   MCUCSR,acc0             ; cnt $100 - $95 = $6b ~ 27.4 ms out   PORTC,shlp0
                                 ldi   acc0,CNTVAL               ldi   sacc0,$ff
   ; A4 Output A0 (8255)         out   TCNT0,acc0                out   DDRC,sacc0
   ; A5 Output A1 (8255)
   ; sonst  Input with Pullup    sts   MS27,r0                   ori   sacc1,$08
    ldi   acc0,$ff               clr   stavec                    out   PORTD,sacc1
    out   PORTA,acc0
    ldi   acc0,$30               sei                             ldi   sacc0,$ff
    out   DDRA,acc0             main:                            out   PORTC,sacc0
                                  sbrs  stavec,0                 ldi   sacc0,$00
   ; C7 .. C0 Bidir D7 .. D0 (8255) rjmp  main                  out   DDRC,sacc0
    ldi   acc0,$ff                cbr   stavec,$01               ret
    out   PORTC,acc0             call  button_in
    ldi   acc0,$00              mov   acc0,shlp0               led_out:
    out   DDRC,acc0             call  a_8255_out                 ; outbyte in shlp0
                               mov   shlp0,acc0                ldi   sacc0,$08
   ; D2 Output RDn (8255)      call  led_out                   in    sacc1,PORTD
   ; D3 Output WRn (8255)      rjmp  main
   ; D4 Output SER                                           led_out_nxt:
   ; D5 Output SH-CLK         button_in:                       andi  sacc1,$4f
   ; D7 Output R-CLK            ; inbyte returned in shlp0      lsl   shlp0
   ; sonst  Input with Pullup  ldi   sacc0,$08                  brcc  led_out_d0
    ldi   acc0,$47             in    sacc1,PORTD                ori   sacc1,$10
    out   PORTD,acc0           andi  sacc1,$cf               led_out_d0:
    ldi   acc0,$bc             out   PORTD,sacc1               out   PORTD,sacc1
    out   DDRD,acc0            ori   sacc1,$20                  ori   sacc1,$20
                              out   PORTD,sacc1                 out   PORTD,sacc1
    ldi   acc0,$80            ori   sacc1,$10                   dec   sacc0
    out   PORTC,acc0                                            brne  led_out_nxt
    ldi   acc0,$ff          button_in_nxt:
    out   DDRC,acc0            andi  sacc1,$df                  andi  sacc1,$4f
                              out   PORTD,sacc1                 ori   sacc1,$80
    ldi   acc0,$4f            sec                               out   PORTD,sacc1
    out   PORTD,acc0          sbis  PIND,6                      andi  sacc1,$4f
    ldi   acc0,$ff           clc                               out   PORTD,sacc1
    out   PORTC,acc0          rol   shlp0                       ret
    ldi   acc0,$00           ori   sacc1,$20
    out   DDRC,acc0           out   PORTD,sacc1
                             dec   sacc0
                             brne  button_in_nxt

                             andi  sacc1,$cf
                             out   PORTD,sacc1
                             ret
```

Abb. 7.45   Programm für den Ausgabebetrieb

Akkumulator wird mit dem Wert „47" geladen und dann auf PORTD gegeben. Danach erhält der Akkumulator den Wert „bc", dieser Wert wird in das DDRD-Register (Data Direction Register-PORTD) geladen. Im nächsten Schritt wird der Akkumulator mit dem Wert „80" geladen, dies ist das Steuerwort der Betriebsart. Dieser Wert wird auf PORTC ausgegeben, dann erfolgt das Laden vom Akkumulator mit dem Wert „ff". Der Inhalt des Akkumulators wird in das DDRC-Register übertragen.

Das Reset-Programm schließt mit dem Laden des Akkumulators mit dem Wert „4f" ab. Dann wird PORTD mit dem Inhalt des Akkumulators geladen. Der Akkumulator wird erneut mit dem Wert „ff" geladen und auf PORTC ausgegeben. Der Akkumulator wird mit dem Wert „00" geladen und dieser Wert wird in das DDRC-Register übertragen.

Das Programm für Timer 0 ist mit den vorherigen Beispielen identisch.

Das Hauptprogramm beginnt mit „sbrs stavec, 0", der Statusvektor wird überprüft, dann fällt eine Entscheidung. Es erfolgt mit dem unbedingten Befehl „rjmp main" eine Entscheidung, ist diese Bedingung nicht erfüllt, springt das Programm auf „main" zurück. Ist es erfüllt, wird mit „call" auf das Programm „button_in" gesprungen. Mit „mov acc0, shlp0" wird der Inhalt vom Subhilfsregister in den Akkumulator geladen. Es erfolgt ein „call" zu der Adresse „a_8255_out". Mit „mov shlp0,acc0" wird der Akkumulator in das Subhilfsregister geladen. Zum Schluss wird der Inhalt des Akkumulators in das Subhilfsregister geladen, dann erfolgt mit „call" ein Sprung auf „led_out".

Die nächsten beiden Programme „button_in" und „botton_in_nxt" sind aus den vorherigen Beispielen bekannt.

Das Programm „a_8255_out" beginnt mit dem Hinweis „outbyte in shlp0". Mit „in sacc1, PORTA" wird der Inhalt des PORTA in den Subakkumulator eingeschrieben. Der Wert wird über ein UND mit dem Wert „cf" verknüpft. Es erfolgt die Ausgabe auf PORTA. Mit „in sacc1, PORTD" wird der Inhalt des PORTD in den Subakkumulator eingeschrieben. Der Wert wird über ein ODER mit dem Wert „04" und anschließend mit dem Wert „f7" verknüpft. Es erfolgt die Ausgabe auf PORTD. Der Inhalt vom Subhilfsregister wird in PORTC übernommen, dann wird der Subakkumulator in das Ausgangsregister DDRC (Data Direction Register-PORTC) geladen. Es erfolgt eine ODER-Verknüpfung zwischen dem Subakkumulator und dem Wert 08. Die Ausgabe erfolgt an PORTD. Zum Schluss wird der Subakkumulator mit dem Wert „ff" geladen und auf PORTC ausgegeben. Beim letzten Schritt wird der Subakkumulator mit dem Wert „00" geladen und in das Register DDRC eingeschrieben. Mit „ret" erfolgt die Beendigung des Unterprogramms.

Das Programm für die Ausgabe der Leuchtdioden entspricht den anderen Programmen.

7.5.3 Eingabebetrieb des 8255

Für die Eingabe von Informationen bei 8255 verwendet man am PA0 einen Taster. Ist der Taster nicht geschlossen, befindet sich ein 1-Signal an dem Eingang. Die anderen Eingänge von PA1 bis PA7 sind nicht angeschlossen und verursachen in der MOS-Technik einen Fehler. Am besten ist es, wenn alle Eingänge von PA1 bis PA7 über einen Widerstand mit $+U_b$ verbunden sind. Der Widerstand sollte einen Wert zwischen 10 kΩ und 100 kΩ aufweisen. Abb. 7.46 zeigt das Steuerwort und die externe Beschaltung.

Der Taster steuert direkt den Eingang PA0 an. Die anderen PORTs von PA sind über einen Widerstand mit $+U_b$ zu verbinden. Abb. 7.47 zeigt das Programm.

Das RESET-Programm ist wieder bis zum Hauptprogramm identisch. Das Programm „main" beginnt mit dem Vergleich des Statusvektors. Ist der Statusvektor nicht erfüllt, kehrt das Programm zurück, andernfalls wird der Statusvektor mit der Konstanten „01"

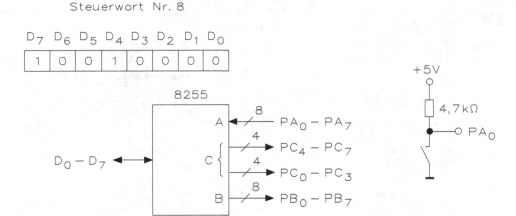

Abb. 7.46 Steuerwort und die externe Beschaltung des 8255

geladen. Es erfolgt ein CALL zu der Adresse „a_8255_in" und ein weiterer CALL nach „led_out". Es folgt ein unbedingter Sprung mit „rjmp main" zurück.

Das Programm „a_8255_in" beginnt mit dem Laden des I/O-Registers im 8255. Danach folgen drei NOP-Befehle. NOP steht für Leerbefehl und ein NOP ist ein 1-Byte-Befehl. Es wird keine Operation ausgeführt, das Programm wird mit dem nächstfolgenden Befehl fortgesetzt. Da drei NOP-Befehle vorhanden sind, ergibt sich eine kurze Verzögerungszeit, die unbedingt erforderlich ist.

Abb. 7.48 zeigt das Impulsdiagramm für die Betriebsart 0 (einfache Eingabe). Fehlen die drei NOP-Befehle in dem Programm, können zeitliche Probleme zwischen ATmega32 und 8255 auftreten. Die RD-Leitung wird von 1-Signal auf 0 geschaltet und bis zum 1-Signal muss die Zeit $t_{RR} = 300$ ns (RD-Impulsbreite) eingehalten werden. Die Eingangssignale müssen vor dem Lesebetrieb abgeschlossen sein. Die Zeit $t_{IR} = 10$ ns (periphere Daten vor RD↓) ist nicht problematisch, ebenso die Zeit $t_{AR} = 10$ ns (Adressen stabil nach RD↑) für Eingang CS und die Adressen A_0 und A_1. In der Zeit $t_{RR} = 300$ ns gibt der 8255 seine Daten auf den Bus zwischen dem 8255 und ATmega32. Diese Zeit wird durch die drei NOP-Befehle verlängert, damit stehen diese sicher an dem Datenbus. Die gültigen Daten liegen für $t_{RD} = 200$ ns (gültige Daten nach RD↓) stabil an. Die Zeit $t_{DF} = 200$ ns (Datenbus hochohmig nach RD↑) und die Zeit $t_{HR} = 10$ ns (periphere Daten nach RD↑) sind nicht problematisch. Die drei Leitungen für Eingang CS und die beiden Adressen A_0 und A_1 können nach einer Zeit $t_{RA} = 10$ ns (Adressen stabil nach RD↑) geändert werden. Der Datenbus wird hochohmig nach der Zeit $t_{DF} = 100$ ns (Datenbus hochohmig nach RD↑). Das Programm wird abgeschlossen mit „led_out", „led_out_nxt" und „led_out_d0".

```
TWI:
RESET:                                                ; Timer0
        ldi   acc0,high(RAMEND)                        ; CK/256
        out   SPH,acc0                                 ldi   acc0,$04
        ldi   acc0,low(RAMEND)                         out   TCCR0,acc0
        out   SPL,acc0                                 ; clear TIMER0 OVF
        clr   r0                                       ldi   acc0,(1<<TOV0)
                                                       out   TIFR,acc0
        ;disable JTAG                                  ; enable TIMER0 OVF Interrupt
        ldi   acc0,$80                                 ldi   acc0,(1<<TOIE0)
        out   MCUCSR,acc0                              out   TIMSK,acc0
        out   MCUCSR,acc0                              ; cnt $100 - $95 = $6b ~ 27.4 ms
                                                       ldi   acc0,CNTVAL
        ; A4 Output A0 (8255)                          out   TCNT0,acc0
        ; A5 Output A1 (8255)
        ; sonst Input with Pullup                      sts   MS27,r0
        ldi   acc0,$ff                                 clr   stavec
        out   PORTA,acc0
        ldi   acc0,$30                                 sei
        out   DDRA,acc0

        ; C7 .. C0 Bidir D7 .. D0 (8255)        ; mainprogram
        ldi   acc0,$ff
        out   PORTC,acc0                        main:
        ldi   acc0,$00                                 sbrs  stavec,0
        out   DDRC,acc0                                rjmp  main
                                                       cbr   stavec,$01
        ; D2 Output RDn (8255)                         call  a_8255_in
        ; D3 Output WRn (8255)                         call  led_out
        ; D4 Output SER                                rjmp  main
        ; D5 Output SH-CLK
        ; D7 Output R-CLK                       a_8255_in:
        ; sonst Input with Pullup                      ; inbyte returned in shlp0
        ldi   acc0,$47                                 cbi   PORTD,2
        out   PORTD,acc0                               nop
        ldi   acc0,$bc                                 nop
        out   DDRD,acc0                                nop
                                                       in    shlp0,PINC
        ldi   acc0,$90                                 sbi   PORTD,2
        out   PORTC,acc0                               ret
        ldi   acc0,$ff
        out   DDRC,acc0                         led_out:
                                                       ; outbyte in shlp0
        ldi   acc0,$4f                                 ldi   sacc0,$08
        out   PORTD,acc0                               in    sacc1,PORTD
        ldi   acc0,$ff
        out   PORTC,acc0                        led_out_nxt:
        ldi   acc0,$00                                 andi  sacc1,$4f
        out   DDRC,acc0                                lsl   shlp0
        ldi   acc0,$cf                                 brcc  led_out_d0
        out   PORTA,acc0                               ori   sacc1,$10
                                               led_out_d0:
                                                       out   PORTD,sacc1
                                                       ori   sacc1,$20
                                                       out   PORTD,sacc1
                                                       dec   sacc0
                                                       brne  led_out_nxt

                                                       andi  sacc1,$4f
                                                       ori   sacc1,$80
                                                       out   PORTD,sacc1
                                                       andi  sacc1,$4f
                                                       out   PORTD,sacc1
                                                       ret
```

Abb. 7.47 Programm für Eingabebetrieb des Schnittstellenbausteins 8255

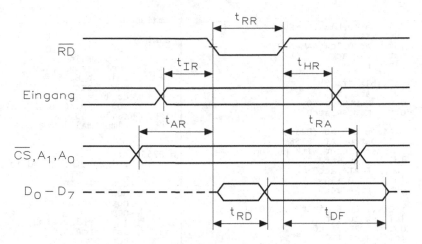

Abb. 7.48 Impulsdiagramm Betriebsart 0 (einfache Eingabe)

7.5.4   Ein-Ausgabebetrieb des 8255

Der Ein-Ausgabebetrieb mit dem 8255 ist eine Kombination der letzten zwei Programme. Als Steuerwort wird die Betriebsart Nr. 2 gewählt und dadurch PORTA als Ausgang und PORTB als Eingang geschaltet. An den PORT PA0 wird die Leuchtdiode angeschlossen und an PORT PB0 der Taster. Abb. 7.49 zeigt das Steuerwort und die Verschaltung.

Über den Datenbus werden die Informationen zwischen Mikrocontroller und PORTA und PORTB ausgetauscht. PORTC wird weder an Masse noch an die Betriebsspannung angeschlossen.

Abb. 7.50 zeigt das Programm für den Ein- und Ausgabebetrieb des 8255. Das RESET-Programm und das Timer-0-Programm sind wieder identisch mit den vorherigen

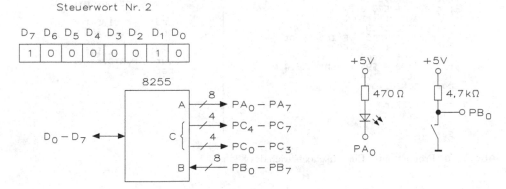

Abb. 7.49 Schnittstellenbaustein 8255 mit Leuchtdiode und Taster

```
RESET:
        ldi     acc0,high(RAMEND)
        out     SPH,acc0
        ldi     acc0,low(RAMEND)
        out     SPL,acc0
        clr     r0

        ;disable JTAG
        ldi     acc0,$80
        out     MCUCSR,acc0
        out     MCUCSR,acc0

        ; A4 Output A0 (8255)
        ; A5 Output A1 (8255)
        ; sonst  Input with Pullup
        ldi     acc0,$ff
        out     PORTA,acc0
        ldi     acc0,$30
        out     DDRA,acc0

        ; C7 .. C0 Bidir D7 .. D0 (8255)
        ldi     acc0,$ff
        out     PORTC,acc0
        ldi     acc0,$00
        out     DDRC,acc0

        ; D2 Output RDn (8255)
        ; D3 Output WRn (8255)
        ; D4 Output SER
        ; D5 Output SH-CLK
        ; D7 Output R-CLK
        ; sonst  Input with Pullup
        ldi     acc0,$47
        out     PORTD,acc0
        ldi     acc0,$bc
        out     DDRD,acc0

        ldi     acc0,$82
        out     PORTC,acc0
        ldi     acc0,$ff
        out     DDRC,acc0

        ldi     acc0,$4f
        out     PORTD,acc0
        ldi     acc0,$ff
        out     PORTC,acc0
        ldi     acc0,$00
        out     DDRC,acc0
        ldi     acc0,$cf
        out     PORTA,acc0
        ; Timer0
        ; CK/256
        ldi     acc0,$04
        out     TCCR0,acc0
        ; clear TIMER0 OVF
        ldi     acc0,(1<<TOV0)
        out     TIFR,acc0
        ; enable TIMER0 OVF Interrupt
        ldi     acc0,(1<<TOIE0)
        out     TIMSK,acc0
        ; cnt $100 - $95 = $6b ~ 27.4 ms
        ldi     acc0,CNTVAL
        out     TCNT0,acc0

        sts     MS27,r0
        clr     stavec

        sei
```

```
; mainprogram

main:
        sbrs    stavec,0
        rjmp    main
        cbr     stavec,$01
        call    b_8255_in
        mov     acc0,shlp0
        call    a_8255_out
        mov     shlp0,acc0
        call    led_out
        rjmp    main


b_8255_in:
        ; inbyte returned in shlp0
        sbi     PORTA,4
        cbi     PORTD,2
        nop
        nop
        nop
        in      shlp0,PINC
        sbi     PORTD,2
        ret

a_8255_out:
        ; outbyte in shlp0
        cbi     PORTA,4
        cbi     PORTD,3
        out     PORTC,shlp0
        ldi     sacc0,$ff
        out     DDRC,sacc0
        sbi     PORTD,3
        ldi     sacc0,$ff
        out     PORTC,sacc0
        ldi     sacc0,$00
        out     DDRC,sacc0
        ret
led_out:
        ; outbyte in shlp0
        ldi     sacc0,$08
        in      sacc1,PORTD

led_out_nxt:
        andi    sacc1,$4f
        lsl     shlp0
        brcc    led_out_d0
        ori     sacc1,$10
led_out_d0:
        out     PORTD,sacc1
        ori     sacc1,$20
        out     PORTD,sacc1
        dec     sacc0
        brne    led_out_nxt

        andi    sacc1,$4f
        ori     sacc1,$80
        out     PORTD,sacc1
        andi    sacc1,$4f
        out     PORTD,sacc1
        ret
```

Abb. 7.50 Programm für Ein-Ausgabebetrieb des 8255

Programmen. Das Hauptprogramm beginnt mit der Abfrage, ob der Statusvektor gesetzt ist. Wenn nicht, kehrt man mit dem Befehl „rjmp" auf „main" zurück,oder mit „cbr" wird der Statusvektor gelöscht. Mit „call" wird das Programm „button_in" aufgerufen und mit „mov" das Subhilfsregister in den Akkumulator geladen. Mit „call" wird das Programm „a_8255_out" geladen, mit „mov" erfolgt das Abspeichern des Akkumulators in das Subhilfsregister. Es erfolgt ein „call" nach „led_out" und der unbedingte Rücksprung auf „main".

Das Programm „main" beginnt mit einer Entscheidung, ob der Statusvektor gesetzt oder nicht gesetzt ist. Wenn der Statusvektor gesetzt ist, folgt als nächstes der unbedingte Sprungbefehl „rjmp" auf „main", oder mit „cbr" (Löschen der Bits im Register) wird der Inhalt vom Statusvektor gelöscht. Es folgt der Befehl „call button_in" mit „mov acc0, shlp0", dann „call a_8255_out" mit „mov shlp0, acc0", „call led_out" und zum Schluss folgt ein unbedingter Rücksprung.

Der Programmteil „button_in" beginnt mit dem Laden des Subakkumulators mit dem Wert „08". Dann wird PORTD in den Subakkumulator geladen, anschließend erfolgt eine UND-Verknüpfung mit dem Wert „cf". Der Inhalt des Subakkumulators wird in PORTD ausgegeben, danach erfolgt eine ODER-Verknüpfung zwischen dem Subakkumulator und dem Wert „20". Es wird eine weitere Ausgabe des Subakkumulators in den PORTD durchgeführt. Zum Schluss wird eine ODER-Verknüpfung zwischen Subakkumulator und Wert „10" durchgeführt.

Es folgt das Programm „button_in_nxt", und zuerst wird der Subakkumulator mit dem Wert „df" über UND verknüpft. Der Inhalt des Subakkumulators wird auf PORTD ausgegeben, dann mit „sec" das Carry-Bit gesetzt. Es erfolgt eine Entscheidung mit „sbis", ob das I/O-Register gesetzt ist, danach wird mit „clc" das Carry-Bit gelöscht. Der Inhalt des Subhilfsregisters wird mit „rol" nach links verschoben, dann erfolgt eine ODER-Verknüpfung zwischen dem Subakkumulator mit dem Wert „20". Der Inhalt vom Subakkumulator wird über PORTD ausgegeben, anschließend wird der Inhalt des Subakkumulators dekrementiert. Eine Entscheidung mit „brne" wird durchgeführt und auf „button_in_nxt" oder auf die UND-Verknüpfung gegangen. Die UND-Verknüpfung wird mit dem Subakkumulator und dem Wert „cf" durchgeführt, dann nach PORTD ausgegeben. Zum Schluss folgt „ret".

Programmteil „a_8255_out" wurde schon besprochen, dies gilt auch im Wesentlichen für die Ansteuerung der Leuchtdioden an PORTA.

7.5.5   Elektronischer Würfel

Ein elektronischer Würfel soll zufällige Zahlen zwischen 1 und 6 erzeugen. Die Eingabe erfolgt wieder über den Taster an PC0 und die Ausgabe für die 7-Segment-Anzeige über PORTA des 8255. Wird der Taster gedrückt, arbeiten die beiden Zähler. Nach wenigen Millisekunden stoppen die Zähler und das Ergebnis steht in der Anzeige. Lässt man die Taste los, geht die 7-Segment-Anzeige wieder aus.

Abb. 7.51 zeigt das Programm für den elektronischen Würfel. Der 8255 arbeitet in seiner Betriebsart Nr. 1. Timer 2 wird für die Zufallszahl benötigt und es ergibt sich

TCCR2	0 0 0 0 1 0 0 1	\$09
OCR2	0 0 0 0 0 1 0 1	\$05
TCNT2	0 0 0 0 0 0 0 0	\$00

Mit diesen Werten kann der interne Zähler 2 arbeiten. Am Anfang wird der Akkumulator mit dem Wert „09" geladen, dann erfolgt die Ausgabe in das Register TCCR2 (Timer/Counter Control Register). Danach erfolgt das Laden von Register OCR2 mit dem Wert „5" und anschließend von Register TCNT2 (Timer/Counter Register) mit 0. Es erfolgt ein direkter Ladebefehl „sts" von Register r0 in eine Speicherzelle des SRAM. Es wird

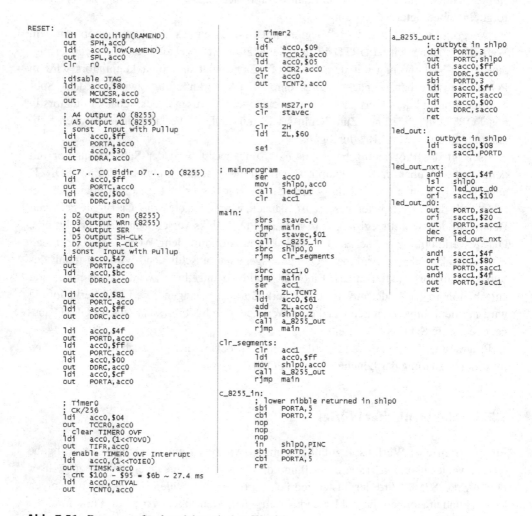

```
RESET:
        ldi   acc0,high(RAMEND)
        out   SPH,acc0
        ldi   acc0,low(RAMEND)
        out   SPL,acc0
        clr   r0

;disable JTAG
        ldi   acc0,$80
        out   MCUCSR,acc0
        out   MCUCSR,acc0

; A4 Output A0 (8255)
; A5 Output A1 (8255)
; sonst Input with Pullup
        ldi   acc0,$ff
        out   PORTA,acc0
        ldi   acc0,$30
        out   DDRA,acc0

; C7 .. C0 Bidir D7 .. D0 (8255)
        ldi   acc0,$ff
        out   PORTC,acc0
        ldi   acc0,$00
        out   DDRC,acc0

; D2 Output RDn (8255)
; D3 Output WRn (8255)
; D4 Output SER
; D5 Output SH-CLK
; D7 Output R-CLK
; sonst Input with Pullup
        ldi   acc0,$47
        out   PORTD,acc0
        ldi   acc0,$bc
        out   DDRD,acc0

        ldi   acc0,$81
        out   PORTC,acc0
        ldi   acc0,$ff
        out   DDRC,acc0

        ldi   acc0,$4f
        out   PORTD,acc0
        ldi   acc0,$ff
        out   PORTC,acc0
        ldi   acc0,$00
        out   DDRC,acc0
        ldi   acc0,$cf
        out   PORTA,acc0

; Timer0
; CK/256
        ldi   acc0,$04
        out   TCCR0,acc0
; clear TIMER0 OVF
        ldi   acc0,(1<<TOV0)
        out   TIFR,acc0
; enable TIMER0 OVF Interrupt
        ldi   acc0,(1<<TOIE0)
        out   TIMSK,acc0
; cnt $100 - $95 = $6b ~ 27.4 ms
        ldi   acc0,CNTVAL
        out   TCNT0,acc0


; Timer2
; CK
        ldi   acc0,$09
        out   TCCR2,acc0
        ldi   acc0,$05
        out   OCR2,acc0
        clr   acc0
        out   TCNT2,acc0


        sts   MS27,r0
        clr   stavec

        clr   ZH
        ldi   ZL,$60

        sei

; mainprogram
        ser   acc0
        mov   shlp0,acc0
        call  led_out
        clr   acc1

main:
        sbrs  stavec,0
        rjmp  main
        cbr   stavec,$01
        call  c_8255_in
        sbrc  shlp0,0
        rjmp  clr_segments

        sbrc  acc1,0
        rjmp  main
        ser   acc1
        in    ZL,TCNT2
        ldi   acc0,$61
        add   ZL,acc0
        lpm   shlp0,Z
        call  a_8255_out
        rjmp  main

clr_segments:
        clr   acc1
        ldi   acc0,$ff
        mov   shlp0,acc0
        call  a_8255_out
        rjmp  main

c_8255_in:
; lower nibble returned in shlp0
        sbi   PORTA,5
        cbi   PORTD,2
        nop
        nop
        nop
        in    shlp0,PINC
        sbi   PORTD,2
        cbi   PORTA,5
        ret


a_8255_out:
; outbyte in shlp0
        cbi   PORTD,3
        out   PORTC,shlp0
        ldi   sacc0,$ff
        out   DDRC,sacc0
        sbi   PORTD,3
        ldi   sacc0,$ff
        out   PORTC,sacc0
        ldi   sacc0,$00
        out   DDRC,sacc0
        ret

led_out:
; outbyte in shlp0
        ldi   sacc0,$08
        in    sacc1,PORTD

led_out_nxt:
        andi  sacc1,$4f
        lsl   shlp0
        brcc  led_out_d0
        ori   sacc1,$10
led_out_d0:
        out   PORTD,sacc1
        ori   sacc1,$20
        out   PORTD,sacc1
        dec   sacc0
        brne  led_out_nxt

        andi  sacc1,$4f
        ori   sacc1,$80
        out   PORTD,sacc1
        andi  sacc1,$4f
        out   PORTD,sacc1
        ret
```

Abb. 7.51 Programm für den elektronischen Würfel

der Statusvektor und das ZH-Register gelöscht. Mit dem direkten Ladebefehl wird
das ZL-Register mit dem Wert „60" geladen, zum Schluss wird der globale Interrupt
gesperrt.

Das Hauptprogramm beginnt mit dem Setzen des Akkumulators, danach wird der
Inhalt des Akkumulators mit einem „mov" in dem Subhilfsregister gespeichert. Mit
„call" erfolgt der Aufruf von „led_out".

Das Programm „main" startet mit dem Vergleich „sbrs", der Statusvektor wird mit
dem Wert „0" verglichen. Wenn ja,unbedingter Rücksprung nach „main", wenn nicht,
dann wird Inhalt vom Statusvektor gelöscht. Es erfolgt der Aufruf „c_8255_in" und ein
unbedingter Sprung nach „clr_segments". Dann wird der Akkumulator mit dem Wert
„0" verglichen. Wenn die Bedingung nicht erfüllt ist, folgt ein bedingter Rücksprung,
andernfalls wird der Akkumulator gesetzt. Der Inhalt des Registers TCNT2 wird in das
Z-Register geschrieben, anschließend der Akkumulator mit dem Wert „61" geladen.
Im nächsten Befehl wird der Inhalt vom Register R mit dem Inhalt vom Akkumulator
addiert und das Subhilfsregister mit dem Wert von Register Z geladen. Es folgt ein „call"
zu dem Programm „a_8255_out" und ein unbedingter Rücksprung nach „main".

Die restlichen Programme „clr_segments", „b_8255_in", „a_8255_out", „led_out",
„led_out_nxt" und „led_out_d0" wurden bereits behandelt.

7.5.6   TTL-Logiktester

Der „Worst-Case"-Störspannungsabstand lässt sich mit dem digitalen TTL-Messkopf
erfassen und in der 7-Segment-Anzeige ausgeben. Beträgt die Eingangsspannung
an einem TTL-Baustein zwischen 0 V und 800 mV, gibt die Anzeige ein L für „Low"
aus. Ist die Eingangsspannung größer als 2,40 V, steht in der Anzeige ein H für „High".
Befindet sich die Spannung zwischen 800 mV und 2,40 V, erscheint in der Anzeige „U"
für undefiniert und der Störabstand wird angezeigt.

Vor dem Eingang PA0 (ADC0) befindet sich ein Potentiometer mit 10 kΩ, hier soll
die Eingangsspannung angeschlossen werden. Der interne AD-Wandler setzt die analoge Spannung in ein 10-Bit-Format um, dieses Signal wird in drei Werte aufgeteilt. Es
werden fünf Messungen durchgeführt, bei der Erfassung wird die erste Messung verworfen und nicht für die nachfolgende Gesamtmessung verwendet. Die zweite Messung
hat z. B. folgenden Wert:

$$00\ 1001\ 0011$$
$$2^7+2^4+2^1+2^0 = 176$$

Dieser Wert wird im 10-Bit-Format abgespeichert. Die nächste Messung hat den
gleichen Wert und es folgt eine Addition dieser beiden Werte:

$$00\ 1001\ 0011$$
$$\underline{00\ 1001\ 0011}$$
$$01\ 0010\ 0110$$

Es wird eine dritte Messung durchgeführt und diese hat den gleichen Wert wie die vorherige Messung. Die Messung wird addiert:

$$01\ 0010\ 0110$$
$$\underline{00\ 1001\ 0011}$$
$$01\ 1011\ 1001$$

Die letzte Messung hat eine geringe Abweichung und wird ebenfalls addiert.

$$00\ 1001\ 0100 = 177$$
$$\underline{01\ 1011\ 1001}$$
$$10\ 0100\ 1101$$

Die Messung ist beendet und die zwei niedrigsten Stellen werden unterdrückt. Es ergibt sich ein 8-Bit-Format mit folgendem Messwert:

$$1001\ 0011$$

Der Messwert ist identisch mit dem ersten Wert der zweiten Messung. Da die gesamte Messung innerhalb von ca. 1 ms erfolgt, erhält man einen relativ genauen Wert.

Als nächstes muss man die Darstellung der Werte in der 7-Segment-Anzeige erstellen:

U	L	H
1100 0001	1100 0111	1000 1001
C1	C7	89

Der ATmega32 arbeitet mit einer Taktfrequenz von 1 MHz. Der interne AD-Wandler benötigt eine Umsetzungszeit zwischen 13 μs bis 260 μs. Um das Programm zu erstellen, müssen die einzelnen Register gesetzt werden. Zuerst wird das Register ADMUX (ADC Multiplexer Selection Register) gesetzt, wie Tab. 7.17 zeigt.

Zuerst bestimmt man die Funktionen von Bit 6 und Bit 7, wie Tab. 7.18 zeigt.

Die Funktionen des ADLAR-Registers (ADC Data Register – ADCL and ADCH) bestimmen die Speicherung des 10-Bit-Formats,wie Tab. 7.19 zeigt.

Es sind elf analoge Eingänge beim ATmega32 vorhanden. Diese Einzeleingänge kann man in acht differenzielle Eingänge zusammenfassen. Von den acht lassen sich sieben Eingänge noch zusätzlich mit $v = 10$ und $v = 200$ verstärken, d. h. die Eingänge arbeiten mit 0 dB (1x) oder 26 dB (200x) für den AD-Wandler. Tab. 7.19 zeigt die Einzeleingänge und die positiven und negativen Eingänge, wenn differenziell gearbeitet wird.

Für das Programm benötigt man das ADMUX-Register von Tab. 7.20.

Der nächste Schritt in der Programmierung ist das ADCSRA-Register. Tab. 7.21 zeigt den Aufbau für die Programmierung.

Tab. 7.17 Aufbau des ADMUX-Registers

7	6	5	4	3	2	1	0
REFS1	REFS0	ADLAR	MUX4	MUX3	MUX2	MUX1	MUX0

Tab. 7.18 Aufbau des REFS-Registers

REFS1	REFS0	Auswahl der Referenzspannung
0	0	Interne Referenzspannung
0	1	$+U_b$ mit externem Kondensator von U_{ref}
1	0	Reserviert
1	1	Interne 2,56 V mit externem Kondensator an Pin 32

Tab. 7.19 Funktionen des ADLAR-Registers

ADLAR = 0

15	14	13	12	11	10	9	8
-	-	-	-	-	-	ADC9	ADC8
ADC7	ADC6	ADC5	ADC4	ADC3	ADC2	ADC1	ADC0

ADLAR = 1

15	14	13	12	11	10	9	8
ADC9	ADC8	-	-	-	-	-	-
ADC7	ADC6	ADC5	ADC4	ADC3	ADC2	ADC1	ADC0

Tab. 7.20 Programmierung des ADMUX-Registers

7	6	5	4	3	2	1	0
REFS1 = 1	REFS0 = 1	ADLAR = 0	MUX4 = 0	MUX3 = 0	MUX2 = 0	MUX1 = 0	MUX0 = 1

Tab. 7.21 Programmierung des ADCSRA-Registers

7	6	5	4	3	2	1	0
ADEN	ADSC	ADATE	ADIF	ADIE	ADPS2	ADPS1	ADPS0

Mit Bit 7 wird der AD-Wandler mit einem 0-Signal gesperrt und mit einem 1-Signal freigegeben. Mit Bit 6 kann man den AD-Wandler in der einfachen Betriebsart mit 1-Signal starten und mit 0-Signal sperren. Über Bit 5 kann man den Autotrigger für den AD-Wandler mit 0-Signal sperren und mit 1-Signal freigeben. Bit 4 ist das Interrupt-Flag, wird es gesetzt, kann man die Reaktion auswerten, und bei einem 0-Signal ist diese Funktion nicht eingeschaltet. Bit 3 ist der Interrupt-Enable, ist dieser aktiv, reagiert der ATmega32. Mit der ADPS-Auswahl stellt man den Vorteiler für den AD-Wandler ein, wie Tab. 7.22 zeigt.

Es ergeben sich für die Programmierung die Signale von Tab. 7.23.

Der ATmega32 arbeitet mit 1 MHz und die Umsetzungszeit ist

$$1\,\mathrm{MHz} : 8 = 125\,\mathrm{kHz}$$

Tab. 7.22 Vorteiler für den
internen AD-Wandler

ADPS2	ADPS1	ADPS0	Teilerverhältnis
0	0	0	2
0	0	1	2
0	1	0	4
0	1	1	8
1	0	0	16
1	0	1	32
1	1	0	64
1	1	1	128

Tab. 7.23 Programmierung des ADMUX-Registers

7	6	5	4	3	2	1	0
ADEN = 1	ADSC = 1	ADATE=0	ADIF = 0	ADIE = 1	ADPS2 = 0	ADPS1 = 1	ADPS0 = 1

Abb. 7.52 zeigt das Programm für den TTL-Logiktester. Zuerst wird der Interrupt für den AD-Wandler mit „ADC_INT" festgelegt und das Ergebnis von der ersten Abtastung ignoriert. Es folgt ein Vergleich mit „cpi" vom Interrupt-Register mit dem Wert „1", dann eine Entscheidung mit „breq". Das Programm springt entweder nach „AD_INT_nxt" oder wird mit „lds" fortgeführt, dabei wird AVL in das Interrupt-Register geladen. Mit „in" lädt man das ADCL-Register in das Interrupt-Register, dann erfolgt eine Addition zwischen den beiden Registern „itmp" und „ihlp". Dieses Register wird direkt im SRAM unter AVL abgespeichert. Mit „lds" wird das Interrupt-Register mit dem Wert von AVH geladen. Der Inhalt von ADCH wird in das Interrupt-Register geladen, danach wird der Befehl „adc" ausgeführt und zwei Register mit Carry addiert. Mit „sts" wird der Inhalt des SRAM in das ADCH geladen, danach wird der Befehl „lds"ausgeführt. Auf diese Weise stehen die Ergebnisse von vier Abtastungen im Register AVH und AVL.

Bei dem Programm „ADC_INT_NEXT" kommt an erster Stelle der POP-Befehl,also eine Datenübertragung aus dem Stack. In das spezifizierte Registerpaar wird der Inhalt zweier Speicherbytes, die durch den Stackpointer adressiert werden, geladen. Das Datenbyte mit der Adresse, die gleich dem Inhalt des Stackpointers ist, wird in das zweite Register geladen. Das Datenbyte mit der Adresse <Stackpointer + 1> wird in das erste Register vom Interrupt-Register des Registerpaares geladen. In jedem Fall wird, nachdem die Daten geladen sind, der Stackpointer um 2 erhöht.

Das Gegenstück ist der PUSH-Befehl, eine Datenübertragung in den Stack. Der Inhalt des spezifizierten Registerpaares wird in jenen zwei Speicherbytes sichergestellt, die durch den Stackpointer adressiert werden. Der Inhalt des ersten Registers wird in dem Byte mit der Adresse Stackpointer minus 1 abgespeichert, der Inhalt des zweiten Registers in dem Byte mit der Adresse Stackpointer minus 1. In jedem Fall wird der Stackpointer um 2 erniedrigt, nachdem die Daten sichergestellt wurden.

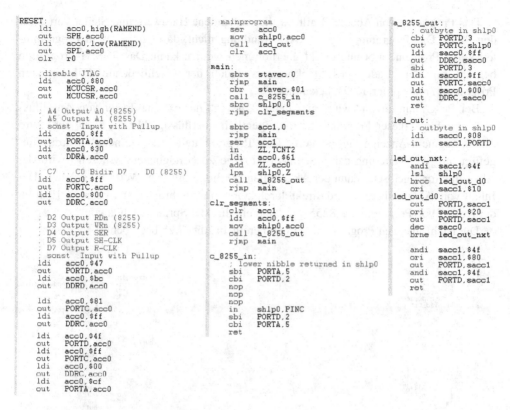

```
RESET:                                  ; mainprogram               a_8255_out:
    ldi   acc0,high(RAMEND)                  ser   acc0                  ; outbyte in shlp0
    out   SPH,acc0                           mov   shlp0,acc0            cbi   PORTD,3
    ldi   acc0,low(RAMEND)                   call  led_out               out   PORTC,shlp0
    out   SPL,acc0                           clr   acc1                  ldi   sacc0,$ff
    clr   r0                                                             out   DDRC,sacc0
                                        main:                           sbi   PORTD,3
    ;disable JTAG                            sbrs  stavec,0              ldi   sacc0,$ff
    ldi   acc0,$80                           rjmp  main                  out   PORTC,sacc0
    out   MCUCSR,acc0                        cbr   stavec,$01            ldi   sacc0,$00
    out   MCUCSR,acc0                        call  c_8255_in             out   DDRC,sacc0
                                             sbrc  shlp0,0               ret
    ; A4 Output A0 (8255)                    rjmp  clr_segments
    ; A5 Output A1 (8255)                                           led_out:
    ; sonst  Input with Pullup               sbrc  acc1,0                ; outbyte in shlp0
    ldi   acc0,$ff                           rjmp  main                  ldi   sacc0,$08
    out   PORTA,acc0                         ser   acc1                  in    sacc1,PORTD
    ldi   acc0,$30                           in    ZL,TCNT2
    out   DDRA,acc0                          ldi   acc0,$61         led_out_nxt:
                                             add   ZL,acc0               andi  sacc1,$4f
    ; C7 .. C0 Bidir D7 .. D0 (8255)         lpm   shlp0,Z              lsl   shlp0
    ldi   acc0,$ff                           call  a_8255_out           brcc  led_out_d0
    out   PORTC,acc0                         rjmp  main                  ori   sacc1,$10
    ldi   acc0,$00                                                  led_out_d0:
    out   DDRC,acc0                     clr_segments:                    out   PORTD,sacc1
                                             clr   acc1                  ori   sacc1,$20
    ; D2 Output RDn (8255)                   ldi   acc0,$ff              out   PORTD,sacc1
    ; D3 Output WRn (8255)                   mov   shlp0,acc0            dec   sacc0
    ; D4 Output SER                          call  a_8255_out           brne  led_out_nxt
    ; D5 Output SH-CLK                       rjmp  main
    ; D7 Output R-CLK                                                    andi  sacc1,$4f
    ; sonst  Input with Pullup         c_8255_in:                       ori   sacc1,$80
    ldi   acc0,$47                           ; lower nibble returned in shlp0   out   PORTD,sacc1
    out   PORTD,acc0                         sbi   PORTA,5               andi  sacc1,$4f
    ldi   acc0,$bc                           cbi   PORTD,2               out   PORTD,sacc1
    out   DDRD,acc0                          nop                         ret
                                             nop
    ldi   acc0,$81                           nop
    out   PORTC,acc0                         in    shlp0,PINC
    ldi   acc0,$ff                           sbi   PORTD,2
    out   DDRC,acc0                          cbi   PORTA,5
                                             ret
    ldi   acc0,$4f
    out   PORTD,acc0
    ldi   acc0,$ff
    out   PORTC,acc0
    ldi   acc0,$00
    out   DDRC,acc0
    ldi   acc0,$cf
    out   PORTA,acc0
```

Abb. 7.52 Programm für den TTL-Logiktester

7.5.7 Vier-Kanal-Logiktester

Der Vier-Kanal-Logiktester misst die Eingangsspannungen der vier Eingänge. Pin 40 ist PA0 (ADC0), Pin 39 PA1 (ADC1), Pin 38 PA2 (ADC2) und Pin 37 PA3 (ADC3). Die einzelnen Kanäle werden über die Platinentastatur gesteuert, und entsprechend mit den Leuchtdioden werden die Kanäle ausgegeben, d. h. drückt man Taste 0 (unten rechts), leuchtet die linke LED auf,der Kanal von ACD0 wird über die 7-Segment-Anzeige ausgegeben und man erhält die Buchstaben für H, L und U.

Schaltet man den Vier-Kanal-Logiktester ein, ist immer der letzte Zustand vor dem Abschalten der Platine gespeichert. Will man Kanal 0 testen, gibt man das TTL-Signal auf den Eingang ACD0, mit dem Potentiometer kann man die Schwelle noch abgleichen. Drückt man Taster 0, signalisiert die Leuchtdiode den Kanal an und gleichzeitig wird die Messung vom Mikrocontroller durchgeführt. Drückt man gleichzeitig eine andere Taste, bleibt diese unberücksichtigt. Taste 0 hat die höchste Priorität und Taste 3 die niedrigste. Die vier Tasten in der oberen Reihe sind gesperrt. Hat man keine Spannung an den vier analogen Eingangskanälen liegen, erscheint immer „L" in der Anzeige.

Das Programm von Abb. 7.53 gilt für die vorhandene Hardware und Steuerwort 1 für den 8255. Das Programm zeigt die AD-Wandlung nicht, da es mit diesem Programmteil keine Probleme gibt und direkt übernommen werden kann. Das RESET-Programm beginnt mit dem Laden des Stackpointers. Auch der anschließende Teil bis zum Programm „main program" ist bekannt.

Bei Programm „main" wird mit „main_8255_in" der externe Taster von Anschluss PC0 abgefragt, dieser Programmteil ist eigentlich überflüssig. Mit „a_8255_out" wird die 7-Segment-Anzeige angesteuert. Der Programmteil „clr_segment" wurde eingefügt, um die Steuerung der 7-Segment-Anzeige zu ermöglichen. Mit „clr" wird der Akkumulator 1 gelöscht, dann der Akkumulator 0 direkt mit dem Wert „ff" geladen. Der Inhalt vom Akkumulator 0 wird direkt durch „mov" im Subhilfsregister geladen. Es folgt der Aufruf von Programm „a_8255_out" und ein direkter Sprung nach „main".

Die nachfolgenden Programme wurden bereits in Abb. 7.28 besprochen.

```
; mainprogram                                    button_in:
          ldi    channel,$c0                                ; inbyte returned in shlp0
          ldi    acc0,$fe                                   ldi    sacc0,$08
          mov    shlp0,acc0                                 in     sacc1,PORTD
          call   led_out                                    andi   sacc1,$cf
main:                                                       out    PORTD,sacc1
          sbrc   stavec,0                                   ori    sacc1,$20
          rjmp   ch_sel                                     out    PORTD,sacc1
          sbrc   stavec,2                                   ori    sacc1,$10
          rjmp   ch_out
          rjmp   main                             button_in_nxt:
                                                            andi   sacc1,$df
ch_sel:                                                     out    PORTD,sacc1
          cbr    stavec,$01                                 sec
          call   button_in                                  sbis   PIND,6
          mov    acc0,shlp0                                 clc
          ori    acc0,$f0                                   rol    shlp0
          cpi    acc0,$ff                                   ori    sacc1,$20
          breq   main                                       out    PORTD,sacc1
          mov    shlp0,acc0                                 dec    sacc0
          call   led_out                                    brne   button_in_nxt

          ldi    channel,$c3                                andi   sacc1,$cf
          sbrs   acc0,2                                     out    PORTD,sacc1
          ldi    channel,$c2                                ret
          sbrs   acc0,1
          ldi    channel,$c1                       a_8255_out:
          sbrs   acc0,0                                     ; outbyte in shlp0
          ldi    channel,$c0                                cbi    PORTD,3
                                                            out    PORTC,shlp0
          rjmp   main                                       ldi    sacc0,$ff
                                                            out    DDRC,sacc0
ch_out:                                                     sbi    PORTD,3
          ; measurement done, result in AVH:AVL             ldi    sacc0,$ff
          lds    hlp0,AVL                                   out    PORTC,sacc0
          ldi    acc0,$08                                   ldi    sacc0,$00
          add    acc0,hlp0                                  out    DDRC,sacc0
          lds    hlp0,AVH                                   ret
          adc    hlp0,r0
          andi   acc0,$F0                          led_out:
          or     acc0,hlp0                                  ; outbyte in shlp0
          swap   acc0                                       ldi    sacc0,$08
          cpi    acc0,81                                    in     sacc1,PORTD
          brsh   gt08
          ldi    ZL,$71                            led_out_nxt:
          rjmp   display                                    andi   sacc1,$4f
gt08:                                                       lsl    shlp0
          cpi    acc0,201                                   brcc   led_out_d0
          brsh   gt20                                       ori    sacc1,$10
          ldi    ZL,$70                            led_out_d0:
          rjmp   display                                    out    PORTD,sacc1
gt20:                                                       ori    sacc1,$20
          ldi    ZL,$72                                     out    PORTD,sacc1
display:                                                    dec    sacc0
          lpm    shlp0,z                                    brne   led_out_nxt
          call   a_8255_out
                                                            andi   sacc1,$4f
          cbr    stavec,$05                                 ori    sacc1,$80
          out    ADMUX,channel                              out    PORTD,sacc1
                                                            andi   sacc1,$4f
          ; restart ADC                                     out    PORTD,sacc1
          sts    AVH,r0                                     ret
          sts    AVL,r0
          ldi    acc0,(1<<ADEN)|(1<<ADSC)|(1<<ADIF)|(1<<ADIE)|(1<<ADPS1)|(1<<ADPS0)
          out    ADCSRA,acc0
          rjmp   main
```

Abb. 7.53 Programm für einen Vier-Kanal-Logiktester

7.5.8   Einstufiger Vor-/Rückwärtszähler

Der einstufige Vor-/Rückwärtszähler von Abb. 7.54 wird vom PORTA über den TTL-Baustein 7447 und über die Ausgänge PA$_0$ bis PA$_3$ angesteuert. Der Taster ist mit dem Eingang PCA verbunden. Abb. 7.54 zeigt die Schaltung.

Der Schnittstellenbaustein 8255 erhält seine Daten über den Datenbus D$_0$ bis D$_3$ im BCD-Code. Der Baustein 7447 wandelt diesen BCD-Code in einen 7-Segment-Code um. Die Ausgänge des BCD-zu-7-Segment-Decoder/Anzeigentreiber (o. C. 15 V) werden in den 7-Segment-Code umgewandelt. Die sieben Ausgänge besitzen einen offenen Kollektor bis 15 V. Die 7-Segment-Anzeige ist über Widerstände (330 Ω) mit den Katoden der Leuchtsegmente verbunden. Die Anoden liegen über zwei Anschlüsse an +5 V.

Die drei Steuereingänge sind mit einem Querbalken versehen, im Normalbetrieb liegen die Anschlüsse LT*, BI/RBO* und RBI* auf 1-Signal. Eine Überprüfung aller sieben Segmente erfolgt, indem man LT* (Lamp Test) auf 0-Signal legt. Es müssen alle Segmente eingeschaltet sein, d. h. es wird eine 8 angezeigt. Eine Unterdrückung führender Nullen in mehrstelligen Anzeigen erhält man, indem der Ausgang BI/RBQ* (Ripple Blanking Output) einer Stelle mit dem Eingang RBI* (Ripple Blanking Input)

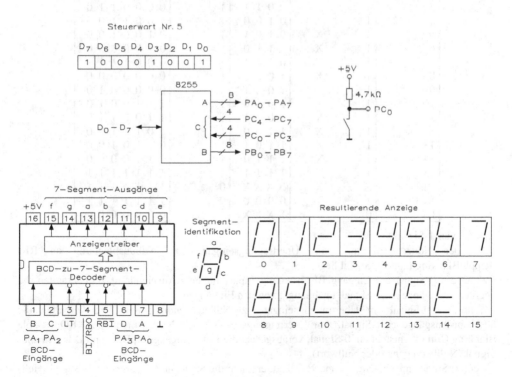

Abb. 7.54 Schaltung des Vor-/Rückwärtszählers mit dem Schnittstellenbaustein 8255 und 7-Segment-Decoder7447

der nächstniedrigen Stufe verbunden wird. RBI* der höchstwertigen Stufe ist dann mit Masse (0 V) zu verbinden. Da im Allgemeinen eine Nullen-Unterdrückung in der niedrigsten Stelle nicht gewünscht wird, lässt man den Eingang RBI* für diese Stelle offen. Ähnlich kann man nachfolgende Nullen in gebrochenen Dezimalzahlen unterdrücken. Da mit BI/RBO auf Masse alle Segmente dunkel gesteuert werden, kann man über diesen Anschluss eine Helligkeitssteuerung für eine Impulsdauer-Modulation durchführen.

Für den statischen Betrieb verwendet man den TTL-Baustein 7447, einen BCD zu7-Segment-Decoder/Anzeigentreiber mit offenen Kollektorausgängen. Legt man ein BCD-Datenwort (Binär Codierte Dezimalzahl) an die Eingänge, leuchten die entsprechenden Leuchtdioden am Ausgang auf und wir erkennen in der Anzeige eine bestimmte Zahl, die das BCD-Wort wiedergibt. Tab. 7.24 zeigt die Ansteuerung für den 7447.

Tab. 7.24 Betriebsarten des TTL-Bausteins 7447

Funktion	LT	RBI	D C B A	BI/RBQ	a b c d e f g
0[1]	1	1	0 0 0 0	1	0 0 0 0 0 0 1
1	1	X	0 0 0 1	1	1 0 0 1 1 1 1
2	1	X	0 0 1 0	1	0 0 1 0 0 1 0
3	1	X	0 0 1 1	1	0 0 0 0 1 1 0
4	1	X	0 1 0 0	1	1 0 0 1 1 0 0
5	1	X	0 1 0 1	1	0 1 0 0 1 0 0
6	1	X	0 1 1 0	1	0 1 0 0 0 0 0
7	1	X	0 1 1 1	1	0 0 0 1 1 1 1
8	1	X	1 0 0 0	1	0 0 0 0 0 0 0
9	1	X	1 0 0 1	1	0 0 0 0 0 1 0
10	1	X	1 0 1 0	1	1 1 1 0 0 1 0
11	1	X	1 0 1 1	1	1 1 0 0 1 1 0
12	1	X	1 1 0 0	1	1 0 1 1 1 0 0
13	1	X	1 1 0 1	1	0 1 1 0 1 0 0
14	1	X	1 1 1 0	1	1 1 1 0 0 0 0
15	1	X	1 1 1 1	1	1 1 1 1 1 1 1
BI[2]	X	X	X X X X	0	1 1 1 1 1 1 1
RBI[3]	1	0	0 0 0 0	0	1 1 1 1 1 1 1
LT[4]	0	X	X X X X	1	0 0 0 0 0 0 0

X = 0- oder 1-Signal

[1]Bei der Nullanzeige muss am Übertragungseingang zur Nullausblendung an RBI (RippleBlanking Input) 1-Signal liegen.

[2]Wenn ein 0-Signal am Eingang BI (Blanking Input) für eine Ausblendung liegt, erhalten die Segment-Ausgänge ein 1-Signal, unabhängig von den Eingängen.

[3]Wenn ein 0-Signal am Übertragungseingang zurNullausblendung RBI liegt, erhalten die Segment-Ausgänge ein1-Signal. Am Übertragungsausgang zur Nullausblendung RBQ (Ripple Blanking Output) entsteht ein 0-Signal, vorausgesetztdie Dateneingänge A, B, C und D liegen an0-Signal (Nullbedingung oder Nullwort).

[4]Wenn 0-Signal am Eingang Lampentest liegt, erhalten die Segment-Ausgänge alle0-Signal (Helltastung), vorausgesetzt an BI/RBQ (Blanking Input, Ripple Blanking Output) liegt ein 1-Signal, unabhängigvon den Eingängen A, B, C und D und RBI.

Durch den Übertragungseingang zur Nullausblendung RBI wird bei einem 0-Signal die Nullanzeige unterdrückt. Bei mehrstelligen Zahlen wird durch den Übertragungsausgang zur Nullausblendung RBQ (mit dem Eingang BI intern verbunden) eine automatische Nullaustastung über mehrere Dekaden möglich. Durch den Eingang Ausblendung BI erfolgt eine generelle Dunkeltastung.

Bei Bestellung dieses 7-Segment-Decoders muss man unbedingt darauf achten, dass hinter 7447 ein A steht. Andernfalls erhalten wir bei der Ziffer 6 und 9 eine etwas andere Darstellung. Richtig ist: 7447A.

Für einfache Anwendungen verwendet man die Schaltung in Abb. 7.54. Mit dem TTL-Baustein 7447A steuert man die LED-7-Segment-Anzeige an. Hierzu muss man aber noch Strombegrenzungswiderstände einschalten.

Der ohmsche Wert der Widerstände berechnet sich aus

$$R = \frac{U_b - U_F}{I_F}$$

In der Regel verwendet man die TTL-Spannung von $U_b = +5\,\text{V}$ für die Schaltung. Die internen Transistoren des offenen Kollektorausgangs des 7447 A sind jedoch für Spannungen bis zu 15 V zugelassen. Entweder verbindet man die gemeinsame Katode mit einer unstabilisierten Spannung oder mit der stabilisierten Betriebsspannung von $U_b = +5\,\text{V}$.

Spannung U_F und Strom I_F sind von dem Halbleitermaterial der Leuchtdiode abhängig. Für die Durchlassspannung verwenden wir $U_F = 1{,}7\,\text{V}$ und für den Strom $I_F = 20\,\text{mA}$. Damit erhalten wir eine Leuchtstärke zwischen 1 mcd und 5 mcd ($\triangleq$ Millicandela). Schaltet ein Ausgangstransistor durch, fließt ein Strom von $+U_b$ über das Leuchtsegment, den Vor-oder Strombegrenzungswiderstand, den Transistor nach Masse ab. Das Segment leuchtet auf. Andernfalls ist der Transistor gesperrt, es fließt kein Strom und die LED ist dunkel.

Man hat drei Möglichkeiten für den statischen Anzeigenbetrieb in der Praxis. Im ersten Fall sind die Steuereingänge RBI und BI/RBQ nicht angeschlossen und liegen daher in der TTL-Technik auf 1-Signal. In einer achtstelligen Anzeigeeinheit sollen alle acht Anzeigen entsprechend der angelegten Datenwörter leuchten. Wir erhalten die Anzeige 007.50500. Durch eine automatische Nullunterdrückung erhält man über die Anzeige den Wert 07.5050. Die Nullanzeige für die 100er-Stelle links vom Komma oder Punkt erlischt, da der RBI mit Masse verbunden ist. Dies gilt auch für die 100.000. Stelle rechts vom Komma. Verbindet man die BI/RBQ-Eingänge mit den RBI-Eingängen, werden alle vor- und nacheilenden Nullen automatisch unterdrückt. Bitte beachten Sie den Aufbau der Schaltung. Bei den voreilenden Nullen sind dies immer die Stellen links vom Komma oder Dezimalpunkt. Man schließt den höchstwertigen Decoder mit RBI auf Masse. Danach BI/RBQ mit dem nächstniederen Decoder usw., damit wird jede voreilende Null unterdrückt. Für nacheilende Nullen hat man die Stellen rechts vom Komma oder von dem Dezimalpunkt. Hier legt man den niederwertigen Decoder mit RBI auf Masse und steuert von rechts nach links. Der Eingang BI/RBQ steuert den nächsthöherliegenden Eingang RBI an. Die günstigste Darstellung ist 7505. Die Null in der 100stel-Anzeige wird nicht unterdrückt, da der wertniedrigere Decoder ein entsprechendes Signal an seinen höherwertigen Nachbar-Decoder abgibt.

Bei den statischen Anzeigen kann man die Helligkeit einfach modulieren, bei der Simulation ist dieser Vorgang nicht möglich. Der Modulator erzeugt eine Frequenz, mit der die BI-Eingänge angesteuert werden. Wählt man eine bestimmte Tastfrequenz für den Modulator, so lässt sich die Helligkeit der Anzeige einstellen.

Abb. 7.55 zeigt das Programm für einen einstufigen Vor-/Rückwärtszähler. Am Anfang des „mainprogram" wird der Akkumulator mit „ff" geladen und dann mit „mov" in das Subhilfsregister geschoben. Anschließend erfolgt „call" und das Programm wird mit „led_out" fortgesetzt. Durch die 1-Signale an dem 7447 A bleibt die Anzeige dunkel.

Bei dem Programm „state0" wird der Akkumulator gesetzt und dann mit „mov" in das Subhilfsregister geladen. Danach ruft „call" das Programm „a_8255_out" auf und die Anzeige bleibt dunkel. Mit dem Programm „state0_a" wird zuerst der Statusvektor mit „0" verglichen. Entweder springt das Programm auf „state0_a" oder es folgt „cbr" mit dem Löschen eines Registers. Ist der Taster an PC0 offen, also nicht gedrückt, wird die Schleife ständig wiederholt, andernfalls der Statusvektor auf „07" gesetzt. Es folgt „call" und das Programm wird auf „c_8255_in" fortgesetzt. Es erfolgt eine Entscheidung mit „sbrc", ob das Subhilfsregister den Wert „0" hat. Es folgt ein unbedingter Sprung nach „state0_a", oder die beiden Befehle „sts" speichern den Wert von „MS27" und „MS500" im Register r0 ab. Zum Schluss erfolgt ein Sprung auf das Programm „state1".

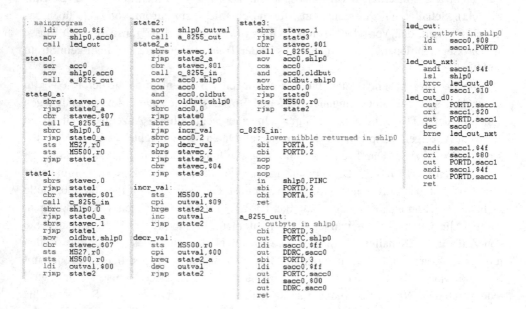

Abb. 7.55 Programm eines einstufigen Vor-/Rückwärtszählers mit einer 7-Segment-Anzeige

Das Programm „state1" beginnt mit „sbrs" und der Statusvektor wird mit „0" verglichen. Entweder erfolgt der Rücksprung auf „state1", wenn die Taste am PC1 nicht gedrückt ist, oder diese ist gedrückt, dann wird „cbr" ausgeführt. Der Statusvektor wird mit „01" gesetzt, dann mit „call" das Programm „c_8255_in" aufgerufen. Es folgt ein Vergleich mit „sbrc", und ist das Subhilfsregister auf „0", wird entweder das Programm auf „state0_a" oder mit „sbrs" fortgesetzt. Der Statusvektor wird mit 1 verglichen, und das Programm springt auf „state1" zurück, oder das Subhilfsregister wird mit „mov" nach „oldbut" geladen. Es erfolgt ein Vergleich zwischen dem Statusvektor und dem Wert „07". Die beiden Befehle „sts" speichern den Wert von „MS27" und „MS500" vom Register r0 ab. Mit „outval" wird der Wert „00" geladen, zum Schluss erfolgt ein Sprung auf das Programm „state2".

Die Programme „incr_val" und „decr_val" dienen für das Inkrementbzw. Dekrement. Beide Programme sind fast identisch. Der Wert vom Register r0 wird in das SRAM unter „MS500" gespeichert. Mit „cpi" wird der Endbereich von „09" (Endstand beim Vorwärtszähler) und „00" (Endstand beim Rückwärtszähler) festgelegt. Über „brge" (Branch if Greater or Equal) und „breq" (Branch if Equal) wird das Programm „state2_a" aufgerufen, es wird inkrementiert oder dekrementiert. Anschließend erfolgt ein unbedingter Sprung nach „state2".

Mit dem Programm „state3" erfolgt ein Vergleich vom Statusvektor mit dem Wert „1". Ist die Bedingung nicht erfüllt, kehrt das Programm auf „state3" zurück oder der Statusvektor wird mit „cbr" mit dem Wert „01" verglichen. Es erfolgt ein „call"- und ein „mov"-Befehl. Mit „com" wird ein Einerkomplement gebildet und dann mit „oldbut" über UND verknüpft. Anschließend wird das Subhilfsregister mit „mov" nach „oldbut" geladen und es erfolgt eine Entscheidung mit „sbrc". Entweder wird das Programm auf „state0" fortgesetzt oder der Inhalt von Register r0 in das SRAM unter „MS500" geladen. Zum Schluss folgt der Rücksprung nach „state2".

Die anderen Programmteile ab „c_8255_in" wurden bereits besprochen.

7.5.9 Zweistufiger Vor-/Rückwärtszähler

Mit einem 7-Segment-Decoder 7447 kann man einen einstufigen Zähler mit einer7-Segment-Anzeige realisieren. Der Betrieb erfolgt mit PA0 bis PA3. In der nächsten Ausbaustufe wird ein weiterer TTL-Baustein 7447 betrieben, der an P4 bis P7 angeschlossen wird.

Abb. 7.56 zeigt ein Programm für einen zweistufigen Vor-/Rückwärtszähler. Das Programm „mainprogram", „state0", „state0_a", „state1", „state2" und „state2_a" kann direkt von vorherigen Programmen übernommen werden. Ab „incr_val" ändert sich der Programmverlauf. Zuerst wird das Register r0 in das SRAM unter „MS500" abgespeichert. Dann wird durch „cpi" der Wert „outval" mit „99" verglichen, danach folgt eine Verzweigung mit „breq", ob der Inhalt gleich oder ungleich ist. Ist er gleich, führt das Programm einen Sprung nach „state2_a" aus, oder das Programm wird

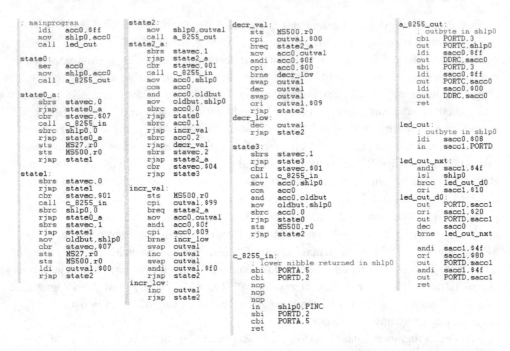

```
; mainprogram          state2:                   decr_val:                 a_8255_out:
    ldi    acc0,$ff        mov    shlp0,outval        sts    MS500,r0           ; outbyte in shlp0
    mov    shlp0,acc0      call   a_8255_out          cpi    outval,$00         cbi    PORTD,3
    call   led_out      state2_a:                     breq   state2_a           out    PORTC,shlp0
                            sbrs   stavec,1            mov    acc0,outval        ldi    sacc0,$ff
state0:                     rjmp   state2_a            andi   acc0,$0f           out    DDRC,sacc0
    ser    acc0            cbr    stavec,$01           cpi    acc0,$00           sbi    PORTD,3
    mov    shlp0,acc0      call   c_8255_in           brne   decr_low           ldi    sacc0,$ff
    call   a_8255_out      mov    acc0,shlp0          swap   outval             out    PORTC,sacc0
                           com    acc0                dec    outval             ldi    sacc0,$00
state0_a:                  and    acc0,oldbut         swap   outval             out    DDRC,sacc0
    sbrs   stavec,0        mov    oldbut,shlp0        ori    outval,$09         ret
    rjmp   state0_a        sbrc   acc0,0              rjmp   state2
    cbr    stavec,$07      rjmp   state0          decr_low:                 led_out:
    call   c_8255_in       sbrc   acc0,1              dec    outval             ; outbyte in shlp0
    sbrc   shlp0,0         rjmp   incr_val            rjmp   state2             ldi    sacc0,$08
    rjmp   state0_a        sbrc   acc0,2                                        in     sacc1,PORTD
    sts    MS27,r0         rjmp   decr_val        state3:
    sts    MS500,r0        sbrs   stavec,2            sbrs   stavec,1       led_out_nxt:
    rjmp   state1          rjmp   state2_a            rjmp   state3             andi   sacc1,$4f
                           cbr    stavec,$04          cbr    stavec,$01         lsl    shlp0
state1:                    rjmp   state3              call   c_8255_in          brcc   led_out_d0
    sbrs   stavec,0                                   mov    acc0,shlp0         ori    sacc1,$10
    rjmp   state1      incr_val:                      com    acc0           led_out_d0:
    cbr    stavec,$01      sts    MS500,r0            and    acc0,oldbut        out    PORTD,sacc1
    call   c_8255_in       cpi    outval,$99          mov    oldbut,shlp0       ori    sacc1,$20
    sbrc   shlp0,0         breq   state2_a            sbrc   acc0,0             out    PORTD,sacc1
    rjmp   state0_a        mov    acc0,outval         rjmp   state0             dec    sacc0
    sbrs   stavec,1        andi   acc0,$0f            sts    MS500,r0           brne   led_out_nxt
    rjmp   state1          cpi    acc0,$09            rjmp   state2
    mov    oldbut,shlp0    brne   incr_low                                      andi   sacc1,$4f
    cbr    stavec,$07      swap   outval                                       ori    sacc1,$80
    sts    MS27,r0         inc    outval                                       out    PORTD,sacc1
    sts    MS500,r0        swap   outval          c_8255_in:                    andi   sacc1,$4f
    ldi    outval,$00      andi   outval,$f0          ; lower nibble returned in shlp0   out    PORTD,sacc1
    rjmp   state2          rjmp   state2              sbi    PORTA,5            ret
                       incr_low:                      cbi    PORTD,2
                           inc    outval              nop
                           rjmp   state2              nop
                                                      nop
                                                      in     shlp0,PINC
                                                      sbi    PORTD,2
                                                      cbi    PORTA,5
                                                      ret
```

Abb. 7.56 Programm für einen zweistufigen Vor-/Rückwärtszähler mit einer 7-Segment-Anzeige

auf „mov" fortgesetzt und der Wert „outval" in den Akkumulator geladen. Es folgt eine UND-Verknüpfung zwischen Akkumulator und dem Wert „0f". Der Inhalt des Akkumulators wird durch „cpi" mit dem Wert „09" verglichen. Anschließend erfolgt der Befehl „brne" („Branch if Not Equal") und springt nach „incr_low" oder der Befehl „swap" vertauscht die Nibbles im Register „outval". Danach wird inkrementiert, der Inhalt vom „outval" wird wieder geswapt, eine UND-Verknüpfung von „outval" mit dem Wert „f0"durchgeführt. Zum Schluss wird noch ein unbedingter Sprung nach „state2" ausgeführt.

Die beiden Programme „incr_low" und „decr_low" sind bis auf die Befehle „inc" (inkrementiere) und „dec" identisch. Es wird immer das Register „outval" verringert oder erhöht.

Direkt an das Programm „incr_low" schließt „decr_val" an. Zuerst wird das Register r0 in das SRAM unter „MS500" abgespeichert. Dann wird durch „cpi" der Wert „outval" mit „00" verglichen, danach folgt eine Verzweigung mit „breq", ob der Inhalt gleich oder ungleich ist. Ist er gleich, führt das Programm einen Sprung nach „state2_a" aus, oder das Programm wird auf „mov" fortgesetzt und der Wert „outval" in den Akkumulator geladen. Es folgt eine UND-Verknüpfung zwischen Akkumulator und dem Wert „0f". Der Inhalt des Akkumulators wird durch „cpi" mit dem Wert „00" verglichen. Anschließend erfolgt der Befehl „brne" („Branch if Not Equal") und springt nach

„incr_low", oder der Befehl „swap" vertauscht die Nibbles in „outval". Danach wird inkrementiert, der Inhalt wieder vom „outval" geswapt und eine UND-Verknüpfung von „outval" und „f0" durchgeführt. Zum Schluss wird noch ein unbedingter Sprung nach „state2"ausgeführt.

Direkt an das Programm „decr_low" schließt „state" an. Zuerst wird der Statusvektor mit dem Wert „1" verglichen. Entweder springt das Programm auf „state3" zurück oder der Statusvektor wird auf „01" gesetzt. Danach wird mit „cal" der Inhalt von PORTC gelesen. Es folgt das Laden des Akkumulators mit dem Inhalt vom Subhilfsregister mit „mov". Mit „com" wird der Inhalt des Akkumulators negiert und über UND mit „oldbut" verglichen. Anschließend wird der Inhalt vom Subhilfsregister nach „oldbut" geladen. Es erfolgt eine Entscheidung mit „sbrc", ob der Akkumulator den Wert „0" hat. Es erfolgt ein Rücksprung nach „state0", oder mit „sts" wird das Register r0 auf die Speicherzelle „MS500" geladen. Zum Schluss wird noch ein unbedingter Sprung nach „state2" durchgeführt.

Im Programm „c_8255_in" sieht man wieder die NOP-Befehle, eine kurze Verzögerung für den Baustein 8255. Dann folgt das Programm „a_8255_out" und die Ausgabe des 7-Segment-Codes für die Anzeige.

7.5.10 Zweistelliges Betriebsvoltmeter

Mit einem zweistelligen Betriebsvoltmeter soll eine Produktionsanlage überwacht werden. Der Spannungsbereich des Voltmeters liegt zwischen 0 V und 1,5 V. Durch einen externen Spannungsteiler lässt sich der Bereich des Voltmeters entsprechend erweitern. Abb. 7.57 zeigt das Programm für das zweistellige Betriebsvoltmeter.

Bei dem Programm wird wieder die erste Messung ignoriert, dann erfolgen vier Messungen der Eingangsspannung. Durch die vier Additionen ergibt sich ein relativ genauer Wert der Eingangsspannung.

Das Hauptprogramm beginnt mit dem Setzen des Registers vom Akkumulator und dann folgt der Aufruf mit „mov" mit dem Laden des Akkumulators in das Subhilfsregister. Zum Schluss wird der „call"-Befehl zum Aufruf des Unterprogramms für die LED-Anzeige ausgeführt.

Das Programm „main" startet mit dem Laden des Akkumulators mit dem Statusvektor. Dann wird der Inhalt des Akkumulators mit dem Wert „06" über eine UND-Verknüpfung durchgeführt und danach noch mit dem „cpi"-Befehl mit dem Wert „06" verglichen. Anschließend erfolgt eine Entscheidung, ob der Befehl „brne" (Branch if Not Equal) die Bedingung „nicht gleich" erfüllt. Das Programm springt auf „main" zurück oder beginnt mit dem nächsten Programmteil. Das Resultat der Messung befindet sich in den beiden Registern AVH und AVL. Dazu lädt der Befehl „lds" direkt den Inhalt des AVL-Registers vom SRAM in das Hilfsregister. Beim nächsten Befehl „ldi" wird in den Akkumulator der Wert „08" eingeschrieben, dann erfolgt eine Addition zwischen dem Hilfsregister und dem Akkumulator. Als nächstes erfolgt das Laden des Registers

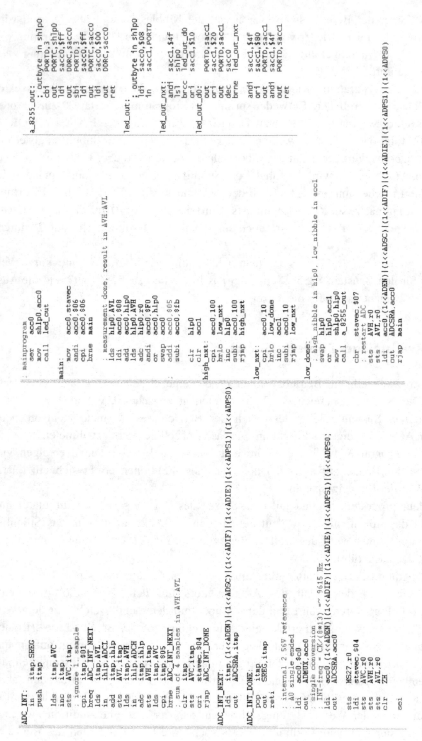

Abb. 7.57 Programm für das zweistellige Betriebsvoltmeter

AVH in das Hilfsregister und dann eine Addition zwischen dem Hilfsregister und dem Register r0 unter Berücksichtigung des Übertrags. Anschließend wird eine UND-Verknüpfung mit dem Wert „F0" ausgeführt, eine ODER-Verknüpfung mit dem Inhalt des Hilfsregisters wird durchgeführt. Es folgt der „swap"-Befehl und der Austausch der beiden Nibbles im Akkumulator. Anschließend wird der Akkumulatorinhalt noch mit dem Wert „05" addiert und mit dem Wert „fb" subtrahiert. Zum Schluss werden Hilfsregister und Akkumulator gelöscht.

Das Programm „high_nxt" beginnt mit dem „cpi"-Befehl, der Akkumulator wird mit dem Wert „100" geladen. Dann erfolgt der Vergleich mit dem Befehl „brlo" (Branch if Lower), das Programm springt auf „low_nxt" oder das Hilfsregister wird inkrementiert. Anschließend wird vom Inhalt des Akkumulators der Wert „100" subtrahiert, zum Schluss springt das Programm auf „high_nxt" zurück.

Das Programm „low_nxt" beginnt mit dem „cpi"-Befehl und der Akkumulator wird mit dem Wert „10" geladen. Dann erfolgt der Vergleich mit dem Befehl „brlo" (Branch if Lower), das Programm springt auf „low_done" oder der Akkumulator wird inkrementiert. Anschließend wird vom Inhalt des Akkumulators der Wert „10" subtrahiert, zum Schluss springt das Programm auf „low_nxt" zurück.

Das Programm „low_done" startet mit einem „swap"-Befehl und die beiden Nibbles des Hilfsregisters werden vertauscht. Dann wird der Inhalt des Hilfsregisters mit dem Akkumulator über ODER verknüpft. Der Inhalt vom Hilfsregister wird in das Subhilfsregister geschrieben. danach wird mit dem „call"-Befehl der Schnittstellenbaustein 8255 aufgerufen. In der nächsten Programmzeile wird der Statusvektor mit dem Wert „07" gehalten. Die Werte des Registers r0 werden direkt in dem SRAM gespeichert. Danach folgt der Befehl „ldi" und die Werte werden direkt im Akkumulator gespeichert. Anschließend wird der Inhalt des Akkumulators direkt in das „ADCSRA-Register" geschrieben und zum Schluss folgt der Rücksprung nach „main".

7.5.11 Ansteuerung einer zehnstelligen Baranzeige

Eine zehnstellige Baranzeige beinhaltet zehn Leuchtdioden. Die Leuchtdioden sind in dem Gehäuse separat angeordnet, daher müssen alle Anschlüsse der Anoden angeschlossen werden. Die Anoden sind alle mit der Betriebsspannung verbunden. Für die Katoden sind zehn Widerstände mit je 330 Ω erforderlich. Die wertniedrigste Leuchtdiode wird mit dem Anschluss PA0 verbunden. Entsprechend wird die achte Leuchtdiode mit PA7 verbunden. Die beiden höherwertigen Leuchtdioden sind mit PC0 und PC1 zu verbinden. PC4 arbeitet als Eingang für den Drücker, über den der Schiebetakt bestimmt wird. Der Schnittstellenbaustein 8255 arbeitet in der Betriebsart 4, wie Abb. 7.58 zeigt.

Bei einem 0-Signal an PA0 wird die Leuchtdiode mit Masse durch den Schnittstellenbaustein 8255 verbunden und es fließt ein Strom von +5 V über die Leuchtdiode. PORTA und der niederwertige PORTC arbeiten in dieser Betriebsart als Ausgänge für die Ansteuerung der Leuchtdioden in der Baranzeige. Der Drücker für den Schiebetakt wird an PC4 angeschlossen.

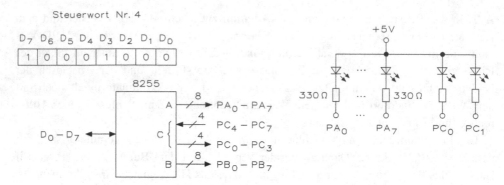

Abb. 7.58 Ansteuerung der zehnstelligen Baranzeige

Abb. 7.59 zeigt das Programm zur Ansteuerung einer zehnstelligen Baranzeige im Einrichtungsbetrieb. Das Hauptprogramm „main" beginnt mit dem Laden des Akkumulators mit dem Wert „fe". Dann erfolgt eine Speicherung auf der Adresse „SHREG_L" und die Speicherung im SRAM bei ATmega32. Der Akkumulator wird gesetzt, dann erfolgt das Laden des Akkumulators auf der Adresse „SHREG_H" und die Speicherung im SRAM des ATmega32. „SHREG" steht für das Schieberegister. Danach folgt der Aufruf von „led_out". Der „lds"-Befehl bringt den Inhalt der Speicherzelle „SHREG_L" in das Subhilfsregister. Es folgt „call" und der Sprung auf die Adresse „a_8255_out". Der „lds"-Befehl bringt den Inhalt der Speicherzelle „SHREG_H" in das Subhilfsregister. Es folgt „call" und das Programm wird auf „a_8255_out" fortgesetzt.

Das Programm „main" führt einen „sbrs"-Befehl mit dem Statusvektor durch. Ist das Register auf Wert „0", wird der „cbr"-Befehl ausgeführt und bei 1-Signal auf „main" weitergearbeitet. Hierbei wird die Taste abgefragt, ob sie geschlossen (0-Signal) oder offen (1-Signal) ist. Ist die Taste geschlossen, kann das Programm gestartet und der Statusvektor auf den Wert „01" gesetzt werden. Die untere LED leuchtet auf, wenn „call" mit „c_8255_in" geprüft worden ist. Mit dem „bst"-Befehl wird der Zustand im T-Register gespeichert, dann erfolgt mit dem „brts"-Befehl eine Verzweigung, ob das T-Flag gesetzt ist oder nicht. Das Programm arbeitet auf „but_c4_off" weiter, oder es wird der Statusvektor mit „stavec" und dem Wert „2" verglichen. Es folgt ein direkter Sprung nach „but_c4_done", oder der Statusvektor wird mit dem Wert „04" geladen. Den Abschluss bildet ein unbedingter Sprung nach „main".

Das Programm „but_c4_off" vergleicht den Statusvektor mit dem Wert „04" und springt nach „main". Das Programm „but_c4_done" startet mit dem Löschen des Status-vektors und dem Setzen des Bit 4. Der Akkumulator wird mit dem Wert „SHREG_L" und anschließend der andere Akkumulator mit dem Wert „SHREG_H" geladen. Der „lsl"-Befehl schiebt den Inhalt des Akkumulators nach links in die nächsthöhere Bit-stelle. Mit dem „rol"-Befehl wird der Inhalt nach links durch das Carrybit geschoben und dann der Akkumulator direkt unter „SHREG_L" im SRAM des ATmega32

```
; mainprogram                c_8255_out:                     led_out_d0:
     ldi    acc0,$fe             ; lower nibble in shlp0          out    PORTD,sacc1
     sts    SHREG_L,acc0         sbi    PORTA,5                   ori    sacc1,$20
     ser    acc0                 cbi    PORTD,3                   out    PORTD,sacc1
     sts    SHREG_H,acc0         out    PORTC,shlp0               dec    sacc0
     mov    shlp0,acc0           ldi    sacc0,$ff                 brne   led_out_nxt
     call   led_out              out    DDRC,sacc0
                                 sbi    PORTD,3                   andi   sacc1,$4f
     lds    shlp0,SHREG_L        ldi    sacc0,$ff                 ori    sacc1,$80
     call   a_8255_out           out    PORTC,sacc0               out    PORTD,sacc1
     lds    shlp0,SHREG_H        ldi    sacc0,$00                 andi   sacc1,$4f
     call   c_8255_out           out    DDRC,sacc0                out    PORTD,sacc1
                                 cbi    PORTA,5                   ret
main:                            ret
     sbrs   stavec,0
     rjmp   main                c_8255_in:
                                 ; higher nibble returned in shlp0
     cbr    stavec,$01           sbi    PORTA,5
     call   c_8255_in            cbi    PORTD,2
     bst    shlp0,4              nop
     brts   but_c4_off           nop
     sbrc   stavec,2             nop
     rjmp   but_c4_done          in     shlp0,PINC
     cbr    stavec,$04           sbi    PORTD,2
     rjmp   main                 cbi    PORTA,5
                                 ret
but_c4_off:                     a_8255_out:
     sbr    stavec,$04           ; outbyte in shlp0
     rjmp   main                 cbi    PORTD,3
                                 out    PORTC,shlp0
but_c4_done:                     ldi    sacc0,$ff
     cbr    stavec,$04           out    DDRC,sacc0
     lds    acc0,SHREG_L         sbi    PORTD,3
     lds    acc1,SHREG_H         ldi    sacc0,$ff
     lsl    acc0                 out    PORTC,sacc0
     rol    acc1                 ldi    sacc0,$00
     sts    SHREG_H,acc1         out    DDRC,sacc0
     clr    hlp0                 ret
     sbrc   acc1,2
     inc    hlp0                led_out:
     or     acc0,hlp0            ; outbyte in shlp0
     sts    SHREG_L,acc0         ldi    sacc0,$08
                                 in     sacc1,PORTD
     mov    shlp0,acc0
     call   a_8255_out          led_out_nxt:
     mov    shlp0,acc1           andi   sacc1,$4f
     call   c_8255_out           lsl    shlp0
     rjmp   main                 brcc   led_out_d0
                                 ori    sacc1,$10
```

Abb. 7.59 Programm zur Ansteuerung einer zehnstelligen Baranzeige im Einrichtungsbetrieb

abgespeichert. Mit dem „clr"-Befehl wird das Hilfsregister gelöscht, dann mit „sbrc" der Akkumulator mit dem Wert „2" geladen. Das Hilfsregister wird inkrementiert und dann mit dem Akkumulator über ODER verknüpft. Der Inhalt des Akkumulators wird unter „SHREG_L" in das SRAM abspeichert. Dann erfolgt mit „mov" das Laden des Akkumulators in das Subhilfsregister. Es wird mit „call" der Schnittstellenbaustein „a_8255_out" aufgerufen. Anschließend erfolgt mit „mov" das Laden des Akkumulators in das Subhilfsregister. Zum Schluss folgt ein unbedingter Rücksprung nach „main".

Das Programm „c_8255_out" startet mit dem „sbi"-Befehl und PORTA wird auf den Wert „5" gesetzt. Dann wird das I/O-Register gelöscht und Bit 3 im PORTD freigegeben. Es erfolgt die Ausgabe des Subhilfsregisters nach PORTC. Der Subakkumulator wird mit dem Wert „ff" geladen und auf das DDRC-Register gegeben. Der „sbi"-Befehl setzt PORTD auf Wert „3" und dann wird der Subakkumulator mit dem Wert „ff" geladen. Es erfolgt eine Ausgabe des Subakkumulators nach PORTC. Mit dem „ldi"-Befehl wird der Subakkumulator mit dem Wert „00" geladen und danach in dem DDRC-Register abgespeichert. Das I/O-Register wird gelöscht und auf den Wert „5" gebracht. Den Schluss bildet „ret", und das Unterprogramm wird verlassen.

Das Programm „c_8255_in" startet mit dem Setzen der Bits im I/O-Register auf den Wert „5" und PORTA ist gesetzt. Mit dem „cbi"-Befehl wird PORTD auf den Wert „2" zurückgesetzt, dann folgen drei NOP-Befehle für eine geringe Zeitverzögerung. Der Wert von PINC wird in das Subhilfsregister geladen und danach PORTD auf den Wert „2" gesetzt. Es folgt ein Löschen von PORTA auf dem Wert „5". Den Abschluss bildet „ret" und die Subroutine wird verlassen.

Es folgt das Programm „a_8225_out" mit dem Löschen von PORTD und die Ausgabe des Subhilfsregisters auf den PORTC. Dann wird der Subakkumulator mit dem Wert „ff" geladen und der Inhalt des Subakkumulators in das DDRC-Register geschrieben. Mit dem „sbi"-Befehl wird das I/O-Register mit dem Wert „3" geladen und dann der Subakkumulator mit „ff" übertragen. Dieser Inhalt wird auf PORTC gegeben. Das Gleiche geschieht mit dem nächsten „ldi"-Befehl, der Subakkumulator wird mit dem Wert „00" geladen und danach in dem DDRC-Register gespeichert. Es folgt „ret" und die Subroutine wird abgeschlossen. Anschließend wird wieder der Subakkumulator mit dem Wert „08" geladen. Es folgt der „in"-Befehl mit dem Laden des PORTD in den Subakkumulator.

Das Programm „led_out_nxt" bestimmt die Ausgabe an den beiden 7-Segment-Anzeigen. Zuerst wird der Subakkumulator mit dem Wert „4f" über UND verknüpft. Der Inhalt des Subhilfsregisters wird durch den „lsl"-Befehl nach links verschoben und anschließend mit dem „brcc"-Befehl abgefragt. Ist das Carrybit gelöscht, wird mit „led_out_d0" das Programm fortgesetzt, ist das Carrybit gesetzt, erfolgt eine ODER-Verknüpfung mit dem Subakkumulator und der Wert „10" wird abgespeichert.

Es folgt das Programm „led_out_d0" mit der Ausführung, dass der Inhalt des Subakkumulators nach PORTD gegeben wird. Dann wird der Subakkumulator mit dem Wert „20" über ODER verknüpft und danach in PORTD übertragen. Der ATmega32 führt ein Dekrement aus und anschließend den „brne"-Befehl. Ist das Ergebnis gleich, springt das Programm nach „led_out_nxt", oder es führt eine UND-Verknüpfung mit dem Wert „4f" durch. Es folgt eine ODER-Verknüpfung zwischen dem Subakkumulator und dem Wert „80". Das Ergebnis wird auf PORTD gegeben. Dann folgt eine UND-Verknüpfung zwischen dem Subakkumulator und dem Wert „4f" mit der Ausgabe auf PORTD. Den Abschluss bildet der „ret"-Befehl, und die Subroutine wird verlassen.

Abb. 7.60 zeigt ein Programm zur Ansteuerung einer zehnstelligen Baranzeige im Zweirichtungsbetrieb. An dem Ausgang PC5 wird ein weiterer Taster angeschlossen. Der Taster an PC4 ist für den linken und der Taster an PC5 für den rechten Schiebebetrieb.

Das Hauptprogramm startet mit dem Laden des Akkumulators mit dem Wert „fe". Hier werden die Taster an PC4 und PC5 abgefragt. Der Wert „fe" wird vom Akkumulator in die Speicherzelle „SHREG_L" im SRAM des ATmega32 abgespeichert. Mit dem „ser"-Befehl wird der Akkumulator gesetzt, es folgt eine Speicherung nach „SHREG_H" im SRAM. Danach erfolgt mit „mov"die Übertragung des Akkumulators in das Subhilfsregister. Anschließend erfolgt ein „call"-Aufruf von „led_out". Der Inhalt von Speicherzelle

```
; mainprogram        sh_up:                        a_8255_out:
    ldi   acc0,$fe         lds   acc1,SHREG_H           ; outbyte in shlp0
    sts   SHREG_L,acc0     sbrs  acc1,1                  cbi   PORTD,3
    ser   acc0             rjmp  main                    out   PORTC,shlp0
    sts   SHREG_H,acc0     lds   acc0,SHREG_L            ldi   sacc0,$ff
    mov   shlp0,acc0       lsl   acc0                    out   DDRC,sacc0
    call  led_out          ori   acc0,$01               sbi   PORTD,3
                           rol   acc1                    ldi   sacc0,$ff
    lds   shlp0,SHREG_L    sts   SHREG_H,acc1            out   PORTC,sacc0
    call  a_8255_out       sts   SHREG_L,acc0           ldi   sacc0,$00
    lds   shlp0,SHREG_H                                 out   DDRC,sacc0
    call  c_8255_out  disp_out:                          ret
                           mov   shlp0,acc0
main:                      call  a_8255_out        led_out:
                           mov   shlp0,acc1            ; outbyte in shlp0
    sbrs  stavec,0         call  c_8255_out            ldi   sacc0,$08
    rjmp  main             rjmp  main                   in    sacc1,PORTD

    cbr   stavec,$01                                led_out_nxt:
    call  c_8255_in   c_8255_out:                       andi  sacc1,$4f
                           ; lower nibble in shlp0      lsl   shlp0
    mov   acc1,stavec      sbi   PORTA,5                brcc  led_out_d0
    andi  acc1,$30         cbi   PORTD,3                ori   sacc1,$10
    mov   acc0,shlp0       out   PORTC,shlp0        led_out_d0:
    andi  acc0,$30         ldi   sacc0,$ff             out   PORTD,sacc1
    andi  stavec,$cf       out   DDRC,sacc0            ori   sacc1,$20
    or    stavec,acc0      sbi   PORTD,3                out   PORTD,sacc1
    com   acc0             ldi   sacc0,$ff             dec   sacc0
    and   acc0,acc1        out   PORTC,sacc0           brne  led_out_nxt
                           ldi   sacc0,$00
    sbrc  acc0,4           out   DDRC,sacc0             andi  sacc1,$4f
    rjmp  sh_up            cbi   PORTA,5                ori   sacc1,$80
    sbrs  acc0,5           ret                          out   PORTD,sacc1
    rjmp  main                                          andi  sacc1,$4f
                                                        out   PORTD,sacc1
    ; sh_down         c_8255_in:                        ret
    lds   acc0,SHREG_L     ; higher nibble returned in shlp0
    sbrs  acc0,0           sbi   PORTA,5
    rjmp  main             cbi   PORTD,2
    lds   acc1,SHREG_H     nop
    lsr   acc1             nop
    ori   acc1,$80         nop
    ror   acc0             in    shlp0,PINC
    sts   SHREG_H,acc1     sbi   PORTD,2
    sts   SHREG_L,acc0     cbi   PORTA,5
    rjmp  disp_out         ret
```

Abb. 7.60 Programm zur Ansteuerung einer zehnstelligen Baranzeige im Zweirichtungsbetrieb

„SHREG_L" wird mit dem „lds"-Befehl direkt in das Subhilfsregister geladen. Es folgt mit „call"der Aufruf von „a_8255_out". Der Inhalt von Speicherzelle „SHREG_H" wird mit dem „lds"-Befehl direkt in das Subhilfsregister geladen. Anschließend folgt mit „call" der Aufruf von „a_8255_out".

Das Programm „main" startet mit „sbrs" und der Statusvektor wird mit „0" verglichen. Es folgt ein Rücksprung nach „main". Dann werden mit dem „cbr"-Befehl die Bits mit dem Wert „01" verglichen, danach wird mit „call" das Programm „c_8255_in" für die Taste an PC4 (Vorwärtsschieben) abgefragt. Mit „mov" wird der Statusvektor in den Akkumulator geladen, danach mit UND auf den Wert „30" verknüpft. Anschließend wird mit „mov" der Wert des Subhilfsregisters in den Akkumulator geladen und über UND mit dem Wert „30" verknüpft. Der Statusvektor wird mit dem Wert „cf" geladen und danach mit dem Akkumulator über ODER verknüpft. Der „com"-Befehl führt eine Negation aus, denn die beiden Drücker sind 1-Signal aktiv. Es erfolgt eine UND-Verknüpfung zwischen den beiden Akkumulatoren. Mit „sbrc" wird der Inhalt des Akkumulators mit dem Wert „4" verglichen, danach erfolgt ein unbedingter Sprung auf „sh_up", oder mit „sbrs" wird der Akkumulator mit dem Wert „5" verglichen. Es folgt ein unbedingter Sprung nach „main". Anschließend wird der Speicherinhalt von „SHREG_L" vom SRAM dirckt in

den Akkumulator geladen. Es folgt „sbrs" zwischen Akkumulator und dem Wert „0".
Entweder führt das Programm einen unbedingten Sprung aus oder der Speicherinhalt
von „SHREG_H" wird direkt in den Akkumulator geladen. Mit dem „lsr"-Befehl wird
der Inhalt vom Akkumulator nach rechts um eine Stelle verschoben. Der Inhalt des
Akkumulators wird über „ori" verknüpft, anschließend wird der Akkumulator über „ror"
durch das „Carrybit" nach rechts verschoben. Mit den beiden „sts"-Befehlen werden die
zwei Inhalte der Akkumulatoren nach „SHREG_H" und „SHREG_L" abgespeichert. Den
Schluss bildet der unbedingte Sprung nach „disp_out".

Das Programm „sh_up" beginnt mit einem Laden des Akkumulators mit dem Wert
von Speicherzelle „SHREG_H". Mit „sbrs" wird der Akkumulator mit dem Wert „1"
geladen. Ist „sbrs" erfüllt, wird ein unbedingter Sprung auf „main" ausgeführt,oder durch
den „lds"-Befehl wird die Speicherzelle „SHREG_L" in den Akkumulator geladen.
Mit dem „lsl"-Befehl wird der Inhalt des Akkumulators nach links geschoben und nach
jedem Schieben wird der Akkumulator mit dem Wert „01" über ODER verknüpft. Es
folgt der „rol"-Befehl und der Wert im Akkumulator wird nach links verschoben. Es
folgt zum Schluss die Speicherung des „SHREG_H" und „SHREG_L" in die Speicherzellen des SRAM vom ATmega32.

Mit dem Programm „disp_out" werden die beiden Register a und c im Schnittstellenbaustein geladen. Mit „mov" wird der Akkumulator in das Subhilfsregister geladen und
dann mit „call" in das a-Register vom 8255 transportiert. Das Gleiche gilt auch für das
c-Register im 8255.

Das Ende der Programme wurde bereits besprochen.

Abb. 7.61 zeigt ein Programm zur Ansteuerung einer zehnstelligen Baranzeige mittels
AD-Wandler. Die Baranzeige stellt die Eingangsspannung vom analogen Eingangskanal
PA0 (ADC0) dar. Das Hauptprogramm arbeitet mit dem Setzen des Akkumulators und
der Übertragung des Akkumulators in das Subhilfsregister. Danach folgt ein „call" von
„led_out", mit „mov" wird der Inhalt vom Akkumulator in das Subhilfsregister geladen.
Damit ist die Anzeige über die Leuchtdioden gesperrt und die Ausgabe erfolgt über
„a_8255_out" und „c_8255_out".

Das Programm „main" startet mit dem Laden des Statusvektors in den Akkumulator
und der Inhalt wird mit dem Wert „06" über UND verknüpft. Anschließend wird der
Akkumulator mit der Konstanten „06" verglichen, dann erfolgt der „brne"-Befehl nach
„main". Das Resultat des Wandlers befindet sich in den Registern AVH und AVL. Beide
Ergebnisse werden direkt in den Akkumulator 0 (AVL) und 1 (AVH) geladen. Den
Schluss bildet das Löschen des Hilfsregisters.

Das Programm „sub_nxt" führt ein Inkrement im Hilfsregister durch. Wegen der
Stellenverschiebung in den beiden Akkumulatoren muss beim Akkumulator 0 ein Subtrahieren des Werts „75" und im Akkumulator 1 eine Subtraktion unter Berücksichtigung
des Carrybits mit „01" durchgeführt werden. Mit „brcc" wird das Carrybit auf den Wert
„0" abgefragt. Ist die Bedingung nicht erfüllt, wird auf „sub_nxt" gegangen. Andernfalls
führt das Hilfsregister ein Dekrement aus. Die beiden Akkumulatoren werden mit dem
„ser"-Befehl gesetzt.

```
; mainprogram
        ser     acc0
        mov     shlp0,acc0
        call    led_out
        mov     shlp0,acc0
        call    a_8255_out
        mov     shlp0,acc0
        call    c_8255_out

main:
        mov     acc0,stavec
        andi    acc0,$06
        cpi     acc0,$06
        brne    main

        ; measurement done. result in AVH:AVL
        lds     acc0,AVL
        lds     acc1,AVH
        clr     hlp0

sub_nxt:
        inc     hlp0
        subi    acc0,$75
        sbci    acc1,$01
        brcc    sub_nxt

        dec     hlp0
        ; hlp0 = 0 ... 9
        ser     acc0
        ser     acc1

sh_nxt:
        cp      hlp0,r0
        breq    disp_out
        dec     hlp0
        lsl     acc0
        rol     acc1
        rjmp    sh_nxt
```

```
disp_out:
        mov     shlp0,acc0
        call    a_3255_out
        mov     shlp0,acc1
        call    c_3255_out

        cbr     stavec,$07
        ; restart ADC
        sts     AVH,r0
        sts     AVL,r0
        ldi     acc0,(1<<ADEN)|(1<<ADSC)|(1<<ADIF)|(1<<ADIE)|(1<<ADPS1)|(1<<ADPS0)
        out     ADCSRA,acc0
        rjmp    main


c_8255_out:
        ; lower nibble in shlp0
        sbi     PORTA.5
        cbi     PORTD.3
        out     PORTC,shlp0
        ldi     sacc0,$ff
        out     DDRC,sacc0
        sbi     PORTD.3
        ldi     sacc0,$ff
        out     PORTC,sacc0
        ldi     sacc0,$00
        out     DDRC,sacc0
        cbi     PORTA.5
        ret


a_8255_out:
        ; outbyte in shlp0
        cbi     PORTD.3
        out     PORTC,shlp0
        ldi     sacc0,$ff
        out     DDRC,sacc0
        sbi     PORTD.3
        ldi     sacc0,$ff
        out     PORTC,sacc0
        ldi     sacc0,$00
        out     DDRC,sacc0
        ret
```

```
led_out:
        ; outbyte in shlp0
        ldi     sacc0,$08
        in      sacc1,PORTD

led_out_nxt:
        andi    sacc1,$4f
        lsl     shlp0
        brcc    led_out_d0
        ori     sacc1,$10

led_out_d0:
        out     PORTD,sacc1
        ori     sacc1,$20
        out     PORTD,sacc1
        dec     sacc0
        brne    led_out_nxt

        andi    sacc1,$4f
        ori     sacc1,$80
        out     PORTD,sacc1
        andi    sacc1,$4f
        out     PORTD,sacc1
        ret
```

Abb. 7.61 Programm zur Ansteuerung einer zehnstelligen Baranzeige mit AD-Wandler

Das Programm „sh_nxt" beginnt mit einem Vergleich zwischen Register r0 und dem Hilfsregister. Dann folgt ein „breq"-Befehl, der eine Verzweigung nach „disp_out" oder ein Dekrement durchführt. Der Inhalt des Akkumulators wird mit dem „lsl"-Befehl nach links verschoben, mit dem „rol"-Befehl wird der Akkumulator unter Berücksichtigung vom Carrybit nochmals nach links geschoben. Es folgt der unbedingte Programmsprung nach „sh_nxt".

Das Programm „disp_out" bringt den Inhalt der beiden Akkumulatoren in den Schnittstellenbaustein 8522. Dann erfolgt das Löschen und Setzen des Statusvektors auf den Wert „07". Anschließend wird die Übernahme des Registers r0 in die Speicheradressen des SRAM und das Laden der Werte des AD-Wandlers durchgeführt.

Die anderen Programmteile sind mit den vorherigen Beispielen identisch.

7.6   ATmega32 mit der LCD-Anzeige

Auf der Platine befindet sich die parallele 4-Bit-Schnittstelle zur alphanumerischen LCD-Anzeige mit zwei Zeilen zu je 16 Charakteren. Die Schnittstelle zur LCD-Anzeige hat 14 Anschlüsse, die beiden Leitungen für die Beleuchtung befinden sich auf der rechten Seite der LCD-Anzeige. PC4-Pin des ATmega32 ist die Datenleitung D_4, die mit Eingang DB4 (Pin 4), PC5-Pin ist die Datenleitung D_5, die mit Eingang DB5 (Pin 3), PC6-Pin ist die Datenleitung D_6, die mit Eingang DB6 (Pin 2) und PC7-Pin ist die Datenleitung D_7, die mit dem Eingang DB7 (Pin 1) verbunden ist. Die anderen DB-Eingänge von den Pins 5 bis 8 befinden sich weder auf Masse (0 V) noch auf $+U_b = 5$ V.

Das Signal E (Read/Write Enable) für die LCD-Anzeige ist Pin 3 (PB2) des ATmega32 und ist mit der Schnittstelle an Pin 9 angeschlossen. Das Signal R/W (Read/Write) dient für den Lese- und Schreibbetrieb, der ATmega32 gibt dieses Signal an Pin 2 (PB1) aus und ist mit der Schnittstelle an Pin 10 angeschlossen. Das Signal RS (Select Display Data „H" or Instructions „L") schaltet die Anzeige von Daten auf Befehle um. Pin 1 des Mikrocontrollers ATmega32 ist mit der Schnittstelle an Pin 10 verbunden.

Pin 13 der Schnittstelle ist mit Masse (0 V) verbunden. Die LCD-Anzeige erhält an Pin 14 die Betriebsspannung von $+U_b = 5$ V.

Für die rückseitige Beleuchtung ist der Anodenanschluss direkt mit der Betriebsspannung zu verbinden. Der Katodenanschluss ist über einen Ein-Ausschalter und einen Widerstand an Masse anzuschließen. Durch den Schalter lässt sich die Beleuchtung ein- oder ausschalten.

Für die Ansteuerung der Anzeige sind noch einige Besonderheiten bei den Befehlen zu beachten. Mit Befehl LD (Load Indirect from Data Space to Register using Index X mit LD Rd, X, LD Rd, X+ oder LD Rd, −X) lädt dieser Befehl ein Byte,welches über das X-Register adressiert ist, aus dem Datenspeicher. Bei Mikrocontrollern mit SRAM besteht der Datenspeicher aus den Registern, I/O-Registern und dem internen SRAM. Das EEPROM hat einen eigenen Adressbereich. Die 16-Bit-Adresse der Speicherzelle wird im X-Pointer angegeben, wodurch Speicher mit maximal 64 Kbyte adressiert werden können. Den LD-Befehl benutzt das RAMPX-Register, um Speicherbereiche über 64 Kbyte anzusprechen und um auf ein anderes 64-Kbyte-Segmentzuzugreifen, muss also der Inhalt des RAMPX-Registers verändert werden. Das X-Register kann mit dem Befehl entweder unverändert bleiben oder wird automatisch (nach)inkrementiert bzw. (vor)dekrementiert. Das Inkrementieren und Dekrementieren wirkt sich auf die verketteten RAMPX- und X-Register aus. Bei Bausteinen mit nicht mehr als 256-Byte-Datenspeicher bleibt das High-Byte des X-Pointersunberücksichtigt und steht für andere Zwecke zur Verfügung.

Der Befehl LDD (Load Indirect from Data Space to Register using Index Y mit LD Rd, Y, LD Rd, Y+, LD Rd, −Y oder LDD Rd, Y + q) lädt ein Byte, das mit oder ohne Verschiebung (q) über das Y-Register adressiert ist, aus dem Datenspeicher. Bei Mikrocontrollern mit internem SRAM besteht der Datenspeicher aus den Registern, I/O-Registern und internem SRAM. Das EEPROM hat einen eigenen Adressbereich. Die 16-Bit-Adresse der Speicherzelle wird im Y-Pointer angegeben, womit sich maximal 64-Kbyte-Speicher adressieren lassen. Der LD-Befehl benutzt das RAMPY-Register, um Speicherbereiche über 64 Kbyte anzusprechen. Um auf ein anderes 64-Kbyte-Segment zuzugreifen, muss der Inhalt des RAMPY-Registers verändert werden. Das Y-Register kann mit dem Befehl entweder unverändert bleiben oder automatisch (nach)inkrementiert bzw. (vor)dekrementiert werden. Das Inkrementieren, Dekrementieren und die Verschiebung wirken sich auf die verketteten RAMPY- und Y-Register aus. Bei Bausteinen mit nicht mehr als 256-Byte-Datenspeicher bleibt das High-Byte des Y-Pointers unberücksichtigt und lässt sich für andere Zwecke verwenden.

Der Befehl LDD (Load Indirect from Data Space to Register using Index Z mit LD Rd, Z, LD Rd, Z+, LD Rd, −Z oder LDD Rd, Z + q) lädt ein Byte, das mit oder ohne Verschiebung (q) über das Z-Register adressiert ist, aus dem Datenspeicher. Bei Mikrocontrollern mit internem SRAM besteht der Datenspeicher aus den Registern, den I/O-Speichern und dem internen SRAM. Das EEPROM hat einen eigenen Adressbereich. Die 16-Bit-Adresse der Speicherzelle wird im Z-Pointer angegeben, womit sich maximal 64-Kbyte-Speicher adressieren lassen. Der LDD-Befehl benutzt das RAMPZ-Register, um Speicherbereiche über 64 Kbyte ansprechen zu können. Um auf ein anderes 64-Kbyte-Segment zuzugreifen, muss der Inhalt des RAMPZ-Registers verändert werden. Da der Z-Pointer auch für indirekte Unterprogrammaufrufe, indirekte Sprünge und das Auslesen von Tabellen aus dem Programmspeicher verwendet wird, sollte man besser die X- und Y-Pointer für das Adressieren von Speicherplätzen verwenden. Das Z-Register kann mit dem Befehl entweder unverändert bleiben oder automatisch (nach) inkrementiert bzw. (vor)dekrementiert werden. Das Inkrementieren, Dekrementieren und die Verschiebung wirken sich auf die verketteten RAMPZ- und Z-Register aus. Bei Bausteinen mit nicht mehr als 256 Byte Datenspeicher bleibt das High-Byte des Z-Pointers unberücksichtigt und lässt sich für andere Zwecke verwenden.

Der Befehl LDI (Load Immediate mit Rd, K) lädt eine Konstante in das Register Rd. Der Befehl kann nur mit den Registern R16 bis R31 verwendet werden.

Der Befehl LDS (Load Direct from Data Space mit LDS Rd, k) lädt ein Datum aus dem Datenspeicher in das Register Rd. Bei Mikrocontrollern mit internem SRAM besteht der Datenspeicher aus den Registern, I/O-Registern und dem internen SRAM. Das EEPROM hat einen eigenen Adressbereich. Die 16-Bit-Adresse muss immer angegeben werden, wobei der Speicherzugriff auf die tatsächlich vorhandenen Speicherzellen begrenzt ist. Der LDS-Befehl benutzt das RAMPD-Register, um Speicherbereiche über 64 Kbyte zu adressieren. Um auf ein anderes 64-Kbyte-Segment zugreifen zu können, muss der Inhalt des RAMPD-Registers verändert werden.

Der Befehl LPM (Load Program Memory, LPM, LPM Rd, Z oder LPM Rd, Z+) lädt ein Byte, das über das Z-Register adressiert ist, aus den unteren 64-Kbyte-Byte des Programmspeichers in das Register Rd. Der Programmspeicher hat an jeder Adresse zwei Bytes (1 Word). Daher adressiert das Z-Register, wenn das LSB = 0 ist, das niederwertige Byte der Adresse und mit LSB = 1 das höherwertige Byte des Wortes an der Adresse. Das Z-Register kann mit dem Befehl entweder unverändert bleiben oder automatisch inkrementiert werden. Bei Mikrocontrollern mit der Möglichkeit des Selbstprogrammierens kann der LPM-Befehl verwendet werden, um die Werte der Fuse- und Lock-Bits zu lesen.

Das Gegenstück zum Lade- ist der Speicherbefehl. Der Befehl ST (Store Indirect from Register to Data Space using Index X mit ST X, Rr, ST X+, Rr oder ST – X, Rr) speichert ein Byte, das über das X-Register adressiert ist, in den Datenspeicher. Bei Mikrocontrollern mit SRAM besteht der Datenspeicher aus den Registern, I/O-Registern und dem internen SRAM. Das EEPROM hat immer einen eigenen Adressbereich. Die 16-Bit-Adresse der Speicherzelle wird im X-Pointer angegeben,womit sich maximal 64-Kbyte-Speicher adressieren lassen. Der LD-Befehl benutzt das RAMPX-Register, um Speicherbereiche über 64 Kbyte anzusprechen. Um auf ein anderes 64-Kbyte-Segment zuzugreifen, muss der Inhalt des RAMPX-Registers verändert werden. Das X-Register kann mit dem Befehl entweder unverändert bleiben oder automatisch (nach)inkrementiert bzw. (vor)dekrementiert werden. Das Inkrementieren und Dekrementieren wirkt sich auf die verketteten RAMPX- und X-Register aus. Bei Mikrocontrollern mit nicht mehr als 256-Byte-Datenspeicher bleibt das High-Byte des X-Pointers unberücksichtigt und lässt sich für andere Zwecke verwenden.

Der Befehl STD (Store Indirect from Register to Data Space using Index Y mit ST Y, Rr, STY+, Rr, ST – Y, Rr oder STD Y + q, Rr) speichert ein Byte, das mit oder ohne Verschiebung (q) über das Y-Register adressiert ist, in den Datenspeicher. Bei Mikrocontrollern mit internem SRAM besteht der Datenspeicher aus den Registern, I/O-Registern und dem internen SRAM. Das EEPROM hat einen eigenen Adressbereich. Die 16-Bit-Adresse der Speicherzelle wird im Y-Pointer angegeben, womit maximal 64-Kbyte-Speicher adressiert werden können. Der ST-Befehl benutzt das RAMPY-Register, um Speicherbereiche über 64 Kbyte anzusprechen. Um auf ein anderes 64-Kbyte-Segment zugreifen zu können, muss man den Inhalt des RAMPY-Registers verändern. Das Y-Register kann mit dem Befehl entweder unverändert bleiben oder automatisch (nach)inkrementiert oder (vor)dekrementiert werden. Inkrementieren, Dekrementieren und Verschieben wirken sich auf die verketteten RAMPZ- und

Y-Register aus. Bei Bausteinen mit nicht mehr als 256-Byte-Datenspeicher bleibt das High-Byte desZ-Pointers unberücksichtigt und lässt sich für andere Zwecke verwenden.

Der andere Befehl STD (Store Indirect from Register to Data Space using Index Z mit ST Z, Rr, ST Z+, Rr, ST − Y, Rr oder STD Z + q, Rr) speichert ein Byte, das mit oder ohne Verschiebung (q) über das Z-Register adressiert ist, in den Datenspeicher. Bei Mikrocontrollern mit internem SRAM besteht der Datenspeicher aus den Registern, den I/O-Registern und dem internen SRAM. Das EEPROM hat immer einen eigenen Adressbereich. Die 16-Bit-Adresse der Speicherzelle wird im Z-Pointer angegeben, womit maximal 64-Kbyte-Speicher adressiert werden können. Der ST-Befehl benutzt das RAMPZ-Register,um Speicherbereiche über 64 Kbyte ansprechen zu können. Um auf ein anderes 64-Kbyte-Segment zuzugreifen, muss der Inhalt des RAMPZ-Registers verändert werden. Das Z-Register kann mit dem Befehl entweder unverändert bleiben oder automatisch (nach)inkrementiert bzw. (vor)dekrementiert werden. Inkrementieren, Dekrementieren und Verschieben wirken sich auf die verketteten RAMPZ- und Z-Register aus. Bei Bausteinen mit nicht mehr als 256-Byte-Datenspeicher bleibt das High-Byte des Z-Pointers unberücksichtigt und lässt sich für andere Zwecke verwenden.

Der Befehl STS (Store Direct to Data Space mit STS k, Rr) speichert ein Byte aus einem Register in den Datenspeicher. Bei Mikrocontrollern mit internem SRAM besteht der Datenspeicher aus den Registern, den I/O-Registern und dem internen SRAM. Das EEPROM hat einen eigenen Adressbereich. Die 16-Bit-Adresse muss immer angegeben werden, wobei der Speicherzugriff auf die tatsächlich vorhandenen Speicherzellen begrenzt ist. Der STS-Befehl benutzt das RAMPD-Register, um Speicherbereiche über 64 Kbyte anzusprechen. Um auf ein anderes 64-Kbyte-Segment zuzugreifen, muss also der Inhalt des RAMPD-Registers verändert werden.

7.6.1 Voltmeter mit vier Messkanälen

Gleich im ersten Versuch mit der LCD-Anzeige wird ein Assemblerprogramm geschrieben, das die Grenzen der Leistungsfähigkeit dieser Programmiermethoden zeigt. Eigentlich sollte man dieses Programm in C schreiben, wodurch sich eine einfache und übersichtliche Struktur ergibt.

Über die Analogeingänge von PA0 bis PA3 erhält der ATmega32 seine vier Eingangs-spannungen. Wenn man die Betriebsspannung der Platine einschaltet, befindet sich in der Anzeige der Spannungswert von Kanal 0 und Kanal 1. Durch die beiden rechten Tasten lassen sich die beiden anderen Kanäle aufrufen. Drückt man den oberen rechten Taster (Taster 4 im Programm), erscheint Kanal 3, drückt man nochmals den Taster, erscheint Kanal 2. Mit diesem Taster ergibt sich ein Abwärtsanzeigebetrieb. Drückt man den unteren rechten Taster (Taster 0 im Programm), erscheint Kanal 2, drückt man nochmals den Taster, erscheint Kanal 3. Mit diesem Taster ergibt sich ein Aufwärtsanzeigebetrieb. Gleichzeitig signalisiert die LED-Reihe die Anzeigerichtung.

Abb. 7.62 zeigt das Programm für ein Voltmeter mit vier Messkanälen.

Das Programm beginnt mit „RESET" und dem Setzen des Stackpointers SPH bzw. SPL. Dann folgt die Sperrung von MUSCSR. Danach ist das Setzen der ana-logen Eingänge mit A0 bis A3, und die Eingänge von PORTA sind mit internen Pull-up-Widerständen versehen. Hierzu wird der Akkumulator mit dem Wert „f0" geladen und dann auf PORTA gegeben. Anschließend wird der Akkumulator mit dem Wert „00" geladen und auf dem DDRA-Register ausgegeben. Damit sind die vier ana-logen Eingänge aktiviert und können vom Programm abgefragt werden.

PORTB soll die Steuersignale für die LCD-Anzeige erzeugen. Port B3 bis B7 arbeiten als Eingänge mit den internen Pull-up-Widerständen. Port B0 bis B2 sind als Ausgänge aktiviert, wobei B2 das Signal E, B1 das Signal R/W und B0 das Signal RS liefert. Der Akkumulator wird mit dem Wert „f0" geladen und dann auf PORTB ausgegeben. Der Akkumulator wird anschließend mit dem Wert „0f" geladen und im DDRB-Register gespeichert.

PORTC soll die Daten und Befehle für die LCD-Anzeige erzeugen. Alle acht Pins arbeiten als Ausgänge, wobei die Pins C4 bis C7 die Daten und Befehle sind, während die Pins C0 bis C3 keine Funktion aufweisen. Der Akkumulator wird mit dem Wert „00" geladen und dann auf PORTC gegeben. Anschließend wird der Akkumulator mit dem Wert „ff" geladen und im DDRC-Register gespeichert.

Für PORTD gilt, dass Pin D4 der serielle Ausgang, Pin D5 der Ausgang für den seriellen Takt, Pin D6 der Eingang für den seriellen Datenstrom und Pin D7 der Ausgang für den seriellen Takt ist. Die Pins D0 bis D3 haben keine Funktion und arbeiten mit externen Pull-up-Widerständen als Eingänge. Der Akkumulator wird mit dem Wert „00" geladen und dann auf PORTD gegeben. Anschließend wird der Akkumulator mit dem Wert „b0" geladen und im DDRD-Register gespeichert.

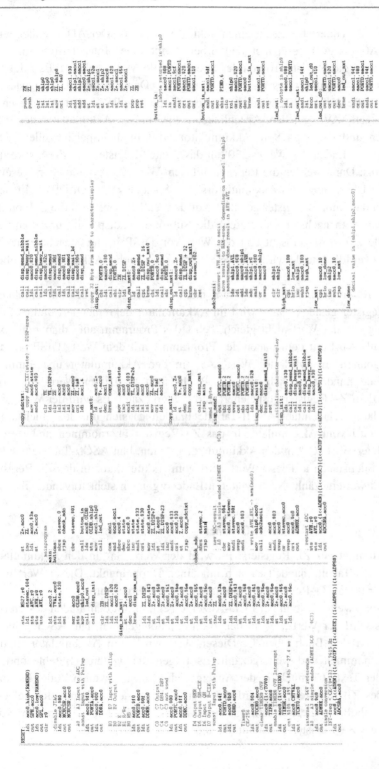

Abb. 7.62 Programm für ein Voltmeter mit vier Messkanälen

Die Funktion des Timers 0 erzeugt einen Takt von 27,4 ms. Der AD-Wandler wird auf ADMUX (A0 bis A3) geschaltet und arbeitet mit einer Interruptfrequenz von 9615 Hz. Dann wird das Register r0 von der Speicherzelle MS27 geladen. Es folgt ein indirektes Laden des Statusvektors mit dem Wert „04". Danach wird das Register r0 von der Speicherzelle AVL und Register r0 von der Speicherzelle AVH und Register r0 von der Speicherzelle AVL geladen. Anschließend wird in den Akkumulator der Wert „2" übernommen und der Wert vom Akkumulator wird in die Speicherzelle TVAL geladen. Es folgt das Laden des Wertes „30" in das „state"-Register und die Sperre des globalen Interrupts. Dann werden die Register mit dem Wert des Akkumulators gesetzt. Danach folgt die Übernahme des Akkumulators von Speicherzelle „OLDB". Mit dem mov-Befehl wird das Subhilfsregister geladen. Mit dem call-Befehl wird die Subroutine „led_out" und mit dem nächsten call-Befehl die Subroutine „disp_init" übernommen. Die Speicherzelle ZH wird gelöscht und der Wert von DISP in die Speicherzelle ZL geladen. Durch zwei ldi-Befehle wird der Wert „20" in die beiden Akkumulatoren übernommen.

Es folgt das Teilprogramm mit „disp_ram_nxt" und der Inhalt des Akkumulators wird in das Z-Register geladen. Dann wird im Akkumulator dekrementiert und es folgt eine Verzweigung. Ist der Wert nicht gleich, kehrt das Programm auf „disp_ram_nxt" zurück, andernfalls wird mit dem Laden des Programms mit dem Wert „DISP" in das ZL-Register begonnen. Es wird der Wert „43" in den Akkumulator übernommen, laut ASCII-Tabelle handelt es sich um den Buchstaben C. Dieser Wert wird vom Akkumulator in dem Z+-Register gespeichert und weitergezählt. Es wird der Wert „68" in den Akkumulator geladen,laut ASCII-Tabelle handelt es sich um den Buchstaben h. Dieser Wert wird vom Akkumulator in das Z+-Register übernommen und weitergezählt. Es wird der Wert „61" in den Akkumulator geladen, laut ASCII-Tabelle handelt es sich um den Buchstaben a. Dieser Wert wird vom Akkumulator in das Z+-Register übernommen und weitergezählt. Nach weiteren Ladevorgängen steht folgender Text im Z-Register:

Channel

Es folgt ein Inkrement des ZL-Registers. Es wird der Wert „3a" in den Akkumulator geladen, laut ASCII-Tabelle handelt es sich um einen Doppelpunkt. Dieser Wert wird vom Akkumulator in das Z+-Register übernommen und weitergezählt.

Der Text für die zweite Zeile in der LCD-Anzeige beginnt mit dem Laden des Wertes „DISP + 16". Es wird der Wert „43" in den Akkumulator geladen, laut ASCII-Tabelle handelt es sich um den Buchstaben C. Dieser Wert wird vom Akkumulator in das Z+-Register übernommen und weitergezählt. Es folgen die weiteren Befehle und es steht ebenfalls der Text „Channel" in der Anzeige, aber in der zweiten Zeile. Es folgt ein Inkrement des ZL-Registers. Es wird der Wert „3a" in den Akkumulator geladen und laut ASCII-Tabelle handelt es sich um einen Doppelpunkt. Dieser Wert wird vom Akkumulator in das Z+-Register übernommen und weitergezählt.

Das Hauptprogramm beginnt mit der Abfrage der beiden rechten Tasten. Dazu wird der Statusvektor auf den Wert „0" gesetzt und eine Entscheidung getroffen. Ist die Entscheidung positiv, setzt das Programm auf „check_adc" fort,andernfalls auf der nächsten Programmzeile. Der Statusvektor wird auf den Wert „01" übernommen, alle anderen Bits auf 0 gesetzt. Es folgt ein Aufruf von „button_in" und die Konstante von „OLDB" wird aus dem SRAM direkt in den Akkumulator geschrieben. Der Wert vom Subhilfsregister wird direkt in die „OLDB"-Speicherzelle des internen SRAM übertragen. Es folgt eine Übertragung des Subhilfsregisters in den Akkumulator und der Unterprogrammaufruf nach „led_out".

Mit „com" wird der Inhalt des Akkumulators direkt negiert, es handelt sich um ein 1-Komplement. Es folgt eine UND-Verknüpfung zwischen den beiden Akkumulatoren, dann wird eine Entscheidung mit „sbrc" getroffen. Der Akkumulator wird mit dem Wert „4" verglichen, anschließend wird ein Dekrement ausgeführt. Es folgt eine weitere Entscheidung, ob der Inhalt des Akkumulators dem Wert „0" entspricht. Es wird ein Inkrement mit dem Inhalt von „state" durchgeführt. Es folgt eine indirekte UND-Verknüpfung von „state" mit dem Wert „33", dann wird eine ODER-Verknüpfung mit dem Wert „30"ausgeführt. Der Wert von „state" wird in den Akkumulator übertragen, danach folgt das Laden vom „DISP + 7" in das ZL-Register. Der Inhalt des Akkumulators wird in dasZ-Register übertragen und dann der Inhalt von „DISP + 23" in das ZL-Register geladen. Der Akkumulator führt ein Inkrement aus, es folgt eine UND- und eine ODER-Verknüpfung. Der Wert des Akkumulators wird in das Z-Register abgespeichert, anschließend folgt der Sprung auf „copy_adctxt".

Das Programm „check_adc" prüft den internen AD-Wandler und der Statusvektor wird auf den Wert „2" gesetzt. Anschließend folgt ein Rücksprung auf „main".

Der nächste Teil im Programm ist ein neuer Wert für den AD-Wandler, der Hinweis auf den Einkanalbetrieb wird von A0 bis A3 über den internen Multiplexer übernommen. Zuerst wird der Statusvektor mit dem Wert „04" geladen, dann mit „mov" in den Akkumulator übertragen. Es folgt eine indirekte UND-Verknüpfung mit dem Wert „0f" und der „swap"-Befehl wird durchgeführt. Anschließend wird der Akkumulator mit der Konstanten „03" über UND verknüpft.

Im nächsten Schritt schreibt man mit „write AVH, AVL → mem (acc0)" den Wert der beiden Register in den Speicher. Hierzu überträgt man den Inhalt des Akkumulators in das Subhilfsregister, dann führt man einen Aufruf nach „adc2ascii" durch. Der Inhalt des Akkumulators wird inkrementiert und danach mit der UND-Verknüpfung mit dem Wert „03" durchgeführt. Es folgt ein Tauschen der beiden Nibbles im Akkumulator,eine ODER-Verknüpfung mit dem Statusvektor und ein erneuter „swap"-Befehl des Akkumulators. Danach wird eine ODER-Verknüpfung ausgeführt und der Wert in den AD-Multiplexer geschrieben. Damit kann man den Kanal von PA0 bis PA3 festlegen. Es folgt ein Restart des AD-Wandlers.

Mit dem Programm „copy_adctxt" wird der Zustand der Kanäle PA0 bis PA3 festgelegt. Der Inhalt von „state" wird in den Akkumulator transferiert und der Akkumulator mit dem Wert „03" über UND verknüpft. Das Register YH wird gelöscht und das

Register YL mit dem Wert „DISP + 10" geladen. Ab der zehnten Stelle beginnt die Ausgabe der Spannungswerte. Es folgt ein Löschen von Register ZH. In den nächsten drei Schritten wird der Inhalt des Akkumulators dreimal nach links verschoben. Der Inhalt des Akkumulators wird in das Register ZL übertragen und mit dem Wert „a0" über ODER verknüpft. Anschließend wird der Akkumulator noch mit dem Wert „6" geladen.

Das Programm „copy_nxt0" bringt den Inhalt von „Z+" in den Akkumulator und führt ein Postinkrement durch. Dann wird der Akkumulator in dem „Y+" gespeichert und ein Postinkrement ausgeführt. Der Inhalt des Akkumulators wird dekrementiert. Die Verzweigung mit „brne copy_nxt0" führt einen Sprung nach „copy_nxt0" durch, wenn das Ergebnis nicht gleich ist. Ist das Ergebnis gleich, wird „state" in den Akkumulator transferiert und dann inkrementiert. Das Ergebnis wird mit dem Wert „03" über UND verknüpft. Anschließend wird „DISP + 26" in das Register YL übernommen. Dann erfolgen drei Schiebebefehle nach links und der Akkumulator wird in das Register ZL transferiert. Der Inhalt des Akkumulators wird mit dem Registerinhalt ZL über ODER verknüpft und anschließend mit dem Wert „6" gespeichert.

Das Programm „copy_nxt1" bringt den Inhalt von „Z+" in den Akkumulator und führt ein Postinkrement durch. Dann wird der Akkumulator in dem „Y+" gespeichert und ein weiterer Postinkrement durchgeführt. Der Inhalt des Akkumulators wird dekrementiert. Die Verzweigung mit „brne copy_nxt1" führt einen Sprung nach „copy_nxt1" durch, wenn das Ergebnis nicht gleich ist. Es folgt „call" mit dem Aufruf „disp_out" und anschließend ein unbedingter Sprung nach „main".

Den Programmteil „send 1 Byte" und „disp_send" beginnt man mit dem Laden von PORTC mit dem Inhalt des Subakkumulators. Dann folgt der „sbi"-Befehl und Konstante „2" wird vom Register des PORTC subtrahiert. Es wird das I/O-Register von PORTB mit einer „2" geladen, und die anderen Bits werden gelöscht. Anschließend werden durch „swap" die beiden Nibbles oder Tetraden im Subakkumulator vertauscht. Der Inhalt des Subakkumulators wird in PORTC geladen und mit „sbi" wird „2" vom Register im PORTB subtrahiert. Das Register von PORTB wird mit dem Wert „2" geladen, alle anderen Bits des Registers werden gelöscht. Es folgt ein Ladevorgang vom Subakkumulator mit dem Wert „20".

Der Programmteil „disp_send_wait0" startet mit einem Dekrement des Subakkumulators. Es erfolgt eine Verzweigung,wenn der Inhalt nicht gleich ist, nach „disp_send_wait0", oder es wird aus der Subroutine gesprungen.

Der Programmteil „initialize character-display" und „disp_init" beginnt mit dem Laden des Subakkumulators des Wertes „30". Dann folgt ein „call" mit „disp_send_nibble" und „call" mit „disp_busy_wait". Nach diesen beiden „call"-Befehlen hat man wieder zwei „call"-Befehle mit „dis_send_nibble" und „disp_busy_wait". Diese Aufrufe sind für die nachfolgenden Befehle identisch, bis auf die Werte für den Subakkumulator. Zum Schluss ist ein „ret"-Befehl vorhanden.

Mit dem Programm „copy 32 Byte from DISP to character-display" und „disp_out" werden die 32 Byte für die LCD-Anzeige bereitgestellt. Dazu wird das I/O-Register von PORTB auf den Wert „80" gesetzt, also die anderen Bits im Register gelöscht. Dann folgt ein Ladebefehl von „80" in den Subakkumulator. Mit „call" wird der Programm-teil „disp_send" aufgerufen. Danach wird das I/O-Register von PORTB auf den Wert „0" gesetzt, die anderen Bits werden gelöscht. Anschließend wird das ZH-Rgister gelöscht und das ZL-Register mit dem Wert von „DISP" gesetzt. Es folgt „disp_out_nxt0" mit dem Laden des Subakkumulators und einem automatischen Postinkrement. Über „call" wird „disp_send"aufgerufen, anschließend das ZL-Register mit „DISP + 16" verglichen. Danach wird eine Entscheidung durchgeführt, ob der Inhalt ungleich ist. Wenn der Registerwert ungleich ist, wird das Programm auf „disp_out_nxt0" fortgeführt oder das Register wird mit „cbi" im PORTB auf „0" verglichen. Es wird ein Subakkumulator mit dem Wert „c0" geladen und ein „call" nach „disp_send" durchgeführt. Das I/O-Register in PORTB wird mit „0" gelöscht.

Es folgt das Programm „disp_out_nxt1" mit dem Laden des Subakkumulators und einem automatischen Postinkrement. Über „call" wird „disp_send" aufgerufen und anschließend das ZL-Register mit „DISP + 32" verglichen. Es wird eine Entscheidung durchgeführt, ob der Inhalt ungleich ist. Wenn der Registerwert ungleich ist, wird das Programm auf „disp_out_nxt1" fortgeführt oder mit „cbr" der Statusvektor auf den Wert „02" gelöscht. Zum Schluss befindet sich „ret" im Programm.

Das Programm „adc2ascii" wandelt den Wert des Analog-Digital-Wandlers vom binären Code in eine dezimale Zahlenfolge um, das Resultat befindet sich in den Speicherplätzen AVH und AVL. Mit dem „lds"-Befehl wird der Inhalt von AVL im SRAM direkt in das Subhilfsregister geladen und dann der Wert „08" in den Sub-akkumulator übertragen. Es erfolgt eine Addition zwischen Subakkumulator und Sub-hilfsregister. Mit dem nächsten „lds"-Befehl wird der Inhalt von AVH im SRAM direkt in das Subhilfsregister geladen und dann der Wert „f0" in den Subakkumulator über-tragen. Es erfolgt eine Addition zwischen Subakkumulator und Subhilfsregister. Mit „swap" werden die Nibbles im Subakkumulator vertauscht, zum Schluss werden die beiden Subhilfsregister durch den „clr"-Befehl gelöscht.

Es folgt das Programm „high_nxt" und „low_nxt" für die Datenübernahme und deren Übergabe. Zuerst wird der Subakkumulator mit dem Wert „100" verglichen, dann erfolgt ein „brlo"-Befehl mit der Entscheidung, ob das Carry-Bit 1 oder 0 ist. Ist das Carry-Bit 1, springt das Programm auf „low_nxt", ist es 0, führt das Subhilfsregister ein Inkrement aus. Durch „subi" wird die Konstante „100" vom Subakkumulator subtrahiert. Anschließend erfolgt ein Rücksprung nach „high_nxt". Das Programm „low_nxt" startet mit einem Vergleich des Subakkumulators mit dem Wert „100", und es erfolgt ein „brlo"-Befehl mit der Entscheidung, ob das Carry-Bit 1 oder 0 ist. Ist es 1, springt das Programm auf „low_done",ist es 0, führt das Subhilfsregister ein Inkrement aus. Durch „subi" wird die Konstante „10" vom Subakkumulator subtrahiert. Anschließend erfolgt ein Rücksprung nach „low_nxt".

Das Programm „low_done" bringt den dezimalen Wert der beiden Subhilfsregister und den Subakkumulator in die richtigen Register. Hierzu werden die Register ZH und ZL in den Stack übertragen. Dann wird das ZH-Register gelöscht und es folgt dreimal der „lsl"-Befehl zum Linksschieben des Subhilfsregisters. Der Wert des Subhilfsregisters

wird mit „mov"in das ZL-Register übertragen und durch ODER mit dem Wert „a0" ver-
knüpft. Es folgt ein Laden des Subakkumulators mit dem Wert „30" und danach eine
Addition zwischen dem Subhilfsregister und dem Subakkumulator. Im nächsten Schritt
wird das nächste Subhilfsregister mit dem Subakkumulator addiert und es erfolgt eine
Addition zwischen den beiden Subakkumulatoren. Der „st"-Befehl bringt den Inhalt des
Subhilfsregisters direkt in den Speicher und führt automatisch einen Postinkrement aus.
Der Subakkumulator wird mit dem Wert „2e" geladen. Der „st"-Befehl lädt direkt den
Subakkumulator in den Speicher und führt automatisch einen Postinkrement aus. Diese
Befehlsfolge wird mehrmals mit unterschiedlichen Konstanten durchgeführt, bis mit
„pop" die beiden Register ZL und ZH aus dem Stack gelesen werden. Zum Schluss folgt
der „ret"-Befehl.

Die nachfolgenden Programmteile wurden bereits beschrieben.

7.6.2   Anzeige eines kombinierten Volt- und Amperemeters

Am Eingang ADC2 des AD-Wandlers liegt eine Spannung von 2,56 V, und diese
Spannung wird über ADC0 gegen Masse gemessen. Es handelt sich um eine Differenzspannung zwischen ADC2 und ADC0, entsprechend muss das Programm geändert
werden. Diese Differenzspannung wird im Mikrocontroller nicht verstärkt und bildet
damit eine direkte Messung. Der Verbraucher liegt zwischen ADC2 und ADC1, und ist
über den Shunt (0,5 Ω) mit Masse verbunden. Die Differenzspannung des Shunt (0,5 Ω)
wird zwischen ADC1 und ADC0 gemessen. Der Eingang ADC0 bildet den Masseanschluss für beide Differenzmessungen. Diese Differenzspannung wird im Mikrocontroller mit $v = 10$ verstärkt und bildet damit eine indirekte Messung. Abb. 7.63 zeigt
den Aufbau der LCD-Anzeige und die Schaltung der Vorstufe.

Die Anzeige besteht aus dem Spannungs- und Stromwert. Der Spannungswert wird
von 0 mV bis 2,56 V mit Dezimalpunkt ausgegeben. Die Ausgabe des Stromwerts
erfolgt direkt in mA. Die Eingangsspannung von maximal 2,56 V wird direkt vom
ADC2 umgesetzt, dieser AD-Wandler wird auf MUX4 … 0 mit 11000 eingestellt. Damit
arbeitet der AD-Wandler in seiner differenziellen und etwas komplizierten Betriebsart. Da der Widerstand mit einem Wert von 0,5 Ω sehr gering ist, muss der interne Verstärkungsfaktor auf den Wert „10"eingestellt werden. Der Eingang ADC1 soll positiv
sein und der ADC0 bildet den gemeinsamen Masseanschluss. Der Wert MUX4 … 0 wird
auf 01001 gesetzt, damit erhält man einen maximalen Strom von 256 mA. Am Widerstand von 0,5 Ω wird eine Differenzspannung von maximal 128 mV erzeugt, die mit 10
verstärkt wird und als Messergebnis mit 1,28 V zur Strommessung zur Verfügung steht.
Wählt man statt 0,5 Ω einen Shunt von 0,05 Ω, muss man den Verstärkungsfaktor auf
200 erhöhen, was bei den Potentiometern in der Eingangsschaltung zu Einstellschwierig-
keiten führt. Die Potentiometer sind gegen 10-Gang-Typen auszuwechseln.

Abb. 7.64 zeigt die Kennlinie des AD-Wandlers für den differenziellen Betrieb im
ATmega32. Solange man im einfachen (unipolaren) AD-Wandler arbeitet, ergeben sich

Abb. 7.63 Anzeige und
Schaltung für ein Volt- und
Amperemeter

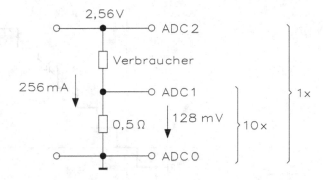

keine Probleme für die Programmierung. Erst wenn man den differenziellen (bipolaren) Betrieb einsetzt, ergeben sich zahlreiche Regeln für die Codeumsetzung:

Offset binary	In sign magnitude	Komplementbildung des MSB; ist der neue MSB = 1, werden die anderen Bits ebenfalls komplementiertund der Code 00 ... 01 addiert
Offset binary	In 2'complement	Komplementbildung des MSB
Offset binary	In 1'complement	Komplementbildung des MSB; ist der neue MSB = 1, addiere 11 ... 11
Sign magnitude	In 2'complement	Ist MSB = 1, komplementiere die anderen Bits und addiere 00 ... 11
Sign magnitude	In 1'complement	Ist MSB = 1, komplementiere die anderen Bits
Sign magnitude	In offset binary	Komplementbildung des MSB; ist der neue MSB = 0, komplementiere die anderen Bits und addiere00 ... 01
1'complement	In sign magnitude	Ist MSB = 1, komplementiere die anderen Bits
1'complement	In 2'complement	Ist MSB = 1, addiere 00 ... 01
1'complement	In offset binary	Komplementbildung des MSB und Addieren von 00 ... 01
2'complement	In sign magnitude	Ist MSB = 1, komplementiere die anderen Bits und addiere 00 ... 01
2'complement	In offset binary	Komplementbildung des MSB
2'complement	In 1'complement	Ist MSB = 1, addiere 11 ... 11

Tab. 7.25 zeigt die bekanntesten Codes für AD-Wandler, diese sind in der Praxis zu finden. Neben den bekannten „offset binary" und „2er-Komplement" ist auch das kaum bekannte „1er-Komplement" gezeigt.

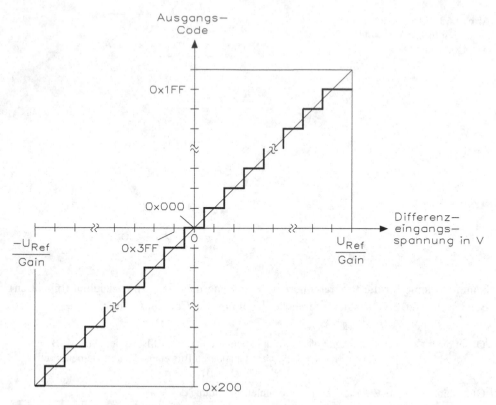

Abb. 7.64 Kennlinie des AD-Wandlers für den differenziellen Betrieb

Wie Tab. 7.25 außerdem zeigt, entsteht eine direkte Zuordnung des MSB zu dem Vorzeichen der Eingangsspannung. Diese Stelle wird deshalb auch oft als Vorzeichenbit bezeichnet. Vorteile für den two's-complement-Code ergeben sich bei Anwendungen, wo sich an die AD-Umsetzung eine arithmetische Bearbeitung der Umsetzergebnisse unmittelbar anschließt. Code 1 und Code 2 aus der Tabelle lassen sich dadurch charakterisieren, dass bei ihnen unter Nichtberücksichtigung des Vorzeichenbits die Codewörter in ihrer Wertigkeit von −FS bis 0 und von 0 bis ±FS stetig ansteigen. Beide Codes haben daher für den Eingangswert 0 V einen eindeutigen Wert, im Gegensatz zu Code 3 und Code 4. Für BCD-Codes gelten die gleichen Merkmale.

Tab. 7.26 zeigt ein Beispiel für eine Differenzspannung und den Ausgangscode.

Hierzu ein Beispiel

ADMUX = 0xED (ADC3 − ADC2, 10-fache Verstärkung und Referenzspannung 2,56 V)

Spannung an ADC3 ist 300 mV, Spannung an ADC2 ist 500 mV
ADCR = 512 · 10 · (300 − 500) / 2560 = −400 = 0x270

Tab. 7.25 Bipolare Codes für einen 12-Bit-AD-Wandler

Scale	± 5 V FS	Offset binary	2er-Komplement	1er-Komplement	Sign-mag binary
+FS -1 LSB	+4,9976	1111 1111 1111	0111 0111 1111	0111 1111 1111	1111 1111 1111
+3/4 FS	+3,7500	1110 0000 0000	0110 0000 0000	0110 0000 0000	1110 0000 0000
+1/2 FS	+2,5000	1100 0000 0000	0100 0000 0000	0100 0000 0000	1100 0000 0000
+1/4 FS	+1,2500	1010 0000 0000	0010 0000 0000	0010 0000 0000	1010 0000 0000
0	0,0000	1000 0000 0000	0000 0000 0000	0000 0000 0000	1000 0000 0000
-1/4 FS	-1,2500	0110 0000 0000	1110 0000 0000	1101 1111 1111	0010 0000 0000
-1/2 FS	-2,5000	0100 0000 0000	1100 0000 0000	1011 1111 1111	0100 0000 0000
-3/4 FS	-3,7500	0010 0000 0000	1010 0000 0000	1001 1111 1111	0110 0000 0000
-FS+ 1LSB	-4,9976	0000 0000 0001	1000 0000 0001	1000 0000 0001	0111 1111 1111
FS	-5,0000	0000 0000 0000	1000 0000 0000	-	-

ADCL ist auf 0x00 und ADCH auf 0x9C. Bezieht man sich auf Null für das ADLAR-Register, lautet das Ergebnis:ADCL = 0x70, ADCH = 0x02 ◄

Mit folgender Formel lässt sich die Ausgangsspannung berechnen, wenn der AD-Wandler im einfachen Betrieb arbeitet:

$$ADC = \frac{U_e \cdot 1024}{U_{ref}}$$

Arbeitet der AD-Wandler im differenziellen Betrieb, gilt folgende Formel:

$$ADC = \frac{(U_{pos} - U_{neg}) \cdot \text{Verstärkung} \cdot 512}{U_{ref}}$$

Abb. 7.65 zeigt das Programm.

Das Programm ist weitgehend identisch mit dem Programm von Abb. 7.62, dies gilt besonders für die erste Spalte. Das Programm für den internen AD-Wandler wurde umgeschrieben und lautet:

A2 diff → A0   (ADMUX $D2) x1
A1 diff → A0 (GND) (ADMUX $C9) x10

Damit ist die Bedingung für die externe Beschaltung durchgeführt, das Programm wird anschließend bis zum „disp_ram_nxt" nicht geändert. Im Programm „disp_ram_nxt" wird der Text für „Spannung" und „Strom" festgelegt. Danach kommt man in das Hauptprogramm. Im Programmteil „main" ist „buttons" und „check_adc" zu entfernen.

Das Programm „main" beginnt mit dem „sbrs"-Befehl, der Statusvektor wird auf den Wert „4" gesetzt. Danach springt das Programm auf „main" zurück.

Der Hinweis auf die Arbeitsweise wird mit „internal 2,56 V reference" angegeben, beide Eingänge A1 und A2 dienen als Definition für den internen AD-Wandler desMikrocontrollers. Mit dem „cbr"-Befehl wird der Statusvektor auf den Wert „04" gebracht. Es folgt der Hinweis auf „write, AVH, AVL → mem (acc0)". Der Status wird auf den Wert „4" gesetzt, dann erfolgt ein direkter Sprung nach „volts", oder der Status-

Tab. 7.26 Beispiel für eine Differenzspannung und den Ausgangscode

U_{ADCn}	Code	Dezimalbereich
$U_{ADCm} + U_{ref}$/Verstärkung	0x1FF	511
$U_{ADCm} + 511/512 \cdot U_{ref}$/Verstärkung	0x1FF	511
$U_{ADCm} + 510/512 \cdot U_{ref}$/Verstärkung	0x1FE	510
...	...	...
$U_{ADCm} + 1/512 \cdot U_{ref}$/Verstärkung	0x001	1
U_{ADCm}	0x000	0
$U_{ADCm} - 1/512 \cdot U_{ref}$/Verstärkung	0x3FF	−1
...	...	...
$U_{ADCm} - 511/512 \cdot U_{ref}$/Verstärkung	0x201	−511
$U_{ADCm} - U_{ref}$/Verstärkung	0x200	−512

vektor wird auf „10" gesetzt. Anschließend wird „call volt2ascii" aufgerufen. Zum Schluss wird der Wert „d2" in den Akkumulator geladen und das Programm springt auf den Wert „restart_adc".

Mit „volts" beginnt die Umsetzung mit dem AD-Wandler von A2 (Spannungseingang) zu A0 (Masse) im differenziellen Betrieb mit einer Verstärkung von 1. Der Statusvektor wird mit dem Wert „10" geladen, dann erfolgt „call" nach „volt2ascii". Der Akkumulator wird mit dem Wert „c9" geladen.

Das Programm „restart_adc" startet die Umsetzung des AD-Wandlers. Mit dem „out"-Befehl wird der Inhalt des Akkumulators in das interne ADMUX-Register geladen. Mit den beiden „sts"-Befehlen wird das Register r0 in AVH und AVL geladen. Danach wird der Akkumulator mit den Arbeitsbedingungen des AD-Wandlers und mit dem „out"-Befehl in das ADCSRA-Register geladen. Mit „call" wird das Programm „disp_out" aufgerufen, zum Schluss erfolgt ein Rücksprung nach „main".

Mit „wait on BF released" ändert sich das Programm, mit „disp_wait_bf" wird der Zustand der LCD-Anzeige abgefragt. Zuerst wird PORTB auf den Wert „1" gesetzt und der Subakkumulator mit „0f" geladen. Der Inhalt des Subakkumulators wird in dem DDRC-Register abgespeichert. Anschließend wird mit dem „ldi"-Befehl nochmals der Subakkumulator mit dem Wert „f0" geladen und dann an PORTC ausgegeben. Das Programm „disp_wait_bf0" wartet auf die Reaktion der Anzeige, dazu wird PORTB mit dem Wert „2" geladen. Es folgen zwei „nop"-Befehle, damit keine zeitlichen Probleme auftreten. Dann folgt die Abfrage von PINC und dieser Wert wird in dem Subakkumulator gespeichert. Das I/O-Register wird mit dem Wert „2" gelöscht und danach gesetzt. Dann folgt wegen einer zeitlichen Verzögerung ein „nop"-Befehl und PORTB wird mit dem Wert „2" geladen. Das I/O-Register wird gelöscht und auf „7" gesetzt. Es folgt „sbrc" und es gibt eine Entscheidung, wenn der Subakkumulator eine „7" beinhaltet. Entweder springt das Programm auf „disp_wait_bf0" oder PortB

```
RESET:  ldi   acc0,high(RAMEND)
        out   SPH,acc0
        ldi   acc0,low(RAMEND)
        out   SPL,acc0
        clr   r0

; disable JTAG
        ldi   acc0,$80
        out   MCUCSR,acc0
        out   MCUCSR,acc0

; A0 .. A3 input to ADC
; sonst input with Pullup
        ldi   acc0,$f0
        out   PORTA,acc0
        ldi   acc0,$0f
        out   DDRA,acc0

; B3 .. B7 input with pullup
; B0 .. B2 output
        ldi   acc0,$f8
        out   PORTB,acc0
        ldi   acc0,$07
        out   DDRB,acc0

; C0 .. C7 output
        ldi   acc0,$ff
        out   PORTC,acc0
        ldi   acc0,$ff
        out   DDRC,acc0

; sonst input with Pullup
        ldi   acc0,$b0
        out   PORTD,acc0
        ldi   acc0,$b0
        out   DDRD,acc0

; internal 2.56v reference
        ldi   acc0,$d2
        out   ADMUX,acc0
        ldi   acc0,$d4
        out   ADCSRA,acc0

        ldi   acc0,$04
        sts   AVH,r0
        sts   AVL,r0

        ser   acc0
        mov   shlp0,acc0
        clr   led_out

        call  disp_init

        clr   ZH
        ldi   ZL,DISP
        ldi   acc1,$20
        ldi   acc0,$20

main:
        sbrs  stavec,2
        rjmp  main

; mainprogram

; ... assorted routines ...

; wait en BF released:
disp_wait:
; initialise character-display
disp_init:

; copy 32 byte from DISP to character-display
disp_out:

disp_out_nxt:

disp_out_nxt1:

; convert AVH,AVL to ascii
voltzasc1:

; decimal value in (shlp1,shlp2,sacc0)
v_pos:

v_nxt:

a_high_nxt:

a_low_nxt:

a_low_done:

; outbyte in shlp0
led_out:

led_out_nxt:

led_out_nxt:
```

Abb. 7.65 Programm für ein Volt- und Amperemeter

wird gelöscht und „1" eingeschrieben. Der Subakkumulator wird mit „00" geladen
und auf PORTC gegeben. Der Subakkumulator wird mit „ff" geladen und dann in das
DDRC-Register eingeschrieben. Zum Schluss folgt ein „ret". Mit dem Programm „disp_
busy_wait" wird „ff" in den Subakkumulator geladen. Der „out"-Befehl speichert den
Inhalt des Subakkumulators in dem DDRC-Register ab, mit „ret" wird dieses Programm
abgeschlossen.

Mit „disp_busy_wait" und „disp_busy_wait0" wird die Umschaltung der
LCD-Anzeige durchgeführt. Dazu wird der Subakkumulator mit dem Wert „20" geladen.
Das Programm „disp_busy_wait0" dekrementiert den Subakkumulator und führt eine
Verzweigung durch. Entweder springt das Programm auf „disp_busy_wait0" zurück oder
mit „ret" wird dieser Teil abgeschlossen.

Um zwischen Spannungs- und Strommessung umschalten zu können, dient der
Programmteil „toggle E of display". Der Inhalt des Subakkumulators wird auf PORTC
gegeben, dann werden die Bits vom I/O-Register des PORTB zurückgesetzt und mit
„2" geladen. Mit „cbi" wird alles in PORTB gelöscht und es erfolgt „ret". Mit dem
Programm „send 1 Byte" wird ein Byte für das Display gesendet. Der Inhalt vom Subakkumulator wird auf PORTC gegeben, dann folgt ein „sbi" und „cbi" für das Setzen
und anschließende Sperren der Abfrage. Danach tauscht „swap" die beiden Nibbles in
dem Subakkumulator und der Inhalt wird auf PORTC ausgegeben. Es folgt wieder ein
„sbi"-Befehl und anschließend ein „cbi"-Befehl für das I/O-Register im PORTB. Zum
Schluss wird der Subakkumulator mit „20" geladen. Das Programm „disp_send_wait0"
dekrementiert den Subakkumulator, dann wird eine Entscheidung zwischen „disp_send_
wait0" und „ret" getroffen.

Die dritte Spalte dient der Initialisierung der Anzeige und ist identisch mit den bis-
her gezeigten Programmen. Das Gleiche gilt auch für die 32-Bit-Datenübernahme in die
Anzeige.

Mit „volt2ascii" erfolgt die Umwandlung des Messergebnisses in das ASCII -Format.
Durch den Differenzbetrieb des AD-Wandlers muss man aus dem Inhalt der Register
AVH und AVL das 2er-Komplement bilden und das Ergebnis wieder nach AVH und AVL
zurückschreiben. Mit zwei „push"-Befehlen wird eine Datenübertragung in das Register
ZH und ZL durchgeführt. Es erfolgt das Löschen des Registers ZH, es wird der Wert
„DISP + 9" in das Register ZL übertragen. Danach folgt ein Laden des Subakkumulators
mit dem Wert „20" und ein Abspeichern in das Z-Register. Der Inhalt des Registers AVL
wird direkt aus dem SRAM in den Subakkumulator übernommen und dann der andere
Subakkumulator mit dem Wert „04" geladen. Es erfolgt eine Addition zwischen den
beiden Subakkumulatoren und ein direktes Laden von der Adresse AVH in das Subhilfsregister. Es wird eine Addition mit Carry von Register 0 und Subhilfsregister durchgeführt. Es folgt ein Rechtsschieben vom Subhilfsregister. Auch der Subakkumulator
wird nach rechts geschoben und dieses Verschieben wird noch zweimal durchgeführt.
Das Subhilfsregister wird auf „1" gesetzt, danach fällt eine Entscheidung. Ist das Ergebnis der Wandlung positiv, springt das Programm auf „v_pos", ist das Ergebnis negativ,
wird der Inhalt von „DISP + 9" direkt nach ZL geladen. Mit „ldi" wird in dem Sub-

akkumulator der Wert „2d" gespeichert und dann mit „st" in das Z-Register geschrieben. Mit zwei „com"-Befehlen negiert man das Subhilfsregister und den Subakkumulator. Der Wert „01" wird im Subakkumulator gespeichert und danach eine Addition zwischen den beiden Subakkumulatoren durchgeführt unter Berücksichtigung des Carrybits.

Das Programm „v_pos" startet mit dem „sbrs"-Befehl und vergleicht das Subhilfsregister mit dem Wert „0". Ist der Wert größer 0, wird mit „rjmp" das Programm „v_nxt" aufgerufen oder der Wert „2" in den Subakkumulator geladen. Danach wird der Inhalt vom Subakkumulator im Subhilfsregister gespeichert. Der Subakkumulator wird mit dem Wert „5" direkt geladen und dann mit „mov" in dem Subhilfsregister gespeichert. Der Subakkumulator erhält den Wert „6", zum Schluss hat man den Sprungbefehl nach „v_low_done".

Mit dem Programm „v_nxt" werden die beiden Subhilfsregister gelöscht.

Das Programm „v_high_nxt" ist für die Bereitstellung des dreistelligen Messergebnisses für die Voltausgabe vorhanden. Der Subakkumulator wird mit dem Wert „100" für die dritte (werthöchste) Stelle in der Anzeige geladen. Es erfolgt mit „brlo" eine Entscheidung. Entweder ist das Ergebnis zu klein, dann wird das Programm auf „v_low_nxt" fortgesetzt oder es wird ein Inkrement in dem Subhilfsregister durchgeführt. Der Subakkumulator subtrahiert den Wert „100" und führt einen Sprung nach „v_high_nxt" durch. Das Programm „v_low_nxt" ist für die Bereitstellung der zweiten Stelle (10er-Stelle) des Messergebnisses vorhanden. Der Subakkumulator wird mit dem Wert „10" für die zweite Stelle in der Anzeige geladen. Es erfolgt mit „brlo" eine Entscheidung. Entweder ist das Ergebnis zu klein, dann wird das Programm auf „v_low_ done" fortgesetzt, oder es wird ein Inkrement für das Subhilfsregister durchgeführt. Der Subakkumulator subtrahiert den Wert „100" und führt einen Sprung nach „v_low_nxt" durch.

Die einzelnen Dezimalwerte sind im Mikrocontroller in den Registern „shlp1", „shlp2" und „sacc0" vorhanden. Um diese Werte anzuzeigen, wird das Register ZL mit dem Wert „DISP + 10" geladen. Der Wert „30" wird in den Subakkumulator übertragen. Es folgen drei Additionen, wobei der Subakkumulator mit den Registern „shlp1", „shlp2" und „sacc0" addiert wird. Der Wert von Register „shlp1" wird in Register Z+ abgespeichert. Dann wird der Subakkumulator mit dem Wert „2e"addiert und in dem Register Z+ abgespeichert. Der Inhalt von Register „shlp2" wird ebenfalls in das Register Z+ geladen,das Gleiche gilt auch für „sacc0". Bei jeder Speicherung wird ein Postinkrement durchgeführt und der Dezimalwert entsprechend übernommen. Der Wert „20" wird im Subakkumulator gespeichert und es erfolgt eine Speicherung im Register Z+. Der Wert „56" wird im Subakkumulator gespeichert und es erfolgt eine Speicherung im Register Z+. Mit den beiden „pop"-Befehlen wird der Inhalt von ZL und ZH zurückgespeichert. Zum Schluss folgt „ret".

Das Programm „amp2ascii" ist für die Ausgabe des AD-Wandlers für die Strommessung vorhanden. Es basiert weitgehend auf dem Programm „volt2ascii". Der Wert der Strommessung wird auf der zweiten Zeile der Anzeige in Milliampere ausgegeben. Das Programm für die Leuchtdioden ist mit den vorherigen Programmen identisch.

7.6.3 Sägezahngenerator

Der MAX505 ist ein 8-Bit-DA-Wandler mit vier Ausgangskanälen. Der MAX505 erhält den auszugebenden Wert vom ATmega32 über den Datenbus von D_0 bis D_7. Den betreffenden Ausgangskanal legt man mit den beiden Adressleitungen A_0 und A_1 fest. Mit einem Signal an der WR-Leitung wird der Datenwert in den Zwischenspeicher übernommen. Um die Werte vom Zwischenspeicher zu dem Ausgangskanal zu bekommen, muss der LDAC-Eingang kurzzeitig auf 0-Signal gelegt werden.

Für je vier Referenzspannungseingänge ist der TL431 verantwortlich. Durch vier separate Eingänge kann jeder DA-Wandler mit unterschiedlichen Referenzspannungen versorgt werden. Auf der Platine ist eine Verbindung mit den vier DA-Wandlern vorhanden. Normalerweise beträgt die hochkonstante Ausgangsspannung des TL431 2,500 V. Durch das Potentiometer ist der Wert auf $U_a = 2,56$ V einzustellen.

Wenn man mit der Platine einen Sägezahngenerator realisieren will, müssen Anzeige und Tastatur gesperrt werden. Das Programm von Abb. 7.66 zeigt eine Realisierung ohne diese Eingänge, sondern nur mit dem MAX505.

Das RESET-Programm stellt alle Funktionen der Platine zur Verfügung und sperrt sie alle. Damit wird sichergestellt,dass nur der MAX505 arbeitet. Das Hauptprogramm lädt den Inhalt des Akkumulators nach PORTC, dann das Hilfsregister 0 nach PORTA und nochmals das Hilfsregister 1 nach PORTA. Damit sind die Bedingungen für den MAX505 bereitgestellt. Mit dem Inkrement wird die positive Flanke von 0 bis 255 erzeugt und anschließend wieder auf 0 gesetzt. Den Abschluss bildet der unbedingte Sprung nach „main“.

Auch die Ansteuerung der LCD-Anzeige und alle Funktionen werden durch ein umfangreiches Programm gesetzt und in den Wartezustand gebracht.

7.6.4 Programm zur Berechnung einer Sinusfunktion

Ob rekursive oder nicht rekursive Filter für eine bestimmte Aufgabe vorteilhafter eingesetzt werden können, hängt von vielen Faktoren ab. Für die Komplexität der technischen Realisierung sind allerdings einige Hinweise zu beachten. Ein wichtiges Kriterium bei der Auswahl des Filtertyps für die Realisierung einer Sinusfunktion ist sicherlich die Anzahl der Multiplikationen, die notwendig sind, um bestimmte Übertragungsfunktionen zu realisieren. Hier zeigt sich, dass IIR-Filter weniger Multiplikationsoperationen benötigen als FIR-Filter. Hat man z. B. einen IIR-Filter sechster Ordnung, benötigt man für die Realisierung durch Kaskadierung von Teilsystemen zweiter Ordnung die Direktstruktur, vorausgesetzt, es sind $3 \cdot 5 = 15$ Multiplikationen erforderlich. Das entsprechende FIR-Filter benötigt bei Ausnutzung der Symmetrieeigenschaft der Impulsantwort, d. h. der Koeffizienten, $46 / 2 = 23$ Multiplikationen.

Neben diesem Nachteil, der darüber hinaus durch schnellere Multiplizierer immer mehr ausgeglichen wird, besitzen FIR-Filter den Vorteil, dass sie einen exakt linearen

```
; mainprogram
main:
        out     PORTC,acc0
        out     PORTA,hlp0
        out     PORTA,hlp1
        inc     acc0

        rjmp    main


; wait on BF released
disp_wait_bf:
        sbi     PORTB,1
        ldi     sacc0,$0f
        out     DDRC,sacc0
        ldi     sacc0,$f0
        out     PORTC,sacc0
disp_wait_bf0:
        sbi     PORTB,2
        nop                     ; !!!
        nop
        in      sacc0,PINC
        cbi     PORTB,2
        nop
        sbi     PORTB,2
        nop
        cbi     PORTB,2
        sbrc    sacc0,7
        rjmp    disp_wait_bf0

        cbi     PORTB,1
        ldi     sacc0,$00
        out     PORTC,sacc0
        ldi     sacc0,$ff
        out     DDRC,sacc0
        ret

disp_busy_wait:
        ldi     sacc0,$20
disp_busy_wait0:
        dec     sacc0
        brne    disp_busy_wait0
        ret

; toggle E of display
disp_send_nibble:
        out     PORTC,sacc0
        sbi     PORTB,2
        cbi     PORTB,2
        ret
; send 1 Byte
disp_send:
        out     PORTC,sacc0
        sbi     PORTB,2
        cbi     PORTB,2
        swap    sacc0
        out     PORTC,sacc0
        sbi     PORTB,2
        cbi     PORTB,2
        ldi     sacc0,$20
```

```
disp_send_wait0:
        dec     sacc0
        brne    disp_send_wait0
        ret
; initialize character-display
disp_init:
        ldi     sacc0,$30
        call    disp_send_nibble
        call    disp_busy_wait
        ldi     sacc0,$30
        call    disp_send_nibble
        call    disp_busy_wait
        ldi     sacc0,$30
        call    disp_send_nibble
        call    disp_busy_wait
        ldi     sacc0,$20
        call    disp_send_nibble
        call    disp_busy_wait
        ldi     sacc0,$2c
        call    disp_send
        ldi     sacc0,$0f
        call    disp_send
        ldi     sacc0,$01
        call    disp_send
        call    disp_wait_bf
        ldi     sacc0,$06
        call    disp_send
        ret

; copy 32 Byte from DISP to character-display
disp_out:
        cbi     PORTB,0
        ldi     sacc0,$80
        call    disp_send
        sbi     PORTB,0
        clr     ZH
        ldi     ZL,DISP
disp_out_nxt0:
        ld      sacc0,Z+
        call    disp_send
        cpi     ZL,DISP + 16
        brne    disp_out_nxt0
        cbi     PORTB,0
        ldi     sacc0,$c0
        call    disp_send
        sbi     PORTB,0
disp_out_nxt1:
        ld      sacc0,Z+
        call    disp_send
        cpi     ZL,DISP + 32
        brne    disp_out_nxt1
        ret
led_out:
        ; outbyte in shlp0
        ldi     sacc0,$08
        in      sacc1,PORTD

led_out_nxt:
        andi    sacc1,$4f
        lsl     shlp0
        brcc    led_out_d0
        ori     sacc1,$10
led_out_d0:
        out     PORTD,sacc1
        ori     sacc1,$20
        out     PORTD,sacc1
        dec     sacc0
        brne    led_out_nxt

        andi    sacc1,$4f
        ori     sacc1,$80
        out     PORTD,sacc1
        andi    sacc1,$4f
        out     PORTD,sacc1
        ret
```

Abb. 7.66 Programm eines Sägezahngenerators mit dem MAX505

Phasenverlauf haben. In Systemen, bei denen die Filter adaptiv arbeiten müssen, ist die transversale Struktur der FIR-Filter ebenfalls von Vorteil. FIR-Filter sind aufgrund ihrer Struktur immer stabil. Rauschstörungen, die durch das notwendige Runden der Koeffizienten und durch Wortlängenreduktion hervorgerufen werden, lassen sich gering halten.

Ein rekursives System (IIR-Filter) wird durch die Differenzengleichung beschrieben:

$$y(n) = \sum_{k=1}^{N} a_k \cdot y(n-k) + \sum_{k=0}^{M-1} b_k \cdot y(n-k)$$

Die Systemfunktion eines kausalen rekursiven Systems ist eine rationale Funktion in z^{-1} und lautet:

$$H(z) = \frac{\sum\limits_{k=0}^{M-1} b_k \cdot z^{-k}}{1 - \sum\limits_{k=1}^{N} a_k \cdot z^{-k}}$$

Im Folgenden wird angenommen, dass mindestens ein a_k von Null verschieden ist und dass die Beziehung $M < N$ gilt; bei $M < N$ lässt sich ein nicht rekursives Teilsystem abspalten. $H(z)$ ist stabil, wenn alle Polstellen innerhalb des Einheitskreises an der z-Ebene liegen. Da vorausgesetzt wird, dass die Koeffizienten a_k und b_k reellwertig sind, sind die Pol- und Nullstellen entweder reell oder treten als konjugiert komplexe Paare auf. Die Impulsantwort $h(k)$rekursiver Systeme besteht aus unendlich vielen von Null verschiedenen Elementen, deswegen werden rekursive Filter im Englischen als „infinite impulse response filter", abgekürzt IIR-Filter, bezeichnet.

Im Gegensatz zu FIR-Filtern (nicht rekursiver Systeme oder „finite impulse response filter") lassen sich IIR-Filter mit exakt linearer Phase nicht realisieren. Der Grund ist, dass die Bedingung für Linearphasigkeit

$$H(z) = H(z^{-1})$$

das Stabilitätskriterium verletzt. Hat $H(z)$einen Pol bei

$$z = re^{j\varphi} \text{ für } r < 1$$

so liegt der entsprechende Pol von $H(z^{-1})$ bei

$$z\prime = \frac{1}{r} e^{-j\varphi},$$

d. h. außerhalb des Einheitskreises.

Die Entwurfsverfahren für IIR-Filter lassen sich in zwei Kategorien einteilen. Zum einen kann die Übertragungsfunktion eines analogen Filters, das ein vorgegebenes Toleranzschema erfüllt, als Basis für die Berechnung der Koeffizienten des IIR-Filters gewählt werden. In diese Kategorie fallen die Impulsvarianz -Methode und die bilineare Transformation. Der „Umweg" über die analogen Filter wird vermieden, wenn die Approximation der gewünschten Übertragungsfunktion direkt im z-Bereich geschieht, d. h. zur Bestimmung der Koeffizienten ist dann ein geeignetes Optimierungsverfahren notwendig. In diese Kategorie der Approximationsverfahren im z-Bereich gehören die Methoden der Minimierung des mittleren quadratischen Fehlers und der linearen Programmierung. Die Methoden erfordern einen großen Rechenaufwand, was den Einsatz von schnellen Mikrocontrollern mit einem Hardware-Multiplizierer notwendig macht.

Das am häufigsten angewandte Entwurfsverfahren ist wohl die bilineare Transformation. Sie hat den Vorteil, dass sie auf klare und einfache Weise die Randbedingungen, die beim Entwurf analoger Filter zu beachten sind, auch auf die digitalen Filter zu übertragen.

Ein analoges System (Filter) ist stabil, wenn alle Pole seiner Systemfunktion $H(s)$, die die Laplace-Transformierte der Differenzialgleichung des Systems ist, in der linken Halbebene der komplexen s-Ebene liegen. Ein rekursives digitales System ist stabil, wenn alle Pole der Systemfunktion $H(z)$ innerhalb des Einheitskreises der komplexen z-Ebene liegen. Es gilt, eine Beziehung zwischen den beiden komplexen Variablen s und z zu finden, mit deren Hilfe aus der Systemfunktion des analogen Systems Aussagen über die Systemfunktion des digitalen Systems abgeleitet werden können, d. h. die Koeffizienten a_k und b_k bestimmt werden können. Diese Beziehung, in der Funktionentheorie als „Abbildung" oder „Transformation" bezeichnet, muss in der Lage sein, die linke Halbebene der s-Ebene in das Innere des Einheitskreises der z-Ebene zu transformieren. Außerdem sollte die jω-Achse der s-Ebene in den Einheitskreis übergehen. Diese Forderung ist deshalb besonders für den Entwurf von Filtern wichtig, da der Verlauf der Systemfunktion auf der jω-Achse bzw. auf dem Einheitskreis die Übertragungsfunktion wiedergibt. Eine mögliche Transformationsvorschrift,die sich besonders zum Entwurf von selektiven Filtern eignet, bildet die bilineare Transformation. Sie lautet:

$$s = \frac{2}{T} \cdot \frac{1 - z^{-1}}{1 + z^{-1}}$$

Sie ist eine umkehrbare eindeutige konforme Abbildung. Die inverse Transformation lautet:

$$z = \frac{1 + 0,5 \cdot T \cdot s}{1 - 0,5 \cdot T \cdot s}$$

T kennzeichnet dabei das Abtastintervall. Die positive jω-Achse wird auf der oberen, die negative jω-Achse auf der unteren Hälfte des Einheitskreises abgebildet. Die Punkte $s = +j\infty$ und $s = -j\infty$ gehen in den Bildpunkt $z = -1$ über.

Zwischen den Frequenzvariablen des analogen und des digitalen Systems besteht bei der bilinearen Transformation kein linearer Zusammenhang. Die Beziehungen zwischen den Frequenzvariablen f_a für das analoge System und f_d für das digitale System lauten:

$$f_\text{a} = \frac{1}{\pi \cdot T} \tan(\pi \cdot T \cdot f_d) \qquad f_d = \frac{1}{\pi \cdot T} \arctan(\pi \cdot T \cdot f_\text{a})$$

Die Frequenzvariablen f_a und f_d kann man einander umkehrbar eindeutig zuordnen, der nicht lineare Zusammenhang wird als „frequency warping" (Frequenzverzerrung) bezeichnet.

Um mithilfe der bilinearen Transformation aus der Systemfunktion des analogen Bezugssystems (Äquivalenzsystem) die Koeffizienten der diskreten Systemfunktion bestimmen zu können, müssen zunächst die Äquivalenzfrequenzen f_a des analogen Systems aus den vorgegebenen Eckfrequenzen des diskreten Systems bestimmt werden. Das Toleranzschema des digitalen Filters unter Berücksichtigung der Frequenzverzerrung wird in ein entsprechendes Toleranzschema für ein analoges Filter übertragen. Die Parameter δ_D und δ_S, die die maximale Welligkeit im Durchlassbereich bzw. im Sperrbereich beschreiben, bleiben unverändert.

In dem Toleranzschema des analogen Bezugsfilters kann jetzt entsprechend den Anforderungen eine Approximation für Tschebyscheff-, Butterworth-, Bessel- oder Cauer-Filter (elliptische Filter) durchgeführt werden. Die resultierende Systemfunktion des analogen Bezugsfilters $H(s)$ wird sodann mithilfe der Beziehungen der bilinearen Transformation in die Systemfunktion des diskreten Systems $H(z)$ überführt.

Werden für die analogen Bezugsfilter katalogisierte Tiefpassprototypen verwendet, kann durch eine anschließende Frequenztransformation der gewünschte Filtertyp realisiert werden. Als geeignet erweist sich die Allpass-Transformation, die Stabilitätsbedingungen werden durch die Allpass-Transformation nicht verletzt.

Für die schaltungstechnische Realisierung von IIR-Filtern bieten sich mehrere Strukturen an, die sich jedoch hinsichtlich der Auswirkungen von Wortlängenreduktion und Rundungsrauschen unterschiedlich verhalten. In der Praxis wird man Filter höherer Ordnung durch Kaskadieren von Filtern zweiter oder erster Ordnung realisieren. Dieses Verfahren bietet sich an, da man mithilfe der Partialbruchzerlegung sehr leicht die Koeffizienten der einzelnen Filterstufen bestimmen kann. Außerdem hat man die Möglichkeit, durch Vertauschen der Reihenfolge der Teilfilter in gewissen Grenzen eine Optimierung vorzunehmen.

Die Systemfunktion eines IIR-Filters zweiter Ordnung lautet:

$$H(z) = \frac{b_0 + b_1 \cdot z^{-1} + b_2 \cdot z^{-2}}{1 - a_1 \cdot z^{-1} - a_2 \cdot z^{-2}} = \frac{A(z)}{B(z)}$$

Man erkennt, dass sich $H(z)$ aus einem nicht rekursiven Teil $A(z)$ und einem rekursiven Teil $B(z)$ zusammensetzt. Die Reihenschaltung dieser beiden Teilsysteme führt zu der Direktform 1. Nimmt man eine Minimierung der benötigten Zwischenspeicher vor, erhält man die Direktform II. Da für Direktform II die Anzahl von Zwischenspeichern gleich der Ordnung des Systems ist, bezeichnet man diese Struktur als kanonisch. Durch eine Reduktion der Wortlänge auf m bit wird sich die Lage der Pole und Nullstellen verschieben. Dies hat Auswirkungen auf die Übertragungsfunktion, die u. U. das vorgegebene Toleranzschema verletzen kann. Außerdem ist es möglich, dass ein Pol auf den Einheitskreis wandert, was zur Folge hat, dass das Filter instabil wird. Für bestimmte Werte von m lassen sich Polstellenraster erstellen, aus denen ersichtlich ist, welche Lage eine Polstelle nach der Wortlängenreduktion einnehmen kann. Es ist erkennbar, dass die Polstellen nicht gleichmäßig verteilt sind und was sich besonders nachteilig auf diese Pole auswirkt,

$$z_\infty = r_\infty \cdot e^{j\varphi\infty},$$

deren Betrag r_∞ oder Winkel φ_∞ klein ist. Besonders bei Tief- oder Bandpässen, bei denen die Abtastfrequenz sehr viel größer als die Grenzfrequenz bzw. obere Eckfrequenz ist, und die Polstellen deshalb sehr nahe bei $z = 1$ liegen, ist dies der Fall.

Die Systemfunktion $H(z)$ eines IIR-Filters zweiter Ordnung enthält nur ein Polstellenpaar. Durch eine geeignete Umformung kann man $H(z)$ so darstellen, dass die Koeffizienten lediglich durch Realteil und Imaginärteil einer Polstelle, d. h. durch $r_\infty \cdot \cos(\varphi_\infty)$ und $r_\infty \cdot \sin(\varphi_\infty)$, beschrieben werden.

Mit den drei Befehlen „MUL", „MULS" und „MULSU" kann man die Berechnung einer Sinusfunktion durchführen. Diese Befehle sind nicht in allen Mikrocontrollern dieser Serie vorhanden.

- MUL (Multiply Unsigned) führt eine Multiplikation von zwei 8-Bit-Werten in den Registern Rd und Rr zu einem Ergebnis im 16-Bit-Format durch. Der Multiplikand Rd und der Multiplikator Rr sind vorzeichenlose Zahlen. Das 16-Bit-Ergebnis ist ebenfalls vorzeichenlos. Das Ergebnis wird im Register R1 (H-Byte) und R0 (L Byte) gespeichert. Wenn für Rd oder Rr die Register R0 oder R1 verwendet werden, werden diese Register mit dem Ergebnis überschrieben. Die Operation lautet:

$$R1 : R0 \leftarrow Rd \times Rr$$

Für die Operanden gilt:

$$0 \le d \le 31, 0 \le d \le 31$$

Für die Flags im Statusregister heißt dies, dass das Z-Flag gesetzt wird, wenn das Ergebnis 0000h ist, andernfalls wird das Flag gelöscht. Das Carry-Flag wird gesetzt, wenn Bit 15 des Ergebnisses gesetzt ist, andernfalls wird das Carry-Flag gelöscht.
- MULS (Multiply Signed) führt eine Multiplikation von zwei 8-Bit-Werten in den Registern Rd und Rr zu einem Ergebnis im 16-Bit-Format durch. Der Multiplikand Rd und der Multiplikator Rr sind vorzeichenbehaftete Zahlen, und das 16-Bit-Ergebnis ist ebenfalls vorzeichenbehaftet. Als Operanden können nur die Register R16 bis R31 verwendet werden. Die Operation lautet:

$$R1 : R0 \leftarrow Rd \times Rr$$

Für die Operanden gilt:

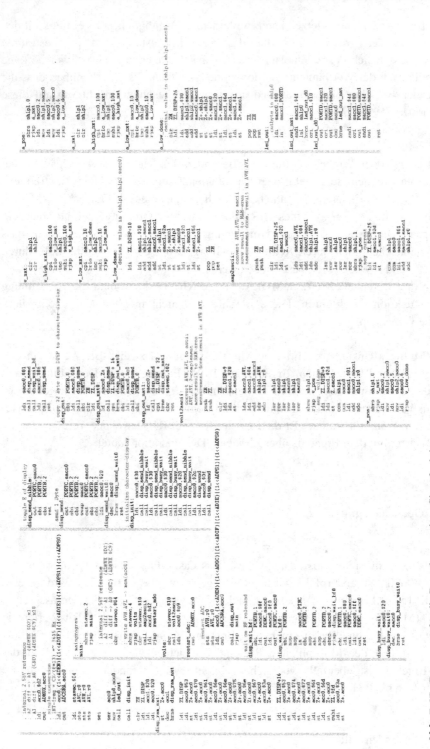

Abb. 7.67 Programm für die Berechnung einer Sinusfunktion

$$16 \leq d \leq 31, 16 \leq r \leq 31$$

Für die Flags im Statusregister heißt dies, dass Z-Flag gesetzt wird, wenn das Ergebnis 0000h ist, andernfalls wird das Flag gelöscht. Das Carry-Flag wird gesetzt, wenn Bit 15 des Ergebnisses gesetzt ist, andernfalls wird das Carry-Flag gelöscht.

- MULSU (Multiply Unsigned) führt eine Multiplikation von zwei 8-Bit-Werten in den Registern Rd und Rr zu einem Ergebnis im 16-Bit-Format durch. Der Multiplikand Rd ist eine vorzeichenbehaftete Zahl, der Multiplikator Rr ist eine vorzeichenlose Zahl. Das 16-Bit-Ergebnis ist vorzeichenbehaftet. Das Ergebnis wird im Register R1 (H-Byte) und R0 (L-Byte) gespeichert. Als Operanden können nur die Register R16 bis R23 verwendet werden. Die Operation lautet:

$$R1 : R0 \leftarrow Rd \times Rr \text{ (mit Vorzeichen ?Vorzeichen} \times \text{ ohne Vorzeichen)}$$

Für die Operanden gilt:

$$16 \leq d \leq 23, 16 \leq r \leq 23$$

Für die Flags im Statusregister heißt dies, dass das Z-Flag gesetzt wird, wenn das Ergebnis 0000h ist, wird das Flag gelöscht. Das Carry-Flag wird gesetzt, wenn Bit 15 des Ergebnisses gesetzt ist, oder es wird gelöscht.

Abb. 7.67 zeigt das Programm für die Berechnung einer Sinusfunktion mit dem Befehl „mulsu". Für die Berechnung einer Sinusfunktion gilt

$$\begin{aligned} &\text{acc0} \quad y_0 = 0 \\ &\text{mus} \quad y_1 = 0{,}8 \cdot \sin \varphi \\ &\text{acc1} \quad y_2 = 0 \end{aligned}$$

Verwendet man den Wert „1", kommt es zum Überschwingen der Sinusfunktion. Für den MAX505 gilt ein Bereich von +127 bis −128, die Grenze des Mittelwerts beträgt 80. Die erste Berechnung beginnt bei 10°:

$$\sin 10° = 0{,}1736 \Rightarrow 0{,}1736 \cdot 128 \cdot 0{,}8 \approx 18$$

Der zweite Wert errechnet sich

$$\sin 20° = 0{,}3420 \Rightarrow 0{,}3420 \cdot 128 \cdot 0{,}8 \approx 35$$

In dem Programm wird das „mus"-Register mit dem Wert „18" geladen. Für das „mus"-Register gilt

$$\cos 10° = 0{,}9848 \Rightarrow 0{,}9848 \cdot 2 \cdot 128 \approx 252$$

Der zweite Wert errechnet sich aus

$$\cos 20° = 0{,}9396 \Rightarrow 0{,}9396 \cdot 128 \cdot 0{,}8 \approx 96$$

Das Hauptprogramm ist eine Schleife für die Erzeugung der Sinusfunktion. Mit „mov" wird der Akkumulator mit dem Hilfsregister geladen, dann erfolgt eine Subtraktion mit dem Wert „80", der Mittellinie. An PORTC und PORTA werden der Akkumulator und die beiden Hilfsregister ausgegeben.

Mit dem „mulsu"-Befehl (Multiply Unsigned) wird eine Multiplikation von zwei 8-Bit-Werten in den Registern Rd (mus)und Rr (muu) zu einem Ergebnis im 16-Bit-Format durchgeführt. Dann erfolgt eine Addition zwischen dem Hilfsregister und dem Register r0. Mit „adc" wird das Register „null" mit dem Register r1 addiert und das Carry-Bit berücksichtigt. Es folgen zwei Schiebebefehle nach links für die Multiplikation, wobei der „lsl"-Befehl das Carry-Bit unberücksichtigt lässt, aber der „rol"-Befehl das Carry-Bit setzt, wenn die Bedingungen erfüllt sind. Der Akkumulator wird vom Register r1 subtrahiert. Durch den neuen Wert mit den drei „mov"-Befehlen werden das Hilfsregister, der Akkumulator und das „mus"-Register aufgefüllt.

In dem Programm wird eine Schleife abgearbeitet, die folgende Struktur aufweist:

$$
\begin{aligned}
&\downarrow \quad (2 \cdot \cos \varphi) \\
&y_0 = y_1 \cdot muu - y_2 \\
&y_2 = y_1 \\
&y_1 = y_0 \\
&\downarrow
\end{aligned}
$$

Dieses Schleifenprogramm erzeugt einen synthetischen Sinus am Ausgang des DA-Wandlers.

7.7   Mikrocontroller ATmega32 mit Quarz

Für den ATmega32 stehen mehrere Taktquellen zur Verfügung, diese lassen sich entsprechend programmieren. Abb. 7.68 zeigt Strukturen der einzelnen Taktquellen mit den Ein- und Ausgängen.

Kernstück des AVR-Oszillatorblocks ist die Takt-Kontrolleinheit. Vor ihr werden alle Taktsignale für die externen Einheiten des Mikrocontrollers abgeleitet, diese Einheiten können entsprechend programmiert werden. Die Takt-Kontrolleinheit bezieht die Taktsignale von den internen und externen Taktquellen. Tab. 7.27 zeigt die Möglichkeiten für die Programmierung der einzelnen Taktquellen.

Eine Besonderheit ist der Watchdog-Timer. Überall, wo an die Elektronik hohe Sicherheitsanforderungen gestellt werden, empfiehlt sich der Einsatz eines Watchdog-Timers. Die Aufgabe einer solchen Einrichtung ist schnell anhand einer „Totmannschaltung" erklärt, die in jeder E-Lokomotive vorhanden ist: Ein Lokomotivführer muss in regelmäßigen Abständen einen Taster betätigen, um seine Anwesenheit zu

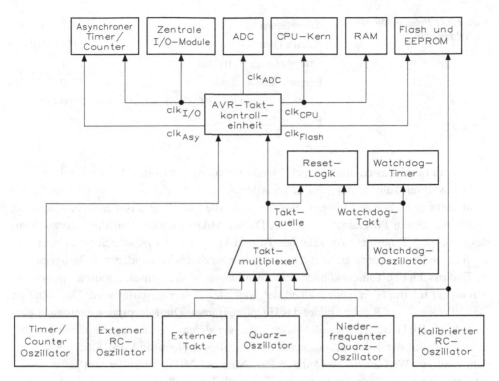

Abb. 7.68 Taktquellen des Mikrocontrollers ATmega32

bestätigen. Ist er aus irgendwelchen Gründen nicht mehr in der Lage, wird der Zug durch eine automatische Stromabschaltung gestoppt.

Ein Watchdog-Timer führt im Prinzip das Gleiche aus. Der Prozessor muss in regelmäßigen Abständen dem Mikrocontroller seine fehlerfreie Arbeitsweise bestätigen. Wird das nicht innerhalb einer gewissen Zeit ausgeführt, löst dieser eine Rückstellung des Mikrocontrollers aus. Da durch einen Reset der interne RAM-Bereich nicht gelöscht wird, kann der Mikrocontroller an der Stelle fortfahren, die zuletzt in Bearbeitung war. Um diesen Reset von einer Einschaltrückstellung zu unterscheiden, führt der Mikrocontroller eine zusätzliche Information ein.

Selbst wenn ein Programm fehlerfrei und erprobt arbeitet, bietet die Hardware niemals einen 100 %igen Schutz vor Fehlverhalten. Die Ursachen für eine Störung können vielfältiger Natur sein.

Im Allgemeinen besteht die Hauptaufgabe des Watchdog-Timers im Zählen seiner eigenen Maschinentakte, um bei einem Überlauf eines Zählers einen Reset am Mikrocontroller auszuführen. Der Watchdog-Timer muss verhindern, dass der Mikrocontroller den vorgegebenen Zählbetrieb des Watchdog-Timers erreicht. Das erfolgt durch ständige Mitteilung an den Mikrocontroller über den seriellen Port. Sollte das

Tab. 7.27 Programmierung
der Taktquellen

Taktoptionen	CKSEL3 ... 0
Externe Quarz-/Kondensator-Quelle	1111–1010
Externer Quarz (< 100 kHz)	1001
Externer RC-Oszillator	1000–0101
Abgleichbarer interner RC-Oszillator	0100–0001
Externer Takt	0000

Programm des Mikrocontrollers nicht richtig funktionieren, sodass er seine Arbeit nicht mehr ausführen kann, dann wird er im Allgemeinen den Zähler des Watchdog-Timers nicht mehr zurücksetzen können. Ein Reset ist die Folge, und das System fängt von vorne mit seinem Programm wieder an. Da der Mikrocontroller nur die Überwachung des Watchdog-Timers zur Aufgabe hat, ist sein Programm so zu schreiben, dass er von alleine wieder von vorne anfängt. Das erreicht man durch Vermeiden von Sprüngen, die zu Endlosschleifen führen können. Eine Ausnahme ist die Einschaltroutine, in der die benötigten Interrupts freigegeben und der Watchdog-Timer gestartet wird. Das ständige Wiederholen dieser Routine bildet das Hauptprogramm. Die Interrupts sollten nicht einfach durch RETI-Befehle abgeschlossen sein. Vor deren Ausführung empfiehlt es sich, den Stapel mit der Rücksprungadresse 0000 zu beschreiben und den Stackpointer mit dem richtigen Wert zu laden. Dadurch fängt sich der Mikrocontroller von selbst, wenn eine Störung eintritt. Für den Watchdog-Timer gilt Tab. 7.28.

7.7.1 ATmega32 mit Quarzoszillator

Der integrierte Oszillator besteht aus einem einstufigen linearen Inverter, der für die Verwendung eines Quarzkristalls oder eines keramischen Resonators als frequenzbestimmender Teil ausgelegt ist. Die Frequenz sollte 100 kHz nicht unterschreiten, da einige Zwischenspeicher im Mikrocontroller dynamischer Natur sind, und eine langsamere Frequenz zu einem Fehlverhalten der CPU führen könnte. Dies gilt aber nicht für das integrierte RAM im Mikrocontroller.

Die externe Beschaltung mit einem Quarz zeigt Abb. 7.69.

Die Kapazitäten der Kondensatoren können unabhängig von der Quarzfrequenz von 12 pF bis 33 pF streuen. Die empfohlenen Werte für C1 und C2 sind 22 pF, da damit das beste Verhältnis von Frequenzgenauigkeit und Frequenzstabilität in Verbindung mit gutem Anlaufverhalten des Oszillators erreicht wird. Kleinere Werte verringern die Anlaufzeit, größere verbessern die Frequenzstabilität.

In Anwendungen, bei denen die erforderliche Frequenztoleranz ungefähr 1 % beträgt, und der Anwender an den Schwingkreis lediglich die Forderung stellt, dass er oszilliert, können die Kondensatorwerte den Bereich von 12 pF bis 33 pF umfassen.

Tab. 7.28 Oszillatorzyklen des Watchdog-Timers

Auszeit ($+U_b = 5{,}0$ V)	Auszeit ($+U_b = 3{,}0$ V)	Zahl der Zyklen
4,1 ms	4,3 ms	4 K (4096)
65 ms	69 s	64 K (65536)

Starke Rauschspitzen oder starkes Übersprechen können schlimmstenfalls an den Pins von XTAL1 oder XTAL2 zu einer Fehlfunktion der Zählung im internen Taktgenerator führen. Diese Art von Störungen kann über kapazitive Kopplungen der Oszillatorkomponenten mit benachbarten Leitungen erfolgen, die digitale Signale mit sehr schnellen Anstiegs- und Abfallzeiten führen. Aus diesem Grund sollten externe Oszillatorbauteile möglichst nahe und mit möglichst kurzen Leitungen am Mikrocontroller zur Masse verbunden werden.

Wie man sieht, hängen die besten Werte der Komponenten und ihre Toleranzen von der entsprechenden Anwendung und ihren Erfordernissen ab. In jedem Fall sollte ihre Eignung getestet sein, bevor eine Entwicklung in Produktion geht.

Tab. 7.29 zeigt die Betriebsarten für den Quarzoszillator.

Für das Startverhalten des ATmega32 ist Tab. 7.30 zu beachten.

In Tab. 7.30 ist der Begriff „BOD" (Brown-out Detector) vorhanden. Über dieses Bit wird der „Brown-out Detector" aktiviert bzw. deaktiviert. Dies ist eine Überwachung der Betriebsspannung, die dafür sorgt, dass bei zu geringer Spannung der Mikrocontroller angehalten wird. Danach lässt sich eine ordentliche Rückstellung (Reset) durchführen, wenn die Spannung wieder einen bestimmten Wert überschreitet. Dadurch wird verhindert, dass der Mikrocontroller nicht in einem undefinierten Zustand bleibt, sich im ungünstigsten Fall verrechnet oder versehentlich den Inhalt des EEPROM/Flash ändert. In der Praxis sollte man daher den „Brown-out Detector" aktivieren.

Man kann auch den Mikrocontroller mit einem Quarz von 32,768 kHz betreiben. Dabei ist CKSEL auf „1001" einzustellen. Tab. 7.31 zeigt die Betriebsarten für den Quarzoszillator.

Abb. 7.69 Externe
Beschaltung mit einem
8-MHz-Quarz

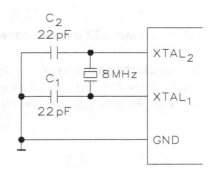

Tab. 7.29 Betriebsarten für den Quarzoszillator

CKOPT	CKSEL3 … 1	Frequenzbereiche in MHz	Werte für C1 und C2 (pF)
1	101	0,4 bis 0,9	–
1	110	0,9 bis 3,0	12 bis 22
1	111	3,0 bis 8,0	12 bis 22
0	101, 110, 111	$\leq 1,0$	12 bis 22

Tab. 7.30 Startverhalten für den ATmega32

CKSEL0	SUT1 … 0	Startverhalten für Abschaltung	Verzögerung vom Reset ($+U_b = 5,0$ V)	Empfehlung
0	00	258 CK	4,1 ms	Externe RC-Beschaltung für schnellen Betrieb
0	01	258 CK	65 ms	Externe RC-Beschaltung für langsamen Betrieb
0	10	1 K CK	–	Externe RC-Beschaltung, BOD gesperrt
0	11	1 K CK	4,1 ms	Externe RC-Beschaltung für schnellen Betrieb
1	00	1 K CK	65 ms	Externe RC-Beschaltung für langsamen Betrieb
1	01	16 K CK	–	Quarzoszillator, BOD gesperrt
1	10	16 K CK	4,1 ms	Quarzoszillator für schnellen Betrieb
1	11	16 K CK	65 ms	Quarzoszillator für langsamen Betrieb

7.7.2 ATmega32 mit externem RC-Oszillator

Für einfache Anwendungen wurde der interne Oszillator des ATmega32 verwendet. Die Schaltung von Abb. 7.70 zeigt einen externen RC-Oszillator.

Die Frequenz für den ATmega32 lässt sich berechnen mit

$$f = \frac{1}{3 \cdot R \cdot C}.$$

Tab. 7.31 Betriebsarten für den Quarzoszillator mit 32,768 kHz

SUT1 ... 0	Startverhalten für Abschaltung	Verzögerung vom Reset $(+U_b = 5,0\,V)$	Empfehlung
00	1 K CK	4,1 ms	Schneller Betrieb oder BOD gesperrt
01	1 K CK	65 ms	Langsamer Betrieb
10	32 K CK	65 ms	Stabile Frequenz mit Startbedingungen
11	reserviert	reserviert	

Abb. 7.70 Externer RC-Oszillator

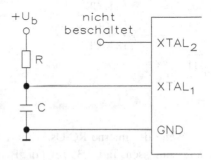

Der Kondensator C soll einen Wert von 22 pF aufweisen. Für die Programmierung wird Tab. 7.32 eingesetzt.

Starke Rauschspitzen oder starkes Übersprechen können schlimmstenfalls am Pin von XTAL1 eine Fehlfunktion beim Zählen des internen Taktgenerators bewirken. Diese Art von Störungen kann über kapazitive Kopplungen der Oszillatorkomponenten mit benachbarten Leitungen erfolgen, die digitale Signale mit sehr schnellen Anstiegs- und Abfallszeiten führen. Aus diesem Grund sollten die externen Oszillatorbauteile möglichst nahe und mit möglichst kurzen Leitungen am Mikrocontroller und zur Masse montiert werden.

Tab. 7.33 zeigt die Betriebsarten für den RC-Oszillator.

7.7.3 ATmega32 mit internem RC-Oszillator

Der interne RC-Oszillator kann mit den Frequenzen von 1,0 MHz, 2,0 MHz, 4,0 MHz und 8,0 MHz arbeiten. Diese Frequenzen gelten für eine Spannung von $+U_b = 5,0\,V$ und einer Umgebungstemperatur von 25 °C. Der Arbeitstakt wird vom CKSEL-Register bestimmt, wie Tab. 7.34 zeigt.

Die Frequenz ist auf 1 MHz eingestellt und wird in einem Toleranzbereich von $\pm 3\,\%$ angegeben.

Tab. 7.32 Programmierung des CKSEL-Registers

CKSEL3 ... 0	Frequenzbereiche (MHz)
0101	0,1 bis 0,9
0110	0,9 bis 3,0
0111	3,0 bis 8,0
1000	8,0 bis 12,0

Tab. 7.33 Betriebsarten für den externen RC-Oszillator

SUT1 ... 0	Startverhalten für Abschaltung	Verzögerung vom Reset $(+U_b = 5,0\ V)$	Empfehlung
00	18 K CK	–	BOD gesperrt
01	18 K CK	4,1 ms	Schneller Betrieb
10	18 K CK	65 ms	Langsamer Betrieb
11	6 CK	4,1 ms	Schneller Betrieb oder BOD gesperrt

Wenn der interne RC-Oszillator arbeitet, werden die Pins XTAL1 und XTAL2 nicht angeschlossen. Tab. 7.35 zeigt die Betriebsarten für den RC-Oszillator.

Der interne RC-Oszillator kann mithilfe des OSCCAL-Registers beeinflusst werden. Das Register hat folgenden Aufbau:

7	6	5	4	3	2	1	0
CAL7	CAL6	CAL5	CAL4	CAL3	CAL2	CAL1	CAL0

Alle Bits in dem OSCCAL-Register können gelesen oder beschrieben werden.

Das Kalibrierungsbyte wird in das OSCCAL-Register geschrieben. Justiert man die Frequenz des internen Oszillators,werden die durch die Herstellung bedingten Ungenauigkeiten ausgeglichen. Während eines Resets wird der Kalibrierungswert für die Frequenz von 1 MHz, das im High-Byte der Signaturreihe (Adresse 00) abgespeichert ist, automatisch geladen und in das OSCCAL-Register geschrieben. Auch die Kalibrierungswerte für die Frequenzen von 2 MHz, 4 MHz und 8 MHz sind in der Signaturreihe abgespeichert. Soll der interne RC-Oszillator mit einer dieser Frequenzen betrieben werden, so muss das Kalibrierungsbyte manuell geladen werden. Dies kann dadurch geschehen, dass man zunächst das Kalibrierungsbyte mit dem AVR-Studio aus-

Tab. 7.34 Arbeitsfrequenzen, abhängig vom CKSEL-Register

CKSEL3 ... 0	Nominalfrequenz (MHz)
0001	1,0
0010	2,0
0011	4,0
0100	8,0

Tab. 7.35 Betriebsarten für den internen RC-Oszillator

SUT1 … 0	Startverhalten für Abschaltung	Verzögerung vom Reset $(+U_b = 5,0\,V)$	Empfehlung
00	6 CK	–	BOD gesperrt
01	6 CK	4,1 ms	Schneller Betrieb
10	6 CK	65 ms	Langsamer Betrieb
11	reserviert	reserviert	

liest und den Wert im Programm- oder EEPROM-Speicher hinterlegt. Die Software muss dann diesen Wert abholen und in das OSCCAL-Register schreiben.

Wenn das OSCCAL-Register auf 00 steht, ist die niedrigste Frequenz ausgewählt. Werte größer als Null erhöhen die Frequenz des internen Oszillators, bei FFH ist die maximale Frequenz erreicht. Wenn die Software das EEPROM oder den Flash-Speicher beschreibt, sollte die eingestellte Frequenz nicht mehr als 10 % über ihrem nominalen Wert liegen. Andernfalls können Fehler beim Schreiben des EEPROM oder Flash auftreten. Man sollte beachten, dass der Oszillator nur für das Kalibrieren auf 1 MHz, 2 MHz, 4 MHz oder 8 MHz vorgesehen ist. Das Justieren anderer Werte ist nicht garantiert, wie Tab. 7.36 zeigt.

7.7.4   ATmega32 mit externem Taktgenerator

Sind in einer Schaltung mehrere Schaltkreise an einem gemeinsamen Taktgenerator angeschlossen, wählt man die Betriebsart „externer Taktgenerator" und Abb. 7.71 zeigt die Schaltung.

Beim Betrieb des ATmega32 mit einem externen Taktgenerator wird das externe Taktsignal an den Anschluss XTAL1 gelegt, der Anschluss XTAL2 bleibt offen. Der Anschluss XTAL1 kann über einen TTL-Baustein direkt angeschlossen werden. Tab. 7.37 zeigt die Betriebsarten für den externen Taktgenerator.

Starke Rauschspitzen oder starkes Übersprechen können schlimmstenfalls an Pin von XTAL1 eine Fehlfunktion bewirken. Diese Art von Störungen kann über kapazitive Kopplungen der Oszillatorkomponenten mit benachbarten Leitungen erfolgen, die

Tab. 7.36 Frequenzbereiche des internen RC-Oszillators

OSCCAL-Wert	Minimaler Wert der nominalen Frequenz (%)	Maximaler Wert der nominalen Frequenz (%)
00H	50	100
7FH	75	150
FFH	100	200

Abb. 7.71 Schaltung für
einen externen Taktgenerator

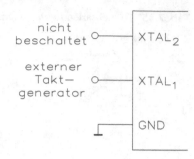

Tab. 7.37 Betriebsarten für den externen Taktgenerator

SUT1 ... 0	Startverhalten für Abschaltung	Verzögerung vom Reset $(+U_b = 5{,}0\,\text{V})$	Empfehlung
00	6 CK	–	BOD gesperrt
01	6 CK	4,1 ms	Schneller Betrieb
10	6 CK	65 ms	Langsamer Betrieb
11	reserviert	reserviert	

digitaleSignale mit sehr schnellen Anstiegs- und Abfallszeiten führen. Aus diesem Grund sollte die Verbindung möglichst kurz sein.

Abb 7.72 zeigt das Platinenlayout.

7.8   Programmierbarer autonomer Roboter

Der NIBO (http://nibo.nical) ist ein frei programmierbarer autonomer Roboter mit neun Sensoren, der selbstständig auf seine Umwelt reagieren kann.

NIBO hat einen ATmega32 als Mikrocontroller. Die verschiedenen Sensoren dienen zur Wahrnehmung seiner Umgebung. Der Roboter hat einen integrierten USB-Programmer, der zusätzlich als Ladegerät für die Akkus dient. Auf der oberen Etage ist ein Steckplatz für ARDUINO-Shields integriert.

Das variable Sensorsystem des Roboters besteht aus sieben Sensor-Bricks, die in zehn Sensor-Slots gesteckt werden können. Die drei Farb-Sensor-Bricks ermöglichen eine Farberkennung. Mit den vier IR-Sensor-Bricks lassen sich verschiedene Objekte berührungslos detektieren. Abb. 7.73 zeigt die Frontansicht des programmierbaren autonomen Roboters von NIBO.

Das Getriebe kann in zwei verschiedenen Varianten aufgebaut werden:

- Die 25:1-Übersetzung ermöglicht eine hohe Geschwindigkeit

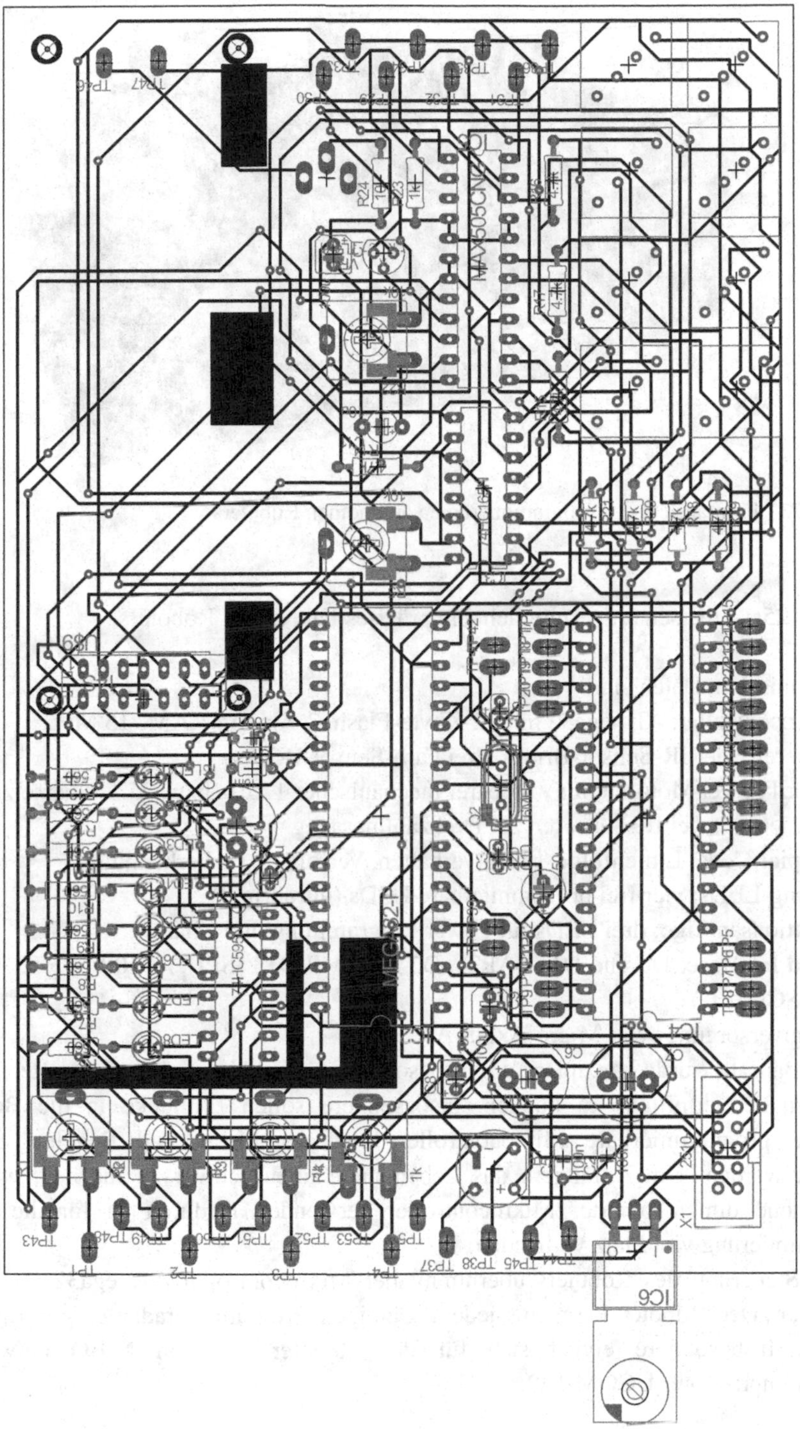

Abb. 7.72 Platinenlayout

Abb. 7.73　Frontansicht des programmierbaren autonomen Roboters

- Die 125:1-Übersetzung ermöglicht ein präzises Fahren des Roboters

Die technischen Daten sind:

   Mikrocontroller: ATmega32 mit 32-Kbyte-Flash, 2-Kbyte-SRAM, 15 MHz

   Sensoren: vier IR-Sensor-Bricks, drei Farb-Sensor-Bricks

   Aktorik: zwei Motoren mit wählbarer mechanischer 125:1- bzw. 25:1-Übersetzung

   Odometrie: zwei IR-Sensoren zur Drehzahlmessung

   Beispiel-Code: Linienfolge, Fluchtverhalten, Verfolgen, Farberkennung

   Coding-LEDs: vier frei progammierbare LEDs (ultrabright)

   Funktionsanzeige: drei LEDs für Power Programming und Charing

   Shied Interface: D0 und D1 (UART), D2-D4, D10-D13 (SPI), A0, 0 V, +5 V, RESET, SDA + SCL (I^2C)

   Stromversorgung: vier Micro-Akkus AAA

Der Bausatz wurde konzipiert, um insbesondere für Schüler und Studenten technische Sachverhalte vermitteln zu können. Insbesondere sollen Einblicke in die Bereiche Robotik, programmierbare Mikrocontroller bzw. der Mess- und Regelungstechnik gewährt werden. Um Anfängern das Leben nicht allzu schwer zu machen, wird ein ausreichend dimensionierter Mikrocontroller verwendet. Dadurch ist für die eigene Programmierung viel Platz vorhanden.

Die Steuerung des Roboters übernimmt der Mikrocontroller ATmega32 als Hauptcontroller. Der Roboter kann mit jedem gängigen Programmieradapter programmiert werden. Insbesondere eignet sich für den Roboter der von NIBO entwickelte Programmieradapter UCOM-IR2.

Für die rechenintensiven und zeitkritischen Module der Motorregelung und Distanzmessung steht der ATmega32 als Mikrocontroller zur Verfügung. Die Firmware für diesen Mikrocontroller wird mit Quellcode bereitgestellt und kann so den eigenen Erfordernissen und Bedürfnissen angepasst werden. Dadurch benötigen die Programmierer keine tieferen Kenntnisse in der Mess- und Regelungstechnik und sie müssen sich nicht mit den zeitkritischen Programmteilen auseinandersetzen.

Ziel der Entwicklung war es, einen für Schüler und Studenten erschwinglichen Bausatz anzubieten, ohne dabei auf wichtige Systembestandteile zu verzichten. Vorrangig war dabei die Verwendung von mehreren Distanzsensoren, um dem Roboter ein „Gefühl" für die Umgebung zu ermöglichen.

Anwendung:

- Verfolgung einer Linie
- Geregelte Geradeausfahrt
- Berührungslose Rundumerkennung von Hindernissen
- Autonomes Verhalten
- Unterscheidung von verschiedenen Bodenbelägen
- Farberkennung
- Barcode-Erkennung
- Wandverfolgung

Die Fortbewegung des Roboters erfolgt mit zwei Motoren, die die Räder über ein Getriebe mit einer 125:1- bzw. 25:1-Untersetzung antreiben. Die Motoren werden von einer H-Brücke (Halbbrücke) mit einem PWM-Signal von 14,7 kHz angesteuert. Das PWM-Signal kann mithilfe der Odometriesensoren geregelt werden, wodurch eine konstante Geschwindigkeit ermöglicht wird.

Die Geschwindigkeit der Räder wird mit zwei Fototransistoren und zwei IR-LEDs an den Zahnrädern des Getriebes gemessen. Die Geschwindigkeit ist direkt proportional zur Frequenz des Signals.

Die Motorbrücke wird zur Stromverstärkung der Mikrocontrollersignale benötigt. Der Motor bekommt vom Vierquadrantensteller eine von drei möglichen Signalkombinationen: Plus/Minus (vorwärts), Minus/Plus (rückwärts), Plus/Plus (kurzgeschlossen). Der kurzgeschlossene Betrieb (Freilauf) dient zur besseren Energieausnutzung bei der PWM-Ansteuerung, da der Strom dabei nicht gegen die Versorgungsspannung fließen muss. Zusätzlich sorgt der Freilauf für ein stabileres Drehmoment im unteren Ansteuerungsbereich.

Die Sensoren ermöglichen dem Roboter die Wahrnehmung seiner Umwelt und somit eine Reaktion auf Umwelteinflüsse. Im Folgenden sind die einzelnen Sensoren beschrieben:

Um Hindernisse/Objekte berührungslos erkennen zu können, ist der NIBO mit vier IR-Sensor-Bricks ausgestattet. Jeder IR-Sensor-Brick besteht dabei aus einem IR-Fototransistor und einer IR-LED. Somit kann der Reflexionsfaktor gemessen und ausgewertet werden. Zur Vermeidung von Streulichteinflüssen empfiehlt es sich, ein Modulationsverfahren anzuwenden. Dieses Verfahren ist in der NiboRoboLib implementiert.

Durch das Sensorsystem mit zehn Sensor-Slots können die Sensor-Bricks am Roboter variabel eingesetzt werden.

Es sind verschiedene Set-ups möglich: Beispielsweise kann man alle vier Sensoren im Frontbereich einstecken oder auch zwei Sensoren im Frontbereich und zwei Sensoren auf der Rückseite oder auch drei Sensoren zur Bodenanalyse verwenden.

NIBO ist mit drei Farb-Sensor-Bricks (blau, grün, rot) ausgestattet. Diese können ebenso wie die IR-Sensor-Bricks variabel in den zehn Sensor-Slots konfiguriert werden. Beispielsweise lassen sich die Farbsensoren auf der Rückseite einstecken, um so farbige Objekte/Flächen zu untersuchen. Zur Boden-Farb-Analyse können die Sensoren in die drei Sensor-Slots auf der Unterseite des Roboters gesteckt werden. Dieses Set-up eignet sich auch sehr gut zum Folgen einer Linie.

Der NIBO wird über eine USB-Schnittstelle mit einem Computer verbunden und programmiert. Zusätzlich können die Akkus über diese Schnittstelle geladen werden.

Der NIBO verfügt über drei Erweiterungsports. Jeder dieser Ports hat fünf Anschlüsse: Plus, Minus und drei Signalbits.

Alle Ports besitzen zusätzliche Funktionen, wie Tab. 7.38 zeigt.

Am Port X12 können eigene Erweiterungen mit einer I^2C-Schnittstelle angeschlossen werden. Am Port X13 lassen sich Erweiterungen mit einer seriellen Schnittstelle anschließen.

Die Signale LED 1 bis LED 4 lassen sich nach der Entfernung von Jumper J5 (LEDX) frei für eigene Zwecke verwenden.

Das KEY-Signal lässt sich als analoger Eingang verwenden, solange keine der Tasten SW1 bis SW3 gedrückt ist.

Die zwei roten LED 5 (LED 1 und LED 4) und die zwei blauen LEDs (LED 2 und LED 3) können von selbst erstellten Programmen frei angesteuert und verwendet werden. Abb. 7.74 zeigt die Seitenansicht des programmierbaren autonomen Roboters von NIBO.

Die kleinen weißen LEDs dienen zur Funktionsanzeige. Die Funktionen sind in Tab. 7.39 aufgeführt.

Der Spannungsschalter S1 trennt die Akkuspannung von der Schaltung und ermöglicht in Verbindung mit den Jumpern J1, J2 und J3 das Laden der Akkus.

Nach Abschluss der vorbereitenden Arbeiten kann der NIBO nun erstmals Schritt für Schritt in Betrieb genommen werden. Der Roboter darf auf keinen Fall ohne

Tab. 7.38 Ein- und Ausgänge mit zusätzlichen Funktionen

Port	Signal 1	Signal 2	Signal 3	Information
X11	LED 1	LED 2	LED 3	Digitale Schnittstelle
X12	SCL	SDA	LED 4	I^2C-Schnittstelle
X13	RXD	TXD	KEY	Serielle Schnittstelle

Abb. 7.74 Seitenansicht des
programmierbaren autonomen
Roboters

Tab. 7.39 Funktionsanzeigen für den NIBO-Roboter

LED 5	Betriebsanzeige: leuchtet, solange der NIBO eingeschaltet ist
LED 6	Programmierung: leuchtet während des Programmiervorgangs
LED 7	Ladeanzeige: leuchtet während des Ladevorgangs

bestückten IC2 (74HC139, zwei 2-Bit-Binärdecoder) eingeschaltet werden, da sonst die Transistoren der Motorbrücke zerstört werden!

Nachdem der Roboter eingeschaltet ist, muss die weiße LED 5 neben dem Einschalter aufleuchten. Nach etwa fünf Sekunden nach dem Einschalten sollten die LEDs 1 bis 4 nacheinander kurz aufleuchten.

Wenn nun Taster 1 gedrückt wird, muss LED 1 leuchten. Wird Taster 2 gedrückt, muss LED 2 leuchten und bei gedrücktem Taster 3 sollte die LED 3 aufleuchten. Damit sind die Coding-LEDs und die Taster auf ihre Funktion überprüft und der Roboter kann ausgeschaltet werden.

Zum Testen der Sensor-Bricks wird folgendes Set-up aufgebaut: Die IR-Sensor-Bricks werden in die vorderen Slots (FLL bis FRR) gesteckt. Die Farb-Sensor-Bricks werden in folgender Reihenfolge in die unteren Slots (BR – rot, BC – grün, BL – blau) gesteckt. Nun wird der Taster 1 gedrückt gehalten und der Roboter wird wieder eingeschaltet.

Jetzt sollte LED 1 leuchten. Lässt man nun den Taster los, blinkt LED 1 kurz und das Testprogramm wird gestartet.

Man beginnt mit dem Testen der IR-Sensor-Bricks. Hält man nun z. B. einen Finger in circa 3 cm Abstand vor einen Sensor, dann sollte die jeweilige LED (z. B. LED 1 beim Sensor FLL) leuchten. Dies probiert man mit allen IR-Sensor-Bricks aus. Falls die LEDs immer leuchten, wurde eventuell das Einschrumpfen der Fototransistoren vergessen.

Durch Drücken des Tasters 1 wird zum Programm „Testen der Bodensensoren/Farb-Sensor-Bricks" umgeschaltet:

Der Roboter wird etwas in die Luft gehalten und die Sensoren werden nach demselben Schema getestet.

Dabei sollten für den blauen Sensor die LED 1 leuchten, für den grünen Sensor sollten LED 2 und LED 3 leuchten und für den roten Sensor sollte die LED 4 leuchten. Jetzt wird der Roboter wieder ausgeschaltet.

Zum Testen der Motoren und der Odometriesensoren wird Taster 2 gedrückt und der Roboter wird wieder eingeschaltet. Jetzt sollte die LED 2 leuchten. Lässt man nun den Taster los, blinkt LED 2 kurz und das Testprogramm ist gestartet.

Man beginnt mit dem Testen der Odometrie -Lichtschranken. Es soll sich zeigen, ob die Fototransistoren die Drehung der Räder detektieren können.

Dazu wird von oben vorsichtig das linke rote Zahnrad gedreht und dann sollten abwechselnd LED 1 und LED 2 aufleuchten. Wird die Lichtschranke durch das Zahnrad blockiert, dann leuchtet die rote LED, ansonsten leuchtet die blaue LED. Dann testet man ebenso die rechte Seite.

Zum Umschalten auf das Motorentestprogramm drückt man jetzt einmal Taster 2 und nun wird noch der Jumper J6 eingesteckt. Ab jetzt kann der Roboter fahren.

- Taster 1 drücken → Roboter fährt vorwärts
- Taster 2 drücken → Roboter hält an
- Taster 3 drücken → Roboter fährt rückwärts

Es kann sein, dass der NIBO hierbei nicht ganz geradeaus fährt. Das schadet jedoch nichts, da dies eine ungeregelte Fahrt ist! Jetzt wird der Roboter wieder ausgeschaltet.

Durch Einfetten des Getriebes (z. B. mit einer fettigen Salbe und einem Zahnstocher) lässt sich ein angenehm leises Laufgeräusch erzielen. Man fettet am besten beide Seiten der Achsen ein, an den Kontaktstellen mit den Platinen.

Für die Kalibrierung der Sensoren werden die im Karton enthaltenen Karten „Kalibrierung" und „Farbkarte" benötigt. Abb. 7.75 zeigt die Bodensensoren und die Farb-Sensor-Bricks.

Nun wird Taster 3 gedrückt gehalten und der Roboter wird wieder eingeschaltet.

Der Roboter wird auf Position 1 der Karte „Kalibrierung" gestellt und die drei Farbsensoren befinden sich über dem schwarzen Feld. Nun wird Taster 1 gedrückt, dann sollte die LED 1 blinken. Danach wird der Roboter auf Position 2 der Karte „Kalibrierung" gestellt und die drei Farbsensoren befinden sich über dem weißen Feld. Nun wird Taster 2 gedrückt und die LED 2 sollte blinken. Die Kalibrierung ist jetzt automatisch beendet und abgespeichert!

Mit der Farbkarte kann man nun prüfen, ob die Sensoren die Farben richtig detektieren. Die drei Farbsensoren müssen hierzu über einer der farbigen Flächen positioniert werden:

Abb. 7.75 Drei Farb-Sensor-Bricks (oben) und die vier Bodensensoren (unten)

- Blaue Fläche → LED 2 und LED 3 leuchten
- Rote Fläche → LED 1 und LED 4 leuchten
- Grüne Fläche → LED 1 und LED 2 leuchten
- Gelbe Fläche → LED 3 und LED 4 leuchten

Der Roboter kann durch seine LEDs navigieren. Als Navigation bezeichnet man das Zurechtfinden in einem geografischen Raum, um einen bestimmten Ort zu erreichen. Die Navigation besteht aus drei Teilbereichen:

- Bestimmung der geografischen Position durch Ortung nach verschiedenen Methoden
- Berechnung des Weges zum Ziel
- Führung des Fahrzeugs zu diesem Ziel, also das Halten des optimalen Kurses

Dies ist eine zentrale Aufgabe des Roboters!

Ein mobiler Roboter, der durch Bewegung mit seiner Umgebung in Kontakt tritt, benötigt Sensoren zur Orientierung und es wird auch eine einfache Navigation durchgeführt.

Die Orientierung in natürlicher Umgebung ist der einfachste Fall und wird mit verschiedenen Berührungssensoren realisiert. Die Reichweite für die Sensoren ist, ob sich ein Hindernis direkt vor dem Roboter oder in seiner Reichweite befindet. Bei dem Einsatz von komplexen Sensoren zum berührungslosen Orten sind einfache Kontaktsensoren zur Unterstützung sinnvoll. Mit diesen Sensoren lässt sich eine Orientierung realisieren, wenn Objekte der natürlichen Umgebung erkannt und in der Position registriert werden. Sie kann z. B. in eine elektronische Karte eingetragen werden. Die natürliche Umgebung ist dabei in vielen Fällen speziell im Indoorbereich zu finden, d. h. sie ist kaum von der

Natur geschaffen und es sind hier vor allem Wände, Türen und Möbel. Sie wird nur so bezeichnet, weil sie andererseits nicht zur Orientierung geschaffen wurde.

Bei der Ortung durch Berührung verwendet man üblicherweise Mikroschalter, die über eine Stoßstange (Bumper) den passiven oder aktiven Kontakt mit dem Hindernis erkennen. Man unterscheidet zwischen

- aktivem Kontakt, wenn der Roboter beim Fahren an ein Tischbein stößt,
- passivem Kontakt, wenn der Roboter z. B. eine Katze oder einen Hund berührt.

Den Unterschied kann der Roboter nur feststellen, wenn er seine momentane Bewegungsrichtung erkennt und berücksichtigt.

Bei einfachen Robotern muss meist so vorgegangen werden:

- Bumper rechts, dann etwas nach links drehen
- Bumper links, dann etwas nach rechts drehen
- Bumper, der Roboter kehrt um

Das man so ein primitives Verfahren nicht als geografische Ortung bezeichnen kann, zeigt ein einfacher Vergleich: Man stellt sich vor, man wird mit verbundenen Augen in einen Raum eingesperrt ist und soll diesen durch einen Ausgang verlassen oder an einer vorgegebenen Stelle halten. Sie werden nicht planlos an den Wänden entlanggehen und wahrscheinlich nicht merken, dass Sie an der gleichen Stelle bereits mehrmals vorbeigekommen sind. Wenn der Raum um eine breite Säule gebaut ist und man dort entlang geht, wird man die Tür an der Außenwand kaum finden. Trotzdem arbeiten viele Roboter nach diesem Prinzip.

Zur berührungslosen Orientierung an Objekten in der Umgebung kann der Roboter selbst ein akustisches oder ein optisches Testsignal ausgeben oder er kann sich am Bild der Umgebung orientieren. Es ist allerdings nicht so einfach, aus dem empfangenen Signal eine „interne" oder „innere" Landkarte zusammenzustellen und sich darin zurechtzufinden. Ohne so eine Landkarte ist die berührungslose Orientierung nicht besser als ein verlängerter Arm eines einfachen Kontaktschalters.

Bei der berührungslosen Orientierung kennt man drei Verfahren:

- Akustische Abtastung
- Optische Abtastung
- Bildverarbeitung

Die akustische Abtastung eines Raumes stellt eine „Einparkhilfe" eines PKW dar und ist die einfachste Lösung. Dieses System arbeitet als akustischer Reflexkoppler. Hier wird eine Sende- und Empfangskapsel über einen Verstärker gekoppelt und wenn im Bereich des Sensors ein Hindernis die Kopplung zwischen beiden erhöht, dann kommt es zum

Anschwingen und damit zur Anzeige. Dieses Verfahren ist einfach, preiswert und lässt allenfalls senkrecht vor einer glatten Wand eine Bestimmung des Abstands zu.

Die andere akustische Lösung stellt eine Laufzeitmessung dar, das Echolot. Hier wird ein Ultraschallimpuls von acht bis 20 Periodendauern ausgesendet und es wird die Zeit gemessen, bis das Echo eintrifft. Mit diesem Verfahren kann die Zeit bis zum ersten Echo gemessen und über die Schallgeschwindigkeit der Abstand errechnet werden. Die Genauigkeit liegt im cm-Bereich. Es gibt auch Systeme, bei denen nach dem ersten Echo des Empfängers wieder empfindlich eingestellt wird und es werden weitere Echos registriert. Auf diese Weise lässt sich erkennen, ob man vor einem kleinen Hindernis oder vor einer Wand steht. Bei ungünstiger Montage kann es vorkommen, dass der Sendeimpuls ab Roboter reflektiert wird.

Bei der optischen Abtastung kennt man den optischen Reflexkoppler oder die Triangulation. Der optische Reflexkoppler erzeugt einen Stromimpuls für eine IR-LED und der lichtempfindliche Sensor gibt das Signal an die Elektronik zurück.

Die optische Triangulation arbeitet viel genauer als die optische Abtastung. Das Objekt oder der Abstand wird trigonometrisch vermessen. Die IR-LED arbeitet als Sender und die Lichtimpulse werden vom lichtempfindlichen Sensor empfangen und von der Elektronik ausgewertet.

Auch bei der optischen Laufzeitmessung hat man als Sender eine IR-LED und das Signal wird vom lichtempfindlichen Sensor empfangen und ausgewertet.

Eine sehr hohe Genauigkeit ist die Abtastung eines Laserscanners. Der Empfänger arbeitet mit einem Öffnungswinkel von 180°.

Die Bildverarbeitung verwendet normalerweise zwei Kameras und das Bild wird stereoskopisch aufgenommen und ausgewertet. Durch die Bildverarbeitung lassen sich die Abstände zu den einzelnen Objekten berechnen und darstellen.

Die Orientierung an künstlichen Markierungen unterscheidet man in:

- Passive Markierungen
- Aktive Markierungen

Passive Markierungen stellen künstliche Markierungen dar, die speziell entwickelt worden sind. Ein typisches Beispiel sind Reflexmarken am Ende eines Gangs, durch den ein Roboter fahren muss. Er kann sich zunächst einfach am Gang orientieren und zur Bestätigung, dass genau an einer bestimmten Stelle abgebogen werden soll, wird man zusätzlich eine Reflexmarke anbringen. Der Vorteil ist die passive Marke, die nicht mit Energie versorgt werden muss, denn die geringe Energie, die Marke zu finden, kann der autonom fahrende Roboter leicht selbst aufbringen.

In der Praxis weisen die einzelnen Reflexmarken noch dunkle Linien auf. An der Frontseite ist dazu eine Beleuchtung angebracht, die auf den Boden vor dem Roboter gerichtet ist. Es reichen zwei lichtempfindliche Sensoren rechts und links von der Linie aus, um die Spurverfolgung zu kontrollieren und Abweichungen zu erkennen. Bei breiten Linien genügt ein Sensor, der an den Roboter angeschlossen worden ist. Dadurch ergeben sich drei Möglichkeiten:

- Mittlere Helligkeit: geradeaus fahren
- Zu dunkel: nach rechts fahren
- Zu hell: nach links fahren

Der Roboter fährt an der Kante entlang. Der Abstand vom Drehpunkt des Fahrzeugs im Zusammenspiel mit der Fahrtregelung ermöglicht dann unterschiedliche schnelle und sichere Aktionen zum Halten der Spur bei rascher Verfolgung der Linie.

Bei aktiven Markierungen kennt man vier Verfahren:

- Ein noch recht einfach umzusetzendes Prinzip ist eine aktive „Bake-1". Über die IR-LED wird ein codiertes Signal ausgegeben. Der Roboter besitzt einen IR-Empfänger mit relativem Öffnungswinkel mit nachgeschaltetem Decoder für das Signal. Hiermit kann der Roboter feststellen, ob der Empfänger gerade in Richtung der Bake zeigt. Da durch die Codierung des Signals (es sind auch mehrere Träger-frequenzen möglich) mehr als eine Bake gleichzeitig aktiv sein darf, kann man mit mehreren Baken, die man nacheinander anpeilt und dabei die Winkel misst, auch die absolute Position feststellen.
- Bei der aktiven „Bake-2" steuern mehrere Timer 555 die unterschiedlichen LEDs an, die sich am Ende des Platzes befinden. Jede Bake hat eine eigene und konstante Frequenz. Es gibt auch Roboter, die mit unterschiedlichen Frequenzfiltern ausgestattet sind und mit einem IR-Empfänger auf einem Servo suchen, aus welcher Richtung welche Bake blinkt. Durch diesen Frequenzfilter ist der Roboter immun gegen andere Lichtquellen. Es sind drei Baken theoretisch erforderlich, um einen sicheren Fahr-betrieb zu ermöglichen.
- Im Flugverkehr sind aktive Transponder im Einsatz. Diese werden durch einen Impuls abgefragt und antworten individuell. Dazu erzeugt der Roboter einen kurzen Ultraschallimpuls. Entweder mit Zielrichtung zum vermuteten Transponder oder ungerichtet. Sobald ein Transponder den Abfrageimpuls registriert, antwortet er mit einem oder mehreren Lichtblitzen, die auch unterschiedliche Farben aufweisen können. Aus der zwischenzeitlich vergangenen Zeit und der Empfangsrichtung lässt sich bei mehreren Transpondern der Standort berechnen.
- Man kann auch eine induktive Begrenzungsschleife verwenden. Dieses Verfahren wird bei zahlreichen Rasenmähern verwendet. Ein Draht wird am Rand der für den Roboter zulässigen Fläche ausgelegt oder vergraben. Über den Draht wird ein Signal gesendet und der Empfänger vom Roboter erhält das Signal, falls sich der Roboter dem Draht nähert.

Mit der Koppelnavigation wird die fortlaufende Ortsbestimmung aus dem momentanen Kurs und der Geschwindigkeit bezeichnet.

Die Odometrie ist der wichtigste Teilbereich in der Robotik. Bei der Odometrie wird auf Grundlage der Umdrehung der einzelnen Räder die Position des Roboters berechnet. Zur Erfassung der Richtung und des Weges bzw. Geschwindigkeit erfolgt durch

- Einschaltdauer des Antriebs,
- Zählen der getätigten Impulse von Schrittmotoren,
- sensorisch durch spezielle Encoder, Kugel-, Rad- oder optische Mäuse.

Abb. 7.76 zeigt das Koordinatensystem für die Odometrie für zweirädrige Roboter. Die Position ist durch das Tupel $P_{rob} = \{x, y, \alpha\}$ gegeben und die Werte ΔL und ΔR werden direkt von den Radwegsensoren erzeugt. Der Drehwinkel $\Delta\alpha$ ist die Wegdifferenz des rechten und linken Rades geteilt durch den Radabstand D.

$$\Delta\alpha = \frac{\Delta R - \Delta L}{D}$$

Die Wegstrecke Δs ist der mittlere Weg

$$\Delta s = \frac{\Delta R - \Delta L}{2}$$

Die Positionsveränderung bei Geradeausfahrt ist $\Delta L = \Delta R$

$$\Delta x = \Delta R \cdot \cos(\alpha) \qquad \Delta y = \Delta L \cdot \sin(\alpha)$$

Die Positionsveränderung bei Kurvenfahrt ist $\Delta L \neq \Delta R$ und $\Delta L \neq 0$

Abb. 7.76 Koordinatensystem für die Odometrie

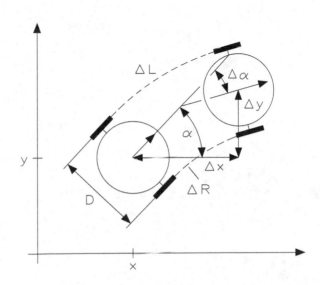

$$\Delta x = \frac{\Delta s}{\Delta \alpha} \cdot \left(\cos \left(\frac{\pi}{2} + \alpha - \Delta \alpha \right) + \cos \left(\alpha - \frac{\pi}{2} \right) \right)$$

$$\Delta y = \frac{\Delta s}{\Delta \alpha} \cdot \left(\sin \left(\frac{\pi}{2} + \alpha - \Delta \alpha \right) + \sin \left(\alpha - \frac{\pi}{2} \right) \right)$$

Bei der Betrachtung des zurückgelegten Weges ist festzustellen, dass sich die Bahnkurve aus Elementen einfacher Kurvenformen zusammensetzen lässt. Die einfachste von ihnen ist die Gerade. Mit dem Anstieg der Geraden ist zugleich eine ganz charakteristische Eigenschaft dieser Spezialform einer „Kurve" in nur einem einzigen Wert repräsentiert. Dazu werden noch die Koordinaten eines einzigen Punktes (Startpunkt) und die Länge des Wegstückes benötigt, um diesen Teil der Bahnkurve eindeutig festzulegen.

Wenn dieser Ansatz auf das Prinzip „Differentialgleichungen beschriebenen Kurvenform" verallgemeinert wird, können komplizierte Kurvenformen dargestellt und in den meist eingeschränkten Speichermedien des Mikrocontrollers abgespeichert werden. So kann z. B. während der Verfolgung einer geraden Wand im Koordinatensystem oder bei der Umrundung eines Hindernisses der Durchmesser festgestellt werden. Die Odometriedaten des Roboters werden dabei gleichzeitig ermittelt, um eventuelle Schlängelbewegungen des Wandfolgealgorithmus auszugleichen. Der aus den Odometriedaten resultierende Fehler kann als gering angenommen werden, da nur die relative Positionsveränderung betrachtet wird.

Stichwortverzeichnis

7-Segment-Anzeige, 333
7-Segment-Code, 491
8-Bit-Komparator, 320
8-Bit-Zwischenspeicher, 456
64-Kbyte-Segment, 507

A

Ablaufdiagramm, 238
Abtastintervall, 527
ACK-Bit, 89
Adapterplatine, 156
Adressenfeld, 252
Adressierung
   direkte, 220
   indirekte, 220
   unmittelbare, 220
Adressierungsart, 146
Adresszeiger, 220
Advanced, 130
AD-Wandler, 516
AIN1, 38
Akkumulator, 145, 272, 309, 330, 403
ALGOL, 240
Algorithmus, 135
ALU, 15, 40
Analogkomparator, 14, 65
Annäherung
   schrittweise, 348
Anweisungen, 135
APL, 240
Apostroph, 166
Approximation, 348

Arbeitsbereich, 110
Arbitrierung, 90
AREF, 131
Argument, 445
Arithmetik-Befehl, 217
ASCII, 335, 512, 522
Assembler, 99, 103, 115, 127, 237, 249
Assemblersprache, 236, 247
Ausgabebereich, 110
Ausgangssignal, 324

B

Backslash, 166
Bandgap, 14, 66
Baranzeige, 499
BASIC, 240
Baudrate, 61
BCD-Arithmetik, 17
BCD-Code, 491
Befehlscode, 235
Befehlssequenz, 261
Befehlszyklus, 233
Begrenzungsschleife, 550
Bewertungsnetzwerk, 431
Binärzahl, 235
Binde-Lader, 266
Bitmanipulation, 174
Boot-Sektor, 74
Bootstrap, 266
Breakpoint, 106, 121
Busy, 423

© Springer Fachmedien Wiesbaden GmbH, ein Teil von Springer Nature 2020
H. Bernstein, *Mikrocontroller*, https://doi.org/10.1007/978-3-658-30067-8

C

C-Compiler, 99
CISC, 6, 267
CISC-Architektur, 144
COBOL, 240
Codesegment, 104, 274
Compare, 42
Compiler, 115, 127, 153, 240, 244
CPU, 40, 133
Cross-Assembler, 103, 264
Cross-Compiler, 246
CS, 125
CTC, 322
Cursortaste, 100

D

Datenausgaberegister, 279
Daten-Pseudobefehle, 336
Datenregister, 374
Datenrichtung, 278
Datensegment, 104, 275
Datenspeicher, 78
Datentransferbefehl, 214
DDR, 51, 322
Debug, 310
Debugger, 98
Debugging, 97
Debug-Lauf, 120
Debug-Modus, 114
Debugmöglichkeit, 106
Dekrement, 23, 495
Dekrementierung, 177
DIL, 397
DNL, 362
do-while, 170
Dunkeltastung, 493

E

Echtzeitemulator, 106
Echtzeituhr, 268
Editierspeicher, 101
Editor, 98, 112
Editorprogramm, 99
EEPROM, 10, 83, 338, 508
Emulator, 106
EOR, 313
Erase, 128

Exklusiv-ODER, 307, 461
Expression, 260

F

Fast PWM, 323
FIFO, 64
Fileendebedingung, 173
FIR-Filter, 524
Flag, 20
Flash-Input-HEX, 128
Flash-Speicher, 79, 131
Flipflop, 314
Floating-Gate, 79
Flussdiagramm, 238
Flussdiagramme, 135
FORTRAN, 240
Frequenz, 324

G

getchar, 169

H

Halfcarry-Flag, 219
Hardware, 98
Harvard-Struktur, 221
Hauptprogramm, 406
H-Brücke, 543
Header File, 115
Heißleiter, 376
Hexadezimal-Lader, 235
Hilfsakkumulator, 330
Hochsprache C, 97

I

I/O-Baustein, 468
I/O-Register, 24, 278
I/O-Schnittstelle, 269
I/O-Speicher, 86
I^2C-Bus, 87
ICP1, 35
Idle-Modus, 65, 359
if-else, 170, 171
if-else-if, 172
I-Flag, 41
IIR-Filter, 524

Impulsvarianz, 527
In-Circuit-Emulator, 114
Indexregister, 220
Initialisierung, 149, 426
Initialisierungsbefehl, 299
Inkrement, 23, 338, 380, 495, 512
Inkrementierung, 177
INL, 362
In-Line-Assembler, 97
Instruction Pointer, 125
In-System-Programmierung, 121
INT, 38
Integerkonstanten, 165
Integertyp, 163
Integervariable, 164
Interrupt, 148, 217, 270, 296, 303, 346, 353, 459
Interrupt-Flag, 293
Interrupt-Routine, 44, 70
Interruptvektor, 77
IR-LED, 549
ISP s. In-System-Programmierung, 8, 17, 268

J
JTAG, 9

K
Kaltleiter, 376
Kommentar, 263
Komparator, 350
Konfigurationsregister, 60
Konstante, 384
Kontrollregister, 114

L
L297/L298, 93
Label, 114
Lader, 266
Laserscanner, 549
Latch, 29
LCD-Anzeige, 412, 510
Leerbefehl, 218
Lesebetrieb, 413
Lesevorgang, 85
Leuchtdiode, 305, 392, 454
LIFO, 45

Linker, 99, 103, 115
Listenelement, 138
Locater, 103
Location Counter, 256
Lock-Bits, 130
LSB, 22, 345

M
Makro, 261
Makro-Assembler, 264
Marke, 251
Maschinencode, 127, 153
Maschinensprache, 234, 240, 247
Messeingang, 345
MIPS, 8
MISO, 34, 52, 268, 346, 397
Mittelwert, 371
Mnemonik, 235
Monitorprogramm, 106
MOSI, 35, 52, 268, 345, 397
Motorbrücke, 543
MSB, 22
Multiplexer, 364
Multiplikation, 529

N
Negativ-Flag, 219
Neumann, 133
Nibbles, 513
NOP, 479, 502
NTC-Widerstand, 376
Nullausblendung, 492
Nullstelle, 526
Nyquist-Frequenz, 360

O
Object File, 115
Objektcode, 240
Objektprogramm, 237
OC1A, 35
ODER, 312, 385
ODER-Befehl, 148
Odometrie, 546, 551
Opcode, 213
Operand, 168, 213
Operator, 168

ORG, 255
ORIGIN, 256
Oszillator, 272
Other File, 115
Output, 115
Output-Bereich, 113
Overflow-Flag, 219

P
Page, 258
PASCAL, 240
PD0 – RXD, 38
PD1 – TXD, 38
Pegelinterrupt, 77
Peripherieregister, 117
PIN, 51
PL/1, 240, 246
PL/M, 241, 246
Planungsphase, 98
Platzhalter, 163
Pointer, 220
Polstellenpaar, 529
POP, 46, 151, 228, 410, 488
Port-Pin, 29
Postfixnotation, 175
Post-Inkrement, 225, 514
Präfixnotation, 175
Pre-Dekrement, 225
Prescaler, 47, 354
Programmablauf, 145
Programmablaufpläne, 135
Programmiermodul, 159
Programmiersprache, 134
Programmiersprache C, 242
Programmspeicher, 10, 78, 386, 391
Programmtexteditor, 110
Programmzähler, 44, 228, 272, 406
Pseudobefehl, 333, 371, 446
Pseudoinstruktion, 104
Pseudooperation, 249, 252, 327
pull-up, 25, 269
Pulsweitenmodulation, 316
PUSH, 46, 151, 228, 410
PWM, 322

Q
Quarz, 449

R
R2R-Netzwerk, 430
RAM, 10
Rauschspitzen, 535
Rauschunterdrückung, 359
Realkonstante, 166
Realtyp, 163
Receiver, 61
Rechteckgenerator, 290
Recovery-Funktion, 101
Referenzspannung, 131
Registeradressierung, 223
    direkte, 221
Registerplatz, 252
Reset, 46, 270
Reset-Bedingung, 389
Reset-Vektor, 68
RISC, 6, 267
RISC-Architektur, 145
RS232C, 91
RTC, 268
Running, 114
RXD, 270

S
S/H-Kondensator, 360
Sägezahnsignal, 317
Sägezahnspannung, 436
Sample and Hold, 354
SAR-Register, 348
Schieberegister, 369, 454, 457
Schleifenkriterium, 149
Schnittstelle, 399
Schnittstellenbaustein, 453, 468
Schreibbetrieb, 413
Schreibvorgang, 85
Schrittmotorenansteuerung, 87
SCK, 52, 125, 268, 397
Scrolling, 100
SDI, 125

SDO, 125
Sensorsystem, 544
SFIOR-Register, 30
Signalverarbeitung, 429
Signatur, 128, 282
Sign-Flag, 219
Simulator, 99, 114, 120
Single-Step-Mode, 107
Sinussignal, 447
SLEEP, 29
Software, 98
Software-Handshake, 91
Source File, 115
Source-Windows, 113
Space, 258
Speicherbereich, 506
Speicherplatz, 252
Speicherplatzbedarf, 164
Speichertransistor, 79
Speicherzelle, 82
Spezialfunktionsregister, 274
SPH, 46
SPI, 34, 52, 124, 268, 345
SPL, 46
Sprung
    bedingter, 217
    relativer, 228
    unbedingter, 217, 464
Sprungbefehl, 42, 44, 146, 217, 298
Sprung-Tabelle, 221
SRAM, 79, 507
SREG, 19
SREG-Register, 218
SS, 52, 125
Stack, 45, 81, 296, 406, 463
Stackpointer, 45, 272, 298, 406, 457
Stapel, 45
Stapelspeicher, 150
Stapelzeiger, 45
State-Logikanalyse, 106
Statusregister, 15, 40, 60, 73, 218, 272, 286,
    303
Statusvektor, 478, 500
STE, 125
Step into, 310

Steuerblock, 469
Steuersoftware, 124
Störspannungsabstand, 368
Streameditor, 102
String, 260
Stromsenke, 269
Struktogramm, 238
Sub-D-Stecker, 91
Subroutine, 44, 274, 383, 386
Swap, 496, 513
Swap-Befehl, 374, 385
Symboltabelle, 255
Syntax, 243
Systemfunktion, 529
Systemsoftware, 159

T
Taktauswahllogik, 292, 320
Taktsignal, 389
Tastverhältnis, 324
TCNT0, 49
Teilungsfaktor, 367
Temperaturmessung, 378
Texteditor, 99
Thermoelement, 377
Tiefpassfilter, 361
TIFR, 50, 319, 403
Timer/Counter, 47
TIMSK, 49, 294, 319
Title, 258
Transfer-Flag, 219
Transformation
    bilineare, 527
Transmitter, 61
Transportbefehl, 145, 214
Triggerung, 355
TXD, 270

U
Überlaufbit, 292
Übersprechen, 535
Ultra Fast-mode, 88
UND, 312, 385

UND-Befehl, 148
Universalregister, 22
Unterprogramm, 135, 261, 406, 409
Unterprogrammaufruf, 44
Unterprogrammbefehl, 218
Urlader, 266
USART, 50, 61, 270
USI, 271

V
Vergleichsbefehl, 42
Vergleichsoperatoren, 169
Verify, 128
Voltmeter, 497
Vor-/Rückwärtszähler, 491
Vorteiler, 68, 354, 367

W
Wait-State, 106
Watchdog, 47

Watchdog-Timer, 66, 400, 532
Watch-Fenster, 127
while, 170
Workspace, 113
Worst-Case, 485

X
X-Pointer, 507

Z
Zeilennummer, 101
Zeitgeber/Zähler, 271
Zielhardware, 105
Zweidraht-Schnittstelle, 87

Printed in the United States
By Bookmasters